DÉMONSTRATIONS
ÉLÉMENTAIRES
DE BOTANIQUE,

Contenant les Principes généraux de cette Science, l'explication des termes, les fondemens des Méthodes, & les élémens de la physique des végétaux.

La description des Plantes les plus communes, les plus curieuses, les plus utiles, rangées suivant la Méthode de M. de Tournefort & celle du Chevalier Linné.

Leurs usages & leurs propriétés dans les Arts, l'économie rurale, dans la Médecine humaine & Vétérinaire; ainsi qu'une instruction sur la formation d'un Herbier, sur la dessication, la macération, l'infusion des plantes, &c.

Troisieme Édition, corrigée & considérablement augmentée.

TOME TROISIEME.

A LYON,

Chez BRUYSET Freres.

M. DCC. LXXXVII.

Avec Approbation & Privilege du Roi.

. . . . . quas vellent eſſe in tutelâ ſuâ
Divi legerunt plantas . . . .
Niſi utile eſt quod facimus, ſtulta eſt gloria.

PHÆD. *lib.* 3. *fab.* 17.

DÉMONSTRATIONS

DÉMONSTRATIONS
ÉLÉMENTAIRES
DE BOTANIQUE.

CLASSE X.

DES HERBES ET SOUS-ARBRISSEAUX à fleur polypétale, irréguliere, dont la forme imite un *papillon*, dont le fruit est une gousse ou *légume*: ce qui la fait appeler *Légumineuse* ou *Papilionacée* (*).

SECTION PREMIERE.

Des Herbes à fleur polypétale, irréguliere, papilionacée, *dont le pistil devient une gousse courte & unicapsulaire.*

354. LA RÉGLISSE ordinaire.

GLYCYRRHIZA *glabra & germanica, radice repente.* I. R. H.

GLYCYRRHIZA *glabra.* L. *diadelph. 10-dria.*

FLEUR Papilionacée, à quatre pétales; l'étendard ou pavillon ovale, lancéolé, droit, alongé;

(*) La Classe des *Papilionacées* est des plus naturelles; l'irrégularité de la corolle la rapproche en quelque maniere des *Labiées*;

Cl. X.
Sect. I.

les ailes oblongues, semblables à la carêne, mais un peu plus grandes; la carêne composée de deux pétales; le calice tubulé, à deux levres, la supérieure fendue en trois, l'inférieure simple & linéaire.

Fruit. Légume ovale, aplati, terminé en pointe,

---

elle a une analogie marquée avec les *Cruciferes*, par son fruit; le calice est d'une seule piece, à cinq segmens inégaux; la corolle est le plus souvent formée de quatre pétales, le supérieur s'appelle *l'étendard*; avant le développement de la fleur il embrasse les autres pétales; après leur épanouissement, on le trouve le plus souvent étendu ou renversé & plié vers le milieu.

Les deux pétales latéraux se nomment les *ailes*, elles sont paralleles au germe; le pétale inférieur s'appelle la *carêne*, imitant la figure d'une nacelle; ce pétale enveloppe le germe & les étamines, il est quelquefois formé de deux pieces; dans ce cas, la corolle est pentapétale. Dans quelques especes de Trefles, tous les pétales sont réunis par les onglets; alors on peut nommer ces corolles, *monopétales papilionacées.* Neuf des étamines réunies par les filamens, forment une gaîne qui enveloppe le germe; le style forme un angle avec le germe; la dixieme étamine est libre par son filament, & se détache des neuf autres; quelquefois elle se réunit avec la colonne. Le fruit de ces plantes se nomme *légume*, il est formé par deux valves réunies par deux sutures; on trouve les semences adhérentes par des pédicules très-courts, à la suture inférieure. Le légume dans cette famille offre plusieurs formes curieuses, en corne de belier, contourné en pied d'oiseau, en fer à cheval, en hérisson, en croissant de lune. Quelques especes, les Astragales, ont des légumes divisés en deux chambres par une cloison.

Presque toutes ces plantes sont plus ou moins sensibles, dormeuses.

Les fleurs, les feuilles changent souvent de situation, suivant l'impression de la chaleur, du froid, & à différentes heures du jour.

La grande ressemblance des corolles & des légumes de plusieurs de ces plantes, rend les genres difficiles à déterminer, aussi sont-ils chez plusieurs Auteurs assez arbitraires. Le principe dominant dans cette famille, c'est le farineux sucré, soit dans les semences, soit dans les feuilles; quelques semences cependant sont en outre surchargées de particules ameres, séparables de la farine.

Les Légumineuses fournissent le fonds de la nourriture de l'homme, des quadrupedes herbivores & des oiseaux granivores.

Les *Papilionacées* offrent peu de médicamens vraiment énergiques, quoique nous devons reconnoître que quelques fleurs sont aromatiques ou purgatives.

glabre, uniloculaire, contenant ordinairement une seule semence réniforme. Cl. X. Sect. I.

Feuilles. Ailées, terminées par une foliole impaire & pétiolée; les folioles au nombre de treize à quinze, ovales & pointues, un peu visqueuses.

Racine. Rameuse, rampante, traçante, jaune en dedans, roussâtre en dehors.

Port. Les tiges de trois pieds & plus, branchues, ligneuses; les fleurs petites, rougeâtres, pédunculées, axillaires, rassemblées en épis grêles, un peu lâches; feuilles alternes, sans stipules.

Lieu. L'Italie, le Languedoc, les jardins. ♃

Propriétés. La racine est douce, mucilagineuse, avec un principe résineux & amer; elle est adoucissante, diurétique, laxative.

Usages. On emploie très-souvent la racine, dont on tire un suc & dont on fait une pâte, des tablettes, des tisanes, des décoctions, &c. elle entre dans la plupart des tisanes. On peut en donner la poudre aux animaux, à la dose de ℥ j, mêlée avec du son.

355. LA RÉGLISSE de Dioscoride.

GLYCYRRHIZA *capite echinato.* C. B. P.
GLYCYRRHIZA *echinata.* L. *diadelphia, 10-dria.*

Fleur. } Caracteres de la précédente, mais les
Fruit. } légumes hérissés.

Feuilles. Ailées comme dans la précédente, mais les folioles sont plus alongées, les impaires sessiles.

Racine. Semblable à la précédente.

Port. Comme la précédente; on y trouve des stipules & des feuilles florales en forme d'alêne, les épis arrondis en tête.

CL. X. SECT. I.

Lieu. La Tartarie, l'Italie. ♃

Propriétés. } On a presque abandonné en Méde-
Usages. } cice l'usage de cette espece.

OBSERVATIONS. La racine de Réglisse ordinaire rampe sous terre, quoiqu'elle descende souvent profondément; elle est quelquefois plus grosse que le pouce; l'écorce est d'un brun roux, elle se ride en desséchant; si on la coupe transversalement, lorsqu'elle est fraîche, on apperçoit des utricules qui contiennent un suc doux, jaune. Ce suc offre en grande partie le principe muqueux, doux; mais il récele une très-petite quantité d'un autre principe un peu âcre, un peu amer, qui se développe par la décoction, ou par une longue mastication. On retire par les menstrues aqueux, la moitié du poids de la racine du principe sucré muqueux; mais par les menstrues spiritueux, on n'a à peu près que le quart du poids d'un principe résineux, qui est encore plus doux que l'extrait par l'eau.

La racine de Réglisse contient donc 1.° le mucus sucré; 2.° un mucilage fade; 3.° une résine; 4.° un principe amer, un peu âcre.

Cette mixtion de quatre principes constituans, distincts, est peut-être la cause qui empêche le corps doux de la Réglisse de fermenter.

Quant aux vertus de cette racine, il paroît que les Anciens se servoient de la seconde espece à fruit hérissé; mais les Modernes préferent la premiere à légume lisse. Elle croît non-seulement dans nos Provinces méridionales, mais encore dans quelques Provinces de Russie. Nous avons comparé les racines venues de Russie & d'Espagne, il est sûr que la Réglisse du Midi offre des utricules plus pleins, & contenant un suc plus doux.

La Réglisse est un de ces médicamens d'un usage journalier; mais pour en bien évaluer les effets, il faut avoir égard à sa mixtion des quatre principes énoncés ci-dessus; on ne doit donc pas la regarder simplement comme un corps sucré gommeux; mais, eu égard à son âcreté & à son amertume, elle peut offrir plusieurs vertus qu'on attendroit en vain des corps doux purs. L'expérience a prouvé que la tisane de Réglisse est utile dans le traitement de la toux, de l'enrouement, de la phthisie, de l'excoriation de l'ésophage, dans la colique néphrétique, la dysurie, la strangurie, & autres especes qui reconnoissent pour principe une acrimonie des humeurs, ou une rigidité des fibres ; mais une maladie dans laquelle elle produit vraiment des miracles, c'est l'affection dartreuse, soit occulte, soit manifeste ; on ne sauroit trop en vanter l'usage dans ce cas. Voyez un Mémoire à ce sujet imprimé parmi ceux de l'Académie de Petersbourg, année 1777, dans lequel nous avons présenté le résultat de nos Observations. Il ne suffit pas de boire une grande quantité de tisane de Réglisse, il faut encore souvent humecter les dartres avec le suc noir de Réglisse, qui n'est que l'extrait de la racine préparée en grand, en Espagne & ailleurs. Cet extrait introduit dans le fondement en forme de suppositoire, calme les ardeurs causées par les hémorroïdes internes.

La Réglisse à légumes hérissés, qui croît naturellement en Russie & en Italie, se propage plus facilement dans le Nord ; elle nous a donné des semences mûres dans le jardin de Grodno ; nous lui avons reconnu les mêmes propriétés qu'à celle dont le légume est lisse.

356. LE POIS CHICHE.

CICER sativum. I. R. H.
CICER arietinum. L. *diadelph. 10-dria.*

Fleur. Papilionacée ; l'étendard plane, arrondi, grand, recourbé à ses bords ; les ailes obtuses, beaucoup plus courtes que l'étendard ; la carene aiguë, plus courte que les ailes ; le calice hérissé, découpé en cinq, de la longueur à peu près de la corolle.

Fruit. Légume rhomboïdal, renflé, contenant deux semences obrondes, bossues.

Feuilles. Ailées avec une impaire ; quinze ou dix-sept folioles ovales, dentées, entieres à leur base, presque sessiles.

Cl. X. Sect. I.

Racine. Fibreuse, rameuse.

Port. Tige d'une coudée, herbacée, branchue, droite, anguleuse, velue; la fleur pourpre, axillaire, péduncuée; les péduncules de la longueur des folioles, terminées par un filet; stipules grandes, peu dentées; feuilles alternes.

Lieu. Le Languedoc, la Suisse, le Dauphiné, les champs. ⊙

Propriétés. La semence est nourrissante, venteuse, extérieurement résolutive, émolliente.

Usages. On n'emploie que les semences pilées & appliquées, & leur farine en cataplasme.

Observations. La semence du Pois chiche est arrondie, noueuse, terminée par une pointe recourbée; sa moelle est jaune. Le Pois chiche un peu torréfié, fournit une farine légere, qui se digere assez promptement, quoique un peu venteuse; l'eau de la décoction des semences fraiches, est un peu âcre; si on les fait torréfier comme le Café, on obtient par l'infusion de la poudre de ces semences, une liqueur agréable, qui imite assez bien le Café. Les Anciens mangeoient fréquemment des Pois chiches légérement rôtis à la poële. Ils préparoient des bouillies au lait, avec la farine de ces semences. Encore aujourd'hui, en Espagne & en Italie, on mange les semences tendres, vertes, comme les petits Pois.

357. LA LENTILLE.

Lens major. C. B. P.
Ervum lens. L. *diadelph. 10-dria.*

Fleur. Papilionacée; l'étendard plane, un peu recourbé, arrondi, plus grand que les ailes, qui sont obtuses; la carêne pointue, plus courte que les ailes; le calice divisé en cinq découpures, étroites, pointues, presque égales, de la longueur à peu près de la corolle.

Fruit. Légume court, large, obtus, cylindrique, contenant quatre semences comprimées, convexes, orbiculaires, rousses ou noirâtres.

Feuilles. Ailées; dix à douze folioles ovales, sessiles, entieres, obtuses.

Racine. Fibreuse, rameuse.

Port. Tige herbacée, de huit à neuf pouces, rameuse, velue & anguleuse; les fleurs axillaires; les péduncules de la grandeur des feuilles, portent ordinairement deux ou trois fleurs blanchâtres, à étendard rayé de bleu; stipules deux à deux; des vrilles simples; les feuilles alternes.

Lieu. Les champs, les jardins potagers. Lyonnoise. ⊙

Propriétés. } On se sert plus souvent des Len-
Usages. } tilles comme nourriture que comme remede; leur farine est résolutive.

OBSERVATIONS. Le genre des Lentilles n'est distingué des Vesces que par le stigmate qui est sans poils; les fleurs & les légumes de la Lentille sont pendans.

La Lentille offre un des légumes les plus communs; de tout temps on l'a regardée comme de difficile digestion, causant des flatuosités aux personnes d'une foible constitution, qui les rendent souvent très-entieres. Quelques Médecins, & le peuple, aiment encore aujourd'hui à prescrire la décoction de Lentilles, pour faciliter l'éruption de la petite vérole; mais les Philosophes ne voient dans ce remede Arabe, qu'une conséquence absurde de la doctrine des signatures. Des Lentilles mêlées avec de l'Orge fournissent, par la fermentation & la distillation, un esprit ardent, plus fort que celui qu'on retire de l'Orge. Le genre des Lentilles nous présente encore quelques especes assez communes.

1.° L'Ers ou Lentille tétrasperme, *Ervum tetraspermum*, à quatre semences arrondies; à un ou deux légumes lisses, ovales; à feuilles linaires; à péduncule filiforme, portant une ou deux fleurs couleur de sang ou violette. Dans les Blés. Lyonnoise, Lithuanienne.

2.° L'Ers velu, *Ervum hirsutum*, à péduncules portant jusques à quatre fleurs blanches ou bleuâtres; à légumes hérissés, renfermant deux semences; à feuilles linaires, tronquées au sommet. Lyonnoise, Lithuanienne.

3.° L'Ers ervilier, *Ervum ervilia*, à feuilles sans vrilles; à folioles, douze ou treize, linaires; à légumes articulés, pendans; à péduncules portant deux fleurs blanchâtres, à étendard rayé de violet. Dans nos Provinces méridionales. *Voyez le Tableau* 367.

Les semences de cette espece fournissent un aliment dangereux. On a observé qu'il occasionnoit, à la longue, une singuliere foiblesse des jambes aux hommes, & même aux chevaux. Les poules périssent, si elles avalent une trop grande quantité de ces semences. On attribue ces effets à la surabondance d'air qui se dégage pendant la digestion.

358. LE SAINFOIN ORDINAIRE, ESPARCETTE en Dauphiné.

ONOBRYCHIS foliis viciæ, fructu echinato major. I. R. H.

HEDYSARUM onobrychis. L. *diadelphia, 10-dria.*

Fleur. Papilionacée; l'étendard réfléchi, comprimé, ovale, oblong, échancré; les ailes oblongues, droites, de la longueur du calice; la carêne droite, comprimée, large à l'extérieur, presque tronquée, divisée en deux, depuis sa base jusqu'à sa convexité; le calice d'une seule piece divisée en cinq découpures droites & pointues.

Fruit. Légume sous-orbiculaire, irrégulier, renflé, hérissé de pointes, ne contenant qu'une semence en forme de rein.

Feuilles. Ailées, dix-huit à vingt folioles ovales, lancéolées, terminées par un style.

Racine. Très-longue, dure, ligneuſe, fibreuſe, noire en dehors, blanche en dedans.

Port. Tige d'un pied, rameuſe, droite ou inclinée, dure; les fleurs purpurines, axillaires, en épis, portées ſur de longs péduncules, accompagnées de deux feuilles florales; l'étendard couleur de chair, à lignes pourpres; ſtipules pointues; feuilles alternes.

Lieu. Les prés ſemés, les prairies artificielles. Lyonnoiſe. ♃

Propriétés. Cette plante eſt réſolutive; elle fournit aux beſtiaux un très-bon fourrage; il ſeroit dangereux de le leur donner ſans mélange, en trop grande quantité.

Uſages. La Médecine ne l'emploie qu'en décoction, & rarement.

Observations. Le Sainfoin mérite peu notre attention comme plante médicinale; quoiqu'on ait prétendu que les feuilles deſſéchées pouvoient remplir les indications qui déterminent à preſcrire le Thé. Comme plante de fourrage, il eſt très-précieux; nous le trouvons abondant dans nos prairies du Lyonnois; nous l'avons auſſi obſervé en Lithuanie, mais nous ſoupçonnons qu'il y a été introduit par la culture. Cette plante s'accommode de tous les terrains, ſecs ou humides; on peut en former de bonnes prairies artificielles; ſes branches dures, ligneuſes, perdent facilement leurs feuilles, par la deſſication. Si on veut en tirer meilleur parti, il faut le faucher avant le développement des épis; cette herbe eſt très-nourriſſante; il ſeroit même dangereux d'en laiſſer gorger les beſtiaux; les graines nourriſſent très-bien la volaille.

On cultive encore dans nos jardins une autre eſpece de Sainfoin, originaire d'Italie.

1.° Le Sainfoin à bouquets, *Hedyſarum coronarium*, à tige à branches épar ſes; à feuilles pinnées; à folioles ovales, un peu velues; à légumes articulés, droits, hériſſés de piquans; à fleurs d'un beau rouge, aſſez grandes, en épis courts portés ſur des péduncules plus longs que les feuilles. On la cultive ſous le nom de Sainfoin d'Eſpagne.

2.° Le petit Sainfoin à bouquets, *Hedyſarum humile* L., reſſemble beaucoup au précédent, mais ſa tige s'éleve beaucoup moins; ſes fleurs ſont plus petites, moins colorées; & ſes épis ſont plus pointus, un peu velus.

On la trouve près de Narbonne.

3.° Le Sainfoin des Alpes, *Hedyſarum alpinum*, a ſes fleurs pendantes ſur l'axe de leurs épis; elles ſont d'un bleu pourpre, ou d'un blanc jaunâtre; ſes légumes ſont très-liſſes. Sur les montagnes du Dauphiné.

359. LA VULNÉRAIRE ruſtique.

VULNERARIA ruſtica. I. R. H.
ANTHYLLIS vulneraria. L. *diadelphia, 10-dria.*

Fleur. Papilionacée; l'étendard alongé, ſes côtés recourbés, l'onglet de la longueur du calice; deux ailes oblongues, plus courtes que l'étendard; la carêne aplatie, de la longueur des ailes, & leur reſſemblant; le calice d'une ſeule piece, un peu renflé, velu, ſes bords découpés en cinq dents inégales.

Fruit. Petit légume ſous-orbiculaire, couvert par le calice; bivalve, contenant une ou deux ſemences.

Feuilles. Ailées avec une impaire; les folioles inégales, quelquefois au nombre de ſept, l'impaire plus grande que les autres, & lancéolée.

Racine. Simple, longue, rameuſe, noirâtre.

Port. Les tiges hautes de ſept à huit pouces, herbacées, grêles, rondes, velues, rameuſes; deux bouquets de fleurs en tête, adoſſés au ſommet, avec des feuilles florales palmées; les corolles d'un jaune plus ou moins foncé; les feuilles alternes.

Lieu. Les pâturages montagneux, le bord des bois. Lyonnoiſe, Lithuanienne. ♃

Propriétés. L'herbe eſt vulnéraire.

Uſages. On emploie uniquement l'herbe pilée & appliquée, ou bien en décoction.

I.re OBSERVATION. Le calice renflé enveloppant le légume; des feuilles palmées au-deſſous des fleurs ramaſſées en tête, fourniſſent le caractere eſſentiel du genre des Anthyllis ou Vulnéraires. On trouve l'eſpece officinale parmi les Vulnéraires de Suiſſe; on la croit un peu aſtringente, &, quoique d'une famille alimenteuſe, les beſtiaux la négligent. Quelquefois les feuilles radicales ſont très-entieres; les fleurs ſont ou blanches, ou jaunes, ou de couleur de Safran. Ajoutons à cette eſpece principale :

1.° La Vulnéraire des Montagnes, *Anthyllis montana*, à tige herbacée, penchée; à feuilles pinnées; à folioles ſoyeuſes, ovales, lancéolées, preſque toutes égales; à fleurs en tête; à corolles d'un pourpre foncé, dont l'étendard eſt tourné obliquement. Sur les montagnes du Dauphiné, en Bourgogne.

2.° La Vulnéraire argentée, *Anthyllis barba Jovis*, arbriſſeau de quatre pieds; à feuilles pinnées, ſoyeuſes; à folioles ovales, oblongues, aſſez petites, égales; à fleurs jaunes, en tête. En Provence.

3.° La Vulnéraire à veſſies, *Anthyllis tetraphylla*, à tige herbacée, couchée, velue; à feuilles compoſées de trois ou quatre folioles très-petites, terminées par une foliole impaire, ovoïde, fort grande; à calice très-renflé, comme des veſſies, renfermant preſque entiérement la corolle qui eſt d'un jaune pâle; à fleurs en tête, aſſiſes aux aiſſelles des feuilles.

En Languedoc, dans la Vulnéraire ruſtique les étamines ſont toutes réunies par les filamens; mais dans celle-ci elles ſont véritablement diadelphies; ſavoir, une étamine ſe ſépare des neuf autres réunies.

II.e OBSERVATION. Tournefort a ramené dans cette Section le *Dorycnium monſpelienſium*, qui eſt le *Lotus dorycnium* de Linné, le Lotier digité; ſa tige, d'un pied, eſt grêle, ligneuſe; ſes feuilles ſont digitées, à cinq

Cl. X. Sect. I.

folioles étroites ; ses fleurs portées sur de longs pédun-cules axillaires, sont en têtes menues, très-petites ; les legumes sont courts, à une ou deux semences. En Dauphiné, en Languedoc.

Il est sûr que son port & sa fructification l'éloignent trop des Lotiers ; aussi Scopoli en a-t-il formé, d'après Tournefort, un genre ; il la dénommé *Dorycnium Pentaphyllum*.

SECTION II.

Des Herbes à fleur polypétale, irréguliere, Papilionacée, dont le pistil devient une gousse longue & unicapsulaire.

360. LA FEVE DE MARAIS.

FABA rotunda oblonga. I. R. H.
VICIA faba. L. *diadelph. 10-dria.*

FLEUR. Papilionacée ; l'étendard ovale, son onglet élargi, son sommet échancré, avec une petite pointe ; ses côtés recourbés ; les ailes oblongues, presque cordiformes, plus courtes que l'étendard ; la carêne sous-orbiculaire, plus courte que les ailes ; son onglet est divisé en deux ; un nectar en forme de glande, placé sur le réceptacle, entre le germe & le filet des étamines.

Fruit. Légume long, coriace, terminé en pointe, renfermant plusieurs semences ovales, oblongues & aplaties.

Feuilles. Ailées, les folioles entieres, presque sessiles, ovales, oblongues, un peu épaisses, blanchâtres, & veinées, trois ou cinq ſur chaque pétiole.

Racine. Droite ou rampante, fibreuſe.

Port. Les tiges d'un ou deux pieds, droites, quadrangulaires, creuſes; les fleurs axillaires, preſque ſeſſiles, pluſieurs attachées au même péduncule; feuilles alternes; les pétioles n'ont point de vrilles.

Lieu. Les champs & les potagers. Originaire de Perſe. ☉

Propriétés. Cette feve eſt venteuſe; ſa farine eſt une des quatre farines réſolutives.

Uſages. On emploie la farine en cataplaſme; on tire des fleurs une eau aromatique; des gouſſes, une eau diſtillée, diurétique; on obtient par la lixiviation des tiges & des gouſſes brûlées, un ſel également diurétique; on le donne aux hommes, à la doſe de ℈ j; & aux animaux, à la doſe de ʒ ij.

OBSERVATIONS. Les fleurs ſont grandes, blanches. On trouve ſur chaque aile une tache noire, veloutée; dans le Syſtême de Linné, la Feve n'eſt qu'une eſpece de *Vicia*, à tige droite; à feuilles pinnées, ſans vrilles. La ſemence de ce légume eſt la plus groſſe de celles que nous poſſédons en Europe. Son écorce, lorſqu'elle eſt mûre, eſt coriacée. On mange les Feves avant leur maturité; alors elles ſe digerent aſſez facilement; celles qui ſont mûres, quoique très-cuites, ſont très-venteuſes, de dure digeſtion. Il eſt bien ſûr que cette Feve n'eſt point celle des Pythagoriciens; ils mangeoient la ſemence du *Nymphea nelumbo*, que le peuple mangeoit en Egypte. La Feve en fleur exhale une odeur agréable, analogue à celle du Lis blanc, mais ſi fugitive, qu'elle ſe perd par la deſſication.

Les feuilles répandent une odeur aſſez déſagréable; elles fourniſſent cependant un aſſez bon fourrage. Le *Faba minor* ſeu *Equina* de C. Bauhin, n'eſt qu'une variété dont le légume eſt plus petit.

CL. X.
SECT. II.

361. LE LUPIN blanc.

LUPINUS sativus flore albo. C. B. P.
LUPINUS albus. L. *diadelph. 10-dria.*

Fleur. Papilionacée ; l'étendard cordiforme, échancré ; ses côtés recourbés & aplatis ; les ailes ovales, à-peu-près de la longueur de l'étendard, unies à leur base, détachées de la carêne qui est divisée à sa base, courbée au sommet en maniere de faux, pointue, plus étroite & aussi longue que les ailes ; le calice monophille, divisé en deux levres, la supérieure entiere, l'inférieure à trois dentelures.

Fruit. Légume grand, oblong, coriage, pointu, aplati, uniloculaire ; plusieurs semences sous-orbiculaires & aplaties.

Feuilles. Velues en dessous, cotonneuses en dessus ; pétiolées, digitées, composées de sept folioles étroites, oblongues.

Racine. Rameuse, ligneuse, fibreuse.

Port. Tige haute, au plus, de deux pieds, droite, cylindrique, un peu velue, communément à trois rameaux ; les fleurs blanches au sommet ; les calices alternes, ainsi que les feuilles ; les folioles se replient sur elles-mêmes au coucher du soleil.

Lieu. On ignore son pays natal ; on le seme dans les champs, il y sert d'engrais. ⊙

Propriétés. La semence est amere & désagréable, résolutive, déterfive.

Usages. La farine de la semence est une des quatre farines résolutives.

OBSERVATIONS. Linnæus donne au Lupin, pour caractere essentiel, un calice à deux levres ; cinq antheres oblongues, & cinq autres arrondies ; le légume coriace.

1.° Dans le Lupin blanc, les calices sont alternes, sans appendices; la levre supérieure entiere, l'inférieure à trois dents.

2.° Dans le Lupin sauvage, *Lupinus varius*, les calices sont demi-verticillés, à appendices, à levre supérieure, fendue en deux; l'inférieure à trois dents peu marquées; les folioles sont étroites; les fleurs rouges ou bleues. En Languedoc.

3.° Le Lupin jaune, *Lupinus luteus*, offre les folioles très étroites; les fleurs jaunes, petites, odorantes, ramassées en épis très-courts. En Languedoc.

Le Lupin blanc est cultivé dans nos Provinces comme engrais; la farine des semences est jaune, amere; ce principe amer lui est étranger, il disparoît par de fréquentes lotions avec de l'eau chaude. Les Anciens mangeoient cette farine ainsi préparée, elle faisoit la base de la nourriture des esclaves. En Espagne & en Italie, cette farine sert à engraisser les bœufs; c'est une erreur de la croire vénéneuse.

362. L'OROBE printanier.

OROBUS sylvaticus purpureus vernus. C. B. P.

OROBUS vernus. L. *diadelph. 10-dria.*

Fleur. Papilionacée; l'étendard cordiforme, terminé en demi-cylindre, plus long que le calice; les ailes oblongues, droites, unies ensemble, à-peu-près de la longueur de l'étendard; la carêne inférieurement divisée en deux, aiguë, relevée, renflée dans son milieu; le calice monophille, tubulé, obtus à sa base, à cinq dentelures.

Fruit. Légume cylindrique, long, pointu à son sommet, uniloculaire, bivalve, plusieurs semences orbiculaires.

Feuilles. Ailées, à quatre ou six folioles ovales, lancéolés.

Cl. X.
Sect. II.

Racine. Ligneuſe, noire.

Port. Les tiges ſimples, hautes d'un pied, foibles, anguleuſes, liſſes, les fleurs terminant la tige; pédunculées, raſſemblées en eſpece de grappe, de quatre, huit à dix; l'étendard pourpre; les ailes bleues; deux grandes ſtipules en forme de fleche; les feuilles alternes.

Lieu. Les terrains froids & ſecs, ſur les montagnes du Dauphiné, du Bugey. Lithuanienne. ♃

Propriétés. La ſemence eſt réſolutive, déterſive & apéritive.

Uſages. On n'emploie que la ſemence, dont la farine eſt une des quatre farines réſolutives.

Observations. Dans les Orobes, le ſtyle eſt linaire, arrondi, velu en-deſſus; le calice obtus à ſa baſe; les ſegmens ſupérieurs plus courts, quoique les laciniures en ſoient plus profondes. Les principales eſpeces d'Orobes que nous devons connoître, ſont:

1.° L'Orobe tubereux, *Orobus tuberoſus*; ſa racine eſt ſucculente, garnie de beaucoup de filamens; ſa tige eſt ſimple; ſes feuilles ailées, à ſix folioles lancéolées; les fleurs d'un roſe pourpre. Lyonnoiſe, Lithuanienne.

2.° L'Orobe noirâtre, *Orobus niger*, à tige rameuſe; à feuilles ailées, à douze folioles petites, ovales, pointues; fleurs axillaires, purpurines ou bleuâtres, de quatre à huit, ſur de longs péduncules. Lyonnoiſe, Lithuanienne. Toute la plante ſe noircit en deſſéchant.

3.° L'Orobe filiforme, *Orobus anguſtifolius*, à tige filiforme, ſimple, de demi-pied; à feuilles aigues; quatre folioles linaires; à ſtipules en alêne; à fleurs jaunes, en grappe peu fournie. Lyonnoiſe.

4.° L'Orobe des bois, *Orobus ſylvaticus*, à tiges couchées, rameuſes, très-velues; à feuilles ailées, de quatorze à vingt folioles ovales, oblongues, un peu velues; à fleurs en grappe, purpurines ou bleuâtres.

Les Orobes fourniſſent en général une bonne nourriture aux beſtiaux; dans le tubereux, le principe nutritif eſt aſſez abondant pour préſenter, en cas de diſette, une excellente farine.

3631

363. LE POIS cultivé.

Cl. X.
Sect. II.

Pisum hortense majus. I. R. H.
Pisum sativum. L. *diadelph. 10-dria.*

Fleur. Papilionacée, à quatre pétales; l'étendard très-large, en cœur recourbé, échancré avec une pointe; les ailes orbiculaires, réunies, plus courtes que l'étendard; la carêne aplatie en demi-lune, plus courte que les ailes; le calice d'une seule piece, à cinq découpures, dont les deux supérieures sont les plus larges.

Fruit. Légume grand, long, presque cylindrique, avec une pointe recourbée à son extrémité, uniloculaire, bivalve, renfermant plusieurs semences presque rondes, marquées au point par où elles s'attachent au légume, d'une cicatrice arrondie.

Feuilles. Ailées; les folioles très-entieres & sessiles.

Racine. Grêle & fibreuse.

Port. Tiges longues, fistuleuses, rameuses, couchées par terre si on ne les soutient, & qui s'entortillent; péduncules axillaires qui portent plusieurs fleurs; stipules crénelées, arrondies à leur base; feuilles alternes, les pétioles cylindriques; vrilles rameuses à l'extrémité des feuilles.

Lieu. Les jardins potagers. ☉

Propriétés. Les Pois sont émolliens, laxatifs & venteux.

Usages. Ils sont plus employés comme nourriture, que comme remede.

Observations. Le style triangulaire, caréné, & un peu velu en dessus; les deux segmens supérieurs du calice plus courts, donnent le caractere essentiel des Pois, dont les plus connus sont :

Cl. X. Sect. II.

1.° Le Pois cultivé, *Pisum sativum*, à pétioles arrondis; à stipules inférieurement arrondies, crénelées; à péduncules portant plusieurs fleurs. *Voyez le Tableau ci-dessus* 363.

Les Pois verts fournissent une nourriture agréable; mais lorsqu'ils sont secs, ils deviennent lourds & plus venteux pour les estomacs foibles, car les gens robustes s'en accommodent très-bien. On conseille aux scorbutiques les Pois verts; mangés crus, ils ont un gout sucré; les feuilles & les tiges contiennent aussi le principe saccharin nutritif; aussi nourrissent-elles très-bien les bestiaux.

2.° Le Pois des champs, *Pisum arvense*, à pétioles portant quatre folioles; à stipules crénelées; à péduncule uniflore.

3.° Le Pois ocre, *Pisum ochrus*, à pétioles membraneux, prolongés sur la tige, portant deux feuilles; à péduncule à une fleur. *Voyez le Tableau* 365.

364. LA GESSE.

LATHYRUS sylvestris major. C. B. P.
LATHYRUS sativus. L. *diadelph. 10-dria.*

Fleur. Papilionacée; l'étendard cordiforme, grand, recourbé au sommet & des côtés, rouge ou violet; les ailes oblongues, en forme de croissant, courtes, obtuses, blanches ou brunes au sommet; la carêne orbiculée, de la grandeur des ailes, mais plus large; le calice divisé en cinq découpures lancéolées, aiguës, l'inférieure est la plus longue.

Fruit. Légume très-long, cylindrique, un peu aplati, avec un double rebord sur le dos; les semences arrondies, presque cylindriques, anguleuses.

Feuilles. Ailées, conjuguées, terminées par des vrilles, portées sur des pétioles qui se prolongent & courent sur la tige.

Racine. Fibreuse, rameuse.

Port. Tige herbacée, pliante, anguleuse, aplatie, avec des especes d'ailes feuillées; les péduncules axillaires ne portent qu'une fleur; deux stipules en forme de fleche; feuilles alternes portées sur des pétioles ordinairement divisés en deux, ainsi que les vrilles.

Lieu. Les jardins potagers, les champs. ☉

Propriétés. La semence est nourrissante & laxative.

Usages. On ne se sert que de la semence.

OBSERVATIONS. Dans les Gesses, le style est aplati, velu en dessus, élargi par le haut. Les segmens de la levre supérieure du calice sont plus courts; ce genre de Linné ainsi défini, renferme quatre genres de Tournefort. 1.° Le *Lathyrus*, 2.° Le *Clymenum*, 3.° La *Nissolia*, 4.° L'*Aphaca*. La Gesse qui présente plus de vingt especes, doit être subdivisée.

Les GESSES *à péduncules, ne portant qu'une fleur.*

1.° La Gesse sans feuilles, *Lathyrus aphaca*; on la reconnoît facilement par ses deux grandes stipules en fer de fleche qui accompagnent la vrille nue, ou sans feuilles.

Ses fleurs sont petites, jaunes; ses fausses feuilles comme celles du petit Liseron. Aussi la phrase de C. Bauhin est-elle très-ingénieuse; il l'appelle *Vicia lutea, foliis convolvuli minoris.*

Cette Gesse est très-commune dans les terres à blé du Lyonnois, elle s'éleve jusques en Allemagne. Quelques individus présentent, outre les stipules, deux feuilles lancéolées. La tige est rampante.

Cette plante fournit un bon pâturage aux bestiaux.

2.° La Gesse de Nissole, *Lathyrus nissolia*, à tige droite; à feuilles simples, étroites, sans vrilles; à stipules très-petites, en alêne; à fleurs pourpres. Lyonnoise. Nutritive pour les moutons.

3.° La Gesse cultivée, *Lathyrus sativus*, à feuilles deux à deux, graminées; à stipules de la longueur des feuilles, à vrilles; à légumes ailés; à fleur bleue ou blanche. Lyonnoise. Nutritive pour les bestiaux. *Voyez le Tableau 364.*

4.° La Gesse, anguleuse *Lathyrus angulatus*, à feuilles deux à deux, linaires; à péduncule à arête; à fleur rouge; à semences anguleuses. Lyonnoise.

A péduncules portant deux fleurs.

5.° La Gesse odorante, *Lathyrus odoratus*, à vrille chargée de deux folioles ovales, oblongues; à légumes velus; à grandes fleurs blanches & rouges.

La beauté de ses fleurs, leur odeur très-suave, l'a fait introduire dans les jardins; elle est originaire de Sicile.

6.° La Gesse Climene, *Lathyrus clymenum*, à vrilles portant plusieurs folioles; à stipules dentées.

Cultivée dans les jardins, originaire d'Espagne; l'étendard est rouge; les ailes blanches; le légume aplati.

A péduncules portant plusieurs fleurs.

7.° La Gesse hérissée, *Lathyrus hirsutus*, à vrilles portant deux folioles lancéolées; à semences rudes; à légumes hérissés.

Sa station s'étend de la mer Méditerranée en Allemagne. Lyonnoise. Le péduncule porte une, deux, ou trois fleurs pourpres.

8.° La Gesse tubereuse, *Lathyrus tuberosus*, à vrilles portant deux folioles ovales, les entre-nœuds nus, à péduncules portant plusieurs fleurs rouges. Lyonnoise, Lithuanienne.

La racine succulente, farineuse, a le goût de la châtaigne. Elle contient de l'amidon, du sucre, & une substance muqueuse, glutineuse, extractive; on en a fait du pain très-agréable. On peut manger ses racines cuites au beurre, comme les Pommes-de-terre. La plante fournit un bon pâturage; l'eau distillée des fleurs est odorante.

9.° La Gesse des prés, *Lathyrus pratensis*, à vrilles très-simples, portant deux folioles lancéolées; à péduncules portant plusieurs fleurs jaunes. Lyonnoise, Lithuanienne.

C'est un excellent pâturage pour les chevres, les moutons & les chevaux.

10.° La Gesse sauvage, *Lathyrus sylvestris*, à vrilles portant deux feuilles en lames d'épée, les entre-nœuds membraneux; à péduncules produisant six fleurs rouges. Lyonnoise, Lithuanienne.

L'herbe fournit un bon fourrage pour les vaches, les moutons; ses semences sont aussi nutritives.

11.° La grande Gesse, *Lathyrus latifolius*, à vrilles portant deux larges feuilles ovales, lancéolées, roides; les entre-nœuds membraneux; à péduncules produisant plusieurs grandes fleurs pourpres. Lyonnoise, Lithuanienne.

C'est un des meilleurs fourrages; les semences assez grosses, fournissent une très-bonne farine.

12.° La Gesse hétérophille, *Lathyrus heterophyllus*, à vrilles portant deux ou quatre feuilles lancéolées, étroites, nerveuses, les entre-nœuds membraneux. Lyonnoise.

Sa station s'étend de la Méditerranée en Suede.

13.° La Gesse des marais, *Lathyrus palustris*, à vrilles portant six feuilles, les entre-nœuds membraneux; à péduncules produisant de quatre à huit fleurs en grappes bleues, rouges, blanches. En Bourgogne, en Lithuanie.

Quoique plante des marais, les chevaux la mangent avec plaisir.

365. L'OCRE.

OCHRUS folio integro, capreolos emittente. C. B. P.

PISUM ochrus. L. *diadelph. 10-dria.*

Fleur. } Papilionacée; caractere du Pois n.° 363.
Fruit. } La cicatrice de la semence plus alongée que celle du Pois; sa couleur brune noirâtre.

Feuilles. Ailées, à pétioles courans, membraneux, divisés en deux, quelquefois en quatre; les folioles entieres, armées de vrilles.

Racine. Rameuse.

Port. De la Gesse; tige herbacée, ailée, rameuse, qui s'entortille; les péduncules ne portent qu'une fleur; les feuilles alternes.

Cl. X. Sect. II.

Lieu. L'Italie, le Languedoc. ☉
Propriétés. } Peu employée en Médecine,
Usages. } comme la Gesse.

366. LA VESCE.

Vicia vulgaris semine nigro. C. B. P.
Vicia sativa. L. *diadelph. 10-dria.*

Fleur. Caracteres de la Feve des marais, n.° 360.

Fruit. Deux légumes sessiles, presque réunis à leur base, d'une forme semblable au légume de la Feve des marais, mais les semences plus petites & obrondes.

Feuilles. Ailées, sans impaire, terminées par une vrille; les folioles très-entieres, presque sessiles, velues, linéaires, lancéolées, avec un stylet à leur sommet.

Port. Les tiges s'élevent à un pied, droites, herbacées, rameuses, presque quadrangulaires; deux fleurs bleues & blanches, axillaires, de la grandeur des folioles; stipules dentelées, marquées d'une tache noire; feuilles alternes.

Lieu. Les champs. Lyonnoise, Lithuanienne. ☉

Propriétés. La semence est nourrissante, venteuse; sa farine est une des quatre farines résolutives; intérieurement, elle est astringente. La nécessité a quelquefois forcé d'en faire du pain, il est d'une mauvaise digestion; la Vesce sert de nourriture aux pigeons; les poules & les canards la rebutent souvent, on la croit nuisible à ces derniers.

Usages. On emploie la farine en cataplasmes.

Observations. Les Vesces, *Vicia*, ressemblent beaucoup aux Gesses, *Lathyrus*, par les parties de la fructification. Le Chevalier Linné leur donne pour caractere essentiel, un stigmate barbu, transversalement, sur le côté inférieur.

VESCES à péduncules alongés.

1.° La Vesce des buissons, *Vicia dumetorum*, à tige très-haute; à vrilles portant plusieurs feuilles ovales, oblongues, pointues; à stipules dentées; à péduncules produisant plusieurs fleurs violettes, pourpres. Lyonnoise, Lithuanienne. Les légumes noirs, en grappe, pendans. Les vaches, les chevres, les moutons, les chevaux, mangent cette plante.

2.° La Vesce des forêts, *Vicia sylvatica*, à tige anguleuse, de trois pieds; à feuilles pinnées, de douze folioles ovales; à stipules dentelées; à péduncules axillaires, produisant douze fleurs pendantes, blanches, à lignes bleues. En Dauphiné, en Lithuanie.

Elle répand une odeur désagréable.

3.° La Vesce multiflore, *Vicia cracca*, à tige foible, de deux pieds; à feuilles pinnées, de douze folioles lancéolées, étroites, un peu velues; à stipules entieres; à péduncules produisant jusques à trente fleurs tuilées, petites, rangées sur un seul côté, pourpres, violettes, ou toutes blanches. Lyonnoise, Lithuanienne.

C'est un des meilleurs fourrages.

A fleurs presque assises aux aissèlles des feuilles.

4.° La Vesce cultivée, *Vicia sativa*, à folioles échancrées; à stipules marquées d'une tache noire; à deux fleurs presque assises; à deux légumes droits. Lyonnoise, Lithuanienne. *Voyez le Tableau 366.*

On a fait du mauvais pain avec les semences, elles ne peuvent que nourrir les moutons & les pigeons. Cette herbe sert comme les Lupins à fertiliser les terres; on la renverse avec la charrue lorsqu'elle est en fleur. On peut semer la Vesce avec l'Avoine & les couper en vert; le produit en est très-avantageux.

5.° La Vesce Gesse, *Vicia lathyroides*, à feuilles pinnées; à six folioles, les inférieures comme en cœur; une seule fleur d'un bleu pourpre, aux aisselles des feuilles. Lyonnoise, Lithuanienne.

Les tiges couchées, longues au plus de six pouces; les légumes solitaires, lisses, droits.

6.° La Vesce jaune, *Vicia lutea*, à folioles ovales, échancrées; à fleurs solitaires, assises, d'un jaune pâle; à légumes assis, velus, recourbés. Lyonnoise & Allemande.

7.° La Vesce des haies, *Vicia sepium*, à tige de cinq pieds; à feuilles pinnées, de quinze folioles ovales, oblongues, un peu velues; à petites stipules finement dentées; à péduncules très-courts, portant quatre fleurs d'un bleu veiné, ou blanches. Lyonnoise, Lithuanienne.

Quatre légumes courts, droits, redressés. Excellent fourrage.

8.° La Vesce Feve, *Vicia faba*, à tige droite; à pétiole sans vrille. *Voyez le Tableau* 360.

367. L'ERS *ou* LES ERS.

ERVUM verum. I. R. H.
ERVUM ervilia. L. *diadelphia, 10-dria.*

Fleur. Papilionacée; caractere de la Lentille, n.° 357; le germe plissé, ondé.

Fruit. Légumes pendans, plus grands que celui de la Lentille; trois ou quatre semences sous-orbiculaires.

Feuilles. Ailées, à dix ou seize petites folioles de chaque côté, ovales, échancrées au sommet.

Racine. Fibreuse, rameuse.

Port. Tige herbacée, foible, pliante, rameuse, anguleuse: les péduncules portent deux ou quatre fleurs axillaires, éloignées les unes des autres; petites stipules sagittées; les feuilles alternes.

Lieu. Les haies, les champs. ⊙

Propriétés. } De la Vesce.
Usages. }

368. LE GALEGA, *ou* la Rue de Chevre.

Galega vulgaris floribus cœruleis. C. B. P.
Galega officinalis. L. *diadelph. 10-dria.*

Fleur. Papilionacée; l'étendard grand, ovale, recourbé au ſommet & des côtés; les ailes oblongues avec un appendice, de la grandeur à-peu-près de l'étendard; la carêne oblongue, aplatie, droite, aiguë au ſommet, convexe en deſſous; le calice d'une ſeule piece, court, tubulé; à cinq dentelures égales, en forme d'alêne.

Fruit. Légume droit, cylindrique, très-long, aigu, à ſtries obliques, pluſieurs ſemences réniformes, oblongues.

Feuilles. Ailées; les folioles ovales ou lancéolées, avec une échancrure au ſommet, au nombre de ſept, quelquefois de neuf ſur chaque côté, terminées par une impaire.

Racine. Rameuſe, ligneuſe, fibreuſe.

Port. Les tiges s'élevent quelquefois à la hauteur d'un homme, preſque ligneuſes, cannelées, creuſes, très-branchues; les fleurs axillaires, bleues ou blanches, pendantes; les feuilles alternes. On trouve quelquefois une petite épine à la baſe de la foliole impaire.

Lieu. L'Italie, l'Eſpagne, la Suiſſe; cultivé dans les jardins. ♃

Propriétés. L'herbe a un goût un peu aromatique; elle eſt ſudorifique, alexitere.

Uſages. On n'emploie que l'herbe; on la preſcrit dans les tiſanes & apozemes alexiteres, à la doſe de poig. j pour l'homme; on diſtille une eau avec toute la plante pilée & macérée dans du vin

Cl. X.
Sect. II.

que l'on donne dans les mêmes circonstances, depuis ℥ j jusqu'à ℥ iv. Malgré l'usage qu'on en fait, ses vertus paroissent douteuses. On peut prescrire pour les animaux, la plante en boisson infusée, à la dose de poig. ij, dans ℔ ij d'eau.

Observations. L'odeur & la saveur des feuilles & des fleurs du Galega, sont trop foibles pour qu'on puisse leur assigner de grandes vertus; cependant quelques observations prouvent que des malades attaqués de fievres malignes, miliaires, de peste, ont été guéris après l'usage seul du Galega. Ces faits seroient décisifs en sa faveur, si nous n'avions pas d'autres observations qui prouvent que de semblables maladies ont été surmontées sans remedes, par les seuls efforts de la nature. Nous croyons encore moins que cette plante ait, seule, pu dissiper les convulsions appelées la danse de Saint-Vit, & la colique avec vomissement, appelée *cholera morbus*.

On a aussi cru que l'infusion des fleurs de Galega, étoit anthelminthique, bonne contre les vers; souvent la seule irritation des intestins chasse les vers. On aura donné à un malade cette infusion, lorsque les intestins en travail se contractoient, *vi insitâ*, par une force innée, pour expulser les vers qui les irritoient.

SECTION III.

Des Herbes à fleur polypétale, irréguliere, papilionacée, dont le piſtil devient une gouſſe articulée.

369. LE PIED D'OISEAU.

ORNITHOPODIUM majus. I. R. H.
ORNITHOPUS perpuſillus. β L. *diadelphia, 10-dria.*

FLEUR. Papilionacée, très-petite; l'étendard entier, cordiforme; les ailes ovales, droites, à peine de la grandeur de l'étendard; la carêne très-petite & aplatie; le calice tubulé, d'une ſeule piece, avec cinq dentelures preſque égales.

Fruit. Légume alongé en forme d'alêne, cylindrique, arqué, à pluſieurs articulations; les ſemences ſous-orbiculaires & ſolitaires.

Feuilles. Ailées; petites folioles oppoſées, preſque ſeſſiles, très-entieres, au nombre de cinq ou ſix de chaque côté.

Racine. Petite, blanche, chevelue; la racine noueuſe conſtitue une variété.

Port. Les tiges ont à peine quelques pouces de haut, menues, foibles, rameuſes, couchées par terre; les péduncules axillaires, plus longs que les feuilles, portent pluſieurs fleurs; feuilles alternes. La plante varie en grandeur.

Lieu. Les champs, les collines. Lyonnoiſe, Lithuanienne. ⊙

Cl. X. Sect. III.

Propriétés. La plante est apéritive & diurétique.

Usages. On emploie l'herbe en décoction, ou bien on la donne réduite en poudre, & infusée dans du vin blanc, à la dose de ʒ j, dans ℥ vj vin, pour l'homme; & à celle de ℥ ß dans ℔ j vin, pour les animaux.

Observations. Le caractere essentiel du Pied d'oiseau, *Ornithopus*, réside dans le légume qui est articulé, arrondi, arqué. La vertu apéritive & diurétique du Pied d'oiseau, n'est fondée sur aucune observation. Cette plante n'est que nutritive pour les bestiaux; les trois especes les plus connues, sont:

1.° Le petit Pied d'oiseau, *Ornithopus perpusillus*, à tige couchée; à feuilles pinnées; à légumes un peu recourbés en dessus. Elle s'étend de la Méditerranée en Danemarck. *Voyez le Tableau 369.*

2.° Le Pied d'oiseau à légumes comprimés, *Ornithopus compressus*; toute la plante est velue; les feuilles pinnées; les folioles assises; les légumes sont comprimés, ridés, recourbés en-dessous; les bractées sont pinnées; les péduncules plus courts que les feuilles, portent deux fleurs jaunes. En Languedoc, en Italie.

3.° Le Pied d'oiseau scorpione, *Ornithopus scorpioïdes*, à feuilles ternées; la foliole impaire, très-grande. En Dauphiné, en Languedoc. La tige est droite; les péduncules portent quatre fleurs. Si on regarde les deux folioles inférieures qui sont arrondies comme des stipules, alors le pétiole ne porte qu'une feuille.

370. LE FER-A-CHEVAL vivace.

Ferrum equinum Germanicum, siliquis in summitate. C. B. P.

Hippocrepis comosa. L. *diadelphia, 10-dria.*

Fleur. Papilionacée; l'étendard cordiforme; porté par un onglet de la longueur du calice;

les ailes ovales, oblongues, obtuſes; la carêne en forme de croiſſant & aplatie; le calice d'une ſeule piece, à cinq dentelures, dont les deux ſupérieures ſe réuniſſent.

Fruit. Légume aplati, long, recourbé en fer-à-cheval, composé d'articulations formées par de profondes échancrures; dans chaque articulation une ſemence ſolitaire, oblongue, recourbée.

Feuilles. Ailées, terminées par une impaire; les folioles petites, étroites, preſque ſeſſiles, très-entieres.

Racine. Menue, ligneuſe.

Port. Les tiges d'un pied, herbacées, anguleuſes, rameuſes, rampantes; les légumes ramaſſés au ſommet, comme en ombelle; les feuilles alternes.

Lieu. Les terrains ſecs & ſablonneux. ♃

Propriétés. Cette plante a un goût amer; elle eſt vulnéraire, aſtringente.

Uſages. On s'en ſert en décoction, extérieurement, pilée & appliquée.

371. LE FER-A-CHEVAL annuel.

FERRUM *equinum, ſiliquâ ſingulari.* C. B. P.
HIPPOCREPIS *uniſiliquoſa.* L. *diadelphia, 10-dria.*

Fleur. } Comme dans la précédente; les arti-
Fruit. } culations du légume plus marquées, les échancrures plus profondes, intérieurement arrondies.

Feuilles. Ailées, à ſept ou à neuf folioles échancrées, preſque ovales.

Racine. La même que la précédente.

Port. Les tiges couchées par terre, longues

Cl. X. Sect. III. d'un pied & plus; cette espece differe de la premiere, en ce que ses légumes sont solitaires, sessiles, égaux aux feuilles en longueur; feuilles alternes.

Lieu. L'Italie, le Languedoc. ⊙

Propriétés. } Du précédent.
Usages. }

Observations. Le caractere essentiel du Fer-à-cheval, se trouve sur le légume qui est comprimé, courbé, échancré plusieurs fois sur une des sutures.

Les vertus attribuées au Fer-à-cheval ne sont point confirmées par l'observation. Nous allons donner les caracteres essentiels spécifiques des trois especes les plus connues.

1.° Le Fer-à-cheval à une silique, *Hippocrepis unisiliquosa*, ne porte qu'un légume assis, solitaire, redressé. *Voyez le Tableau* 371. On le trouve en Languedoc & en Suisse.

2.° Le Fer-à-cheval à plusieurs siliques, *Hippocrepis multisiliquosa*, à légumes pédunculés, entassés, circulaires, lobés sur une des deux marges. En Languedoc & près de Lyon.

3.° Le Fer-à-cheval en tête, *Hippocrepis comosa*, à légumes pédunculés, entassés, tournés en arc ondulé sur la suture extérieure. *Voyez le Tableau* 370.

Il s'étend de la Méditerranée en Autriche. Les moutons mangent avec avidité ces trois especes de plantes.

372. LE SAINFOIN d'Espagne.

Hedysarum clypeatum, flore suaviter rubente. EYST.

Hedysarum coronarium. L. *diadelphia, 10-dria.*

Fleur. Papilionacée; caractere du Sainfoin ordinaire, n.° 358. corolle d'un beau rouge.

Fruit. Légume long, aplati, nu, droit, hérissé de pointes, qui differe de celui du Sainfoin ordinaire, par ses articulations marquées comme celles d'une chaîne. Cl. X. Sect. III.

Feuilles. Ailées, terminées par une impaire, plus grande que les autres; les folioles ovales, épaisses, charnues.

Racine. Rameuse.

Port. Les tiges herbacées, cannelées, rameuses, diffuses, hautes de deux pieds; les péduncules plus longs que les feuilles; feuilles alternes.

Lieu. Les prairies d'Espagne; cultivé à Malte sous le nom de *Scilla.* ♃

Propriétés. Intérieurement incisif & apéritif; extérieurement vulnéraire, détersif.

Usages. On se sert de toute la plante en décoction, & des fleurs en infusion; c'est une excellente nourriture pour les chevaux, mais trop succulente pour être donnée sans mélange.

373. LA CHENILLE.

SCORPIOIDES *repens buplevri folio.* I. R. H.
SCORPIURUS *sulcata.* L. *diadelphia, 10-dria.*

Fleur, Papilionacée; l'étendard obrond, échancré, le limbe réfléchi, ouvert; les ailes lâches, presque ovales, avec des appendices obtus; la carêne en croissant, renflée dans le milieu, aiguë, droite, divisée en deux à sa base; le calice d'une seule piece, droit, renflé, un peu aplati, divisé en cinq petites dentelures à peu près égales.

Fruit. Légume oblong, presque cylindrique, cannelé, dur, raboteux, épineux dans cette espece, replié presque en spirale, imitant une Chenille; les semences obrondes & solitaires.

Feuilles. Oblongues, entieres, arrondies au ſommet, ſe terminant inſenſiblement à leur baſe en pétioles.

Racine. Ligneuſe, branchue.

Port. Tiges d'un pied au plus, rampantes, herbacées, rameuſes, preſque anguleuſes; fleurs axillaires, portées trois à trois, ſur de longs péduncules qui ont quatre angles; quelques ſtipules en forme d'alène; les feuilles alternes, imitant celles de l'Oreille-de-lievre : arbriſſeau.

Lieu. Provinces méridionales, dans les terrains ſablonneux, pierreux. ⊙

Propriétés. Quelques Auteurs la regardent comme vulnéraire & apéritive.

Uſages. On ne s'en ſert preſque plus.

Observations. Un légume arrondi, roulé, entrecoupé, fournit le caractere eſſentiel des Chenilles; les principales eſpeces que nous devons caractériſer, ſont:

1.° La Chenille vermiculaire, *Scorpiurus vermiculata*, à péduncules ne portant qu'une fleur; à légume couvert de tous côtés d'écailles obtuſes, formant comme des cornes ſpongieuſes. En Dauphiné.

2.° La Chenille hériſſée, *Scorpiurus muricata*, à péduncules produiſant deux fleurs; à légumes ſtriés, chargés extérieurement de tubercules durs, un peu pointus. En Languedoc.

3.° La Chenille ſillonnée, *Scorpiurus ſulcata*, à péduncules produiſant ſouvent trois fleurs; à légumes chargés extérieurement d'épines diſtinctes, aiguës.

4.° La Chenille velue, *Scorpiurus ſubvilloſa*, à péduncules produiſant juſques à quatre fleurs; à péduncules extérieurement chargés d'épines entaſſées, aiguës. En Languedoc.

On peut raiſonnablement préſumer que ces quatre eſpeces doivent leur origine au climat, au terrain, ou à d'autres accidens. Dans toutes, le port, les feuilles ſemblables paroiſſent l'annoncer. *Voyez*, pour le port, les feuilles, *le Tableau* 373.

SECTION IV.

SECTION IV.

Des Herbes à fleur polypétale, irréguliere, papilionacée, *qui portent trois feuilles sur une même queue.*

374. LE LOTIER, *ou* Trefle jaune.

LOTUS corniculata & hirsuta minor. I. R. H.
LOTUS corniculata. L. *diadelphia, 10-dria.*

FLEUR. Papilionacée, corolle jaune; l'étendard voûté, recourbé en dehors, son onglet oblong & concave; les ailes sous-orbiculaires, larges, unies par le haut, & plus courtes que l'étendard; la carêne renflée à sa base, pointue, droite, courte; le calice d'une seule piece, cylindrique, divisé en cinq petites dentelures, aiguës, égales & droites.

Fruit. Légume cylindrique, étroit, uniloculaire, quoique au dehors il paroisse divisé, bivalve, renfermant plusieurs semences sous-orbiculaires.

Feuilles. Ternées sur un pétiole; les folioles égales, entieres, sessiles.

Racine. Ligneuse, longue, noire, branchue, à fibres rampantes.

Port. Les tiges menues, couchées, feuillées; péduncules axillaires qui portent plusieurs fleurs disposées en maniere de têtes; deux stipules de la grandeur des folioles; feuilles alternes.

Lieu. Les prés, les pâturages. ♃

Propriétés. La racine a un goût douceâtre, aſtringent.

Uſages. Cette herbe eſt très-nourriſſante pour les beſtiaux, & de peu d'uſage en Médecine.

375. LE LOTIER, *ou* Trefle hémorroïdal.

Lotus hemorroïdalis, humilior & candidior. I. R. H.

Lotus hirſuta. L. *diadelphia, 10-dria.*

Fleur. Papilionacée; caracteres du précédent; l'étendard d'un rouge clair; les ailes blanchâtres, la carêne brune au ſommet; le calice rouge au-deſſus, ſa dentelure inférieure plus longue que les autres.

Fruit. Légume gros, court, ovale; les ſemences rondes, jaunâtres en dedans.

Feuilles. Lanugineuſes, blanchâtres, arrondies, trois à trois.

Racine. Longue, dure, ligneuſe.

Port. Tiges hautes de deux ou trois pieds, droites, velues, ligneuſes, rameuſes; les fleurs au ſommet, ramaſſées en têtes velues, au nombre de ſept ou neuf; deux ſtipules à la baſe des pétioles; feuilles alternes.

Lieu. Les Provinces méridionales de la France. ♃

Propriétés. Toute la plante eſt, dit-on, anti-hémorroïdale, d'où lui eſt venu ſon nom; mais la Philoſophie médicinale eſt trop éclairée pour adopter de ſemblables propriétés qui ne ſont fondées ni ſur une expérience contradictoire, ni ſur une analogie raiſonnable.

Uſages. On la donne aux hommes, réduite en poudre, à la doſe de gr. j ou gr. ij dans du bouillon ou dans un peu de vin ; extérieurement on s'en sert en cataplasme.

OBSERVATIONS. Le calice tubulé, les ailes de la corolle s'adossant longitudinalement par le haut, le légume cylindrique, fournissent le caractere essentiel des Lotiers.

Les LOTIERS à légumes en petit nombre, ne formant point, réunis, une tête.

1.° Le Lotier maritime, *Lotus maritimus*, à légume solitaire, à quatre angles membraneux ; à feuilles lisses ; à bractées lancéolées ; à fleurs jaunes. Sur les bords de la mer Baltique & Méditerranée.

2.° Le Lotier à siliques, *Lotus siliquosus*, à légumes solitaires, membraneux, quadrangulaires; à tiges couchées; à feuilles un peu velues en-dessous ; les fleurs jaunes, calices velus. Lyonnoise, Allemande.

3.° Le Lotier très-étroit, *Lotus angustissimus*, à légumes deux à deux, linaires, droits, resserrés ; à tige droite ; à péduncules alternes. Lyonnoise.

Les LOTIERS à péduncules portant plusieurs fleurs, formant une tête.

4.° Le Lotier hérissé, *Lotus hirsutus*, à tige droite, hérissée, ligneuse ; à fleurs en tête arrondie ; à calices produisant un duvet ; à légumes ovales, courts. En Dauphiné. *Voyez le Tableau* 375.

5.° Le Lotier en corne, *Lotus corniculatus*, à fleurs en tête aplatie ; à tige un peu couchée ; à légumes cylindriques, très-droits, arrondis. Lyonnoise, Lithuanienne.

Il varie par la grandeur des fleurs & des feuilles ; les corolles sont d'une odeur suave. *Voyez le Tableau* 375.

6.° Le Lotier doricnie, *Lotus dorycnium*, à feuilles digitées, cinq ou sept folioles étroites ; à fleurs en tête sans feuilles florales ; à légumes très-courts. En Dauphiné, en Languedoc.

Scopoli l'a aussi trouvé en Carniole, il en a formé un genre sous le nom de *Dorycnium pentaphyllum*. *Voy.* ci-devant *la II.e Observation après le Tableau* 359.

Cl. X. Sect. IV. pas possible de reconnoître cette espece pour un Lotier; elle n'offre point le caractere essentiel de ce genre, & son port est trop différent.

376. LE TREFLE, *ou* Triolet des prés.

TRIFOLIUM pratense purpureum. C. B. P.
TRIFOLIUM pratense. L. *diadelph. 10-dria.*

Fleur. Papilionacée; quoique la corolle soit réellement monopétale, on y distingue un étendard réfléchi, des ailes plus courtes que l'étendard, une carêne plus courte que les ailes; le calice est d'une seule piece, tubulé, à cinq dentelures, & ne tombe pas avec la fleur dont la couleur est ordinairement pourprée.

Fruit. Légume court, guere plus long que le calice, univalve, contenant un petit nombre de semences obrondes.

Feuilles. Trois à trois, sur de courts pétioles, ovales, entieres, finement dentelées, quelquefois terminées par un stylet, souvent marquées d'une tache blanche ou noire, placée dans le milieu de la foliole en demi-cercle.

Racine. Longue, ligneuse, rampante, fibreuse.

Port. Tiges d'un pied environ, grêles, cannelées, quelquefois velues; les fleurs au sommet, en épis obtus, qui paroissent velus, & qui sont entourés de feuilles florales, membraneuses, nerveuses; feuilles alternes

Lieu. Tous les prés. ♃ Trisannuel.

Propriétés. Les fleurs ont une odeur assez agréable, un goût légérement astringent; la plante est vulnéraire, détersive.

Usages. On l'emploie intérieurement, en décoction ; pour l'extérieur, on la fait bouillir dans de l'eau ou du vin, & on l'applique en cataplasme ; on en tire aussi une eau distillée, ophtalmique.

377. LE PIED-DE-LIEVRE.

TRIFOLIUM arvense humile spicatum sive Lagopus. C. B. P.
TRIFOLIUM arvense. L. *diadelph. 10-dria.*

Fleur. Papilionacée ; caracteres du précédent, mais la corolle polypétale ; le calice velu, de la longueur de la corolle ; ses dentelures égales & sétacées.

Fruit. Légume enveloppé du calice, semences réniformes & rougeâtres.

Feuilles. Trois à trois ; les folioles presque ovales, longues, échancrées, sessiles.

Racine. Menue, ligneuse, fibreuse, tortueuse, blanche.

Port. Les tiges d'un demi-pied, droites, couvertes d'un duvet blanchâtre ; les fleurs en épis velus & ovales ; feuilles alternes.

Lieu. Les champs. ⊙

Propriétés. } Plante d'une saveur astringente ;
Usages. } les mêmes vertus que la précédente.

378. LE MÉLILOT.

MELILOTUS officinarum Germaniæ. C. B. P.
TRIFOLIUM Melilotus officinalis. L. *diadelphia, 10-dria.*

Fleur. Caractere des précédens ; corolle jaune, blanche dans une variété.

Cl. X. Sect. IV.

Fruit. Légume plus long que le calice, en quoi il differe des précédens; deux ſemences arrondies & jaunâtres.

Feuilles. Trois à trois, ovales, légérement dentées, la foliole impaire pétiolée.

Racine. Blanche, pliante, garnie de quelques fibres capillaires & fort courtes.

Port. Tiges droites, quelquefois de la hauteur d'un homme; les fleurs en grappe, pendantes & axillaires; feuilles florales, à peine viſibles; les feuilles alternes.

Lieu. Les haies, les buiſſons. ♂

Propriétés. Les feuilles du Mélilot ſont odorantes, & ont un goût âcre, amer, nauſéeux; elles ſont légérement réſolutives, émollientes, carminatives.

Uſages. On l'emploie rarement à l'intérieur, mais on s'en ſert dans les lavemens émolliens, carminatifs & adouciſſans; & dans les cataplaſmes, fomentations, bains, &c.

379. LE MÉLILOT, *ou* Lotier odorant.

MELILOTUS major odorata violacea. I. R. H.
TRIFOLIUM Melilotus cærulea. L. *diadelph. 10-dria.*

Fleur. Caracteres des précédens; corolle d'un bleu violet.

Fruit. Légume court, pointu, plus long que le calice; ſemences jaunes, arrondies & odorantes.

Feuilles. Trois à trois, ſur un long pétiole, liſſes, dentelées.

Racine. Menue, ſimple, blanche, ligneuſe, peu fibreuſe.

Port. Tige de deux ou trois pieds, grêle, cannelée, un peu anguleuse, lisse, creuse, branchue; les fleurs en grappes axillaires, de la longueur des feuilles & peu garnies de fleurs; sans feuilles florales; feuilles alternes.

Lieu. La Boheme; cultivé dans les jardins. ♃

Propriétés. Cette plante a un goût aromatique, & une odeur agréable; les mêmes vertus que la précédente, mais elle est plus résolutive.

Usages. Avec l'herbe on fait des décoctions; avec les fleurs, des infusions.

Observations. Le Chevalier Linné, en avouant qu'il est très-difficile de saisir le caractere essentiel des Trefles, regarde comme tel les fleurs ramassées le plus souvent en têtes, le légume à peine plus long que le calice, se séparant du calice sans s'ouvrir.

Les Mélilots à légumes nus, renfermant plusieurs semences.

1.° Le Trefle Mélilot bleu, *Trifolium Melilotus cærulea*, à tige droite; à fleurs en épis oblongs; à légumes à demi nus, terminés par une pointe. Originaire de Boheme. *Voyez le Tableau 379.*

2.° Le Trefle Mélilot des boutiques, *Trifolium Melilotus officinalis*, à tiges droites; à légumes en grappes, nus, ridés, aigus, renfermant deux semences. Lyonnoise, Lithuanienne.

On le trouve à fleurs blanches, & à fleurs jaunes. *Voyez le Tableau 378.*

3.° Le Trefle Mélilot d'Italie, *Trifolium Melilotus italica*, à tige droite; à folioles entieres; à légumes obtus, ridés, en grappes, nus, renfermant deux semences.

Les Trefles Lotiers à légumes couverts, renfermant plusieurs semences.

4.° Le Trefle hybride, *Trifolium hybridum*, à tige ascendante, fistuleuse; à folioles en ovale renversé, à dents de scie; à fleurs en têtes imitant une ombelle; à légumes renfermant quatre semences. Lyonnoise, Suédoise.

Cl. X.
Sect. IV.

5.° Le Trefle rampant, *Trifolium repens*, à tige couchée; à fleurs portées par des péduncules distincts, rassemblées comme en ombelle, blanches; à légumes contenant quatre semences. Lyonnoise, Lithuanienne.

6.° Le Trefle des Alpes, *Trifolium alpinum*, à tige comme en hampe, sortant de la racine; à feuilles linaires, entieres, lancéolées, nerveuses; à fleurs grandes, comme en ombelle; à légumes pendans, renfermant deux semences. Sur les montagnes du Forez & du Dauphiné.

Sa racine a un goût doux comme la Régliffe. Nous l'avons trouvé très-abondamment sur les Pyrénées, autour de Mont-Louis; les fleurs purpurines, quelquefois blanches.

Les TREFLES *Pied-de-lievre, à calices velus.*

7.° Le Trefle semeur, *Trifolium subterraneum*, à tiges rameuses, velues; à folioles assez petites, velues, à fleurs blanches en têtes petites, velues. Lyonnoise, Parisienne.

Les fleurs développées, sont redressées; lorsqu'elles se fanent, elles se cachent en terre; dès-lors ces têtes sont enveloppées dans des filets jaunâtres & rameux, qui forment une espece de grillage autour d'elles. La phrase de Tournefort nous paroît caractéristique, *Trifolium semen sub terram condens.*

8.° Le Trefle lapacé, *Trifolium lappaceum*, à tiges menues, diffuses, un peu velues; à folioles petites, cunéiformes, velues; à têtes des fleurs fort petites, ovales; les dents du calice aiguës & ciliées. En Dauphiné, en Languedoc, les dents du calice deviennent roides après la fleuraison.

9.° Le Trefle rougeâtre, *Trifolium rubens*, à tige droite, d'un pied & demi; à folioles dentelées; à fleurs en épis longs de deux pouces; à calices velus; à corolles rougeâtres, monopétales. Lyonnoise, Lithuanienne.

Dans cette espece, les stipules sont longues, membraneuses, fendues à leurs extrémités.

10.° Le Trefle des prés, *Trifolium pratense*, à tiges rameuses, un peu couchées; à folioles ovales, très-entieres, velues; à épis arrondis, un peu velus, environnés par deux feuilles assises; à stipules opposées, membraneuses, très-dilatées, qui forment comme un calice commun. Lyonnoiſe, Lithuanienne. *Voyez le Tableau* 376.

11.° Le Trefle alpin, *Trifolium alpeſtre*, très-reſſemblant au précédent; il differe par les folioles plus étroites, lancéolées, par ſes ſtipules plus longues & plus vertes, & par ſes fleurs d'un beau pourpre. Lyonnoiſe, Lithuanienne.

12.° Le Trefle incarnat, *Trifolium incarnatum*, à tige velue, d'un pied; à folioles arrondies, crénelées; à épis longs, velus, obtus, ſans feuilles florales. Lyonnoiſe, Lithuanienne.

13.° Le Trefle ocreux, *Trifolium ocroleucrum*, à tige droite, un peu velue; à feuilles inférieures, un peu en cœur; les autres ovales, toutes velues; les florales oppoſées; à épis oblongs, velus. Lyonnoiſe, Lithuanienne. Les fleurs de couleur d'ocre.

14.° Le Trefle à feuilles étroites, *Trifolium anguſtifolium*, à feuilles linaires; à épis velus, coniques, oblongs, de deux ou trois pouces; à dents du calice ſétacées, preſque égales. En Dauphiné, en Languedoc, en Allemagne.

15.° Le Trefle des champs, *Trifolium arvenſe*, à épis velus, ovales; à dents du calice ſétacées, égales, velues. Lyonnoiſe, Lithuanienne. *V. le Tableau* 377.

16.° Le Trefle étoilé, *Trifolium ſtellatum*, à épis ovales, chargés de poils; à calices fort grands, dont les ſegmens extérieurement velus ſont ouverts en étoile. En Dauphiné, en Carniole.

17.° Le Trefle rude, *Trifolium ſcabrum*, à tiges couchées; à têtes ovales, aſſiſes aux aiſſelles des feuilles; à calices à dents recourbées, inégales; à corolles blanches. Il s'étend du Languedoc en Allemagne.

18.° Le Trefle glomerulé, *Trifolium glomeratum*, à tiges penchées; à têtes hémiſphériques, arrondies, aſſiſes aux aiſſelles des feuilles; à ſegmens du calice égaux, ouverts. Lyonnoiſe.

19.° Le Trefle ſtrié, *Trifolium ſtriatum*, à têtes aſſiſes, ovales; à calices arrondis, ſtriés, velus; à fleurs petites, d'un pourpre clair. En Allemagne, en France, en Suede.

Cl. X. Sect. IV.

Les TREFLES *à calices enflés, à vessies.*

20.° Le Trefle écumeux, *Trifolium spumosum*, à tiges nombreuses, diffuses; à épis ovales; à fleurs rouges, à calices enflés, lisses; à cinq dents terminées par des soies. Lyonnoise.

21.° Le Trefle fraisier, *Trifolium fragiferum*, à tige rampante; à têtes arrondies; à calices enflés, soyeux; à deux dents renversées. Lyonnoise, dans toute l'Europe.

Les TREFLES *à étendards renversés.*

22.° Le Trefle des montagnes, *Trifolium montanum*, à tige d'un pied, droite; à folioles lancéolées, dentelées, nerveuses, un peu velues en-dessous; à têtes arrondies, terminales, peu nombreuses; à calices nus; l'étendard de la fleur est en alêne. Lyonnoise, Lithuanienne.

23.° Le Trefle houblonné, *Trifolium agrarium*, à tiges droites, diffuses; à épis ovales, denses; à étendards persistans, renversés; à calices très-peu velus. Lyonnoise, Lithuanienne.

Les corolles jaunes se flétrissent sans tomber, & acquierent alors une couleur ferrugineuse, qui donne aux épis une couleur de Houblon.

24.° Le Trefle paille, *Trifolium spadiceum*, très-ressemblant au précédent; il ne differé que par ses calices plus velus. Lyonnoise, Lithuanienne.

25.° Le Trefle jaune, *Trifolium procumbens*, à tige couchée; à épis ovales; à étendards durables, renversés. Lyonnoise, Lithuanienne.

On compte dix à douze petites fleurs jaunes dans l'épi.

26.° Le Trefle filiforme, *Trifolium filiforme*: il ne differe du précédent que par ses tiges plus menues, par ses épis moins garnis de fleurs, quatre à cinq, très-petites.

OBSERVATION GÉNÉRALE. Tous les Trefles contiennent abondamment le principe muqueux nutritif; le Trefle des prés, celui des montagnes, sont ceux qui conviennent le mieux pour les prairies artificielles; mais il faut prendre garde que les bestiaux n'en mangent trop: s'ils s'en rassafient souvent, cette herbe, en occasionnant la plétore, leur procure des maladies graves, le vertige aux chevaux, la tympanite aux bœufs. On peut retirer du Trefle des prés une teinture verte.

Quant au Melilot qui, à une odeur agréable, réunit un principe muqueux & un peu amer, on s'est peu accordé sur ses propriétés; les Anciens l'ont regardé comme émollient; quelques Modernes conduits par l'analogie, n'ayant égard qu'à ses principes actifs, à l'esprit recteur qu'il contient, ont cru qu'il pouvoit plutôt irriter la fibre sensible, qu'adoucir & relâcher; l'infusion de fleurs de Mélilot étoit recommandée contre la colique, l'inflammation des intestins, la retention d'urine, la tympanite, les fleurs blanches: mais on ne peut compter sur de semblables assertions, elles ne sont point le fruit d'une observation éclairée.

380. L'ARRÊTE-BŒUF.

ANONIS spinosa, flore purpureo. C. B. P.
ONONIS spinosa. L. *diadelph. 10-dria.*

Fleur. Papilionacée; l'étendard en cœur, aplati par ses côtés; les ailes ovales, plus courtes de moitié que l'étendard; la carêne pointue, un peu plus longue que les ailes; le calice presque aussi long que la corolle, divisé en cinq découpures linéaires, pointues, légérement arquées en-dessus; corolle purpurine.

Fruit. Légume renflé, velu, uniloculaire, bivalve; semences réniformes.

Feuilles. Trois à trois, pétiolées, ovales, entieres, un peu gluantes.

Racine Longue, rampante, brune en dehors, & blanche en dedans.

Port. Espece de sous-arbrisseau, tige d'un pied environ, velue, rameuse; les rameaux épineux;

Cl. X. Sect. IV.

les fleurs en grappes, ou latérales, deux à deux & sessiles; les feuilles alternes.

Lieu. Les terrains incultes, les champs, aux labours desquels elle est nuisible. ♃

Propriétés. La racine est d'une saveur désagréable, apéritive, diurétique; l'odeur des feuilles est puante.

Usages. La racine est une des cinq racines apéritives mineures; son écorce seule, réduite en poudre, se donne pour l'homme, à la dose de ʒj, & à celle de ℥ß en décoction; on s'en sert dans les tisanes apéritives. On donne aux animaux la poudre de la racine, à la dose de ℥j; en décoction, à la dose de ℥ij, sur ℔j d'eau.

Observations. La racine de l'Arrête-bœuf est indiquée dans les obstructions, l'engorgement des glandes, la cachexie, les pâleurs; elle a quelquefois guéri seule l'hydrocele; on l'a recommandée, d'après l'observation, pour prévenir le retour des coliques néphrétiques; l'herbe verte est alimenteuse pour les bestiaux.

381. L'ARRÊTE-BŒUF à fleur jaune.

Anonis viscosa, spinis carens, lutea major. C. B. P.

Ononis natrix. L. *diadelphia, 10-dria.*

Fleur. *Fruit.* *Feuilles.* *Racine.*	Caracteres du précédent; corolle jaune, & le légume moins velu.

Port. Tige comme le précédent, un peu plus forte; les péduncules ne portent qu'une fleur, & sont terminés par un filet; point d'épines; stipules très-entieres.

Lieu. Lyonnoiſe, aux Brotteaux.

Propriétés. L'odeur de toute la plante, qui eſt balſamique, annonce des propriétés médicinales, avantageuſes dans pluſieurs maladies. On lui a accordé les vertus de l'Arrête-bœuf; nous avons vu réuſſir la tiſane des feuilles dans les ardeurs d'urine cauſées par les graviers. Nos beſtiaux négligent cette plante.

OBSERVATIONS. Dans les Bugranes ou Ononis, le calice eſt diviſé en cinq ſegmens linaires; l'étendard eſt ſtrié; le légume renflé, aſſis, ou ſans péduncule; les filamens réunis ſans fiſſures. La réunion de ces attributs conſtitue, ſuivant Linné, le caractere eſſentiel générique.

Les BUGRANES à fleurs preſque ſans péduncule.

1.° La Bugrane des Anciens, *Ononis antiquorum*, à tige ramaſſée, très-épineuſe; à fleurs ſolitaires; à péduncule plus grand que la foliole. Lyonnoiſe.

2.° La Bugrane des champs, l'Arrête-bœuf, *Ononis arvenſis*, à tige penchée, dont les rameaux en vieilliſſant deviennent épineux; les feuilles des branches ternées; les florales ſimples; fleurs en grappes, ſortant deux à deux des aiſſelles, ayant chacune ſon péduncule. Lyonnoiſe. Lithuanienne.

Ses fleurs ſont pourpres, quelquefois blanches.

3.° La Bugrane rampante, *Ononis repens*, très-reſſemblante à la précédente; elle en differe par ſes tiges couchées, éparſes çà & là; elle eſt plus petite, ſes feuilles plus velues; ſes fleurs ſolitaires aux aiſſelles. Lyonnoiſe.

4.° La Bugrane très-petite, *Ononis minutiſſima*, à tiges filiformes, un peu ligneuſes; à fleurs axillaires, ſolitaires; les corolles jaunes, plus courtes que les calices; à légumes ovales, plus courts que le calice. En Suiſſe, en Autriche. Lyonnoiſe.

Les BUGRANES à fleurs portées par des péduncules ſans arête.

5.° La Bugrane réfléchie, *Ononis reclinata*, à tiges petites, velues, un peu viſqueuſes; à feuilles ternées; à

Cl. X. Sect. IV.

folioles arrondies, crénelées ; à péduncules ne portant qu'une fleur blanchâtre, & un peu purpurine ; à légumes réfléchis contre les péduncules. En Dauphiné.

Les BUGRANES à péduncules à arête.

6.° La Bugrane visqueuse, *Ononis visquosa*, à feuilles ternées & simples ; à péduncules uniflores, terminés par un fil ; à fleurs d'un jaune pâle. En Dauphiné, en Provence. Tiges droites, chargées de poils qui donnent une humeur gluante.

7.° La Bugrane gluante, *Ononis natrix*, à feuilles ternées, visqueuses, dentelées au sommet ; à stipules très-entieres ; à tiges ligneuses ; à fleurs jaunes, grandes, portées sur un péduncule chargé d'un filet particulier. Lyonnoise, Languedocienne. Toute la plante répand une odeur forte de thériaque. *Voyez le Tableau* 381.

8.° La Bugrane gluante, *Ononis pinguis*, très-ressemblante à la précédente ; mais sa tige est moins ligneuse, plus anguleuse ; les feuilles sont plus longues, lancéolées ; les filets des péduncules de la longueur de la fleur. Lyonnoise, en Provence.

382. LE FENU-GREC.

FŒNUM Græcum sativum. C. B. P.
TRIGONELLA Fœnum Græcum. L. *diadelph. 10-dria.*

Fleur. Papilionacée ; l'étendard presque ovale, obtus, ouvert & réfléchi ; les ailes ovales, oblongues, ouvertes & réfléchies extérieurement ; la carêne très-courte, obtuse, placée dans le centre de la fleur.

Fruit. Légume alongé, étroit, courbé en forme de faux, & terminé en pointe ; les semences rhomboïdales, sillonnées.

Feuilles. Ternées, ovales, en forme de coin, dentées en maniere de scie à leur sommet.

Racine. Menue, blanche, ſimple, ligneuſe.

Port. La tige droite, d'un pied, grêle, creuſe, rameuſe; les fleurs jaunâtres, axillaires & ſeſſiles; les légumes plus longs que les folioles; deux ſtipules rapprochées; feuilles alternes.

Lieu. Le Languedoc; cultivé dans les jardins. ♃

Propriétés. Cette plante eſt odorante, mucilagineuſe, émolliente, maturative, laxative.

Uſages. On ſe ſert ſouvent de la ſemence, que l'on réduit en farine; elle entre dans preſque tous les cataplaſmes émolliens, maturatifs & diſcuſſifs; on l'emploie auſſi dans les lavemens émolliens, carminatifs & anodins; le mucilage des graines eſt ophtalmique.

OBSERVATIONS. Les ſemences d'un brun jaune, ſont ameres, & répandent une odeur de Mélilot; elles contiennent une ſi grande quantité de mucilage, qu'une once donne la lenteur de l'huile, à ſeize onces d'eau; l'extrait aqueux qui eſt amer & odorant, conſtitue les trois quarts de tout le poids des ſemences; mais l'extrait réſineux conſerve mieux l'odeur & la ſaveur des ſemences. L'eau mucilagineuſe des ſemences de Fenu-grec, eſt un des meilleurs adouciſſans, & comme elle récele un principe un peu amer & balſamique, on peut croire qu'elle réunit d'autres propriétés; nous l'avons vu réuſſir dans les dartres; elle eſt au moins auſſi efficace dans ce genre de maladie, que la Régliſſe.

Le genre des Trigonelles offre pour caractere eſſentiel d'avoir l'étendard & les ailes de même longueur, ouverts; ce qui donne à la corolle, vu la briéveté de la carêne, le coup-d'œil d'une fleur à trois pétales. Nous devons connoître de ce genre les eſpeces ſuivantes.

1.° La Trigonelle corniculée, *Trigonella corniculata*, à tiges droites; à fleurs en bouquets; à péduncules épineux; à légumes pendans, recourbés en dehors, en faucille, raſſemblés en tête. En Dauphiné, en Languedoc. Les fleurs petites, d'un jaune pâle, très-odorantes; elles ſont ſuccédanées du Mélilot; toute la plante fournit un bon fourrage pour les chevres & les moutons.

Cl. X. Sect. IV.

2.° La Trigonelle de Montpelier, *Trigonella monspeliaca*; à tiges un peu velues, couchées par terre; à légumes presque assis, sans péduncules, entassés aux aisselles, huit à dix, arqués, divergens, & plus courts que les feuilles; les fleurs petites & jaunes; à péduncules en arête molle. En Dauphiné, en Bourgogne, à Paris.

3.° La Trigonelle Fenu-grec, *Trigonella fœnum-græcum*, à légumes fort longs, un peu courbés, presque sessiles & solitaires, ou deux à deux, dans les aisselles des feuilles. *Voyez le Tableau* 382.

383. LA LUSERNE.

MEDICA major, erectior, floribus purpureis. I. R. H.

MEDICAGO sativa. L. *diadelph. 10-dria.*

Fleur. Papilionacée; l'étendard ovale, entier, réfléchi, recourbé par ses bords; les ailes ovales, oblongues, attachées par un appendice à la carêne, réunies en dessous par leurs côtés, la carêne oblongue, divisée en deux, obtuse, réfléchie, le calice d'une piece, droit, campanulé, cylindrique, à cinq petites découpures aiguës & égales.

Fruit. Légume aplati, long, contourné; les semences réniformes.

Feuilles. Ternées, pétiolées; les folioles ovales ou lancéolées, dentées à leur sommet.

Racine. Blanche, ligneuse.

Port. Tige d'un pied au moins, sans poils, lisse & droite; les fleurs violettes ou purpurines, péduncules, disposées en grappes, deux fois plus longues que les feuilles; les péduncules terminés par un filet; feuilles alternes, avec des stipules au bas des pétioles.

Lieu. Les prés; la Luserne en prairie artificielle, prend dans les bons fonds, la consistance d'un arbuste. Lyonnoise, Lithuanienne. ♃

Propriétés.

Propriétés. Rafraîchissante, légérement apéritive.

Usages. On s'en sert en décoction, mais elle est plus utilement employée à nourrir les bestiaux, auxquels cependant il n'en faut donner que modérément.

Observations. Dans les Luserne, les légumes sont contournés, faisant une ou plusieurs circonvolutions sur eux-mêmes. Les principales especes sont :

1.° La Luserne cultivée, *Medicago sativa*, à tige droite, lisse; à fleurs en grappes; à légumes plats, contournés. *Voyez le Tableau* 383.

2.° La Luserne à faucille, *Medicago falcata*, à tige couchée; à légumes en croissans; à fleurs en grappes, d'un jaune rougeâtre, ou pâles, mêlées de bleu & de violet. Lyonnoise, Lithuanienne.

3.° La Luserne lupuline, *Medicago lupulina*, à tiges couchées; à fleurs très-petites, jaunes, en tête; à légumes réniformes, fort petits, noirâtres, monospermes, ramassés en tête. Lyonnoise, Lithuanienne.

4.° La Luserne polymorphe, *Medicago polymorpha*, à tige diffuse; à stipules dentées; à légume très-contourné, faisant plusieurs circonvolutions sur lui-même.

Ces légumes sont nus, ou hérisses d'épines; leur figure offre plusieurs variétés; les lisses sont ou orbiculaires & comprimés, ou alongés en tire-bourre; les hérissés sont plus ou moins nombreux. Toutes ces variétés ont fait donner à cette espece le nom de *polymorphe*, ou à plusieurs figures. Suivez les détails dans le texte latin, *Systema Linnæanum*, tom. I. num. gen. 990. espece 9.

384. LE HARICOT.

Phaseolus vulgaris. Lob. icon.
Phaseolus vulgaris. L. *diadelph. 10-dria.*

Fleur. Papilionacée; l'étendard cordiforme, obtus, échancré, penché & ses côtés réfléchis; les ailes ovales, de la longueur de l'étendard, portées par

Cl. X. Sect. IV.

de longs onglets; la carêne étroite, roulée en ſpirale; le calice d'une ſeule piece, à deux levres, la ſupérieure échancrée, l'inférieure à trois dentelures.

Fruit. Légume long, droit, coriace, obtus, mais terminé par une pointe; la ſemence réniforme, oblongue, comprimée.

Feuilles. Pétiolées, ternées; les folioles très-entieres.

Racine. Grêle, fibreuſe.

Port. Tige longue, rameuſe, qui s'entortille; les fleurs axillaires, diſpoſées en grappes, deux à deux; légumes pendans; feuilles florales, plus grandes que les calices; feuilles alternes, avec de petites ſtipules.

Lieu. L'Inde; cultivé dans les potagers. ⊙

Propriétés. Les ſemences ſont nourriſſantes, venteuſes, émollientes, réſolutives.

Uſages. La ſemence réduite en farine, s'emploie dans les cataplaſmes; la cendre des tiges & des gouſſes, eſt apéritive; on donne cette cendre bouillie dans une pinte d'eau, à la doſe de ℥ j pour l'homme; & pour les animaux, à la doſe de ℥ iv dans ℔ iv d'eau.

Observations. Dans les Haricots, le caractere eſſentiel générique ſe trouve ſur la carêne qui, réunie avec les étamines & le piſtil, eſt roulé en ſpirale. Nous avons à connoître,

1.° Le Haricot commun, *Phaſeolus vulgaris*, à tiges grimpantes, ſe roulant autour des fulcres; à fleurs en grappes, deux à deux; à bractées plus petites que le calice; à légumes pendans. *Voyez le Tableau* 384. Le Haricot à fleurs pourpres, *Phaſeolus coccineus*, n'eſt qu'une variété du commun.

Le Haricot eſt nourriſſant, mais difficile à digérer pour pluſieurs ſujets; l'écorce de ces ſemences réſiſte aux forces digeſtives de l'eſtomac; voilà pourquoi les perſonnes délicates doivent préférer les purées. Les tiges battues fourniſſent une bonne nourriture aux moutons.

2.° Le Haricot nain, *Phaseolus nanus*, à tiges courtes, droites, lisses; à bractées plus longues que le calice; à légumes pendans, comprimés, ridés. Originaire des Indes. Cultivé dans les jardins.

SECTION V.

Des Herbes à fleur polypétale, irréguliere, papilionacée, *dont le pistil devient une gousse bicapsulaire ou divisée en deux loges selon sa longueur.*

385. L'ASTRAGALE, *ou* Réglisse sauvage.

ASTRAGALUS luteus, perennis procumbens, vulgaris sive sylvestris. MOR. Hist.
ASTRAGALUS glycyphyllos. L. *diadelph. 10-dria.*

FLEUR. Papilionacée; l'étendard plus grand que les autres parties, échancré, obtus, droit, ses côtés réfléchis; ailes oblongues, plus courtes que l'étendard; carêne de la longueur des ailes, échancrée; le calice tubulé, d'une seule piece, à cinq dentelures, les inférieures graduellement plus petites.

Fruit. Légume biloculaire, à trois angles, recourbé, renfermant des semences réniformes.

Feuilles. Ailées, avec une impaire; les folioles ovales, plus longues que les péduncules.

Racine. Rameuse.

Cl. X. Sect. V.

Port. Tiges feuillées, diffuſes, couchées; les fleurs pédunculées, avec des fleurs florales; feuilles alternes, avec des ſtipules.

Lieu. Les bois, les prés & pâturages humides. ♃

Propriétés. } Quelques. Auteurs la croient apéritive.
Uſages. }

386. L'ADRAGANT, *ou* Barbe de Renard.

TRAGACANTHA Maſſilienſis. J. B.
ASTRAGALUS tragacantha. L. *diadelph. 10-dria.*

Fleur. } Caracteres du précédent; le légume
Fruit. } moins grand, terminé par une pointe.

Feuilles. Ailées, ſur un long pétiole, ſouvent terminé par un filet; les folioles petites, blanchâtres & un peu ſoyeuſes.

Racine. Rameuſe.

Port. Cette eſpece differe de la précédente, par ſa tige velue qui monte en arbriſſeau, & par ſes pétioles qui ſont comme épineux; toute la plante eſt velue; les fleurs purpurines.

Lieu. En Provence, en Languedoc, en Suiſſe. ♃

Propriétés. } Les Auteurs ne ſont pas d'accord
Uſages. } ſur ſes vertus; ils ſe réuniſſent à la regarder comme rafraîchiſſante.

I.re OBSERVATION. Dans les Aſtragales, le légume à deux loges, à battans convexes, fournit le caractere eſſentiel du genre qui eſt très-nombreux. Parmi plus de quarante eſpeces indiquées par les Auteurs, contentons-nous de faire connoître les plus curieuſes & les plus communes en Europe.

Les ASTRAGALES *à tiges droites, feuillées.*

1.° L'Aſtragale alopécurier, *Aſtragalus alopecuroïdes*, à tiges de deux pieds, velues; à feuilles fort longues, composées d'un grand nombre de folioles, velues en leur bord; à fleurs en épis aſſis, denſes, ovales; à calices & légumes laineux. En Eſpagne, en Languedoc.

2.° L'Aſtragale ſillonné, *Aſtragalus ſulcatus*, à tige liſſe, à cinq angles; à folioles preſque linaires; à grappes des fleurs, droites; à légumes amincis par les deux extrémités; à péduncules axillaires, trois fois plus longs que les feuilles. Dauphinoiſe, Lithuanienne.

Les fleurs petites, d'un bleu pâle.

3.° L'Aſtragale velu, *Aſtragalus piloſus*, à tige chargée de poils; à fleurs jaunâtres, en épis; à légumes en alêne, velus, ronds. Lyonnoiſe, Lithuanienne.

4.° L'Aſtragale eſparcette, *Aſtragalus onobrychis*, à tige rameuſe, chargée de poils ſoyeux; à folioles linaires, un peu ſoyeuſes; à fleurs en épis longs, d'un pourpre bleuâtre; à étendards très-longs; à légumes courts, hériſſés, enflés. Dauphinoiſe, Lithuanienne.

Les ASTRAGALES *à tiges feuillées, diffuſes.*

5.° L'Aſtragale à veſſies, *Aſtragalus cicer*, à tiges couchées, preſque liſſes; à légumes enflés, globuleux, velus, terminés par une pointe. En Dauphiné, en Allemagne.

6.° L'Aſtragale régliſſier, *Aſtragalus glycyphyllos*, à tige couchée, liſſe, rameuſe; à folioles aſſez grandes, ovales, d'un vert clair; à légumes un peu courbés en faucille. Lyonnoiſe, Lithuanienne. *Voyez le Tableau* 385.

Les fleurs ſont d'un jaune pâle; la racine eſt douce, analogue à la Régliſſe. On peut la regarder comme ayant les mêmes vertus; en effet, nous l'avons employée avec ſuccès contre les dartres, les ſtranguries, coliques & autres maladies qui exigent les corps doux. Le ſavant M. Durande cite une obſervation bien précieuſe, ſavoir, d'un enfant guéri de l'épilepſie, en ne prenant d'autre remede que la racine de cet Astragale. Nous pensons avec ce Professeur judicieux, que cette guérison est due aux seuls efforts de la nature, car nous connoissons plusieurs sujets guéris *sponte* de cette singuliere maladie. D'ailleurs, toute la plante est très-nutritive; elle plaît aux bestiaux, & pourroit former d'excellentes prairies artificielles.

7.° L'Astragale à hameçons, *Astragalus hamosus*, à tiges couchées, de six pouces, un peu velues; à folioles petites, velues en-dessous, comme en cœur; à péduncules axillaires, portant quatre ou cinq fleurs jaunâtres; à légumes repliés sur eux-mêmes, très-crochus, comme des hameçons. En Languedoc, en Bourgogne.

8.° L'Astragale sesamier, *Astragalus sesameus*, à tiges rameuses, diffuses; à fleurs presque assises, ou à péduncules très-courts, produisant quatre à cinq fleurs bleues; à légumes droits, hérissés, en alêne, repliés à leur sommet. En Languedoc.

On ne trouve le plus souvent que deux à trois légumes aux aisselles.

9.° L'Astragale des Alpes, *Astragalus alpinus*, à tiges un peu couchées; à fleurs pendantes, en grappes; à folioles ovales; à légumes pendans, enflés, hérissés, pointus par les deux extrémités.

Les ASTRAGALES à tiges nues, ou à hampes.

10.° L'Astragale des montagnes, *Astragalus montanus*, à tiges presque en hampes, plus longues que les feuilles; à fleurs pourpres, droites, en épis lâches; à légumes enflés, droits, un peu hérissés, dont le sommet est replié. Sur les Alpes du Dauphiné, de Suisse, d'Autriche.

11.° L'Astragale soyeux, *Astragalus uralensis*, à hampes droites, plus longues que les feuilles qui sont ovales, lancéolées, soyeuses; à légumes en alêne, enflés, droits, hérissés. Sur les Alpes du Dauphiné, des Pyrénées.

Les fleurs pourpres, violettes.

12.° L'Astragale de Montpelier, *Astragalus monspeliensis*, à hampes inclinées, de la longueur des feuilles qui sont ovales, un peu velues; à fleurs dont l'étendard est très-long; à légumes en alêne, arrondis, lisses, un peu arqués. En Suisse, en Languedoc.

13.° L'Astragale blanchâtre, *Astragalus incanus*, à hampes penchées; à folioles blanchâtres, cotonneuses; à fleurs en épis courts, denses; à légumes en alêne, un peu arqués, blancs, courbés à la pointe. En Provence, en Dauphiné, dans le Lyonnois.

14.° L'Astragale champêtre, *Astragalus campestris*, à hampes couchées, à calices & légumes velus; à folioles lancéolées, aiguës; à fleurs jaunes. En Dauphiné, en Allemagne.

Les ASTRAGALES *à tiges ligneuses.*

15.° L'Astragale adraganthe, *Astragalus tragacantha*, est caractérisé par les pétioles qui deviennent épineux. *Voyez le Tableau 386.*

Je l'ai trouvé très-commun sur la côte de Narbonne, dans l'Isle Sainte-Lucie; c'est de cette espece, sur-tout dans les Isles de l'Archipel, que suinte la Gomme Adraganthe, qui a cela de singulier, qu'elle se dissout difficilement dans l'eau. On la prescrit en poudre dans les diarrhées bilieuses, ou causées par une saburre âcre, caustique, dans les ardeurs d'urine, & à la suite des dyssenteries. Mais tout bien combiné, il est aujourd'hui certain, & nous nous en sommes assurés par des observations nombreuses, que toutes les gommes ont les mêmes propriétés; ainsi, que l'on adopte l'Adraganthe, l'Arabique, ou celle de Cérisier, c'est à peu près la même chose.

II.e OBSERVATION. On peut ramener aux Astragales, deux autres genres très-voisins, savoir le *Phaca*, & le *Bisserrula*; dans le *Phaca*, le légume n'est divisé en deux loges qu'en partie; dans le *Bisserrula*, le légume a deux loges, mais ses panneaux sont aplatis, à angles dentelés; & la cloison est opposée aux valves.

1.° Dans la double Scie Pélicine, *Bisserrula pelicinus*, la tige est menue, striée; les folioles nombreuses, comme en cœur; les péduncules axillaires, portant quatre ou cinq fleurs assises. En Languedoc.

Cl. X.
Sect. V.

2.° La Phaque des Alpes, *Phaca alpina*, à tige droite, très-rameuse, lisse; à folioles elliptiques, hérissées, à légumes pendans, enflés, en vessie. Sur les Alpes du Dauphiné, en Suisse. Les fleurs sont jaunes.

Suivant Haller & le Chevalier la Marck, les *Phaca* sont de vrais Astragales, & ils ont raison; car nous avons vu plusieurs Astragales de Linné, dans lesquels la cloison des légumes étoit imparfaite.

CLASSE XI.

Des Herbes et Sous-Arbrisseaux à fleur polypétale proprement dite, irréguliere, nommée *Anomale*.

SECTION PREMIERE.

Des Herbes à fleur polypétale, irréguliere, anomale, dont le pistil devient un fruit unicapsulaire.

387. LA BALSAMINE.

Balsamina fœmina. C. B. P.
Impatiens balsamina. L. *syng. monogam.*

Fleur. Anomale, à cinq pétales inégaux, à l'insertion desquels on apperçoit une sorte de calice composé de deux folioles vertes, arrondies, terminées en pointe; la corolle divisée en deux levres, la supérieure formée par un pétale obrond, plane, comme divisé en trois, finissant en pointe à son sommet; la levre inférieure composée de deux pétales grands, irréguliers, réfléchis, accompagnés de deux autres pétales dont la grandeur varie. Au-dessous de la corolle on voit un nectar en forme de capuchon, qui se prolonge en maniere de corne.

Cl. XI. Sect. I.

Fruit. Capsule uniloculaire, à cinq valvules, qui dans la maturité, s'ouvrent avec élasticité, en se pliant en spirale; semences obrondes, attachées à un réceptacle en forme de colonne.

Feuilles. Simples, entieres, presque sessiles, lancéolées, dentées en maniere de scie.

Racine. Menue, imitant un fuseau, très-fibreuse.

Port. Tige haute d'un pied & demi, rameuse, les péduncules axillaires, rassemblés, quelquefois solitaires, ne portant qu'une fleur; feuilles alternes; le nectar plus court que la fleur qui est grande, & offre plusieurs couleurs blanches, pourpres.

Lieu. Les Indes, nos jardins. ⊙

Propriétés. } On la cultive dans les jardins pour
Usages. } l'agrément de ses fleurs, plus que pour ses vertus médicinales; cependant elle est vulnéraire, détersive.

Observations. Dans les Balsamines, le calice est de deux feuillets; la corolle irréguliere, de cinq pétales, avec un nectaire en capuchon; le fruit est une capsule développée dans la fleur, à cinq valves. Les deux especes qui méritent d'être caractérisées, sont :

1.° La Balsamine cultivée, *impatiens Balsamina*, à péduncules agrégés, portant une seule fleur; à feuilles lancéolées, les supérieures alternes; à nectaires plus courts que la fleur. *Voyez le Tableau* 387.

2.° La Balsamine jaune, *Impatiens noli me tangere*, à tige de deux pieds, rameuse, un peu succulente, renflée à l'origine des rameaux; à feuilles pétiolées, ovales, dentées; à péduncules portant quatre ou cinq fleurs pendantes, jaunes, assez grandes; à cinq étamines; à filamens très-courts, réunis par les antheres qui sont grandes; à capsules étroites, noueuses, qui dans leur maturité partent à ressort, se roulent & lancent au loin les semences. Lyonnoise, Lithuanienne.

L'herbe est âcre; froissée entre les doigts, elle répand une odeur nauséabonde; nous la croyons vénéneuse, car ayant avalé six grains des feuilles fraîches, elle nous causa des nausées, des envies de vomir. D'après ce fait, ne pourroit-on pas, en suivant la méthode de M. Storck, en tirer parti pour la guérison des maladies pour lesquelles les plantes nauséabondes ont réussi?

388. LA VIOLETTE.

VIOLA martia purpurea, flore simplici odoro. C. B. P.

VIOLA odorata. L. *syng. monogam.*

Fleur. Anomale, à cinq pétales inégaux, dont l'arrangement a quelque ressemblance avec celui des Papilionacées; le supérieur droit, grand, échancré, terminé à sa base par un nectar obtus & recourbé; les deux latéraux opposés, obtus, droits; les inférieurs grands, réfléchis en dessus; le calice petit & divisé en cinq pieces; la corolle ordinairement violette, quelquefois blanche.

Fruit. Capsule ovale, à trois côtés, uniloculaire, trivalve; contenant plusieurs semences ovoïdes.

Feuilles. Cordiformes, dentées en leurs bords, les radicales pétiolées; les caulinaires pétiolées ou sessiles.

Racine. Fibreuse, sarmenteuse, stolonifere, rampante.

Port. Tige de quelques pouces, quelquefois en espece de hampe, quelquefois rameuse, cylindrique, anguleuse; les péduncules des fleurs partent de la tige ou de la racine; petites stipules qui naissent deux à deux.

Lieu. Les bois, les prés. Lyonnoise, Lithuanienne. ♃

Propriétés. Fleurs âcres, piquantes au goût, d'une odeur agréable; les feuilles, l'herbe & les racines sont insipides ; la fleur est rafraîchissante, béchique ; la feuille émolliente, relâchante, ainsi que la racine ; la semence diurétique, émétique, hydragogue.

Cl. XI. Sect. I.

Usages. On emploie toute la plante ; la fleur est une des quatre fleurs cordiales ; on en fait un sirop, une conserve, un miel qui se donne à la dose de ℥ j ou ℥ ij, dans les lavemens rafraîchissans.

Observations. Les Violettes ont un calice de cinq feuillets, une corolle irréguliere de cinq pétales ; avec un nectaire en corne ; le fruit est une capsule supérieure, à trois valves, à une loge. Le genre est assez nombreux pour être subdivisé.

Les Violettes *à hampe, ou sans tige.*

1.° La Violette hérissée, *Viola hirsuta*, à feuilles en cœur, velues, hérissées ; à pétioles velus. Lyonnoise, en Suede ; fleurs sans odeur.

2.° La Violette des marais, *Viola palustris*, à feuilles en rein, lisses ; à fleurs petites, d'un bleu clair. Lyonnoise, Lithuanienne.

3.° La Violette odorante, *Viola odorata*, à feuilles en cœur, à drageons rampans. *Voyez le Tableau* 388.

Le suc exprimé des fleurs fraîches, est certainement aussi purgatif que la Manne ; une grande quantité de fleurs fraîches, renfermées dans une chambre fermée, peuvent être funestes pour ceux qui y respirent long-temps. Nos expériences confirment la vertu émétique & purgative des racines ; le suc des feuilles purge bien à deux onces.

Toutes les teintures alkalines verdissent le sirop de Violettes qui, de même que la conserve, est indiqué dans les rhumes, les péripneumonies catarrales.

Les Violettes *à tiges.*

4.° La Violette sauvage, *Viola canina*, à tige couchée qui se releve lorsqu'elle produit ses fleurs ; à feuilles oblongues, en cœur, lisses ; à stipules dentées, & à cils ; à fleurs sans odeur, bleues, à nectaire blanc. Lyonnoise, Lithuanienne.

5.° La Violette des montagnes, *Viola montana*, à tiges droites ; à feuilles en cœur, alongées ; à stipules à demi ailées ;

à fleurs axillaires, bleues ou blanches. Lyonn. Lithuan-

6.° La Violette jaune, *Viola biflora*, à tige foible, de trois pouces, portant une ou deux fleurs jaunes; à feuilles pétiolées, en rein; à dents obtuſes. Sur les montagnes du Dauphiné.

Les VIOLETTES à ſtipules comme ailées.

7.° La Violette penſée, *Viola tricolor*, à tige diffuſe, liſſe; à trois angles; à feuilles oblongues, découpées; à fleurs axillaires, blanches, jaunes & violet foncé.

On la trouve à grande & à petite corolle, à tige droite ou couchée. Lyonnoiſe, Lithuanienne.

8.° La Violette éperonnée, *Viola calcarata*, à tiges hautes, rameuſes; à feuilles oblongues; à fleurs très-grandes, dont l'éperon eſt deux fois plus long que le calice. Sur les montagnes du Dauphiné.

389. LA FUMETERRE.

FUMARIA officinarum. I. R. H.
FUMARIA officinalis. L. *diadelph. 6-dria.*

Fleur. Anomale, imitant les Papilionacées; corolle purpurine, oblongue, tubulée, diviſée en deux eſpeces de levres; la ſupérieure plane, obtuſe, échancrée, réfléchie; l'inférieure ſemblable, mais, à ſa baſe, imitant une carêne qui forme un nectar; l'ouverture des levres eſt tétragone, obtuſe & perpendiculairement diviſée en deux.

Fruit. Petite ſilicule uniloculaire, contenant des ſemences obrondes.

Feuilles. Pétiolées, ailées, terminées par une impaire; les folioles pareillement ailées & pluſieurs fois découpées, obtuſes.

Racine. Menue, peu fibreuſe, perpendiculaire, blanchâtre.

Port. Une tige creuſe, liſſe, avec pluſieurs rameaux anguleux, oppoſés aux feuilles, ainſi que les fleurs qui naiſſent en grappes; les feuilles alternes.

Lieu. Les champs, les jardins. ☉

Propriétés. Très-amere & désagréable au goût, sans odeur; l'herbe est détersive, apéritive, diurétique, antiscorbutique.

Usages. On ne se sert plus pour les hommes, que de l'herbe; on en tire un suc qui se donne au moins depuis ℥ ij jusqu'à ℥ iv; on en fait une eau distillée, un extrait, dont la dose est depuis ʒ ß, jusqu'à ʒ j; l'herbe entre encore dans les apozemes antiscorbutiques, antiscrofuleux, & contre les maladies cutanées. On donne aux animaux le suc de la plante, à la dose de ℥ vj; on en fait des infusions à poig. ij, dans ℔ ij d'eau.

Observations. Dans les Fumeterres le calice est de deux feuillets; la corolle personnée; les filamens sont au nombre de deux, membraneux, portant chacun au sommet trois antheres; ce qui place ce genre dans la Diadelphie hexandrie de la Méthode de Linné. Les especes qui sont les plus connues, sont:

1.° La Fumeterre bulbeuse, *Fumaria bulbosa*, à racines bulbeuses, charnues; à tiges très-simples, portant deux feuilles ailées, d'un vert de mer; à bractées ovales, lancéolées; à fleurs sans calice, en grappes, terminant la tige, assez grandes; à siliques oblongues, terminées par un bec. Lyonnoise, Lithuanienne.

Les fleurs sont bleues, purpurines, quelquefois roses ou blanches; la racine est pleine ou cave; les antheres sont très-petites, le stigmate grand & velu. Quelquefois la grappe n'offre que trois ou quatre fleurs; l'herbe est très-amere, elle est succédanée de l'Officinale; nous l'avons vu réussir dans les fievres tierces, dans la suppression des regles; nous donnions une once du suc exprimé, délayé dans du vin.

2.° La Fumeterre vivace, *Fumaria caproides*, à tiges rameuses, diffuses; à angles aigus; à siliques courtes, linaires, à quatre angles; à fleurs blanches. En France, en Suisse, en Allemagne.

3.° La Fumeterre des Boutiques, *Fumaria officinalis*, à capsules renfermant une seule semence, ramassées en grappes. Lyonnoise, Lithuanienne. *Voyez le Tableau.* 389.

On prescrit l'herbe contre le scorbut, la cachexie, les maladies cutanées, comme gale, dartres, l'affection hypocondriaque, l'anorexie, la diarrhée. Nos propres observations sont favorables à ces prétentions. Les vaches & les moutons mangent cette plante, que les chevres & les chevaux négligent.

4.° La Fumeterre grimpante, *Fumaria capreolata*, à feuilles se roulant par l'extrémité des folioles autour des fulcres voisins. En Danemarck, en Dauphiné.

Elle ressemble tellement à l'Officinale, que plusieurs Auteurs, Gerard & le Chevalier la Marck, ne la regardent que comme une variété.

5.° La Fumeterre à épis, *Fumaria spicata*, à tiges droites; à folioles filiformes; à fleurs en épis. En Dauphiné.

Elle differe à peine de l'Officinale.

390. LE RÉSÉDA, *ou* Herbe Maure.

RESEDA vulgaris. C. B. P.
RESEDA lutea. L. *12-dria, 3-gyn.*

Fleur. Anomale; plusieurs pétales inégaux, dont un est chargé de miel, quelques-uns divisés en trois; un nectar composé d'une glande produite par le réceptacle, & placée entre les étamines & le pétale supérieur; calice monophille, divisé en découpures étroites, aiguës.

Fruit. Capsule bossue, anguleuse, uniloculaire, terminée par trois pointes, au milieu desquelles elle est ouverte; les semences réniformes, attachées aux angles de la capsule.

Feuilles. Sessiles, découpées; les supérieures divisées en trois; les inférieures ailées.

Racine. Longue, grêle & blanche.

Port. Tiges d'un pied & plus, cannelées, creuses, velues, foibles, courbées; les fleurs au

Cl. XI. Sect. I. ſommet, jaunes, diſpoſées en grappes ; feuilles alternes ; une feuille florale, linéaire, au-deſſous de chaque fleur.

Lieu. Les terres crétacées ou ſablonneuſes. ⊙

Propriétés. Toute la plante eſt amere au goût, adouciſſante & réſolutive.

Uſages. On ne s'en ſert que pour l'extérieur, ou en décoction.

391. LA GAUDE, *ou* Herbe à jaunir.

Luteola herba ſalicis folio. C. B. P.
Reseda luteola. L. *12-dria, 3-gynia.*

Fleur. } *Fruit.* } Caracteres de la précédente ; trois petits pétales jaunes ; le ſupérieur chargé de miel, les deux latéraux oppoſés, diviſés en trois ; le calice en quatre.

Feuilles. Liſſes, lancéolées, très-entieres, imitant celles du Saule.

Racine. Blanche, droite, longue, pivotante.

Port. Tige de deux ou trois pieds, & de quatre ou cinq lorſqu'elle eſt cultivée ; les fleurs diſpoſées le long de la tige, en eſpece d'épis ; feuilles alternes.

Lieu. Le bord des chemins ; cultivée dans les champs. ⊙

Propriétés. La racine eſt apéritive ; le ſuc de la plante eſt diaphorétique ; cette plante eſt plus employée dans les teintures, qu'en Médecine ; elle fournit une couleur jaune pour teindre les ſoies.

Uſages. On ſe ſert de la racine en décoction.

Observations. Dans les Réſéda le calice eſt d'une ſeule piece découpée en lanieres ; les pétales ſont inégaux, frangés ou découpés ; la capſule eſt une loge ouverte à ſon

son sommet. Parmi les especes de ce genre, nous devons connoître :

1.° Le Réséda jaunissant ou la Gaude, *Reseda luteola*, à feuilles lancéolées, entieres, offrant de chaque côté une dent à leur base; à calice à quatre lanieres. Lyonnoise, Suédoise. *Voyez le Tableau* 391.

2.° Le Réséda jaune, *Reseda lutea*, dont toutes les feuilles sont fendues en trois; les inférieures ailées; à calice de six lanieres; à six pétales. Lyonnoise, en Allemagne. *Voyez le Tableau* 390.

Les moutons mangent les Réséda, les autres bestiaux les négligent.

3.° Le Réséda calicinier, *Reseda phyteuma*, à feuilles entieres, & à trois lobes; à calice de six lanieres, plus grand que la fleur. Lyonnoise, Languedocienne.

Elle offre plusieurs variétés à tige plus ou moins haute; à feuilles plus ou moins fendues; les antheres sont jaunes ou rougeâtres; les péduncules hérissés.

4.° Le Réséda odorant, *Reseda odorata*, très-ressemblant au précédent par le port & les feuilles; il en differe par son calice plus court, ses péduncules lisses, ses antheres d'un rouge de brique. Originaire d'Egypte, cultivé dans nos jardins.

SECTION II.

Des Herbes à fleur polypétale, irréguliere, anomale, dont le pistil devient un fruit multicapsulaire.

392. L'ACONIT, *ou* Antithora.

Aconitum salutiferum, sive Anthora. Barr. ic.
Aconitum anthora. L. *polyand. 3-gynia.*

Fleur. Anomale ; cinq pétales inégaux ; le supérieur tubulé, en forme de casque renversé ; les deux latéraux larges, obronds, opposés ; les deux inférieurs alongés, regardant en arriere ; deux nectars renfermés dans le pétale supérieur, fistuleux, portés sur des péduncules longs, en forme d'alêne ; beaucoup d'étamines ; cinq pistils dans cette espece.

Fruit. Cinq capsules ovales & en forme d'alêne, rassemblées en maniere de tête, univalves, ressemblant à des cornes, renfermant des semences anguleuses, ridées & noirâtres.

Feuilles. Pétiolées, simples, digitées, découpées & blanchâtres en dessous.

Racine. Tubéreuse, en faisceau composé de deux ou trois tubercules bruns en dehors, blancs en dedans.

Port. Tige unique, d'un pied environ, ferme,

anguleuse, un peu velue; les fleurs pourpres au sommet, disposées en grappe; les feuilles alternes.

Lieu. Les Alpes & les montages du Dauphiné. ♃

Propriétés. Les racines ont un goût amer & âcre.

Usages. On emploie la racine pour l'homme, depuis ℈ j jusqu'à ʒ j; pour les animaux, à la dose de ℥ j.

OBSERVATIONS. Les Aconits sont sans calice; ils offrent cinq pétales inégaux, dont le supérieur est en voûte; deux nectaires péduncules, recourbés; trois ou cinq siliques. Dans tous, les feuilles sont palmées; les fleurs en grappe. Les principales especes sont:

1.° L'Aconit-Tue-loup, *Aconitum lycoctonum*, à feuilles à découpures, élargies, velues; à fleurs d'un jaune pâle, à trois siliques. Sur les montagnes du Lyonnois.

2.° L'Aconit napel, *Aconitum napellus*, à tige simple; à feuilles à découpures linaires, s'élargissant par le haut, & chargées d'une cannelure courante; à fleurs bleues, à trois siliques. Commune sur les montagnes de Pilat. Allemande.

3.° L'Aconit anthore, *Aconitum anthora*, à feuilles hérissées; à découpures linaires; à cinq styles. Sur les montagnes du Bugey.

4.° L'Aconit paniculé, *Aconitum cammarum*, à tige rameuse, paniculée; à péduncules portant plusieurs fleurs; à feuilles à découpures, cunéiformes, lisses. Sur les montagnes du Dauphiné.

5.° L'Aconit bigarré, *Aconitum variegatum*, à tige petite; à feuilles à découpures fendues à moitié, s'élargissant par le haut, à cinq styles. Sur les montagnes du Lyonnois.

Tous les Aconits sont très-âcres, amers; appliqués sur la peau, ils l'enflamment, causent des phlyctenes; gouttez les feuilles, elles laissent sur la langue une sensation âcre, brûlante, qui dure plusieurs heures. Si on en mâche, même une très-petite quantité, l'œsophage s'échauffe, & on sent long-temps une sensation d'ardeur; la salive coule abondamment, & l'estomac éprouve des nausées, une anxiété. La racine & les feuilles, prises à haute dose, excitent tous les ſymptomes des poiſons; comme vomiſſement, coliques, cardialgies, ſueurs froides, convulſions, délire, & la mort. Dans ces malheureuſes circonſtances, ſi vous arrivez à temps, faites vomir le malade, & donnez, immédiatement après, les huileux à grandes doſes. Mais quelque vénéneux que ſoient les Aconits, il ne faut pas croire qu'en les touchant, ou en les tranſportant par poignées, ils puiſſent cauſer de grands accidens; nous en avons tenu des poignées dans les mains, pendant pluſieurs heures, ſans en éprouver la moindre incommodité.

Avant les expériences de M. Storck, on ignoroit preſque entiérement l'uſage médicinal des Aconits; on s'en étoit ſervi, il eſt vrai, comme ſeton, & même intérieurement, contre les fievres intermittentes. Mais ces données avoient été négligées; il étoit réſervé au ſavant Médecin de Vienne, de faire connoître combien le Napel, pris intérieurement, peut être avantageux dans le traitement de pluſieurs maledies très-rébelles. Ce Savant, ſagement hardi, s'eſt ſervi de l'extrait de Napel mêlé avec du ſucre; il l'ordonnoit d'abord à très-petite doſe, à un grain; & augmentant inſenſiblement, il l'a pouſſé juſques à dix grains; mais pluſieurs autres Praticiens l'ont ordonné en augmentant inſenſiblement les doſes juſqu'à deux ſcrupules chaque jour. Il faut cependant obſerver que plus l'extrait eſt récent, plus il a d'énergie. Cet extrait a réuſſi contre les douleurs rhumatiſmales chroniques, contre la goutte, les ſquirrhes, la paralyſie, l'aſthme, la goutte ſereine, les ulceres véneriens & ſcrofuleux. Nous l'avons ſouvent preſcrit dans tous ces cas, & ſouvent nous nous ſommes félicités d'avoir eu recours à ce puiſſant remede qui produit très-promptement ſon effet; il augmente évidemment la tranſpiration, & ſouvent excite la ſueur; il occaſionne dans pluſieurs ſujets une fievre très-précieuſe, qui ſe manifeſte par l'accélération du pouls, la chaleur de la peau, une légere douleur de tête.

En parlant des vertus des Aconits, nous avons à peine diſtingué l'*Aconitum napellus*, qui a été le plus ſouvent eſſayé; mais comme nous nous ſommes aſſurés que le Tue-loup & le Cammarum ſont auſſi énergiques, nous ne croyons pas devoir attribuer des propriétés iſolées au

Napel; l'Anthore eſt certainement auſſi vénéneux que le Napel; non-ſeulement les feuilles & les racines ſont ameres & âcres, mais encore elles excitent des nauſées; ainſi, c'eſt une erreur dangereuſe de croire que c'eſt le contre-poiſon des autres plantes vénéneuſes. Enfin, pour donner le réſultat de nos expériences & de celles de nos amis, quoique nous aſſurions que l'extrait de Napel a réuſſi dans le traitement de pluſieurs maladies chroniques, nous avouons que dans les mêmes eſpeces, il a été ſouvent donné à haute doſe, & très-long-temps ſans avoir produit aucun effet ſalutaire. Dans quelques ſujets, il occaſionne de ſi grandes nauſées, même à très-petite doſe, qu'on eſt obligé de l'abandonner dès les premiers jours. Quant à l'aſſertion de M. de Haller, qui a prétendu que M. Storck a deſſiné & preſcrit l'*Aconitum cammarum* & non le *Napellus*, elle n'eſt pas fondée; nous avons certainement vu que les Apothicaires de Vienne préparoient l'extrait d'Aconit avec le Napel; & ſi on le préparoit avec le *Cammarum*, comme nous l'avons fait, on obtiendroit les mêmes effets; on peut même croire, lorſqu'on a ſous les yeux tous les Aconits, qu'il eſt très-poſſible que ce ne ſoient que des variétés d'une même eſpece primitive, car nous avons vu dans le Napel le nombre des piſtils varier, de trois à cinq; nous avons vu les péduncules porter dans le même, deux & trois fleurs; les laciniures des feuilles plus ou moins larges; la couleur des fleurs n'eſt pas plus conſtante; le Tue-loup a quelquefois des fleurs bleues.

L'âcre du Napel a beaucoup d'analogie avec l'âcre du Pied-de-veau, *Arum*, & des Renoncules; ne peut-on pas dire que toutes ces plantes agiſſent intérieurement comme véſicatoires, que, vu les ſympathies nerveuſes, cet âcre réveille la nature qui, réagiſſant par un mouvement ſpaſmodique général, excite la fievre, la ſueur, & en travaillant à expulſer le poiſon, déniche, décantonne la matiere morbifique du rhumatiſme, de la vérole, de la paralyſie, &c. &c.

Les chevres mangent l'Aconit-Tue-loup, & les chevaux le Napel; on trouve dans le neċtaire des Napels, un miel auſſi doux & auſſi agréable que celui de l'Œillet; auſſi les fleurs ne ſont point vénéneuſes.

CL. XI.
SECT. II.

393. LE PIED-D'ALOUETTE.

DELPHINIUM ſegetum. I. R. H.
DELPHINIUM conſolida. L. *polyand. 3-gynia.*

Fleur. Anomale, à cinq pétales inégaux, diſpoſés en rond; le ſupérieur échancré, antérieurement plus obtus que les autres, poſtérieurement tubulé, finiſſant en une corne longue; les autres pétales ovales, lancéolés, ouverts, preſque égaux, un nectar monophille, diviſé en deux, placé au milieu des pétales, & prolongé en arriere dans le tube du pétale ſupérieur; point de calice.

Fruit. Unicapſulaire dans cette eſpece; long, droit, recourbé à la pointe, univalve; contenant pluſieurs ſemences rudes, anguleuſes, noires.

Feuilles. Seſſiles, diviſées en folioles étroites, aſſez ſemblables à celles de l'Aurone mâle, n.° 429.

Racine. Droite, rameuſe, fibreuſe, blanchâtre.

Port. Tige d'un pied, herbacée, cylindrique, rameuſe; les fleurs bleues au ſommet, diſpoſées en grappes, avec des feuilles florales à la baſe de chaque péduncule; feuilles alternes.

Lieu. Les champs, nos jardins. ⊙

Propriétés. } Vulnéraire & aſtringente, peu
Uſages. } employée.

394. LA STAPHISAIGRE, *ou* l'herbe aux poux.

DELPHINIUM platani folio, Staphisagria dictum. I. R. H.

DELPHINIUM staphisagria. L. *polyand. 3-gynia.*

Fleur. } Caracteres de la précédente; mais le
Fruit. } nectar de quatre pieces, & le fruit tricapsulaire, à lobes obtus.

Feuilles. Palmées, velues, portées sur de longs pétioles.

Racine. Longue, ligneuse, fibreuse.

Port. Tige d'un pied ou deux, droite, ronde, velue, rameuse; les fleurs bleues & velues au sommet, plus grandes que celles du Pied-d'Alouette; feuilles alternes.

Lieu. La Provence, le Languedoc, dans les terrains ombrageux. ☉

Propriétés. Cette plante est d'une saveur très-âcre, & d'une odeur nauséeuse; la semence est un purgatif violent; elle est masticatoire, sternutatoire, détersive; vénéneuse, prise intérieurement.

Usages. On s'en sert extérieurement comme d'un vulnéraire détersif, pour consommer les chairs baveuses des ulceres; on s'en sert aussi pour détruire les poux.

OBSERVATIONS. Les Dauphins, *Delphinium*, ont des fleurs sans calice, à cinq pétales, à nectaire fendu, postérieurement cornu, une ou trois siliques succedent à chaque fleur. Les principales especes sont les suivantes.

Les DAUPHINS à une capsule.

1.° Le Dauphin des blés, ou Pied-d'Alouette, *Delphinium consolida*, à tige rameuse; à nectaire de deux pieces. Lyonnoise, Lithuanienne.

Cl. XI. Sect. II.

2.° Le Dauphin cultivé, *Delphinium ajacis*, à tige simple; à nectaire d'une seule piece.

Les DAUPHINS à trois capsules.

3.° Le Dauphin étranger, *Delphinium peregrinum*, à nectaire de deux pieces; à corolle de neuf pétales; à feuilles découpées en folioles obtuses. Originaire d'Italie.

4.° Le Dauphin élevé, *Delphinium elatum*, à nectaire de deux pieces fendues & barbues au sommet; à tige droite; à feuilles palmées; à folioles découpées. En Dauphiné.

5.° Le Dauphin Staphisaigre, *Delphinium staphisagria*, à nectaire de quatre pieces, plus courtes que le pétale; à feuilles palmées; à lobes obtus. En Provence, en Languedoc.

Les propriétés bien reconnues de la Staphisaigre, rapprochent ce genre des Aconits; les semences sont âcres, nauséabondes; elles contiennent principalement le principe âcre dans leur écorce; l'intérieur farineux fournit une huile grasse. Ces semences ont empoisonné des chiens, & ont causé l'inflammation de l'estomac, suivie de gangrene; prises intérieurement, même à petite dose, à six grains, c'est un émétique puissant; ces faits bien constatés, nous pensons, d'après l'expérience, qu'on pourroit l'employer avantageusement en réduisant la dose à un grain, dans toutes les maladies des premieres voies, causées par l'atonie, comme diarrhées, anorexies.

Les fleurs du Pied-d'Alouette, de même que les feuilles, quoique du même genre, sont à peine âcres, & un peu ameres; aussi a-t-on négligé cette espece dans la pratique. Les chevres, les moutons mangent cette herbe que les vaches négligent; le suc de la corolle, fixé par l'alun, donne une couleur bleue.

395. L'ANCOLIE.

Cl. XI.
Sect. II.

Aquilegia sylvestris. C. B. P.
Aquilegia vulgaris. L. *polyand. 5-gynia*.

Fleur. Anomale; cinq pétales lancéolés, ovales, planes, ouverts & égaux; cinq nectars égaux, alternes avec les pétales, prolongés en dessous, en forme de cornes recourbées, imitant les griffes de l'Aigle, d'où lui vient son nom; point de calice.

Fruit. Cinq capsules cylindriques & paralleles, droites, pointues, à une seule loge; les semences nombreuses, ovales, en carêne.

Feuilles. Pétiolées, trois fois ternées; les folioles entieres & assez larges.

Racine. Pivotante, branchue, blanche, fibreuse.

Port. Tige de deux pieds, grêle, rameuse, un peu velue, rougeâtre; les fleurs au sommet, disposées en espece de corymbe, tournées contre terre; les feuilles alternes.

Lieu. Les bords des bois, les jardins. ♃

Propriétés. La racine a une saveur douceâtre, la plante a un goût d'herbe; elle est apéritive, rafraîchissante.

Usages. La racine réduite en poudre, se donne pour l'homme, à la dose de ʒ j dans du vin; on s'en sert avantageusement pour faciliter les éruptions, dans la rougeole & la petite vérole; on donne aux animaux la poudre de la racine, à ℥ j.

Observations. Cinq nectaires en corne, interposés entre les pétales, fournissent le caractere essentiel des Ancolies qui offrent, après chaque fleur, cinq capsules; dans toutes, les feuilles sont composées. Nous devons distinguer les trois especes suivantes.

1.° L'Ancolie vulgaire, *Aquilegia vulgaris*, à nectaires courbés en dedans, à tiges rameuses, portant plusieurs fleurs. Lyonnoise, Lithuanienne.

2.° L'Ancolie visqueuse, *Aquilegia viscosa*; elle ne differe de la précédente que par sa tige presque nue, visqueuse, un peu velue, portant peu de fleurs, ce qui est l'effet du climat. En Languedoc.

3.° L'Ancolie des Alpes, *Aquilegia alpina*, à nectaires droits; à folioles étroites; à fleurs très-grandes. Sur les montagnes du Dauphiné.

L'Ancolie vulgaire offre une foule de variétés à fleurs blanches, rouges, pleines, petites, grandes; elle répand une odeur & une saveur désagréable, ce qui, vu son analogie avec les Napels, la rend suspecte. Le sirop préparé avec les fleurs, est d'un beau bleu; il peut servir, comme celui de Violettes, pour déterminer la nature des sels. Les chevres mangent cette plante que les autres bestiaux négligent.

Plusieurs Auteurs recommandent les semences pour faciliter l'éruption de la petite verole; mais ceux qui savent que toutes les périodes de cette maladie dépendent absolument de l'énergie de la nature qui retarde & accélere ses opérations, suivant le tempérament, ou la qualité du virus à dompter, ajouteront peu de foi aux assertions de ces Auteurs, d'ailleurs très-respectables.

395 *. LA FRAXINELLE.

FRAXINELLA Clusii. T. I. R. H.
DICTAMNUS albus. L. 10-dria. 1-gynia.

Fleur. A calice de cinq feuillets; à corolle de cinq pétales inégaux, dont deux renversés en dessus, & le cinquieme renversé en-dessous; sur les filamens on voit des points glanduleux.

Fruit. Cinq capsules réunies en dedans par la base, les sommets étant séparés.

Feuilles. Alternes, ailées, avec une impaire, ressemblant à peu près à celles de Frêne; à folioles ovales, dentelées, luisantes.

Racine. Menue, blanche.

Port. Tige d'un pied & demi, velue, droite, rameuſe; les fleurs en grappe, droite, terminale.

Lieu. En Languedoc. ♃

Propriétés. La racine récente eſt amere, & répand une odeur forte.

Uſages. La racine eſt vermifuge & ſuccédanée de l'Ariſtoloche pour procurer les menſtrues. Sa doſe eſt de ℈ ij. Dans les temps chauds la Fraxinelle répand une vapeur inflammable.

396. LA GRANDE CAPUCINE.

CARDAMINDUM *ampliori folio & majori flore*. I. R. H.

TROPÆOLUM *majus*. L. *8-dria, 1-gynia*.

Fleur. Anomale; cinq pétales obtus, attachés aux diviſions du calice, les deux ſupérieurs ſeſſiles, les inférieurs terminés par des onglets barbus; le calice d'une ſeule piece, coloré, jaune, diviſé en cinq découpures, ſe prolongeant en arriere, & formant un nectar en forme d'alêne, plus long que le calice.

Fruit. Trois baies ſolides, convexes d'un côté, ſillonnées & anguleuſes de l'autre; chaque baie renferme une ſemence d'une forme à-peu-près ſemblable.

Feuilles. Pétiolées, en rondache, planes, liſſes, diviſées comme en cinq lobes peu marqués.

Racine. Fibreuſe.

Port. Les tiges herbacées, pliantes, s'élevent contre les ſupports qu'on leur préſente, à la hauteur de cinq ou ſix pieds; la fleur jaune, ſolitaire, pédunculée, une des trois ſemences avorte; les feuilles alternes.

Lieu. Originaire du Mexique, d'où elle fut

CL. XI. SECT. II.

apportée en 1684; elle y est ♃, & dans nos jardins ⊙.

Propriétés. Toute la plante est âcre & piquante; la fleur est odoriférante; on regarde la Capucine comme un excellent détersif; elle est résolutive, diurétique, antiscorbutique.

Usages. L'herbe se prend en décoction; on confit dans le Vinaigre les boutons & les fleurs.

OBSERVATIONS. Dans le *Tropæolum*, le calice est d'une seule piece, à éperon, renfermant cinq pétales inégaux; le fruit, trois baies seches. On cultive deux especes de ce genre.

1.° La petite Capucine, *Tropæolum minus*, à feuilles entieres; à pétales rétrécis au sommet, & terminés par des soies. Originaire du Pérou. Elle a été introduite dans les jardins d'Europe en 1580, par Dodoens.

2.° La grande Capucine, *Tropæolum majus*, à feuilles en bouclier, offrant cinq lobes peu marqués; à pétales obtus. *Voyez le Tableau 396.*

La fille du Chevalier Linné observa la première qu'avant le crépuscule, les fleurs de Capucine produisent comme une explosion électrique. Les fleurs ont exactement le goût & l'odeur du Cresson, aussi les mange-t-on en salade; cette plante qui cache le principe piquant & volatil des Cruciferes, a été peu suivie par les Praticiens; cependant son énergie est sensible: on peut l'employer avantageusement dans toutes les maladies contre lesquelles les Cruciferes ont réussi, comme scorbut, maladies cutanées, &c. &c.

397. LE MÉLIANTHE.

MELIANTHUS Africanus. H. L. Bal.
MELIANTHUS minor. L. *didyn. angiosp.*

Fleur. Anomale; quatre pétales lancéolés, linéaires, recourbés au sommet, parallélement ouverts; un nectar d'une seule piece, très-court, aplati des côtés, découpé en ses bords, placé dans la découpure inférieure du calice, y adhérant avec le réceptacle.

Fruit. Capsule quadrangulaire, les angles aigus & distans les uns des autres; divisée en quatre loges renflées en maniere de vessies, contenant quatre semences globuleuses, attachées au centre de la capsule.

Feuilles. Ailées, terminées par une impaire; les folioles au nombre de sept ou neuf, sessiles, entieres, lancéolées, dentées, imitant celles de la Pimprenelle.

Racine. Ligneuse, branchue, diffuse.

Port. La tige monte en arbre; les fleurs axillaires, pédunculées, solitaires; chaque fleur accompagnée d'une feuille florale, concave; les feuilles alternes; deux stipules sétacées.

Lieu. L'Afrique. ♃

Propriétés. La fleur est agréable & remplie de miel; son odeur fétide; sa liqueur stomachique, nourrissante.

Usages. On ne se sert que de la liqueur qui découle du calice de la fleur.

OBSERVATIONS. On ne connoît que deux especes de Mélianthe qui sont cultivées dans les jardins; le caractere essentiel de ce genre est d'avoir un calice de cinq feuillets, dont l'inférieur est bossu; quatre pétales avec un nectaire placé au-dessus des pétales inférieurs; une capsule à quatre loges. Nous avons,

1.° Le grand Mélianthe, *Melianthus major*, à stipule solitaire, collée au pétiole. Originaire d'Ethiopie, il a été introduit dans les jardins d'Europe par Thomas Bartholin, en 1672. Si on secoue la plante en fleur, il en tombe comme une pluie qui est formée par les gouttelettes du miellier.

2.° Le petit Mélianthe, *Melianthus minor*, à deux stipules distinctes sur chaque pétiole. Originaire d'Ethiopie.

CL. XI. SECT. II.

398. LE POIS DE MERVEILLE.

CORINDUM ampliore folio, fructu majore. I. R. H.

CARDIOSPERMUM halicacabum. L. *8-dria, 3-gynia.*

Fleur. Anomale ; quatre pétales obtus, terminés en pointe, rangés alternativement avec les folioles du calice, qui ſont au nombre de trois, obtuſes, concaves ; un petit nectar composé de quatre feuilles, entourant le germe.

Fruit. Capſule ſous-orbiculaire, renflée en forme de veſſie, à trois lobes obtus, diviſée en trois loges qui s'ouvrent à leur ſommet, & contiennent chacune une ſemence globuleuſe, marquée à ſa baſe d'une cicatrice cordiforme.

Feuilles. Pétiolées, deux fois ternées ; les folioles ſimples, découpées & ovales.

Racine. Menue, aſſez ſimple.

Port. Tige herbacée, cannelée, anguleuſe, qui s'entortille ; les fleurs naiſſent à côté des feuilles, diſpoſées en corymbe, les péduncules cylindriques, de la longueur des feuilles ; les feuilles alternes. Il y a une variété de la même plante, dont les feuilles & les fruits ſont beaucoup plus petits, *Corindum folio & fructu min.* I. R. H.

Lieu. Les Indes. ⊙

Propriétés. Toute la plante a un goût viſqueux ; elle eſt tempérante & adouciſſante.

Usages. Peu uſitée en Médecine.

OBSERVATIONS. Dans le *Cardioſpermum*, le calice eſt de quatre feuillets ; la corolle de quatre pétales, renfermant un nectaire de quatre pieces inégales ; le fruit eſt formé par trois capſules enflées, réunies.

Les trois especes de Tournefort ne forment qu'une seule espece chez Linné, savoir,

Le Pois de Merveille à feuilles lisses, *Cardiospermum halicacabum*, pour le distinguer de l'autre espece *Cardiospermum corindum*, à feuilles velues en dessous. Cette seconde espece a été trouvée au Brésil.

SECTION III.

Des Herbes à fleur polypétale, irréguliere, anomale, dont le calice devient le fruit (*).

399. LE SATIRION MALE.

Orchis morio mas. C. B. P.
Orchis mascula. L. *gynand. 2-dria.*

Fleur. Anomale, soutenue par le germe; quelques spathes épars; cinq pétales, trois extérieurs, deux intérieurs réunis en forme de casque;

(*) La famille des Orchidées est des plus naturelles; dans toutes les especes la racine est tubéreuse, à bulbes solides, arrondies, le plus souvent didymes, deux réunies ou alongées, aplaties, palmées ou rassemblées en faisceaux; les feuilles très-entieres, nerveuses, embrassant la tige par leurs pétioles en gaîne; la tige est très-simple; les fleurs sont supérieures aux germes, ramassées au sommet de la tige, en épi plus ou moins lâche, plus ou moins arrondi. Le fruit est une capsule à une loge, à trois valves, à trois angles mousses; il est contourné, rempli de semences innombrables, ressemblantes à de la fine sciure de bois, adhérentes aux valves de la capsule. La fleur au premier coup est composée de six pétales, trois extérieurs qui, quoique le plus souvent colorés, pourroient être regardés comme trois feuilles du calice. Les pétales vrais ou intérieurs sont au nombre de trois; deux supérieurs formant le casque, ou la levre supérieure; un inférieur, dont la partie étendue en arriere s'appelle le nectaire, qui est, ou comme

Cl. XI. Sect. III.

un nectar d'une ſeule piece, coloré, attaché au réceptacle entre la diviſion des pétales, composé d'une levre ſupérieure, droite, très-courte; d'une inférieure, grande, ouverte, large, avec un tube alongé en deſſous, en maniere de corne; dans cette eſpece, la levre inférieure eſt diviſée en quatre lobes, & crénelée; le tube en forme de corne, eſt court & obtus; les pétales du dos ſont recourbés.

Fruit. Capſule oblongue, uniloculaire; à trois ſillons, à trois valvules, & s'ouvrent en trois; les ſemences nombreuſes, petites, en forme de ſciure de bois.

Feuilles. Très-entieres, alongées, embraſſant la tige en maniere de gaîne, liſſes, quelquefois marquées des taches d'un rouge brun.

Racine. Bulbes, ordinairement deux, arrondies en

---

un éperon, une corne, ou qui forme un petit ſac, ou qui n'offre qu'une foſſette; ſur le devant s'étend ce qu'on appelle le tablier, qui affecte différentes figures, comme, ſabot, corps humain, laniere, &c.

Renverſez les pétales ſupérieurs, vous trouverez un corps calleux, d'une figure aſſez bizarre, dans les foſſettes duquel ſont nichées deux antheres à filamens très-courts. Ce corps calleux eſt regardé comme le piſtil ſur lequel repoſent les étamines, ce qui a déterminé Linnæus à placer ces plantes dans la Gynandrie, ou mâles ſur femelles.

Les racines de toutes les eſpeces d'Orchis contiennent un principe farineux, amilacé, plus ou moins ſaturé d'un eſprit recteur, aromatique, dont l'odeur eſt aſſez analogue à celle du ſperme; ce principe volatil pénetre dans quelques eſpeces les fleurs, ce qui les rend plus ou moins aromatiques; agréables ou fétides. Tous ces principes réunis conſtituent un aliment reſtaurant, éminemment nutritif, donnant peu de travail à l'eſtomac, le fortifiant, & étendant, par ſympathie, ſon énergie ſur tout le ſyſtême nerveux; auſſi ces plantes ſont-elles aphrodiſiaques.

Le port des Orchidées les rapproche de la famille des Liliacées; dans cette Claſſe, les genres ſont aſſez arbitraires; nous préférons ceux de Linné, parce qu'ils ſont plus faciles à ſaiſir, quoique nous trouvons la méthode de Haller plus conforme à la marche de la nature.

en forme de testicules, d'où vient le nom d'*Orchis*, & de plantes Orchidées.

Port. Tige haute d'environ un demi-pied, herbacée, ronde, droite, cannelée ; les fleurs au sommet, disposées en longs épis ; les feuilles alternes ; la présence ou l'absence des taches sur les feuilles ; ne forment que des variétés.

Lieu. Les près, les terrains humides. ♃

Propriétés. La racine est visqueuse au goût & d'une odeur forte ; elle est aphrodisiaque, incrassante.

Usages. De la racine, on fait une poudre qui se donne à la dose de gr. xxiv pour l'homme, & de ʒ ij pour les animaux.

400. LE SATIRION FEMELLE.

ORCHIS MORIO fœmina. C. B. P.
ORCHIS morio. L. *gynand. 2-dria.*

Fleur. } Caractere du précédent, dont il differe
Fruit. } en ce que les pétales sont tous réunis.

Feuilles. Plus étroites, légérement veinées, cannelées, ressemblant à celles du Plantain à feuilles étroites.

Racine. Comme le précédent.

Port. La tige de même ; l'épi des fleurs alongé, rempli de feuilles florales de la longueur du germe ; les fleurs quelquefois panachées.

Lieu. Les champs, les terrains secs. ♃

Propriétés. } Du précédent.
Usages. }

I.re OBSERVATION. Le caractere essentiel des Orchis, est d'offrir l'éperon de leur corolle grêle, en forme de corne.

Cl. XI. Sect. III.

Les Orchis *à bulbes arrondies.*

1.° L'Orchis blanc, *Orchis bifolia*; le tablier de la corolle est très-entier, linaire; la corne est menue, très-longue; les pétales extérieurs ouverts; les fleurs blanches, ou un peu verdâtres. Lyonnoise, Lithuanienne.

Deux ou trois feuilles radicales; les fleurs répandent au loin une odeur très-agréable.

2.° L'Orchis pyramidal, *Orchis pyramidalis*, à fleurs en épi dense, resserré; à corne très-alongée; le tablier à deux cornes, divisé en trois parties égales, très-entieres. Lyonnoise, Lithuanienne.

Les fleurs pourpres, les pétales lancéolés. Nous l'avons trouvé près de Vilna, à fleurs blanches.

3.° L'Orchis punais, *Orchis coriophora*, à corne courte; à pétales rapprochés, en casque; à tablier replié; à trois segmens crénelés. Lyonnoise, Lithuanienne.

Fleurs en épi un peu serré, d'un rouge sale, mêlé de vert; elles répandent une odeur forte de punaise.

4.° L'Orchis bouffon, *Orchis morio*, à corne obtuse, ascendante, à tablier à trois segmens crénelés, l'intermédiaire échancré; à pétales ramassés en casque. Lyonnoise, Lithuanienne.

L'épi présente peu de fleurs, qui sont pourpres.

5.° L'Orchis mâle, *Orchis mascula*, à fleurs nombreuses, grandes, pourpres; les pétales extérieurs, aigus, renversés; la corne mousse, un peu échancrée; le tablier crénelé, à trois segmens, dont l'intermédiaire est plus long & divisé en deux pieces. Lyonnoise, Lithuanienne.

6.° L'Orchis ponctué, *Orchis ustulata*, à tablier divisé en quatre segmens, blanchâtre, & chargé de points rouges, rudes; la corne très-courte. Lyonnoise, Lithuanienne.

L'épi des fleurs est blanc, rouge, pourpre vers le sommet; les pétales rapprochés, sont cependant distincts.

7.° L'Orchis militaire, *Orchis militaris*; le tablier est à cinq segmens, chargé de points rudes; à corne obtuse, courte; à pétales réunis. Lyonnoise, Lithuanienne.

Le tablier est proprement divisé en trois pieces, l'intermédiaire plus alongée, & subdivisée en deux branches plus larges, une petite intermédiaire.

Les ORCHIS *à bulbes palmées.*

8.° L'Orchis à larges feuilles, *Orchis latifolia*, à tige fistuleuse; à bractées plus grandes que les fleurs; à corne conique; à tablier divisé en trois segmens, dont les latéraux sont renversés, l'intermédiaire obtus. Lyonnoise, Lithuanienne.

Les feuilles, dans cette espece, n'ont point de tache; les doigts des racines sont droits.

9.° L'Orchis à feuilles tachetées, *Orchis maculata*, à tige pleine; à tablier de trois segmens, dentelés, l'intermédiaire aigu; à corne du nectaire plus courte que le germe. Lyonnoise, Lithuanienne.

Les trois pétales extérieurs droits, les deux extérieurs comme réunis; fleurs panachées de blanc & de pourpre; feuilles étroites & presque toujours tachées; les digitations des racines divergentes.

10.° L'Orchis odorant, *Orchis odoratissima*, à feuiles linaires; à corne du nectaire recourbée, plus courte que le germe; le tablier à trois segmens. En Dauphiné, en Allemagne.

Les fleurs pourpres, odoriférantes.

11.° L'Orchis conopse, *Orchis conopsea*, à corne très-menue, sétacée, plus longue que les germes; à tablier à trois segmens crénelés, l'intermédiaire très-entier; à pétales extérieurs très-ouverts. Lyonnoise, Lithuanienne.

Cette espece ressemble beaucoup à l'Orchis odorant & au pyramidal.

Les ORCHIS *à bulbes en faisceaux.*

12.° L'Orchis avorté, *Orchis abortiva*, à racines filiformes; à tige sans feuilles; à tablier ovale, très-entier. En Dauphiné, en Bourgogne.

Tige violette, ornée d'écailles violettes; fleurs de la même couleur.

II.e OBSERVATION. C'est sur-tout avec les racines des Orchis que l'on prépare le Salep. On ramasse les racines lorsque la plante a donné ses semences, & que les tiges commencent à se sécher; on les dépouille de leurs fibres & de leur enveloppe, & des bulbes desséchées de l'année;

Cl. XI. Sect. III.

on les lave dans l'eau froide, ensuite on les fait bouillir un moment dans de nouvelle eau, après quoi on les égoutte. On les enfile en maniere de chapelet, pour les faire sécher au soleil, où elles acquierent la dureté de la gomme arabique; ces racines ainsi préparées, mises en poudre, & bouillies dans l'eau, en prenant soin de remuer beaucoup, se réduisent en gelée, & fournissent aux malades une nourriture légere, très-convenable dans la pulmonie, la dyssenterie, la foiblesse d'estomac, l'épuisement. La gelée d'Orchis a, comme tous les mucilagineux, la propriété de rendre les huiles solubles dans l'eau; c'est pourquoi, le Salep cuit avec le Chocolat, fait que cette boisson devient plus légere pour les estomacs délicats. Toutes les bulbes des Satirions, des Ophris, peuvent fournir le Salep. En général, quoique les bestiaux mangent quelquefois les Orchis, ces plantes fournissent un mauvais pâturage; aussi doit-on les regarder comme inutiles dans les prairies.

401. L'ELLÉBORINE.

HELLEBORINE latifolia montana. C. B. P.
SERAPIAS helleborine. L. *gynand. 2-dria.*

Fleur. Anomale, soutenue par le germe; cinq pétales ovales, oblongs, droits, étendus, réunis; un nectar chargé de miel, de la longueur des pétales; creusé à sa base, bossu en dessous, découpé en trois parties aiguës, celle du milieu cordiforme.

Fruit. Capsule ovoïde, à trois côtés, à trois sillons, uniloculaire, composée de trois battans qui s'ouvrent sous les sillons, pour laisser échapper un grand nombre de semences, qui imitent la sciure de bois.

Feuilles. Embrassant la tige par leur base, en maniere de gaîne, simples, très-entieres, pointues, quelquefois élargies, quelquefois étroites, selon les variétés.

Racine. Bulbeuſe, charnue, fibreuſe.

Port. Tige garnie de pluſieurs feuilles; les fleurs au ſommet, diſpoſées en épis lâches, avec des feuilles florales, longues & larges; les feuilles alternes.

Lieu. Les bois, les bords des foſſés. ♃

Propriétés. } Elle paſſe pour apéritive; mais
Uſages. } elle eſt peu d'uſage.

OBSERVATIONS. Dans les Elléborines, *Serapias*, les ſix pétales ſont preſque égaux; mais l'inférieur, un peu en nacelle vers ſa baſe, a ordinairement ſon ſommet plus ouvert, ou réjeté en dehors, en forme d'appendice particuliere. C'eſt-à-dire que le nectaire eſt ovale, boſſu, le tablier ovale. Les principales eſpeces que nous devons connoître, ſont:

Les ELLÉBORINES *à bulbes fibreuſes.*

1.° L'Elléborine à feuilles larges, *Serapias latifolia*, à feuilles ovales, embraſſant la tige; à fleurs pendantes; à tablier lancéolé. Lyonnoiſe, Lithuanienne.

L'épi eſt long; les fleurs & les capſules ſont en pendeloques; les pétioles longs.

2.° L'Elléborine des marais, *Serapias longifolia*, à feuilles en lames d'épée, ſans pétioles; à fleurs très-grandes, pendantes; à tablier obtus. Lyonnoiſe, Lithuanienne.

3.° L'Elléborine à grandes fleurs, *Serapias grandiflora*, à feuilles en lames d'épée; à fleurs redreſſées; à tablier obtus, plus court que les pétales. En Danemarck, Lyonnoiſe.

Fleurs grandes, blanches; on voit des lignes ſaillantes ſur le tablier.

4.° L'Elléborine rouge, *Serapias rubra*, très-reſſemblante à la précédente, mais le tablier eſt aigu; à lignes formant des ondes. Danoiſe, Lyonnoiſe.

Les fleurs grandes, pourpres.

Cl. XI.
Sect. III.

402. LE SATIRION bouquin.

ORCHIS barbata, odore hirci, breviore latioreque folio. T.
SATYRIUM hircinum. L. *gynand. 2-dria.*

Fleur. Cinq pétales ovales, oblongs, trois extérieurs, deux intérieurs formant le casque; le nectaire est une bourse; le tablier aplati, pendant, fort grand, de deux ou trois pouces, linaire, & comme rongé à son extrémité; cette laniere est roulée sur elle, même avant l'épanouissement de la fleur.

Fruit. Capsule oblongue, à trois valves.

Racine. Deux bulbes oblongues, très-grosses.

Feuilles. Larges, lancéolées, lisses; les radicales longues de six pouces.

Port. Tige de deux pieds, ferme, feuillée, & terminée par un long épi de fleurs blanchâtres; le tablier a des taches pourpres à sa base; ses fleurs sont nombreuses, & naissent chacune de l'aisselle d'une bractée presque linaire.

Lieu. Les prairies en Allemagne. Lyonnoise.

Propriétés. Les fleurs répandent au loin une odeur de bouc très-désagréable.

Usages. L'infusion des fleurs récentes est regardée comme antispasmodique. Les racines fournissent une bonne nourriture aux vaches; on croit même qu'elles augmentent sensiblement leur lait.

OBSERVATIONS. Le caractere essentiel des Satirions se trouve, suivant Linné, sur le nectaire qui est en bourse. Les principales especes de ce genre, sont:

Les SATIRIONS à bulbes arrondies.

1.° Le Satirion bouquin, *Satyrium hircinum*, qui se reconnoît aisément par son tablier; à trois segmens, dont les latéraux sont courts, en alêne, & l'intermédiaire en laniere, obliquement mordue. *Voyez le Tableau précédent.* Cl. XI. Sect. III.

Les SATIRIONS à bulbes palmées.

2.° Le Satirion verdâtre, *Satyrion viride*, à feuilles oblongues, obtuses; le tablier à trois segmens linaires, l'intermédiaire plus court. Lyonnoise, Lithuanienne.

Les fleurs sont vertes, pâles, les pétales supérieurs en casque.

3.° Le Satirion noir, *Satyrium nigrum*, à feuilles linaires; à tablier entier ou sans division; à fleurs renversées, ramassées en épis denses, très-odorantes, d'un pourpre noir, à éperon très-court. Lithuanienne, sur les Alpes du Dauphiné, on le trouve à fleurs roses.

Les SATIRIONS à bulbes en faisceaux.

4.° Le Satirion blanchâtre, *Satyrium albidum*, à feuilles lancéolées; à éperons très-courts; à tablier à trois segmens, les latéraux aigus, l'intermédiaire obtus. Lyonnoise, Suédoise.

La fleur est d'un vert blanchâtre, quelquefois un peu purpurine.

Dans tous les Satirions, les racines succulentes présentent une assez grande quantité de gelée végétale, très-nourrissante.

402 *. LA DOUBLE-FEUILLE.

OPHRIS bifolia. C. B. P.
OPHRIS ovata. L. *gynand. 2-dria.*

Fleur. Anomale, cinq pétales oblongs, réunis en dessus, égaux, deux extérieurs; un nectar plus long que les pétales, en forme de levre pendante, divisée en deux dans cette espece.

Fruit. Capsule presque ovoïde, à trois côtés, obtuse, striée, à trois battans uniloculaires, s'ou-

CL. XI. SECT. III.

vrant par les sillons des angles, renfermant des semences qui imitent, comme celles des précédentes, la sciure de bois.

Feuilles. Deux feuilles simples, très-entieres, larges, nerveuses, ovales, embrassant la tige.

Racine. Bulbe fibreuse.

Port. Une seule tige, haute d'un pied & demi, herbacée, très-simple & cylindrique; les fleurs au sommet, disposées en épis; les feuilles opposées, embrassant le milieu de la tige.

Lieu. Les terrains humides & ombrageux; les prés. ♃

Propriétés. La racine a un goût amer; les feuilles & la tige sont visqueuses; toute la plante est vulnéraire, détersive.

Usages. On emploie la racine pilée & appliquée sur les vieux ulceres en maniere de cataplasme; on se sert, comme d'un baume, de toute la plante infusée dans l'huile d'olive.

OBSERVATIONS. Dans les Ophris la corolle est tout-à-fait sans éperons, & le pétale inférieur est concave postérieurement : on ne trouve pour tout nectaire qu'une espece de carêne. Les principales especes sont :

Les OPHRIS *à bulbes branchues.*

1.° L'Ophris nid-d'oiseau, *Ophris nidus avis*, à racine en gros faisceau, formé par un amas de fibres charnues, adossées; à tige sans feuilles; à tablier fendu en deux cornes. Lyonnoise, Lithuanienne.

La tige est garnie d'écailles desséchées, roussâtres; les cinq pétales supérieurs sont courts, & en forme de casque.

2.° L'Ophris à racine de corail, *Ophris corallorhysa*, à bulbe formée par des rameaux branchus, recourbés, charnus; à tige sans feuilles, mais ornée d'écailles vaginales; à tablier de trois segmens. Sur les montagnes du Dauphiné, très-commun en Lithuanie.

Les fleurs sont petites, d'une couleur herbacée & blanchâtre. On trouve réellement deux antheres dans chaque logette du style. Ainsi il en faut compter quatre, comme l'a observé l'immortel de Haller. Tous les Orchis ne sont donc pas de la Classe Gynandrie Diandrie.

3.° L'Ophris en spirale, *Ophris spiralis*, à bulbes formées par deux ou trois cylindres réunis; à feuilles de la tige courtes & étroites; à fleurs tournées d'un seul côté, dévelopées en épi spiral; à tablier d'une seule piece, cilié, crénelé. Lyonnoise, Danoise.

Les fleurs sont petites, blanchâtres. On en trouve dans les marais une variété à fleurs plus blanches, très-odorantes; à feuilles radicales, plus étroites.

4.° L'Ophris double-feuille, *Ophris ovata*, à tige à deux feuilles, ovales; à tablier fendu à moitié. Lyonnoise, Lithuanienne. *Voyez le Tableau* 402.

5.° L'Ophris en cœur, *Ophris cordata*, à tige très-petite; à deux feuilles en cœur; à tablier fendu en deux, armé à sa base de deux dents. Lyonnoise, Suédoise.

Les OPHRIS *à bulbes arrondies.*

6.° L'Ophris à une bulbe, *Ophris monorchis*, à tige nue; à tablier fendu en trois segmens qui, par leur écartement, forment la croix. Lyonnoise, Lithuanienne.

Les fleurs sont petites, d'un vert jaunâtre.

7.° L'Ophris homme, *Ophris anthropophora*, à tige feuillée; à tablier étroit, divisé en trois segmens, l'intermédiaire alongé, & fendu jusques au milieu, en deux pieces. Lyonnoise, Danoise.

Ses fleurs forment un épi alongé; elles représentent en quelque sorte, un homme pendu par la tête; cette partie est formée par les pétales supérieurs, qui sont d'un blanc jaunâtre; le pétale inférieur, ou le tablier, forme assez bien le corps & les quatre membres.

8.° L'Ophris insecte, *Ophris insectifera*, à tige feuillée, à tablier comme taillé en cinq lobes. Cette espece présente plusieurs variétés, relativement aux couleurs du tablier; mais quant à sa forme, on peut les réduire à deux principales.

1.° L'Ophris insecte mouche, *Ophris insectifera muscaria*, à pétale inférieur, ou tablier un peu rétréci dans sa partie moyenne, & terminé par une échancrure nue; il est chargé d'une tache bleue, très-remarquable.

2.° L'Ophris insecte araignée, *Ophris insectaria arachnites*, à pétale inférieur, large, ovale, & terminé par un lobe en saillie, ou placé dans une échancrure; ce pétale ou tablier est velu d'un rouge brun, marqué vers sa base de quelques lignes jaunâtres. Lyonnoise, Lithuanienne.

402 **. LE SABOT de Notre-Dame.

CALCEOLUS marianus. T.
CYPRIPEDIUM calceolus. L. *gynand. 2-gynia.*

Fleur. Cinq pétales, dont quatre lancéolés, très-ouverts; le cinquieme ou le tablier, très-ventru, fort grand, concave, ou creusé en sabot.

Fruit. Capsule ovale, à trois angles obtus; à trois valves; à une loge; semences très-petites, très-nombreuses.

Feuilles. Larges, ovales, lancéolées, nerveuses, engaînant la tige par leur base.

Racine. Fibreuse: d'un tronc commun, noueux, naissent une foule de fibres succulentes.

Port. Tige d'un pied, feuillée, terminée par une ou deux grandes fleurs jaunâtres, ou un peu purpurines.

Lieu. En Languedoc, sur les montagnes du Dauphiné, très-commun en Lithuanie.

Propriétés. } La racine contient une farine mu-
Usages. } cilagineuse, très-nutritive.

OBSERVATIONS. Nous avons trouvé en Lithuanie, près de Grodno, la variété à petite fleur, dont le sabot étoit couleur de Safran, traversé intérieurement de lignes rouges. Le plus souvent cette espece n'offre qu'une seule fleur.

CLASSE XII.

Des Herbes et Sous-Arbrisseaux à fleur *composée*, formée de l'agrégation de plusieurs petites corolles, nommées *fleurons* ou *fleurons à tuyau*, lesquelles sont monopétales, infundibuliformes, ramassées & réunies dans un calice commun. La fleur est appelée *fleur à fleuron*, ou *flosculeuse* (*).

SECTION PREMIERE.

Des Herbes à fleur à fleurons *qui ne laisse aucune semence après elle.*

403. LE PETIT GLOUTERON.

Xanthium. Dod. Pempt.
Xanthium strumarium. L. *monœc. 5-dria.*

Fleur. Mâle ou femelle sur le même pied. la fleur mâle composée, de forme hémisphérique; le calice commun, écailleux, de la longueur des

(*) Les fleurs *composées*, proprement dites, renferment dans un calice commun plusieurs petits fleurons ou demi-fleurons, ou l'un & l'autre; le réceptacle est ou nu ou chargé de poils,

Cl. XII. Sect. I.

fleurons ; le réceptacle garni d'écailles ou pailles ; les fleurons stériles, infundibuliformes, découpés en cinq parties à leurs bords. La fleur femelle placée au-dessous des mâles, composée d'un calice commun, sans corolle, composée de deux feuillets renfermant deux germes couverts d'épines recourbées.

Fruit. Noix seche, ovale, oblongue, couverte de pointes dures & recourbées, avec deux especes de crochets à son sommet, biloculaire, contenant dans chaque loge une semence oblongue, convexe d'un côté, plane de l'autre.

Feuilles. Alternes, pétiolées, simples, ou trois lobes quelquefois dentés.

Racine. Petite, blanche, rameuse.

Port. Tige de deux pieds, herbacée, rameuse, sans défenses ; les fleurs axillaires, sessiles, rassemblées au nombre de trois ou quatre ; feuilles alternes.

Lieu. Le long des chemins, dans les champs. Lyonnoise, Lithuanienne. ⊙

Propriétés. Les feuilles sont ameres, astringentes, résolutives ; la semence diurétique.

---

d'écailles, ou de pailles ; sous chaque fleuron on trouve un germe qui sera une semence nue, implantée dans le réceptacle, qui est plus ou moins succulent, ou pulpeux ; ses semences sont nues ou ornées de poils, ou portent une aigrette soutenue par un filet. Dans le plus grand nombre des fleurs composées, les antheres, au nombre de cinq, sont réunies à la gorge du fleuron ; si vous l'ouvrez longitudinalement, vous trouverez cinq filamens libres, adhérens par la base aux parois du tuyau du fleuron. Presque toutes nos plantes à fleurs composées sont des herbes, excepté quelques Armoises, savoir, les Aurones. Ces plantes méritent sur-tout de fixer l'attention des Médecins ; elles sont presque toutes médicamenteuses, ameres, âcres ou aromatiques ; quelques-unes seulement sont nutritives. Elles forment comme trois Familles, ou Classes naturelles. 1.° Celle-ci qui, dans un calice commun, n'offre que des fleurons ; 2.° celle qui n'offre que des demi-fleurons ; 3.° celle qui présente dans le même calice fleurons au centre, & demi-fleurons à la circonférence.

Usages. On tire de la plante, un suc dont la dose est pour l'homme de ℥ iv, & pour les animaux de ℥ vj; les feuilles pilées & appliquées, sont antiscrofuleuses. La dose de la semence réduite en poudre, est pour l'homme, d'un demi-gros, dans du vin blanc.

OBSERVATIONS. Le genre du Glouteron est très-difficile à ramener aux familles naturelles; si on fait attention aux fleurs à étamines, on est en droit de le placer avec les Composées flosculeuses, mais les fleurs à pistils ou femelles n'ont aucun rapport avec la famille des Composées. Le Glouteron mérite l'attention des Praticiens; la décoction des feuilles & des racines est un des meilleurs remedes dans les affections dartreuses, dans la gale, & même nous l'avons vu réussir plusieurs fois comme auxiliaire, dans les maladies vénériennes. Outre l'espece officinale décrite ci-dessus, nous avons encore le Glouteron épineux, *Xanthium spinosum*, à feuilles offrant trois lobes; à tige à épines, trois à trois. On le trouve en Languedoc; ces épines ne sont que des stipules qui deviennent piquantes, dont une porte le fruit.

404. L'AMBROISIE.

AMBROSIA maritima artemisiæ foliis inodoris, elatior. H. L. Bat.
AMBROSIA maritima. L. *monæc. 5-dria.*

Fleur. Mâle ou femelle sur le même pied. Les fleurs mâles composées, hémisphériques; leur calice commun, monophille, plane, de la longueur des fleurons qui sont stériles, infundibuliformes, droits, leurs bords découpés en cinq; le réceptacle est nu; les fleurs femelles, placées au-dessous des mâles, n'ont point de corolle, mais un calice entouré de cinq dents, & qui renferme un germe ovale.

Cl. XII. Sect. I.

Fruit. Espece de petite noix ovale, uniloculaire, couronnée par les dents aiguës du calice, ne s'ouvrant point, & renfermant une semence obronde.

Feuilles. Pétiolées, très-découpées, deux fois ailées, très-molles, blanchâtres, soyeuses.

Racine. Fibreuse, presque fusiforme.

Port. Tige velue, herbacée, rameuse, d'un pied & demi de haut; les fleurs mâles disposées en épis, assises à l'extrémité des branches; les femelles axillaires, sessiles, rassemblées; les feuilles alternes, quelquefois opposées.

Lieu. Les bords de la mer, dans les sables. ⊙

Propriétés. Toute la plante a une odeur aromatique très-agréable, un goût un peu amer; elle est cordiale, stomachique, céphalique, antihystérique, emménagogue, apéritive; à l'extérieur, elle est résolutive, répercussive.

Usages. On en fait des infusions, dans l'eau ou dans le vin; on s'en sert pour composer des liqueurs spiritueuses.

Observations. L'odeur pénétrante de cette plante annonce ses vertus; elle a réussi dans le traitement de l'anorexie, des migraines causées par une atonie de l'estomac; on peut l'employer en infusion, comme auxiliaire, dans la paralysie, la goutte sereine.

SECTION II.

Des Herbes à fleur à fleurons, *qui laisse après elle des semences aigrettées.*

405. LE CHARDON ÉTOILÉ, *ou* Chausse-trape.

Carduus stellatus, sive calcitrapa. J. B.
Centaurea calcitrapa. L. *syng. polygam. frustran.*

Fleur. Composée, flosculeuse, remarquable par un calice qui porte deux rangs de longues épines jaunâtres; les fleurons de couleur pourpre, rassemblés sous une forme tubulée, peu réguliere; ceux du disque hermaphrodites; ceux de la circonférence femelles, stériles, plus grands que les hermaphrodites, & en plus petit nombre.

Fruit. Semences luisantes, petites, oblongues, aigrettées, contenues par le calice, & portées sur un réceptacle couvert d'un duvet soyeux.

Feuilles. Sessiles; les latérales étroites, linéaires, quelquefois ailées, dentées.

Racine. Blanche, longue, succulente.

Port. Les tiges s'élevent à la hauteur d'un pied, anguleuses, branchues, épineuses; fleurs axillaires; feuilles alternes, éparses ou radicales.

Lieu. Les bords des chemins. Lyonnoise. ⊙

Propriétés. Les feuilles sont ameres, la racine

d'une ſaveur douce ; toute la plante diurétique, vulnéraire, fébrifuge.

Uſages. On ſe ſert pour l'homme, de la racine, des feuilles & des ſemences; des feuilles on exprime un ſuc qui ſe donne, à la doſe de ℥ iv ou ℥ vj, on en fait un extrait, dont la doſe eſt de ʒ ij; on emploie toute la plante en décoction, & dans les apozemes apéritifs ou diurétiques. La ſemence pilée & macérée dans du vin, à la doſe de ʒ j, eſt diurétique; réduite en poudre, c'eſt un excellent néphrétique. On donne aux animaux toute la plante en infuſion, & les ſemences macérées dans du vin, à la doſe de ℥ ß, dans ℔ ß de vin blanc.

Observations. Le Chardon étoilé a été placé, par Linnæus, parmi les Centaurées; l'amertume de ſes feuilles eſt très-ſenſible, ſans être bien déſagréable; la vertu fébrifuge des feuilles en poudre, en extrait, & en décoction, a été conſtatée par un ſi grand nombre de nos propres expériences, que nous regardons cette plante comme une des plus précieuſes dans le traitement des fievres tierces & double tierces vernales. Pluſieurs de nos malades ont été guéris en ne prenant d'autre remede; nous donnons ſouvent avec avantage le ſuc des feuilles, & nous avons guéri par ce ſeul remede, des fievres quartes. Dans l'anorexie avec glaires, le même remede eſt des plus avantageux. D'après nos expériences, la racine de Chardon étoilé ne mérite pas les éloges qu'on lui a donnés pour la colique néphrétique cauſée par les graviers; ce qui a pu tromper les obſervateurs, c'eſt que pluſieurs malades, par la ſeule action du ſpaſme douloureux, rendent des graviers, effet que l'on a attribué à l'énergie de la racine du Chardon étoilé.

Les Juifs employoient les feuilles de cette plante pour aſſaiſonner l'Agneau paſcal. On mange encore en Egypte les jeunes pouſſes.

406. LE CHARDON-MARIE.

CARDUUS albis maculis notatus, vulgaris. C. B. P.

CARDUUS marianus. L. *ſyng. polygam. æqualis.*

Fleur. Compoſée, floſculeuſe ; les fleurons tubulés, hermaphrodites dans le diſque & à la circonférence ; égaux, raſſemblés dans un calice renflé, écailleux ; ſes écailles terminées en pointes, cannelées dans cette eſpece, épineuſes à leur extrémité & ſur leurs bords.

Fruit. Le calice ovale, formé par des écailles ciliées, épineuſes, embraſſe les ſemences qui ſont ovales, tétragones, anguleuſes, couronnées d'une aigrette ſimple, ſeſſile, & très-longue ; le réceptacle charnu, velu.

Feuilles. Amplexicaules, triangulaires, en fer de pique, preſque ailées, épineuſes, marquées de taches blanches.

Racine. Longue, épaiſſe, ſucculente.

Port. La tige s'éleve depuis deux pieds juſques à trois, branchue, cannelée, couverte d'un duvet blanc ; les fleurs naiſſent au ſommet ; feuilles alternes.

Lieu. Les lieux incultes ; il ſe reſeme chaque année, dans les lieux où on l'a cultivé. ⊙

Propriétés. La ſemence, les feuilles & les racines, ont un goût amer ; elles ſont ſudorifiques, alexiteres, fébrifuges, apéritives.

Uſages. On emploie, pour l'homme, les feuilles & les racines en décoction ; on en extrait un ſuc, dont la doſe eſt de ℥ iv ; on en tire une eau diſtillée, antiulcéreuſe & anticancéreuſe ; la ſemence ſe

Cl. XII. Sect. II.

donne en émulsion, ou en poudre, dans du vin, à la dose de ʒ j ou de ʒ ij. Quelques Auteurs regardent la semence comme un spécifique contre l'hydrophobie. On la donne aux animaux en poudre, à la dose de ℥ ß dans ℥ vj de vin blanc.

Observations. Les semences de Chardon-Marie, contiennent une farine imprégnée d'une assez grande quatité d'une huile grasse; le principe amer y est à peine sensible, & il réside dans l'écorce. Ceux qui savent que la nature, aidée par les délayans, la saignée, guérit seule les pleurésies, n'ajoutent aucune foi à la vertu spécifique des semences de ce Chardon pour cette maladie; les feuilles sont si peu ameres qu'on les mange en salade, elles contiennent cependant un sel essentiel, analogue à la crême de tartre; on peut les prescrire dans les bouillons d'herbe, à ceux qui croient encore aux prétendues purifications du sang. Pour nous, nous pensons que le vrai moyen d'avoir un sang pur, c'est la jeunesse, l'exercice & la sobriété; les vieillards qui croient, en se gorgeant de sucs d'herbe, dépurer leurs humeurs, doivent savoir que dans cet âge, savoir, passé quarante ans, les humeurs acquierent une acrimonie inévitable qui se manifeste par l'odeur de la sueur, des urines, &c.; c'est un mal nécessaire qui annonce que les ressorts de la machine s'usent, s'affoiblissent, &c.

407. LE PET D'ANE, *ou* Epine blanche.

Carduus tomentosus acanthi folio, vulgaris. I. R. H.

Onopordum acanthium. L. *syng. polygam. æqualis.*

Fleur. Composée, flosculeuse, ressemblant à la précédente; mais son calice plus arrondi; les écailles raboteuses, plus relevées, terminées par un aiguillon en forme d'alêne.

Fruit. Plusieurs semences couronnées d'une aigrette capillaire, contenues par le calice, sur un réceptacle nu, ponctué, & comme réticulé.

Feuilles. Ovales, oblongues, sinuées, velues, blanchâtres, très-épineuses, se prolongeant sur la tige; imitant, par leur forme, celles de l'Acanthe.

Racine. Fusiforme.

Port. Tige herbacée, blanchâtre, droite, rameuse, de trois à quatre pieds; les fleurs solitaires, sessiles, tantôt axillaires, tantôt au sommet des tiges; feuilles alternes, courantes.

Lieu. Les terres incultes, les bords des chemins. ♂

Propriétés. Plante apéritive.

Usages. On s'en sert peu en Médecine, quoique son suc ou ses feuilles pilées, puissent être appliquées comme anticancéreuses.

OBSERVATIONS. Plusieurs Auteurs graves, entre autre Stalh, nous assurent qu'en appliquant le suc des feuilles du Pet-d'âne sur les carcinomes, ils l'ont guéri avec ce seul topique; Borelli a vu guérir un cancer des narines; Stalh guérit en 14 jours un cancer à la face, qui avoit résisté à tout autre remede; Ztimmermann guérit un cancer qui avoit déjà rongé une partie de la face; Goelick, par ce moyen, conduisit à une guérison radicale, un carcinome qui, dans une femme, avoit établi son siege sur la face gauche du cou, & chez un homme dont le cancer attaquoit la levre supérieure; Haller a obtenu le même succès sur deux carcinomes de la face. Ces assertions sont trop graves pour n'être pas mûrement examinées par les Praticiens; le suc de ce Chardon n'est cependant ni âcre, ni bien amer; peut-être la mixtion de ses principes est telle, qu'elle peut masquer l'âcre quelconque du carcinome. Quoi qu'il en soit, par quelle fatalité a-t-on toujours recours au fer dans certains hôpitaux, tandis que l'observation a prononcé si positivement en faveur de quelques végétaux; & ce qui prouve que cette plante n'agit point par des principes âcres, c'est que l'homme en peut manger les feuilles, les têtes

Cl. XII. Sect. II. & la racine. On retire des ſemences qui mûriſſent promptement, une huile graſſe, aſſez abondante, & bonne à bruler; les fleurs caillent le lait, & ſi nous trouvons preſque toujours cette plante entiere, c'eſt que les vaches, les chevres & les chevaux ne la touchent pas.

408. LE CHARDON AUX ANES.

Carduus capite rotundo tomentoſo. C. B. P.
Carduus eriophorus. L. *ſyng. polygam. æqual.*

Fleur. } Caractere du Chardon-Marie, n.° 406.
Fruit. } mais le calice eſt globuleux, velu, & ſes épines ne ſont pas cannelées.

Feuilles. Seſſiles, découpées, & pour ainſi dire deux fois ailées; les découpures droites, alternes.

Racine. Rameuſe.

Port. Tiges rameuſes, quelquefois de la hauteur d'un homme; les fleurs au ſommet, pédunculées, en têtes rondes & velues; les feuilles alternes.

Lieu. Les chemins. Lyonnoiſe. ♂

Propriétés. } On le regarde comme vulnéraire,
Uſages. } déterſif; il eſt peu employé en Médecine.

I.re Observation. On peut manger les têtes du Chardon aux ânes avant la fleuraiſon; le duvet cotonneux, qui eſt en aſſez grande quantité entre les écailles du calice, peut ſe filer comme du coton.

Les Genres des Floſculeuſes ſont ſouvent différens, ſuivant les Auteurs, parce que les uns n'ont eu égard qu'à la forme du calice, d'autres au réceptacle, d'autres aux ſemences; les Chardons des Anciens, ſur-tout, ont été ſouvent tranſportés d'un Genre à un autre, comme on peut le voir dans les articles *Cnicus*, *Onopordon*, *Centaurea*, *Serratula*, *&c.* Comme nous ſommes convaincus qu'il eſt avantageux, pour que les Botaniſtes puiſſent s'entendre, de s'attacher à un ſeul Auteur, ſur-tout dans les choſes de pure convention; nous ferons connoître les Compoſées, d'après les Genres & les Eſpeces de Linnæus qui, même de ſon vivant, a ſubjugué preſque tous les Botaniſtes.

Suivant Linné, le caractere eſſentiel des Chardons, *Cardui*, eſt un calice ovale, formé par des écailles épineuſes, imbriquées, ou rangées en tuile, & un réceptacle chargé de poils.

Les CHARDONS à feuilles courant ſur la tige.

1.° Le Chardon lancéolé, *Carduus lanceolatus*, à tige velue; à feuilles comme ailées, hériſſées; à ſegmens contournés, partagés en deux lobes épineux, lancéolés; à calices ovales, épineux, velus, cotonneux. Lyonnoiſe, Lithuanienne.

Les chevaux, les vaches & les chevres mangent ce Chardon, que les moutons ne touchent pas.

2.° Le Chardon penché, *Carduus nutans*, à feuilles épineuſes, ſinuées, ne courant que ſur une partie de la tige; à fleurs inclinées; à écailles ſupérieures du calice, très-ouvertes. Lyonnoiſe, Lithuanienne.

Les fleurs caillent le lait, les chevaux & les vaches le mangent quelquefois.

3.° Le Chardon acanthe, *Carduus acanthoïdes*, à feuilles comme empennées, cotonneuſes en deſſous, épineuſes; à calices droits; à épines peu roides. Lyonnoiſe, Suédoiſe.

4.° Le Chardon friſé, *Carduus criſpus*, à fleurs groſſes comme des noiſettes, oblongues, raſſemblées en faiſceaux; à feuilles décutrentes, ſinuées, épineuſes à la marge; à écailles du calice ſans épines, ouvertes. Lyonnoiſe, Lithuanienne.

La tige de trois pieds, verte; les feuilles qui y adherent étroites, comme friſées; toute la plante a un aſpect noirâtre, ou d'un vert foncé. Les chevaux & les vaches mangent cette plante.

5.° Le Chardon des marais, *Carduus paluſtris*, à tige de ſix pieds, à feuilles dentées, étroites; épineuſes, comme empennées; à fleurs terminant la tige, en grappe,

Cl. XII. Sect. II.

petites, droites; à calice à peine piquant. Lyonnoise, Lithuanienne.

On le trouve à fleurs blanches. On mange dans le Nord les jeunes pousses & les racines. Les vaches recherchent cette plante que les chevaux attaquent aussi volontiers.

6.° Le Chardon bulbeux, *Carduus tuberosus*, à feuilles pétiolées, à peine décurrentes, comme empennées, épineuses; à tige sans épines; à fleurs solitaires. Lyonnoise, Allemande.

Les feuilles sans piquans, sont vertes des deux côtés, lisses; celles de la tige sont en cœur, lancéolées, dentées, ciliées; les fleurs assez petites; la racine tubéreuse.

Les CHARDONS à feuilles sans pétioles.

7.° Le Chardon-Marie, *Carduus marianus*, à feuilles dont les nervures sont tachetées de blanc. *Voyez le Tableau* 406.

8.° Le Chardon cotonneux, *Carduus eriophorus*, à feuilles empennées; à folioles à deux lobes, lancéolées, épineuses; à calices sphériques.

II.e Observation. On peut ajouter à la suite des Chardons, *Cardui*, de Linné, les Cniques, *Cnici*, dont le caractere essentiel est un calice tuilé, formé par des écailles rameuses & épineuses, & soutenu à sa base sur des bractées qui l'enveloppent. Les Cniques les plus connus, sont :

1.° Le Cnique des jardins, *Cnicus oleraceus*, à feuilles inférieures ciliées, carénées, comme ailées, sans piquans; les supérieures ou bractées, colorées, concaves, entieres, embrassant la tige. Lyonnoise, Lithuanienne.

La tige s'éleve presque à six pieds; deux ou trois fleurs la terminent; elles sont d'abord noyées dans les bractées qui sont blanchâtres. Les bestiaux négligent cette plante.

2.° Le Cnique glutineux, *Cnicus erisithales*, à feuilles ciliées; les inférieures ovales, les supérieures embrassant la tige, comme empennées; les fleurs comme assises; les calices glutineux, penchés. En Autriche, & sur les montagnes du Lyonnois; on l'a trouvé à fleurs pourpres, blanches, le plus souvent elles sont d'un jaune pâle.

409. L'ARTICHAUT.

Cl. XII. Sect. II.

CINARA *hortensis*. I. R. H.
CINARA *scolymus*. L. *syng. polyg. æqual.*

Fleur. Composée, flosculeuse ; les fleurons disposés comme dans le Chardon, n.° 406 ; le calice évasé, grand, tuilé ; ses écailles obrondes, ovales dans l'espece présente ; & dans la suivante, charnues, larges, finissant en pointe.

Fruit. Point de péricarpe ; le calice contient des semences solitaires, ovales, oblongues, tétragones, couronnées d'une aigrette sessile & longue, placées sur un réceptacle plane, couvert de poils.

Feuilles. Un peu épineuses, presque ailées, découpées ou indivises ; les découpures dentées ; la surface inférieure un peu velue & blanchâtre.

Racine. Epaisse, ferme, fusiforme.

Port. Tige de la hauteur de deux pieds, cannelée, cotonneuse, épineuse dans une variété ; la fleur sur un péduncule épais & feuillé, au sommet des tiges, & souvent solitaire ; feuilles alternes.

Lieu. Les provinces méridionales de l'Europe, cultivé dans les jardins potagers. ♃

Propriétés. La chair de l'Artichaut cru est presque sans odeur ; elle a une saveur désagréable, amere, qui devient agréable par la coction ; sa racine est diurétique & apéritive.

Usages. On emploie la tête de l'Artichaut plus souvent dans les cuisines qu'en Médecine ; on fait avec la racine, des apozemes & des décoctions apéritives. L'infusion des fleurs, dans l'eau froide, à laquelle on ajoute un peu de sel commun, coagule le lait. Les placenta de l'Artichaut augmentent évidemment le cours des urines, &

Cl. XII. Sect. II.

disposent certains sujets à des pollutions nocturnes ; aussi les a-t-on annoncés comme aphrodisiaques ; on peut croire que les assaisonnemens contribuent beaucoup à produire cet effet, d'autant plus que nous savons que les véritables aphrodisiaques sont ou les substances eminemment muqueuses, alimenteuses, ou les aromates & les spiritueux.

410. LE CARDON D'ESPAGNE.

CINARA spinosa, cujus pediculi esitantur. C. B. P.

CINARA carduncululs. L. *sing. polyg. æqual.*

Fleur. } Caracteres du précédent.
Fruit. }

Feuilles. Ressemblant à celles du précédent ; très-épineuses, plus grandes, d'un vert plus blanc, toujours découpées en maniere d'ailes ; leur pétiole plus épais, plus succulent.

Racine. Epaisse, charnue.

Port. Tige épineuse, plus élevée que celle de l'Artichaut, plus épaisse, plus blanche ; les fleurs au sommet ; feuilles alternes.

Lieu. L'Isle de Crête. ♃

Propriétés. Les côtes des feuilles sont ameres, & perdent cette amertume, blanchies sous la terre.

Usages. On s'en sert comme du précédent.

OBSERVATIONS. Dans les Artichauts, le calice est formé par des écailles écartées, charnues à la base, échancrées au sommet, avec une pointe intermédiaire.

1.° L'Artichaut cultivé, *Cinara scolymus*, à feuilles empennées & entieres, à peine épineuses ; à écailles du calice ovales. *Voyez le Tableau* 409.

2.° L'Artichaut Cardon, *Cinara carduncululs*, à feuilles toutes empennées, épineuses, à écailles du calice ovales. *Voyez le Tableau* 410.

Les Cardons exposés au contact de l'air, sont amers; pour leur ôter cette amertume, on les lie avec de la paille, & on les couvre de terre, jusqu'à ce qu'ils jaunissent un peu, alors ils sont assez doux pour être préparés; après les avoir fait bouillir dans l'eau, ils fournissent, assaisonnés, une nourriture légere. Dans les bonnes terres, les côtes des feuilles, qui sont les seules parties que l'on mange, acquierent une grosseur considérable. J'ai connu un Médecin qui, depuis dix ans, prenoit tous les matin une verrée de décoction des feuilles vertes de Cardon; il prétendoit que ce remede l'avoit guéri d'un engorgement au foie, & l'en préservoit.

411. LA JACÉE DES PRÉS.

JACEA nigra pratensis latifolia. C. B. P.
CENTAUREA jacea. L. *syng. polyg. frustr.*

Fleur. } *Fruit.* } Caracteres du n.° 405. à l'exception du calice qui est écailleux, comme dans la plupart des autres especes de Jacées, & denté par ses bords, avec des cils.

Feuilles. Lancéolées, quelquefois linéaires; les radicales sinuées & dentées.

Racine. Epaisse, ligneuse, fibreuse.

Port. Tige de la hauteur d'une coudée, anguleuse, cannelée, ferme, remplie de moëlle; deux ou trois fleurs purpurines au sommet; feuilles alternes.

Lieu. Les prés. Lyonnoise, Lithuanienne. ♃

Propriétés. La racine a une saveur astringente & nauséeuse; l'herbe & les fleurs sont astringentes, antiulcéreuses.

Usages. On réduit l'herbe & les fleurs, en une poudre que l'on donne, dans les bouillons astringens, à la dose de ʒ j pour l'homme, & de ℥ ß dans ℔ j d'eau, en infusion, pour les animaux.

Cl. XII. Sect. II.

Observations. La Jacée des prés a été recommandée en gargarisme contre les aphtes, le gonflement des amygdales; ses feuilles pilées & appliquées en forme de cataplasme, ont été louées par plusieurs Auteurs, comme excellentes pour accélerer la guérison des ulceres. Toutes ces vertus sont fondées sur une analogie rationnelle; mais ici comme ailleurs, nous ne trouvons point ces précieuses observations spéciales, rédigées le doute en tête par des hommes sagement sceptiques, qui ayant bien évalué l'énergie du principe vital, sachent éviter d'accorder aux plantes, des effets qui sont des suites nécessaires des mouvemens automatiques. Nous ne saurions trop répéter que l'on sera en droit de suspecter les assertions des plus célebres Praticiens sur les propriétés des plantes, jusqu'à cette époque si desirée par les Médecins philosophes, qui nous présentera un tableau vrai des maladies que la nature peut seule guérir; mais doit-on espérer de voir un jour ce tableau? Non, l'amour propre des Médecins les portera toujours à croire que leurs remedes seuls ont guéri. Pour obtenir ce tableau, il faudroit qu'un Gouvernement éclairé permît au très-petit nombre de Médecins qui, par des observations anticipées, se sont assurés des droits de la nature, de les étendre, autant qu'ils peuvent le soupçonner, sur cette foule de malheureux qui dans les Hôpitaux civils & militaires, sont chaque jour les victimes des apperçus gratuits fournis par les théories arbitraires, & des routines aveugles des Praticiens qui osent se charger de les traiter. Un Philosophe me disoit hier, en sortant d'un grand Hôpital: Quand je vois traiter cent cinquante malades en une heure & demie; ou le Médecin qui les a vus est expectant, ou ses malades sont bien à plaindre. Heureusement pour l'honneur de l'Administration, le Médecin inculpé par le Philosophe, étoit soumis à l'autocratie de la nature. Mais pour revenir à notre Jacée des prés, elle fournit une belle teinture jaune, & peut remplacer la Sarrette; elle est inutile dans les prairies, mais non dans les pâturages, car tous les bestiaux la mangent.

412. LA SARRETTE.

Cl. XII.
Sect. II.

JACEA nemorensis, quæ Serratula vulgò. I. R. H.

SERRATULA tinctoria. L. *syng. polygam. æqual.*

Fleur. Composée, flosculeuse; fleurons rougeâtres, hermaphrodites dans le disque & à la circonférence, ressemblant à ceux des Chardons, rassemblés dans un calice oblong, presque cylindrique, un peu renflé; ses écailles lancéolées, aiguës, sans piquans.

Fruit. Semences ovales, couronnées d'une aigrette, renfermées dans le calice, posées sur un réceptacle nu, ou garni tout au plus de quelques petites lames.

Feuilles. Sessiles, ailées; la foliole impaire, plus grande que les autres; les découpures dentées & épineuses; les radicales quelquefois ovales, creusées en leurs bords.

Racine. Fusiforme, fibreuse.

Port. Deux ou trois tiges droites, fermes, herbacées, rameuses, lisses; les fleurs au sommet; feuilles alternes.

Lieu. Les bois, les prés, les lieux humides. Lyonnoise, Lithuanienne. ♃

Propriétés. La plante donne une teinture jaune, plus pâle que celle de la Gaude. La racine a un goût amer; l'herbe est vulnéraire, consolidante.

Usages. On emploie les feuilles en infusion, toute la plante en décoction; pilée & appliquée, elle est antihémorroïdale.

Cl. XII.
Sect. II.

413. LE BLUET, AUBIFOIN, Casse-lunette.

Cyanus segetum. C. B. P.

Centaurea cyanus. L. *syng. polygam. frustran.*

Fleur. } Composée, flosculeuse; caracteres du *Fruit.* } n.° 405, dont elle differe par un calice écailleux, dont les écailles sont dentées à leurs bords, en maniere de scie; les semences cachées dans les poils du réceptacle.

Feuilles. Très-entieres, blanchâtres, velues, alongées, linéaires; les inférieures dentelées.

Racine. Ligneuse, avec des fibres capillaires.

Port. Tiges de la hauteur d'un ou deux pieds, anguleuses, cotonneuses, creuses, branchues; les fleurs au sommet, bleues, quelquefois blanches; feuilles alternes.

Lieu. Les champs; commun dans les blés. ⊙

Propriétés. Les fleurs ont peu d'odeur, leur saveur est astringente; elles sont ophtalmiques.

Usages. On attribue à cette fleur, plusieurs vertus qu'on peut révoquer en doute.

Observations. Le Bluet a eu quelque célébrité chez les Anciens; les fleurs sont sans odeur, leur saveur est peu sensible, l'herbe & les semences sont ameres. On a prétendu que les fleurs en infusion augmentoient le cours des urines, que cette infusion avoit guéri des hydropisies; on peut d'autant moins compter sur les observations publiées à ce sujet, que les Médecins qui les proposent avoient ordonné d'autres remedes plus actifs; d'ailleurs, nous avons souvent vu des des épanchemens séreux très-considérables, à la suite de maladies aiguës, se dissiper sans remede, dès que la nature reprenant le dessus, augmente le ton, l'irritabilité des fibres.

Les fleurs entrent dans les mélanges appelés pots pourris, uniquement pour flatter la vue. On peut retirer de ces fleurs, une belle couleur violette, qui devient rouge avec les acides, & bleue avec l'Alun; on s'en sert pour peindre en miniature. Si on broie ces fleurs avec du sucre en poudre, elles le colorent, ce qui fait passer leur couleur dans les crêmes. Les vaches, les chevres & les moutons mangent cette plante, que les chevaux négligent. Plusieurs personnes mêlent les fleurs de Bluet avec le Tabac à fumer, & prétendent qu'il devient plus agréable.

414. LE CHARDON hémorroïdal, Sarrette *ou* Chardon des vignes.

CIRCIUM arvense sonchi folio, radice repente, caule tuberoso. I. R. H.

SERRATULA arvensis. L. *syng. polygam. æqual.*

Fleur. } Composée, flosculeuse, rougeâtre;
Fruit. } les mêmes caracteres que la Sarrette, du n.° 412; l'aigrette des semences longue.

Feuilles. Lancéolées, dentées, épineuses, imitant, par leur forme, celles du Laitron, mais plus étroites, plus dures, & d'un vert plus foncé.

Racine. Fusiforme, rampante.

Port. Tige d'un pied, herbacée, cannelée, rameuse; les fleurs purpurines au sommet, en panicule; feuilles alternes.

Lieu. Elle infecte les champs & les vignes. ♃

Propriétés. La plante est apéritive, résolutive, & antihémorroïdale, d'où lui est venu son nom.

Usages. On s'en sert en décoction.

OBSERVATIONS. Le calice comme cylindrique, formé par des écailles embriquées ou tuilées, sans piquans

Cl. XII. Sect. II.

ſenſibles, donne le caractere eſſentiel des Sarrettes, *Serratula*. Nous devons connoître les eſpeces ſuivantes :

1.° La Sarrette des Teinturiers, *Serratula tinctoria*, à feuilles liſſes, dentelées, en lyre, comme ailées ; la foliole terminale très-grande. *Voyez le tableau* 412.

C'eſt un Chardon de Haller. Cette eſpece offre pluſieurs variétés à feuilles très-entieres ; à folioles des caulinaires plus ou moins étroites. J'ai trouvé près de Grodno des individus nains, à tige de cinq à ſix pouces, très-ſimple, dont toutes les feuilles étoient comme empennées, & les fleurs blanches. On a cru cette herbe vulnéraire, bonne contre les contuſions & les hernies ; mais nous ſavons que de fortes contuſions avec échimoſe, guériſſent par la ſeule énergie du principe vital ; que le bandage ſeul guérit les hernies. Mais ſi ſes vertus médicinales ſont chimériques, ſes propriétés dans l'art de la teinture la rend précieuſe ; elle donne une couleur jaune de bon teint, ſupérieure à celle de la Gaude ; on applique cette couleur aux étoffes de ſoie, par le moyen de l'alun. Cette plante eſt inutile dans les prairies, quoique les chevaux l'attaquent quelquefois.

2.° La Sarrette des Alpes, *Serratula alpina*, à feuilles radicales, ovales, oblongues, dentées ; celles de la tige très-entieres ; à calices ovales, velus ; à fleurs bleues en thyrſe, entaſſées. Sur les montagnes du Dauphiné.

Les feuilles offrent pluſieurs variétés, elles ſont ou velues en deſſous, ou liſſes, plus ou moins étroites.

3.° La Sarrette des champs, *Serratula arvenſis*, à feuilles dentées, épineuſes. *Voyez le Tableau* 414.

Les feuilles inférieures ſont découpées aſſez profondément, comme ailées. On peut employer l'aigrette des ſemences, qui eſt très-longue, pour faire des matelas ; ſa vertu contre les hémorroïdes nous paroît aſſez mal énoncée ; le flux hémorroïdal eſt le plus ſouvent un effort ſalutaire de la nature, qui cherche à dégorger par les vaiſſeaux de l'anus, le ſyſtême de la veine porte ; dans ce cas, ſi ce travail languit, nous avons d'autres moyens mieux éprouvés, ſavoir les ſang-ſues & les pillules aloëtiques ; ſi la Sarrette en topique agit comme aſtringente, il faudroit bien ſe garder de l'employer. Les chevres, les chevaux & les moutons mangent cette plante, mais les vaches la négligent.

415. LA GRANDE CENTAURÉE.

Cl. XII. Sect. II.

Centaurium majus, folio in plures lacinias diviso. C. B. P.

Centaurea centaurium. L. *syngen. polygam. frustran.*

Fleur. } Caracteres du n.° 405, mais le calice
Fruit. } plus grand; ses écailles unies & sans piquans.

Feuilles. Lisses, ailées; les découpures supérieures plus grandes que les inférieures; les folioles dentées en maniere de scie, & courantes.

Racine. Solide, grosse, noirâtre en dehors, rougeâtre en dedans, pleine de suc.

Port. Les tiges de trois ou quatre pieds, cylindriques, branchues; les fleurs au sommet; feuilles alternes.

Lieu. Les Alpes, cultivée dans les jardins. ♃

Propriétés. La racine a une saveur amere, un peu âcre; elle est stomachique, vulnéraire, apéritive.

Usages. Sa racine se donne pour l'homme, à la dose de ʒj, dans les infusions ou les décoctions vulnéraires, astringentes; & pour les animaux, à la dose de ℥j, sur ℔j d'eau. On la donne, réduite en poudre, dans du vin ou dans quelque autre liqueur convenable, à pareille dose.

Cl. XII.
Sect. II.

416. LA BARDANE, *ou* Glouteron.

Lappa major, Arctium *Dioscoridis*. C. B. P.
Arctium lappa. L. *syng. polyg. æqual.*

Fleur. Composée, flosculeuse; fleurons hermaphrodites dans le disque & à la circonférence, monopétales, tubulés, découpés en cinq parties linéaires, égales; le calice globuleux, composé d'écailles placées en recouvrement les unes sur les autres, lancéolées, terminées en pointes aiguës, recourbées en maniere d'hameçon.

Fruit. Semences solitaires, à deux angles opposés, couronnées d'une aigrette simple & très-courte, contenues par le calice, posées sur un réceptacle plane, garni de petites lames sétacées.

Feuilles. Longues d'un pied, simples, entieres, cordiformes, sans piquans, velues, blanchâtres en dessous, pétiolées.

Racine. Epaisse, spongieuse, longue, fusiforme, noirâtre en dehors & blanche en dedans.

Port. La tige s'éleve à deux ou trois pieds, herbacée, striée, rameuse; les fleurs solitaires, axillaires sur les branches; feuilles alternes.

Lieu. Les prés, les grands chemins, les cours des granges. ⊙

Propriétés. La racine a une saveur douceâtre, un peu austere; les feuilles sont ameres; les semences âcres & ameres; les fleurs, les feuilles & les racines sont apéritives, vulnéraires, fébrifuges; les semences sont un excellent diurétique.

Usages. On prescrit, pour l'homme, les racines en poudre, jusqu'à ʒ j; en décoction jusqu'à ℥ j, sur ℔ j d'eau; le suc dépuré des feuilles, à la dose

dose de ℥ iv; la semence réduite en poudre & infusée dans du vin blanc, jusqu'à ʒ j; extérieurement, les feuilles appliquées sont antiulcéreuses. L'on donne aux animaux la racine en poudre, à ℥ ß, & en décoction à ℥ iv, sur ℔ ij d'eau.

Cl. XII. Sect. II.

I.re OBSERVATION. La racine de Bardane, même fraîche, n'a aucun goût amer, elle est plutôt un peu douce; si on la fait cuire, elle est aussi bonne à manger que les Scorsoneres; les feuilles sont un peu ameres; l'écorce des semences l'est beaucoup, quoique l'intérieur soit farineux & huileux. On a beaucoup loué les décoctions des racines, pour guérir le rhumatisme & la goutte. Nous l'avons souvent ordonnée seule dans ces deux maladies, elles n'ont pas moins parcouru leur cours ordinaire; nous croyons que la nature sait seule atténuer & dissiper l'humeur qui cause ces maladies.

Il est vrai que les pauvres Polonois se traitent encore de la vérole en s'ensevelissant jusqu'au cou dans du fumier, & en buvant la décoction chaude de la racine de Bardane, mêlée avec du vin ou de l'eau-de-vie de grain. J'ai vu disparoître par cette méthode, des symptomes graves; mais je crois que la fievre de plusieurs heures, causée par la chaleur du fumier, & l'action de l'eau chaude animée par l'eau-de-vie, peuvent seules produire cet effet.

II.e OBSERVATION. Les Bardanes offrent pour caractere essentiel générique, un calice globuleux, à écailles courbées au sommet en hameçon. Les especes sont:

1.° La grande Bardane, *Arctium lappa*, à feuilles en cœur, pétiolées & sans piquans. *Voyez le Tableau* 416.

Les calices sont plus ou moins cotonneux.

2.° La Bardane personnée, *Arctium personata*, à feuilles décurrentes, ciliées, peu épineuses; les inférieures ovales, velues en dessous. Selon Haller, c'est une espece de Chardon. Sur les montagnes du Dauphiné.

Cl. XII. Sect. II.

417. LE CHARDON-BÉNIT.

Cnicus sylvestris, hirsutior, sive Carduus benedictus. C. B. P.

Centaurea benedicta. L. *syng. polyg. æqual.*

Fleur. Composée, flosculeuse; fleurons hermaphrodites dans le disque & à la circonférence, infundibuliformes, irréguliers, rassemblés dans un calice ovale, tuilé, composé d'écailles ovales, resserrées, terminées vers le sommet du calice, par des épines rameuses.

Fruit. Semences oblongues, tronquées à leur base d'un seul côté, rayées de filets durs & jaunâtres dans leur maturité, couronnées, renfermées dans le calice, placées sur un réceptacle plane & velu.

Feuilles. Sinuées, dentées, velues, sessiles, terminées par des épines courtes & molles.

Racine. Fusiforme, rameuse, avec des fibres blanches.

Port. Tige droite, de deux pieds, branchue, velue, cannelée; les fleurs jaunes, une ou deux au sommet, soutenues par des péduncules hérissés & cotonneux; on trouve quelques fleurons femelles à la circonférence; feuilles alternes.

Lieu. Les Provinces méridionales de France; il se cultive facilement dans nos jardins. ⊙

Propriétés. Toute la plante est amere; les racines dans un moindre degré; les fleurs & les semences sont toniques, sudorifiques, fébrifuges, apéritives.

Usages. Pour l'homme, le suc se donne jusqu'à ℥ iv ou ℥ vj; la décoction, à égale dose; la poudre des fleurs dans du vin, à la dose de ʒ j; l'extrait à la dose de ℈ j ou ʒ ß; cette plante cueillie en été, est vulnéraire & antiulcéreuse. On la donne aux animaux en décoction, à la dose de poig. ij dans ℔ ij d'eau.

I.re OBSERVATION. Le Chevalier Linné avoit premiérement placé le Chardon-bénit avec ses *Cnicus*, il l'a ensuite rangé dans le genre des Centaurées ; l'herbe récente est très-amere, elle répand une odeur désagréable; si on la laisse tremper quelque temps dans de l'eau froide, elle présente une amertume suportable ; l'extrait, la poudre & la décoction des feuilles, offrent un remede précieux dans l'anorexie avec glaires & atonie, dans les empâtemens des visceres du bas-ventre, dans la jaunisse. Nous l'avons vu réussir dans tous ces cas, & sur-tout dans les fievres tierces, quartes automnales, qu'il est souvent dangereux d'arrêter avec le Quinquina. On ne sauroit trop en recommander l'usage comme auxiliaire, dans les fievres remittentes, soporeuses ; quant aux pleurésies & péripneumonies, plusieurs Auteurs dignes de foi conseillent l'usage de l'extrait de Chardon-bénit, après avoir fait précéder la saignée. Lange nous assure avoir traité & guéri avec ce remede plus de mille pleurétiques. Si cela est, de deux choses l'une : ou il faut modifier la doctrine de Boërhaave sur le traitement des maladies inflammatoires ; ou croire, comme nous l'avons toujours cru, en voyant guérir nos paysans traités par la méthode incendiaire de Vanhelmont, que dans les maladies inflammatoires, comme dans plusieurs autres, la nature a assez d'énergie pour surmonter & la cause du mal & les effets contraires des remedes. Ajoutons cependant que dans certaines especes de pleurésies & de péripneumonies, ou dans certaines époques de ces maladies, les forces du malade étant trop diminuées, la saine pratique permet d'avoir recours aux toniques amers & aux cordiaux spiritueux & aromatiques. Il faudroit vérifier l'effet des feuilles écrasées, appliquées sur les cancers; quelques observations les annoncent comme efficaces dans ce cas.

Les semences contiennent une huile grasse, & une farine assez abondante, mais leur écorce est amere ; l'eau distillée de Chardon-bénit ne vaut pas mieux que celle des fontaines.

II.e OBSERVATION. Le Chevalier Linné a ramené au genre des Centaurées plusieurs plantes qui different consi-

Cl. XII. Sect. II.

dérablement par la ſtructure du calice; mais comme il a conſervé dans ſes ſubdiviſions les Genres des Auteurs qui n'ont point approuvé ſon plan, nous ne voyons aucun inconvénient de ſuivre ſa maniere de caractériſer les Centaurées. Ce ſont donc des plantes à réceptacle chargé de ſoies ; à ſemences ornées d'aigrettes ſimples, & à corolles de la circonférence, ou du rayon en entonnoir, irrégulieres & plus longues que celles du diſque ; ce genre eſt très-nombreux. Choiſiſſons ſur ſoixante-ſix eſpeces, les plus utiles, les plus curieuſes & les plus communes.

Les CENTAURÉES *Jacées*, Jacea, *à écailles du calice liſſes, ſans piquans.*

1.° La Centaurée crupine, *Centaurea crupina*, à feuilles radicales, pétiolées, ovales, celles de la tige pinnées; à folioles linaires, dentelées, ciliées; les écailles du calice lancéolées. En Dauphiné, en Bourgogne.

Les feuilles ſont rudes ; le diſque n'offre que trois corolles; on n'en trouve que cinq au rayon, elles ſont pourpres. Deux ſemences, au plus, mûriſſent dans chaque calice.

2.° La grande Centaurée, *Centaurea centaureum*, à feuilles pinnées ; à folioles décurrentes, dentelées ; à écailles du calice ovales. *Voyez le Tableau* 415.

Les CENTAURÉES *Bluets*, Cyani, *à écailles du calice dentelées, ciliées.*

3.° La Centaurée de Phrygie, *Centaurea phrygia*, à feuilles rudes, ovales, lancéolées, dentées, embraſſant la tige; à écailles du calice recourbées, taillées en barbe de plumes. Lyonnoiſe, Lithuanienne.

Les fleurs ſont purpurines, quelquefois blanches; dans les temps humides les plumes du calice ſe redreſſent.

4.° La Centaurée pectinée, *Centaurea pectinata*; elle ne differe de la précédente que par ſes feuilles inférieures qui ſont en lyre ; les ſupérieures étant plus étroites, plus velues. Lyonnoiſe.

5.° La Centaurée noire, *Centaurea nigra*, à feuilles radicales, à demi-pinnées, celles de la tige ovales, lancéolées ; à écailles du calice ovales ; à cils droits. Lyonnoise, Allemande.

La pointe des écailles est noire ; les fleurs du rayon sont hermaphrodites, comme celles du disque.

6.° La Centaurée des montagnes, *Centaurea montana*, à tige ailée, simple, ne portant qu'une fleur ; à feuilles lancéolées, courantes sur la tige. Lyonnoise, Allemande.

La tige & les feuilles sont cotonneuses ; la fleur grande, purpurine, ou bleuâtre.

7.° La Centaurée Bluet, *Centaurea Cyanus*, à feuilles inférieures, elliptiques, dentées ; les supérieures linaires, très-entieres ; à fleurons du rayon très-grands. Lyonnoise, Lithuanienne. *Voyez le Tableau* 413.

Nous avons observé les variétés suivantes. 1.° A tige très-courtes, de quatre pouces, dont toutes les feuilles étoient très-entieres. 2.° A fleurs blanches. 3.° A fleurs roses. 4.° A fleurs du rayon blanches, celles du disque roses. Elles sont communément bleues.

8.° La Centaurée paniculée, *Centaurea paniculata*, à tige très-branchue, comme en panicule ; à feuilles doublement ailées, pinnées ; à folioles linaires. Lyonnoise, Lithuanienne.

Les feuilles plus ou moins blanchâtres ; les fleurs petites, bleues, ou blanches, ou roses.

9.° La Centaurée argentée, *Centaurea argentea*, à feuilles blanches, cotonneuses ; les inférieures ailées, à folioles offrant un lobe à la base ; les supérieures très-entieres, cunéiformes. En Dauphiné.

Les fleurs sont petites, jaunes.

10.° La Centaurée Scabieuse, *Centaurea Scabiosa*, à feuilles pinnées ; à folioles lancéolées, dentées ; à écailles du calice triangulaires. Lyonnoise, Lithuanienne.

La tige de trois pieds, rameuse, les rameaux terminés par de grandes fleurs pourpres.

Les CENTAURÉES *Rhapontics*, Rhapontici, *à écailles du calice arides, seches, comme brûlées.*

11.° La Centaurée Behen, *Centaurea Behen*, à feuilles radicales, en lyre, à lobes opposés ; celles de la tige assises, l'embrassant. Originaire d'Asie.

CL. XII. SECT. II.

Les fleurs & les écailles du calice sont jaunes. Cette plante autrefois célebre en Médecine, est aujourd'hui abandonnée. On employoit sa racine qui est âcre, poivrée; on la recommandoit dans les foiblesses d'estomac avec atonie, pour ranimer les vieillards, sur-tout contre le tremblement.

12.° La Centaurée Jacée, *Centaurea Jacea*, à branches de la tige anguleuses; à feuilles radicales dentées, à sinuosités, celles de la tige lancéolées; à écailles du calice déchirées. Lyonnoise, Lithuanienne.

Les fleurs sont assez grandes, pourpres, & quelquefois blanches; les feuilles peu cotonneuses, sont plus ou moins dentées. *Voyez le Tableau* 411.

13.° La Centaurée blanche, *Centaurea alba*, à tige paniculée; à feuilles inférieures à demi pinnées; à folioles linaires, dentées; les supérieures lancéolées, linaires, entieres & dentées; les écailles du calice entieres, brillantes, blanches, pointues. Lyonnoise, en Suisse, en Espagne.

14.° La Centaurée conifere, *Centaurea conifera*, à feuilles cotonneuses; les radicales lancéolées; celles de la tige qui est simple, ne portant qu'une fleur, sont découpées profondément, & comme pinnées. En Languedoc, en Dauphiné.

La tige basse, cotonneuse, présente au sommet comme une pomme de pin, formée par les écailles du calice luisantes, seches, assez écartées.

Les CENTAURÉES *Stœbés*, Stœbæ, *à écailles du calice épineuses, les épines palmées.*

15.° La Centaurée chicoracée, *Centaurea seridis*, à tige d'un pied, cotonneuse; à feuilles décurrentes, oblongues, dentelées, cotonneuses; les inférieures sinuées; à calices ovales; à écailles à neuf épines, palmées. En Languedoc.

Les corolles du disque blanches, celles du rayon pourpres.

16.° La Centaurée rude, *Centaurea aspera*, à feuilles lancéolées, dentées; à écailles du calice palmées, à trois ou cinq épines très-petites. En Dauphiné, en Languedoc.

Les fleurs sont petites, pourpres.

Les CENTAURÉES Chausse-trape, Calcitrapæ, *à épines des écailles du calice composées, ou divisées en plusieurs branches.*

17.° La Centaurée Chardon-bénit, *Centaurea benedicta*, à tige diffuse; à feuilles dentées, sinuées, épineuses. *Voyez le Tableau* 417.

18.° La Centaurée Chardon étoilé, *Centaurea Calcitrapa*, à tige chargée de poils; à feuilles comme ailées. linaires, dentées; à calices assis ou sans péduncule. *Voyez le Tableau* 405.

19.° La Centaurée fausse Chausse-trape, *Centaurea calcitrapoïdes*, très-ressemblante à la Centaurée chardon étoilé, mais ses feuilles sont lancéolées, dentées en scie. Lyonnoise.

Les calices un peu laineux à leur base.

20.° La Centaurée du solstice, *Centaurea solsticialis*, à tige ailée; à feuilles radicales, lyrées, comme ailées; celles de la tige décurrentes, lancéolées, dentées, toutes cotonneuses; à fleurs terminales, solitaires; à épines du calice blanches, très-longues, dentées seulement vers leur base. En Dauphiné, en Bourgogne.

Les fleurs sont jaunes.

Les CENTAURÉES crocodiles, Crocodiloideæ, *à épines du calice simples.*

21.° La centaurée laiteuse, *Centaurea galactites*, à tige très-cotonneuse; à feuilles courant sur la tige, sinuées, épineuses, cotonneuses en-dessous, vertes en-dessus, mais chargées de taches laiteuses; à épines du calice longues, jaunâtres. En Languedoc.

22.° La Centaurée altiere de Salamanque, *Centaurea salmantica*, à tige de trois pieds, grêle, peu branchue; à feuilles un peu rudes, sinuées comme celles de la Chicorée; celles de la tige, très-étroites, dentées à leur base; à fleurs purpurines, solitaires, terminales; les écailles du calice très-lisses, jaunâtres, brunes à leur sommet, & ornées d'une épine très-petite & un peu recourbée. En Languedoc, en Bourgogne.

Cl. XII.
Sect. II.

418. LE CHARDON-BÉNIT des Parisiens.

Cnicus, Attractylis lutea dictus. H. L. B.
Carthamus lanatus. L. *syng. polygam. æqual.*

Fleur. Composée, flosculeuse; fleurons jaunes, hermaphrodites dans le disque & à la circonférence, infundibuliformes, divisés en cinq parties, rassemblés dans un calice ovale, tuilé, composé de plusieurs écailles serrées par le bas, élargies par le haut, terminées par un appendice feuillé, presque ovale, plane & étendu.

Fruit. Semences garnies d'une aigrette informe, renfermées dans le calice, posées sur un réceptacle plane, couvert de longs poils.

Feuilles. Les supérieures amplexicaules, dentées; les inférieures sessiles, presque ailées.

Racine Fusiforme.

Port. Tige herbacée, d'un pied & demi, velue, cotonneuse dans le haut, quelquefois rameuse; les fleurs au sommet, solitaires, pédunculées; feuilles alternes.

Lieu. Les champs, les bords des fossés secs. Lyonnoise. ☉

Propriétés. / *Usages.* } On lui attribue les mêmes vertus qu'au précédent, mais à un moindre degré.

Observations. Dans les Carthames, le calice est ovale, formé d'écailles, dont le sommet est ovale, offrant la forme des feuilles. Nous avons :

1.° Le Carthame des Teinturiers, *Carthamus tinctorius*, à feuilles ovales, entieres, dentées; à dents terminées par des épines. *Voyez le Tableau 426.*

2.° Le Carthame laineux, *Carthamus lanatus*, à tige velue, supérieurement laineuse; à feuilles inférieures comme ailées, les supérieures entieres, lancéolées, dentées, embrassant la tige. *Voyez le Tableau* 418.

3.° Le Carthame doucette, *Carthamus mitissimus*, à feuilles sans piquans, les radicales dentées; celles de la tige comme pinnées; à écailles du calice très-entieres, sans piquans. A Montpellier, à Paris, en Bourgogne.

La tige est très-courte.

419. LE PÉTASITE, Herbe aux Teigneux.

PETASITES major & vulgaris. C. B. P.
TUSSILAGO petasites. L. *syng. polygam. superfl.*

Fleur. Composée, flosculeuse; tous les fleurons hermaphrodites, ce qui la distingue du Tussilage qui a des fleurons femelles à la circonférence; le calice commun, cylindrique, ses écailles lancéolées, linéaires, égales, au nombre de quinze ou vingt.

Fruit. Semences solitaires, oblongues, comprimées, couronnées d'une aigrette velue, portée par un filet; contenues par le calice, sur un réceptacle nu.

Feuilles. Les radicales extrêmement grandes, presque rondes, un peu dentelées en leurs bords, soutenues par un pétiole très-long, cylindrique, & charnu; les caulinaires étroites & pointues.

Racine. Grosse, longue, brune en dehors, blanche en dedans.

Port. Tiges d'un pied & demi, espece de hampe lanugineuse; les fleurs au sommet, disposées en panicule *thyrsoïdes*, ovales; elles paroissent au printemps, avant les feuilles, qui sont peut-être

CL. XII. SECT. II. les plus grandes feuilles connues dans les plantes d'Europe; celles de la tige peuvent passer pour des feuilles florales.

Lieu. Les bords des ruisseaux dans les montagnes. Lyonnoise, Lithuanienne. ♃

Propriétés. La racine est amere, sudorifique, résolutive & vulnéraire.

Usages. On ne se sert que de la racine; on l'emploie en décoction.

I.re OBSERVATION. Dans les Tussilages, les tiges naissent avant les feuilles; le réceptacle est nu; l'aigrette des semences simple; les écailles du calice égales, de la longueur des fleurons du disque, comme membraneuses. Les especes de ce genre les plus connues, sont:

1.° Le Tussilage des Alpes, *Tussilago alpina*, à hampe presque nue, à une fleur; à feuilles lisses, petites, réniformes, crénelées. Sur les montagnes du Dauphiné.

La fleur est rouge ou blanche.

2.° Le Tussilage vulgaire, *Tussilago farfara*, à hampe garnie d'écailles membraneuses, ne portant qu'une fleur radiée, ou à fleurons & demi-fleurons; à feuilles anguleuses, dentées, cotonneuses en-dessous. Lyonnoise, Lithuanienne. *Voyez le Tableau* 463.

3.° Le Tussilage Pétasite, *Tussilago Petasites*, à hampe portant plusieurs fleurs en thyrse ovale; dans chaque fleur, un petit nombre de fleurons femelles, ou à pistils. *Voyez le Tableau* 419.

4.° Le Tussilage blanc, *Tussilago alba*, à hampe terminée par un thyrse de fleurs, imitant une ombelle lâche, un petit nombre de fleurons à pistils dans chaque fleur. En Lithuanie, en Bourgogne.

Les fleurs blanches.

5.° Le Tussilage hybride, *Tussilago hybrida*, à thyrse oblong, dont les fleurs pendent. Plusieurs fleurons à pistils dans chaque fleur. Lyonnoise, Lithuanienne.

6.° Le Tussilage froid, *Tussilago frigida*, à hampe portant plusieurs fleurs en thyrse, dont les fleurs sont élevées, redressées, dans chaque fleur des demi-fleurons. Sur les montagnes du Dauphiné & du Lyonnois.

On peut voir, en examinant les caracteres essentiels des quatre dernieres especes, qu'ils portent sur la présence ou l'absence des fleurs femelles, sur les fleurs droites ou pendantes, sur le thyrse plus ou moins resserré, alongé, ou développé. Tous ces caracteres n'ont point paru suffisans à Scapoli ni au Chevalier de la Marck; nous nous sommes assurés comme eux que le Tussilage Pétasite offre souvent des fleurons à pistils, sans étamines; ainsi, on peut croire que la nature du sol, le climat, ont produit ces quatre especes. Les racines récentes de ces Pétasites, répandent une odeur aromatique, très-pénétrante; en se desséchant elles perdent une partie de leur odeur; leur saveur est amere, âcre. On peut présumer par l'énoncé de ces qualités, que ces racines doivent être précieuses pour la pratique; cependant les Médecins ne les ordonnent presque jamais; l'infusion dans du vin, & la poudre, fournissent un bon remede dans l'asthme pituiteux, la diarrhée, le rhumatisme. Dans les fievres pernicieuses, soit remittentes, soit miliaires, ou scarlatines, nous avons souvent prescrit avec avantage l'infusion des racines de ce Tussilage, lorsque l'abattement des forces sembloit indiquer les toniques amers, aromatiques.

II.e OBSERVATION. Les Cacalies, *Cacalia*, ont plusieurs rapports avec les Tussilages; leur calice est cylindrique, oblong, à peine caliculé à leur base; le réceptacle est nu; l'aigrette des semences est formée par des poils. La principale espece, c'est la Cacalie des Alpes, *Cacalia alpina*, à feuilles en forme de cœur, ou de rein, dentées; à calice renfermant à peu près trois fleurons. Sur les Alpes de Dauphiné.

La tige de deux pieds; les fleurs en corymbe paniculé; feuilles grandes, cotonneuses, à longs pétioles.

III.e OBSERVATION. Un genre intermédiaire entre les Jacées & les Cotonnieres, c'est la Stéheline, *Stehelina*, dont le réceptacle n'offre que des poils très-courts, dont l'aigrette des semences est branchue, & dont les antheres offrent une queue. Nous avons à connoître la Stéheline douteuse, *Stehelina dubia*, à feuilles linaires, dentées;

Cl. XII. Sect. II.

à écailles du calice lancéolées, à aigrettes; des ſemences deux fois plus longues que le calice. En Provence.

La tige eſt ligneuſe, cotonneuſe; les feuilles cotonneuſes en deſſous; le calice cylindrique, alongé; les fleurs pourpres.

420. L'IMMORTELLE JAUNE, *ou* Stœchas citrin.

ELICHRYSUM ſeu *Stæchas citrina latifolia.* C. B. P.

GNAPHALIUM *ſtæchas.* L. *ſyngen. polygam. ſuperſl.*

Fleur. Compoſée, floſculeuſe; fleurons hermaphrodites dans le diſque, femelles à la circonférence, raſſemblés dans un calice arrondi, tuilé; ſes écailles jaunes, brillantes, ovales, réunies & adhérentes par le bas, ſéparées & diſtinctes par le haut.

Fruit. Les fleurons femelles & les hermaphrodites, produiſent des ſemences ſemblables, oblongues, petites, couronnées d'une aigrette plumeuſe, renfermées dans le calice commun, portées ſur un réceptacle nu.

Feuilles. Etroites, linéaires, cotonneuſes, blanchâtres.

Racine. Fibreuſe, blanche.

Port. Eſpece de ſous-arbriſſeau; la tige d'un pied de haut, rameuſe, dure, blanchâtre; les fleurs au ſommet, diſpoſées en corymbe; feuilles alternes ou raſſemblées.

Lieu. Les Provinces méridionales de France. ♃

Propriétés. La plante eſt vulnéraire, diaphorétique.

Uſages. On ſe ſert de toute la plante, excepté des racines; on l'emploie en infuſion.

421. LE PIED-DE-CHAT.

ELICRHYSUM montanum flore rotundo, ſubpurpureo. C. B. P.

GNAPHALIUM dioïcum. L. *ſyng. polygam. ſuperſl.*

Fleur. } *Fruit.* } Caracteres du précédent, dont il differe en ce que ſur certains pieds on ne trouve que des fleurons hermaphrodites ſtériles ; ſur d'autres, des fleurons femelles qui produiſent les ſemences ; les écailles du calice ſont blanches, luiſantes ; la fleur composée, de forme ronde, blanche ou roſe.

Feuilles. Seſſiles, très-ſimples, cotonneuſes, blanchâtres ; les inférieures ſont quelquefois en ſpatule, quelquefois linéaires.

Racine. Rampante.

Port. Tige de quelques pouces, très-ſimple, avec des rameaux rampans ; les fleurs au ſommet, diſpoſées en corymbe ; feuilles alternes, les inférieures raſſemblées.

Lieu. Les Alpes, les prés des montagnes, dans leſquels il eſt très-nuiſible. ♃

Propriétés. Les fleurs ſont déterſives, béchiques, inciſives.

Uſages. On ſe ſert aſſez ſouvent des fleurs en infuſion, en maniere de Thé.

OBSERVATIONS. Dans les Perlieres, *Gnaphalia*, les calices ſont formés par des écailles tuilées, arrondies, ſeches, luiſantes, colorées ; le réceptacle eſt nu ; l'aigrette des ſemences eſt plumeuſe.

Les PERLIERES à tige ligneuſe, Chryſocoma.

1.° La perliere citrine, *Gnaphalium ſtœchas*, à feuilles linaires ; à fleurs en corymbe composé. Lyonnoiſe, Allemande. *Voyez le Tableau* 420.

Les PERLIERES *herbes*, Chryſocoma.

CL. XII. SECT. II.

2.° La Perliere des ſables, *Gnaphalium arenarium*, à feuilles lancéolées, les inférieures obtuſes; à fleurs en corymbe compoſé; à tige très-ſimple. En Dauphiné, en Lithuanie.

Les feuilles blanchâtres des deux côtés; les fleurs jaunâtres.

3.° La Perliere glomérulée, *Gnaphalium luteo album*, à feuilles embraſſant preſque la tige, obtuſes, cotonneuſes des deux côtés; à fleurs ramaſſées en boule. En Suiſſe, Lyonnoiſe.

Calice luiſant, d'un jaune couleur de paille.

Les PERLIERES *herbes*, Argyrocoma.

4.° La Perliere dioïque, *Gnaphalium dioïcum*, à tige très-ſimple; à rejets couchés; corymbe ſimple terminant la tige; à fleurs mâles & femelles, ſur des individus ſéparés. Lyonnoiſe, ſur les montagnes, très-commune dans les plaines de Lithuanie.

Fleurs purpurines, ou blanches. *Voyez le Tableau* 421.

5.° La Perliere des Alpes, *Gnaphalium alpinum*, à tige très-ſimple, terminée par peu de fleurs oblongues, ramaſſées en tête, ſans feuilles qui les environnent. Sur les montagnes du Dauphiné; très-reſſemblante à la Perliere dioïque.

Sa tige haute de deux pouces, ornée de trois ou quatre feuilles lancéolées; les radicales lancéolées, cunéiformes. On trouve quelquefois à la baſe de la tige, des rejets, ou drageons couchés.

Les PERLIERES *reſſemblantes aux Cotonnieres*, Filaginoïdea.

6.° La Perliere des bois, *Gnaphalium ſylvaticum*, à tige herbacée, très-ſimple; à feuilles linaires; à fleurs éparſes. Lyonnoiſe, Lithuanienne.

Les fleurs ramaſſées par petits bouquets de trois ou quatre, diſpoſées dans les aiſſelles des feuilles; ces bouquets réunis au ſommet de la tige, forment un long épi.

7.° La Perliere des marais, *Gnaphalium uliginosum*, à tige rameuse, diffuse; à fleurs ramassées en paquets, terminant les branches. Lyonnoise, Lithuanienne.

Les écailles du calice sont jaunâtres, & souvent un peu noirâtres; toutes les Perlieres sont seches dans toutes leurs parties; comme elles se conservent très-long-temps, on les a aussi appelées immortelles; les feuilles & les sommités pourroient fournir d'excellentes couchettes.

422. L'HERBE A COTON.

FILAGO seu *Impia*. DOD. PEMPT.

FILAGO Germanica. L. syst. nat. *syng. polygam. necess.*

Fleur. Composée, flosculeuse; à peu près les mêmes caracteres que la précédente, mais le disque n'a que des fleurons mâles, & la circonférence des femelles; ils sont placés entre les écailles du calice qui n'est pas brillant, mais cendré & pentagone.

Fruit. Semence solitaire, presque ovale, comprimée, sans aigrette.

Feuilles. Sessiles, simples, blanches, se prolongeant souvent sur la tige.

Racine. Simple, un peu dure.

Port. Tige droite, divisée en deux, quelquefois en trois; les fleurs disposées en pyramide, au sommet des branches, ou axillaires; feuilles alternes.

Lieu. Les champs. ⊙

Propriétés. Les feuilles sont dessicatives, astringentes, répercussives.

Usages. On s'en sert en décoction; on en tire une eau distillée.

I.re OBSERVATION. Le genre des Cotonnieres, *Filagines*, a un grand rapport avec celui des Perlieres,

Cl. XII. Sect. II.

Gnaphalia. Dans les Cotonnieres le réceptacle eſt nu; les ſemences ſont ſans aigrette; le calice eſt tuilé. On trouve entre les écailles du calice, des fleurons féminins, ou qui ne renferment que des piſtils. Les eſpeces de Cotonnieres les plus connues, ſont :

1.° La Cotonniere pygmée, *Filago acaulis* aut *pygmea*; à feuilles radicales, cotonneuſes; à fleurs ramaſſées en tête aplatie, comme poſées ſur la racine, & enveloppées par de plus grandes feuilles. En Languedoc, en Provence.

Si on écarte les feuilles, on apperçoit ſouvent une tige de quelques lignes, qui porte au ſommet les fleurs.

2.° La Cotonniere commune, *Filago germanica*, à tige droite, branchue; à bras ouverts; fleurs arrondies, ramaſſées en paquets arrondis aux aiſſelles des branches. Lyonnoiſe, Lithuanienne. *Voyez le Tableau 422.*

3.° La Cotonniere de montagne, *Filago montana*, à tige droite, rameuſe, à bras ouverts; à fleurs coniques, ramaſſées au ſommet des rameaux & ſur la bifurcation des branches; à feuilles très-courtes, ſerrées contre la tige. Lyonnoiſe, Lithuanienne.

4.° La Cotonniere filiforme, *Filago gallica*, à tige très-menue, droite, à bras ouverts; à feuilles blanchâtres, filiformes, linaires, très-aiguës; à fleurs en alêne aux aiſſelles des branches, & terminant les rameaux. En Allemagne, & Lyonnoiſe.

5.° La Cotonniere des champs, *Filago arvenſis*, à tige de plus d'un pied, en panicule; à fleurs coniques, latérales. Lyonnoiſe, Lithuanienne.

Les fleurs en paquet aux aiſſelles des feuilles, dans toute la longueur des rameaux qui ſont nombreux & redreſſés; les feuilles ſont cotonneuſes.

6.° La Cotonniere étoilée, *Filago leontopodium*, à tige de cinq à ſix pouces, très-ſimple, terminée par pluſieurs fleurs ſans péduncule, couronnées par des feuilles florales, ou bractées, très-cotonneuſes, plus longues que les fleurs. Sur les Alpes du Dauphiné.

Toute la plante eſt blanche; les fleurs centrales ſont hermaphrodites; celles de la couronne ſont ou mâles ou femelles.

II.e OBSERVATION. Un autre genre très-analogue aux Cotonnieres, c'est le Micrope, *Micropus*, dont le réceptacle est garni de pailles; les semences sans aigrettes; le calice caliculé; à fleurons féminins, enveloppés par les écailles du calice. Nous avons :

1.° Le Micrope couché, *Micropus supinus*, à tige inclinée vers la base; à feuilles florales, opposées; à semences hérissonnées. En Provence.

2.° Le Micrope droit, *Micropus erectus*, à tige droite; à feuilles solitaires; à semences comprimées, laineuses, sans piquans. En Dauphiné.

Ces deux especes sont des Gnaphaloïdes de Tournefort; le Chevalier de la Marck les range avec ses Cotonnieres. Nous pensons, en examinant les *Gnaphalium*, les *Filago*, les *Micropus* de Linnæus, que ces trois genres, quoique bien distincts par les parties de la fructification, ne forment cependant qu'un genre naturel; leur port, leur texture seche, cotonneuse, les rapprochent trop pour être en droit de les séparer.

423. LA CONISE, *ou* Herbe aux puces.

CONYZA *major vulgaris*. C. B. P.
CONYZA *squarrosa*. L. *syng. polyg. superfl.*

Fleur. Composée, flosculeuse; fleurons infundibuliformes, hermaphrodites dans le disque; femelles à la circonférence; les hermaphrodites découpés en cinq par le limbe; les femelles en trois; rassemblés les uns & les autres dans un calice commun, oblong, raboteux, tuilé, dont les écailles sont aiguës, les extérieures plus ouvertes.

Fruit. Plusieurs semences oblongues, couronnées d'une aigrette simple, contenues dans le calice qui s'est refermé, & placées sur un réceptacle nu & plane.

Cl. XII. Sect. II.

Feuilles. Seſſiles, ſimples, entieres, ovales, lancéolées, pointues.

Racine. Rameuſes.

Port. Tige herbacée, droite, dure, haute de deux pieds, rameuſe; les fleurs au ſommet, diſpoſées en corymbe; feuilles alternes.

Lieu. Les terrains ſecs, les balmes des chemins. ♂

Propriétés. Aromatique, amere, carminative, vulnéraire, apéritive.

Uſages. On l'emploie en décoction dans la ſuppreſſion des menſtrues, la chloroſe.

Observations. Dans les Coniſes, le calice eſt imbriqué, comme arrondi; le réceptacle nu; l'aigrette des ſemences ſimple; les corolles du rayon à trois ſegmens. Nous avons en France :

1.° La Coniſe vulgaire, *Conyza ſquarroza*, à tige herbacée, formant le corymbe; à feuilles lancéolées, aiguës; à calices à écailles renverſées; à angles droits. Lyonnoiſe, Lithuanienne.

2.° La Coniſe ſordide, *Conyza ſordida*, à tige blanche, un peu ligneuſe; à feuilles linaires, très-entieres; à péduncules longs, portant trois fleurs. En Languedoc.

3.° La Coniſe des roches, *Conyza ſaxatilis*, à tige ligneuſe; à feuilles linaires, ſouvent dentées; à péduncules très-longs, ne portant qu'une fleur. En Provence.

Cette eſpece eſt à peine différente de la précédente; toutes deux ont été long-temps regardées par les Auteurs comme du genre des *Gnaphalium*; Linnæus lui-même en avoit d'abord formé deux eſpeces de ce genre.

424. L'EUPATOIRE.

Cl. XII. Sect. II.

EUPATORIUM cannabinum. C. B. P.
EUPATORIUM cannabinum. L. *syngen. polygam. æqual.*

Fleur. Composée, flosculeuse : fleurons hermaphrodites dans le disque & à la circonférence ; au nombre de cinq, infundibuliformes ; leur limbe ouvert, divisé en cinq ; rassemblés dans un calice oblong, tuilé ; composé d'écailles linéaires, lancéolées, droites, inégales.

Fruit. Semences longues, grêles, ornées d'une aigrette longue ; contenues par le calice, sur un réceptacle nu.

Feuilles. Sessiles, ternées, digitées, très-entieres, quelquefois dentées ; imitant celles du Chanvre ; les supérieures sont simples.

Racine. Fusiforme, avec de grosses fibres blanchâtres.

Port. Tige herbacée, de trois ou quatre pieds, cylindrique, velue, blanche, pleine de moëlle, rameuse ; les fleurs au sommet, disposées en corymbe ; elles sont petites, pourpres.

Lieu. Les terrains humides. ♃

Propriétés. Saveur amere, âcre, un peu aromatique ; l'herbe est détersive, hépatique, apéritive ; la racine un fort purgatif.

Usages. On se sert le plus souvent de sa racine, en décoction ou en infusion ; on emploie aussi l'herbe en cataplasmes, dans les tumeurs froides & scrofuleuses.

OBSERVATIONS. Dans les Eupatoires, le réceptacle est nu ; l'aigrette des semences est en plume ; le calice tuilé, oblong ; le style plus long que les corolles, est fendu à moitié en deux. Nous n'avons en Europe qu'une ſeule eſpece de ce genre, l'Eupatoire cannabine, *Eupatorium cannabinum*, à feuilles digitées. Lyonnoiſe, Lithuanienne.

Nous avons trouvé en Lithuanie une variété ſinguliere, à tige très-ſimple, haute de ſix pouces; à feuilles ſimples, ou non-digitées, excepté deux bractées qui offroient trois folioles; le corymbe n'offroit pas quinze fleurs.

L'Eupatoire à feuilles de Chanvre a été trop négligée par les modernes; l'herbe eſt amere, & répand une odeur forte qui annonce des principes actifs; l'infuſion & le ſuc des feuilles portent ſur tous les couloirs; ſouvent elle purge, augmente le cours des urines, diſpoſe à la ſueur. Ces effets ſont bien vérifiés; auſſi a-t-on vu des leucophlegmaties, ſuite des fievres intermittentes, guéries par ce ſeul remede; il a ſouvent réuſſi dans les engouemens des viſceres du bas-ventre, avec appareil hémorroïdal, dans les rhumatiſmes, les dartres. Les feuilles appliquées ſur les ulceres baveux, les raniment & les conduiſent promptement à l'état de plaies fraîches; la racine âcre réduite en poudre, & délayée dans du vin, à une drachme, purge & fait vomir, comme le Grand Geſner l'a le premier éprouvé; mais il faut employer pour obtenir ces évacuations, de la racine fraîche; lorſqu'elle a paſſé un an, elle ne fait plus vomir. Cette obſervation bien vérifiée nous fait ſoupçonner que Chomel, qui nie la propriété émétique de cette racine, avoit employé des racines trop anciennes.

425. LE SENEÇON.

SENECIO minor vulgaris. C. B. P.
SENECIO vulgaris. L. *ſyng. polyg. ſuperfl.*

Fleur. Compoſée, floſculeuſe; fleurons hermaphrodites dans le diſque, femelles à la circonférence; les hermaphrodites infundibuliformes, diviſés en cinq, raſſemblés dans un calice conique, tronqué, dont les écailles ſont nombreuſes, en forme d'alêne; les ſupérieures paralleles, contiguës; les inférieures courtes & tuilées.

Fruit. Semences ovales, couronnées d'une longue aigrette, placées ſur un réceptacle nu & plane.

Feuilles. Amplexicaules, ailées, ſinuées, épaiſſes.

Racine. Petite, fibreuſe, blanchâtre.

Port. Tige herbacée, fiſtuleuſe, rameuſe, de quelques pouces de haut; les fleurs raſſemblées au ſommet des branches, ou éparſes; feuilles alternes.

Lieu. Toute l'Europe, les jardins. Lyonnoiſe, Lithuanienne. ☉

Propriétés. Toute cette plante eſt ſans odeur, fade, légérement acide, émolliente, rafraîchiſſante, & réputée vermifuge.

Uſages. On en tire un ſuc; on en fait des décoctions, pour lavemens, fomentations & cataplaſmes. *Voyez le Tableau* 462.

OBSERVATIONS. Ce n'eſt point ſans raiſon que Linné a réuni le Seneçon avec les Jacobées; indépendamment du port & des feuilles, nous avons trouvé dans quelques fleurs des demi-fleurons peu formés, n'offrant que des piſtils au rayon.

Le Seneçon vulgaire eſt d'une ſaveur herbacée, un peu acide; ſes vertus médicinales ſont peu conſtatées, on l'a cependant recommandé hâché & pilé, comme topique utile dans les phlegmons, les furoncles, les engorgemens laiteux des mamelles, les hémorroïdes douloureuſes. Cette plante n'eſt point inutile dans les pâturages, car les vaches & les chevres la mangent, mais les moutons & les chevaux la négligent. Le ſuc du Seneçon, pris à deux ou trois onces, eſt-il vermifuge? Tournefort l'aſſure d'après l'expérience; mais n'a-t-il pas été trompé par le raiſonnement: *poſt hoc, ergo propter hoc?* Nous voyons fréquemment des vers des inteſtins, & même le ſolitaire, expulſé par la ſeule énergie de la vie. Qu'on ait donné, dans le temps que la nature excitoit la contraction des inteſtins, cette plante innocente; qu'il y ait eu évacuation de vers: on aura conclu qu'elle étoit due à l'action de la plante.

SECTION III.

Des Herbes à fleur flosculeuse qui laisse après elle des semences sans aigrette.

426. LE CARTAME, ou Safran bâtard.

CARTHAMUS *officinarum, flore croceo.* I. R. H.

CARTHAMUS *tinctorius.* L. *syng. polygam. æqual.*

FLEUR. Composée, flosculeuse; caracteres du n.° 418. les calices plus grands, les fleurons d'un jaune rougeâtre, leurs tubes très-longs.

Fruit. Semences cunéiformes, quadrangulaires, solitaires, blanches, lisses, luisantes, pointues & quadrangulaires, sans aigrette.

Feuilles. Sessiles, simples, entieres, ovales, dentées; les dentelures pointues, piquantes, la surface glabre, avec trois nervures.

Racine. Fusiforme.

Port. Tige blanchâtre, solide, herbacée, haute de trois pieds; la fleur au sommet, solitaire & pédunculée; les feuilles alternes.

Lieu. L'Egypte; cultivé dans les jardins. ☉

Propriétés. Cette plante sert aux teintures. La semence est un fort purgatif, dont il faut user avec précaution.

Usages. La semence se donne en émulsion, ou exprimée dans du petit-lait, à la dose de ℨ vj, ou ℥ j pour l'homme. On donne aux animaux la semence, à la dose de ℥ j.

OBSERVATIONS. Les corolles du Cartame des Teinturiers, macérées dans l'eau, donnent la couleur jaune; si on ajoute l'alkali, elles donnent une belle couleur pourpre. Quoique cette plante réussisse bien dans nos jardins, on retire le Cartame d'Egypte, le croyant meilleur; on en consomme beaucoup pour teindre la soie & même la laine. Les Indiennes s'en servent pour se peindre le visage; les fleurs n'ont d'autre usage en Pharmacie que de fournir à certains médicamens leur principe colorant. On les mêle avec le vrai Safran, & il n'est pas facile de distinguer la fraude. Les semences renferment sous une écorce amere, âcre, un peu nauséabonde, une pulpe farineuse, douce & onctueuse. Si on sépare cette écorce, on peut retirer de ces semences une huile grasse, assez abondante, qui est aussi douce que celle des amandes. C'est dans l'écorce que réside le principe médicamenteux actif, qui rend ces semences purgatives; on les a même soupçonnées vénéneuses, mais ce soupçon n'a point été confirmé par l'expérience; les Egyptiens mangent en salade les jeunes feuilles du Cartame. La poudre de ces mêmes feuilles coagule le lait; les chevres & les moutons mangent avec avidité les tiges & les feuilles de cette plante. Le fameux électuaire Diacarthame doit son énergie à plusieurs médicamens drastiques, qui sont entassés dans cette ancienne composition officinale; cette préparation, comme tant d'autres purgatives & altérantes, est un vrai monstre pharmacéutique. Le temps approche, peut-être, où nous verrons tous les Médecins se réunir pour bannir de la pratique cette foule de mixtions absurdes, fruit de l'ignorance & de la superstition, même les plus révérées, comme la Thériaque, le Confection d'Hiacinthe & d'Alkermes.

CL. XII.
SECT. III.

427. LA GRANDE ABSINTHE, Aluyne.

ABSINTHIUM ponticum, ſeu Romanum, ſeu Dioſcoridis. C. B. P.

ARTEMISIA abſinthium. L. *ſyng. polyg. æqual.*

Fleur. Compoſée, floſculeuſe; fleurons hermaphrodites dans le diſque, femelles à la circonférence; tubulés, raſſemblés dans un calice commun, obrond, globuleux dans cette eſpece, tuilé; les écailles rondes & réunies.

Fruit. Les ſemences des fleurons hermaphrodites ou femelles, ſont ſolitaires, nues, placées dans le calice, ſur un réceptacle velu.

Feuilles. Pétiolées, blanchâtres, compoſées, très-découpées; les découpures linéaires.

Racine. Ligneuſe, fibreuſe.

Port. Les tiges de deux pieds, cannelées, fermes, ligneuſes, branchues, blanchâtres, pleines d'une moëlle blanche; les fleurs axillaires, preſque rondes, pendantes & pédunculées; feuilles alternes.

Lieu. Les terrains incultes & arides. ♃

Propriétés. La plante eſt amere, aromatique, odorante, antiſeptique, vermifuge, fébrifuge, ſtomachique, antiémétique, antivermineuſe.

Uſages. On ſe ſert communément pour l'homme, de toute la plante, des feuilles, des ſommités fleuries, & des ſemences; on l'emploie en décoction; on en tire un ſuc, dont la doſe eſt, depuis ℥ ß, juſqu'à ℥ ij; on fait un extrait du ſuc, qui ſe donne, depuis ℈ j, juſqu'à ʒ ß, ou ʒ j; l'Abſinthe donne auſſi un ſel eſſentiel, un ſel lixiviel; on tire des sommités fleuries, une eau distillée, dont la dose est de ℥ ß à ℥ j, un esprit ardent, une huile cuite & infusée, une conserve, un vin & une teinture; sa semence pulvérisée entre dans la composition de la poudre contre les vers; on emploie extérieurement l'herbe dans les cataplasmes résolutifs. On donne aux animaux le vin blanc dans lequel on a fait macérer la plante, à ℔ ß chaque fois; le sel lixiviel, à ʒ ij; l'esprit ardent à ℥ j; & la poudre des semences, à ℥ ij.

Observations. L'Absinthe est une de ces plantes précieuses en Médecine, sur laquelle l'observation a souvent prononcé; son amertume est si pénétrante qu'elle peut la communiquer au lait des animaux, & même à celui des femmes. Son odeur pénétrante, particuliere, due à une huile essentielle & à un esprit recteur, se dissipe en grande partie par la dessication. Les feuilles sont plus ameres que les sommités fleuries. Les propriétés de cette plante ont été très-bien appréciées par les Anciens & par les Modernes, & nous les avons presque toutes confirmées dans notre pratique; elles sont dues à la réunion du principe amer, de l'aromatique & de l'huile essentielle; c'est un de ces médicamens chauds qui réussit dans toutes les maladies d'atonie, & toutes les fois qu'il faut ranimer les forces, arrêter la putréfaction, dans l'anorexie, les diarrhées anciennes, dyssenterie, lienterie, douleurs de tête causées par l'atonie des visceres du bas-ventre, dans les fievres intermittentes, dans l'affection hypocondriaque avec engorgement, empâtement du foie, de la rate, du mésentere; on l'a même vu réussir dans le rhumatisme, la goutte, elle en retarde les accès; elle a quelquefois réussi seule dans les différentes especes d'hydropisie, de leucophlegmatie, sur-tout dans celles qui succedent aux fievres intermittentes: plusieurs observations l'annoncent comme excellent vermifuge, même contre le tænia; mais il faut bien prendre garde de distinguer avec soin les especes; car il est certain que dans toutes les maladies qui reconnoissent pour principe

Cl. XII. Sect. III.

trop d'irritabilité, cet amer aromatique cause des étourdissemens, des maux de tête, des ophtalmies, affecte le genre nerveux.

Extérieurement, le suc & l'herbe pilée sont très-utiles pour arrêter la putridité des ulceres, & pour borner la gangrene. Appliquée en poudre sur l'œdeme, en donnant du ressort à la peau, elle favorise le traitement interne. L'Absinthe, comme plante économique, entre dans la préparation de la biere, elle supplée à l'Houblon. Son effet est de modérer la fermentation, & d'empêcher qu'elle ne devienne acéteuse. L'Absinthe conserve les vins qui sont prêts à pousser. Le vrai climat de cette espece me paroît être le Nord, car nous l'avons trouvée très-commune dans tous les districts de Lithuanie. Nous savons qu'elle est si rare dans nos provinces tempérées de France, que nous soupçonnons qu'elle n'y est devenue spontanée que par accident.

428. LA PETITE ABSINTHE Pontique.

ABSINTHIUM ponticum tenuifolium incanum. C. B. P.

ARTEMISIA pontica. L. *syng. polyg. superfl.*

Fleur. } Comme dans la précédente; le récep-
Fruit. } tacle nu.

Feuilles. Pétiolées, très-divisées, découpées très-finement, couvertes en dessous d'un duvet blanchâtre.

Racine. Ligneuse, fibreuse, rampante.

Port. Les tiges d'un pied & demi environ, cylindriques, branchues; les fleurs axillaires, rondes, penchées; feuilles alternes.

Lieu. La Hongrie, la Thrace, les jardins. ♃

Propriétés. Cette plante est moins amere que la précédente, moins forte au goût, moins agréable à l'odorat; ses vertus sont les mêmes, mais à un moindre degré.

OBSERVATIONS. L'Abſinthe pontique eſt moins amere que la vulgaire, mais elle eſt plus aromatique ; elle a abſolument les mêmes propriétés.

429. L'AURONE MALE.

ABROTANUM mas anguſtifolium majus. C. B. P.

ARTEMISIA abrotanum. L. *ſyng. polyg. ſuperſl.*

Fleur. } Comme dans la précédente ; le récep-
Fruit. } tacle nu ; les ſemences plus petites.

Feuilles. Très-nombreuſes, découpées en pluſieurs folioles linéaires, ſétacées, verdâtres.

Racine. Ligneuſe, avec quelques fibres.

Port. Eſpece de ſous-arbriſſeau ; la tige haute de deux ou trois pieds, dure, caſſante, droite, cannelée, branchue ; les fleurs en grand nombre, le long des tiges ; les feuilles alternes.

Lieu. Au bord des vignes, dans les Provinces méridionales de France. ♃

Propriétés. Plante âcre, amere au goût, d'une odeur forte, tonique, ſtomachique, vermifuge, carminative, déterſive, réſolutive, très-répercuſſive.

Uſages. On emploie toute la plante, dont on tire une huile par infuſion & par coction ; on en fait auſſi des vins médicinaux & des décoctions.

OBSERVATIONS. L'Aurone répand une odeur de Citronnelle, très-agréable; ſon amertume mêlée d'âcreté, eſt très-ſenſible. On retire de cette plante une très-petite quantité d'huile eſſentielle, trois drachmes ſur ſeize livres. Quelques obſervations bien faites aſſurent à l'Aurone la propriété vermifuge ; ſon infuſion augmente l'appétit.

CL. XII.
SECT. III.

430. L'ESTRAGON.

ABROTANUM mas, lini folio, acriori & odorato. I. R. H.

ARTEMISIA dracunculus. L. *ſyng. polygam. ſuperfl.*

Fleur.
Fruit. } Comme dans les trois précédentes.

Feuilles. Très-ſimples, très-entieres, linéaires, lancéolées, ſeſſiles, glabres, verdâtres.

Racine. Comme la précédente.

Port. Les tiges herbacées, de deux pieds, grêles, un peu anguleuſes, rameuſes; les fleurs au ſommet, très-petites; les feuilles alternes.

Lieu. Il vient de la Sibérie; on le cultive dans les jardins potagers. ♃

Propriétés. Les feuilles ſont âcres & piquantes au goût, mais agréables & un peu aromatiques; elles ſont apéritives, emménagogues, ſtomachiques, antiſcorbutiques, & fortement répercuſſives.

Uſages. On emploie les feuilles & les jeunes tiges; l'Eſtragon a les mêmes vertus que les précédentes.

OBSERVATIONS. L'Eſtragon répand une odeur douce & agréable; ſa ſaveur eſt vive, aromatique, à peine amere. Si on mâche long-temps les feuilles, elles échauffent toute la bouche, & font long-temps couler la ſalive. Cette herbe eſt plus employée dans nos cuiſines que dans nos pharmacies; elle anime les ſalades, releve le goût fade des laitues; en Perſe le peuple mange les feuilles mêlées avec le pain. Cette eſpece mérite cependant toute l'attention des Médecins; le ſuc des feuilles d'Eſtragon donné à une once, mêlé avec le vin, détermine des ſueurs abondantes. Nous avons guéri avec ce ſeul remede plusieurs fievres quartes automnales ; il a également réussi dans les rhumatiſmes chroniques. On prépare avec l'Eſtragon un vinaigre très-agréable, excellent contre le ſcorbut.

431. L'ARMOISE.

ARTEMISIA vulgaris, major. I. R. H.
ARTEMISIA vulgaris. L. *ſyng. polyg. ſup.*

Fleur. } Caractere des précédentes; le réceptacle nu; la fleur ovale, cinq fleurons
Fruit. } à la circonférence.

Feuilles. Ailées, planes, découpées, velues & blanches à leur ſurface inférieure.

Racine. Rampante, fibreuſe.

Port. Les tiges herbacées, hautes de trois pieds, droites, dures, cannelées, cylindriques, un peu velues, rougeâtres, moëlleuſes; les fleurs au ſommet, diſpoſées en grappes ſimples; feuilles alternes.

Lieu. Les terrains incultes. Lyonnoiſe, Lithuanienne. ♃

Propriétés. La racine eſt douce, aromatique; la plante a un goût amer; elle eſt apéritive, ſtimulante, emménagogue, antihyſtérique; extérieurement, vulnéraire, déterſive, très-recommandée par quelques Auteurs.

Uſages. L'herbe fournit une eau diſtillée, peu uſitée; des ſommités ſeches, on tire une poudre; les feuilles s'emploient en infuſions, décoctions, lavemens, fomentations; on pulvériſe les vieilles racines qu'on donne à la doſe de ℈ j pour l'homme. On donne aux animaux la plante en poudre, à ℥ ß, & en infuſion à la doſe de poig. ij dans ℔ j ß d'eau.

I.re OBSERVATION. L'Armoiſe eſt moins amere que plusieurs autres eſpeces d'Abſinthes; ſi on froiſſe entre les doigts ses sommités fleuries, elles les impregnent d'une odeur agréable, particuliere. L'infusion des sommités est spécialement destinée pour la suppression des regles & des lochies; l'expérience des Modernes est favorable aux assertions des Anciens, quoique nous ignorions si l'Armoise de Dioscoride est précisément l'espece que nous employons. C'est avec le tissu cellulaire des rameaux d'Armoise, qu'on prépare le fameux Moxa des Chinois; on en fait de petites pyramides qui brûlent très-lentement, donnant peu de chaleur. On applique ces pyramides sur une partie douloureuse, dans les rhumatismes chroniques, & autres douleurs causées par un travail dépuratoire qui se porte sur la surface du corps. Comme ce tissu cellulaire brûle très-lentement, la douleur que cause cette brûlure est très-supportable. Nous avons vu guérir par cette méthode plusieurs malades qui avoient été long-temps traités avec les remedes internes.

II.e Observation. Dans le genre des Armoises *Artemisiæ*, le réceptacle est nu, ou seulement un peu velu; les semences sans aigrettes; le calice formé d'écailles en recouvrement, arrondies & serrées; on ne trouve point de corolles au rayon. Ce genre de Linné comprend les Armoises, *Artemisiæ*; les Aurones, *Abrotana*, & les Absinthes, *Absinthia* de Tournefort. Dans les Absinthes le réceptacle est un peu velu; il est nu dans les Aurones & les Armoises. En général dans les especes de ce genre les fleurs sont petites, en grappe tournée d'un seul côté. Ces especes sont assez nombreuses, on en compte vingt-neuf: faisons au moins connoître les plus utiles & les plus communes.

Les ARMOISES *arbrisseaux droits.*

1.° L'Armoise Absinthe de Judée, *Artemisia judaïca*, à tige ligneuse, de demi-pied, paniculée, cendrée, un peu velue; à feuilles comme en spatule, petites, cendrées, terminées par trois lobes obtus; à fleurs en panicule, arrondies, très-petites. Originaire de Judée.

Les sommités sont très-aromatiques; on croit que les semences de cette espece fournissent la fameuse poudre contre les vers; elles sont très-ameres, un peu âcres, d'une odeur particuliere. La propriété vermifuge de cette drogue est chaque jour confirmée par l'expérience. On prépare de petites dragées avec ces semences, qui pouvant être avalées sans les écraser, en facilitent l'administration pour les enfans.

2.° L'Armoise Aurone, *Artemisia Abrotanum*, à tige ligneuse; à feuilles finement découpées en plusieurs lanieres. En Languedoc. *Voyez le Tableau* 429.

Les ARMOISES à tiges couchées avant la fleuraison.

3.° L'Armoise Aurone champêtre, *Artemisia campestris*, à tige ligneuse, couchée, poussant plusieurs rameaux rouges ou verts, droits, herbacés; à feuilles découpées en plusieurs lanieres linaires. Lyonnoise, Lithuanienne.

Les feuilles d'abord blanchâtres, deviennent vertes; les fleurs jaunâtres, solitaires, forment des grappes simples. Ces fleurs froissées entre les doigts, répandent une odeur légérement aromatique; elles sont, d'après nos observations, antispasmodiques; elles réussissent dans l'affection hypocondriaque avec flatuosité. Nous employons l'infusion.

4.° L'Armoise Absinthe maritime, *Artemisia maritima*, à tiges nombreuses, blanches, très-branchues; à feuilles cotonneuses, découpées en plusieurs lanieres obtuses; à fleurs en grappes pendantes. En Languedoc, sur les bords de la mer Baltique.

Elle est moins amere que l'Absinthe vulgaire, elle répand une odeur de Camphre; on s'en sert dans le Nord pour remplir les mêmes indications; on en prépare un vin stomachique, qui est moins désagréable que celui d'Absinthe.

5.° L'Armoise Absinthe glaciale, *Artemisia glacialis*, à tiges de six pouces, couchées par la base, velues; à feuilles soyeuses, blanches, palmées; à lobules fendus en trois ou cinq segmens; à fleurs presque assises, terminant la tige, ramassées en bouquet serré, & redressées. Sur les Alpes du Dauphiné.

Les fleurs jaunes sont assez grandes; le calice est un peu cotonneux. Cette plante est amere & aromatique.

6.° L'Armoise Absinthe Génépi, *Artemisia rupestris*; à tiges redressées, hérissées; à feuilles ailées, soyeuses; à fleurs arrondies, penchées. Sur les montagnes du Dauphiné.

Toute la plante est amere, & très-aromatique; on s'en est beaucoup servi en Suisse pour le traitement des fievres intermittentes, & dans toutes les maladies qui se jugent par les sueurs, comme rhumatismes, fievres catarrales. Ce remede réussit assez bien sur la fin de ces fievres. Nous trouvons encore plusieurs faits qui prouvent que des malades attaqués de pleurésies, & péripneumonies, après avoir été abreuvés d'infusion de Génépi, ont été guéris. Ces faits réunis aux nombreuses observations des sectateurs de Vanhelmont, pourroient faire soupçonner que la méthode échauffante par les aromatiques amers, peut être employée dans quelques circonstances des maladies inflammatoires.

Les ARMOISES à tige herbacée, droite; à feuilles composées.

7.° L'Armoise Absinthe pontique, *Artemisia pontica*, à feuilles cotonneuses en dessous, très-divisées; à fleurs arrondies, penchées; à réceptacle nu. *Voyez le Tableau* 428.

8.° L'Armoise Absinthe vulgaire, *Artemisia Absinthium*, à feuilles composées, découpées en plusieurs lanieres, à fleurs arrondies, pendantes; à réceptacle velu, *Voyez le Tableau* 427.

9.° L'Armoise vulgaire, *Artemisia vulgaris*, à feuilles comme ailées, planes, découpées, soyeuses en dessous; à fleurs en grappes, simples, recourbées. *Voyez le Tableau* 431.

Le réceptacle est nu; la tige de quatre à cinq pieds.

Les ARMOISES à feuilles simples.

10.° L'Armoise Estragon, *Artemisia Dracunculus*, à feuilles lancéolées, lisses, très-entieres. *Voyez le Tableau* 430.

11.° L'Armoise des Chinois, *Artemisia chinensis*, à feuilles simples, cotonneuses, les inférieures en forme

de

de coin, à trois lobes ; les ſupérieures lancéolées, obtuſes ; à fleurs en grappes, ovales, terminant la tige. On l'a trouvée en Sibérie ; le calice eſt à écailles lâches, cotonneuſes. On prétend que c'eſt avec la moëlle de cette eſpece que les Chinois préparent leur Moxa. Quoi qu'il en ſoit, le nôtre préparé avec le tiſſu cellulaire de l'Armoiſe vulgaire, brûle auſſi lentement.

432. LA GARDEROBE, *ou* Aurone femelle.

SANTOLINA *foliis teretibus.* I. R. H.
SANTOLINA *chamæ-cypariſſus.* L. *ſyng. polygam. æqual.*

Fleur. Compoſée, floſculeuſe ; fleurons hermaphrodites dans le diſque & à la circonférence ; infundibuliformes, découpés à leur limbe en cinq parties recourbées, raſſemblés dans un calice commun, hémiſphérique, tuilé ; les écailles ovales, oblongues, aiguës, réunies à leur baſe.

Fruit. Semences ſolitaires, oblongues, tétragones, nues, ou couronnées d'une aigrette à peine viſible ; placées dans le calice, ſur un réceptacle plane, couvert de lames concaves.

Feuilles. Seſſiles, ſimples, étroites, à quatre côtés dentelés, reſſemblant aux feuilles du Cyprès.

Racine. Dure, ligneuſe, rameuſe.

Port. Eſpece d'arbriſſeau, dont les tiges, d'un pied environ, ſont ligneuſes, grêles, couvertes d'un duvet blanchâtre ; les fleurs au ſommet, une ſeule ſur chaque péduncule ; les feuilles alternes.

Lieu. Les pays méridionaux. ♃

Propriétés. Plante âcre, amere & d'une odeur forte ; ſtomachique, vermifuge, diaphorétique, diurétique, reſſemblant à l'Aurone mâle, mais

Cl. XII. Sect. III.

moins agréable, moins ſtomachique, moins réſolutive.

Uſages. On ſe ſert de toute la plante, ſur-tout des feuilles, & très-rarement des ſemences. On fait de la plante, des décoctions, des vins, une poudre qui ſe donne, pour l'homme, à la doſe de ʒ ß, dans une liqueur convenable; & pour les animaux, à la doſe de ʒ ij.

433. LA SANTOLINE.

SANTOLINA repens & caneſcens. χ. I. R. H.
SANTOLINA roriſmarini folia. L. *ſyngen. polygam. æqual.*

Fleur. } Comme dans la précédente.
Fruit. }

Feuilles. Etroites, linéaires, blanches, imitant celles du Romarin; leurs bordures chargées de petits tubercules glanduleux.

Racine. La même que la précédente.

Lieu. L'Eſpagne les pays chauds. ♃

Propriétés. } De la précédente; réputée vermi-
Uſages. } fuge. On la donne en poudre à la doſe de ʒ ß pour l'homme, & de ʒ ij pour les animaux.

OBSERVATIONS. Dans les Santolines le réceptacle eſt garni de paillettes; les ſemences ſans aigrette; le calice à écailles, en recouvrement, eſt hémiſphérique. Nous avons :

1.° La Santoline cupreſſiforme, *Santolina chamæ-cyparyſſus*, à feuilles linaires; à dentelures aſſez profondes & comme rangées ſur quatre rangs. *Voyez le Tableau* 432.

2.° La Santoline tuberculeuſe, *Santolina roriſmarini folia*, à feuilles linaires, ſeulement chargées à leurs marges de tubercules, ou comme chagrinées. *Voyez le Tableau* 433.

Dans ces deux especes la tige est ligneuse, très-rameuse ; les branches sont terminées par un pédunculle qui ne porte qu'une seule fleur. Ces plantes dont l'odeur est pénétrante, l'amertume bien prononcée, ne sont négligées dans la pratique que parce que nous possédons plusieurs congéneres ; cependant l'observation a prononcé en leur faveur dans la jaunisse, la leucophlegmatie, les empâtemens des visceres du bas-ventre, l'asthme pituiteux, la chlorose & l'anorexie. Les Anciens qui, en rapprochant les plantes, s'attachoient plus à la forme, au port, qu'aux caracteres tirés des petites parties de la fructification, avoient ramené les Santolines dans le genre des Aurones, *Abrotanum*.

434. LA TANAISIE.

TANACETUM vulgare luteum. C. B. P.
TANACETUM vulgare. L. *syng. polyg. sup.*

Fleur. Composée, flosculeuse ; fleurons hermaphrodites dans le disque, femelles à la circonférence ; les hermaphrodites divisés en cinq, les femelles en trois ; rassemblés dans un calice hémisphérique, tuilé, dont les écailles sont aiguës, serrées les unes contre les autres.

Fruit. Semences solitaires, oblongues, nues, placées dans le calice qui a conservé sa forme, & posées sur un réceptacle nu & convexe.

Feuilles. Deux fois ailées, découpées comme par paire, dentées en maniere de scie à leurs bords, très-vertes ; on en trouve une variété dont les feuilles sont plissées, crépues.

Racine. Longue, ligneuse, rameuse.

Port. Tiges de trois pieds au moins, rondes, rayées, remplies de moëlle, légérement velues ; les fleurs au sommet, disposées en corymbe, ou bouquets arrondis ; feuilles alternes.

Cl. XII. Sect. III.

Lieu. Dans les jardins. ♃

Propriétés. Cette plante eſt amere & déſagréable au goût; ſtomachique, carminative, vermifuge, vulnéraire, déterſive.

Uſages. On emploie toute la plante, à l'exception de la racine; on tire de l'herbe & des feuilles une eau diſtillée, & une huile eſſentielle; des fleurs, une poudre contre les vers, donnée à l'homme à ℨ ß, & aux animaux à ℨ ij.

435. LA MENTHE-COQ, *ou* Herbe au coq. Coq des jardins.

TANACETUM hortenſe, folio & odore menthæ. H. L. Bat.

TANACETUM balſamita. L. *ſyng. polyg. ſuperſl.*

Fleur. } Comme dans la précédente.
Fruit. }

Feuilles. Ovales, entieres, dentées en maniere de ſcie, pétiolées; celles du ſommet ſeſſiles.

Racine. Oblique, longue, fibreuſe.

Port. Tiges hautes de deux pieds, velues, rameuſes, blanchâtres, pâles; les fleurs naiſſent au ſommet, diſpoſées en bouquet; les feuilles alternes.

Lieu. Les Provinces méridionales de France. ♃

Propriétés. Cette plante eſt un peu amere, mais aromatique, agréable, ayant l'odeur de la Menthe; elle eſt ſtomachique, antiémétique, carminative, céphalique, antinarcotique, vulnéraire, réſolutive; la ſemence vermifuge.

Uſages. On emploie l'herbe, les ſommités fleuries & les ſemences; on en fait un extrait, une eau diſtillée, une huile par infuſion, pour guérir les plaies & contuſions.

Observations. Dans les Tanaiſies, *Tanacetum*, le réceptacle eſt nu; les ſemences ſont un peu échancrées au ſommet; le calice eſt en écailles, à recouvrement hémiſphérique; les corolles du rayon ou manquent, ou ſont irrégulieres, à trois ſegmens. Nous avons :

1.° La Tanaiſie vulgaire, *Tanacetum vulgare*, à feuilles ailées; chaque foliole à demi-pinnée, & à dents de ſcie. Lyonnoiſe, Lithuanienne. *Voyez le Tableau* 434.

Toute la plante eſt très-amere, & répand une odeur forte. On l'a trouvée, par une ſuite d'obſervations, capable de fortifier l'eſtomac dans les diarrhées, l'anorexie, cauſées par atonie; elle réuſſit dans les empâtemens des viſceres du bas-ventre; ſon uſage long-temps ſoutenu a retardé, ou entiérement diſſipé les accès de goutte dans quelques ſujets; elle a auſſi réuſſi comme vermifuge; c'eſt un bon remede dans toutes les eſpeces de cachexie avec atonie. La décoction ſaturée des fleurs & des feuilles, purge quelquefois, augmente évidemment le cours des urines, & excite la ſueur. Les fleurs ont un aromate plus agréable, & ſont moins ameres; les ſemences qui ſont auſſi ameres, réuſſiſſent aſſez bien contre les vers. L'huile eſſentielle de Tanaiſie eſt d'un vert jaune, il conſerve l'odeur de la plante. On l'a auſſi reconnue vermifuge. On peut en ajouter quelques gouttes ſur la poudre des ſemences.

La Tanaiſie étoit ſouvent employée dans le traitement des fievres intermittentes, & l'expérience confirme ſes bons effets, ſur-tout pour les fievres tierces vernales. Dans le Nord on ſe ſert des ſommités de cette plante pour aſſaiſonner les alimens. Les feuilles fourniſſent une couleur verte. Les vaches & les moutons mangent ſeuls la Tanaiſie.

2.° La Tanaiſie Menthe-coq, *Tanacetum balſamita*, à feuilles ovales; à dents de ſcie. *Voyez le Tableau* 435.

La Menthe-coq eſt amere; ſon odeur eſt analogue à celle des Menthes; c'eſt un bon ſtomachique, indiqué dans les diarrhées, l'anorexie avec atonie, dans l'affection hypocondriaque avec atonie & engouement des hypocondres,

Cl. XII. Sect. III.

436. L'EUPATOIRE aquatique.

Bidens foliis tripartito-divisis. cæsalp.
Bidens tripartita. L. *syng. polygam. æqual.*

Fleur. Flosculeuse, composée de fleurons jaunes, hermaphrodites dans le disque & à la circonférence, rassemblés en forme de tube dans un calice commun, droit, dont les écailles sont des especes de feuilles égales, oblongues, concaves.

Fruit. Semences solitaires, obtuses, angulaires, couronnées d'une sorte d'aigrette composée de deux ou trois lames dures, droites & aiguës; les semences placées dans le calice, sur un réceptacle presque nu.

Feuilles. Pétiolées, fendues en trois, imitant celles de l'Eupatoire, n.° 424, & du Chanvre, n.° 530.

Racine. Rameuse.

Port. Tige herbacée, cannelée, cylindrique; les fleurs au sommet, pédunculées & solitaires; feuilles opposées.

Lieu. Les fossés humides, les lieux aquatiques. ☉

Propriétés. L'herbe est d'une odeur & d'une saveur âcre; elle est mondificative, sternutatoire, & donne une teinture jaune.

Usages. On ne se sert que de l'herbe. Les vaches, les moutons mangent cette plante, les autres bestiaux la négligent.

Observations. Dans les Bidens, le calice est à écailles en recouvrement; la couronne offre quelquefois des demi-fleurons; le réceptacle est garni de paillettes; les semences terminées par des dents droites, roides. Nous avons :

1.° Le Bident à feuilles de Chanvre, *Bidens tripartita*, à feuilles divisées en trois ou cinq segmens; à calices ornés de bractées ; à ſemences droites. *Voyez le Tableau 436.*

2.° Le Bident très-petit, *Bidens minima*, à tige de quatre à cinq pouces ; à feuilles ſans petioles, lancéolées ; à fleurs & ſemences redreſſées. Lyonnoiſe, Lithuanienne.

On la regarde comme une variété de la penchée.

3.° Le Bident penché, *Bidens cernua*, à feuilles lancéolées, embraſſant la tige ; à fleurs inclinées ; à ſemences droites. Lyonnoiſe, Lithuanienne.

Le *Coreopſis Bidens*, ne differe de cette eſpece que par un plus grand nombre de demi-fleurons qui ſe développent au rayon ; auſſi pluſieurs Auteurs n'en font-ils qu'une variété. On la trouve dans le Lyonnois, en Lithuanie.

Si on froiſſe le Bident penché, il répand une odeur âcre. On la croit diurétique, diaphorétique, emménagogue ; on la loue contre l'hydropiſie, la chloroſe : mais ces vertus exigent encore des obſervations pour être bien avérées ; l'herbe donne une teinture jaune. Les chevres la mangent, les chevaux n'en veulent point.

SECTION IV.

Des Herbes à fleurs floſculeuſes, ramaſſées en boule, & ſoutenues chacune par un calice particulier.

437. LA BOULETTE, *ou* l'Échinope.

ECHINOPUS major. J. B.
ECHINOPS ſphærocephalus. L. *ſyng. polygam. ſegregata.*

FLEUR. A fleurons infundibuliformes, dont le limbe eſt diviſé en cinq parties ouvertes & recour-

Cl. XII.
Sect. IV.

bées; tous les fleurons posés sur un réceptacle commun, en forme de boule, renfermés chacun dans un calice propre, oblong, tuilé, anguleux, composé de folioles droites, en forme d'alêne.

Fruit. Une seule semence ovale, oblongue, étroite à sa base, obtuse au sommet, & velue, renfermée dans chaque calice un peu renflé.

Feuilles. Ailées, épineuses, cotonneuses en dessous, hérissées en dessus.

Racine. Fusiforme.

Port. Tige herbacée, haute de deux ou trois pieds, cannelée, rameuse; les fleurs blanchâtres au sommet, disposées en tête ronde; feuilles alternes.

Lieu. L'Italie. ♃

Propriétés. } Cette plante est apéritive, jouit
Usages. } des mêmes vertus que les Chardons, est moins usitée en Médecine.

Observations. Dans les Boulettes, chaque corolle est hermaphrodite, & a son calice propre; le réceptacle est chargé de soie; les semences nues; les fleurs en têtes arrondies. Les principales especes sont :

1.° La grande Boulette, *Echinops sphærocephalus*, à feuilles un peu cotonneuses en dessus, la tige portant plusieurs têtes de fleurs. En Dauphiné.

Nous l'avons trouvée à trois lieues après Vienne.

2.° La petite Boulette, *Echinops Ritro*, à tige ne portant qu'une tête de fleurs; à feuilles lisses en dessus. En Dauphiné, en Languedoc & en Sibérie.

Sa tige à peine d'un pied, souvent simple; ses feuilles à découpures plus étroites; la tête des fleurs beaucoup plus petite; à corolles bleues.

SECTION V.

Des Herbes à fleurs flosculeuses, dont les fleurons ordinairement divisés en découpures inégales, sont portés chacun dans un calice particulier.

438. LA SCABIEUSE des Prés.

SCABIOSA *pratensis hirsuta, quæ officinarum.* C. B. P.

SCABIOSA *arvensis.* L. *4-dria, 1-gyn.*

FLEUR. Composée, flosculeuse; fleurons dont les étamines ne sont pas réunies par les sommets, irréguliers, tubulés, divisés en quatre ou cinq découpures, plus grandes du côté extérieur; dans l'espece présente les fleurons violets, divisés en quatre; dans toutes les especes, les fleurons rassemblés dans un calice commun, divisé en plusieurs folioles qui entourent un réceptacle convexe; chaque fleuron renfermé en particulier dans un double calice qui repose sur le germe.

Fruit. Semences solitaires, ovales, oblongues, placées sur le réceptacle & dessous le calice propre, qui leur tient lieu de couronne.

Feuilles. Ailées, les radicales plus grandes que les caulinaires, oblongues, lanugineuses.

Racine. Droite, longue.

Port. Tige d'un pied ou deux, ronde, velue, rude, creuse; les fleurs au sommet, disposées en bouquets ronds, ainsi que les fruits après la fleuraison; fleurs opposées deux à deux.

Lieu. Les champs. ♃

Propriétés. Toute la plante est amere; elle est alexitere, sudorifique, apéritive.

Usages. On exprime le suc de la plante, il se prescrit depuis ℥ iij jusqu'à ℥ iv, dans les maladies cutanées; ainsi que la plante en décoction, qui se donne aux animaux, à poig. ij sur ℔ j ß d'eau.

439. LA SCABIEUSE des bois, Mors du diable.

SCABIOSA folio integro hirsuto. I. R. H.
SCABIOSA succisa. L. *4-dria, 1-gyn.*

Fleur. } Caracteres de la précédente; fleurons
Fruit. } le plus souvent divisés en quatre, quelquefois cependant en cinq parties; même couleur.

Feuilles. Lancéolées, ovales, entieres, pétiolées; les supérieures sessiles, crénelées en leurs bords, rudes & garnies de poils.

Racine. Courte, fibreuse, comme mordue & rongée dans le milieu.

Port. Tiges de deux pieds, simples, rondes, fermes, velues, rameuses; les branches rapprochées, portant deux petites feuilles à chaque articulation; les fleurs au sommet, disposées comme dans la précédente; feuilles opposées.

Lieu. Les bois, les prés. ♃

Propriétés. Les feuilles sont ameres, sudorifiques, alexiteres & vulnéraires.

Usages. On ne se sert que des feuilles en décoction.

I.re OBSERVATION. Dans les Scabieuses, *Scabiosæ*, les têtes des fleurs sont en général planes, ou simplement convexes; le calice commun est formé par plusieurs feuillets; chaque corolle, divisée en quatre ou cinq ſegmens égaux ou inégaux, porte ſur un calice propre qui eſt double & ſupérieur ; le réceptacle eſt nu, ou à paillettes; la couronne des ſemences eſt différente, ſuivant les eſpeces.

Les SCABIEUSES à corolles quadrifides, ou à quatre ſegmens.

1.° La Scabieuſe des Alpes, *Scabioſa Alpina*, à feuilles pinnées; à folioles lancéolées & à dents de ſcie; à fleurs inclinées. Sur les montagnes du Dauphiné.

Le calice à écailles en recouvrement, plus court que les corolles ; les ſemences à quatre angles, couronnées de huit dents, dont quatre ſont plus courtes; les fleurs en têtes arrondies, jaunatres.

2.° La Scabieuſe ſucciſe, ou Mors du diable, *Scabioſa ſucciſa*, à tige portant trois têtes de fleurs convexes; à feuilles radicales, ovales, celles de la tige lancéolées. Lyonnoiſe, Lithuanienne.

On la trouve à feuilles liſſes ou velues; ſouvent celles de la tige ſont dentées ou même découpées; les fleurs bleues ſont quelquefois blanches, & même proliferes. Cette plante un peu amere, a été trop louée par les uns & trop mépriſée par d'autres. En n'écoutant que l'obſervation, on peut la regarder comme utile dans les fleurs blanches, dans l'eſquinancie catarrale, & dans les diarrhées; les feuilles fourniſſent une teinture verte. Tous les beſtiaux mangent cette plante, excepté les cochons. *Voyez le Tableau* 437.

3.° La Scabieuſe des champs, *Scabioſa arvenſis*, à feuilles inférieures ovales, lancéolées, dentées; les ſupérieures comme pinnées. Lyonnoiſe, Lithuanienne.

Cette eſpece préſente pluſieurs variétés. Nous avons trouvé la tige ou velue, ou preſque liſſe, ou rameuſe, ou très-ſimple, uniflore, quelquefois très-courte ; les feuilles radicales ſont ou toutes entieres ou dentées, & même comme empennées; les fleurs ſont quelquefois blanches, & couleur de chair. Dans quelques individus, la tête eſt alongée en épis, portant peu de fleurs.

L'herbe eſt amere, d'une ſaveur particuliere, déſagréable ; ſa décoction a quelquefois réuſſi dans la toux catarrale, l'asthme pituiteux, la phthisie catarrale; elle réussit encore mieux dans les dartres, la gale, &, quoique amere, tous les bestiaux la mangent volontiers.

4.° La Scabieuse des bois, *Scabiosa sylvatica*, à tige hérissée, rameuse; à feuilles grandes, ovales, dentées, un peu velues; celles de la tige lancéolées. Lyonnoise, Allemande.

Les fleurs bleues ou pourpres; les corolles du rayon irrégulieres comme dans celle des champs; la plante fournit un bon pâturage aux vaches & aux moutons.

Les SCABIEUSES à corolles à cinq segmens.

5.° La Scabieuse grande Colombaire, *Scabiosa Columbaria*, à feuilles radicales, ovales, crénelées; celles de la tige pinnées; à folioles linaires, découpées. Lyonnoise, Allemande.

6.° La Scabieuse petite Colombaire, *Scabiosa Gramunzia*, à tige plus petite; à feuilles doublement ailées; à folioles filiformes; elle ne paroît être qu'une variété de la précédente.

Dans toutes deux, les fleurs bleues ou pourpres.

7.° La Scabieuse jaunâtre, *Scabiosa ochroleuca*, très-analogue aux deux précédentes; à feuilles ailées; à folioles découpées, linaires; à fleurs d'un jaune pâle; les nœuds de la tige d'un rouge foncé. En Dauphiné; très-commune en Lithuanie.

Nous en avons observé quelques variétés, 1.° A tige droite & couchée à la base, simple, uniflore, ou à tiges rameuses. 2.° A feuilles radicales, entieres. 3.° A fleurs presque blanches, & à fleurs d'un jaune foncé.

Dans ces trois dernieres especes, les corolles du rayon sont irrégulieres.

8.° La Scabieuse graminée, *Scabiosa graminea*, à tige d'un pied, ne portant qu'une fleur bleue; à feuilles linaires, blanches, soyeuses. En Languedoc, en Provence.

9.° La Scabieuse pourpre, noire, ou la veuve, *Scabiosa atro-purpurea*, à tige rameuse; à feuilles disséquées; le réceptacle des fleurs alongé; à corolles d'un pourpre noirâtre; à antheres blanches. Dans les jardins, elle y produit un bel effet par la touffe de ses fleurs d'une couleur peu commune. Originaire des Indes.

II.e OBSERVATION. Un genre analogue aux Scabieuſes, c'eſt la Knaut, *Knautia* ; le calice commun eſt oblong, ſimple, renfermant cinq fleurons ; le calice propre, particulier à chaque fleur ſimple, eſt au-deſſus du germe ; les fleurons ſont irréguliers, le réceptacle eſt nu. La principale eſpece de ce genre qui eſt généralement cultivée dans les jardins des Amateurs, c'eſt la Knaut Orientale, *Knautia Orientalis*, à feuilles inciſées, dentées ; à fleurs de cinq corolles, plus longues que le calice. Originaire d'Orient.

Cette plante a le port des Lychnis, & la fleuraiſon des Scabieuſes ; auſſi Boërhaave l'a-t-il dénommé *Lychniſcabioſa, flore rubro, annua* ; les fleurs ſont rouges ; les ſemences velues, à dents ſétacées au ſommet.

440. LE CHARDON BONNETIER.

DIPSACUS ſativus. C. B. P.
DIPSACUS fullonum. L. *4-dria, 1-gynia.*

Fleur. Compoſée, floſculeuſe ; fleurons dont les étamines ne ſont pas réunies par les ſommets, tubulés, irréguliers comme ceux de la Scabieuſe, diviſés par leur limbe en quatre parties, raſſemblés en tête ovale ſur un calice commun, compoſé de folioles ténues, lâches, plus longues que la fleur ; chaque fleuron porté par des calices propres, à peine viſibles, inſérés au germe, & diſtribués ſur un réceptacle conique, remarquable par des lames très-longues.

Fruit. Semences en forme de colonne, couronnées par le rebord du calice propre de chaque fleuron.

Feuilles. Seſſiles, perfeuillées, traverſées par la tige dans le haut, dentées, épineuſes en leurs bords, avec une côte dans le milieu, armées en deſſus d'épines dures.

Racine. Fuſiforme, unie, blanche.

CL. XII. SECT. V.

Port. Tige de trois ou quatre pieds, roide, creuſe, cannelée, hériſſée de quelques épines; la fleur au ſommet, diſpoſée en tête oblongue; les feuilles oppoſées deux à deux, ou perfeuillées, de maniere qu'elles forment autour de la tige une petite cuvette preſque toujours remplie d'une eau claire & limpide.

Lieu. Les champs, les chemins. ♂

Propriétés. Les têtes & les racines ſont ſudorifiques & diurétiques; mais ces vertus ne ſont point aſſez vérifiées pour pouvoir y compter. Son uſage économique eſt plus précieux. On l'a cultivée en grand. Les têtes, avec la roideur de leurs paillettes recourbées, ſervent dans les fabriques de draps pour lever & aplanir les poils. On aſſemble ces têtes comme des broſſes.

441. LA VERGE A PASTEUR.

DIPSACUS ſylveſtris capitulo minore, ſeu Virga paſtoris. C. B. P.

DIPSACUS piloſus. L. *4-dria, 1-gynia.*

Fleur. } Comme dans la précédente; les têtes
Fruit. } formées par la réunion des fleurons, ſont plus petites, plus arrondies.

Feuilles. Ovales, oblongues, avec des appendices: les inférieures pétiolées.

Racine. Comme dans la précédente.

Port. Tige moins haute, moins épineuſe, plus rameuſe, moins cannelée que dans le Chardon bonnetier; les têtes ou bouquets de fleurs, plus petites, arrondies & chargées de filets qui les font paroître velues.

Lieu. Les bords des foſſés humides. ♂

Propriétés. } De la précédente.
Uſages. }

OBSERVATIONS. Dans les Carderes, *Dipſaci*, le calice commun eſt à pluſieurs feuillets; le calice particulier eſt au-deſſus du germe; le réceptacle eſt hériſſé de paillettes. Les trois eſpeces de ce genre méritent d'être caractériſées.

1.° La Cardere des foulons, *Dipſacus fullonum*, à feuilles aſſiſes embraſſant la tige; à dents de ſcie. Lyonnoiſe; très-rare en Lithuanie.

La Cardere cultivée, *Dipſacus ſativus*, n'eſt qu'une variété qui ne differe que par ſes paillettes, plus roides & plus crochues. *Voyez le tableau* 440.

2.° La Cardere laciniée, *Dipſacus laciniatus*, à feuilles aſſiſes, laciniées. En Allemagne, en Alſace; elle reſſemble beaucoup à la précédente.

3.° La Cardere velue, *Dipſacus piloſus*, à feuilles pétiolées; à oreillettes à leur baſe. Lyonnoiſe, Allemande. *Voyez le tableau* 441.

442. LA GLOBULAIRE.

GLOBULARIA *vulgaris*. I. R. H.
GLOBULARIA *vulgaris*. L. *4-dria, 1-gyn.*

Fleur. Compoſée, floſculeuſe; petits fleurons bleus, dont les étamines ne ſont pas réunies, & qui ſont diviſés par leur limbe en quatre parties, raſſemblés dans un calice commun, tuilé, de la longueur des fleurons; chaque fleuron porté par un calice particulier, à cinq dentelures, ſur un réceptacle oblong, couvert de lames.

Fruit. Semences ſolitaires, ovales, renfermées dans le petit calice propre.

Feuilles. Seſſiles, entieres; les radicales nombreuſes, en ſpatule, dentées au ſommet; les caulinaires lancéolées.

Racine. Simple, petite, preſque ligneuſe.

Port. Tige herbacée, feuillée, rameuſe, haute de ſix à ſept pouces; les fleurs bleues au ſommet,

CL. XII. SECT. V.

en maniere de petit globe, ou tete ronde; les feuilles de la tige alternes.

Lieu. Les bords des bois, les prés secs, les lieux arides. ♃

Propriétés. Toute la plante est, dit-on, vulnéraire, détersive.

Usages. Cette plante est aujourd'hui absolument abandonnée; il faudroit tenter de fortes décoctions pour s'assurer si elle ne cache point une vertu purgative. Si elle ne l'est point, comme nous le croyons d'après quelques épreuves, c'est encore une exception à la regle qui déclare que les plantes d'un même genre ont les mêmes propriétés.

443. LE TURBITH BLANC, *ou* Séné des Provençaux.

GLOBULARIA *fruticosa myrtifolio, tridentato.* I. R. H.

GLOBULARIA *alypum.* L. *4-dria, 1-gyn.*

Fleur. } Comme dans la précédente; les têtes
Fruit. } plus petites.

Feuilles. Seches, dures, sessiles, lancéolées, à trois dents, quelquefois entieres à leurs bords, imitant alors celles du Myrte.

Racine. Rameuse, ligneuse.

Port. Espece de sous-arbrisseau; tige ligneuse, d'un ou deux pieds de haut, conservant ses feuilles pendant l'hiver; fleurs au sommet, globuleuses, solitaires; feuilles alternes.

Lieu. Les environs de Montpellier. ♃

Propriétés. Violent purgatif qui demande d'être manié par des Praticiens prudens. Quelques expériences semblent annoncer qu'il est efficace dans les

les maladies vénériennes, sur-tout pour détruire les anciennes gonorrhées.

Usages. Les habitans des environs de Montpellier s'en servent au lieu de Séné, à la dose de ℥ß, en décoction. On en donne aux animaux ℥ ij.

OBSERVATIONS. Dans les Globulaires, *Globulariæ*, le calice commun est formé de feuillets en recouvrement; le calice particulier est tubulé, inferieur. Le réceptacle garni de pailles; les corolles sont à deux levres, la supérieure à deux segmens, l'inférieure en offre trois. Nous avons :

1.° La Globulaire commune, *Globularia vulgaris*, à tige herbacée; à feuilles radicales à trois dents, celles de la tige lancéolées. Lyonnoise, rare dans le Nord, trouvée près de Dantzic & en Suede. On la trouve près de Lyon à fleurs blanches. *Voyez le tableau* 442.

2.° La Globulaire cordiforme, *Globularia cordifolia*, à hampe ou tige presque nue; à feuilles cunéiformes, à trois dents, l'intermédiaire très-petite. Sur les montagnes du Dauphiné.

Les feuilles noirâtres, échancrées en cœur au sommet; le tronc de la tige court, ligneux.

3.° La Globulaire turbith, *Globularia alypum*, à tige en arbrisseau; à feuilles lancéolées ou terminées par trois dents, ou très-entieres. En Dauphiné, en Languedoc. *Voyez le tableau* 443.

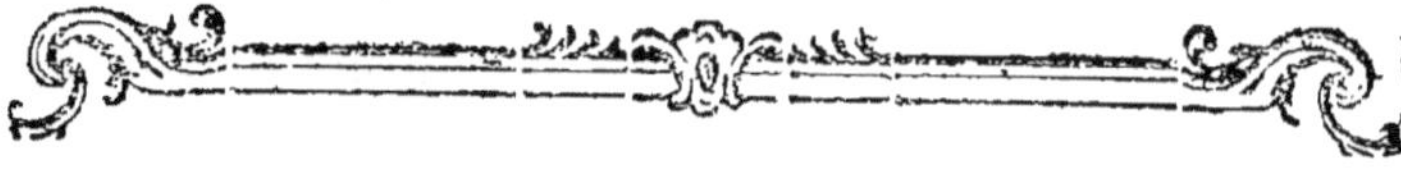

CLASSE XIII.

Des Herbes et Sous-Arbrisseaux à fleur *composée*, formée de l'aggrégation de plusieurs petites corolles monopétales, nommées *demi-fleurons*, dont la partie inférieure est un tuyau étroit, la supérieure une petite langue dentelée à son extrémité, ramassées & réunies dans un calice commun. Cette fleur est appelée *fleur à demi-fleurons*, ou *sémiflosculeuse* (*).

SECTION PREMIERE.

Des Herbes à fleur sémiflosculeuse, dont les semences sont aigrettées.

444. LE PISSENLIT, *ou* Dent-de-lion.

Dens leonis latiore folio. C. B. P.
Leontodon taraxacum. L. *syng. polygam. æqual.*

Fleur. Sémiflosculeuse, composée de demi-fleurons hermaphrodites, égaux, linéaires, tron-

(*) Les fleurs composées, sémi-flosculeuses, constituent une ligne collatérale de la grande famille naturelle des Composées.

qués, à cinq dentelures; rassemblés dans un calice tuilé, oblong, dont les écailles intérieures sont linéaires, paralleles, égales, les extérieures moins nombreuses, & recourbées en-dessous dans cette espece.

Fruit. Semences solitaires, oblongues, raboteuses, couronnées d'une aigrette plumeuse, portée sur un pied très-long, renfermées dans le calice alongé, posées sur un réceptacle nu, & ponctué.

Feuilles. Lisses, oblongues, découpées profondément des deux côtés, en folioles quelquefois triangulaires. On trouve une variété à feuilles plus larges & arrondies.

Racine. Fusiforme, laiteuse.

Port. La tige en forme de hampe, s'éleve du milieu des feuilles, à la hauteur d'un demi-pied; fistuleuse, quelquefois velue; les fleurs solitaires terminant la tige; les feuilles radicales & rampantes.

Lieu. Toute l'Europe. ♃

Propriétés. Les feuilles & les racines sont ameres,

On trouve dans un calice commun plusieurs petites corolles à tuyau fin & très-court, qui produit dans sa circonférence cinq filamens terminés par cinq antheres qui se réunissent en une petite colonne; ce tuyau est terminé par une petite languette, ou lame aplatie, dentelée à la pointe, offrant le plus souvent cinq dents. Au-dessous de ces demi-fleurons, on observe un germe implanté sur un réceptacle; ce germe devient une semence ou nue ou aigrettée. Toutes les plantes de cette Classe contiennent plus ou moins une liqueur blanche, laiteuse, douce ou amere, sans chaleur, sans âcreté; ce suc les rend salutaires, & propres à dépurer la masse des humeurs, sans irriter ni échauffer. Dans toutes, les feuilles sont alternes. Les fleurs dans le plus grand nombre d'especes, sont jaunes, rarement bleues, plus rarement encore rouges; & si quelques especes les présentent blanches, c'est une variété contre nature. Les especes dont le suc est doux, sont nutritives, rafraîchissantes; celles dont le suc blanc est amer, sont apéritives, aidant aux dépurations que la nature tente sur un grand nombre de sujets, après l'équinoxe du printemps.

Cl. XIII. Sect. I.

apéritives, hépatiques, stomachiques, détersives; la racine sur-tout est un excellent diurétique.

Usages. De la racine, on fait pour l'homme, des décoctions, des tisanes; avec les feuilles, des décoctions, des apozemes & un suc qui, exprimé & clarifié, se donne à la dose de ℥ iij, ou ℥ iv. On prépare avec toute la plante, un extrait clarifié, que l'on donne à la dose de ʒ j; on fait manger aux animaux la plante fraîche; on leur en donne le suc, à la dose de ℥ vj.

Observations. Dans les Pissenlits, *Leontodon*, le réceptacle est nu; le calice en écailles un peu lâches; l'aigrette des semences est plumeuse : les principales especes sont :

1.° Le Pissenlit commun, *Leontodon taraxacum*, à calice dont les écailles inférieures sont renversées; à feuilles lisses, pinnatifides, à pinnules dentées. Lyonnoise, Lithuaniene. *Voyez le tableau* 444.

Les feuilles sont plus ou moins étroites.

2.° Le Pissenlit d'automne, *Leontodon autumnale*; à tige nue, branchue; à péduncules à écailles; à feuilles lancéolées, dentées, lisses. Lyonnoise, Lithuanienne.

Les feuilles sont ou linéaires à peine dentées, ou profondément dentées.

3.° Le Pissenlit rude, *Leontodon hispidum*, à calice dont toutes les écailles sont redressées; à feuilles dentées, hérissées de poils fourchus; à tige nue, à une fleur. Lyonnoise, Lithuanienne.

4.° Le Pissenlit hérissé, *Leontodon hirtum*, très-ressemblant au précédent; mais les péduncules & les calices moins hérissés, les poils non fourchus. En Dauphiné, en Allemagne.

La Dent-de-lion ou Pissenlit, est une de ces plantes dont les vertus sont constatées par la pratique journaliere de chaque Médecin. On peut même assurer qu'elle possede toutes les propriétés médicinales des Sémiflosculeuses. La racine est amere, & le suc laiteux des feuilles & des tiges, quoique moins amer, l'est assez pour promettre de grandes vertus. Aussi a-t-on reconnu que cette plante réussissoit dans le traitement des empâtemens des visceres du bas-ventre, même avec épanchement de sérosités, dans plusieurs maladies cutanées, chroniques, comme dartres, lepres, gale.

Ce suc de Dent-de-lion a seul guéri quelques icteres, & quelques fievres tierces & quartes. Plusieurs personnes mangent avec plaisir les jeunes feuilles en salade. Les chevres, & quelquefois les vaches & les moutons, mangent cette plante, mais les chevaux la négligent.

445. LA PILOSELLE, *ou* Oreille de rat.

DENS LEONIS qui Pilosella officinarum. I. R. H.

HIERACIUM pilosella. L. *syngen. polygam. æqual.*

Fleur. Sémiflosculeuse, composée de demi-fleurons hermaphrodites, égaux, linéaires, tronqués, à cinq dentelures ; rassemblés dans un calice velu dans cette espece, assez épais, garni de plusieurs écailles linéaires, fort inégales, longitudinales & tombantes.

Fruit. Semences solitaires, à quatre angles obtus ; couronnées d'une aigrette simple, sessile ; placées dans le calice renfermé, sur un réceptacle nu.

Feuilles. Très-entieres, ovales, blanchâtres, & par-dessous couvertes de longs poils.

Racine. Longue, fusiforme, fibreuse.

Port. Les tiges en forme de hampe, grêles, sarmenteuses, velues, rampantes, stoloniferes ; les fleurs solitaires au sommet des hampes ; feuilles radicales.

Lieu. Les côteaux incultes, les terres sablonneuses. ♃

CL. XIII. SECT. I.

Propriétés. Toute cette plante est amere, astringente, vulnéraire, détersive.

Usages. On en tire pour l'homme un extrait qui se donne à la dose de gr. xij, ou ʒ ß; on se sert de son suc, ou de sa décoction, depuis ℥ iv jusqu'à ℥ vj; la plante infusée dans du vin, pendant vingt-quatre heures, est fébrifuge. On la croit mortelle pour les moutons; on peut en donner aux chevaux l'infusion, à la dose de poig. ij sur ℔ ij d'eau.

446. LA PULMONAIRE des François.

HIERACIUM murorum folio pilosissimo. C. B. P.

HIERACIUM murorum. L. *syng. polygam. æqual.*

Fleur. } Caracteres de la précédente; l'aigrette
Fruit. } noirâtre.

Feuilles. Velues en dessous; les radicales couchées à terre, ovales, dentées, quelquefois découpées profondément, d'un vert foncé, remarquables par des taches brunes; les caulinaires moins dentées, plus petites.

Racine. Grosse, longue, genouillée, rougeâtre, fibreuse, remplie d'un suc laiteux.

Port. Les tiges rameuses, hautes d'un pied & demi, grêles, velues; les fleurs pédunculées; les feuilles caulinaires, alternes.

Lieu. Les terrains incultes, les bois, les vieux murs. ♃

Propriétés. Les feuilles ont un goût d'herbe un peu salé & gluant; cette plante est très-adoucissante & vulnéraire.

Usages. On n'emploie que les feuilles; mais malgré leur ressemblance avec celles des vraies Pulmonaires, qui ont des taches comme celle-ci, la conformité de leurs vertus n'est pas suffisamment établie.

OBSERVATIONS. Dans les Epervieres, *Hieracia*, le calice est ovale, formé par des écailles en recouvrement; le réceptacle est nu; l'aigrette des semences est simple, sessile, ou sans filet.

Les EPERVIERES *à hampe ou tige nue, ne portant qu'une fleur.*

1.° L'Eperviere blanche, *Hieracium incanum*, à feuilles très-entieres, rudes, lancéolées, rarement dentées; à hampe lisse. En Dauphiné.

2.° L'Eperviere des Alpes, *Hieracium Alpinum*, à feuilles hérissées, lingulées, dentées; à calice velu. En Dauphiné.

3.° L'Eperviere Piloselle, *Hieracium Pilosella*, à drajeons rampans; à hampe à une fleur; à feuilles très-entieres, ovales, dentées en dessous, à long poils à la marge. Lyonnoise, Lithuanienne. *Voyez le Tableau* 445.

Cette espece a joui de quelque réputation pour le traitement des hémorragies, des ulcérations internes, comme phthisie, & dans les diarrhées; on l'a même recommandée pour les fievres intermittentes. Mais comme nous savons que les hémorragies, les cours de ventre, & les fievres intermittentes guérissent par les seuls efforts de la nature, nous sommes en droit de douter des observations spéciales rapportées par les Auteurs. On peut cependant croire que cette plante, dans tous les cas mentionnés, est un adjuvant utile. Mais qui pourroit croire qu'un si foible moyen a jamais guéri les ulcérations internes?

Les EPERVIERES *à tige nue, portant plusieurs fleurs.*

4.° L'Eperviere douteuse, *Hieracium dubium*, à

Cl. XIII. Sect. I.

hampe nue ; portant peu de fleurs, à rejets rampants ; à feuilles entieres, ovales, oblongues, à longs poils. Lyonnoise, Lithuanienne.

5.° L'Eperviere oreille, *Hieracium auricula*, à hampe nue, portant plusieurs fleurs ; à drajeons rampans ; à feuilles moins velues & plus étroites que dans la précédente. Lyonnoise, Lithuanienne.

Elle ressemble tellement à la Pilosella, que l'on peut croire qu'elle en est issue, d'autant plus que nous connoissons d'autres exemples de tige uniflore devenue multiflore par l'influence du climat & de la culture.

6.° L'Eperviere à bouquet, *Hieracium cymosum*, à tige presque nue, velue vers la base ; à feuilles hérissées, entieres, lancéolées ; à fleurs comme en ombelle. En Dauphiné, en Lithuanie.

Les péduncules sont ramifiés ; on ne trouve qu'une feuille à la tige.

7.° L'Eperviere mordue, *Hieracium præmorsum*, à tige nue, terminée par des fleurs en grappe ; à feuilles ovales, hérissées, un peu dentées. En Dauphiné, en Lithuanie.

Cette espece ressemble beaucoup à la précédente ; aussi pourroit-elle bien n'en être qu'une variété ; souvent les feuilles sont très-entieres.

8.° L'Eperviere orangée, *Hieracium aurantiacum*, à tige très-simple, presque nue, velue ; à feuilles ovales, entieres ; à fleurs grandes, en corymbe, de couleur orangée. Lyonnoise, Allemande.

Les Epervieres à tige ornée de feuilles.

9.° L'Eperviere à feuilles de Poireau, *Hieracium Porrifolium*, à tige rameuse ; à feuilles très-étroites. Lyonnoise, Lithuanienne.

On trouve peu de feuilles à la tige, & elles sont très-petites ; celles de la racine offrent une ou deux dents.

10.° L'Eperviere des murailles, ou Pulmonaire, *Hieracium murorum*, à feuilles radicales, ovales, dentées ; celle de la tige, qui est rameuse, est plus petite. Lyonnoise, Lithuanienne.

Il est difficile de ramener à cette espece toutes les variétés ; les feuilles plus ou moins dentées, peu velues, ou hérissées, plus ou moins tachées, fournissent les principales variétés.

Lorsqu'on a recommandé la Pulmonaire contre la phthisie, ç'a été par une induction ridicule de la doctrine des signatures. On a cru que les taches violettes observées sur les feuilles d'une variété, indiquoient sa vertu, parce que les poumons offrent des taches analogues. En général, on doit savoir que sur cent phthisiques, à peine peut-on en soulager un seul, par les moyens les plus efficaces, & ce n'est pas la Pulmonaire qui fournira ces moyens. Quant au crachement de sang, les amers ont été reconnus très-nuisibles, toutes les fois que cette hémorragie est active, ou est causée par une réaction du principe vital qui tend à dégorger le système vasculeux des poumons : on peut espérer plus d'avantage de la décoction de Pulmonaire, dans l'anorexie, la diarrhée avec relâchement, atonie : mais nous avons tant d'autres amers un peu astringens, plus efficaces, qu'on peut, sans grande perte, oublier celui-ci.

11.° L'Eperviere des marais, *Hieracium paludosum*, à tige en panicule; à feuilles embrassant la tige, lisses, dentées; les radicales pétiolées; à calices hérissés. Lyonnoise, Lithuanienne.

Quoique très-différente au premier coup-d'œil, elle pourroit bien n'être qu'une variété de la précédente. Ceux qui savent par d'autres exemples combien les lieux aquatiques changent le port & les feuilles des plantes, seront assez portés à le croire.

12.° L'Eperviere velue, *Hieracium villosum*, à tige rameuse; à feuilles hérissées; les radicales ovales, lancéolées; celles de la tige en cœur, embrassantes. En Dauphiné, en Allemagne.

13.° L'Eperviere de Savoie, *Hieracium Sabaudum*, à tige droite portant plusieurs fleurs; à feuilles hérissées, dentées; les inférieures elliptiques; les supérieures ovales, lancéolées, embrassant presque la tige. Lyonnoise, Lithuanienne.

14.° L'Eperviere en ombelle, *Hieracium umbellatum*, à feuilles linaires, éparses, offrant quelques dents; à fleurs comme en ombelle. Lyonnoise, Lithuanienne.

On trouve une variété à tige naine; à feuilles ovales.

Cl. XIII. Sect. I.

447. L'HERBE A L'ÉPERVIER.

Hieracium dentis leonis, folio obtuso majus. C. B. P.

Hypochæris radicata. L. *syng. polygam. æqual.*

Fleur. Sémiflosculeuse, composée de demi-fleurons hermaphrodites, semblables à ceux des Hieracium, rassemblés dans un calice tuilé, renflé à sa base, garni d'écailles lancéolées, aiguës.

Fruit. Semences solitaires, alongées, terminées par une aigrette plumeuse, portée sur un pied en forme d'alêne; renfermées dans le calice renflé, sur un réceptacle couvert de lames.

Feuilles. Dentelées, sinuées, en forme de lyre, raboteuses, obtuses.

Racine. Longue, grenelue, donnant un suc laiteux.

Port. Tige rameuse, sans feuilles; les fleurs sur des péduncules écailleux; feuilles radicales.

Lieu. Les terrains incultes, les bords des chemins. ♃

Propriétés. } On lui suppose en général la même
Usages. } vertu qu'aux autres Hieracium.

I.re *Observation.* Les Porcelles, *Hypochæris*, offrent un calice comme tuilé; le réceptacle chargé de pailles; les aigrettes des semences plumeuses.

Les principales especes de ce genre, analogues pour le port aux Epervieres, sont:

1.° La Porcelle tachetée, *Hypochæris maculata*, à tige presque sans feuilles, hérissée, à une fleur; à feuilles radicales ovales, oblongues, entieres, dentées, tachetées; à fleur grande. En Dauphiné, en Lithuanie.

2.° La Porcelle radiqueuse, *Hypochæris radicata*, à tige nue, branchue, à bras ouverts ; à feuilles rudes, découpées en lyre, obtuses. En Dauphiné, en Lithuanie.

Les péduncules à écailles sont épais à leurs extrémités; la racine pénetre profondément en terre. *Voyez le Tableau* 447.

IIe Observation. Un troisieme genre analogue aux Epervieres, présente les Crépides, *Crepis*, dont le réceptacle est nu ; le calice caliculé, ou renforcé à la base par des écailles caduques. Les principales especes sont:

1.° La Crépide puante, *Crepis fœtida*, à tige hérissée; à feuilles rudes, velues, pinnatifides ; le dernier lobe impair, très-grand, triangulaire. Lyonnoise, Allemande.

Les feuilles répandent une odeur désagréable, analogue aux Amandes ameres ; c'est l'*Hieracium maximum Erucæ folio*, *Cichorei folio*, *odore Castorei*, *flore magno*, *flore luteo*, *suave*, *rubente*, des Auteurs, savoir : la grande Eperviere à feuilles découpées, comme celle de la Chicorée sauvage, de la Roquette, à fleurs grandes, jaunes, rouges. Ces attributs qui, rigoureusement ne sont point caractéristiques, sont cependant très-utiles pour ramener à la phrase spécifique.

2.° La Crépide des toits, *Crepis tectorum*, à feuilles radicales, découpées profondément, comme ailées, dentées; celles de la tige assises, lancéolées, dentées. Lyonnoise, Lithuanienne.

Dans cette espece la forme des feuilles est très-inconstante: elles sont lisses, d'un vert cendré; les supérieures souvent très-entieres ; le calice a des poils gluans; la fleur est petite; la tige plus ou moins haute, & rameuse, suivant le terrain.

3.° La Crépide biennale, *Crepis biennis* ; à tige fragile, de quatre à cinq pieds; à feuilles rudes, lyrées, ailées. Lyonnoise, Lithuanienne.

4.° La Crépide verte, *Crepis virens* ; à tige très-rameuse, filiforme, très-menue ; à feuilles lisses, d'un vert agréable; les radicales lancéolées, obtuses, celles de la tige embrassantes, très-entieres, aiguës, petites; les fleurs jaunes, petites; les calices cotonneux. En Dauphiné.

5.° La Crépide élégante, *Crepis pulchra*, à tige paniculée; à feuilles inférieures en lyre; celles de la tige embrassantes, dentées; les fleurs en panicule, petites; les calices pyramidaux, lisses. En Dauphiné, en Languedoc, & près de Paris.

Toute la plante est un peu glutineuse.

6.° La Crépide de Dioscoride, *Crepis Dioscoridis*, à tige lisse, un peu anguleuse; les feuilles radicales en lyre, pinnatifides; celles de la tige en fer de fleche, ou sagittées; à fleurs petites, jaunes, rouges en-dessous; à calices cotonneux. En Allemagne, Lyonnoise.

La figure des feuilles varie si considérablement, de même que la tige, qu'elle pourroit bien n'être qu'une variété de la Crépide des toits.

IIIe Observation. Les Chondrilles, *Chondrillæ*, analogues aux précédentes, ont le réceptacle nu; le calice caliculé; l'aigrette des semences simple, pédiculée, portée sur un pied; la fleur est formée par plusieurs rangées de demi-fleurons; les semences sont hérissées.

1.° La Chondrille onciere, *Chondrilla juncea*, à tiges dures, branchues, visqueuses; à feuilles radicales lyrées, pinnatifides; celles de la tige linaires, très-entieres; à fleurs petites, jaunes, comme en épis. Lyonnoise, Lithuanienne.

IVe Observation. On peut encore ramener à cette Section les Prenanthes de Linné, *Prenanthes*, dont le réceptacle est nu; le calice caliculé; l'aigrette des semences simple, presque assise ou sans pédicule; les fleurs formées par un seul rang de demi-fleurons.

1.° La Prenanthe osier, *Prenanthes viminea*, à tige rameuse, visqueuse; à branches longues, pliantes; les feuilles radicales pinnatifides; à segment impair, plus large; celles des rameaux simples, petites & collées sur les tiges; à fleurs jaunes, assises sur les branches. Lyonnoise, en Autriche.

2.° La Prenanthe purpurine, *Prenanthes purpurea*, à tiges de trois ou quatre pieds, branchues; à feuilles embrassantes, d'un vert de mer, entieres, lancéolées, dentelées; à fleurs pendantes; chaque fleur formée par cinq demi-fleurons, rouge ou bleue. Lyonnoiſe, en Allemagne.

3.° La Prenanthe des murailles, *Prenanthes muralis*, à tige de deux pieds, très-branchue; à feuilles embraſſantes, en lyre; à fleurs petites, de cinq demi-fleurons, d'un jaune pâle. Lyonnoiſe, Lithuanienne.

*V.*ᵉ OBSERVATION. Dans les Picrides, *Picris*, le réceptacle eſt nu; le calice caliculé; l'aigrette plumeuſe; les ſemences tranſverſalement ſillonnées.

1.° La Picride viperine, *Picris echioïdes*, à tige de deux pieds, hériſſées de poils durs & piquans; à feuilles entieres, lancéolées; les inférieures pinnées ou dentées; le calice extérieur plus grand que l'intérieur, composé de cinq folioles ovales, très-piquantes, & preſque épineuſes. Lyonnoiſe, & en Angleterre.

2.° La Picride Eperviere, *Picris hieracioïdes*, à tige rude, branchue; à feuilles âpres, rudes, blanchâtres, oblongues, dentées; les ſupérieures embraſſant la tige; à fleurs aſſez grandes; les péduncules ornés d'écailles qui remontent juſques au calice, dont les écailles ſont lâches. Lyonnoiſe, & en Allemagne.

*VI.*ᵉ OBSERVATION. Les Hyoſeres, *Hyoſeris*, de Linné, offrent le réceptacle nu; le calice à écailles preſque égales; l'aigrette caliculée & à poils.

1.° L'Hyoſere fétide, *Hyoſeris fœtida*, à hampe très-ſimple, ne portant qu'une fleur; à feuilles pinnatifides, liſſes; à ſemences nues. En Dauphiné, en Bourgogne.

La racine répand une odeur déſagréable.

2.° L'Hyoſere rayonnée, *Hyoſeris radiata*, à hampe nue, à une fleur; à feuilles lyrées, liſſes, dont les ſegmens ſont dentés, anguleux, les ſommets laciniés. En Languedoc.

3.° L'Hyoſere naine, *Hyoſeris minima*, à tige nue, diviſée, rameuſe, très-petite; à feuilles ovales, dentées; à fleurs terminant les rameaux qui ſont enflés ſous le calice. Lyonnoiſe, Lithuanienne.

3.° L'Hyoſere hédipnoïde, *Hyoſeris hedipnoïs*, à tige rameuſe, ornée de feuilles lingulées; à fruits liſſes, arrondis ; les ſemences du diſque ſurmontées d'un petit calice aigretté. En Dauphiné, en Languedoc.

Les péduncules s'enflent ſous la fleur, qui eſt penchée.

448. LA LAITUE POMMÉE.

Lactuca capitata. C. B. P.
Lactuca ſativa capitata.* L. *ſyng. polygam. æqual.*

Fleur. Sémifloſculeuſe, compoſée de demi-fleurons hermaphrodites, plus courts que le calice, & dont la languette eſt découpée en quatre ou cinq dentelures ; ils ſont raſſemblés dans un calice tuilé, ovale, oblong, dont les écailles ſont pointues.

Fruit. Semences ſolitaires, ovales, pointues, comprimées, terminées par une aigrette ſimple qui eſt portée ſur un long pédicule élargi par le haut ; le réceptacle nu.

Feuilles. Preſque amplexicaules, ſimples, entieres, arrondies, rangées les unes ſur les autres en tête ronde, avant leur entier développement.

Racine. Fuſiforme, fibreuſe.

Port. Tige haute de deux pieds, ferme, épaiſſe, cylindrique, feuillée, branchue ; les fleurs au ſommet, diſpoſées en corymbe ; feuilles alternes.

Lieu. Les jardins potagers. ⊙

Propriétés. Cette plante eſt d'un goût inſipide, un peu laiteuſe, très-délayante, antiphlogiſtique.

Uſages. On emploie l'herbe & la ſemence, qui eſt une des quatre ſemences froides mineures ; l'herbe ſe mange en ſalade ; on en tire un ſuc fort utile aux hypocondriaques, & une eau diſtillée qui paroît avoir peu de vertus.

449. LA LAITUE SAUVAGE.

LACTUCA *ſylveſtris coſtâ ſpinoſâ.* C. B. P.
LACTUCA *viroſa.* L. *ſyng. polyg. æqual.*

Fleur. } Caracteres de la précédente.
Fruit. }

Feuilles. Oblongues, étroites, ciliées, armées d'épines le long de leur côte qui eſt blanchâtre. Il y a une variété à feuilles découpées & laciniées.

Racine. Plus courte & plus petite que celle de la Laitue cultivée.

Port. Tige rameuſe, blanchâtre, plus grêle, plus ſeche que celle de la Laitue cultivée, & ſouvent épineuſe; fleurs en corymbe; feuilles alternes.

Lieu. Les chemins, les bords des murailles. ☉

Propriétés. Cette plante eſt très-laiteuſe, un peu amere; on lui attribue les mêmes vertus qu'à la Laitue des jardins; elle eſt plus apéritive & déterſive.

Uſages. Rarement employée en Médecine.

OBSERVATIONS. Dans les Laitues, *Lactucæ*, le réceptacle eſt nu; le calice eſt cylindrique, formé d'écailles membraneuſes ſur les bords, diſpoſées en recouvrement; l'aigrette des ſemences eſt ſimple, portée ſur un pied; les ſemences ſont liſſes. Voici les caracteres eſſentiels des principales eſpeces.

1.° La Laitue cultivée, *Lactuca ſativa*, à feuilles radicales, arrondies; celles de la tige en cœur; la tige en corymbe. On ignore ſon origine, elle eſt peut-être un effet de la culture de quelques eſpeces ſauvages.

La Laitue cultivée offre pluſieurs variétés; 1.° La cabue ou la crépue, *Lactuca criſpa.* 2.° La Laitue en tête, *Lactuca capitata*, &c.

2.° La Laitue Scariole, *Lactuca ſcariola*, à feuilles verticales; à carêne hériſſée de piquans. En Dauphiné, en Languedoc, en Lithuanie.

Cl. XIII. Sect. I.

Les feuilles inférieures sont pinnatifides, obliques verticales ; celles de la tige sont embrassantes, sagittées.

3.° La Laitue vénéneuse, *Lactuca virosa*, à feuilles horizontales, ovales, dentées, dont la carène est armée de piquans. Lyonnoise, Lithuanienne.

Elle n'est peut-être qu'une variété de la précédente.

4.° La Laitue à feuilles de Saule, *Lactuca saligna*, à feuilles inférieures, comme ailées, à segmens linaires, dentés ; celles de la tige embrassantes, lancéolées, à oreilles ; les florales assises, linaires ; à carène épineuse, blanchâtre. Allemande, Lyonnoise.

5.° La Laitue vivace, *Lactuca perennis*, à feuilles comme ailées, à segmens linaires, dentés ; à fleurs bleues. Lyonnoise, Allemande.

La Laitue cultivée est une de ces substances sur lesquelles on ne doit prononcer qu'après avoir bien déterminé le tempérament. En général la salade de Laitue est un aliment de difficile digestion pour plusieurs personnes dont l'estomac est foible ; la Laitue cuite se digere plus facilement. On a prétendu que ceux qui mangent beaucoup de Laitue sont peu disposés à la fécondité ; l'expérience journaliere dément cette assertion ; les gens du peuple soupent tous les jours avec des salades de Laitue sans voir diminuer le nombre de leurs enfans. On a recommandé le suc de Laitue & l'herbe cuite, contre les obstructions, l'affection hypocondriaque, la constipation, l'insomnie. Le célebre Botaniste Vaillant se guérit d'une fievre tierce, opiniâtre, entretenue par des obstructions, en se nourrissant avec des Laitues qu'il appétoit ardemment. On sait encore que l'Empereur Auguste fut gueri par ce suc d'une affection hypocondriaque; son principal remede fut une nourriture long-temps continuée, dont la base étoit la Laitue.

Il paroît que les Laitues cultivées ont perdu par la culture, l'énergie de leur principe médicamenteux qui est même vénéneux dans la Scariole & la Laitue vénéneuse. Toutes ces plantes fournissent un suc laiteux, très-amer, & d'une odeur nauséabonde. En faisant évaporer, on obtient un extrait de la Laitue vénéneuse, très-analogue par ses effets à l'Opium ; cet extrait est un médicament énergique ; il augmente le cours des urines, dispose à la sueur, aussi l'a-t-on employé avec avantage dans la bouffissure, l'ictere, l'affection hypocondriaque, l'hydropisie. Le suc pur de la Laitue vénéneuse, pris à une drachme, nous causa des étourdissemens, des anxiétés, des envies de vomir, des cardialgies ; la nuit suivante fut orageuse par des rêves effrayans & un fréquent réveil en sursaut.

450. LE LAITRON.

SONCHUS *lævis laciniatus, latifolius.* C. B. P.

SONCHUS *oleraceus.* L. *syng. polygam. æqualis.*

Fleur. Sémiflosculeuse, composée de demi-fleurons hermaphrodites, semblables à ceux des précédentes, rassemblés dans un calice tuilé, renflé, glabre dans cette espece ; ses écailles linéaires & inégales.

Fruit. Semences solitaires, un peu oblongues, couronnées d'une aigrette simple ; contenues dans le calice refermé en forme de boule aplatie, terminée en pointe ; le réceptacle nu.

Feuilles. Sessiles, presque amplexicaules, plus ou moins découpées selon les variétés, quelquefois dentées, avec des épines.

Racine. Grêle, longue, fibreuse, blanche.

Port. Tiges fistuleuses, hautes d'un pied & demi, divisées en rameaux, pleines d'un suc laiteux, blanc ; la fleur au sommet, soutenue par un péduncule velu ; les feuilles alternes.

Lieu. Dans tous les lieux cultivés. ☉

Propriétés. Cette plante a un goût amer ; elle est adoucissante, apéritive.

Usages. On emploie l'herbe en décoction. Quel-

Cl. XIII. Sect. I.

ques Auteurs avancent, sans preuve, qu'elle augmente le lait des nourrices; on peut en faire l'expérience sur les animaux.

I.re *Observation*. Dans les Laitrons, *Sonchi*, le réceptacle est nu, le calice ventru, en écailles à recouvrement; l'aigrette des semences à poils. Les principales especes sont :

1.° Le Laitron des marais, *Sonchus palustris*, à tige de quatre à cinq pieds; à feuilles pinnatifides, à base sagittée, & formant deux oreillettes pointues; à fleurs en corymbe, à péduncules & calices hérissés de poils glanduleux. Lyonnoise, Lithuanienne.

2.° Le Laitron des champs, *Sonchus arvensis*, à feuilles pinnatifides, embrassant la tige par des oreillettes arrondies. Lyonnoise, Lithuanienne.

Les calices hérissés.

3.° Le Laitron des jardins, *Sonchus oleraceus*, à péduncules cotonneux; à calices lisses. Lyonnoise, Lithuanienne.

Les feuilles à segmens plus ou moins étroits, lisses ou hérissés de poils rudes, fournissent plusieurs variétés.

4.° Le Laitron de Plumier, *Sonchus Plumieri*, à tige lisse, de cinq pieds; à feuilles pinnatifides, longues de deux pieds; à fleurs en panicules, bleues, grandes; à péduncules nus. Sur les montagnes du Forez & de la Chartreuse.

Des gouttelettes résineuses transsudent du calice.

5.° Le Laitron des Alpes, *Sonchus Alpinus*, à tige droite, très-haute, à feuilles pinnatifides, sagittées; le dernier segment impair, triangulaire, en cœur; à fleurs en grappe; à péduncules écailleux. Sur les montagnes du Forez & du Dauphiné.

Les fleurs bleues ou blanches.

II.e *Observation*. Les feuilles & les tiges de Laitron des jardins, contiennent en abondance un suc blanc, un peu amer; ce suc est une résine suspendue dans une eau mucilagineuse; on lui attribue, avec raison, toutes les propriétés des Chicoracées. On peut l'employer comme le suc de Chicorée & de Dent-de-lion, dans les maladies du bas-ventre, dans lesquelles on soupçonne un empâtement des visceres, stagnation dans le système de la veine-porte. Il réussit, comme auxiliaire, dans les maladies de la peau, qui reconnoissent comme principe, un engouement des premieres voies, ce qui arrive fréquemment. Dans le Nord, on mange en salade les jeunes Laitrons, on les fait cuire comme les Epinards. Cette plante fournit une agréable nourriture aux vaches & aux lapins. La chair des lapins domestiques, long-temps nourris avec le Laitron, acquiert un goût très-agréable.

451. LA LAMPSANE, *ou* Chicorée de Zanthe.

ZACINTHA *sive Cichorium verrucarium.* Math.

LAPSANA *zacintha.* L. *syng. polyg. æqual.*

Fleur. Sémiflosculeuse, composée d'environ seize demi-fleurons hermaphrodites, égaux, semblables à ceux des précédentes, rassemblés dans un calice ovale, anguleux, dont les écailles sont carinées, creuses, aiguës, au nombre de huit, & de six à la base; ces dernieres tuilées, alternativement plus petites.

Fruit. Semences oblongues, cylindriques, à trois côtés; renfermées dans le calice qui devient dans cette espece, tortueux, aplati, obtus, sessile; le réceptacle nu & plane.

Feuilles. Simples; les radicales découpées, presque ailées, terminées par une foliole sinuée, cordiforme; les caulinaires sagittées, embrassantes, dentées.

Racine. Fusiforme, simple, ligneuse, fibreuse, blanche.

Port. Tige de deux ou trois pieds, cannelée,

Cl. XIII. Sect. I. rameuse, un peu velue, rougeâtre, creuse; les fleurs au sommet, sur des péduncules épais; feuilles alternes.

Lieu. L'Italie, les lieux cultivés. ☉

Propriétés. Cette plante est rafraîchissante & émolliente.

Usages. On s'en sert en décoction, en lavement, mais on ne sauroit en conseiller l'usage; pilée & appliquée extérieurement, elle déterge les ulceres; son suc convient dans les maladies cutanées; on la croit utile pour les mamelles ulcérées & contre les verrues.

Observations. Dans les Lampsanes, *Lapsanæ*, le réceptacle est nu; le calice est caliculé, à écailles intérieures, creusées en gouttieres. Les principales especes de ce genre sont:

1.° La Lampsane commune, *Lapsana communis*, à tige rameuse, à bras ouverts; à feuilles ovales, à pétioles ailés; à calice anguleux, renfermant les semences; à péduncules menus, très-rameux. Lyonnoise, Lithuanienne.

Fleurs jaunes, petites.

2.° La Lampsane de Zanthe, *Lapsana zacintha*, à calice du fruit enflé, déprimé, obtus, sessile. En Italie. *Voyez le Tableau* 451.

3.° La Lampsane étoilée, *Lampsana stellata*, à calice du fruit dont les écailles sont très-ouvertes; les extérieures en alêne; les feuilles de la tige lancéolées, très-entieres. En Bresse, en Dauphiné, en Languedoc.

Les feuilles sont ou entieres, ou dentées, ou sinuées. Les écailles du calice renfermant les semences, par leur écartement forment une étoile; les extérieures sont recourbées en faucille.

4.° La Lampsane Rhagadiole, *Lapsana Rhagadiolus*, à calice du fruit très-ouvert, étoilé; à écailles en alêne; à feuilles lyrées. En Dauphiné.

Peut-être n'est-ce qu'une variété de la précédente.

452. LA SCORSONERE.

Cl. XIII. Sect. I.

Scorsonera latifolia ſinuata. C. B. P.
Scorsonera Hiſpanica. L. *ſyng. polyg. æqualis.*

Fleur. Sémifloſculeuſe, compoſée de demi-fleurons hermaphrodites, dont les extérieurs ſont les plus longs, & dont la forme eſt la même que celle des précédens; ils ſont raſſemblés dans un calice tuilé, long, preſque cylindrique, garni d'environ quinze écailles membraneuſes à leurs bords.

Fruit. Semences oblongues, cylindriques, cannelées, de la moitié plus courtes que le calice, couronnées d'une aigrette plumeuſe; le réceptacle nu.

Feuilles. Amplexicaules, entieres, ondulées, dentées en maniere de ſcie.

Racine. Fuſiforme, noirâtre en dehors, blanche en dedans, remplie d'un ſuc laiteux.

Port. Tige haute de deux pieds, rameuſe, ronde, cannelée, creuſe, un peu velue; les fleurs au ſommet, pédunculées, ſolitaires; feuilles alternes.

Lieu. L'Eſpagne, les jardins potagers. ♃

Propriétés. La racine a un goût légérement amer; elle eſt alexitere, diurétique, diaphorétique.

Uſages. On emploie, pour les hommes, la racine en décoction, pour tiſane; on en tire un ſuc qui ſe donne à la doſe de ℥ iij; les fleurs & les feuilles fourniſſent une eau diſtillée, que l'on preſcrit depuis ℥ iv juſqu'à ℥ vj, dans les potions, juleps cordiaux & diaphorétiques; on peut en faire manger aux animaux.

CL. XIII. SECT. I.

OBSERVATIONS. Dans les Scorſoneres, *Scorſoneræ*, le réceptacle eſt nu ; l'aigrette des ſemences eſt plumeuſe ; le calice formé d'écailles en recouvrement, environnées d'une membrane un peu deſſéchée ſur les bords. Les principales eſpeces ſont :

1.° La petite Scorſonere, *Scorſonera humilis*, à tige ornée d'écailles, ne portant qu'une fleur ; à feuilles radicales, planes, lancéolées, nerveuſes. Lyonnoiſe, Lithuanienne.

La fleur eſt grande, d'un jaune pâle ; les écailles du calice bordées d'une membrane blanchâtre ; les ſemences ſillonnées : les feuilles varient beaucoup par leur largeur. J'en ai trouvées de très-étroites, le plus ſouvent elles ſont larges. Cette plante qui eſt très-commune dans les plaines de Lithuanie, ne ſe trouve dans nos provinces que ſur nos plus hautes montagnes du Forez ; la racine qui eſt aſſez groſſe, contient au printemps un ſuc laiteux un peu amer, mais donne une grande quantité de mucus nutritif. On la croit utile dans l'affection hypocondriaque.

2.° La Scorſonere d'Eſpagne, *Scorſonera Hiſpanica*, à tige rameuſe ; à feuilles embraſſantes, entieres ; à dents de ſcie. En Eſpagne, en Sibérie. *Voyez le Tableau* 452.

La racine de Scorſonere eſt purement nutritive, de facile digeſtion ; ſes vertus comme apéritives, ſont chimériques ; la tiſane qu'on en prépare dans les maladies aigues, ſur-tout dans la petite vérole, n'eſt qu'adouciſſante. C'eſt une erreur d'attribuer à une ſubſtance purement nutritive des vertus altérantes actives, comme apéritives, ſudorifiques.

3.° La Scorſonere ſubulée, *Scorſonera anguſtifolia*, à tige ſimple, velue à la baſe, ne portant qu'une fleur grande, jaune, un peu pourpre en-deſſous ; à péduncule renflé ſous la fleur ; à feuilles linaires, en alêne, très-entieres. En Languedoc, en Allemagne.

4.° La Scorſonere laciniée, *Scorſonera laciniata*, à tige droite, rameuſe, feuillée ; les feuilles inférieures étroites, comme ailées, laciniées ; les ſupérieures lancéolées, linaires ; à écailles du calice ouvertes, armées d'une dent au-deſſous du ſommet. Lyonnoiſe, Allemande.

453. LE SALSIFIX, *ou* Cercifi commun.

TRAGOPOGON purpureo-cæruleum, porrifolio quod Artifi vulgò. C. B. P.
TRAGOPOGON porrifolium. L. *ſyng. polygam. æqual.*

Fleur. Sémifloſculeuſe ; compoſée de demi-fleurons, d'un bleu pourpré, imitant par la forme ceux de la Scorſonere ; raſſemblés dans un calice ſimple, à huit côtés, diviſé en folioles aiguës, égales, réunies à leur baſe, & plus longues dans cette eſpece que les corolles.

Fruit. Semences ſolitaires, oblongues, anguleuſes, rudes, terminées par une aigrette plumeuſe, qui a environ trente rayons, & qui eſt portée ſur un long pédicule, en forme d'alêne ; les ſemences renfermées dans le calice reſſerré, & placées ſur un réceptacle nu, plane, raboteux.

Feuilles. Amplexicaules, étroites, roides, entieres.

Racine. Fuſiforme, longue, droite, tendre, laiteuſe.

Port. Tige haute, fiſtuleuſe, herbacée, rameuſe; les fleurs au ſommet, ſolitaires, portées par des péduncules renflés par le haut ; feuilles alternes.

Lieu. Les jardins potagers. ♂

Propriétés. La racine eſt douce au goût, apéritive, pectorale, ſtomachique.

Uſages. Cette plante & la précédente ſont plus employées dans les cuiſines qu'en médecine.

Cl. XIII.
Sect. I.

454. LA BARBE DE BOUC.

Tragopogon pratense luteum majus. C. B. P.

Tracopogon pratense. L. *syng. polygam. æqualis.*

Fleur. } Caracteres de la précédente ; corolles
Fruit. } jaunes, de la longueur des folioles du calice.

Feuilles. Sessiles, longues, un peu ovales, aiguës, très-lisses.

Racine. Fusiforme, noirâtre en dehors, blanche en dedans.

Port. Tige d'un pied & demi, ronde, solide, lisse, garnie de feuilles, peu rameuse ; les fleurs au sommet ; feuilles alternes.

Lieu. Dans tous les prés. ♂

Propriétés. Les mêmes que la précédente.

Usages. Les mêmes ; la plante pilée & appliquée, déterge & consolide les ulceres.

Observations. Dans les Salsifix, *Tragopogontia*, le réceptacle est nu ; le calice simple ; l'aigrette des semences plumeuses. Les principales especes sont :

1.° Le Salsifix des prés, *Tragopogon pratense*, à feuilles entieres, perpendiculaires ; à calices égalant la corolle. Lyonnoise, Lithuanienne. *Voyez le Tableau* 454.

Nous trouvons le calice quelquefois plus court, quelquefois plus long que la corolle. La racine & la tige fournissent abondamment un suc laiteux, doux & muqueux, très-nourrissant ; on mange les jeunes pousses en salade, & cuites comme les Epinards ; la tisane de la racine est adoucissante, utile dans les ardeurs d'urine, le ténesme, la dyssenterie.

2.° Le Salsifix commun, *Tragopogon Porrifolium*, à feuilles entieres, perpendiculaires; à péduncules renflés ſous la fleur; à calice plus long que la fleur. En Suiſſe.

La racine eſt nourriſſante ; ſes propriétés ſont analogues à celles de la Scorſonere. Les beſtiaux & même les cochons ſont bien nourris avec les racines & les tiges des Scorſoneres & des Salſifix.

3.° Le Salſifix de Dalechamp, *Tragopogon Dalechampii*, à tige courte; à feuilles rudes, velues ; les inférieures laciniées, échancrées ; les ſupérieures très-entieres, ſouvent verticillées, trois à trois. En Languedoc, en Dauphiné.

La fleur eſt grande, purpurine en-deſſous.

SECTION II.

Des Herbes à fleur ſémifloſculeuſe, dont les ſemences ſont ſans aigrette.

455. LA CUPIDONE, *ou* Chicorée bâtarde.

CATANANCE quorumdam. Lugd.
CATANANCHE cærulea. L. *ſyng. polygam. æqual.*

FLEUR. Sémifloſculeuſe, compoſée de demi-fleurons hermaphrodites, linéaires, plus longs que le calice, tronqués, à cinq dentelures, raſſemblés dans un calice tuilé, compoſé de folioles aiguës, lâches ; les écailles inférieures ovales, concaves, brillantes.

Fruit. Semences turbinées, ovales, comprimées, couronnées d'une eſpece de petit calice à cinq poils, contenues dans le calice commun, poſées ſur un réceptacle garni de lames.

Cl. XIII. Sect. II.

Feuilles. Seſſiles, linéaires, lancéolées, avec une ou deux dentelures à leurs bords ; trois nervures à leur ſurface.

Racine. Fuſiforme.

Port. Tige herbacée, cylindrique, aſſez ſimple; la fleur au ſommet, ſolitaire, pédunculée ; feuilles alternes.

Lieu. l'Iſle de Crete. ☉

Propriétés. Intérieurement apéritive; extérieurement deſſicative, vulnéraire.

Uſages. On emploie la racine en décoction ; les feuilles pilées & appliquées.

Observations. Dans la Cupidone, *Catananche*, le réceptacle du calice eſt chargé de paillettes ; le calice à écailles en recouvrement, brillantes ; l'aigrette des ſemences eſt formée par cinq ſoies en arête. Nous avons dans ce genre :

1.° La Cupidone bleue, *Catananche cærulea*, à écailles inférieures du calice ovales. Lyonnoiſe, en Languedoc.

Les feuilles ſont blanches, fragiles. *Voyez le Tableau* 455.

Les fleurs ſont quelquefois doubles.

2.° La Cupidone jaune, *Catananche lutea*, à écailles inférieures du calice lancéolées. En Languedoc.

A feuilles dentées, à trois nervures; la fleur eſt jaune & plus petite que dans la précédente.

456. LA CHICORÉE ſauvage.

Cichorium *ſylveſtre ſive officinarum.* C. B. P.

Cichorium *intybus.* L. *ſyng. polygam. æqualis.*

Fleur. Sémifloſculeuſe ; compoſée d'une vingtaine de demi-fleurons bleus, rangés en rond, tronqués, à cinq profondes dentelures, raſſemblés dans un calice cylindrique avant ſon développement, composé de huit écailles lancéolées, étroites, égales, qui forment le cylindre, & de cinq plus courtes qui ſe rebaiſſent.

Fruit. Semences ſolitaires, aplaties, à angles aigus, couronnées d'un petit rebord à cinq dents; renfermées dans le calice, & poſées ſur un réceptacle garni de lames.

Feuilles. Seſſiles, dentées, ſinuées.

Racine. Fuſiforme, fibreuſe, remplie d'un ſuc laiteux.

Port. Tige d'un pied & demi, ſimple, ferme, tortueuſe, herbacée, rameuſe; les fleurs au ſommet, preſque axillaires; feuilles alternes.

Lieu. Les bords des champs, des chemins; cultivée dans les jardins. ♃

Propriétés. Cette plante eſt laiteuſe, amere, peu odorante; elle eſt apéritive, & un excellent hépatique.

Uſages. On emploie fréquemment pour l'homme, l'herbe fraîche & la racine; on ſe ſert rarement des fleurs; on tire de l'herbe fraîche une eau diſtillée qui eſt ſans énergie; un ſuc qui ſe preſcrit depuis ℥ iij juſqu'à ℥ iv; des feuilles ſeches, on fait une poudre dont la doſe eſt de ʒ j; avec la racine, des tiſanes, des décoctions. On donne aux animaux le ſuc, à la doſe de ℔ ß, ou la plante en décoction, à la doſe de poig. ij ſur ℔ j ß d'eau.

Cl. XIII. Sect. II.

457. L'ENDIVE *ou* SCARIOLE.

Cichorium latifolium ſive Endivia vulgaris. C. B. P.

Cichorium endivia. L. *ſing. polygam. æqual.*

Fleur. } Caracteres de la précédente.
Fruit. }

Feuilles. Les radicales longues, entieres & couchées ſur la terre, crénelées en leurs bords; les caulinaires plus petites & ſeſſiles.

Racine. Fibreuſe, laiteuſe.

Port. Tige de deux pieds, liſſe, cannelée, creuſe, ſimple, laiteuſe; les fleurs preſque axillaires; feuilles alternes & crépues dans une variété.

Lieu. Cultivée dans les jardins. ⊙

Propriétés. Elle eſt moins amere & plus agréable au goût que la précédente.

Uſages. On l'emploie dans les mêmes cas; ſes vertus ſont plus foibles.

I.re Observation. Dans les Chicorées, *Cichoria*, le réceptacle eſt peu garni de paillettes; le calice eſt garni à la baſe d'un autre petit calice; l'aigrette des ſemences eſt formée de cinq dents irrégulieres, ornées de poils. Nous avons :

1.° La Chicorée ſauvage, *Cichorium intybus*, à fleurs ſans péduncules, aſſiſes deux à deux ſur les branches; à feuilles comme ailées; à ſegmens triangulaires. Lyonnoiſe, Lithuanienne.

On la trouve ſouvent à fleurs blanches. J'ai quelquefois obſervé des individus plus courts, à tige & à branche aplatie, large, ſillonnée; ce ſont des plantes faſciées, ou dont pluſieurs tiges ont été dévelopées dans le même germe, & aglutinées. Mais ce qui eſt plus rare, j'ai obſervé & préparé cette année un pied d'Euphorbe,

Euphorbia cyparissias, dont la tige aplatie avoit seize lignes de largeur, sur laquelle on compte douze tiges aglutinées; cet individu est très-rameux, & les branches en sont aussi fasciées. Ce monstre offroit, vivant, un port très-singulier.

2.° La Chicorée Endive, *Cichorium Endivia*, à fleurs solitaires, portées sur des péduncules, à feuilles entieres, crénelées. *Voyez le Tableau* 456.

On ignore son origine; souvent par la culture les feuilles deviennent frangées, crépues, frisées. La Chicorée Endive est plutôt un aliment qu'un médicament; on la mange en salade ou cuite, après l'avoir fait blanchir en la couvrant de terre; alors elle n'est point amere; aussi a-t-elle peu de vertus. L'autre espece, la sauvage, conserve mieux son amertume; elle contient un suc laiteux, savonneux; on la prescrit en décoction, ou son suc, dans l'affection hypocondriaque, la jaunisse, les dartres & autres maladies qui reconnoissent pour principe l'engouement des visceres. Elle réussit assez bien dans tous ces cas comme remede concomitant; on peut même l'employer comme tel dans les ulceres internes & externes. Dans la pratique journaliere, on prescrit fréquemment des bouillons de Chicorée amere; mais ce qui est peu lumineux, ces bouillons sont souvent composés, pourquoi ajouter tous les congéneres? N'est-ce pas perdre de vue la simplicité de l'Art? n'est-ce pas se refuser toute certitude sur les propriétés de chaque médicament?

II.e OBSERVATION. On trouve encore dans cette Section les Scolimes, *Scolymi*, à réceptacle chargé de paillettes; à calice en recouvrement, formé de feuillets épineux; à semences sans aigrettes. Ce genre nous offre deux especes:

1.° Le Scolime taché, *Scolymus maculatus*, à fleurs solitaires. En Dauphiné, en Languedoc.

Herbe annuelle; racine menue; tige inférieurement plus branchue; feuilles lisses, brillantes; à marge cartilagineuse; elles sont décurrentes, presque jusques à la base de la tige. Les fleurs solitaires naissent à la bifurcation des branches; la corolle est jaune, à antheres d'un rouge brun.

CL. XIII. SECT. II.

2.° Le Scolime d'Eſpagne, *Scolymus Hiſpanicus* ; à fleurs ramaſſées. En Dauphiné, en Languedoc.

Herbe biſannuelle ; à racine fuſiforme ; la tige eſt moins branchue inférieurement ; les feuilles un peu rudes, cendrées ; leur marge n'eſt point cartilagineuſe, elles ſont moins décurrentes. On trouve quatre à cinq fleurs entaſſées ; la corolle eſt plus grande que dans la précédente ; ſes antheres ſont jaunes comme les demi-fleurons.

Les Scolimes ont le port des Chardons.

CLASSE XIV.

Des Herbes et Sous-arbrisseaux à fleur *composée* de *fleurons* & de *demi-fleurons* rassemblés & réunis dans un calice commun, de maniere que les *fleurons* occupent le centre de la fleur qu'on nomme *disque*, & les demi-fleurons, la circonférence, appelée *couronne*. Cette disposition a fait donner à cette fleur le nom de *radiée*.

Na. *Les étamines réunies par leurs sommets, comme dans les deux Classes précédentes.*

SECTION PREMIERE.

Des Herbes à fleur radiée & à semences aigrettées.

458. LA CONISE DES PRÉS.

Aster pratensis autumnalis conyzæ folio. I. R. H.
Inula dysenterica. L. *syng. polyg. superfl.*

Fleur. Radiée, jaune ; composée de fleurons hermaphrodites dans le disque, de demi-fleurons femelles à la circonférence ; leurs antheres ter-

Cl. XIV. Sect. I.

minées à leur base par des soies ; les fleurons infundibuliformes, droits, découpés en cinq ; les demi-fleurons linéaires, entiers ; le calice commun tuilé, composé de folioles ouvertes, lâches, sétacées dans cette espece ; les extérieures plus grandes.

Fruit. Toutes les semences linéaires, quadrangulaires, couronnées d'une aigrette simple, de la longueur des semences ; placées dans le calice, sur un réceptacle plane & nu.

Feuilles. Amplexicaules, entieres, sinuées, velues.

Racine. Rameuse.

Port. La tige d'un pied, velue, un peu rameuse ; les fleurs au sommet, disposées en panicules, sur des péduncules qui ne portent qu'une fleur ; feuilles alternes.

Lieu. Les bords des ruisseaux & des fossés. ♃

Propriétés. On la croit apéritive, incisive.

Usages. On s'en sert peu en Médecine.

I.re *Observation*. Dans les Inules, *Inulæ*, le réceptacle est nu, l'aigrette des semences simple ; la base des antheres finit par deux soies. Des vingt-neuf especes de ce genre, faisons au moins connoître les plus communes en Europe.

1.° L'Inule Aulnée, *Inula Helenium*, à feuilles embrassant la tige, ovales, ridées, cotonneuses en-dessous ; à écailles du calice ovales. Lyonnoise, Lithuanienne.

La racine d'Aulnée est une des drogues les plus précieuses en Médecine ; son goût est singulier, il tient de l'amertume ; mais en la mâchant elle lâche un principe aromatique, piquant ; elle récele un principe aromatique, un principe résineux amer, une huile essentielle, & une certaine quantité de camphre. Les pastilles d'Aulnée, son infusion dans le vin, ont été prescrites avec succès dans les toux catarrales, dans la coqueluche, dans l'asthme humide, pituiteux, dans la foiblesse d'estomac avec glaires, dans les dartres, la gale ; ce remede réussit

sur-tout

sur-tout dans la chlorose. Enfin on peut l'employer dans toutes les maladies dans lesquelles on soupçonne débilité, relâchement des fibres, épaississement des humeurs. Les chevres seules mangent l'Aunée.

2.° L'Inule Œil-de-Christ, *Inula Oculus Christi*; à feuilles embrassant la tige, lancéolées, oblongues, hérissées, entieres; à tige velue, terminée par des fleurs jaunes, assez grandes, en corymbe. En Allemagne, en Dauphiné.

3.° L'Inule Britannique, *Inula Britannica*, à tige rameuse, droite, velue; à feuilles embrassantes, lancéolées, dentelées, à dents de scie, velues en-dessous. Lyonnoise, Lithuanienne.

4.° L'Inule dyssentérique, *Inula dyssenterica*, à tige velue, formant par ses rameaux un panicule; à feuilles embrassantes, oblongues, en cœur, ondulées, cotonneuses en-dessous; à écailles du calice sétacées. Lyonnoise, Lithuanienne.

Elle a réussi dans les dyssenteries accompagnées d'abattement des forces. Les bestiaux la mangent volontiers.

5.° L'Inule pulicaire, *Inula pulicaria*, à tige couchée; à feuilles embrassantes, ondulées, hérissées; à fleurs comme globuleuses; à demi-fleurons très-courts. Lyonnoise, Lithuanienne.

Nous avons trouvé en Lithuanie une variété dont la tige avoit à peine trois pouces, dont les feuilles entassées étoient linaires, ondulées, velues, une seule fleur terminoit la tige. En général, en Lithuanie la tige a à peine sept à huit pouces de longueur. Les moutons seuls mangent cette plante.

6.° L'Inule Sauliere, *Inula Salicina*, à tige d'un pied & demi, lisse, anguleuse, striée; à feuilles lancéolées, lisses, à dents de scie, rudes, recourbées, veinées; à fleurs inférieures, plus hautes. Lyonnoise, Lithuanienne.

7.° L'Inule hérissée, *Inula hirta*, très-ressemblante à la Sauliere; à tige sans stries, ornée de poils; à feuilles assises, lancéolées, veinées, recourbées, hérissées, rudes, à dents de scie. En Lithuanie, & en France.

Les feuilles sont plus larges, obtuses, souvent une seule fleur termine la tige; celles des rameaux n'étant pas encore dévelopées ; le calice est formé par des écailles larges imitant des feuilles.

Cl. XIV. Sect. I.

8.° L'Inule Germanique, *Inula Germanica*, à feuilles assises, lancéolées, recourbées, rudes ; à fleurs cylindriques, entassées au sommet de la tige, en corymbe, comme en faisceaux. En Dauphiné, en Allemagne, en Lithuanie.

Les calices sont alongés, à écailles lâches ; les fleurs sont jaunes, petites. Cette espece, avant la fleuraison, ressemble beaucoup à la Sauliere.

9.° L'Inule des montagnes, *Inula montana*, à tige uniflore, velue ; à feuilles lancéolées, très-entieres, hérissées, cotonneuses, blanchâtres ; à calice court ; à écailles en recouvrement. Lyonnoise, Lithuanienne,

Toutes les Inules offrent des fleurs jaunes, assez grandes ; leur caractere spécifique est difficile à saisir, vu leur ressemblance.

II.e Observation. Un genre très-analogue aux Inules, c'est l'Arnique, *Arnica*, dont le réceptacle est nu, l'aigrette des semences simple ; les demi-fleurons du rayon offrent cinq filamens sans antheres. Les especes de ce genre sont :

1.° L'Arnique des montagnes, *Arnica montana*, à feuilles ovales, très-entieres ; celles de la tige au nombre de deux, opposées. Lyonnoise, sur le Mont Pila, Lithuanienne.

La tige simple s'éleve à une coudée ; les feuilles radicales nerveuses ; deux ou trois grandes fleurs terminent sa tige ; les écailles du calice ovales, lancéolées ; les semences sont hérissées. On ne trouve pas toujours les cinq filamens stériles dans les demi-fleurons. Cette plante nous offre plusieurs variétés. J'ai trouvé des individus à feuilles étroites, à tige de huit pouces, uniflore ; d'autres à tiges de trois pieds, à larges feuilles : dans ceux-ci, indépendamment des deux feuilles supérieures opposées, j'en trouve sur la tige au-dessus des radicales deux feuilles opposées, à trois pouces au-dessus de la racine. Dans la plupart des individus, trois fleurs terminent la tige, l'intermédiaire plus courte ; mais j'ai souvent trouvé quatre & cinq fleurs.

L'Arnique ou la Bétoine des montagnes est une de ces plantes précieuses dont les Observateurs modernes ont enrichi la matiere médicale ; toutes ses parties sont énergiques ; la racine, les feuilles & les fleurs sont ameres, âcres. Si on frotte les fleurs entre les doigts, elles répandent une odeur vive, aromatique ; la racine est moins âcre que les feuilles ; les fleurs & les feuilles excitent quelquefois le vomissement, augmentent le cours des urines, déterminent les sueurs, le flux menstruel, causent souvent la diarrhée. Plusieurs sujets ont éprouvé, après avoir pris l'Arnique, des étourdissemens, des anxiétés, des chaleurs d'entrailles, des démangeaisons à la peau. Tous ces faits prouvent que cette plante porte sur tous les couloirs. On doit donc la considérer, donnée à petite dose, comme tonique, apéritive ; donnée à plus grande dose, comme émétique, purgative, diurétique, sudorifique, emménagogue. En n'écoutant que le résultat de nos observations, elle réussit dans les contusions avec échimoses, dans les affections catarrales de la poitrine, dans la chlorose, dans le rhumatisme chronique, dans l'asthme pituiteux, dans l'ictere, l'œdématie, dans l'affection hypocondriaque, causée par l'engouement des visceres ; elle a guéri quelques paralysies, sur-tout la goutte sereine ; elle a réussi dans la danse de Saint-Vit, sur-tout les fleurs. Nous l'avons souvent ordonnée dans les fievres intermittentes, tant simples que rémittentes, & nous en avons toujours observé de bons effets ; elle diminue l'intensité des accès, augmente la sueur critique. Dans les fievres putrides, avec abattement des forces, c'est peut-être le meilleur remede. On prescrit les fleurs & les feuilles en poudre, sous forme d'électuaire, en commençant par demi-drachme, & en infusion, à une drachme. On peut augmenter les doses sur certains sujets, jusqu'à demi-once. Observons encore que ce qui a diminué la confiance que l'on doit avoir pour cette plante, c'est que les Herboristes vendent souvent à sa place la Porcelle tachetée, *Hypochæris maculata* ; il n'y a guere que la chevre qui mange l'Arnique des montagnes.

2.° L'Arnique scorpioïde, *Arnica scorpioïdes*, à feuilles alternes, à dents de scie. En Allemagne, en Dauphiné.

Cl. XIV. Sect. I.

La tige ſimple, ſouvent uniflore; les feuilles radicales pétiolées, ovales, velues; la fleur jaune, très-grande; le calice velu; la racine diviſée en deux branches, contournée comme la queue du Scorpion.

459. L'ASTER, ou Œil-de-Chriſt.

ASTER ATTICUS, cæruleus, vulgaris. C. B. P.

ASTER AMELLUS. L. *ſyng. polygam. ſuperſl.*

Fleur. Radiée, bleue : à-peu-près les mêmes caracteres que la précédente; mais les antheres ne ſont point en-deſſous, terminées par des ſoies; les écailles du calice obtuſes dans cette eſpece.

Fruit. Les ſemences ſolitaires, oblongues, ovales, couronnées d'une aigrette ſimple, capillaire.

Feuilles. Seſſiles, entieres, lancéolées, obtuſes, rudes, marquées de trois nervures.

Racine. Rameuſe.

Port. Tige herbacée, haute de pluſieurs pieds, dure, rameuſe; les fleurs au ſommet, diſpoſées en corymbe, ſur des péduncules nus; feuilles alternes.

Lieu. Les collines de l'Europe méridionale, les jardins. ♃

Propriétés. On le croit diurétique.

Uſages. Ce que les Auteurs ont dit de cette plante, paroît aſſez incertain.

OBSERVATIONS. Dans les Aſters, *Aſteres*, le réceptacle eſt nu; l'aigrette des ſemences ſimple; on voit plus de dix demi-fleurons au rayon, le calice à écailles en recouvrement, dont les inférieures ſont très-ouvertes. Les principales eſpeces de ce genre, ſont :

1.° L'Aster des Alpes, *Aster Alpinus*, à tige très-simple, uniflore, ou ne portant qu'une fleur; à feuilles en spatule, hérissées; les radicales obtuses. Sur les montagnes du Dauphiné, des Pyrénées, de Suisse & d'Autriche.

La fleur est grande, d'un bleu clair, rarement blanche.

2.° L'Aster des marais, *Aster tripolium*, à tige rameuse; à feuilles lancéolées, entieres, lisses, succulentes; à fleurs en corymbe; à rayons bleus. En Languedoc, en Suede, & près de la mer Baltique, en Samogitie.

3.° L'Aster Œil-de-Christ, *Aster amellus*, à feuilles lancéolées, obtuses, rudes, entieres, à trois nervures; à péduncules presque nus, formant le corymbe; à écailles du calice obtuses. Lyonnoise, Lithuanienne.

Demi-fleurons bleus. *Voyez le Tableau 459.*

4.° L'Aster âcre, *Aster acris*, à tige d'un pied & demi, très-garnie de feuilles lancéolées, linaires, très-entieres; à fleurs en corymbe, à demi-fleurons bleus. En Languedoc, en Dauphiné, en Hongrie.

5.° L'Aster de la Chine, *Aster Chinensis*, à tige rameuse; à feuilles ovales, à angles, dentées, pétiolées; à fleurs terminant les rameaux, très-grandes; à calice à écailles comme des feuilles ouvertes. Originaire de la Chine, cultivée dans tous les jardins, où on la trouve à fleurs doubles, à demi-fleurons bleus ou blancs.

460. L'ÉNULE CAMPANE, Aunée.

ASTER omnium maximus, Helenium *dictus*. I. R. H.

INULA helenium. L. *syng. polygam. superfl.*

Fleur. } Radiée; caracteres du n.° 458. corolle
Fruit. } jaune; les écailles du calice ovales.

Feuilles. Les radicales sont lancéolées, longues d'un pied & plus, dentelées, ridées, blanchâtres en-dessous; les caulinaires presque amplexicaules.

Racine. Grosse, épaisse, charnue, branchue,

Cl. XIV. Sect. I.

brune en-dehors, blanche en dedans, d'une odeur forte.

Port. Tige de quatre pieds, droite, cannelée, velue, branchue; fleurs au ſommet; les pédoncules axillaires ne portent qu'une fleur; feuilles alternes.

Lieu. L'Angleterre, les jardins. ♃

Propriétés. La racine a un goût amer & aromatique; elle eſt alexitere, ſtomachique, vermifuge, tonique, déterſive & réſolutive par excellence.

Uſages. On n'emploie que la racine pour les hommes; on la preſcrit fraîche dans les apozemes, depuis ℥ ß juſqu'à ℥ j; on en fait une conſerve qui ſe donne à la doſe de ℥ j; deſſéchée & réduite en poudre, on la donne intérieurement, dans une liqueur convenable, depuis ʒ j juſqu'à ʒ ij; on en fait un extrait que l'on preſcrit depuis ʒ ß juſqu'à ʒ j. On donne aux animaux la racine fraîche en infuſion, à la doſe de ℥ iv; & la poudre des racines ſeches, à la doſe de ℥ ß.

461. LA VERGE D'OR.

VIRGA AUREA latifolia ſerrata. C. B. P.
SOLIDAGO virga aurea. L. *ſyng. polygam. ſuperfl.*

Fleur. Radiée, jaune; compoſée de fleurons hermaphrodites dans le diſque, de demi-fleurons femelles à la circonférence; les fleurons ouverts, découpés en cinq, les demi-fleurons lancéolés, à trois dentelures; le calice oblong, tuilé; ſes écailles étroites, pointues, droites, rapprochées & réunies.

Fruit. Semences ſolitaires, ovales, oblongues,

couronnées d'une aigrette capillaire, placées dans le calice sur un réceptacle presque aplati, nu. Cl. XIV. Sect. I.

Feuilles. Oblongues, pointues, dentées en maniere de scie à leurs bords; celles du sommet très-entieres.

Racine. Longue, oblique, fibreuse.

Port. Tige de trois pieds, tortueuse, ronde, cannelée, anguleuse, moëlleuse; ses rameaux rassemblés, droits, terminés par des panicules de fleurs; feuilles alternes.

Lieu. Les bois, les pays montagneux & humides. ♃

Propriétés. La plante a un goût styptique, amer; elle est détersive, vulnéraire.

Usages. On emploie les feuilles en infusion, en maniere de thé; réduites en poudre, on les donne dans du vin blanc, pour l'homme, à la dose de gr. x; on tire des sommités une eau distillée, qui se prescrit dans les potions vulnéraires diurétiques, à la dose de ℥ iv, & l'extrait qui a les mêmes vertus, depuis gr. j jusqu'à gr. ij; on donne aux animaux la plante en infusion à poig. ij dans ℔ j ß d'eau.

I.re Observation. Dans les Verges d'or, *Solidagines*, le réceptacle est nu; l'aigrette des semences simple; les demi-fleurons du rayon à peu près au nombre de cinq; les écailles du calice en recouvrement, clauses. Nous avons :

1.° La Verge d'or du Canada, *Solidago Canadensis*, à tige rameuse, de quatre à cinq pieds; à feuilles étroites, lancéolées, rudes, à trois nervures, à peine dentelées; à fleurs redressées, en panicule ou en corymbe recourbé, très-nombreuses, petites, jaunes.

2.° La Verge d'or commune, *Solidago Virga aurea*, à tige anguleuse, comme pliée; à fleurs entassées en grappes, droites. *Voyez le Tableau 461.* Lyonnoise, Lithuanienne.

Cette plante a une amertume particuliere, laissant un

goût acerbe; elle a réussi dans les affections catarrales des voies urinaires, dans les ulceres putrides. Tous les bestiaux la mangent volontiers lorsqu'elle est fraîche.

Cl. XIV. Sect. I.

3.° La Verge d'or naine, *solidago minuta*, à tige très-simple, de six pouces; à feuilles de la tige très-entieres; à péduncules axillaires, uniflores. Sur les Alpes du Dauphiné & des Pyrénées.

II.e Observation. Les Vergerettes, *Erigeron*, sont très analogues aux Verges d'or; leur réceptacle est nu; l'aigrette des semences à poils; les demi-fleurons du rayon sont très-étroits. Les principales especes sont :

1.° La Vergerette odorante, *Erigeron graveolens*, à feuilles lancéolées, très-entieres; à calice à écailles très-ouvertes; à branches latérales, portant plusieurs fleurs. Lyonnoise, en Languedoc.

Les feuilles sont gluantes & répandent, froissées, une odeur forte; les fleurs radiées sont d'un jaune pâle; sa tige est basse & annuelle.

2.° La Vergerette visqueuse, *Erigeron viscosum*, à péduncule uniflore, latéral; à feuilles lancéolées, un peu dentées. En Languedoc, en Dauphiné, près de Valence.

Sa tige s'éleve à trois pieds; on observe sur les feuilles de petites glandes à côté des poils, qui sont humectées d'une humeur gluante. Cette espece ressemble beaucoup à la précédente, mais elle est vivace.

3.° La Vergerette de Canada, *Erigeron Canadense*, à tige & fleur formant un panicule. Lyonnoise, Lithuanienne.

Tige velue, blanchâtre; feuilles linaires, lancéolées, ciliées, d'un vert blanchâtre; fleurs très-nombreuses, petites; à fleurons d'un jaune pâle; à demi-fleurons très-étroits, très-petits, d'un blanc couleur de chair.

Si on mâche les fleurs de cette plante, elle excite une sensation analogue à celle de la Menthe poivrée, mais plus piquante, & laissant un retour de fraîcheur comme l'Ether. Ces fleurs pulvérisées, ou en infusion, sont anti-spasmodiques; elles soulagent les hypocondriaques, les hystériques; elles sont utiles dans l'anorexie causée par des glaires, dans la suppression des regles.

4.° La Vergerette âcre, *Erigeron acre*, à péduncules alternes, uniflores. Lyonnoise, Lithuanienne.

Tiges d'un pied; feuilles lancéolées, étroites, ciliées; fleurs de grandeur médiocre; à fleurons d'un gris jaunâtre; à demi-fleurons couleur de chair, très-courts; semences ornées de longs poils. Les fleurs pulvérisées ont réussi, comme béchiques incisifs, dans les affections catarrales de la poitrine, comme asthme pituiteux, rhume.

5.° La Vergerette des Alpes, *Erigeron Alpinum*, à tige portant une ou deux fleurs; à calices peu hérissés; à feuilles linaires, légérement ciliées. Sur les montagnes du Lyonnois, du Dauphiné.

La fleur assez grande, à disque jaune; à demi-fleurons d'un bleu rougeâtre.

6.° La Vergerette uniflore, *Erigeron uniflorum*, à tige portant une seule fleur; à calice cotonneux; à feuilles linaires, très-entieres. Lyonnoise, & sur les Alpes.

Probablement les deux précédentes especes ne sont que des variétés de la Vergerette âcre, causées par le climat. Nous savons que les plantes des plaines sont plus petites, se rapetissent sur les montagnes, & produisent moins de fleurs.

462. LA JACOBÉE, *ou* Herbe de Saint-Jacques.

JACOBÆA *vulgaris laciniata.* C. B. P.
SENECIO *Jacobæa.* L. *syng. polyg. superfl.*

Fleur. } Radiée, jaune; caracteres du Seneçon,
Fruit. } n.° 425. les corolles plus rayonnantes; les demi-fleurons plus alongés; toute la fleur plus ouverte, plus grande.

Feuilles. Ailées, en maniere de lyre; les déchirures découpées.

Racine. Très-fibreuse, blanchâtre.

Port. Tiges de deux pieds, nombreuses, cylindriques, cannelées, lisses, ou légérement cotonneuses; les fleurs au sommet, disposées en panicules; feuilles alternes.

Lieu. Les pâturages & les lieux humides. ♃

Propriétés. L'herbe a un goût amer & âcre; elle est vulnéraire, déterſive.

Uſages. On emploie l'herbe, mais rarement; on en fait des cataplaſmes, des infuſions, des décoctions.

Observations. Dans les Seneçons, *Seneciones*, le réceptacle est nu; l'aigrette des ſemences ſimple; le calice cylindrique, caliculé; à écailles ſphacélées au ſommet; des écailles très-courtes forment comme un ſecond calice qui entoure la baſe du premier.

Dans ce genre qui préſente cinquante-neuf eſpeces, les fleurs ſont radiées dans le plus grand nombre; quelques-unes cependant n'offrent que des fleurons. Faiſons au moins connoître les eſpeces les plus curieuſes, les plus utiles & les plus communes.

Les Seneçons *à fleurs floſculeuſes.*

1.° Le Seneçon vulgaire, *Senecio vulgaris. Voyez le Tableau 425.*

Les Seneçons *à fleurs radiées, à demi-fleurons roulés en-deſſous.*

2.° Le Seneçon viſqueux, *Senecio viſcoſus*, à feuilles pinnatifides, viſqueuſes; à demi-fleurons courts; à écailles du calice lâches. Lyonnoiſe, Lithuanienne.

Feuilles molles, d'un vert blanchâtre; fleurs petites, terminant une tige de deux ou trois pieds.

3.° Le Seneçon des forêts, *Senecio ſylvaticus*, à tige droite, en corymbe; à feuilles pinnatifides, à petites dents. Lyonnoiſe, Lithuanienne.

Les feuilles blanchâtres, larges; les demi-fleurons très-étroits.

Les Seneçons *à fleurs radiées, à demi-fleurons étendus; à feuilles pinnatifides, comme empennées.*

4.° Le Seneçon élégant, *Senecio elegans*, à feuilles pinnatifides, toutes ſemblables, très-ouvertes; à fleurs pourpres. Originaire d'Ethiopie, cultivé dans les jardins.

5.° Le Seneçon à feuilles de Roquette, *Senecio erucæfolius*, à tige droite; à feuilles pinnatifides, dentées, un peu hérissées, blanchâtres. Lyonnoise, Lithuanienne.

La culture lui fait perdre son duvet; les sommets des écailles du calice rouges.

6.° Le Seneçon sale, *Senecio squalidus*, à corolles du rayon entieres, plus longues que le calice; à feuilles pinnatifides; à segmens linaires, éloignés. Lyonnoise.

7.° Le Seneçon blanc, *Senecio incanus*, à feuilles comme ailées, à segmens obtus, blanches, cotonneuses, sur deux faces; à tige velue, de quatre à cinq pouces, terminée par huit ou dix fleurs jaunes, disposées en corymbe globuleux. En Lithuanie & sur les Alpes.

8.° Le Seneçon à feuilles d'Aurone, *Senecio abrotanifolius*, à feuilles décomposées, plusieurs fois ailées; à folioles linaires, nues, aigues; à fleurs en corymbe. Sur les montagnes du Lyonnois, de Suisse.

Nous l'avons trouvée très-commune dans les prairies au-dessous de Mont-Louis aux Pyrénées; les péduncules velues, portent trois, quatre ou deux fleurs. Les feuilles supérieures simplement pinnatifides.

9.° Le Seneçon Jacobée, *Senecio Jacobæa*, à feuilles pinnées, en lyre; à segmens découpés; à tige droite. *Voyez le Tableau 462.*

Elle offre plusieurs variétés; on la trouve à tiges de quatre pieds & de quatre pouces, plus ou moins rameuses; les feuilles plus ou moins découpées.

Cette plante, d'une saveur amere, bien marquée & particuliere, mérite l'attention des Praticiens. Nous l'avons souvent employée dans les bouillons apéritifs, désobstruans. Elle ranime les forces digestives, réussit comme auxiliaire dans l'anorexie, la diarrhée par relâchement, dans l'affection hypocondriaque avec engouement du foie, dans les leucophlegmaties, suite des fievres intermittentes. Les vaches seules mangent volontiers cette plante. Nous avons trouvé en Lithuanie la variété à fleurs sans demi-fleurons.

Les SENEÇONS à fleurs radiées, à demi-fleurons ouverts; à feuilles entieres, sans divisions.

1.° Le Seneçon des marais, *Senecio paludosus*, à

tige de quatre à cinq pieds, droite ; à feuilles longues, étroites, finement dentées, blanches, cotonneuſes en-deſſous; à fleurs en corymbe terminal. Lyonnoiſe, Lithuanienne.

11.° Le Seneçon Dorie, *Senecio Doria*, à tige ſimple ; à feuilles comme décurrentes, lancéolées, dentelées, comme charnues, liſſes ; les ſupérieures plus étroites, petites ; à fleurs en corymbe. Lyonnoiſe.

12.° Le Seneçon ſaraſin, *Senecio ſaracenicus*, à feuilles ſupérieures larges & longues ; d'ailleurs très-reſſemblant au précédent. Lyonnoiſe, Lithuanienne.

Sa racine eſt très-rampante.

13.° Le Seneçon Doronic, *Senecio Doronicum*, à tige ſimple, portant une ou deux fleurs aſſez grandes ; à feuilles radicales, pétiolées, ovales, oblongues ; celles de la tige lancéolées ; les unes & les autres un peu épaiſſes, velues en-deſſous. Sur les montagnes du Dauphiné, de Suiſſe, d'Autriche, des Pyrénées.

Les feuilles radicales, plus ou moins alongées, forment des variétés ; les calices ſont caliculés.

463. LE TUSSILAGE, *ou* Pas-d'âne.

TUSSILAGO vulgaris. C. B. P.
TUSSILAGO farfara. L. *ſyng. polygam. ſuperfl.*

Fleur. } Radiée, avec les caracteres du Pétaſite,
Fruit. } n.° 419. mais elle a toujours des demi-fleurons femelles à la circonférence ; le Pétaſite n'en a pas, & ſeulement quelques corolles femelles ſans languettes.

Feuilles. Pétiolées, cordiformes, larges, anguleuſes, dentelées, vertes en-deſſus, cotonneuſes en-deſſous.

Racine. Longue, menue, blanchâtre, tendre, rampante.

Port. Tige en forme de hampe, couverte de plusieurs feuilles florales en forme d'écailles, haute d'un demi-pied, sortant de terre au printemps, avant les feuilles; fleurs solitaires, au sommet de chaque tige; feuilles radicales.

Lieu. Les bords des rivieres, des fontaines, dans les terrains gras. ♃

Propriétés. Cette plante a un goût un peu amer; elle est sans odeur, béchique, adoucissante.

Usages. On emploie pour l'homme l'herbe, la racine, & sur-tout les fleurs; les feuilles & les fleurs en décoction; on en tire une eau distillée, dont la dose est de ℥ vj; on emploie encore les feuilles, les fleurs & la racine en tisane; à l'extérieur, les feuilles pilées & appliquées en cataplasme, sont émollientes. On donne aux animaux toute la plante en infusion, à poig. j sur ℔ j ß d'eau.

464. LE DORONIC.

DORONICUM maximum, foliis caulem amplexantibus. C. B. P.

DORONICUM pardalianches. L. *syng. polygam. superfl.*

Fleur. Radiée, composée de fleurons hermaphrodites dans le disque, & de demi-fleurons femelles à la circonférence; les fleurons ouverts, divisés en cinq; les demi-fleurons lancéolés, à trois dentelures; le calice composé de deux rangs d'écailles lancéolées, en forme d'alêne, égales, plus longues que le rayon, terminées en pointe.

Fruit. Les semences des fleurons hermaphrodites, solitaires, ovoïdes, aplaties, sillonnées, couronnées d'une aigrette composée de poils; les semences des fleurons femelles, moins apla-

Cl. XIV. Sect. I.

ties, renfermées les unes & les autres dans le calice resserré, sur un réceptacle nu & plane.

Feuilles. Simples, entieres, cordiformes, obtuses; les radicales pétiolées; les caulinaires amplexicaules.

Racine. Presque tubéreuse, stolonifere, ressemblant à la queue du Scorpion.

Port. Tige rameuse; les rameaux portent deux fleurs péduncułées; feuilles alternes.

Lieu. Les montagnes de la Suisse, les Alpes. ♃

Propriétés. La racine est aromatique, savoureuse, céphalique.

Usages. On ne l'emploie guere en Médecine.

OBSERVATIONS. Dans les Doronics, *Doronica*, le réceptacle est nu; l'aigrette des semences simple; les écailles du calice à double rang, sont égales, plus longues que le disque; les semences du rayon sont nues, sans aigrettes.

1.° Le Doronic Paquerette, *Doronicum pardalianches*, à hampe petite, ne portant qu'une fleur; à feuilles ovales, lancéolées, dentelées, hérissées. En Dauphiné, sur les montagnes du Bugey, d'Allemagne. *Voyez le Tableau* 464.

La fleur est blanche ou quelquefois très-rouge.

2.° Le Doronic plantaginé, *Doronicum plantagineum*, à tige à branches alternes; à feuilles ovales, aiguës, un peu dentées, presque lisses; celles de la tige embrassantes. Lyonnoise, Allemande.

3.° Le Doronic scorpion, *Doronicum scorpioïdes*, à tige rameuse; à feuilles en cœur, obtuses, dentelées; les radicales pétiolées; celles de la tige embrassantes. Lyonnoise, Allemande.

Fleurs jaunes, à longs péduncules; les semences du rayon nues.

SECTION II.

Des Herbes à fleur radiée, dont les semences sont ornées d'un chapiteau de feuilles.

465. LE SOLEIL.

CORONA SOLIS. Tabern. icon.
HELIANTHUS *annuus*. L. *syng. polygam. frustran.*

FLEUR. Radiée, composée d'un grand nombre de fleurons hermaphrodites dans le disque; dans la circonférence, de quelques demi-fleurons femelles qui sont stériles; les fleurons cylindriques plus courts que le calice commun, renflés à leur base, divisés en cinq, portés sur de petits calices dyphilles; les demi-fleurons à languette, lancéolés, entiers, très-longs.

Fruit. Semences solitaires, oblongues, obtuses, à quatre angles opposés, couronnées par les calices propres de chaque fleuron, qui tombent dans leur maturité, contenues par le calice commun, sur un large réceptacle plane, garni de lames lancéolées, aiguës.

Feuilles. Simples, très-entieres, en forme de cœur renversé, pointues au sommet, rudes au toucher; leurs nervures s'unissent à leur base.

Racine. Rameuse, très-fibreuse.

Port. Tige de sept ou huit pieds, droite, rude, rameuse, remplie d'une moëlle blanche; la fleur au sommet péduncùlée & solitaire; les feuilles supérieures alternes, les inférieures opposées.

Cl. XIV. Sect. II.

Lieu. Originaire du Pérou, cultivé aisément dans les jardins. ☉

Propriétés. On croit cette plante vulnéraire.

Usages. Le plus grand usage de la semence est de servir de nourriture aux perroquets; on en peut tirer une huile; les graines torréfiées ont l'odeur du Café; on en fait une infusion presque aussi agréable.

466. LE TAUPINAMBOUR.

CORONA SOLIS parvo flore, radice tuberosâ. I. R. H.

HELIANTHUS tuberosus. L. *syng. polyg. frustran.*

Fleur. } Comme dans la précédente, moins
Fruit. } grosse, moins grande; le disque plus étroit, ainsi que le calice commun, les semences plus petites.

Feuilles. Ovales, cordiformes, dentelées à leurs bords, rudes au toucher, se prolongeant sur le pétiole; les nervures réunies sur le corps de la feuille.

Racine. Tubéreuse, en quoi elle differe de la précédente.

Port. Le même; la tige moins grosse, aussi élevée.

Lieu. Le Brésil, cultivé dans les champs. ♃

Propriétés. Ses tubercules sont adoucissans, nourrissans, venteux.

Usages. Il s'emploie plus souvent dans les cuisines qu'en Médecine; le goût en est plus fade que celui de la Pomme-de-terre, n.° 99.

OBSERVATIONS. Dans les Soleils, *Hélianthi*, le réceptacle est conique & chargé de paillettes ou lames; le calice

calice est formé par un double rang d'écailles ; les semences sont couronnées par quatre dents. On cultive communément les trois especes suivantes.

1.° Le Soleil annuel, *Helianthus annuus*, dont toutes les feuilles sont en cœur, à trois nervures, à péduncules enflés à l'extrémité ; à fleurs penchées. Originaire du Pérou. *Voyez le Tableau* 465.

2.° Le Soleil multiflore, *Helianthus multiflorus*, à feuilles inférieures en cœur, à trois nervures ; les supérieures ovales ; à racine cylindrique, recourbée. Vivace. Originaire de Virginie.

La tige & les péduncules hérissés.

3.° Le Soleil Taupinambour, *Helianthus Tuberosus*, à racine tubéreuse ; à feuilles ovales, en cœur. *Voyez le Tableau* 466.

Les semences du Soleil annuel peuvent fournir une bonne farine pour faire du pain & de la bouillie aux enfans. On en retire une huile bonne pour la lampe. Les bestiaux mangent volontiers les feuilles ; les fleurs sont agréables aux Abeilles. On peut retirer de l'écorce une filasse analogue au Chanvre. Toute la plante contient beaucoup de nitre ; cent livres de tiges séchées & brûlées, donnent deux livres d'alkali fixe. Le nombre de semences que fournit chaque pied de Soleil annuel, est prodigieux. La racine du Taupinambour a un goût d'Artichaut ; elle contient abondamment un principe farineux & amilacé. Nous en avons fait d'assez bon pain.

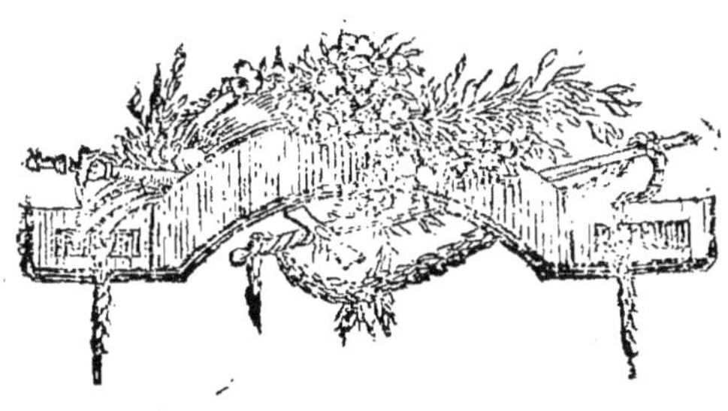

Cl. XIV.
Sect. III.

SECTION III.

Des Herbes à fleur radiée, dont les semences n'ont ni aigrette, ni chapiteau de feuilles.

467. LA PAQUERETTE, *ou* petite Marguerite.

Bellis sylvestris minor. C. B. P.
Bellis perennis. L. *syng. polyg. superfl.*

Fleur. Radiée, composée de fleurons hermaphrodites dans le disque, & de demi-fleurons femelles à la circonférence; le calice commun hémisphérique, composé de plusieurs folioles disposées en deux rangs, lancéolées, égales.

Fruit. Toutes les semences solitaires, ovoïdes, aplaties, nues, renfermées dans le calice commun, sur un réceptacle nu & conique.

Feuilles. Simples, très-entieres, en forme de spatule; les radicales sessiles; les caulinaires presque amplexicaules.

Racine. Fibreuse, rampante.

Port. La tige est une hampe nue, au sommet de laquelle se trouve une seule fleur, à la hauteur de trois pouces.

Lieu. Tous les prés. ♃

Propriétés. La racine a un goût âcre; les fleurs, une saveur d'herbe un peu salée; les fleurs & les feuilles sont résolutives, détersives, vulnéraires.

Usages. On en tire, pour l'homme, un suc qui dépuré, se donne à la dose de ℥ iv; les fleurs &

les feuilles s'emploient en décoction. On ne donne aux animaux que la décoction, à la dose de poig. ij dans ℔ j ß d'eau.

OBSERVATIONS. Dans la Paquerette, *Bellis*, le réceptacle est nu, conique; les semences ovales, sans aigrette; le calice hémisphérique, à écailles égales. Nous avons :

1.° La Paquerette vivace, *Bellis perennis*, à hampe nue. Lyonnoise, Allemande. *Voyez le Tableau* 467.

2.° La Paquerette annuelle, *Bellis annua*, à tige un peu feuillée. En Languedoc.

La tige rameuse, à plusieurs fleurs; feuilles en spatule; couronne de fleurs bleue.

La Paquerette vivace offre par la culture une foule de variétés; la couronne rouge, violette, bleue & mélangée; elle est pleine, & quelquefois prolifere, c'est-à-dire, du centre de la fleur s'éleve un ou deux péduncules portant chacun une fleur. On mangeoit autrefois les feuilles de Paquerette comme les plantes potageres, on la faisoit cuire avec la viande; sa racine est peu âcre; le goût des feuilles est peu sensible. On a cependant beaucoup vanté cette herbe comme spécifique, dans les maladies les plus graves; mais nous savons que ces maladies guérissent chaque jour sans remede, par la seule énergie de la nature, comme les plaies pénétrantes dans la poitrine, le catarre suffoquant, la dyssenterie, les fluxions catarrales, rhumes, &c. Les moutons mangent volontiers ces plantes.

468. LA MARGUERITE DORÉE.

CHRYSANTHEMUM segetum. Lob. icon.
CHRYSANTHEMUM segetum. L. *syngen. polygam. superfl.*

Fleur. Radiée, composée d'un grand nombre de fleurons hermaphrodites dans le disque, d'une douzaine de demi-fleurons à la circonférence;

leur couleur eſt d'un jaune doré; le calice hémiſphérique, tuilé, composé d'écailles graduellement plus grandes; les intérieures terminées par des membranes luiſantes.

Fruit. Toutes les ſemences ſolitaires, oblongues, nues, contenues dans le calice, ſur un réceptacle nu, convexe, ponctué.

Feuilles. Amplexicaules, découpées par le haut, dentées en maniere de ſcie à leurs baſes.

Racine. Rameuſe.

Port. Tige herbacée, cannelée, rameuſe; la fleur au ſommet, ſoutenue par des péduncules preſque nus; les feuilles alternes.

Lieu. En Allemagne, en Angleterre, dans les champs. ☉

Propriétés. On la dit vulnéraire, déterſive; elle donne une teinture jaune aſſez agréable.

Uſages. Peu employée en Médecine.

469. LA GRANDE MARGUERITE.

LEUCANTHEMUM *vulgare.* I. R. H.
CHRYSANTHEMUM *leucanthemum.* L. *ſyngen. polygam. ſuperfl.*

Fleur. } Radiée; le caractere de la précédente,
Fruit. } mais les corolles du rayon ſont blanches.

Feuilles. Amplexicaules, oblongues, obtuſes, dentées en maniere de ſcie à leur ſommet, dentelées par le bas; les radicales le plus ſouvent en ſpatule.

Racine. Rameuſe, fibreuſe.

Port. Tige d'un pied & demi, herbacée, ſtriée, garnie de feuilles; les fleurs au ſommet; feuilles alternes.

Lieu. Les pâturages, les prés. ♃

Propriétés. Vulnéraire, déterſive, atténuante.

Uſages. On l'emploie dans les maux de poitrine; on la recommande pour les plaies.

OBSERVATIONS. Dans les Chryſanthemes, *Chryſanthema*, le réceptacle eſt nu; les ſemences ſans aigrette; le calice hémiſphérique; à écailles en recouvrement, dont les marginales ſont membraneuſes.

1.° Le Chryſantheme noir, *Chryſanthemum atratum*; à tige uniflore; à feuilles ſucculentes; les radicales cunéiformes, à lobes au ſommet; celles de la tige lancéolées, à dents de ſcie; à marges du calice noires. Sur les montagnes du Lyonnois, du Dauphiné, & en Lithuanie, près de Grodno.

2.° Le Chryſantheme des Alpes, *Chryſanthemum Alpinum*, à tiges uniflores; à feuilles cunéiformes, comme empennées; à ſegmens entiers. Sur les Alpes du Dauphiné, de Suiſſe, & ſur les montagnes d'Allemagne.

Les feuilles d'un vert de mer; les ſupérieures très-entieres.

3.° Le Chryſantheme Leucantheme, *Chryſanthemum Leucanthemum*, à feuilles embraſſantes, oblongues; à dents de ſcie au ſommet, & profondément dentées inférieurement. *Voyez le Tableau* 469. Lyonnoiſe, Lithuanienne.

4.° Le Chryſantheme des montagnes, *Chryſanthemum montanum*, à feuilles inférieures en ſpatule, lancéolées, à dents de ſcie; les ſupérieures linaires. En Dauphiné & en Lithuanie.

Ce n'eſt peut-être qu'une variété de la précédente.

5.° Le Chryſantheme en corymbe, *Chryſanthemum corymboſum*, à tige portant pluſieurs fleurs en corymbe; à feuilles ailées; à folioles découpées & à dents de ſcie. En Suiſſe & en Dauphiné.

6.° Le Chryſantheme des blés, *Chryſanthemum ſegetum*, à feuilles embraſſantes, laciniées ſupérieurement, dentées inférieurement; à fleurs jaunes. En Suede, en Bourgogne. *Voyez le Tableau* 468.

La grande Marguerite eſt aujourd'hui oubliée dans la pratique; cependant on la loue comme facilitant, en décoction, l'expectoration des crachats purulens; propriété difficile à établir, vu que l'expectoration est un acte uniquement dû au principe vital.

Ceux qui ont cru que cette herbe pouvoit guérir l'asthme, la phthisie & l'oppression, ont ignoré que l'asthme cesse de lui-même pour un temps donné, que l'orthopnée est aussi périodique, qu'une affection catarrale, comme purulente imitant la phthisie, se guérit aussi spontanément. Nous croyons tout aussi chimérique la propriété qu'on lui a accordé de guérir les écrouelles. La décoction des feuilles peut accélérer la détersion des ulceres, mais sa vertu vulnéraire paroîtra bien douteuse à ceux qui ont vu de grandes plaies guérir sans topique.

470. LA MATRICAIRE.

MATRICARIA vulgaris, seu sativa. C. B. P.
MATRICARIA parthenium. L. *syng. polygam. superfl.*

Fleur. Radiée, composée de fleurons hermaphrodites, tubulés, nombreux, rangés dans le disque qui est hémisphérique, & de demi-fleurons à la circonférence; le calice commun hémisphérique, tuilé; ses écailles linéaires, en carêne, égales, solides à leurs bords.

Fruit. Toutes les semences solitaires, oblongues, sans aigrette, renfermées dans le calice, sur un réceptacle nu & convexe.

Feuilles. Composées, planes; les folioles ovales, très-découpées.

Racine. Blanche, rameuse, fibreuse.

Port. Tiges nombreuses, hautes de deux pieds, droites, cannelées, lisses, moëlleuses; les fleurs au sommet pédunculées, disposées en corymbe; feuilles alternes.

Lieu. Elle réussit dans les terrains cultivés, ou incultes. ♃ ou ♂

Propriétés. La plante eſt odorante, un peu âcre & amere; elle eſt emménagogue, ſtomachique, hyſtérique, vermifuge.

Uſages. On emploie, pour l'homme, l'herbe, les feuilles, les fleurs & les ſommités fleuries; on fait de l'herbe fraîche & des feuilles, des décoctions pour lavement; avec l'herbe ſeche, des décoctions & des infuſions; avec les ſommités fleuries, ſeches, des infuſions, une poudre dont la doſe eſt depuis ℈ ß juſqu'à ℈ ij; le ſuc exprimé de la plante fraîche, clarifié, ſe donne juſqu'à ℥ j, ou ℥ ij; ſa décoction, ou ſon infuſion, à la doſe de ℥ vj. On peut donner aux animaux, la décoction, à une doſe proportionnée.

471. LA CAMOMILLE commune.

CHAMÆMELUM vulgare, ſeu Leucanthemum Dioſcoridis. C. B. P.

MATRICARIA Chamomilla. L. *ſyng. polygam. ſuperfl.*

Fleur. } Caracteres de la précédente, mais les
Fruit. } écailles du calice égales à leurs bords; les rayons plus ouverts; les ſemences nues; le réceptacle conique.

Feuilles. Nombreuſes, découpées très-finement.

Racine. Menue, fibreuſe.

Port. Tiges de demi-pied, grêles, rameuſes; les fleurs au ſommet, diſpoſées en corymbe ſur de longs péduncules; feuilles alternes.

Lieu. Le Languedoc, au bord de la mer. ☉

Propriétés. Odorante, le goût amer; elle eſt réſolutive, fébrifuge, ſtomachique, carminative, vermifuge.

Usages. On emploie l'herbe rarement, les fleurs fréquemment ; on en fait des décoctions, des cataplasmes, une eau, une huile que l'on donne, pour l'homme, à la dose de quelques gouttes dans une liqueur convenable; aux animaux, la poudre à ℥ ij; en décoction, à poig. j sur ℔ j d'eau.

OBSERVATIONS. Dans les Matricaires, *Matricariæ*, le réceptacle est nu ; les semences sans aigrette ; le calice hémisphérique, à écailles en recouvrement, dont les marginales sont solides, aigues.

1.° La Matricaire officinale, *Matricaria parthenium*, à feuilles planes, composées ; à folioles ovales, découpées ; à péduncules rameux. *Voyez le Tableau* 470. Lyonnoise, en Danemarck.

2.° La Matricaire odorante, *Matricaria suaveolens*, à réceptacle conique ; à demi-fleurons renversés ; à semences nues ; à écailles du calice à marges égales. En Dauphiné, en Suede.

Les feuilles & le port des Camomilles.

3.° La Matricaire Camomille, *Matricaria Chamomilla*, à demi-fleurous étalés. *Voyez le Tableau* 471. Lyonnoise, Lithuanienne.

La Matricaire répand une odeur analogue à celle de la Camomille, mais plus forte ; sa saveur est amere, un peu nauséabonde ; elle perd par la dessication une partie de son odeur. Son amertume & son odeur annoncent son énergie. En infusion & en poudre, elle augmente ou détermine les regles & les lochies. Quelques observations lui assurent la propriété de tuer les vers ; le suc des feuilles donné à deux onces, avant le paroxysme, a guéri quelques fievres intermittentes.

Les fleurs de Camomille commune répandent une odeur pénétrante ; elles sont ameres ; leur calice fournit seul l'huile essentielle, qui est bleue, mais qui blanchit en vieillissant ; huit livres de fleurs en contiennent une drachme. Les fleurs de Camomille commune sont fréquemment employées dans le traitement de plusieurs maladies ; leur vertu fébrifuge est assurée par un si grand nombre d'observations, qu'il seroit difficile de la nier, même aux Médecins expectans qui n'ignorent pas que sur cent fievres tierces & quartes, quatre-vingts au moins peuvent cesser sans autre secours que le régime. L'infusion des fleurs calme les coliques venteuses & spasmodiques, & autres affections du conduit alimentaire, dépendantes de glaires, d'atonie. Intérieurement, ces fleurs sont indiquées dans l'œdeme, & autres tumeurs froides. Quoique les expériences faites dans les laboratoires prouvent que ces fleurs arrêtent la putridité, on n'est point en droit de conclure qu'elles puissent produire le même effet sur nos humeurs soumises à l'action vitale.

472. LA CAMOMILLE ROMAINE, *ou* des Boutiques.

CHAMÆMELUM nobile, flore multiplici. C. B. P.

ANTHEMIS nobilis. L. *syng. polyg. sup.*

Fleur. Radiée, composée de fleurons hermaphrodites dans le disque qui est convexe, & de demi-fleurons à la circonférence; les fleurons divisés en cinq; les demi-fleurons lancéolés, quelquefois à trois dentelures; le calice commun hémisphérique; les écailles linéaires, presque égales.

Fruit. Semences solitaires, oblongues, nues, renfermées dans le calice, sur un réceptacle conique, garni de lames.

Feuilles. Composées, ailées, linéaires, aiguës, un peu velues, sessiles.

Racine. Rameuse, fibreuse.

Port. Tiges nombreuses, herbacées, foibles, penchées; les fleurs au sommet pédunculées, solitaires, jaunes, souvent doubles; feuilles alternes.

Lieu. Les campagnes d'Italie, les jardins. ♃

Propriétés. Cette plante est amere au goût,

Cl. XIV. Sect. III.

aromatique, agréable à l'odorat; elle a les vertus de la précédente, & lui est préférée.

Usages. On emploie l'herbe & les fleurs très-fréquemment; on en fait des décoctions; on en tire une huile distillée d'un beau bleu, qui est diurétique; les fleurs fournissent une huile par infusion qui appaise les douleurs, & qui entre dans les lavemens; on en fait aussi une poudre, dont on se sert en décoction & en infusion.

473. LA CAMOMILLE PUANTE, *ou* Maroute.

CHAMÆMELUM *fœtidum, sive Cotula fœtida.* J. B.

ANTHEMIS *cotula.* L. *syng. polygam. superfl.*

Fleur. } Caracteres de la précédente; le récep-
Fruit. } tacle conique, garni de lames extrêmement fines; les semences nues.

Feuilles. Sessiles, ailées, décomposées; les découpures linéaires.

Racine. Fébrifuge.

Port. Tiges cylindriques, pleines de suc, rameuses, diffuses; les fleurs pédunculées au sommet; feuilles alternes.

Lieu. Les terrains incultes. ⊙

Propriétés. Toute cette plante a un goût amer, une odeur forte & fétide; elle est fondante, apéritive, antispasmodique, fébrifuge, vermifuge, carminative.

Usages. On emploie l'herbe & les fleurs dont on fait des décoctions pour les lavemens & bains de vapeurs; on en tire un suc; on se sert communément des trois especes de Camomille pour fomentations, cataplasmes émolliens & résolutifs.

474. L'ŒIL-DE-BŒUF.

CL. XIV. SECT. III.

BUPHTALMUM tanaceti minoris folio. C. B. P.

ANTHEMIS tinctoria. L. *syng. polygam. superfl.*

Fleur. } Caracteres des précédentes; les écailles
Fruit. } intérieures du calice ciliées à leur sommet; corolle jaune; les fleurs du rayon blanches dans une une variété des Alpes.

Feuilles. Deux fois ailées ; à dentelures très-fines & aiguës, blanches & cotonneuses en dessous, imitant celles de la Tanaisie.

Racine. Rameuse.

Port. Tige herbacée, rameuse ; les fleurs au sommet, nues & disposées en corymbe; feuilles alternes.

Lieu. L'Allemagne, les Provinces méridionales de France, auprès de la mer, dans les prés secs & arides. ♃

Propriétés. On le dit vulnéraire, apéritif; les fleurs donnent une teinture jaune & brillante, très-estimée dans le Nord.

Usages. On ne l'emploie en Médecine qu'à l'extérieur.

OBSERVATIONS. Dans les Camomilles, *Anthemides*, le réceptacle est chargé de pailles; les semences sans aigrette ; le calice hémisphérique, presque égal ; les demi-fleurons au-delà de cinq.

Les CAMOMILLES à demi-fleurons blancs.

1.° La Camomille noble, *Anthemis nobilis*, à feuilles pinnées, composées, linaires, aiguës, un peu velues. *Voyez le Tableau* 472.

Quelquefois spontanée dans le Lyonnois.

CL. XIV. SECT. III.

2.° La Camomille des champs, *Anthemis arvensis*, à réceptacle conique, dont les pailles sont sétacées; à semences couronnées. Lyonnoise, Lithuanienne.

La tige est diffuse, un peu cotonneuse; les feuilles lisses, doublement pinnées; à nerfs feuillés: à folioles lancéolées; à semences lisses.

3.° La Camomille puante, *Anthemis Cotula*, à semences un peu rudes, sans couronne. *Voyez le Tableau* 473.

Les CAMOMILLES à demi-fleurons jaunes.

4.° La Camomille Pyrethre, *Anthemis Pyrethrum*, à tiges inclinées, simples, uniflores; à feuilles ailées; à folioles découpées. En Languedoc.

Plusieurs tiges couchées, rarement rameuses; le rayon de la fleur blanc, pourpre en-dessous; la racine longue.

5.° La Camomille Œil-de-bœuf, *Anthemis tinctoria*, à tige en corymbe; à feuilles doublement pinnées, dentelées, cotonneuses en-dessous. *Voyez le Tableau* 474. En Suisse, en Languedoc, très-commune en Lithuanie.

Les fleurs de la Camomille Romaine sont plus aromatiques que celles de la commune; elles fournissent par leurs calices, une plus grande quantité d'huile essentielle, cinq drachmes de huit livres; on a tort d'employer les fleurs doubles, qui ne le deviennent que parce que la multiplicité des demi-fleurons empêchent le développement des fleurons, qui sont plus aromatiques. Ces fleurs possedent, à un degré plus éminent, toutes les vertus de la Camomille commune; c'est la consolation des hypocondriaques, des hystériques, de tous ceux, enfin, dont les forces digestives sont affoiblies; elle soulage les migraines causées, comme cela arrive le plus souvent, par la foiblesse de l'estomac.

La Camomille puante répand en effet une odeur fétide, particuliere; on a observé que les crapauds aimoient à se cacher sous cette herbe. Quelques hystériques sont calmés en buvant l'infusion des fleurs. Nous doutons de sa vertu contre la goutte, l'asthme & les hémorroïdes, vu que ces maladies disparoissent souvent, pour un temps assez éloigné, par les seuls efforts de la nature. Quelques observations nous prouvent l'utilité de cette plante dans le traitement des écrouelles.

La Camomille Œil-de-bœuf, promet de grandes vertus; l'odeur aromatique de ses fleurs, leur amertume, annoncent de l'énergie; leur infusion a réussi dans la toux catarrale, l'affection hypocondriaque, les fievres tierces vernales. Nous la regardons comme succédanée de la Camomille vulgaire.

La racine de Camomille Pyrethre qui est grosse comme le pouce, est sans odeur; mais sa saveur est piquante, poivrée, elle réside dans le principe résineux. Si on la mâche, elle fait couler une quantité considérable de salive; prise en poudre par le nez, elle fait éternuer & excite l'écoulement d'une grande abondance de sérosités. On la prescrit mâchée avec un évident avantage dans la paralysie & les engorgemens séreux des glandes de la bouche, & de l'arriere-bouche.

475. LA MILLE-FEUILLE.

MILLEFOLIUM vulgare album. C. B. P.

ACHILLEA millefolium. L. *syng. polyg. superfl.*

Fleur. Radiée, blanche & pourpre dans une variété, composée de plusieurs rayons hermaphrodites dans le disque, & de cinq à dix femelles à la circonférence; les hermaphrodites ouverts, divisés en cinq; les femelles presque cordiformes, à trois dentelures; tous les fleurons rassemblés dans un calice ovale, oblong, écailleux; ses écailles ovales, aiguës, rapprochées.

Fruit. Toutes les semences solitaires & ovales, placées dans le calice sur un réceptacle conique, oblong, garni de lames lancéolées, plus longues que les fleurons.

Feuilles. Sessiles, oblongues, deux fois ailées, nues; les découpures linéaires, dentées.

Racine. Ligneuse, fibreuse, noirâtre, traçante.

Cl. XIV. Sect. III.

Port. Tiges d'un pied & demi, roides, menues, cylindriques, cannelées, velues, rameuſes; les fleurs au ſommet, en forme de corymbe aplati (*faſtigiati*); feuilles alternes.

Lieu. Les bords des chemins. ♃

Propriétés. Un peu âcre, amere, aromatique, vulnéraire, réſolutive & aſtringente.

Uſages. Employée en décoction ou infuſion, le ſuc eſt très-déterſif; intérieurement on le donne à l'homme, juſqu'à ℥ vj, & l'infuſion aux animaux, à la doſe de poig. ij, dans ℔ j ß d'eau.

476. L'HERBE A ÉTERNUER.

PTARMICA vulgaris, folio longo ſerrato; flore albo. J. B.

ACHILLEA ptarmica. L. *ſyng. polygam. ſuperfl.*

Fleur. } Caracteres de la précédente : le calice
Fruit. } moins grand, moins alongé; le diſque plus marqué; les fleurons de la circonférence plus grands, plus nombreux; corolles blanches.

Feuilles. Lancéolées, aiguës, à dentelures très-fines.

Racine. Oblongue, genouillée.

Port. La tige s'éleve plus ou moins, cylindrique, liſſe, grêle, fiſtuleuſe; les fleurs au ſommet comme diſpoſées en corymbe; feuilles alternes.

Lieu. Les prés humides, les marais. ♃

Propriétés. Acre, ſans odeur; ſternutatoire, réſolutive, déterſive, ſtomachique.

Uſages. On emploie les feuilles & les fleurs; on en fait une poudre qui ſe ſouffle dans le nez comme ſternutatoire.

477. L'EUPATOIRE DE MÉSUÉ.

CL. XIV. SECT. III.

PTARMICA *lutea, ſuave olens.* I. R. H.
ACHILLEA *ageratum.* L. *ſyng. polygam. ſuperfl.*

Fleur. } Comme dans la précédente ; corolle
Fruit. } jaune.

Feuilles. Lancéolées, obtuſes, à dentelures aiguës.

Racine. Fuſiforme, fibreuſe.

Port. Tige herbacée, cylindrique, rameuſe ; les fleurs au ſommet diſpoſées en corymbe étroit ; feuilles alternes.

Lieu. Au bord de la mer, en Languedoc, en Italie. ♃

Propriétés. Odeur forte & agréable, le goût amer ; l'herbe eſt ſtomachique, inciſive, expectorante ; extérieurement, vulnéraire, réſolutive.

Uſages. On emploie l'herbe fraîche ou ſeche, en infuſion & en décoction.

OBSERVATIONS. Dans les Achillieres, *Achilleæ*, le réceptacle eſt chargé de pailles ; les ſemences ſans aigrette ; le calice ovale, à écailles en recouvrement ; les demi-fleurons en petit nombre, quatre ou cinq.

Les ACHILLIERES à corolles jaunes.

1.° L'Achilliere Eupatoire, *Achillea Ageratum*, à feuilles lancéolées, obtuſes, à dents de ſcie fines. *Voyez le Tableau* 477. En Languedoc.

Les ACHILLIERES à demi-fleurons blancs.

2.° L'Achilliere ſternutatoire, *Achillea Ptarmica*, à feuilles lancéolées, aiguës, à dents de ſcie fines. Lyonnoiſe, Lithuanienne.

CL. XIV.
SECT. III.

Par la culture elle offre des fleurs pleines. *Voyez le Tableau* 476.

3.° L'Achilliere Mille-feuille, *Achillea Millefolium*, à feuilles doublement pinnées, nues ; à découpures linaires, dentées ; à tiges supérieurement sillonnées. On la trouve à fleurs rouges. *Voyez le Tableau* 475. Lyonnoise, Lithuanienne.

4.° L'Achilliere noble, *Achillea nobilis*, à tige ronde non sillonnée ; à feuilles doublement pinnées, obtuses, cotonneuses ; à rayons des fleurs renversés. En Dauphiné, en Lithuanie.

Elle répand une odeur de camphre.

5.° L'Achilliere noire, *Achillea atrata*, à feuilles lisses, ailées ; à folioles simples & laciniées. Sur les montagnes de Suisse & de Dauphiné.

Les péduncules velus ; les bords du calice noirs & comme sphacélés.

6.° L'Achilliere naine, *Achillea nana*, à feuilles ailées, très-velues ; à folioles simples & découpées ; à fleurs serrées, comme en ombelle. En Suisse, en Dauphiné, sur les Alpes. Petite plante très-odorante.

Dans l'Achilliere Mille-feuille, l'herbe est un peu amere, astringente, un peu odorante ; si on froisse entre les doigts les fleurs, elles les impregnent d'une odeur balsamique, assez durable ; aussi fournissent-elles une huile aromatique, pénétrante ; l'extrait spiritueux des fleurs est assez analogue au camphre. La grande réputation de la Mille-feuille vient de son action évidente pour calmer les hémorragies actives, causées par un refoulement du sang. Elle n'est pas moins utile dans les autres maladies spasmodiques, comme colique, cardialgie, flatuosités, affection hypocondriaque, hystérique, rhumatismale. Elle réussit également dans l'atonie des premieres voies, comme anorexie, diarrhées. Son usage externe dans les ulceres, est fondé sur sa vertu détersive, tonique & balsamique ; mais lui attribuer la guérison des plaies sur des sujets vigoureux, dont les solides ne sont point débilités, c'est ignorer le pouvoir évident de la nature.

L'Achilliere noble qui est encore plus aromatique, & qui répand une odeur de camphre, a les mêmes propriétés.

Son

Son odeur même lui assure une plus grande énergie. Nous l'avons long-temps employée dans les mêmes maladies, & nous avons souvent eu lieu de nous féliciter de lui avoir donné la préférence.

L'herbe à éternuer est âcre ; elle est très-utile, en la mâchant, pour augmenter le flux de la salive & de l'humeur nasale ; aussi réussit-elle à ce titre dans les engorgemens catarreux de la membrane pituitaire & des amygdales ; c'est le congénere de la Pyrethre.

L'Eupatoire de Mésué est aujourd'hui abandonnée ; cependant son odeur balsamique & son amertume lui assurent les propriétés des plantes de son genre. On la croit spécialement efficace dans les empâtemens des visceres du bas-ventre.

L'Achilliere Génépi, à feuilles ailées, à folioles simples, lisses, ponctuées, est le *Tanacetum odoratum Alpinum* de Gaspard Bauhin, elle se rapproche beaucoup de l'Achilliere noire. Cette plante très-amere & très-aromatique, a réussi dans la diarrhée, la foiblesse d'estomac causée par relâchement, dans les étourdissemens qui ont souvent la même source. Ceux qui suivent encore la pratique de Vanhelmont, prescrivent cette herbe infusée dans du vin, pour déterminer la sueur dans la pleurésie, même les premiers jours. Nous sommes obligés d'avouer que, sans saignées préliminaires, ce remede & d'autres aussi actifs ont emporté, même quelquefois d'emblée, cette maladie vraiment inflammatoire ; mais aussi combien en avons-nous vus qui ont été victimes d'une méthode aussi incendiaire. On a beau nous dire que pendant un siecle les Médecins ont suivi la méthode de Vanhelmont, qu'elle est encore cantonnée dans nos campagnes ; on a beau nous citer une foule d'observations, nous nous sommes assurés par des expériences contradictoires que par la méthode tempérante de Sidhenam & de Boërhaave, nous guérissons dix-huit péripneumonies sur vingt, & que par la pratique Helmontienne, il en périt au moins huit sur vingt. Les observations des Helmontiens prouvent seulement que dans ce cas, comme dans tant d'autres, la nature chez plusieurs sujets a assez d'énergie pour surmonter & la cause de la maladie & les remedes opposés au mal.

SECTION IV.

Des Herbes à fleur radiée, dont les semences sont renfermées dans des capsules.

478. LE SOUCI.

CALTHA vulgaris. C. B. P.
CALENDULA officinalis. L. *syng. polyg. necess.*

FLEUR. Radiée, composée de plusieurs fleurons jaunes, hermaphrodites dans le disque, & femelles à la circonférence; les fleurons hermaphrodites de la longueur du calice; les femelles très-longs, & à trois dentelures; le calice commun polyphille, divisé en quatorze ou vingt segmens linéaires, lancéolés, presque égaux.

Fruit. Les fleurons hermaphrodites dans le centre du disque, n'en ont point; ceux du disque produisent quelques semences membraneuses, oblongues, à deux cornes; les fleurons femelles en produisent de plus grandes, qui sont recourbées, triangulaires, de la forme d'un bateau, hérissées de pointes; les unes & les autres renfermées dans des especes de capsules, contenues par le calice aplati, sur un réceptacle nu & plane.

Feuilles. Simples, entieres, ovales, plus étroites à la base qu'au sommet, velues, sessiles, presque amplexicaules.

Racine. Fusiforme, fibreuse, blanchâtre.

Port. Tige herbacée, grêle, cylindrique, rameuse ; les fleurs au sommet, portées sur des péduncules ; feuilles alternes ; la plante fleurit en tout temps.

Lieu. Les champs ; cultivé dans les jardins où la fleur devient d'une grandeur beaucoup plus considérable, ce qui ne forme qu'une variété de la même espece. ♂

Propriétés. La plante est amere au goût, emménagogue, fondante, céphalique, antispasmodique, hépatique.

Usages. On emploie les fleurs fréquemment, les feuilles & les semences rarement ; on tire de toute la plante, un suc qui se prescrit aux hommes, depuis ℥ j jusqu'à ℥ iv; l'infusion des fleurs & des feuilles pilées, dans du vin blanc, se donne à égale dose; l'extrait depuis ʒ j jusqu'à ʒ ij ; on mêle les fleurs avec le vinaigre. On donne, aux animaux, le suc à la dose de ℥ vj ; l'infusion dans le vin blanc, à la dose de poig. j sur ℔ j de vin.

OBSERVATIONS. Dans les Soucis, *Calendulæ*, le réceptacle est nu; les semences sans aigrettes ; le calice de plusieurs feuillets égaux ; les semences du disque membraneuses. Les principales especes sont :

1.° Le Souci des champs, *Calendula arvensis*, à semences en timbales, recourbées, hérissonnées ; les extérieures droites, étendues, alongées. Lyonnoise, Allemande.

2.° Le Souci des boutiques, *Calendula officinalis*, à semences en timbales, toutes recourbées, & hérissonnées. *Voyez le Tableau 478.*

3.° Le Souci pluvieux, *Calendula pluvialis*, à tige feuillée ; à feuilles lancéolées, sinuées, dentées ; à péduncules filiformes. Originaire d'Afrique.

Les semences du rayon irréguliérement dentelées ; celles du disque en cœur, les demi-fleurons bleus, les fleurons blancs.

4.° Le Souci nu, *Calendula nudicaulis*, à tiges nues ; à feuilles lancéolées, sinuées, dentées ; à semences arrondies. Originaire d'Afrique.

Les fleurons blancs, les demi-fleurons violets.

Cl. XIV. Sect. IV.

Le Souci des champs & le Souci des boutiques, qui ne different peut-être que par la culture, ont certainement les mêmes propriétés. Ces plantes répandent une odeur forte, désagréable, analogue au bitume; elles sont gluantes au tact. Les fleurs sont douces au premier moment, ensuite elles développent leur amertume qui est plus vive dans le calice & dans les feuilles. La dessication fait perdre aux fleurs leur odeur; elles teignent en jaune comme le Safran; on ne peut refuser à l'infusion des fleurs & des feuilles, qui est même plus active, une action avantageuse dans la jaunisse, l'empâtement du foie & de la rate, dans la suppression des menstrues par atonie, dans les dartres, & autres maladies chroniques qui reconnoissent pour principe l'inertie des solides & l'épaississement de la lymphe. Les Anciens avoient aussi observé que ces plantes étoient utiles dans les maladies aigues, lorsque les forces languissoient; car l'emploi avantageux des amers aromatiques, dans les fievres remittentes, a prouvé que dans toutes les maladies aigues il se présente des circonstances, ou un temps qui nécessite à abandonner la méthode tempérante & rafraîchissante, savoir, toutes les fois que la nature ne réagit pas avec assez d'énergie contre la matiere morbifique.

SECTION V.

Des Herbes à fleur radiée, dont le disque est composé de pétales planes.

479. LE XÉRANTHEME, *ou* la Grande Immortelle.

XERANTHEMUM *flore simplici, purpureo majore.* H. L. Bat.

XERANTHEMUM *annuum.* L. *syng. polygam. superfl.*

FLEUR. Radiée, composée de fleurons hermaphrodites dans le disque, & femelles à la circonférence; les hermaphrodites plus courts que le calice, découpés en cinq; les femelles tubulés, de la longueur des hermaphrodites; le calice tuilé, ses écailles lancéolées, les intérieures plus longues que le disque, membraneuses, brillantes, formant un rayon qui couronne la fleur composée.

Fruit. Toutes les semences oblongues, couronnées de cinq poils sétacés, placées dans le calice, sur un réceptacle un peu aplati, & garni de lames dans cette espece.

Feuilles. Sessiles, simples, très-entieres, lancéolées, blanchâtres, imitant celles de l'Olivier.

Racine Fibreuse, ténue, simple.

Port. Tige de demi-pied, herbacée, cotonneuse, rameuse; la fleur au sommet, solitaire, pédunculée, blanche ou rouge; les écailles du calice marquées d'une raie pourpre; feuilles alternes.

CL. XIV.
SECT. V.

Lieu. L'Italie, les Provinces méridionales, les jardins. ☉

Propriétés. } On le croit astringent. Ses vertus
Usages. } sont douteuses.

OBSERVATIONS. Dans le Xérantheme, *Xeranthemum*, le réceptacle est chargé de paillettes; l'aigrette des semences est sétacée; le calice en écailles en recouvrement, dont les intérieures imitent des demi-fleurons colorés. Nous avons en Europe :

1.° Le Xérantheme annuel, *Xeranthemum annuum*, herbacé; à feuilles lancéolées, ouvertes. En Suisse, en Dauphiné. *Voyez le Tableau* 479.

Le Xérantheme est une plante d'agrément qui produit un bel effet dans nos jardins. Elle n'a probablement, comme tant d'autres plantes, aucun droit pour entrer comme médicament, dans nos pharmacopées; mais ses rapports, pour être inconnus, n'en sont pas moins réels; elle nourrit, comme les autres, des especes d'insectes qui, dans l'ordre général, trouvent leur place nécessaire, & forment un des chaînons absolument utiles de la grande série des êtres. C'est une idée ridicule, produite par la vanité des hommes, de croire que toutes les plantes sont immédiatement utiles à notre espece, ou comme remede, ou comme aliment. On commence à croire, avec raison, que nos Prédécesseurs ont trop étendu la liste de nos prétendus médicamens.

480. LA CARLINE,
ou Caméléon blanc.

CARLINA *acaulos magno flore albo*. C. B. P.
CARLINA *acaulis*. L. *syng. polyg. æqual.*

Fleur. Radiée, composée de fleurons blancs, hermaphrodites dans le disque & à la circonférence; leur tube court, leur limbe campanulé, divisé en cinq; le calice commun renflé, large, évasé, tuilé, composé d'un grand nombre d'écailles aiguës, les intérieures très-longues, luisantes, colorées, formant une couronne autour de la fleur. Cl. XIV. Sect. V.

Fruit. Semences solitaires, presque cylindriques, velues, couronnées d'une aigrette rameuse, qui ressemble à une plume, rassemblées dans le calice, sur un réceptacle plane, couvert de lames.

Feuilles. Sessiles, simples, presque ailées, avec quelques épines à leurs bords.

Racine. Fusiforme.

Port. Quelquefois sans tige, la fleur paroissant sortir de la racine; la tige est toujours plus courte que la fleur qui est solitaire; feuilles alternes, étendues en rond sur la terre.

Lieu. Les montagnes d'Italie & du Languedoc. ♃

Propriétés. Cette plante a une odeur d'amande amere, le goût amer & âcre; la racine est sudorifique, stomachique, vermifuge, alexitere, antinarcotique, détersive.

Usages. Le réceptacle de la fleur est un assez bon aliment; on n'emploie en Médecine que la racine; on la réduit en poudre que l'on donne à l'homme depuis ℈ j jusqu'à ʒ ß; & en infusion, à la dose de ℥ ß; aux animaux, la poudre à ʒ ij.

OBSERVATIONS. Dans les Carlines, *Carlinæ*, le calice offre un rayon formé par les écailles intérieures, alongées & colorées. Nous avons :

1.° La Carline sans tige, *Carlina acaulis*, à tige uniflore, plus courte que la fleur. Lyonnoise, Lithuanienne.

Nous avons trouvé près de Mions en Dauphiné, à trois lieues de Lyon, la variété à tige d'un pied. *Voyez le Tableau* 480.

2.° La Carline en corymbe, *Carlina corymbosa*, à tige rameuse, multiflore, portant plusieurs fleurs sans péduncules. En Dauphiné, en Languedoc.

La tige est laineuse; les écailles du rayon jaunes.

Cl. XIV. Sect. V.

3.° La Carline vulgaire, *Carlina vulgaris*, à tige portant plusieurs fleurs en corymbe, terminant la tige; à rayons des calices blancs. Lyonnoise, Lithuanienne.

La racine de la Carline sans tige est grosse, rousse en dehors, d'un blanc jaune en dedans, d'une saveur âcre, aromatique, un peu amere, d'une odeur pénétrante; elle contient une huile essentielle, assez pesante. Nous l'avons beaucoup ordonnée infusée dans du vin; elle nous a paru utile dans le rhumatisme, les dartres, la gale, l'anorexie, les flatuosités, la suppression des regles: dans les fievres intermittentes & remittentes, lorsque la foiblesse est grande, cette infusion ranime les malades & accélere la crise. Ces faits & l'examen de la saveur, nous prouvent comme cent autres, combien les Médecins ont tort, pour remplir les mêmes indications, d'employer des drogues étrangeres qui ne sont pas aussi sûres, vu les altérations qu'elles éprouvent, & qui, même en les supposant non frelatées, ne sont pas plus énergiques. Les mêmes saveurs, les mêmes odeurs annoncent, d'après l'expérience, les mêmes propriétés. Ce principe accordé, on peut démontrer que nos plantes Européennes offrent la saveur, l'odeur & l'énergie de toutes les drogues étrangeres; pourquoi donc les Médecins ne préferent-ils pas les plantes qu'ils peuvent connoître & bien vérifier? Pourra-t-on jamais me faire croire que les maladies des Européens ne peuvent guérir qu'avec des plantes Asiatiques ou Américaines.

CLASSE XV.

DES HERBES ET SOUS-ARBRISSEAUX apétales; c'est-à-dire, à fleur qui n'a point de pétales, & dont les étamines sont très-apparentes, nommée *fleur à étamines.*

SECTION PREMIERE.

Des Herbes à fleur à étamines, dont la partie inférieure du calice devient le fruit.

481. LE CABARET.

ASARUM. Dod. Pempt.
ASARUM Europæum. L. *12-dria, 1-gyn.*

FLEUR. Apétale, à étamines, composée de douze étamines placées dans un calice épais, coriacé, coloré, campanulé, divisé en trois parties droites, recourbées en dedans au sommet.

Fruit. Capsule coriacée, renfermée dans la substance du calice, divisée en six loges, qui contiennent des semences ovales.

Feuilles. Simples, entieres, un peu velues, réniformes, obtuses, pétiolées, luisantes.

Racine. Menue, rampante, fibreuse.

Port. Tige herbacée, simple, basse; les fleurs

Cl. XV. Sect. I.

au sommet, solitaires, extérieurement velues, verdâtres intérieurement, d'un pourpre foncé, portées sur un péduncule très-court, qui se recourbe après la fleuraison; les feuilles sortent deux à deux, attachées à des pétioles qui s'alongent lorsque la plante a fleuri.

Lieu. Les montagnes du Bugey, les Alpes. ♃

Propriétés. La racine est un peu amere, âcre, aromatique, nauséeuse; les feuilles aromatiques & âcres; toute la plante résolutive, purgative, par le haut & par le bas, emménagogue, errhine.

Usages. On emploie assez communément les racines & les feuilles, mais rarement les semences. La racine étoit le meilleur émétique des Anciens; on la donne en poudre pour émétique, aux hommes, depuis grains xxx jusqu'à lx; en infusion, depuis ʒj jusqu'à ʒiv; les feuilles purgent plus violemment que la racine, on les donne au nombre de cinq, six, jusqu'à neuf, macérées, ou cuites dans du vin; & les feuilles en poudre, comme errhines. Pour les animaux, on n'emploie le Cabaret que comme purgatif, à la dose d'une poignée de feuilles macérées dans ℔j de vin blanc.

Observations. Dans le Cabaret, *Asarum*, le calice repose sur le germe sans corolle; il est divisé au sommet en trois ou quatre segmens; le fruit est une capsule coriacée, couronnée. Nous avons :

1.° Le Cabaret d'Europe, *Asarum Europæum*, à feuilles réniformes, obtuses, naissant deux à deux. Lyonnoise, Lithuanienne.

Les feuilles perdent leur duvet; les fleurs sont souvent d'un pourpre foncé en dehors. *Voyez le Tableau* 481.

La racine d'Asarum fraîche est si aromatique, que trois livres posées sur une table dans une très-grande salle, répandoient leur odeur au loin. Ce principe aromatique s'évapore en grande partie par la dessication; il paroît qu'il contribue spécialement à la vertu émétique, car cette propriété est d'autant plus énergique que la racine est plus récente; dans cet état, douze grains de la poudre font aussi bien vomir que la même dose d'Ipecacuanha, & ne fatigue pas davantage; quinze grains en poudre, mêlés dans une verrée d'eau qui a dissout deux onces de Manne, font vomir trois ou quatre fois, & purgent copieusement par le bas. Ces épreuves que nous avons cent fois répétées, prouvent que cette racine est le vrai congénere de l'Ipecacuanha; la racine de Cabaret long-temps gardée, n'est plus vomitive; après six mois elle n'est que purgative; à deux ans elle ne purge presque plus, même donnée à trente grains. Elle acquiert alors la vertu diurétique; donnée à très-petite dose, à six grains, elle souleve l'estomac sans faire vomir, & excite bientôt après la sueur, pour peu que le malade reste couvert dans son lit. L'énergie des feuilles & des fleurs est bien moins considérable que celle de la racine; on observe que l'infusion dans le vin est plus active que dans l'eau.

Nous croyons, d'après nos expériences, que le Cabaret offre une des plus grandes ressources thérapeutiques; que bien manié, il peut guérir les maladies les plus rebelles, les fievres intermittentes invétérées, les empâtemens du foie, de la rate, du mésentere; des hydropisies ont cédé à son action; enfin, d'après les observations, en variant les doses, les Praticiens trouvent dans cette plante un apéritif énergique; elle pousse par tous les couloirs; c'est un des plus sûrs remedes contre les maladies cutanées, la gale, les dartres, &c. Cette plante fleurit des premieres; elle étoit très-commune dans les bois en Lithuanie, elle est plus rare en France; cependant on la trouve assez abondante en Bugey, en Dauphiné & en Auvergne, pour pouvoir la renouveler fréquemment, & par conséquent pour en obtenir tous les effets qu'elle peut procurer, étant employée récemment tirée de terre.

Appliquée extérieurement, la poudre est sternutatoire, on a guéri par ce moyen des douleurs de tête invétérées; si on la mâche, elle fait couler abondamment la salive. On a guéri une surdité en injectant l'infusion dans du vin, de la racine de Cabaret.

Les Anciens qui ne connoissoient ni nos préparations

Cl. XV. Sect. I.

antimoniales; ni notre Ipecacuanha, faisoient fréquemment vomir avec la racine de Cabaret. On commence à se dégoûter même du tartre émétique, vu son infidélité & les accidens funestes qu'il a fréquemment occasionnés. L'Ipecacuanha, comme exotique, ne doit-il pas être abandonné, s'il est démontré que l'Asarum a précisément les mêmes propriétés ?

482. LA POIRÉE *ou* BETTE.

Beta alba, vel pallescens quæ Cicla *officinarum.* C. B. P.

Beta vulgaris. L. *5-dria, 2-gynia.*

Fleur. Apétale, à étamines, composée de cinq étamines placées dans un calice divisé en cinq pieces ovales, oblongues, obtuses.

Fruit. Espece de capsule uniloculaire, qui renferme une semence réniforme, comprimée, entourée du calice, & comprise dans sa substance.

Feuilles. Grandes, longues, très-entieres, se prolongeant sur le pétiole qui est aplati, épais, large & blanc.

Racine. Cylindrique, fusiforme, longue & blanche.

Port. Tiges de deux coudées, cannelées, branchues; les fleurs au sommet, ou axillaires; feuilles alternes.

Lieu. Les bords de la mer; cultivée dans les jardins potagers. ♂

Propriétés. Cette plante est aqueuse, fade; avec quelque âcreté nitreuse; c'est une des cinq émollientes; elle est délayante, peu nourrissante, relâchante.

Usages. On use assez fréquemment de l'herbe, moins souvent de la racine & de la semence; les pétioles sont employés dans les cuisines; on applique les feuilles sur les ulceres ou sur les plaies formées par le cautere, pour entretenir la suppuration; on prétend que la feuille ou le suc introduit dans l'oreille, guérit les surdités occasionnées par des fluxions catarrales, ou par l'humeur des oreilles.

483. LA BETTE-RAVE, *ou* Poirée rouge.

BETA RUBRA vulgaris. C. P. P.
BETA vulgaris, ß. rubra. L. *5-dria, 2-gyn.*

Variété de la précédente, dont elle ne differe que par la grosseur de sa racine, & la couleur rouge, répandue sur toutes ses parties.

Propriétés. } Les mêmes que la précédente;
Usages. } on mange sa racine. M. Marcgraff en a tiré, ainsi que de la racine de la Poirée & du Chervi, un sel doux, qui est un véritable sucre; *Opusc. Chym. T. 1. pag.* 213.

OBSERVATIONS. Dans les Bettes, *Betæ*, le calice est de cinq feuillets, sans corolle; la semence réniforme ou en rein, nidulée dans la substance de la base du calice. Nous avons:

1.° La Bette vulgaire, *Beta vulgaris*, à fleurs entassées. *Voyez les Tableaux* 482 & 483.

Les feuillets du calice sont dentés à leur base.

2.° La Bette blanche, *Beta Cicla*, à fleurs trois à trois. Originaire de Portugal, cultivée dans les jardins. Les feuilles radicales pétiolées; celles de la tige assises; les épis des fleurs latérales, très-longs.

La Bette blanche est rafraîchissante, & un peu laxative; car la décoction saturée remédie à la constipation; elle calme les ardeurs d'urine; tout le monde connoît l'usage des feuilles ramollies avec un fer chaud & couvertes de beurre, pour panser les vésicatoires; il ne faut pas croire qu'elles augmentent la quantité du pus, elles n'agiſſent guere que comme une couche molle, qui doit être regardée comme défenſive, empêchant la deſſication cauſée par le contact de l'air.

La Bette-rave rouge contient dans ſa racine un principe mucilagineux ſucré, qui la rend aſſez nourriſſante; elle ne devient indigeſte que pour quelques ſujets d'une conſtitution particuliere, une demi-livre de racine de Bette-rave rouge, ſéchée & miſe en digeſtion dans l'eſprit-de-vin, fournit deux gros & demi de ſucre; la racine de Bette blanche en donne encore une plus grande quantité. En Lithuanie, on fait fermenter les racines de Bette rouge, on les réduit en pulpe qui paſſe à l'état d'une fermentation acéteuſe; cette pulpe apprêtée eſt très-agréable à manger, & peut être conſidérée comme un préſervatif du ſcorbut & des fievres putrides.

SECTION II.

Des Fleurs apétales, à étamines, dont le piſtil devient une ſemence enveloppée par le calice.

484. L'OSEILLE DES PRÉS.

ACETOSA pratenſis. C. B. P.
RUMEX acetoſa. L. *6-dria, 3-gynia.*

FLEUR. Apétale, à étamines, compoſée de ſix étamines logées dans un calice découpé en ſix folioles ovales, obtuſes, réfléchies, trois intérieures, trois extérieures; on peut conſidérer les premieres comme des pétales, les ſecondes comme le vrai calice. Dans cette eſpece, les fleurs mâles ſont ſéparées des femelles, ſur des pieds differens.

Fruit. Une semence à trois côtés, contenue dans les folioles intérieures du calice qui ont pris la même forme.

Feuilles. Pointues, oblongues, en fer de fleche, amplexicaules.

Racine. Fibreuse, longue, jaunâtre.

Port. Tige d'un pied & demi, cannelée, branchue; les fleurs au sommet ou axillaires, pendantes; feuilles alternes.

Lieu. Les prés. ♃

Propriétés. La racine est amere, styptique, acide, astringente; les feuilles rafraîchissantes & très-résolutives. Cette plante passe pour un excellent antiscorbutique; la semence est cordiale.

Usages. Le suc se donne aux hommes, avant l'accès des fievres intermittentes ou tierces, à la dose de ℥ iv ou ℥ vj; on doit s'en servir avec précaution; la racine s'emploie en décoction. On donne le suc aux animaux, à la dose de ℔ ß, & la racine à ℥ ij en décoction.

485. L'OSEILLE RONDE.

ACETOSA rotundifolia hortensis. C. B. P.
RUMEX scutatus. L. *6-dria, 3-gynia.*

Fleur. } Caracteres de la précédente, mais les
Fruit. } fleurs sont toutes hermaphrodites.

Feuilles. En fer de fleche, arrondies en forme de cœur, amplexicaules.

Racine. Menue, rampante.

Port. Tiges moins longues, plus menues que celles de la précédente. On trouve dans les montagnes du Dauphiné, du Bugey & dans les Alpes, une petite Oseille à feuilles rondes, blanchâtres, imitant les feuilles du Cochlearia, qui differe de celle-ci, en ce qu'elle a deux pistils; sa saveur est plus douce. (*Rumex digynus.* L.)

Cl. XV. Sect. II.

Lieu. Les jardins potagers. ♃

Propriétés. } Les mêmes que la précédente ;
Usages. } on emploie celle-ci plus souvent dans les cuisines ; sa racine est apéritive, diurétique.

486. LA PATIENCE, ou Rhubarbe des Moines.

LAPATHUM hortense latifolium. C. B. P.
RUMEX patientia. L. *6-dria, 3-gynia.*

Fleur. } Caracteres de l'Oseille, n.° 484. Toutes
Fruit. } les fleurs sont hermaphrodites, & garnies de valvules membraneuses ; on trouve un petit grain sur une des valvules. Les Patiences ne sont distinguées des Oseilles que par leur saveur.

Feuilles. Longues d'un pied, oblongues, cordiformes, larges, roides, lisses, sur un long pétiole.

Racine. Longue, épaisse, fibreuse, brune en dehors, jaune en dedans.

Port. La tige s'éleve à la hauteur d'un homme ; cannelée, rougeâtre, rameuse à son sommet ; les feuilles radicales ou alternes.

Lieu. Les Alpes de l'Italie, les jardins. ♃

Propriétés. La racine est âpre & amere ; elle est astringente, stomachique, écoprotique.

Usages. On n'emploie que la racine, soit en décoction, soit dans les bouillons.

487. LA PATIENCE ROUGE, ou Sang-Dragon.

Cl. XV. Sect. II.

LAPATHUM *folio acuto rubente.* C. B. P.
RUMEX *sanguineus.* L. *6-dria, 3-gynia.*

Fleur. } Caracteres de la précédente; une de
Fruit. } ces valvules est granifere.

Feuilles. Longues, étroites, en forme de cœur, lancéolées, très-pointues, avec des nervures d'un rouge de sang.

Racine. Rameuse, rougeâtre.

Port. Tige élevée, rameuse, rougeâtre; les fleurs disposées le long des rameaux supérieurs; feuilles radicales ou alternes.

Lieu. La Virginie; cultivée dans les jardins. ♂

Propriétés. } De la précédente.
Usages. }

488. LA PARELLE, ou Patience des marais.

LAPATHUM *aquaticum folio cubitali.* C. B. P.
RUMEX *aquaticus.* L. *6-dria, 3-gynia.*

Fleur. } Caracteres des précédentes; toutes les
Fruit. } fleurs hermaphrodites, avec des valvules qui n'ont point de grains.

Feuilles. Cordiformes, plus longues, plus droites que celles de la Rhubarbe des Moines; elles ont une coudée de long.

Racine. Fibreuse, noire en dehors, jaune en dedans.

Port. Tiges de deux ou trois coudées ; les fleurs & les feuilles disposées comme dans les précédentes.

Lieu. Les lieux aquatiques. ♃. On trouve aussi dans les fossés & dans les bois humides, une Patience sauvage (*Rumex acutus* L.), dont les feuilles sont pointues, & qui a les mêmes vertus que les deux précédentes.

Propriétés. La racine est âpre, amere ; les feuilles un peu acides & très-astringentes ; la racine antiscorbutique, astringente, détersive, stomachique.

Usages. On n'emploie que la racine, soit en décoction, soit en tisane ; elle convient dans l'asthme & dans l'hydropisie de poitrine.

OBSERVATIONS. Dans les Patiences, *Rumices*, le calice est de trois feuillets ; la corolle de trois pétales persistans ; le fruit est une semence triangulaire, enveloppée par la corolle.

Les PATIENCES hermaphrodites à valvules marquées par un grain.

1.° La Patience cultivée, *Rumex Patientia*, à valvules très-entieres, dont l'une est marquée par un grain ; à feuilles ovales, lancéolées. *Voyez le Tableau* 486.

En Italie, en Allemagne.

2.° La Patience rouge, *Rumex sanguineus*, à valvules très-entieres, dont une porte un gros grain rouge ; à feuilles en cœur, lancéolées ; à veines rouges. *Voyez le Tableau* 487.

Devenue spontanée en Allemagne.

3.° La Patience frisée, *Rumex crispus*, à valvules très-entieres, portant chacune un grain ; à feuilles ondulées, les inférieures ovales, les supérieures lancéolées. Lyonnoise, Lithuanienne.

4.° La Patience mineure, *Rumex maritimus*, à valvules dentées, portant chacune un grain ; à feuilles linaires. En Suede, en Bourgogne, en Lithuanie, Lyonnoise.

Tige de ſept à huit pouces, diviſée dès la baſe, en rameaux; feuilles entieres; les fleurs en anneaux aux aiſſelles; dents des valves longues & ſétacées; c'eſt le *Lapatum aquaticum Luteolæ folio* de Tournefort.

5.° La Patience ſauvage, *Rumex acutus*, à valvules dentées, portant des grains; à feuilles en cœur, oblongues, pointues. Lyonnoiſe, Lithuanienne.

Racine groſſe, jaune intérieurement, brune en dehors; tige de trois pieds.

6.° La Patience vulgaire, *Rumex obtuſifolius*, à feuilles en cœur, oblongues, un peu obtuſes, crénelées. Lyonnoiſe, Lithuanienne.

A peine diſtinguée de la précédente.

7.° La Patience ſinuée, *Rumex pulcher*, à feuilles radicales, échancrées de chaque côté comme un violon, obtuſes; celles de la tige lancéolées & pointues; à valvules à réſeau, ciliées; l'extérieure porte un grain marqué; la tige d'un pied, rameuſe. Lyonnoiſe.

Elle ne s'éleve pas au-delà de la Suiſſe.

8.° La Patience aquatique, *Rumex aquaticus*, à valvules très-entieres, nues; à feuilles en cœur, liſſes, aiguës. Lyonnoiſe, Lithuanienne. *Voyez le Tableau* 488.

9.° La Patience à écuſſons, *Rumex ſcutatus*, à tige ronde; à feuilles en cœur, en fer de fleche, ou garnies à la baſe de deux oreillettes divergentes. En Provence, en Suiſſe.

Les PATIENCES *à fleurs uniſexuelles.*

10.° La Patience des Alpes, *Rumex Alpinus*, à fleurs hermaphrodites, ſtériles & femelles; à valvules très-entieres, nues; à feuilles en cœur, obtuſes, ridées. Sur les montagnes du Dauphiné, de Suiſſe.

Racine rampante; feuilles d'un pied; fleurs ſupérieures à étamines, les inférieures à piſtils.

11.° La Patience tubéreuſe, *Rumex tuberoſus*, à racine charnue; à tubercules; à feuilles lancéolées, en fer de fleche; à oreillettes ouvertes; à fleurs dioïques. En Italie.

12.° La Patience Oſeille, *Rumex acetoſa*, à fleurs dioïques; à feuilles lancéolées, en fer de fleche; les

Cl. XV. Sect. II.

oreillettes portées en arriere. Lyonnoiſe, Lithuanienne. *Voyez le Tableau* 484.

13.° La Patience petite Oſeille, *Rumex acetoſella*, à fleurs dioïques; à feuilles lancéolées en hallebarde, ou à oreillettes aiguës, recourbées. Lyonnoiſe, Lithuanienne.

Les champs en Lithuanie en ſont couverts; elle offre pluſieurs variétés; la tige n'a quelquefois que deux ou trois pouces, d'autres fois un pied; elle eſt grêle, droite ou couchée; les épis plus ou moins ſerrés; les feuilles à oreillettes ou très-entieres, plus ou moins larges; toute la plante eſt rouge en automne; alors les champs en jachere paroiſſent tout teints de cette couleur.

Les Patiences cachent toutes plus ou moins un acide ou nu ou maſqué par le mucilage & le ſquelette terreux du végétal. Dans les racines, ce principe acide eſt peu développé, auſſi ſont-elles dans toutes les eſpeces plus ou moins aſtringentes; dans les feuilles, l'acide eſt très-ſenſible, lorſqu'il n'eſt pas maſqué par le mucilage; la racine de Rhubarbe des Moines, fraîche, eſt un peu purgative; deſſéchée elle devient aſtringente; c'eſt à ce titre qu'on la preſcrit dans les diarrhées, les dyſſenteries entretenues par l'atonie des inteſtins. On mange les feuilles dans le Nord, qui donnent une pauvre nourriture.

La Patience rouge eſt auſſi un peu laxative; le ſuc exprimé des feuilles récele ſur-tout cette propriété.

La Patience vulgaire eſt très-uſitée dans la pratique journaliere; ſes racines ſont laxatives & apéritives; on s'en ſert en décoction dans les embarras du foie, les dartres, la gale; elles ſont indiquées dans l'anorexie, les diarrhées cauſées par atonie; le ſuc des racines fraîches, pris à deux onces, purge auſſi bien que deux onces de Manne; on lave avec ſuccès les dartres & la gale avec la décoction; on peut extraire des racines une teinture jaune; en général les beſtiaux évitent les Patiences.

La Patience des Marais, ou Parelle, eſt plus tonique que la précédente; le ſuc exprimé de la racine eſt précieux pour déterger les ulceres & diminuer les chairs baveuſes.

L'Oſeille ronde, l'Oſeille des prés & la petite Oſeille,

de même que l'Oseille des Alpes, présentent le principe acide très-développé ; on prescrit les feuilles en infusion, ou ce qui vaut mieux, le suc délayé dans suffisante quantité d'eau sucrée ; c'est un bon remede dans les fievres synoques, la jaunisse avec chaleur, érétisme, les fievres pétéchiales, miliaires, putrides ; dans le scorbut elles sont très-précieuses, il faut en nourrir les malades ; les racines ont les mêmes propriétés que celles des Patiences ; elles sont apéritives, échauffantes ; ainsi leur vertu est opposée à celles des feuilles ; comme nourriture, ces dernieres donnent plutôt un aliment agréable que nourrissant ; ceux qui mangent beaucoup de viande à dîner, font bien de souper avec un plat d'Oseille.

On se sert des feuilles dans les Arts pour préparer les fils de Lin, de Chanvre, à la teinture rouge. On peut retirer du suc d'Oseille un sel acide, analogue à la crême de tartre ; la racine seche donne une couleur rouge. Tous les bestiaux mangent l'Oseille.

489. L'ARROCHE, *ou* Bonne-Dame.

ATRIPLEX hortensis alba, sive pallidè virens. C. B. P.

ATRIPLEX hortensis. L. *polyg. monœc.*

Fleur. Apétales, à étamines, hermaphrodites ou femelles sur le même pied ; les hermaphrodites placées dans un calice concave, divisé en cinq parties ; les femelles dans un calice divisé en deux folioles planes, droites, ovales, aiguës, comprimées.

Fruit. Une semence orbiculaire, comprimée, celle de la fleur hermaphrodite renfermée dans le calice devenu pentagone ; celle de la fleur femelle contenue par les deux folioles de son calice.

Feuilles. Sinuées, crénelées, triangulaires.

Racine. Longue d'un demi-pied, fibreuse.

Cl. XV. Sect. II.

Port. Tige herbacée, très-haute, droite, cylindrique dans le bas, anguleuſe & branchue vers le haut; fleurs au ſommet, ramaſſées en eſpece d'épis; feuilles alternes.

Lieu. La Tartarie; cultivée dans les jardins. ⊙

Propriétés. L'herbe a un goût inſipide; elle eſt délayante, rafraîchiſſante, peu nourriſſante; la ſemence purgative & émétique.

Uſages. On emploie rarement la ſemence; on ſe ſert de l'herbe dans les cuiſines & en Médecine; on en fait des décoctions émollientes, pour fomentations & lavemens.

490. L'ARROCHE ROUGE.

ATRIPLEX hortenſis rubra. C. B. P.
ATRIPLEX hortenſis, β. *rubra.* L. *polyg. monœc.*

Fleur.
Fruit.
Feuilles.
Racine.
Port.
Lieu.
} Variété de la précédente, dont elle ne differe que par la couleur d'un rouge brun, que l'on remarque dans toutes ſes parties.

Propriétés.
Uſages.
} Les mêmes.

491. LE POURPIER DE MER.

Cl. XX. Sect. II.

Atriplex maritima angustifolia, sive sylvestris. C. B. P.
Atriplex portulacoïdes. L. *polygam. monœc.*

Fleur. / *Fruit.* } Caracteres des deux précédentes.

Feuilles. Blanchâtres, presque ovales, charnues, très-entieres, se terminant à leur base en pétiole.

Racine. Ligneuse, rameuse.

Port. Sous-arbrisseau toujours vert, d'un pied & demi de hauteur; tige rameuse, cylindrique, blanchâtre, vivace; les fleurs au sommet, en épis; feuilles opposées.

Lieu. Les bords de la mer. ♃

Propriétés. Les feuilles ont un goût âcre, un peu salé; elles sont stomachiques, détersives, anti-scorbutiques, elles excitent l'appétit.

Usages. Les Anglois & les Hollandois font macérer les feuilles & les jeunes pousses dans du vinaigre, & les mangent en salade, au lieu de Câpres & de Capucines; on n'en fait aucun usage en France.

Observations. Dans les Arroches, *Atriplices*, on trouve des fleurs hermaphrodites, à calice de cinq feuillets sans corolle; à cinq étamines; à style divisé en deux; à une semence comprimée: des fleurs femelles, à calice de deux feuillets sans corolle, sans étamines; à une semence comprimée. Les principales especes de ce genre sont :

1.° L'Arroche arbrisseau, *Atriplex halimus*, à tige

ligneuſe ; à feuilles deltoïdes, entieres. En Eſpagne, en Sibérie ; cultivé dans les jardins.

2.° L'Arroche Pourpier ; *Atriplex Portulacoïdes*, à tige ligneuſe ; à feuilles lancéolées, obtuſes. Sur les bords de la mer ; cultivée dans les jardins.

3.° L'Arroche cultivée, *Atriplex hortenſis*, à tige droite, herbacée ; à feuilles triangulaires. Originaire de Tartarie.

4.° L'Arroche haſtée, *Atriplex haſtata*, à tige herbacée ; à feuilles triangulaires, à oreillettes ; les valvules du calice de la fleur femelle, grandes, deltoïdes, ſinuées. Lyonnoiſe, Lithuanienne.

5.° L'Arroche étalée, *Atriplex patula*, à tige herbacée, à rameaux étalés & couchés ſur terre ; à feuilles deltoïdes, lancéolées ; à calices des ſemences dentées ſur le diſque. En Breſſe, en Lithuanie.

Les feuilles inférieures en fer de hallebarde, ou à oreillettes, les ſupérieures lancéolées, dentées, ou très-entieres.

L'Arroche Bonne-Dame eſt une de ces herbes potageres dont le principe nutritif muqueux, eſt tellement diſſout par une ſurabondance du principe aqueux, qu'on peut le regarder comme très-peu nutritif. Comme médicament, les décoctions d'Arroche ſont indiquées intérieurement dans les diarrhées avec chaleur, ardeur, ſpaſme, dans les ardeurs d'urine, dans les coliques ; extérieurement, la pulpe eſt avantageuſe pour diminuer la chaleur & la douleur des flegmons, des hémorroïdes ; on s'en ſert dans les lavemens émolliens. Nous venons d'éprouver les ſemences à un gros, réduites en poudre, elles ne nous ont certainement cauſé ni nauſée ni flatuoſité, & nous n'avons été nullement purgés ; le même jour nous avons doublé la doſe, nous n'en avons éprouvé aucun effet ; ainſi ceux qui ont nié la vertu purgative & émétique de ces ſemences, ont eu raiſon, cependant il peut arriver que quelqu'un fût bien purgé en prenant des ſemences vieilles, rances.

492. L'ARROCHE FÉTIDE.

CL. XV. SECT. II.

CHENOPODIUM fœtidum. I. R. H.
CHENOPODIUM vulvaria. L. *5-dria*, *2-gynia.*

Fleur. Apétale, à étamines, composée de cinq étamines placées dans un calice concave, découpé en cinq folioles concaves, ovales, membraneuses à leurs bords.

Fruit. Une semence orbiculaire, comprimée, lenticulaire, placée sur le réceptacle, dans le calice qui s'est refermé en devenant pentagone.

Feuilles. Simples, très-entieres, ovales, rhomboïdales, blanchâtres.

Racine. Menue, fibrée.

Port. Tiges de quelques pouces, rampantes, branchues, feuillées; les fleurs rassemblées au sommet; feuilles alternes.

Lieu. Plante spontanée dans les jardins. ☉

Propriétés. Elle a une odeur fétide; elle est antihystérique, emménagogue.

Usages. On se sert des feuilles & de l'herbe en infusion, ou pilées & confites avec le sucre; on les emploie aussi en lavemens & en cataplasmes. L'odeur de cette plante est vraiment singuliere; froissée entre les doigts, & introduite dans les narines, elle arrête comme par enchantement les spasmes hystériques; son infusion n'est pas moins précieuse dans la même maladie.

Cl. XV.
Sect. II.

493. LE PIMENT *ou* BOTRIS.

Chenopodium ambrosioïdes, folio sinuato. I. R. H.

Chenopodium Botris. L. 5-*dria*, 2-*gyn.*

Fleur. }
Fruit. } Caracteres de la précédente.

Feuilles. Oblongues, sinuées des deux côtés, sur de longs pétioles.

Racine. Petite, blanche, perpendiculaire, peu fibreuse.

Port. Tige d'un pied, cylindrique, ferme, droite, velue; les fleurs au sommet, disposées en grappes nues, qui se divisent plusieurs fois; feuilles alternes.

Lieu. L'Italie, & les Provinces méridionales de France. ⊙

Propriétés. Toute la plante est aromatique, d'une odeur forte & agréable, un peu âcre au goût; elle est stomachique, résolutive, expectorante, incisive. Quelques hypocondriaques ont trouvé un soulagement à leurs maux en prenant tous les matins l'infusion du Piment. Il n'est pas moins utile dans les coliques venteuses & l'anorexie, sur-tout dans l'espece causée par relâchement de l'estomac; on peut lui substituer le Thé du Mexique.

Usages. On emploie l'herbe & les semences avec succès; on s'en sert en infusion comme du Thé; on en tire une poudre qui se donne, pour l'homme, à la dose de ℨj; & une eau distillée qui calme les douleurs. On peut donner aux animaux, la poudre, à la dose de ℥ ß.

494. L'AMBROISIE, ou Thé du Mexique.

CHENOPODIUM *ambrosioïdes Mexicanum.* I. R. H.

CHENOPODIUM *ambrosioïdes.* L. *5-dria, 2-gynia.*

Fleur. } Caracteres des deux précédentes.
Fruit. }

Feuilles. Angulaires, lancéolées, dentées.

Racine. Oblongue, brune, avec des fibres capillaires, blanche en dedans.

Port. Tige haute de deux pieds, rougeâtre, cylindrique, un peu velue; les fleurs disposées en grappes feuillées, simples; feuilles alternes.

Lieu. Le Mexique, le Portugal; cultivée dans les jardins, où elle se seme d'elle-même. ⊙

Propriétés. Toute la plante est aromatique, d'une odeur très-agréable, stomachique, apéritive, antiasthmatique.

Usages. On emploie l'herbe en infusion, la racine en décoction.

495. LE BON-HENRI.

CHENOPODIUM *folio triangulo.* I. R. H.

CHENOPODIUM *bonus henricus.* L. *5-dria, 2-gynia.*

Fleur. } Caracteres des trois précédentes.
Fruit. }

Feuilles. Triangulaires, en fer de fleche, très-entieres, lisses, sur de longs pétioles qui sont élargis par le bas, & qui embrassent la tige.

Racine. Epaisse, jaunâtre, ligneuse.

Port. Les tiges d'un pied & demi, droites ou

couchées, nombreuſes, cannelées, creuſes, un peu velues; les fleurs au ſommet, diſpoſées en eſpeces d'épis; feuilles alternes.

Lieu. Les terrains incultes de l'Europe. ♃

Propriétés. Plante fade, inſipide au goût, rafraîchiſſante, délayante.

Uſages. On emploie l'herbe en décoction, en lavemens, en fomentations; dans les montagnes on le mange au lieu d'Epinards, & dans le Nord, au rapport du Chev. Lynné, on fait frire ſes tiges comme celles des Aſperges.

OBSERVATIONS. Dans les Pattes-doie, *Chenopodia*, le calice ſans corolle eſt pentagone, à cinq angles; il eſt compoſé de cinq feuillets; le fruit eſt une ſemence lenticulaire, aplatie, placée dans le calice.

Les PATTES-D'OIE à feuilles anguleuſes.

1.° La Patte-d'oie Bon-Henri, *Chenopodium Bonus-Henricus*, à feuilles triangulaires, en fer de fleche, très-entieres; à épis compoſés, placés aux aiſſelles des feuilles. Lyonnoiſe, Lithuanienne.

La tige cannelée, un peu farineuſe; feuilles un peu ondulées, blanchâtres, farineuſes en-deſſous; les petits épis alternes, ſans péduncules; à fleurs entaſſées ſans petites feuilles interpoſées.

Cette plante paſſe pour émolliente & laxative; il eſt ſûr que le ſuc, à quatre onces, purge comme la Manne; les feuilles écraſées, appliquées ſur les hémorroïdes, en diminuent la douleur. On mange dans le Nord les feuilles du Bon-Henri comme les Epinards; on en fait cuire les jeunes pouſſes comme les Aſperges. Les chevres attaquent quelquefois cette plante que les autres beſtiaux négligent.

2.° La Patte-d'oie rougeâtre, *Chenopodium rubrum*, à feuilles en cœur, triangulaires, un peu obtuſes, dentées; à fleurs en grappes, droites, compoſées. Lyonnoiſe, Lithuanienne.

Les grappes plus courtes que la tige; elles ſont formées d'épis à fleurs entaſſées, ſéparées par des feuilles florales; les feuilles ſont larges, épaiſſes, brillantes; feuilles & corolles rougeâtres en leur bord.

Cette eſpece eſt ſuſpecte; cependant les vaches, les chevres & les moutons la mangent. On la croit nuiſible aux cochons. Les chevaux ne la touchent point.

3.° La Patte-d'oie des villes, *Chenopodium urbicum*, à feuilles triangulaires & légérement dentées; à fleurs en grappes, menues, très-longues, rapprochées de la tige. Lyonnoiſe, Lithuanienne.

Feuilles un peu charnues, vertes & liſſes des deux côtés; fleurs petites, axillaires.

4.° La Patte-d'oie des murailles, *Chenopodium murale*, à feuilles ovales, liſſes, dentées, aiguës; à grappes nues, rameuſes. Lyonnoiſe, Lithuanienne.

Tige droite, rameuſe, foible; les feuilles & les fleurs vertes; d'ailleurs très-reſſemblante à la rougeâtre, n.° 2.° Les vaches mangent cette plante.

5.° La Patte-d'oie tardive, *Chenopodium ſerotinum*, à feuilles deltoïdes, ſinuées, dentées, ridées, liſſes, uniformes; à grappes terminales. Lyonnoiſe, en Suiſſe.

6.° La Patte-d'oie blanche, *Chenopodium album*, à feuilles rhomboïdes, triangulaires, dentées; les ſupérieures étroites, très-entieres; à fleurs en grappes, droites. Lyonnoiſe, Lithuanienne.

Les feuilles farineuſes en-deſſous.

7.° La Patte-d'oie verte, *Chenopodium viride*, très-reſſemblante à la précédente eſpece, mais ſes tiges ſont plus rougeâtres; ſes feuilles un peu moins farineuſes en deſſous, & ſes grappes alongées, moins blanchâtres. Lyonnoiſe, Lithuanienne.

Les vaches, les chevres & les moutons mangent volontiers ces deux eſpeces que les chevaux négligent.

8.° La Patte-d'oie hybride, *Chenopodium hybridum*, à feuilles en cœur, anguleuſes, aiguës; à grappes très-longues, rameuſes, nues. Lyonnoiſe, en Suede.

Feuilles vertes des deux côtés; à ſept angles très-ſaillans; le terminal alongé & aigu. Elles ont quelques rapports avec celles de la Pomme épineuſe. Les vaches & les moutons mangent cette plante qui eſt cependant aſſez fétide; mais les autres beſtiaux n'en veulent point.

9.° La Patte-d'oie botride, *Chenopodium Botrys*, à feuilles oblongues, ſinuées; à grappes nues, très-diviſées. En Breſſe, en Languedoc. *Voyez le Tableau* 493.

Les feuilles comme ailées, à ſegmens arrondis, un peu viſqueuſes.

CL. XV. SECT. II.

10.° La Patte-d'oie Ambroiſie, *Chenopodium Ambroſioïdes*, à feuilles lancéolées; à grappes ſimples, feuillées. *Voyez le Tableau* 494.

11.° La Patte-d'oie glauque, *Chenopodium glaucum*, à feuilles oblongues, légérement ſinuées, glauques ou blanchâtres en-deſſous; à grappes nues, ſimples. En Suede, en Bourgogne.

Les grappes axillaires, plus courtes que les feuilles, & terminales.

Les PATTES-D'OIE *à feuilles entieres.*

12.° La Patte-d'oie fétide, *Chenopodium vulvaria*, à feuilles très-entieres, rhomboïdes, ovales; à fleurs axillaires, conglomérées, en grappes courtes. Lyonnoiſe, en Suede, en Allemagne, en Pologne. *Voyez le Tableau* 492.

En rapprochant cette eſpece de la Botride & de l'Ambroiſie, nous voyons que la nature ſait préparer par les mêmes filieres, un principe odorant, agréable, & un autre d'une fétidité très-ſinguliere; nous ſommes d'autant plus portés à croire que ces deux principes different peu entre eux, qu'à une certaine diſtance, l'odeur de la Patte-d'oie fétide n'eſt plus répugnante.

13.° La Patte-d'oie graineuſe, *Chenopodium polyſpermum*, à feuilles ovales, très-entieres; à fleurs en grappes, rameuſes, ſans feuilles axillaires. Lithuanienne, en Dauphiné.

La tige eſt droite ou couchée; les feuilles vertes, ſans odeur fétide, ſouvent rouges en leurs bords.

496. LA CAMPHRÉE.

CAMPHORATA *hirſuta*. C. B. P.

CAMPHOROSMA *Monſpeliaca*. L. *4-dria, 1-gynia.*

Fleur. Apétale, à étamines, compoſée de quatre étamines dans un calice monophille, qui a la forme d'un petit vaſe comprimé & un peu enflé, divisé en quatre segmens inégaux, dont les deux plus grands sont opposés.

Fruit. Capsule uniloculaire, s'ouvrant par en haut, recouverte par le calice, & renfermant une seule semence ovale, aplatie, luisante.

Feuilles. En forme d'alêne, linéaires, sessiles, simples, entieres, velues.

Racine. Ligneuse, rameuse.

Port. Espece de sous-arbrisseau d'un pied de haut; tiges nombreuses, ligneuses, vivaces, un peu velues, blanchâtres, avec des feuilles à leurs nœuds; les fleurs petites, axillaires, rassemblées; feuilles alternes.

Lieu. Les terrains incultes de l'Espagne, du Languedoc. ♃

Propriétés. L'herbe & les feuilles ont une odeur de Camphre, & sont âcres au goût; elles sont expectorantes, incisives, antiasthmatiques, emménagogues, sudorifiques, apéritives. Quelques Auteurs les regardent aussi comme vulnéraires.

Usages. On emploie l'herbe & les feuilles en infusion dans l'eau ou le vin blanc, à la dose de ʒ ij. On peut en donner aux animaux ℥ j.

OBSERVATIONS. Dans la Camphrée de Montpellier observée en Allemagne, dans le Palatinat, par Polichius, on a observé cinq dents au calice, cinq étamines plus longues que le calice. Nous avons de ce genre :

1.° La Camphrée de Montpellier, *Camphorosma Monspeliaca*, à feuilles linaires, hérissées. En Dauphiné & en Allemagne.

2.° La Camphrée aiguë, *Camphorosma acuta*, à feuilles lisses, en alêne, roides. En Bourgogne, en Italie.

3.° La Camphrée lisse, *Camphorosma glabra*, à feuilles lisses, comme à trois pans, non piquantes, très-entassées. En Suisse, en Dauphiné.

La Camphrée de Montpellier mérite, à tous égards, les éloges des Pharmacologistes. Elle augmente évidemment le cours des urines, & détermine les sueurs, sur-tout infusée dans du vin. C'est un puissant secours dans l'hydropisie, l'anasarque, la leucophlegmatie, l'asthme pituiteux. On l'ordonne utilement dans la diarrhée, la fin des dyssenteries entretenues par l'atonie des intestins. C'est un bon adjuvant dans le rhumatisme chronique, les dartres. Nous l'avons souvent prescrit, & presque toujours avec avantage. Si elle ne guérit pas les maladies chroniques qui dépendent d'un défaut de vie, *à tono debilitato*, elle soulage, prolonge les jours, ce qui est précieux.

497. LA BLETE ROUGE,

BLITUM pulchrum, rectum, magnum, rubrum. J. B. Hist.

AMARANTHUS lividus. L. *monœc. 5-dria.*

Fleurs. Apétales, mâles & femelles séparées sur le même pied; les mâles composées de trois étamines, les femelles d'un germe ovale surmonté de trois styles; toutes les fleurs placées dans un calice à trois folioles lancéolées, aiguës, droites & colorées de rouge.

Fruit. Capsule de la couleur & de la grandeur du calice, à trois pointes, uniloculaire, s'ouvrant horizontalement, & renfermant une seule semence globuleuse, noire & luisante.

Feuilles. Pétiolées, simples, ovales, entieres; les inférieures tronquées.

Racine. Fusiforme.

Port. Tige de trois ou quatre pieds, herbacée, cannelée, rameuse; les fleurs au sommet, disposées en épis alongés, d'un rouge pâle; feuilles alternes.

Lieu. La Virginie, les jardins. ⊙

Propriétés. Plante d'un goût fade, émolliente, rafraîchissante, délayante.

Usages. Les feuilles entrent dans les décoctions émollientes, les cataplasmes, &c.

498. LA TURQUETTE, ou Herniaire.

CL. XV. SECT. II.

HERNIARIA glabra. C. B. P.
HERNIARIA glabra. L. *5-dria, 2-gynia.*

Fleur. Apétale, à étamines, composée de cinq étamines disposées dans un calice monophille, ouvert, divisé en cinq parties aiguës, intérieurement coloré.

Fruit. Petite capsule cachée dans le fond du calice, renfermant une semence ovale, pointue, luisante.

Feuilles. Petites, simples, sessiles, entieres, ovales, glabres.

Racine. Menue, peu rameuse.

Port. Petite plante; tiges articulées, grêles, herbacées, très-rameuses, couchées à terre; les fleurs axillaires, sessiles, rassemblées par pelotons; les feuilles opposées; petites stipules membraneuses à la naissance des feuilles.

Lieu. Les lieux secs, sablonneux. ☉

Propriétés. Herbe sans odeur; sa saveur, lorsqu'elle est seche, est presque nulle, cependant l'infusion en est un peu amere.

Usages. Sa propriété de guérir les hernies est imaginaire. Les vaches, les moutons mangent cette plante.

OBSERVATIONS. Dans les Herniaires, *Herniariæ*, le calice sans corolle est divisé en cinq segmens renfermant dix étamines, dont cinq sont stériles; le fruit est une capsule à une seule semence. Nous avons à connoître :

1.° La Herniaire lisse, *Herniaria glabra*, à feuilles lisses; à fleurs nombreuses, entassées. Lyonnoise, Lithuanienne. *Voyez le Tableau* 498.

Quelquefois on ne trouve que quatre segmens au calice, huit étamines, dont les quatre stériles sont plus menues.

2.° La Herniaire velue, *Herniaria hirsuta*, à tige & feuilles hérissées de poils; fleurs moins nombreuses, d'ailleurs si ressemblantes à la précédente, qu'on pourroit la regarder comme variété. Cependant cette espece, très-commune dans le Lyonnois & autres Provinces méridionales, ne s'éleve pas au-delà du Rhin.

499. L'HERBE AUX PANARIS.

PARONYCHIA Hispanica. Cl. Hist.
ILLECEBRUM paronychia. L. *5-dria. 1-gyn.*

Fleur. Apétale, à étamines, composée de cinq étamines placées dans un calice à cinq angles & découpé en cinq folioles colorées, aiguës, qui s'écartent à leur sommet.

Fruit. Capsule renfermée dans le calice, obronde, aiguë de chaque côté, à cinq valvules, uniloculaire, contenant une semence assez grosse, de la forme de la capsule.

Feuilles. Sessiles, simples, entieres, ovales, aiguës, très-petites.

Racine. Cylindrique.

Port. Tige herbacée, cylindrique, très-rameuse, articulée, vermiculée, couchée par terre; les fleurs au sommet, entourées de feuilles florales, luisantes, d'une couleur de rose pâle; feuilles opposées, serrées contre la tige.

Lieu. Les Provinces méridionales de France. ♃

Propriétés. Cette plante est acide au goût; astringente, vulnéraire.

Usages. On emploie les feuilles & les tiges; la décoction des feuilles se donne en lavemens; le suc & la décoction s'appliquent très-inutilement sur les plaies.

OBSERVATIONS. Dans les Paroniques, *Illecebra*, le calice sans corolle, à cinq feuillets, un peu coriacé; le stigmate est simple; le fruit est une capsule à cinq valves, renfermant une seule semence.

1.° La Paronique verticillée, *Illecebrum verticillatum*, à tiges couchées; à fleurs en anneaux, nues. En Bresse, en Danemarck.

Feuilles petites, opposées, assises, lisses, ovales, pointues; fleurs blanchâtres, très-petites.

2.° La Paronique capitée, *Illecebrum capitatum*, à tiges assez droites; à feuilles ciliées, velues en-dessous, à fleurs terminant les tiges, ramassées en tête, & cachées par des bractées argentées & luisantes. En Languedoc, en Auvergne, en Dauphiné.

Les tiges de deux pouces, nombreuses, presque simples, un peu dures; feuilles très-petites.

3.° La Paronique ligneuse, *Illecebrum suffruticosum*, à tige ligneuse, très-rameuse; à fleurs latérales, solitaires. En Provence.

Feuilles opposées, ovales, pointues, d'un vert gai; stipules fort petites, luisantes & transparentes.

4.° La Paronique argentée, *Illecebrum paronychia*, à tiges couchées; à feuilles lisses; à fleurs enveloppées de bractées brillantes, argentées. En Languedoc, en Dauphiné. *Voyez le Tableau* 499.

L'Herbe aux Panaris est abandonnée depuis long-temps; ses propriétés ont été imaginées par des Médecins qui croyant pieusement que toutes les plantes devoient en avoir pour la guérison de quelques maladies, en ont attribué, par analogie, à toutes celles sur lesquelles l'observation n'avoit pas prononcé. Remarquons en passant que les especes dont la saveur & l'odeur annoncent peu d'énergie, sont précisément celles qui ont été louées contre des maladies que la nature guérit sans le secours de l'art.

Cl. XV.
Sect. II.

500. LE PIED-DE-LION.

Alchimilla vulgaris. C. B. P.
Alchemilla vulgaris. L. *4-dria, 1-gyn.*

Fleur. Apétale, à étamines, composée de quatre étamines posées sur les rebords d'un calice monophille, tubulé, dont le rebord est plane, & divisé en huit parties.

Fruit. Une semence elliptique, comprimée, solitaire, renfermée dans le col du calice resserré.

Feuilles. Palmées, à huit ou neuf lobes, dentées en maniere de scie; les inférieures portées sur de longs pétioles; les supérieures en forme de rein, & sur des pétioles plus courts.

Racine. Ligneuse, presque fusiforme, oblique, noirâtre.

Port. Les tiges s'élevent du milieu des feuilles, à la hauteur d'un pied au plus, grêles, velues, cylindriques, branchues, feuillées; les fleurs petites, disposées en panicule au sommet des tiges; feuilles alternes; stipules sortant deux à deux, & de la nature des feuilles.

Lieu. Les bois & les taillis. ♃

Propriétés. Plante sans odeur, dont le goût est un peu âpre; on la croit vulnéraire, astringente & un peu détersive.

Usages. On emploie, pour les hommes, la racine, les feuilles & l'herbe, dont on tire un suc, qui intérieurement se donne à la dose de ℥ iv, & sa décoction, à la dose de ℥ vj dans les dyssenteries. On donne le suc aux animaux, à la dose de ℥ vj, & la décoction à celle de ℔ ß par jour.

Observations. Dans les Pieds-de-lion, *Alchemillæ*, le calice sans corolle est divisé en huit segmens renfermant une semence nue. Nous avons :

1.° Le Pied-de-lion vulgaire, *Alchemilla vulgaris*,

à feuilles palmées. Lyonnoise, Lithuanienne. *Voyez le Tableau* 500.

2.° Le Pied-de-lion alpin, *Alchemilla alpina*, à feuilles digitées; à folioles soyeuses, dentées au sommet. Sur les montagnes du Forez, du Dauphiné, de Suisse, de Suede & des Pyrénées.

Le Pied-de-lion regardé comme astringent, a été prescrit dans la diarrhée, les pertes blanches, & même dans les maladies convulsives; mais son principe astringent étant à peine sensible, on peut aisément en conclure que ces vertus sont hasardées. Nous l'avons souvent ordonné dans de semblables maladies, sans en avoir observé aucun effet salutaire. La décoction, comme vulnéraire, peut être aussi soumise à un doute raisonnable, sur-tout pour ceux qui savent que les plaies chez les gens sains, sont guéries chaque jour par les seules ressources du principe vital, qui sait sans nos vulnéraires remplir les plaies, procurer la cicatrice. Les chevres & les moutons mangent cette plante.

L'infusion aqueuse des feuilles est un peu âpre; son odeur est seulement herbacée; cependant l'extrait répand une légere odeur de miel, il est un peu austere, âpre; la teinture spiritueuse des feuilles seches, répand une légere odeur balsamique; son extrait est un peu âpre.

501. LE PERCEPIER.

ALCHIMILLA montana minima. Col. Part.
APHANES arvensis. L. 4-*dria*, 2-*gynia*.

Fleur. Apétale, à étamines, plus petite, mais très-ressemblante à la précédente, dont elle differe parce qu'elle a deux pistils.

Fruit. Deux semences ovales, aiguës, aplaties, de la longueur du style, renfermées dans le fond du calice.

Feuilles. Très-petites, pétiolées, simples, souvent découpées en trois, & chaque découpure également divisée en trois.

Racine. Rameuse.

Port. Tige droite, herbacée, très-basse, cylindrique ; les fleurs petites, axillaires, sessiles, rassemblées ; feuilles alternes ; stipules dentées en maniere de scie, à-peu-près de la longueur des feuilles.

Lieu. Les champs, les montagnes. ⊙

Propriétés. Aucun Pharmacologiste n'oseroit aujourd'hui avancer que le Percepier est lithontriptique, ou peut dissoudre la pierre ; cette prétendue vertu est dûe à l'absurde doctrine des signatures, ou à une pieuse ignorance. Nos Anciens voyant que les racines pénétroient des roches pourries, ont conclu que le suc de cette plante pouvoit fondre le calcul.

Usages. On emploie la plante & le suc ; celui-ci, à la dose de ℥ ij, pour l'homme, & de ℥ vj pour les animaux.

I.re OBSERVATION. Suivant Haller & plusieurs Auteurs célebres, Le Percepier n'est qu'une espece de Pied-de-lion, à feuilles à trois lobes, chaque lobe divisé en deux ou trois segmens. Nous avons trouvé des individus qui n'offroient qu'une semence. Lyonnoise, Lithuanienne.

On peut encore rapprocher du genre des Pieds-de-lion, les genres suivans :

I. Les Knavels, *Scleranthi*, dont le calice est d'une seule piece, sans corolle, renfermant dix étamines, deux pistils, dont les germes se changent en deux semences renfermées dans le calice. Les trois especes de ce genre sont :

1.° Le Knavel annuel, *Scleranthus annuus*, à calice du fruit très-ouvert. Lyonnoise, Lithuanienne.

Les segmens du calice sont aigus, à peine bordés de blanc. Le nombre des étamines varie de cinq à dix ; les feuilles linaires.

2.° Le Knavel vivace, *Scleranthus perennis*, à calice du fruit fermé, peu ouvert. Lyonnoise, Lithuanienne.

Les segmens du calice sont moins aigus, bordés de blanc. On ne trouve le plus souvent qu'une semence dans chaque calice. Quoique très-ressemblant au précédent par ſes tiges baſſes très-nombreuſes, par la multitude des fleurs, il en diffère en ce qu'il eſt plus velu, & que ſes calices ſont plus grands ; les filamens s'alongent après la chute des étamines. Suppoſez la lame interne du calice des Knavels détachée, vous aurez de véritables Sablieres, *Arenariæ.*

3.° Le Knavel des montagnes, *Scleranthus polycarpos*, à calice du fruit très-ouvert, épineux ; à tige un peu velue. En Dauphiné.

On trouve, ſur-tout à la racine du Knavel vivace, la Cochenille de Pologne, *Coccus Polonicus*, qui imite un petit grain d'un rouge brun ; les enfans des Juifs ſavent la trouver, & en ramaſſent une aſſez grande quantité pour en faire un objet de commerce, ils en vivifient la teinte à leur gré, pour imiter toutes les nuances du rouge.

La vapeur de la décoction du Knavel annuel, eſt ſpécifique, dit-on, contre les douleurs de dent ; mais ne peut-on pas croire que la vapeur de l'eau chaude peut produire le même effet?

II. Le ſecond genre, rapporté par Tournefort aux Pieds-de-lion, c'eſt les Théſies, *Theſia*, dont le calice d'une ſeule piece à cinq ſegmens, porte les cinq étamines; le germe n'eſt ſurmonté que par un ſtyle ; il ſe change en une ſemence inférieure, ou nidulée dans le tuyau du calice. Nous avons :

1.° La Théſie à feuilles de Lin, *Theſium linophyllum*, à panicule feuillé; à feuilles linaires, lancéolées. Lyonnoiſe, Lithuanienne.

Le calice eſt blanc, quelquefois un peu jaune ; on trouve ſouvent quatre ſegmens au calice, & ſeulement quatre étamines ; tige droite, formant ſupérieurement un panicule ; feuilles radicales pétiolées, elliptiques, peu dentées ; celles de la tige nombreuſes, droites, fermes, pointues, larges de trois lignes.

2.° La Théſie Alpine, *Theſium Alpinum*, à grappe feuillée ; à feuilles linaires ; à tige diffuſe, ſouvent couchée. Lyonnoiſe, Lithuanienne.

Le calice ſouvent à trois & à cinq ſegmens. Nous trouvons quelquefois trois ou quatre étamines. Ces deux eſpeces ſe reſſemblent tellement qu'on peut penſer que les légeres différences qu'elles présentent sont dues au climat.

Cl. XV. Sect. II.

II.ᵉ Observation. Le Polycneme, *Polycnemum*, peut encore se rapprocher des Pieds-de-lion, quoique une Patte-d'oie, *Chenopodium*, chez Tournefort : son calice est formé par cinq feuillets inégaux, lancéolés; on ne compte que trois étamines & un pistil dans chaque calice; une seule semence renfermée dans une membrane fine, soyeuse. On ne connoît qu'une espece de ce genre, le Polycneme des champs, *Polycnemum arvense*, à plusieurs tiges couchées, rameuses; à feuilles grasses, en alène, terminées par une pointe blanche, cartilagineuse; à fleurs assises aux aisselles des feuilles, entre deux soies en arête. Lyonnoise, Allemande.

502. LA PARIÉTAIRE.

Parietaria officinarum & Dioscoridis. C. B. P.

Parietaria officinalis. L. *polygam. monœc.*

Fleurs. Apétales, hermaphrodites ou femelles sur le même pied; une femelle contenue dans une même enveloppe, avec deux hermaphrodites composées de quatre étamines qui sont placées dans un périanthe monophille, découpé en quatre parties.

Fruit. Toutes les semences solitaires, ovoïdes, renfermées dans le calice particulier qui est alongé & refermé par ses bords.

Feuilles. Pétiolées, simples, très-entieres, lancéolées, ovales, un peu luisantes en-dessus, velues & nerveuses en-dessous.

Racine. Fibreuse, rougeâtre.

Port. Tiges d'un ou deux pieds, rougeâtres, rondes, cassantes, rameuses; les fleurs petites, axillaires, sessiles, rassemblées en pelotons; feuilles alternes.

Lieu. Sur les murailles humides. ♃

Propriétés Cette plante est aqueuse, insipide, nitreuse, émolliente, diurétique.

Usages. On emploie fréquemment l'herbe, qui est une des cinq émollientes; on en tire une eau distillée, mais sans vertu; on en fait des décoctions émollientes pour lavemens, bains & fomentations; on la prend en infusion contre les douleurs de reins & les ardeurs d'urine; on en donne aux hommes le suc, à ℥ ij, & aux animaux, à ℥ vj chaque fois.

OBSERVATIONS. Dans les Pariétaires, *Parietariæ*, les étamines se développent avec une élasticité remarquable, lorsqu'on les touche avec une épingle ou autrement; le style est terminé par un stigmate rayonné. Nous avons :

1.° La Pariétaire officinale, *Parietaria officinalis*, à feuilles lancéolées, ovales; à péduncules dichotomes; à calice de deux feuillets. Lyonnoise, en Danemarck. *Voyez le Tableau* 502.

2.° La Pariétaire judaïque, *Parietaria judaica*, à feuilles ovales; à tiges droites; à calices renfermant trois fleurs; à corolles mâles, alongées, cylindriques; à fleur intermédiaire, femelle, ovale. En Judée, en Suisse, en Allemagne.

La Pariétaire officinale est sans odeur, elle a un goût herbacé; ce défaut d'odeur & de saveur pourroit engager à la proscrire ceux qui ignorent que son suc contient, comme celui de la Bourrache, un nitre pur qui le rend diurétique & tempérant, aussi réussit-il dans toutes les inflammations; il facilite l'expectoration dans la péripneumonie; il est indiqué dans la fievre synoque, inflammatoire; dans cette fievre le sang est couenneux, sans type local d'inflammation. Les fomentations & les lavemens faits avec cette plante, sont employés avantageusement dans la dyssenterie, l'inflammation des reins, de la vessie.

CL. XV.
SECT. II.

503. LA PERSICAIRE.

PERSICARIA mitis, maculosa & non maculosa. C. B. P.

POLYGONUM persicaria. L. *8-dria, 3-gyn.*

Fleur. Apétale, à étamines, composée de six étamines & de deux pistils placés dans un calice qui peut passer pour une corolle; il est d'une seule piece, ouvert & divisé par ses bords en cinq parties ovales, obtuses.

Fruit. Une seule semence plane, ovale, à trois côtés, aiguë à son sommet, renfermée dans une espece de capsule qui n'est autre chose que le calice resserré.

Feuilles. Pétiolées, lancéolées, quelquefois tachetées.

Racine. Horizontale, grêle, fibreuse.

Port. Tiges d'un pied, rondes, creuses, rougeâtres, rameuses, nouées; les fleurs axillaires, disposées en épis ovales, oblongs; feuilles alternes; stipules garnies de cils qui entourent la tige.

Lieu. Les fossés & les terrains humides. ☉

Propriétés. Cette plante sans odeur, a un goût un peu austere; elle est détersive, légérement astringente, un des meilleurs vulnéraires. On l'a recommandée pour arrêter les progrès de la gangrene; ceux qui, comme nous, ont souvent vu la gangrene arrêtée par les seuls efforts de la nature, douteront de cette propriété. Les chevres, les moutons & les chevaux mangent cette plante que les vaches négligent. Elle teint en jaune.

Usages. On n'emploie que l'herbe dont on fait des cataplasmes, des tisanes, des décoctions, &c.

504. LE POIVRE D'EAU, *ou* Curage.

PERSICARIA urens ſive Hydropiper. C. B. P.
POLYGONUM hydropiper. L. *8-dria*, *3-gynia.*

Fleur. } Caracteres de la précédente.
Fruit. }

Feuilles. Comme les précédentes, lancéolées, glabres, entieres à leurs bords, avec quelques poils très-ſerrés.

Racine. Comme dans la précédente.

Port. Tiges quelquefois de deux pieds, fermes, rondes, liſſes, noueuſes, rameuſes; les fleurs naiſſent au ſommet, diſpoſées en longs épis penchés; feuilles alternes; ſtipules tronquées, nerveuſes, dont les nervures ſe terminent par des poils.

Lieu. Les foſſés, les terrains marécageux, le long des chemins & des murailles. ⊙

Propriétés. Cette plante eſt extrêmement âcre & brûlante au goût; elle eſt cauſtique, déterſive, réſolutive, & un excellent diurétique; elle teint la laine en jaune. Quoique du même genre que la précédente, elle offre un principe étranger, très-âcre; elle a été preſcrite avec quelque succès dans le ſcorbut, l'hydropiſie. On donne le ſuc dans une tiſane de Guimauve; extérieurement la décoction & le ſuc détergent puiſſamment les ulceres putrides, & les ramenent promptement à l'état de plaies récentes; les beſtiaux évitent cette plante.

Uſages. On n'emploie que l'herbe, on en fait des décoctions, des cataplaſmes, des onguens.

Cl. XV.
Sect. II.

505. LA RENOUÉE, *ou* Traînasse.

POLYGONUM latifolium. C. B. P.
POLYGONUM aviculare. L. *8-dria, 3-gyn.*

Fleur. } Caracteres des précédentes, mais huit
Fruit. } étamines & trois pistils.

Feuilles. Lancéolées, ovales ; & selon les variétés, oblongues, ou étroites, ou obrondes.

Racine. Longue, simple, dure, ligneuse, tortueuse, fibreuse, rampante.

Port. Cette plante varie singuliérement, suivant les lieux où elle croît, tant par la grandeur de ses tiges, que par celle de ses feuilles ; les tiges sont ordinairement longues d'un ou deux pieds, grêles, rondes, solides, lisses, noueuses, feuillées, couchées à terre ; les fleurs axillaires, quelquefois purpurines ; feuilles alternes.

Lieu. Les grands chemins, les bords des rivieres, les chaumes. ⊙

Propriétés. Cette plante est âpre, vulnéraire, astringente. Nous l'avons quelquefois employée avec avantage dans les diarrhées & sur la fin des dyssenteries, tant en lavemens que prise en décoction sous forme d'apozemes. La graine est nutritive ; tous les bestiaux mangent cette herbe.

Usages. L'on emploie pour l'homme l'herbe & les feuilles ; les feuilles s'emploient en décoctions pour lavemens ; on en tire aussi un suc qui se donne depuis ℥ ij jusqu'à ℥ iij ; extérieurement on emploie la plante pilée & appliquée sur les blessures. On donne aux animaux le suc à la dose de ℥ vj ; en décoction, on en met poig. ij sur ℔ j ß d'eau.

506. LE BLÉ NOIR, *ou* Sarrasin.

CL. XV. SECT. II.

FAGOPYRUM vulgare, erectum. I. R. H.
POLYGONUM fagopyrum. L. *8-dria, 3-gyn.*

Fleur. } Caracteres des précédentes ; huit étamines ; semence triangulaire, à trois
Fruit. } côtés saillans & égaux.

Feuilles. En forme de cœur, en fer de fleche ; les inférieures sur de longs pétioles, les supérieures presque sessiles.

Racine. Fibreuse, composée de fibres capillaires.

Port. Tige de la hauteur de deux pieds, presque droite, simple, cylindrique, lisse, branchue ; les fleurs au sommet, axillaires & disposées en bouquets ; feuilles alternes.

Lieu. Originaire d'Afrique. ⨀

Propriétés. La farine de la semence est rafraîchissante, résolutive, émolliente.

Usages. Dans quelques Provinces on en fait un pain qui est noir, lourd & sans liaison ; la graine sert à engraisser la volaille ; on emploie la farine dans les cataplasmes résolutifs & émolliens. La plante verte & séche fournit un très-bon pâturage pour tous les bestiaux ; ce qui confirme une loi assez générale que les plantes dont les graines sont nutritives, contiennent aussi le mucus alimentaire dans leur tige & dans leurs feuilles ; l'herbe brûlée laisse dans sa cendre un assez grande quantité d'alkali végétal. La farine contient le principe amilacé, semblable à la gelée animale. On prépare en Lithuanie un gruau avec les semences de Blé noir, qui cuit avec du beurre, est très-nourrissant, & se digere avec facilité.

CL. XV. SECT. II.

507. LA GRANDE BISTORTE.

BISTORTA major, radice minus intortâ. C. B. P.

POLYGONUM biſtorta. L. *8-dria, 3-gyn.*

Fleur. / *Fruit.* } Caracteres des quatre précédentes.

Feuilles. Simples, ovales, oblongues, ſe terminant à leur baſe en pétioles ; les ſupérieures ſeſſiles & amplexicaules.

Racine. Preſque tubéreuſe, grande, comme ligneuſe, deux ou trois fois contournée, torſe, la partie ſolide jetant des fibres ramifiées.

Port. Tige très-ſimple, d'un ou deux pieds de haut, grêle, liſſe, cylindrique, noueuſe, ne portant qu'un ſeul épi denſe de fleurs, de forme ovale & de couleur rougeâtre ; feuilles alternes.

Lieu. Les montagnes du Bugey, du Dauphiné, Pila, les Alpes, dans les prés. ♃

Propriétés. Apre au goût & ſans odeur, vulnéraire, aſtringente. C'eſt un aſtringent âpre, bien prononcé ; auſſi doit-on en attendre tous les effets que de pareils remedes bien adminiſtrés peuvent produire, c'eſt-à-dire dans toutes les maladies dans leſquelles les fibres ont perdu leur reſſort, comme dans les diarrhées, dyſſenteries chroniques, pertes blanches, lorſque les dents ſont vacillantes par relâchement des gencives ; mais en général cet aſtringent, & pluſieurs autres, demande de la ſagacité pour diſtinguer les eſpeces ; pluſieurs maladies avec évacuation, dépendent d'une force vive, ſpaſmodique ; dans ces eſpeces les aſtringens ſont très-pernicieux. Les jeunes racines au printemps ſont aſſez ſucculentes ; elles recelent alors une farine nutritive, aussi sont-elles peu âpres; elles ne le deviennent que lorsque le squelette ligneux prédomine. Tous les bestiaux, excepté les chevaux, mangent la Bistorte.

OBSERVATIONS. Dans les Renouées, *Polygona*, les fleurs sont petites, composées d'un calice divisé en quatre ou cinq parties, coloré au moins intérieurement, de cinq à huit étamines; le style a deux ou trois divisions; le fruit est une semence nue, ordinairement à trois angles. On trouve des stipules vaginales à la base des feuilles.

Les BISTORTES *à un seul épi.*

1.° La Renouée Bistorte, *Polygonum Bistorta*, à tige très-simple, ne portant qu'un épi; à feuilles ovales, prolongées sur le pétiole. Lyonnoise, Lithuanienne. *Voyez le Tableau* 507.

Huit & dix étamines; bulbes vivipares aux aisselles.

2.° La Bistorte vivipare, *Polygonum viviparum*, à tige très-simple, ne portant qu'un épi; à feuilles lancéolées. En Danemarck, en Suisse, en Dauphiné.

Les feuilles sont nerveuses; les inférieures ovales, lancéolées; les supérieures, celles de la tige étroites, lancéolées; les semences arrondies; les fleurs supérieures de l'épi sont stériles, blanches; les inférieures se changent en bulbes pourpres qui sont souvent vivipares, ou qui détachées reproduisent l'espece.

Les PERSICAIRES *à styles bifides, moins de huit étamines.*

3.° La Persicaire amphibie, *Polygonum amphibium*, à fleur pentandrie; à cinq étamines; à pistil fendu en deux; à épi ovale; à feuilles ovales, lancéolées, ciliées. Lyonnoise, Lithuanienne.

On trouve cette espece dans l'eau & sur terre; la variété terrestre a la tige droite, les feuilles un peu hérissées; les fleurs de l'une & l'autre sont d'un rouge foncé. J'ai vu dans l'une & l'autre les étamines plus longues ou plus courtes que la corolle.

4.° La Perſicaire âcre, *Polygonum Hydropiper*, à fleur à ſix étamines; à piſtils bifides; à feuilles lancéolées; à ſtipules émouſſées, tronquées. Lyonnoiſe, Lithuanienne.

Les fleurs rouges; on trouve une variété à fleurs blanches. *Voyez le Tableau* 504.

5.° La Perſicaire douce, *Polygonum Perſicaria*, très-reſſemblante à la précédente; à ſtipules ciliées; à épis plus denſes. Lyonnoiſe, Lithuanienne.

On trouve les variétés, 1.° à fleurs blanches; 2.° à feuilles tachées; 3.° à feuilles plus étroites; 4.° à feuilles blanches en-deſſous; 5.° à tiges petites, rampantes; à rameaux divergens. *Voyez le Tableau* 503.

6.° La Perſicaire orientale, *Polygonum orientale*, à tige droite, de cinq à ſix pieds; à feuilles ovales; à fleurs à ſept étamines; à deux ſtyles; à ſtipules hériſſées, hypocratériformes. Originaire des Indes, cultivée dans tous les jardins.

Pluſieurs longs épis de fleurs rouges; on trouve des fleurs à cinq, à ſix étamines; c'eſt le *Perſicaria orientalis Nicotianæ folio, calice florum purpureo*, de Tournefort.

Les RENOUÉES *à feuilles ſans diviſions, à huit étamines.*

7.° La Renouée des oiſeaux, *Polygonum aviculare*, à tige couchée, herbacée; à feuilles lancéolées; à fleurs aux aiſſelles des feuilles, à huit étamines, à trois ſtyles. Lyonnoiſe, Lithuanienne. *Voyez le Tableau* 505.

On la trouve: 1.° à larges feuilles; 2.° à calices pourpres.

Les BLÉS NOIRS, Fagopyra, *à feuilles échancrées à la baſe.*

8.° Le Blé noir de Tartarie, *Polygonum Tartaricum*, à tige droite; à feuilles en cœur, ſagittées; à ſemences comme dentées. En Lithuanie; cultivé dans le Lyonnois.

Semences & herbe nutritives; la farine des ſemences eſt préférable à celle du Blé noir Sarraſin.

9.° Le Blé noir Sarrasin, *Polygonum Fagopyrum*, à semences non sinuées, non dentées; devenu spontané dans toute l'Europe. *Voyez le Tableau* 506.

10.° Le Blé noir Liseron, *Polygonum Convolvulus*, à tige anguleuse, rampante ou grimpante, se roulant, à feuilles en cœur. Lyonnoise, Lithuanienne.

Fleurs en grappes aux aisselles des feuilles; antheres violettes; les feuilles souvent rouges; elles sont sagittées, triangulaires, lisses.

11.° Le Blé noir des haies, *Polygonum dumetorum*, très-ressemblant au précédent, mais la tige est à peine striée, point anguleuse; les antheres blanches; les feuillets du calice rabattus sur les semences forment trois ailes. Lyonnoise, Lithuanienne.

Les semences des deux dernieres especes sont nutritives comme celles du Blé noir, elles peuvent aussi fournir un très-bon fourrage; il est même surprenant que les Économistes ne se soient pas occupés de la culture de ces plantes qui réussissent, même dans les plus mauvais terrains.

SECTION III.

Des Herbes à fleurs apétales, à étamines, qu'on nomme Blés *ou Plantes* graminées, *parmi lesquelles plusieurs sont propres à faire du pain.* (*)

508. LE FROMENT.

TRITICUM hybernum, ariſtis carens. C. B. P.
TRITICUM hybernum. L. *3-dria, 2-gyn.*

FLEUR. Apétale, à étamines, composée de trois étamines & d'une espece de calice écailleux,

(*) La famille des Graminées se rapproche dans l'ordre naturel des Liliacées par la tige & par les feuilles; mais elle en differe essentiellement par la structure & les parties de la fleur qui est petite, de couleur le plus souvent herbacée, ordinairement hermaphrodite, offrant communément trois étamines, & un germe à deux styles, & à stigmates velus ou plumeux; ces parties essentielles sont renfermées dans des écailles ou paillettes minces, coriacées, pointues, persistantes, presque toujours un peu inégales entre elles, & souvent chargées d'un filet plus ou moins terminal qu'on nomme barbe ou arête; ces paillettes appelées valves, sont regardées comme des corolles lorsqu'elles touchent le germe; les extérieures sont censées des calices; les premieres forment la balle immédiate ou florale; & les secondes la balle calicinale. Toutes les Graminées sont monocotylédons, ou n'offrent en germant qu'une feuille séminale; leur tige est grêle, communément articulée, on la nomme chaume: leurs feuilles sont simples, entieres, alongées, pointues; à nervures paralleles, confluantes au sommet, & embrassant la tige par une gaîne fendue d'un côté dans plusieurs especes; cette gaîne fortifie singuliérement la tige, dont la structure est telle que, quoique foible en apparence, elle résiste aux vents les plus impétueux, pouvant se plier sans rompre,

dans lequel on distingue intérieurement deux battans, quelquefois barbus, quelquefois sans

Plusieurs genres de cette famille sont très-imparfaitement prononcés; leurs caracteres portent sur des parties ou peu constantes ou difficiles à appercevoir dans toutes les especes. Cette famille, quoique très-naturelle, paroît faite pour attaquer le systême sexuel; en effet, elle présente un genre à deux étamines; des genres monoïques, des especes dioïques, & quelques genres polygames. Les balles calicinales renferment ou une fleur, ou deux, ou plusieurs; les fleurs sont disposées ou en épis, ou en panicule, ou en digitation; elles sont placées ou sur deux côtés ou sur un seul. Tous ces caracteres sont employés avec la forme des balles, leur nombre, leur armure en arête, en poils, pour constituer les genres.

Non-seulement les Graminées offrent une forme, une structure générale, commune à presque toutes les especes, mais encore des principes communs; presque toutes recelent un principe saccharin, analogue à la manne, & une farine dans les semences plus ou moins amilacée. Quelques-unes recelent le principe aromatique, d'autres un principe âcre, amer, noyé ou dans le principe sucré, ou dans l'enveloppe des semences. Ces plantes fournissent à l'homme & aux animaux herbivores, la base principale de leur nourriture; aussi doit-on les regarder, avec les Papilionacées, comme la grande ressource des animaux.

Les Graminées sont ou annuelles, ou bisannuelles, ou vivaces par leurs racines, qui dans plusieurs sont traçantes & vivipares, produisant çà & là, sans secours des semences; les plus utiles se reproduisent seulement de semences, comme l'Orge, le Seigle, le Froment, l'Avoine, & ne durent au plus qu'un ou deux ans.

Non-seulement la nature a très-multiplié les especes des Graminées, vu leur grande utilité; on en compte déja plus de quatre cents cinquante especes; mais on observe que chaque espece vivace résiste à toutes les intempéries; le froid glacial du Nord n'endommage pas les racines des vivaces; leur multiplication est prodigieuse; chaque terrain, même les plus sablonneux, donne assez de sucs nourriciers pour faire subsister quelques especes de Graminées. Dans les eaux les plus fétides, sur les rochers les plus stériles, on trouve encore des Graminées qui y germent & y végetent; leur usage dans l'économie générale de la nature, est très-étendu; elles seules fécondent les terres aréneuses, subtiles, & les commuent à la longue en terre végétale; elles seules procurent la dessication des marais; leurs racines entrelacées forment des isles qui, bientôt englouties, élevent peu à peu le fond des étangs. Nous avons vu en Lithuanie ces isles flottantes & ces prairies tremblantes sur lesquelles les chariots passent impunément, qui couvrent des lacs entiers qui recelent encore au-dessous de ces voutes végétales, des nappes d'eau de

barbe, & qu'on peut regarder comme la corolle; extérieurement, le vrai calice ou la balle composée de deux battans ovales, obtus, lisses, renfermant ordinairement trois fleurs.

Fruit. Dans chaque corolle ou balle on trouve une semence ovale, oblongue, obtuse, convexe d'un côté, sillonnée de l'autre, & qui tombe lorsque la maturité fait entr'ouvrir la balle.

Feuilles. Simples, entieres, en forme d'alêne, embrassant la tige par leur base, placées sur chaque articulation.

Racine. Fibreuse.

Port. La tige est un chaume, de deux ou trois pieds de haut, articulé, fistuleux, courbé à son sommet dans la maturité; les fleurs au haut des tiges, disposées en épis qui, dans cette espece, n'ont point de barbe; ce qui le distingue du Blé trémois qui est très-barbu (*Triticum æstivum.* Lin.) Remarquez qu'on connoît plusieurs sortes de Froment, qui ne sont que des variétés occasionnées par la différence des climats & des cultures; tels sont les Froments hivernaux qui se sement à la fin de Septembre, & les printaniers ou marsais qu'on seme au mois de Mars, & qui se récoltent en

douze à quinze pieds de profondeur. Ces masses de racines englouties, élaborées par le temps, & mêlées avec les détrimens des insectes & des poissons, forment ces couches de tourbes, qui peut-être un jour fourniront le principal aliment du feu. Quelquefois ces fonds tourbeux entrent en effervescence sous l'eau, bouillonnent, se mêlent tellement avec l'eau des étangs, qu'elles la changent en vase opaque, assez dense pour supporter un pont de branchages comme nous l'observâmes en 1782, à trois lieues de Wilna: le fond d'un étang assez considérable se boursouffla tout à coup, fit bouillonner toute la masse d'eau qui fut changée en une boue grise, sur la surface de laquelle la chaleur du Soleil fit développer une efflorescence d'un beau bleu d'azur, qui couvroit çà & là de grandes étendues. Nous prouvâmes que cette poudre bleue étoit une ochre de fer saturé d'un principe qui se dissipoit par la calcination.

même temps ; les uns & les autres ſont ras ou barbus, & tranſportés dans des pays différens, au bout de quelques années de culture, les ras deviennent barbus, & les barbus deviennent ras ; ils varient également en rouges ou blancs, glabres ou velus. Le Blé de Smyrne ou Blé de miracle, eſt une variété du Froment dont l'épi ſe ramifie. Un grain de ce Blé ſemé dans un jardin, a donné 92 épis & 13800 grains ; il a l'inconvénient d'épuiſer la terre ; & la force de ſa paille eſt telle, lorſqu'il approche de la maturité, que les oiſeaux s'y repoſent comme ſur un arbre, & dévorent tous les grains.

Lieu. On ignore l'origine du Froment ; il eſt cultivé dans tous les champs. ⊙

Propriétés. Le grain eſt farineux, ſans odeur, mucilagineux ; le ſon qu'on en tire eſt un peu laxatif, déterſif & adouciſſant ; la farine émolliente, adouciſſante, réſolutive.

Uſages. La farine ne s'emploie qu'en cataplaſme, le ſon en décoction & en lavement. Il entre fréquemment pour les animaux, dans les médicamens béchiques, adouciſſans. Son plus grand uſage eſt de fournir la principale nourriture de l'homme, & l'une des plus ſaines ; ſa farine donne le meilleur pain ; on en fait auſſi de la bouillie ; M. ROUELLE a fait obſerver que pour rendre cette nourriture ſalutaire aux enfans, il convenoit d'y employer le malt du Froment, tel qu'il entre dans la compoſition de la Biere, c'eſt-à-dire le grain germé, parce qu'il a ſubi une fermentation équivalente à celle qu'éprouve la pâte dont on fait le pain. On peut y ſuppléer en faiſant rôtir la farine au four.

OBSERVATIONS. L'herbe du Froment eſt douce ; ſi on la mâche, elle fait aſſez reconnoître le principe ſucré dont elle eſt imprégnée ; la ſemence contient dans ſon tissu, indépendament du principe farineux, une substance gélatineuse, qui, abandonnée à la putréfaction, fournit l'alkali volatil, & offre tous les caracteres des substances animales. Presque toutes les semences farineuses recelent cette substance ; on la trouve en plus ou moins grande quantité dans les extraits de presque toutes les plantes ; aussi est-on bien revenu aujourd'hui du préjugé que le caractere chimique des substances animales, est de donner l'alkali volatil, & des végétales de fournir un acide. M. Venel nous enseignoit déjà en 1761 que les végétaux contenoient une véritable lymphe très-semblable à celle des animaux, & que de tous on pouvoit retirer l'alkali volatil.

La farine de Froment fermentée fournit le meilleur pain; mais elle est très-indigeste si on la mange sans l'avoir soumise à la fermentation. Le pain desséché au four & bouilli dans l'eau, donne l'eau panée qui est une des meilleures tisanes dans les maladies aigues ; c'est la vraie panacée pour les peuples dans les synoches, les péripneumonies. Nous en avons vu guérir, après une ou deux saignées, plusieurs centaines chez les sujets qui pendant tout le temps d'irritation n'avoient d'autre aliment, d'autre boisson; cette tisane suppléant à tout, même aux remedes. Dans le traitement des maladies chroniques qui ont leur siege ou dans la poitrine ou dans le bas-ventre, un exercice modéré, les frictions & une nourriture avec de petites soupes claires, préparées avec du pain de Froment cuit deux fois & râpé, offrent des moyens de guérison trop simples pour être employés par des Médecins aimant la drogue; cependant une expérience de vingt ans nous a appris que ces trois moyens, l'exercice, les frictions & les panades, valent mieux que tous les remedes. M. Chaptal, grand Chimiste, dont les vues se tournent presque toujours sur des objets utiles à la société, retira de l'extrait de farine de Froment, des cristaux de sel acide, figurés comme ceux du sucre.

En Pologne, du côté de l'Ukraine, province qui produit plus de Froment qu'on en peut consommer, & dont les débouchés sont très-difficiles, on retire, par la fermentation du Seigle & du Froment, une étonnante quantité de liqueur ſpiritueuſe, très-active. La partie amilacée ou nourriſſante du Froment, eſt preſque incorruptible; trois onces de Froment fourniſſent plus d'une once d'amidon.

Le Froment eſt ſujet à pluſieurs maladies; les principales ſont la nielle & le charbon; la nielle ou la rouille, vuident les grains, que l'on dit charbonnés lorſqu'ils ne contiennent qu'une pouſſiere noire; lorſque ces grains viciés dominent dans le Blé, le pain devient dangereux, & peut cauſer des douleurs de tête, la diarrhée, les convulſions. On peut retirer de la farine de Froment, par la diſtillation à un feu violent & ſans additions, un véritable phoſphore. Cette expérience a été faite par le célebre Marcgraff. M. Sage a obtenu par la diſtillation d'une livre de farine de Froment, huit onces d'acide, une once & demie d'huile empyreumatique, une drachme d'alkali volatil; le réſidu reſta de quatre onces deux drachmes & dix grains.

509. LE SEIGLE.

SECALE *hybernum vel majus*. C. B. P.
SECALE *cereale, hybernum*. L. *3-dria, 2-gynia*.

Fleur. Apétale, à étamines, compoſée de trois étamines & d'une balle ou enveloppe compoſée de deux folioles oppoſées, en forme de carêne, renfermant deux fleurs; ſous l'enveloppe, on trouve deux autres valvules qu'on peut conſidérer comme une eſpece de corolle; l'intérieure plane, lancéolée; l'extérieure roide, renflée, aiguë, ciliée à ſes bords inférieurs, terminée par une longue barbe.

Fruit. Dans chaque eſpece de corolle, on trouve une ſemence oblongue, cylindrique, un peu pointue & qui ſe détache facilement.

Feuilles. Comme dans la précédente.

Racine. Horizontale, fibreuſe.

Cl. XV. Sect. III.

Port. Les tiges s'élevent quelquefois à la hauteur de ſept ou huit pieds, moins fortes, mais ſemblables à celles du Froment ; les fleurs au ſommet, diſpoſées en épis plus alongés & très-barbus ; deux feuilles florales. On diſtingue le Seigle d'hiver & le Seigle d'été ; le premier eſt appelé grand Seigle, le ſecond petit Seigle ; ce ne ſont que des variétés. On nomme Blé méteil, le Seigle mêlé & cultivé avec le Froment.

Lieu. Son origine eſt inconnue, on le cultive dans les terres qui ne ſauroient produire du Froment. ⊙

Propriétés. } *Uſages.* } Les mêmes que le Froment, mais le pain en eſt moins ſain, plus laxatif, moins nourriſſant ; la farine plus déterſive, plus réſolutive, moins anodine, moins émolliente. On fait une décoction qui approche beaucoup du Café, avec les grains de Seigle torréfiés.

510. L'ORGE.

HORDEUM polyſtichon vernum. C. B. P.
HORDEUM vulgare. L. *3-dria, 2-gyn.*

Fleur. Apétale, à étamines, compoſée de trois étamines & d'un calice ou enveloppe diviſée en ſix folioles linéaires, aiguës, droites, renfermant trois fleurs ; ſous l'enveloppe on trouve une eſpece de corolle compoſée de deux battans, dont l'intérieur eſt lancéolé, plane ; l'extérieur renflé, anguleux, ovale, aigu, plus long que l'enveloppe, ſe terminant en une longue barbe.

Fruit. Une ſemence oblongue, renflée, anguleuſe, aiguë à ſes deux extrémités, ſillonnée dans ſa longueur, renfermée dans ſa balle qui lui demeure étroitement attachée.

Feuilles. Longues, étroites, embraſſant la tige par leurs baſes, les inférieures plus étroites que celles du Froment.

Cl. XV. Sect. III.

Racine. Fibreuſe, menue.

Port. Tige moins haute que celle des précédentes, plus ſucculente ; les fleurs au ſommet, diſpoſées en longs épis droits, renflés à leur baſe, garnis & ſurmontés de barbes très-longues ; feuilles florales diviſées en ſix.

Lieu. Cultivé dans les champs. ☉

Propriétés. La ſemence eſt farineuſe, mucilagineuſe, inſipide, un peu indigeſte, rafraîchiſſante, très-adouciſſante, très-émolliente.

Uſages. L'Orge renfermé dans ſa balle fournit des tiſanes, des décoctions; il entre dans la compoſition de la biere, plus fréquemment que le Froment. L'Orge mondé s'emploie en tiſanes, en décoctions. L'Orge grué en ſoupes & en décoctions, dont on ſe ſert pour les loks. On fait auſſi du pain d'Orge ; & l'on torréfie le grain pour le prendre comme le Café.

Observations. Le Seigle fait la baſe de la nourriture des habitans du Nord ; non-ſeulement la farine de ce Graminé ſert à faire le pain ordinaire, mais une foule de pâtes, gruaux, macaroni. Ce pain eſt léger, très-ſavoureux ; on l'aromatiſe avec des ſemences de quelques Ombelliferes, il conſtipe moins que celui du Froment ; un cataplaſme de farine de Seigle, de ſel, & de crême de tartre, réuſſit dans l'angine catarrale, comme nous l'avons éprouvé d'après Bergius. L'extrait de farine de Seigle donne moins d'acide ſaccharin que celui de Froment ; le Seigle eſt ſujet à une maladie appelée l'ergot : le grain s'alonge hors de la balle, ſe courbe en faucille & ne renferme qu'une pouſſiere âcre. Le pain qui contient beaucoup de Seigle ergoté, a cauſé l'ivreſſe, des étourdiſſemens, des ſtupeurs, des convulſions, & une gangrene ſeche ; ces faits ont été nouvellement vérifiés ſur des animaux. M. Sage a retiré d'une livre de farine de Seigle ſix

Cl. XV.
Sect. III.

onces d'acide, une once & deux drachmes d'huile empyreumatique, quarante-huit grains d'alkali volatil; le résidu charbonneux étoit de quatre onces deux drachmes & quarante-huit grains. Cette farine recele comme celle de Froment, le principe analogue à la lymphe animale, qui exposée à l'humidité, & abandonnée à la décomposition spontanée, est aussi fétide que la viande en putréfaction; d'où l'on peut conclure que la portion nutritive des alimens qui par l'action de nos organes se transmue en tissu cellulaire & en fibre, est, comme l'enseignoit M. Venel, homogene dans toute la nature; que les organes de la digestion ne font que l'extraire des substances qui la contiennent; aussi M. Venel savoit-il par un tour de main particulier, faire *in vitro*, du chyle retiré des substances végétales, absolument identique au chyle des animaux.

511. L'AVOINE.

Avena vulgaris seu alba. C. B. P.
Avena sativa. L. *3-dria, 2-gyn.*

Fleur. Apétale, à étamines, composée de trois étamines & d'un calice ou balle qui renferme plusieurs fleurs, & se divise en deux valvules lancéolées, renflées, larges, sans barbe; sous la balle on trouve deux autres valvules qu'on peut considérer comme une corolle, du dos de laquelle s'éleve une barbe très-longue, torse & articulée.

Fruit. Semence solitaire, oblongue, aiguë aux deux extrémités, avec un sillon qui s'étend sur toute sa longueur; dans cette espece, chaque balle renferme deux semences.

Feuilles. Comme dans les précédentes.

Racine. Fibreuse.

Port. Tige ou chaume articulé, haut d'un pied ou deux, les fleurs au sommet, pédunculées, disposées en panicule. L'Avoine blanche & la noire ne sont que des variétés.

Lieu. ☉

Propriétés. La ſemence eſt farineuſe, inſipide, mucilagineuſe; elle eſt très-rafraîchiſſante, adouciſſante & réſolutive.

Uſages. Avec l'Avoine mondée on fait des décoctions, des tiſanes; avec l'Avoine gruée, des décoctions, des ſoupes; ſa farine peut faire du pain. Ce grain fait partie de la nourriture de pluſieurs animaux; on doit le leur donner avec prudence, & diſcerner les cas où il convient d'en augmenter la quantité, de la diminuer, ou même de le ſupprimer.

OBSERVATIONS. La décoction d'Avoine eſt moins nutritive que celle du Froment; on en peut faire des tiſanes plus ou moins fortes qui, animées avec un peu de nitre, dix grains par pinte, offre la plus grande reſſource thérapeutique pour le traitement des maladies aigues, ſur-tout pendant l'irritation : une ſaignée ſi la pléthore l'exige, des lavemens émolliens matin & ſoir, des fomentations, la ſuppreſſion de la nourriture, preſcrire tous les quarts-d'heure la tiſane d'Orge, d'Avoine, nitrée & édulcorée avec du miel, ou ſans nitre, coupée avec du ſuc de Bourrache ou d'autres plantes nitreuſes; voilà le grand ſecret du traitement des maladies fébriles ſimples, ou inflammatoires; c'étoit l'arcane de Haen. Nous avons guéri par cette très-ſimple méthode hippocratique, des milliers de fievres : par cette méthode on diminue la trop grande énergie de la nature, qui ſeule guérit toutes les fievres guériſſables. Le pain d'Avoine eſt peu lié, aſſez déſagréable & lourd. On fait avec les ſemences d'Avoine, une biere limpide & peu échauffante; l'Avoine frite avec du vinaigre eſt un bon topique pour la colique & les douleurs de côté. Trois onces d'Avoine fourniſſent une once & demie de gelée amilacée. M. Sage a obtenu par la diſtillation de quatre onces de farine d'Avoine, une once cinq drachmes dix grains d'acide, cinq drachmes d'une huile légere, dix grains d'alkali volatil, une once & ſoixante ſix grains de charbon.

Tout ce que nous avons avancé des tisanes faites avec l'Avoine, peut s'appliquer encore mieux à l'Orge. Les Anciens savoient préparer des tisanes plus ou moins nourrissantes, suivant les différentes especes de fievres, & les varioient à différentes époques; ils ne laissoient boire que des tisanes très-limpides dans les maladies éminemment aiguës. Si on fait un peu fermenter par la germination les semences d'Orge, il se développe une grande quantité de principe doux, sucré; alors on arrête la fermentation par la dessication, on pulvérise, & en délayant cette farine dnns l'eau & la laissant fermenter, on obtient une liqueur assez spiritueuse, appelée la biere; le Houblon & les autres plantes ameres ne sont ajoutées que pour modérer la fermentation & l'empêcher de devenir acéteuse.

Le pain d'Orge est assez blanc, mais il est compacte & de difficile digestion. Trois onces de semences d'Orge ont fourni une once & six drachmes de substance amilacée. M. Sage a obtenu par la distillation de quatre onces de farine d'Orge, une once & six drachmes d'acide, trois drachmes d'huile empyreumatique pesant, quatorze grains d'huile légere, dix grains d'alkali volatil, une once & deux drachmes de charbon.

512. LE MILLET.

MILIUM semine luteo. C. B. P.
PANICUM miliaceum. L. *3-dria, 2-gynia.*

Fleur. Apétale, à étamines, composée de trois étamines & d'une balle qui ne contient qu'une fleur, & qui est divisée en trois valvules dont l'une est très-petite; dans la balle on trouve deux autres valvules qui sont ovales & aiguës comme les précédentes, & qui tiennent lieu de corolle.

Fruit. Semence ovoïde, un peu aplatie d'un côté, luisante, lisse, jaune ou noire, renfermée dans les valvules intérieures.

Feuilles. Longues, terminées en pointe, élargies par le bas, revêtues d'un duvet dans la partie de leur baſe qui embraſſe la tige en maniere de gaîne.

Racine. Nombreuſe, fibreuſe, blanchâtre.

Port. Tiges de deux ou trois pieds, droites, noueuſes; les fleurs au ſommet, diſpoſées en panicule lâche. La couleur des ſemences ne conſtitue que des variétés de la même eſpece.

Lieu. Les Indes Orientales; cultivé dans les champs. ⊙

Propriétés. La ſemence eſt farineuſe, inſipide, peu agréable, peu nourriſſante, indigeſte, venteuſe.

Uſages. Dans quelques Provinces de France on en fait du pain. Les Tartares en tirent une boiſſon & un aliment. On peut en donner aux animaux, pour les nourrir; il ſert à engraiſſer la volaille. On ne l'emploie pas en Médecine.

513. LE SORGHUM, Grand Millet noir *ou* Millet d'Afrique.

MILIUM arundinaceum ſubrotundo ſemine nigricante, Sorgho *nominatum*. C. B. P.
HOLCUS ſorghum. L. *polygam. monœc.*

Fleurs. Apétales, à trois étamines, hermaphrodites ou mâles ſur le même pied; les hermaphrodites compoſées d'une balle bivalve qui renferme une ſeule fleur velue dans cette eſpece; la valvule extérieure ovale, concave, embraſſant l'intérieure qui eſt oblongue & roulée à ſes bords. Dans la balle on trouve deux autres valvules velues, molles, plus petites que le calice; l'extérieure armée d'une barbe, l'intérieure plus petite; on peut les considérer comme une corolle ; les fleurs mâles n'ont qu'une balle bivalve, velue dans cette espece.

Fruit. Les mâles sont stériles ; chaque femelle porte une semence ovale, noire ou blanche, couverte par l'espece de corolle.

Feuilles. Simples, entieres, pointues, évasées dans le bas, embrassant la tige par leur base, en maniere de gaîne, partant de chaque articulation.

Racine. Fibreuse ; quand la plante approche de la maturité, le collet s'éleve au-dessus de terre, & l'on voit l'origine des grosses fibres de la racine.

Port. Cette plante surpasse la hauteur de l'homme ; la tige est cylindrique, articulée, droite, un peu penchée à son extrémité supérieure ; les fleurs au sommet, disposées en grosses panicules rameuses ; dans une espece de Sorghum blanc cultivé à Malthe sous le nom de Carambosse, la tige est repliée par le haut en maniere de crosse, ce qui paroît ne constituer qu'une variété, ainsi que les semences noires ou blanches.

Lieu. Cette plante vient des Indes. ⊙

Propriétés. On ne lui reconnoît aucune vertu médicinale, malgré l'éloge que Mathiole fait de sa moëlle employée pour onguent contre les écrouelles.

Usages. La semence sert à nourrir la volaille ; on en a cultivé avec succès, dans le Canton de Berne. Elle est très bonne pour la nourriture de l'homme, prise en bouillie. *Cæsalpin* prétend que si un bœuf mange la plante verte, il enfle & meurt ; & que s'il la mange seche elle lui profite ; l'expérience doit en décider.

515. LE PANIS.

PANICUM Germanicum, sive paniculâ minore flavâ. C. B. P.
PANICUM Italicum. L. *3-dria, 2-gyn.*

Fleur. Caracteres du Millet n.° 512. On y trouve une barbe plus courte que la balle.
Fruit. Semences rondes, plus petites que celles du Millet.
Feuilles. De la longueur & de la forme de celles du Roseau, plus rudes & plus pointues que celles du Millet.
Racine. Forte, fibreuse.
Port. Tiges de deux pieds & plus, rondes, solides, noueuses; les fleurs au sommet, disposées en espece de panicule ou d'épi composé de petits épis, rassemblés, mêlés de poils, portés sur des péduncules velus.
Lieu. Les Indes, l'Italie, le Languedoc; cultivé dans les jardins. ☉
Propriétés. La farine est fade, peu mucilagineuse; on la croit un peu dessicative, adoucissante & détersive.
Usages. Dans le cas de disette, on en fait du pain, on mange le Panis mondé, & cuit dans du lait, du bouillon ou de l'eau; il sert à nourrir les oiseaux & la volaille.

Cl. XV.
Sect. III.

515. LE CHIENDENT.

Gramen loliaceum, radice repente, ſive Gramen officinarum. I. R. H.
Triticum repens. L. *3-dria, 2-gynia.*

Fleur. Caracteres du Froment, n.° 508. les calices étroits, barbus, en forme d'alêne, renfermant trois fleurs.

Fruit. Semences oblongues, brunes, à peu près de la forme de celles du Froment.

Feuilles. Quatre ou cinq feuilles d'un beau vert, embraſſant la tige par leur baſe, en maniere de gaîne, d'un demi-pied de longueur, & finiſſant en pointes.

Racines. Blanchâtres, fibreuſes, rampantes, noueuſes par intervalles, entrelacées les unes dans les autres.

Port. Chaumes de deux pieds, droits, noueux; les fleurs au ſommet, en épis contractés, rangés ſur deux rangs d'étage en étage.

Lieu. Les lieux cultivés. ♃

Propriétés. } *Uſages.* } Les mêmes que la ſuivante; les habitans du Nord, dans les temps de diſette, font une ſorte de pain avec ſa racine pulvériſée, & réduite en farine.

516.

516. LE CHIENDENT, ou Pied-de-Poule.

GRAMEN dactylon radice repente sive officinarum. I. R. H.
PANICUM dactylon. L. *3-dria, 2-gynia.*

Fleur. } Caracteres du Millet, n.° 512; les fleurs
Fruit. } solitaires; les balles portées par un court pédunculé.

Feuilles. Roides, courtes, velues, embrassant le chaume, plus longues vers le haut.

Racine. Longue, noueuse, genouillée, sarmenteuse, rampante.

Port. Chaume d'un demi-pied, articulé; trois ou quatre épis disposés au sommet, ouverts, étroits, digités, velus à leur base intérieure.

Lieu. Au bord des rues & des chemins. ♃

Propriétés. La racine des Chiendens a une saveur douceâtre; elle est rafraîchissante, un peu apéritive, légérement diurétique.

Usages. Son plus grand usage est en tisanes, décoctions, apozemes apéritifs & diurétiques. L'eau distillée, ainsi que la poudre, se prescrit à la dose de ℨ j. On fait manger la plante aux animaux, mêlée avec le foin, dans les cas où on le juge convenable.

OBSERVATIONS. Les racines de Chiendens & plusieurs autres Graminées vivaces, servent plutôt à multiplier les especes que les semences; elles contiennent un principe saccharin & une assez grande quantité de substances farineuses & amilacées; l'extrait de ces racines donné à six onces, purge comme la manne : si on le fait fermenter dans suffisante quantité d'eau, il présente les phénomenes de la fermentation vineuse, spiritueuse &

acéteuſe; auſſi a-t-on fait un pain aſſez nutritif avec la poudre de ces racines. La tiſane de Gramen ou Chiendent, eſt d'un uſage vulgaire ; on la prépare communément en lui aſſociant la Régliſſe & des Jujubes ; mais c'eſt un abus & une ſuite de la fureur d'entaſſer des ſubſtances analogues ; le Chiendent ſeul avec du ſucre ou du miel, eſt préférable pour ceux qui veulent connoître ſes véritables propriétés ; ſa vertu apéritive & diurétique ne me paroît pas bien conſtatée ; ſi l'extrait purge, c'eſt comme la manne, par indigeſtion. Nous ne croyons pas qu'il recele aucun principe ſtimulant ; la tiſane adoucit, relâche ; auſſi eſt-elle indiquée dans toutes les maladies annoncées par la douleur, la chaleur, l'ardeur. L'herbe fournit un bon fourrage pour tous les beſtiaux. Les chiens, conduits par le ſeul inſtinct, en mangent ſouvent juſqu'à vomir ; on peut croire qu'ils ſont déterminés à dévorer cette herbe par la douceur de ſes feuilles & de ſes tiges, & qu'elle ne devient émétique que comme ſubſtance fade, peſante, indigeſte.

517. LE ROSEAU DES JARDINS.

Arundo ſativa quæ Donax Dioſcoridis & Theophraſti. C. B. P.

Arundo donax L. *3-dria, 2-gynia.*

Fleur. Apétale, à étamines, compoſée de trois étamines, & d'une balle qui renferme trois fleurs dans cette eſpece ; la balle formée de deux valvules oblongues, aiguës, ſans barbe ; on trouve en dedans, deux autres valvules qu'on peut conſidérer comme une corolle ; elles ſont de la longueur du calice, oblongues, aiguës, garnies d'un duvet très-long à leur baſe.

Fruit. Une ſemence oblongue, aiguë des deux côtés, garnie d'une longue aigrette à ſa baſe.

Feuilles. Graminées, ſimples, très-entieres,

longues d'une coudée, se terminant en forme d'alêne, embrassant la tige par leur base.

Racine. Horizontale, articulée, bulbeuse, solide, noueuse.

Port. Tige quelquefois de dix pieds de haut, articulée, fistuleuse, les fleurs au sommet, en panicule, diffuse.

Lieu. L'Espagne, la Provence; cultivée dans les jardins. ♃

Propriétés. } Quelques Auteurs lui supposent
Usages. } les mêmes vertus qu'aux précédens; sa racine fait passer le lait des nourrices par les urines, à la dose pour les femmes de ℥ j sur ℔ j ß d'eau à prendre dans un jour, & pour les animaux, à celle de ℥ ij sur ℔ ij d'eau, en un seul breuvage.

OBSERVATIONS. La racine de Roseau est douceâtre, d'une saveur peu agréable; elle recele un principe assez actif noyé dans le parenchyme farineux; elle est dépurative & emménagogue. L'Observation journaliere nous prouve que c'est un excellent adjuvant pour déterminer l'évacuation du lait; aussi est-elle justement recommandée après l'accouchement, aux femmes qui ne nourrissent pas. Donnée seule, elle a rarement guéri des dépôts de lait; les purgatifs, lorsqu'il n'y a pas inflammation, fournissent les vrais moyens de guérison.

SECTION IV.

Des Herbes à fleurs apétales, à étamines, rassemblées dans des têtes écailleuses.

518. LE SOUCHET ROND.

CYPERUS rotundus vulgaris. C. B. P.
SCIRPUS maritimus. L. *3-dria, 1-gynia.*

FLEURS. Apétales, à trois étamines, rassemblées en un épi tuilé, séparées les unes des autres par des écailles ovales, planes, recourbées; les écailles divisées dans cette espece en trois parties, dont celle du milieu est en forme d'alêne.

Fruit. Une semence triangulaire, aiguë, garnie de poils plus courts que le calice.

Feuilles. Etroites, pointues, embrassant la tige par leur base.

Racine. Fibreuse.

Port. Tige ou chaume triangulaire, d'un ou deux pieds de haut; les fleurs au sommet, rassemblées en épi ou panicule obrond & feuillé.

Lieu. Les bords de la mer, les étangs & les lieux humides. ♃

Propriétés. A peine aromatique.

Usages. Plutôt nutritive que médicamenteuse.

519. LE SOUCHET LONG.

Cl. XV. Sect. IV.

CYPERUS *odoratus radice longâ, ſive Cyperus officinarum.* C. B. P.
CYPERUS *longus.* L. *3-dria, 1-gynia.*

Fleurs. Apétales, à trois étamines, raſſemblées en épis qui ſont diviſés par étages; les fleurs ſéparées par des écailles ovales, en carêne, planes & courbées.

Fruit. Une ſemence triangulaire, aiguë, ſans poils.

Feuilles. Longues, roides, terminées en pointe.

Racine. Longue, fibreuſe.

Port. Chaume feuillé, triangulaire; les fleurs au ſommet, en épis alternes, ſans péduncules, formant une eſpece d'ombelle feuillée, décompoſée par le haut.

Lieu. Les terrains humides, les marais. ♃

Propriétés. Son odeur eſt agréable; elle eſt ſtomachique, emménagogue, diurétique, déterſive, céphalique, maſticatoire.

Uſages. On emploie la racine, dont on tire une eau diſtillée, & dont on fait une poudre; on s'en ſert auſſi en décoction; on donne à l'homme la poudre, à ʒ ß; aux chevaux, à ʒ ij.

OBSERVATIONS. La racine du Souchet rond ne mérite point d'être comparée avec celle du long qui eſt un peu ligneuſe, tenace, ronde, rameuſe, géniculée, interrompue par des anneaux fréquens, couverte d'une écorce rouſſe, ſtriée, liſſe; l'odeur en eſt aromatique, pénétrante; lorſqu'elle eſt fraîche elle eſt moins forte; la ſaveur eſt amere, balſamique. Cette racine long temps mâchée augmente le flux de la ſalive, dégorge toute l'arriere-bouche, eſt indiquée dans l'angine catarrale, dans les rhumes ; elle réussit dans l'anorexie, les langueurs de l'estomac, après les indigestions. On peut la prescrire utilement dans les diarrhées avec atonie.

Le vrai Souchet rond, *Cyperus rotundus* de Linné, a son chaume triangulaire, presque nu ; son ombelle décomposée ; ses épillets alternes, linaires, rougeâtres ; sa racine est aussi aromatique & indiquée pour les mêmes maladies ; elle est ovale, grosse comme un œuf de pigeon ; à anneaux ; à parenchyme blanc, friable ; à écorce rousse. On la tire des marais de Syrie, d'Egypte.

SECTION V.

Des Herbes à fleurs à étamines, séparées des fruits, sur le même pied.

520. LE MAÏS, *ou* Blé de Turquie.

Mays granis aureis. I. R. H.
Zea mays. L. *monœc. 3-dria.*

Fleurs. Apétales, à trois étamines, mâles ou femelles sur le même pied ; les mâles rassemblés en épis lâches, composés d'une balle contenant deux fleurs, & formée de deux valvules oblongues, sans barbe ; sous la balle on trouve une espece de corolle à deux valvules oblongues, sans barbe, de la longueur de la balle ; les femelles rassemblées en épi contracté, entouré d'une feuille, placé au-dessous des épis mâles ; les valvules de leur balle plus arrondies, plus courtes, plus épaisses ; les intérieures membraneuses, larges & encore plus courtes.

Fruit. Les fleurs mâles ſont ſtériles ; chaque femelle produit une ſemence obronde, anguleuſe à ſa baſe, un peu comprimée, d'un beau jaune doré.

Feuilles. Simples, entieres, terminées en pointe, embraſſant la tige par le bas, en maniere de gaîne.

Racine. Rameuſe, fibreuſe.

Port. Tige ou chaume de cinq à ſix pieds, articulé, plein ; les fleurs au ſommet, en panicules ; les fleurs mâles en épis lâches, penchés ; les femelles en épis preſque cylindriques, roides.

Lieu. Originaire d'Amérique, cultivé dans les champs, devenu indigene dans les jardins du Languedoc. ☉

Propriétés. Les ſemences ſont farineuſes, inſipides, mucilagineuſes, émollientes, indigeſtes, venteuſes.

Uſages. Nullement employé en Médecine ; les Mexicains en font une liqueur qui enivre. On en donne la farine aux animaux ; dans quelques montagnes, on en fait du pain en le mêlant avec la farine de Seigle. Les enfans mangent l'épi des graines, grillé au four.

OBSERVATIONS. Dans le Maïs, *Zea*, la fleur mâle eſt en épis diſtincts ; le calice eſt une balle émouſſée, renfermant deux fleurs ; la corolle eſt auſſi une balle émouſſée ; dans la fleur femelle le calice eſt bivalve ; la corolle une balle à deux valves, émouſſée ; le ſtyle filiforme ; les ſemences ſolitaires, noyées dans un réceptacle oblong, d'abord ſucculent. On ne connoît qu'une eſpece qui eſt le Maïs Blé de Turquie, *Zea Mays*, qui offre pluſieurs variétés, à grains blancs, à grains jaunes, plus ou moins gros, plus ou moins anguleux.

Les grains encore verts peuvent s'aſſaiſonner comme les petits pois ; ils ſont très-tendres & même doux, auſſi contiennent-ils aſſez de principe ſaccharin pour fermenter & fournir par la diſtillation un eſprit ardent, très-actif ;

la farine cuite avec du lait, a acquis quelque célébrité pour la nourriture des phthisiques & des personnes qui maigrissent par anorexie. Nous avons connu quelques sujets qui ont éprouvé avec un soulagement évident cette nourriture; d'autres au contraire n'ont pu la supporter. On a même cru observer que les Bressans qui se nourrissent uniquement avec cette farine, deviennent lourds, & sont disposés aux obstructions; mais les marais qui infectent la Bresse, ont certainement plus d'influence sur la santé de ce Peuple que la nourriture.

Le pain fait avec la farine de Maïs mêlée avec un tiers de celle de Froment, est assez bon, mais lourd & compacte. Les graines offrent dans les domaines une grande ressource pour nourrir la volaille. Les bestiaux savent encore extraire des feuilles & des tiges une grande quantité de principes nutritifs.

Le Maïs, qui réussit parfaitement en Europe, est peut-être de toutes les Graminées, l'espece qui offre la plus grande quantité de farine; l'épi présente des grains plus gros que les pois, & chaque épi en recele un nombre très-considérable.

521. LA LARME DE JOB.

LACHRYMA Jobi. clus. Hist.
COIX Lachryma Jobi. L. *monœc. 3-dria.*

Fleurs. Apétales, à trois étamines, mâles ou femelles sur le même pied; les mâles rassemblées en épis lâches, composées d'une balle contenant des fleurs, & formées de deux valvules oblongues, ovales, obtuses, sans barbe, l'extérieure plus épaisse; dans la balle on trouve deux autres valvules qu'on peut considérer comme une espece de corolle à deux valvules ovales, lancéolées, sans barbe; les fleurs femelles placées en petit nombre, à la base des épis mâles; les valvules de leur balle plus arrondies, plus épaisses, brillantes, dures, sans barbe.

Semence. Les fleurs femelles produiſent une ſemence obronde, pointue au ſommet, revêtue d'une membrane dure, polie, brillante, ordinairement griſe; la forme des ſemences imite celle d'une larme.

Feuilles. Simples, entieres, pointues, embraſſant la tige par le bas.

Racine. Rameuſe, fibreuſe.

Port. Tige d'un pied & demi, eſpece de chaume articulé, plein; les fleurs au ſommet, diſpoſées en panicule lâche.

Lieu. Les Indes; cultivée dans les jardins. ♃ & ⊙

Propriétés. } On emploie la ſemence en Méde-
Uſages. } cine, mais rarement; on lui croit les mêmes vertus qu'au Grémil, n.° 78; mais les rapports extérieurs qui ſe trouvent dans leurs ſemences, n'établiſſent pas ceux de leurs vertus.

OBSERVATIONS. Dans la Larme, *Coix*, le ſtyle diviſé en deux pieces; la ſemence recouverte par un calice qui ſe durcit & s'oſſifie, fourniſſent le caractere eſſentiel. Nous cultivons:

1.° La Larme de Job, *Coix lachryma*, à ſemences ovales. Originaire des Indes.

Il faut diſtinguer les propriétés de l'enveloppe des ſemences, qui ſont dures, luiſantes, comme pierreuſes, analogues à celles du Grémil, & la farine qu'elles renferment; la farine eſt nutritive; l'écorce de la ſemence fait efferveſcence avec les acides. On peut donc la regarder comme abſorbante; mais lui attribuer avec pluſieurs Auteurs, la vertu de diſſoudre le calcul, c'eſt ignorer que cette propriété eſt une des conſéquences les plus abſurdes de la doctrine des ſignatures.

CL. XV.
SECT. V.

522. LE RICIN, *ou* Palme de Chriſt.

RICINUS, Gallis palma Chriſti. LOB. Hiſt.
RICINUS communis. L. *monœc. monadelph.*

Fleurs. Apétales, compoſées de pluſieurs étamines réunies par leurs filets en pluſieurs corps; mâles & femelles ſur le même pied; les fleurs mâles placées dans un périanthe monophille, diviſé en cinq parties ovales, concaves; le périanthe des femelles diviſé en trois parties ſeulement.

Fruit. Capſule ſous-orbiculaire, verdâtre, couverte d'épines molles & flexibles, à trois ſillons, à trois loges, à trois valvules, renfermant trois ſemences ſolitaires, ovales, luiſantes, d'une couleur brune, mouchetées de noir.

Feuilles. Simples, pétiolées, palmées; les découpures pointues, dentées en maniere de ſcie.

Racine. Fuſiforme, aſſez ſimple.

Port. Tige de la hauteur d'un homme, rougeâtre, herbacée, rameuſe, cylindrique, fiſtuleuſe, liſſe; les fleurs à l'extrémité des rameaux, diſpoſées en grappe; feuilles alternes, avec de longs pétioles ſur leſquels on trouve ordinairement trois glandes.

Lieu. Les Indes, l'Afrique, ♂; cultivé dans nos climats où il devient ⊙, ſi on ne le préſerve pas des gelées.

Propriétés. La ſemence eſt ſans odeur, très-âcre, purgative, draſtique, inflammatoire appliquée ſur l'eſtomac, vermifuge.

Uſages. On n'emploie que la ſemence, mais il eſt imprudent de s'en ſervir intérieurement pour l'homme; on en tire une huile bonne à brûler, & dont on ſe ſert pour les emplâtres & les onguens.

OBSERVATIONS. Dans le Ricin, *Ricinus*, la fleur mâle offre un calice sans corolle, divisé en cinq segmens, une foule d'étamines ; le calice dans la fleur femelle qui est aussi sans corolle, est divisé en trois segmens ; on compte trois styles divisés chacun en deux ; la capsule est à trois loges, renfermant chacune une seule semence. On cultive dans les jardins :

1.° Le Ricin commun, *Ricinus communis*, à feuilles en bouclier, comme palmées ; à lobes à dents de scie. Originaire des Indes, d'Afrique.

La semence de Ricin est une de ces substances qui renferment des principes médicamenteux très-différens ; si on mâche ces semences entieres, elles paroissent au premier moment douces, huileuses, mais sur le retour elles répandent dans l'arriere-bouche une acrimonie très-irritante, très-âcre ; ce principe vif, caustique, paroît résider en grand dans l'écorce & l'enveloppe immédiate de la pulpe ; si on avale une semence entiere, ou si on boit de la décoction, elles causent des coliques, des envies de vomir, la cardialgie, & chez quelques sujets des évacuations considérables par le haut & par le bas. On peut extraire par l'ébullition & l'expression, une huile grasse des semences de Ricin, qui n'est qu'adoucissante & légérement purgative ; cette huile est blanche, assez épaisse, ne se figeant qu'à un degré de froid très-considérable ; elle acquiert par la durée la consistance du miel, devient rouge, diaphane ; elle est presque sans odeur ; les semences rances ont l'odeur de celles du Chanvre. Quatorze onces de semences de Ricin fournissent par expression trois onces d'huile. Des Observations récentes & bien faites nous prouvent l'utilité de l'huile de Ricin dans la colique appelée *Miserere*, dans celle des Peintres, dans les fievres bilieuses ; elle calme les ardeurs dans la gonorrhée, les coliques néphrétiques. Les Praticiens qui lui accordent une vertu vermifuge spéciale, ont-ils à nous présenter des Observations contradictoires ? L'huile de Ricin mérite-t-elle la préférence à ce titre, sur l'huile d'Olive ? Quoi qu'il en soit, on prescrit l'huile de Ricin par cuillerée : donnée en lavement, elle calme promptement les douleurs hémorroïdales.

Cl. XV. Sect. V.

SUPPLÉMENT
POUR LA FAMILLE DES GRAMINÉES.

DIANDRIE DIGYNIE.

Deux étamines, deux pistils.

Dans la Flouve, *Anthoxanthum*, le calice est une balle formée par deux valves renfermant une seule fleur; la corolle est une balle formée par deux valves aigues; le fruit est une semence solitaire. Nous avons :

1.° La Flouve odorante, *Anthoxanthum odoratum*, à épi oblong, ovale; les fleurons portés par un péduncule plus long que l'arête. Lyonnoise, Lithuanienne.

Epi lâche, jaunâtre; elle plaît aux bestiaux & donne au foin une odeur agréable.

TRIANDRIE MONOGYNIE.

Trois étamines, un pistil.

Dans les Choins, *Schœni*, les balles sont formées par des écailles univalves, entassées, sans corolle; le fruit est une semence arrondie, nidulée entre les écailles. Nous avons :

Le CHOIN *à chaume arrondi.*

1.° Le Choin marisque, *Schœnus mariscus*, à feuilles épineuses sur les bords & sur le dos. Dans les marais de Bresse, en Lithuanie, en Suede.

Chaume de quatre à cinq pieds; fleurs en panicule rameux, alongé & composé de beaucoup d'épillets courts, entassés & roussâtres.

2.° Le Choin noirâtre, *Schœnus nigricans*, à chaume nu, à collerette de deux feuilles, dont une en alêne, plus longue; à fleurs ramassées en tête alongée. Lyonnoise, Lithuanienne.

Chaume d'un pied, grêle; feuilles nombreuses, roides, aiguës, cylindriques; fleurs brunes ou noirâtres.

Le CHOIN à chaume à trois pans.

3.° Le Choin blanc, *Schœnus albus*, à chaume nu, peu feuillé; à fleurs en faisceaux; à épillets cylindriques; à feuilles sétacées. Dans le Bugey, en Lithuanie.

Les fleurs d'abord blanches, deviennent roussâtres.

Dans les SOUCHETS, *Cyperi*, les épillets sont aplatis; les balles sans corolle sont des écailles en recouvrement sur deux côtés opposés; semences nues. Nous avons :

1.° Le Souchet long, *Cyperus longus*, à chaume feuillé, à trois pans; à fleurs en ombelle feuillée, surcomposée; à péduncules nus; à épis alternes. Lyonnoise, en Languedoc.

Les épillets très-petits, roussâtres. *Voyez le Tableau 519.*

2.° Le Souchet comestible, *Cyperus esculentus*, à chaume à trois pans, nu; à fleurs en ombelle feuillée; à racine composée de fibres auxquelles sont attachés des tubercules ovales. Lyonnoise, en Languedoc.

Les épillets roussâtres; les racines brunes en dehors, blanches, tendres & farineuses, ont un goût agréable.

3.° Le Souchet jaunâtre, *Cyperus flavescens*, à chaume à trois pans, nu; à fleurs en ombelle ornée de trois feuilles; à péduncules simples, inégaux; à épillets entassés, lancéolés, jaunâtres. Lyonnoise, Allemande.

4.° Le Souchet brun, *Cyperus fuscus*, à chaume à trois pans, nu; à fleurs en ombelle ornée de trois feuilles; à péduncules simples, inégaux; à épis entassés, linaires, noirâtres. Lyonnoise, en Allemagne.

Il differe à peine du jaunâtre, ses feuilles sont plus rudes.

Dans les SCIRPES, *Scirpi*, les épillets sont composés d'écailles en recouvrement sur tous les côtés; le fruit est une semence nue.

Cl. XV.
Sect. V.

Les SCIRPES *à chaume portant un ſeul épi.*

1.° Le Scirpe des marais, *Scirpus paluſtris*, à chaume arrondi, nu; à épi terminal, comme ovale. Lyonnoiſe, Lithuanienne.

Ecailles rouſſâtres; l'épi long de ſix lignes, plus ou moins ovale.

2.° Le Scirpe des gazons, *Scirpus cæſpitoſus*, à chaume ſtrié, nu; à épi ayant à ſa baſe des valves dont une l'égale en longueur. Lyonnoiſe, Lithuanienne.

Tiges nombreuſes, de trois à ſix pouces, très-grêles & diſpoſées en gazon; l'épi d'un brun jaunâtre, très-petit, compoſé de deux ou trois fleurs.

3.° Le Scirpe en aiguille, *Scirpus acicularis*, à chaume en ſoie, rond, nu; à épi ovale, bivalve; à ſemences nues. Lyonnoiſe, Lithuanienne.

Feuilles radicales, menues comme des cheveux, les tiges de trois pouces, capillaires & terminées par un épi fort petit, verdâtre ou panaché de blanc ou de brun.

Les SCIRPES *à chaume arrondi, à pluſieurs épis.*

4.° Le Scirpe des étangs, *Scirpus lacuſtris*, à chaume nu; à pluſieurs épis ovales, terminals, pédunculés. Lyonnoiſe, Lithuanienne.

Chaume de quatre à ſix pieds, aſſez gros, plein d'une moëlle blanche; épillets rouſſâtres.

Les SCIRPES *à chaume à trois pans; fleurs en panicule nu.*

5.° Le Scirpe piquant, *Scirpus mucronatus*, à chaume triangulaire, nu, aigu; à épis conglomerés, aſſis, latéraux. Lyonnoiſe, en Suiſſe.

Les épillets ramaſſés, de dix à vingt, à quelque diſtance au-deſſous du ſommet de la tige qui eſt un peu piquante.

Les SCIRPES *à chaume à trois pans; à fleurs en panicule feuillé.*

6.° Les Scirpe des bois, *Scirpus ſylvaticus*, à péduncules ſurcompoſés ou rameux & paniculés ; à épillets entaſſés, très-petits. Lyonnoiſe, Lithuanienne.

Chaume d'un pied & demi ; les épillets d'un vert ſale, ou rouſſâtre ; les feuilles rudes en leurs bords. Les Scirpes fourniſſent un mauvais pâturage ; les cochons aiment beaucoup les racines fraîches du Scirpe des marais. Celui des étangs ſert à couvrir les chaumieres ; il peut ſervir aux ouvrages de vannerie ; on peut faire du papier avec ſa moëlle.

7.° Le Scirpe maritime, *Scirpus maritimus*, à chaume triangulaire ; à panicule arrondi, feuillé ; à épillets ovales ; à écailles terminées par trois pointes, dont l'intermédiaire eſt en alêne. En Suiſſe, en France, en Allemagne. *Voyez le Tableau* 518.

Dans les LINAIGRETTES, *Eriophora*, les balles ſans corolle ſont formées par des écailles en recouvrement ſur toutes les faces ; les ſemences ſont environnées par des filets laineux alongés qui forment comme un panache. Nous avons :

1.° La Linaigrette à gaîne, *Eriophorum vaginatum*, à chaume arrondi, garni de gaînes ; à épi terminal, droit, ovale. Lyonnoiſe, Lithuanienne.

Les feuilles en faiſceaux enveloppent la baſe du chaume, haut d'un pied, & garni de quelques gaînes courtes.

2.° La Linaigrette paniculée, *Eriophorum polyſtachion* ; à chaume arrondi ; à feuilles planes ; à épis pedunculés, pendans. Lyonnoiſe, Lithuanienne.

On peut faire des couſſins avec la laine de cette plante qui eſt très-abondante ; on la peut filer ; on a fabriqué du papier avec la moëlle des tiges ; les chevres & les moutons mangent les Linaigrettes, mais les chevaux la négligent.

3.° La Linaigrette alpine, *Eriophorum alpinum*, à chaume nu, à trois angles ; à épi droit, dont le panache eſt court, peu touffu. En Suede, en Dauphiné, ſur les Alpes.

Dans le NARD, *Nardus*, la balle calicinale, nulle ; celle de la corolle à deux valves. Nous avons :

Cl. XV. Sect. V.

Le Nard serré, *Nardus stricta*, à épi sétacé, fin, droit, dont les fleurs sont placées d'un seul côté. Sur les montagnes du Forez, Lithuanienne.

Chaume très-menu, de cinq à six pouces, terminé par un épi long de deux pouces; d'un vert un peu violet; les balles sont assises, étroites, pointues; les feuilles capillaires.

Ce gramen qui est très-court, élude la faux des moissonneurs; les corneilles l'arrachent dans les temps pluvieux, pour obtenir les larves des tipules qui mangent les racines.

TRIANDRIE DIGYNIE.

Dans le Sucre, *Saccharum*, le calice est à deux valves lancéolées, laineuses à la base; la corolle est à deux valves.

1.° Le Sucre usuel, *Saccharum officinale*, à feuilles planes; à fleurs en panicule. Originaire des Indes, cultivé dans les jardins des curieux.

La Canne à Sucre éleve son chaume à huit ou neuf pieds; ce chaume est noueux de distance en distance, de la grosseur de deux ou trois pouces; il renferme une substance médullaire, très-douce. On multiplie le Sucre en couchant les chaumes, qui de chaque nœud produisent d'autres jets. Pour obtenir le Sucre on coupe les cannes de nœud en nœud, on en fait des paquets qui, foulés sous des rouleaux très-pesans, lâchent leur suc mielleux; cette liqueur coule dans des chaudieres; on la fait bouillir en écumant & remuant sans cesse; on dépure en ajoutant une lessive alkaline. Il faut plusieurs ébullitions & dépurations pour obtenir les différentes especes de Sucre. Le suc en sortant des cannes, fermente promptement, & passe en trente heures à la fermentation acide. On sait aujourd'hui que le sel essentiel de tout principe saccharin, est un acide masqué par un mucilage. On peut retirer du Sucre un vin agréable & une eau-de-vie très-active.

Les Anciens ont connu le Sucre, mais ils ont ignoré l'art de le raffiner & de le préparer en grande masse. Le Sucre comme assaisonnement, est d'un usage très-étendu. On

On lui a justement accordé plusieurs éloges, comme adoucissant, tempérant & expectorant, utile dans toutes les maladies avec douleurs, érétisme; les reproches que quelques Praticiens font à cette substance, paroissent peu fondés. Nous avons connu une foule de personnes qui consommoient chaque jour beaucoup de Sucre sans en être incommodés; l'excès seul peut être nuisible, sur-tout aux enfans. Le principe sucré est très-répandu dans le regne végétal, tous les sucs doux le recelent en plus ou moins grande quantité; mais la nature semble l'avoir concentré par excès dans la Canne à Sucre, qui offre une des plus riches branches de l'industrie humaine; certainement le Sucre a plus rendu que tous les aromates des Indes.

Dans les PHALARIS, *Phalarides*, les balles du calice composées de deux valves égales en carêne, ou comprimées, renfermant une corolle à deux valves plus courtes; les fleurs en épis lâches, ou quelquefois en panicule.

1.° Le Phalaris des Canaries, *Phalaris Canariensis*, à fleurs en panicule ovale, imitant l'épi sans barbe. Originaire des Isles Canaries, devenu spontanée dans nos Provinces.

Chaume de deux pieds; feuilles molles, un peu velues; à gaine garnie d'une petite membrane blanche; épi terminal panaché de vert & de blanc. Les graines contiennent une bonne farine dont on peut faire d'excellent gruau; mais on cultive sur-tout cette plante pour la nourriture des serins.

2.° Le Phalaris phléoïde, *Phalaris phleoïdes*, à fleurs en panicule cylindrique, imitant l'épi, lisse, dont quelques balles sont vivipares. En Lithuanie, en Dauphiné.

Chaume de trois pieds, souvent rougeâtre; épi comme dans le Fléau des prés, mais à balles pédunculées, terminées par deux dents. Bon pâturage pour les chevres & les moutons.

3.° Le Phalaris roseau, *Phalaris arundinacea*, à panicule oblong, ventru, ample & alongé. Lyonnoise, Lithuanienne.

Chaume de quatre pieds; feuilles rudes en leurs bords; épillets de couleur blanche, mélangée de violet; les balles lisses.

CL. XV. SECT. V.

Il y a une variété à feuilles rayées de vert & de blanc, semblables à des rubans. Excellent pâturage. Dans le Nord il sert à couvrir les masures.

Dans les PANICS, *Panica*, la corolle est composée de trois valves, dont la troisieme est très-petite.

1.° Le Panic verticillé, *Panicum verticillatum*, à chaume articulé; à épi formé par des anneaux de fleurs; à rameaux de l'épi de quatre fleurs; la collerette de chaque fleur formée par deux soies. Lyonnoise, Lithuanienne.

Epi long de deux ou trois pouces, verdâtre, chargé de filets accrochans.

2.° Le Panic glauque, *Panicum glaucum*, à épi arrondi; à collerette pour deux fleurs, formée par un faisceau de poils; à semences ridées, ondulées. Lyonnoise, Allemande.

Les péduncules sont sillonnés; poils de la collerette d'un jaune roussâtre.

3.° Le Panic vert, *Panicum viride*, à semences nerveuses. Lyonnoise, Allemande.

Très-ressemblante à la précédente; la troisieme valve de la corolle manque souvent.

3.° Le Panic italique, *Panicum italicum*, à épis composés; à épillets entassés, parsemés de soie; à péduncules hérissés. Cultivée, originaire des Indes.

Les semences, qui sont utiles pour nourrir les oiseaux, fournissent une mauvaise nourriture aux hommes.

4.° Le Panic Pied-de-coq, *Panicum Crus-galli*, à épis alternes & opposés; à épillets divisés; à balles hérissées & à arêtes ou à barbes longues ou courtes. Lyonnoise, Lithuanienne.

Le chaume est articulé; les épis verdâtres, rudes; la racle est à cinq angles.

5.° Le Panic sanguin, *Panicum sanguinale*, à épis digités, à nodosités vers leur base interne; les fleurons deux à deux, sans barbe; à gaines des feuilles ponctuées. Lyonnoise, Lithuanienne.

Chaume articulé, un peu couché; feuilles molles, velues; cinq à sept épis linaires, rougeâtres, longs de deux pouces, disposés comme les doigts de la main, peu ouverts.

6.° Le Panic dactyle, *Panicum Dactylon*, à épis en digitations ouvertes, velues à leur base interne; à fleurs solitaires; à drageons rampans. Lyonnoise, Allemande. *Voyez le Tableau* 516.

7.° Le Panic Millet, *Panicum Milliaceum*, à fleurs en panicule lâche, flasque; à gaînes des feuilles hérissées; à balles nerveuses, pointues. Originaire des Indes, cultivée dans les jardins.

Chaume articulé, rameux; on le trouve à semences jaunes & blanches.

Le Millet est peu nourrissant, on prépare avec sa farine de la bouillie. En la faisant fermenter, les Tartares en retirent de l'eau-de-vie. Les semences servent à nourrir les serins & la volaille; la plante renversée en vert, fournit un bon engrais.

Dans les FLÉAUX, *Phlea*, le calice sans péduncule est formé par deux valves linaires, tronquées, terminées par deux dents; la corolle est renfermée dans le calice; elle est courte, formée par deux valves; les fleurs forment un épi serré, ordinairement cylindrique & un peu rude.

1.° Le Fléau des prés, *Phleum pratense*, à chaume droit; à épi très-long, cylindrique, cilié. Lyonnoise, Lithuanienne.

Chaume de trois ou quatre pieds; épi de quatre à cinq pouces; à balles petites, blanches sur le dos, vertes sur les côtés, ciliées & terminées par deux dents sétacées, longues de demi-ligne. Ce Fléau fournit un des meilleurs pâturages pour tous les bestiaux, cependant les cochons n'en veulent point.

2.° Le Fléau des Alpes, *Phleum Alpinum*, à épi ovale, cylindrique. Sur les Alpes du Dauphiné, de Suisse, des Pyrénées, de Suede.

Chaume d'un pied, épi long d'un pouce, velu, presque noirâtre; dents des balles plus longues.

3.° Le Fléau noueux, *Phleum nodosum*, à racine bulbeuse, à chaume couché dans sa partie inférieure; à feuilles obliques; à épi cylindrique. Lyonnoise, Lithuanienne, Allemande.

Chaume d'un pied, coudé à ses articulations; épi

Cl. XV. Sect. V.

long de deux ou trois pouces; les balles blanchâtres, ou un peu purpurines.

4.° Le Fléau des sables, *Phleum arenarium*, à chaume branchu; à épi ovale, cilié. Lyonnoise, Lithuanienne.

Les chaumes rameux dans la partie inférieure; les épis de six à dix lignes; les balles velues & ciliées.

Dans les Vulpins, *Alopecuri*, le calice est formé par deux valves, renfermant une corolle à une seule valve.

Les fleurs forment un épi cylindrique, garni de barbes assez longues.

1.° Le Vulpin des prés, *Alopecurus pratensis*, à chaume droit, terminé par un épi ovale; à balles velues; à corolle mousse. Lyonnoise, Lithuanienne.

Epi mollet, velu, d'un vert blanchâtre, long de deux pouces.

2.° Le Vulpin des champs, *Alopecurus agrestis*, à chaume droit, terminé par un épi, dont les balles sont lisses. Lyonnoise, Allemande.

L'épi grêle, long de trois ou quatre pouces, verdâtre, ou un peu purpurin, garni de barbes longues de deux ou trois lignes.

3.° Le Vulpin bulbeux, *Alopecurus bulbosus*, à racine bulbeuse; à chaume droit, terminé par un épi cylindrique. Lyonnoise, en Languedoc.

L'épi long d'un pouce, velu & garni de barbes.

4.° Le Vulpin genouillé, *Alopecurus geniculatus*, à chaume coudé à ses articulations. Lyonnoise, Lithuanienne.

L'épi cylindrique, serré, panaché de vert & de blanc; les balles comprimées, un peu velues, terminées par deux petites cornes.

Les Vulpins fournissent tous un très-bon pâturage; celui des prés est sujet à l'ergot.

Dans les Millets, *Milia*, le calice est formé par deux valves presque égales; il renferme une seule fleur; la corolle est très-courte, le stigmate est en pinceau.

Les fleurs forment un panicule très-lâche, ou quelquefois un épi.

1.° Le Millet lendier, *Milium lendigerum*, à fleurs en panicule resserré en épi; chaque fleur à arête. Lyonnoise, en Languedoc, en Dauphiné.

Le chaume de six à sept pouces, rameux; panicule resserré, pyramidal, long d'un pouce & demi; à fleurs petites, d'un vert jaunâtre.

2.° Le Millet épars, *Milium effusum*, à fleurs en panicule très-lâche; elles sont sans barbes. Lyonnoise, Lithuanienne.

Chaume de trois pieds; panicule long de près d'un pied; l'odeur de ce Millet est agréable. Les chevres & les moutons le mangent volontiers.

Dans les AGROSTIS, *Agrostes*, le calice est formé par deux valves, renfermant une seule fleur; la corolle est un peu plus courte que le calice; les stigmates sont hérissés sur leur longueur.

Les fleurs sont disposées communément en panicule finement ramifié.

Les AGROSTIS à balles à barbes ou arêtes.

1.° L'Agrostis éventé, *Agrostis Spica venti*, à fleurs en panicule ouvert; les pétales extérieurs armés d'une arête droite, très-longue. Lyonnoise, Lithuanienne.

Les chaumes de trois pieds, droits; gaine des feuilles striée; fleurs très-petites, verdâtres ou rougeâtres, très-nombreuses, formant un panicule ample, long d'un pied; à péduncules presque capillaires; les valves du calice lisses.

Ce Gramen qui réussit bien dans les terrains, mérite d'être cultivé, vu qu'il fournit une bonne nourriture pour les chevaux. On en peut retirer, comme de plusieurs autres Graminées, un principe colorant, vert, applicable sur les étoffes en laine.

2.° L'Agrostis roseau, *Agrostis arundinacea*, à panicule oblong; le pétale extérieur velu à la base, armé d'une arête torse, plus longue que le calice. Lithuanienne, en Suisse.

Le panicule blanchâtre.

3.° L'Agrostis argenté, *Agrostis Calamagrostis*, à chaume branchu; à panicule dense; tout le pétale extérieur laineux, armé au sommet d'une arête. En Lithuanie, en Dauphiné.

La balle du calice verte à la base, blanche, argentée en ses bords & au sommet.

4.° L'Agrostis rouge, *Agrostis rubra*; à panicule fleuri, très-ouvert; le pétale extérieur lisse, terminé par une arête tordue, recourbée. En Suede, & sur les montagnes du Forez.

Les épillets du panicule très-ouverts lorsqu'ils fleurissent, sont resserrés en épi avant la fleuraison; ces fleurs passées deviennent toutes rouges.

5.° L'Agrostis genouillé, *Agrostis canina*, à chaumes couchés, comme branchus; à calices alongés; l'arête du dos des pétales recourbée. Lyonnoise, Lithuanienne.

Chaume d'un pied, couché & coudé à chaque nœud; panicule alongé, rougeâtre, resserré, long de deux pouces; l'arête sétacée, blanche, deux fois plus longue que le fleuron.

Les AGROSTIS à balles sans barbes ou arêtes.

6.° L'Agrostis traçant, *Agrostis stolonifera*, à chaumes rampans; à panicule dont les rameaux sont sans arête, très-ouverts; à calices égaux. Lyonnoise, Lithuanienne.

Chaumes rampans & coudés, nombreux, rougeâtres, poussant çà & là des racines; panicule d'un vert rougeâtre, long de deux ou trois pouces.

7.° L'Agrostis chevelu, *Agrostis capillaris*, à panicule ouvert, finement ramifié; à calices égaux, en alêne, comme hérissés, colorés; à fleurs sans arête. Lyonnoise, en Suede.

Les fleurs d'un vert pâle dans leur jeunesse, ensuite rougeâtres, forment un panicule composé de rameaux très-fins comme des cheveux; le chaume est grêle, droit.

8.° L'Agrostis mineur, *Agrostis minima*, à fleur en panicule imitant un épi filiforme. Lyonnoise. Elle ne s'éleve pas au-delà du Rhin.

Chaumes nombreux, de deux pouces, droits, capillaires, terminés par un épi linaire, rougeâtre, long de six lignes; les fleurs presque sans péduncule, alternes, comme collées contre l'épi; les feuilles très-courtes, longues d'une demi-ligne, radicales, forment avec les chaumes un joli gazon; cette jolie Graminée fleurit en Février dans nos vignobles.

Dans les FOINS, *Airæ*, le calice est formé de deux valves renfermant deux fleurs, entre lesquelles on ne trouve point de corpuscule particulier.

Les FOINS *à fleurs sans barbe.*

1.° Le Foin aquatique, *Aira aquatica*, à fleurs en panicule ouvert; à corolles sans barbes, lisses, plus longues que le calice; à feuilles planes. Lyonnoise, Lithuanienne.

Panicule à rameaux en anneaux; fleurs verdâtres, mélangées de violet; la balle calicinale fort courte, renfermant deux fleurs, dont une est moins saillante.

Les vaches, les moutons & les chevaux mangent cette plante.

Les FOINS *à fleurs à barbes.*

2.° Le Foin gazon, *Aira cæspitosa*, à feuilles planes; à panicule ouvert; à pétales velus & à arêtes à leur base; l'arête droite, courte. Lyonnoise, Lithuanienne.

Chaume de trois pieds, droit; panicule très-ample, long de huit à dix pouces; à balles calicinales, luisantes, d'un vert argenté & souvent violet.

Excellent dans les prairies, puisque tous les bestiaux le mangent avec avidité.

3.° Le Foin tortueux, *Aira flexuosa*, à chaume presque nu; à feuilles sétacées; à panicule peu garni, étalé; à péduncules tortueux. Lyonnoise, Lithuanienne.

Les balles luisantes, argentées.

4.° Le Foin des montagnes, *Aira montana*, à feuilles sétacées; à panicules resserrés; à corolles velues à la base; à arêtes tordues, plus longues. En Lithuanie, sur les montagnes du Forez.

Il ressemble tellement au précédent que plusieurs Botanistes le regardent comme une simple variété.

5.° Le Foin blanchâtre, *Aira canescens*, à feuilles sétacées; la supérieure envelopant comme un spathe la base du panicule; les barbes en massues. Sur les montagnes du Lyonnois, en Lithuanie.

Balles argentées, mélangées de rose ou de violet; les barbes fort courtes & un peu épaisses à leurs sommets.

6.° Le Foin précoce, *Aira præcox*; à feuilles sétacées; à gaines anguleuses; à fleurs en panicule, imitant l'épi; à corolles à barbes à la base. Sur les montagnes du Lyonnois, en Danemarck.

Les chaumes de deux à cinq pouces; le panicule de huit lignes d'un vert, blanchâtre, mélangé de pourpre; la gaine formée par la feuille supérieure, éloignée du panicule.

7.° Le Foin œilleté, *Aira caryophyllea*, à feuilles sétacées; à panicule divergent, très-étalé, peu garni; à corolles à arêtes écartées. Lithuanienne, en Dauhiné.

Chaume de six pouces, grêle; les balles petites, verdâtres, blanches & luisantes à leur extrémité.

Dans les MELIQUES, *Melicæ*, le calice formé par deux valves, renferme deux fleurs entre lesquelles on observe un corpuscule particulier qui semble être le rudiment d'une troisieme fleur.

Les fleurs disposées en panicule.

1.° La Melique ciliée, *Melica ciliata*, à pétale extérieur du fleuron inférieur, très-velu ou cilié. Lyonnoise, Lithuanienne.

Chaume d'un pied & demi, menu, droit; panicule long de trois ou quatre pouces, étroit, tout-à-fait resserré en épi; valves du calice lisses, d'un blanc jaunâtre.

2.° La Melique penchée, *Melica nutans*, à panicule simple, penché; à pétales sans barbes. Lyonnoise, Lithuanienne.

Chaume grêle, foible, d'un pied & plus. Panicule oblong, peu garni, rétréci presque en épi; les balles d'un rouge brun.

3.° La Melique bleue, *Melica cærulea*, à panicule resserré; à fleurs cylindriques. Lyonnoise, Suédoise.

Chaume de trois à quatre pieds; panicule d'un pied, resserré, étroit; balles panachées de vert & de bleu, ou d'un violet noirâtre.

Les chevres, les moutons & les chevaux mangent ce Gramen que l'on a conseillé de semer dans les pâturages.

Dans les PATURINS, *Poa*, le calice formé par deux valves, renferme plusieurs fleurs; les épillets sont ovales; à valves aigues, scarieuses à la marge.

1.° Le Paturin aquatique, *Poa aquatica*, à panicule diffus; à épillets de six fleurs linaires. Lyonnoise, Lithuanienne.

Chaume de cinq à six pieds; panicule très-ample, long d'un pied; épillets d'un rouge brun, mêlé de vert, formé de cinq à dix fleurs.

2.° Le Paturin des Alpes, *Poa Alpina*, à panicule diffus, très-rameux; à épillets en cœur, de six fleurs. Sur les montagnes du Lyonnois, du Bugey, du Dauphiné, de Suede.

Panicule panaché de vert & de brun.

3.° Le Paturin commun, *Poa trivialis*, à panicule subdivisé; à épillets de trois fleurs un peu velues; à chaume droit, rond. Lyonnoise, Lithuanienne.

On le distingue par un duveté à la base du pétale extérieur.

4.° Le Paturin à feuilles étroites, *Poa angustifolia*, à panicule diffus; à épillets de quatre fleurs un peu velues; à chaume droit, rond. Lyonnoise, Lithuanienne.

A peine distingué du précédent; ses feuilles plus étroites.

5.° Le Paturin des prés, *Poa pratensis*, à chaume droit, rond; à panicule diffus; à épillets de cinq fleurs lisses, sans duvet. Lyonnoise, Lithuanienne.

Les épillets sont très-petits, verdâtres.

6.° Le Paturin annuel, *Poa annua*, à panicule diffus, à angles droits; à épillets obtus; à chaume oblique, comprimé. Lyonnoise, Lithuanienne.

Chaume de sept à huit pouces, incliné; épillets verdâtres ou rougeâtres.

7.° Le Paturin duret, *Poa rigida*, à panicule lancéolé, comme rameux; à rameaux alternes d'un seul côté.

Chaumes nombreux, un peu durs, de quatre à sept pouces; le panicule long de deux pouces, roide, étroit; à rameaux courts, rudes, alternes, soutenant chacun quelques épillets presque linaires. Lyonnoise, en Allemagne.

8.° Le Paturin comprimé, *Poa compressa*, à pani-

Cl. XV. Sect. V.

cule resserré, tourné d'un seul côté; chaume oblique, comprimé. Lyonnoise, Lithuanienne.

Les épillets verdâtres, ou leurs valves rougeâtres à leurs sommets, ce qui leur donne un aspect très-agréable; les chaumes d'un pied, à demi couchés.

9.° Le Paturin des bois, *Poa nemoralis*, à panicule atténué; à épillets presque tous de deux fleurs pointues, rudes; à chaume courbé. Lyonnoise, Lithuanienne.

Chaumes de deux à trois pieds, très-grêles, penchés; panicule très-lâche; épillets très-petits, d'un vert blanchâtre.

10.° Le Paturin bulbeux, *Poa bulbosa*, à panicule peu ouvert, tourné d'un seul côté; à épillets de quatre fleurs. Lyonnoise, en Allemagne.

Base des feuilles radicales renflée en maniere de bulbe; articulations du chaume d'un rouge noirâtre; les valves des fleurs s'alongent souvent en maniere de feuilles; ce qui fait paroître le panicule feuillé, chevelu & comme frisé.

11.° Le Paturin à crête, *Poa cristata*, à panicule en épi; à calices un peu velus, plusieurs renfermant quatre fleurs, plus longues que le péduncule; à pétales à barbes ou arêtes. Lyonnoise, en Allemagne.

Epi un peu interrompu à sa base, luisant, panaché de vert & de blanc.

Les Paturins fournissent tous, même l'aquatique, un bon pâturage; celui des prés ne sauroit être trop multiplié.

Dans les Brises, ou Amourettes, *Brizæ*, le calice formé par deux valves, renferme plusieurs fleurs; l'épillet est aplati, ventru, composé de deux rangs de valves florales, obtuses, comme en cœur.

Les fleurs en panicule très-lâche.

1.° La Brise majeure, *Briza maxima*, à épillets en cœur, formés par dix-sept fleurs. En Languedoc.

Epillets très-grands, lisses, panachés de vert & de blanc, souvent penchés, soutenus par des péduncules presque toujours simples, ce qui forme plutôt une grappe qu'un panicule.

2.° La Brise moyenne, *Briza media*, à épillets

ovales ; à valves du calice plus courtes que les ſept fleurs qu'elles ſoutiennent. Lyonnoiſe, Lithuanienne.

3.° La petite Briſe, *Briza minor*, à épillets triangulaires ; à valves du calice plus longues que les ſept fleurs qu'elles renferment. En Bourgogne, en Allemagne.

Ces deux eſpeces ſont à peine diſtinguées par des caracteres ſuffiſans.

4.° La Briſe Amovrette, *Briza Eragroſtis*, à épillets lancéolés, formés par vingt fleurons. Lyonnoiſe, en Suiſſe.

Le panicule oblong, à rameaux alternes ; à épillets d'un brun violet ou olivâtre.

Le nombre des fleurs dans chaque épillet, eſt incertain, de quinze à vingt.

La Briſe moyenne fournit un bon pâturage pour les vaches, les chevres & les moutons. On l'appelle Amovrette tremblante ; le moindre vent tient les épillets dans un mouvement perpétuel.

Dans les DACTYLES, *Dactylis*, le calice comprimé eſt formé par deux valves, dont l'une plus grande eſt creuſe, en carêne. Nous avons :

1.° Le Dactyle pelotonné, *Dactylis glomerata*, à panicule formé d'un côté par des fleurs entaſſées. Lyonnoiſe, Lithuanienne.

Chaume droit de trois pieds ; le panicule composé de quelques rameaux lâches, formés d'épillets aſſez petits, nombreux, ſerrés, ramaſſés par pelotons, & tournés d'un ſeul côté ; chaque calice renferme trois ou quatre fleurs dont les valves ſont chargées de barbes courtes.

Dans les CINOSURES, *Cynoſuri*, le calice formé par deux valves, renferme pluſieurs fleurs ; le réceptacle propre ſur un ſeul côté, eſt feuillé.

1.° Le Cinoſure en crête, *Cynoſurus criſtatus*, à collerettes en bractées, comme ailées. Lyonnoiſe, Lithuanienne.

Fleur en épi long de deux à trois pouces, étroit, formé d'un ſeul côté, garni dans toute ſa longueur d'épillets cachés, courts, taillés en peignes ; les épillets un peu comprimés, formés par trois à cinq fleurs. Bon pâturage pour les moutons.

Cl. XV. Sect. V.

2.° Le Cinosure hérissé, *Cynosurus echinatus*, à bractées comme ailées; à segmens lancéolés, linaires. En Languedoc, en Dauphiné.

L'épi dense, court, formé d'un seul côté, rameux, hérissé de barbes, un peu roide, long & souvent rougeâtre; les pinnules des bractées finissent en longues barbes.

3.° Le Cinosure bleu, *Cynosurus cæruleus*, à bractées entieres. Lyonnoise, Lithuanienne.

Le chaume de dix pouces, presque nu.

L'épi à peine long d'un pouce, serré & un peu cylindrique; ses épillets de deux à trois fleurs, d'un bleu bleuâtre, ou tirant sur le violet.

Dans les FÉTUQUES, *Festucæ*, le calice est formé par deux valves; les épillets sont oblongs, presque cylindriques, formés de balles aiguës, pointues.

Les FÉTUQUES à panicule tourné d'un seul côté.

1.° La Fétuque bromoïde, *Festuca bromoïdes*, à panicule unilatéral; à épillets droits, lisses; à une valve du calice entiere, l'autre aiguë. Sur les montagnes du Lyonnois.

Epillets verdâtres, à longues barbes, de cinq fleurs; panicule lâche, inférieurement resserré au sommet; valves du calice très-inégales, dont la plus petite n'est qu'un filet sétacé, & l'autre une écaille très-aiguë.

2.° La Fétuque des moutons, *Festuca ovina*, à chaume à quatre angles, presque sans feuilles; à feuilles sétacées; à panicule resserré, à barbes. Sur les montagnes du Lyonnois, de Suede, en Lithuanie.

Excellent pâturage pour les moutons. On doit ramener à cette espece la Fétuque vivipare, *Festuca vivipara*, à panicule prolifere.

3.° La Fétuque rouge, *Festuca rubra*, à chaume presque arrondi; à épillets de six fleurs, à barbes; le dernier fleuron sans barbe, mousse. Sur les montagnes du Lyonnois, Lithuanienne.

Epillets & chaume d'un rouge obscur, tirant un peu sur le violet; si ressemblante à la précédente, que le Chevalier La Marck n'en fait avec raison qu'une variété.

4.° La Fétuque durette, *Festuca duriuscula*, à feuilles

ſétacées ; à panicule formé d'un ſeul côté, oblong ; épillets oblongs, liſſes, de ſix fleurs. Lyonnoiſe, Lithuanienne.

5.° La Fétuque des haies, *Feſtuca dumetorum*, à panicule en épi duveté ; à feuilles filiformes. Lyonnoiſe, en Danemarck.

Très-reſſemblante à la précédente ; les épillets blanchâtres, oblongs, de dix à douze fleurs.

6.° La Fétuque queue-de-rat, *Feſtuca myuros*, à panicule en épi ; à calices très-menus, mouſſes ; à fleurs rudes ; à longues barbes. Lithuanienne, en Dauphiné.

L'épi fort long, grêle, penché ; à épillets verdâtres, de quatre à cinq fleurs.

Les FÉTUQUES à panicule égal.

7.° La Fétuque inclinée, *Feſtuca decumbens*, à panicule droit ; à épillets ovales, mouſſes ; à calices plus grands que les fleurs qu'ils renferment ; à chaume incliné. En Lithuanie, en Dauphiné.

Le panicule reſſerré, preſque en épi ; épillets peu nombreux, courts, ovales, durs, liſſes, d'un vert blanchâtre, quelquefois violet ; le calice renferme trois ou quatre fleurs.

8.° La Fétuque élevée, *Feſtuca elatior*, à panicule droit, preſque formé d'un ſeul côté ; à épillets un peu barbus, les extérieurs ronds. Lyonnoiſe, Lithuanienne.

Chaume de trois à quatre pieds ; panicule ample, très-lâche & ſouvent tourné d'un ſeul côté ; épillets médiocres, d'un vert mêlé de rouge ou de violet, compoſés de ſix ou ſept fleurs.

9.° La Fétuque flottante, *Feſtuca fluitans*, à panicule rameux, droit ; à épillets preſque aſſis, ronds, mouſſes. Lyonnoiſe, Lithuanienne.

Le panicule fort long, reſſerré, preſque en épi ; à épillets alongés, grêles, cylindriques, liſſes, d'un vert blanchâtre ; à péduncules très-courts. Les oies ſavent très-bien recueillir les ſemences de cette Graminée qu'elles mangent avec avidité. Les chevres, les moutons, les chevaux en mangent l'herbe verte ; cette plante fournit une eſpece de manne que l'on mange cuite dans du lait.

Dans les Bromes, *Bromi*, le calice formé par deux valves; les épillets oblongs, arrondis; à fleurs rangées sur deux côtés, dont les arêtes naissent au-dessous du sommet des valves.

1.° Le Brome Seigle, *Bromus secalinus*, à panicule ouvert; à épillets ovales; à arêtes droites; à semences distinctes. Lyonnoise, Lithuanienne.

Les épillets velus, panachés de vert & de blanc, formés par huit à dix fleurs. Le Brome Orge, *Bromus Hordeaceus*, n'est qu'une variété à panicule resserré, à chaume plus court.

2.° Le Brome mollet, *Bromus mollis*, à panicule redressé; à épillets ovales, blancs, dentés; à arêtes droites; à feuilles très-molles, velues. Lyonnoise, Lithuanienne.

L'épillet de sept fleurs, très-ressemblant au précédent.

3.° Le Brome rude, *Bromus squarrosus*, à panicule penché; à épillets ovales; à arêtes recourbées. Lyonnoise, en Suisse.

Les épillets gros, blanchâtres; à pédicilles filiformes, très-fins.

4.° Le Brome stérile, *Bromus sterilis*, à panicule ouvert; à épillets oblongs, distiques, comprimés; à balles en alêne, pointues, un peu hérissées. Lyonnoise, Lithuanienne.

Epillets de sept fleurs.

5.° Le Brome des champs, *Bromus arvensis*, à panicule penché; à épillets ovales, oblongs. Lyonnoise Lithuanienne.

Epillets lisses, de huit fleurs; à balles marginées, à arêtes courtes, droites & torses.

6.° Le Brome des toits, *Bromus tectorum*, à panicule penché; à épillets linaires. Lyonnoise, Lithuanienne.

L'épillet de cinq fleurs, hérissé; à balles étroites, aiguës.

Il est si difficile de trouver des caracteres spécifiques dans les Bromes des toits, des champs, dans les rudes, que le célebre Scopoli n'en a fait qu'une seule espece.

7.° Le Brome gigantesque, *Bromus giganteus*, à panicule penché; à épillets de quatre fleurs; à arêtes plus courtes. Lyonnoise, Lithuanienne.

Chaume de quatre à cinq pieds; panicule très-lâche,

long de plus d'un pied ; épillets très-petits, cylindriques, presque lisses.

8.° Le Brome pinné, *Bromus pinnatus*, à chaume sans division ; les épillets étant alternes, presque sans péduncule, arrondis ; à arêtes plus courtes que les balles. Lyonnoise, Lithuanienne.

Les épillets longs d'un pouce, grêles, de douze fleurs ; la plupart sans péduncule, quelquefois courbés comme des cornes.

9.° Le Brome distique, *Bromus distachyos*, à deux épis droits, alternes. Lyonnoise, en Bourgogne, en Languedoc.

Les épillets sont grands, comprimés, roides, durs, d'un vert blanchâtre ; à barbes fort longues, au nombre de deux à cinq ; une valve de chaque corolle est ciliée. La culture multiplie les épillets ; dans le spontanée on n'en trouve que deux.

Les semences de Brome Seigle rendent le pain noir, amer, & causent, dit-on, des vertiges & des maux de tête. Les vaches, les chevres, les moutons & les chevaux mangent l'herbe ; son panicule teint en vert.

Le Brome rude est un fourrage estimé en Italie ; la semence est bonne pour la volaille & les pigeons ; la paille a les mêmes qualités que celle du Seigle.

Le Brome des champs & des toits donne un bon pâturage à tous les bestiaux ; le gigantesque fournissant beaucoup de paille, & étant recherché des bestiaux, mérite d'être cultivé.

Dans les STIPES, *Stipæ*, le calice formé par deux valves renferme une seule fleur ; la valve extérieure de la corolle est terminée par une barbe très-longue, articulée à sa base.

1.° La Stipe pinnée, *Stipa pinnata*, à arête en barbe de plume. Lyonnoise, en Allemagne.

Chaume droit, grêle ; panicule étroit, formé par un petit nombre de fleurs ; chaque fleur est ornée d'une barbe longue de plus de huit pouces, plumeuse & torse à sa partie inférieure.

2.° La Stipe jonciere, *Stipa juncea*, à barbe à arête nue, droite ; à calice plus long que la semence ; à feuilles intérieurement lisses. En Suisse, en Dauphiné.

CL. XV. SECT. V.

3.° La Stipe Capillaire, *Stipa Capillata*, à arête nue, courbée; à calice plus long que la semence; à feuilles intérieurement velues. En Allemagne, en Bourgogne.

Plusieurs Botanistes célebres regardent ces deux dernieres especes comme n'en faisant qu'une seule.

Dans les AVOINES, *Avenæ*, le calice formé de deux valves renferme plusieurs fleurs, dont la valve porte sur le dos une arête tortillée.

1.° L'Avoine élevée, *Avena elatior*, à fleurs en panicule; à calice renfermant deux fleurs, dont une hermaphrodite à étamine & pistil est à arêtes très-courtes; l'autre à étamines seulement, offre une arête très-longue. Lyonnoise, Lithuanienne.

2.° L'Avoine cultivée, *Avena sativa*, à fleur en panicule; à calice renfermant deux germes; à semences lisses, dont une surmontée par une arête. *Voyez le Tableau* 511.

3.° L'Avoine nue, *Avena nuda*, à fleurs en panicule; à calice renfermant trois fleurs; à réceptacle plus long que le calice; à pétales produisant de leur dos une arête; le troisieme fleuron mousse, sans arête. Cultivée, très-ressemblante à la précédente; mais les semences tombent sans enveloppe.

4.° L'Avoine follette, *Avena fatua*, à fleurs en panicule; à calice renfermant trois fleurs, toutes à arêtes, & velues à leur base. Lyonnoise, Lithuanienne.

5.° L'Avoine jaunâtre, *Avena flavescens*, à panicule lâche; à calice renfermant trois fleurs, dont chacune a une arête. Lyonnoise, Lithuanienne.

Epillets très-nombreux, fort petits, lisses & luisans, d'un vert jaunâtre.

6.° L'Avoine fragile, *Avena fragilis*, en épis à calice renfermant quatre fleurs, & plus longs qu'elles. Sur les montagnes du Lyonnois, du Dauphiné.

7.° L'Avoine des prés, *Avena pratensis*, fleurs presque en épis; à calices renfermant cinq fleurs. Lyonnoise, Lithuanienne.

Péduncules très-courts; épillets serrés contre la tige.

L'Avoine élevée mérite d'être cultivée; elle s'éleve beaucoup, se fauche de bonne heure, & fournit un excellent

excellent pâturage aux vaches, aux chevres & aux moutons.

L'Avoine folle est souvent trop commune dans les champs, mais on la détruit en y mettant le feu, en laissant reposer la terre, & la labourant. Dès que cette herbe a germé, ses graines ornées de leurs barbes, peuvent servir d'hygrometre ; elles rampent dans les granges jusques aux murs. Les chevres, les moutons & les chevaux mangent cette plante.

L'Avoine jaunâtre est un bon pâturage pour tous les bestiaux.

L'Avoine des prés étouffe tous les arbrisseaux qu'elle entoure par ses racines.

Dans les LAGURIERS, *Laguri*, le calice formé par deux valves, a une barbe velue ; le pétale extérieur de la corolle est terminé par deux arêtes, une troisieme tortillée part du dos du même pétale.

Les fleurs en épi cotonneux, mollet, & assez semblable à une queue de lievre.

1.° Le Lagurier ovale, *Lagurus ovatus*, à épi ovale, à arêtes. En Languedoc, en Dauphiné.

Epi très-velu, blanchâtre, chargé de barbes très-saillantes ; les valves du calice plumeuses ; les arêtes sans poils.

2.° Le Lagurier cylindrique, *Lagurus cylindricus*, à épi cylindrique, sans barbes. En Provence, en Languedoc.

L'épi de cinq à six pouces, pointu, très-velu, cotonneux.

Dans les ROSEAUX, *Arundines*, le calice formé par deux valves, renferme des fleurs entassées, environnées à leur base par une laine ; le calice renferme une ou plusieurs fleurs.

1.° Le Roseau cultivé, *Arundo Donax*, à calice renfermant cinq fleurs ; à panicule diffus, étalé ; à chaume ou à tige ligneuse. En Provence.

Tiges de neuf pieds ; feuilles larges de deux pouces ; fleurs purpurines. Aquatique. *Voyez le Tableau 517.*

2.° Le Roseau commun, *Arundo phragmites*, à panicule lâche ; à calice renfermant cinq fleurs. Lyonnoise, Lithuanienne.

Cl. XV. Sect. V.

Chaume de cinq à ſix pieds ; feuilles larges d'un pouce, tranchantes ; panicule de dix pouces ; fleurs pourpres, noirâtres ; les poils qui environnent les fleurs, longs & ſoyeux ; ſouvent trois fleurs dans le calice. Aquatique. Ce roſeau eſt ſuccédané du précédent, quoique moins actif ; les vaches, les chevres & les chevaux en mangent les feuilles.

3.° Le petit Roſeau, *Arundo epigejos*, à calice renfermant une ſeule fleur ; à panicule droit, reſſerré ; à feuilles liſſes en-deſſous. Lyonnoiſe, Lithuanienne ; ſur les collines arides.

4.° Le Roſeau laineux, *Arundo Calamagroſtis*, à calice renfermant une ſeule fleur ; à chaume rameux ; à corolle laineuſe. Lyonnoiſe, Lithuanienne ; dans les marais.

5.° Le Roſeau des ſables, *arundo arenaria*, à calice renfermant une ſeule fleur ; à feuilles roulées, piquantes. En Provence, en Languedoc ; ſur les ſables du bord de la mer, & ſur le rivage de la mer Baltique.

Feuilles radicales, en faiſceaux ; chaumes de la longueur des feuilles, d'un pied ; panicule reſſerré en épi, long de ſix pouces.

Dans les IVROIES, *Lolia*, les épillets ſont ſans pédun-cule, comprimés & alternes ſur le racle ou axe commun ; le calice de chaque épillet n'offre qu'une valve placée en dehors, comprimant pluſieurs fleurs.

1.° L'Ivroie vivace, *Lolium perenne*, à épis ſans barbes ; à épillets comprimés, formés par pluſieurs fleurs. Lyonnoiſe, Lithuanienne.

L'épi long de ſept pouces ; épillets liſſes, alternes, aſſez éloignés. Il y a une variété à épillets barbus.

2.° L'Ivroie menue, *Lolium tenue*, à épi ſans barbes, rond ; à épillets de trois fleurs. Lyonnoiſe.

Ses épillets très-menus.

3.° L'Ivroie enivrante, *Lolium temulentum* ; à épi barbu ; à épillets comprimés, de pluſieurs fleurs. Lyonnoiſe, Lithuanienne.

Quelquefois les épillets ſont ſans barbes.

Dans l'ÉLIME, *Elymus*, le calice à deux valves

renferme deux épillets formés par plusieurs fleurs ; à la base de chacune, une autre écaille calicinale, en alêne.

1.° L'Elime des sables, *Elymus arenarius* ; fleurs en épi droit, resserré ; à calice cotonneux, plus long que les fleurs qu'il enveloppe. Sur les bords de la mer Baltique & Méditerranée.

Plante blanchâtre dans toutes ses parties ; chaume d'un pied & demi ; épi cotonneux, long de trois pouces.

2.° L'Elime d'Europe, *Elymus Europæus*, à épi droit ; à calice de la longueur des deux épillets biflores, qu'il renferme. En Suisse, en Bugey.

Les balles du calice à barbes ; épi roide, cylindrique.

Dans le SEIGLE, *Secale*, le calice est à deux valves opposées, solitaires, linaires, soutenant deux fleurs assises.

1.° Le Seigle commun, *Secale cereale*, à cils des balles rudes. Originaire de Crête, cultivé.

Dans l'ORGE, *Hordeum*, le calice est latéral, bivalve, uniflore, terne, ou les fleurs ramassées, trois à trois par paquets ou faisceaux serrés contre l'axe commun ; à la base de chaque paquet, on trouve six paillettes en alêne, qui tiennent lieu d'écailles du calice ; elles sont un peu écartées, par paires, & disposées deux ensemble, au côté extérieur de chaque fleur.

1.° L'Orge vulgaire, *Hordeum vulgare* ; toutes les fleurs sont hermaphrodites, fertiles, & à barbes.

Dans le *Polystichon*, l'épi est un peu comprimé, & paroît distique, à deux côtés saillans.

Dans l'*Hexastichon*, l'épi a une forme carrée, & ses barbes sont très-rudes.

2.° L'Orge distique, *Hordeum distichon*, à fleurs latérales, mâles, sans barbes ; épi comprimé & garni en ses côtés saillans de fleurs fertiles ; à barbes très-longues ; les fleurs stériles ou imparfaites, disposées en ses côtés, planes, sans barbes. Cultivé dans les champs.

On le nomme encore Pamelle.

Dans l'Orge Zéocrite, *Hordeum Zeocrithon*, ou Riz rustique, l'épi est fort large, assez court ; ses barbes sont

Cl. XV. Sect. V.

ouvertes en éventail ; ce n'eſt probablement qu'une variété du diſtique.

3.° L'Orge des murs, *Hordeum murinum*, à paillettes ou écailles calicinales intermédiaires, très-ciliées ; à fleurs latérales, mâles ; à longues barbes. Lyonnoiſe, Lithuanienne.

Dans l'Orge Seigle, *Hordeum Secalinum*, les paillettes calicinales toutes preſque liſſes ; les barbes des fleurs courtes & très-fines.

Dans les FROMENS, *Tritica*, le calice bivalve, ſolitaire, renferme de deux à cinq fleurs qui ſont obtuſes, & terminées par une pointe.

1.° Le Froment d'été, *Triticum æſtivum*, à calice ventru, à quatre fleurs liſſes, poſées en recouvrement, à arêtes ; cultivé.

2.° Le Froment d'hiver, *Triticum hibernum*, à calice ventru, à quatre fleurs liſſes, poſées en recouvrement, preſque ſans barbes. *Voyez le Tableau* 508.

3.° Le Froment composé, *Triticum compoſitum*, à calice ventru, de quatre fleurs ; à épi ramifié.

4.° Le Froment enflé, *Triticum turgidum*, à calice quadriflore, ventru, imbriqué, velu, obtus.

5.° Le Froment de Pologne, *Triticum Polonicum*, à calice biflore, nu ; à fleurs à longues barbes ; à dents de la racle barbues.

6.° Le Froment Epeautre, *Triticum Spelta*, à calice quadriflore, tronqué ; à fleurs en barbes, hermaphrodites, l'intermédiaire neutre.

7.° Le Froment uniloculaire, *Triticum unicoccum* ; calice à deux ou trois fleurs, dont la premiere à barbes, l'intermédiaire ſtérile.

Les FROMENS vivaces.

8.° Le Froment joncier, *Triticum junceum*, à calice de cinq fleurs, tronqué ; à feuilles roulées. Lyonnoiſe, en Suiſſe.

Feuilles glauques ; épillets appliqués contre l'axe de l'épi ; calices & corolles à barbes ou ſans barbes.

9.° Le Froment rampant, *Triticum repens*, à calice en alêne, de quatre fleurs ; à feuilles planes. Lyonnoiſe, Lithuanienne.

Racine très-rampante, rameuſe; épillets de quatre à cinq fleurs. *Voyez le Tableau* 515.

1.° Le Froment délicat, *Triticum tenellum*, à racine fibreuſe; à feuilles ſétacées; à calice de trois ou quatre fleurs aigues, ſans barbes. Lyonnoiſe, en Suiſſe.

Chaume de ſix pouces, filiforme; fleurs en épis, de quatre à ſept épillets alternes.

LES POLYGAMES.

Fleurs à étamines ou à piſtils & hermaphrodites.

Dans les RACLES, *Cenchri*, les fleurs en épis hériſſés de poils rudes; à épillets de deux fleurs, l'une hermaphrodite, & l'autre mâle ou ſtérile; l'écaille extérieure eſt laciniée & hériſſée.

1.° La Racle en tête, *Cenchrus capitatus*, à épi ovale, ſimple. En Languedoc, en Italie.

Fleurs en têtes hériſſonnées.

2.° La Racle linaire, *Cenchrus racemoſus*, à panicule reſſerré en épi; à balles hériſſées de ſoies ciliaires. En Languedoc, Lyonnoiſe.

Chaumes inclinés, feuilles ciliées.

Dans les BARBONS, *Andropogones*, les balles du calice renferment une fleur; les valves des fleurs, à barbes inſérées à la baſe extérieure; fleurs hermaphrodites, aſſiſes; les mâles ou ſtériles, à péduncules.

1.° Le Barbon velu, *Andropogon Iſchæmum*, à pluſieurs épis digités; à fleurs aſſiſes, à barbes & ſans barbes; à pédicules laineux. Lyonnoiſe, Allemande.

De trois à ſept épis en faiſceaux ou en digitations peu ouvertes; petit paquets de poils blancs à la baſe des fleurs.

2.° Le Barbon paniculé, *Andropogon gryllus*, en panicule dont les péduncules très-ſimples portent trois fleurs, dont l'hermaphrodite eſt à barbe ciliée & laineuſe à ſa baſe. En Languedoc, en Suiſſe.

Panicule lâche; à épillets à longs péduncules, à quatre fleurs, dont deux ſtériles, aſſiſes, & deux à péduncules. On trouve à la baſe de la fleur hermaphrodite, un duvet très-court.

Cl. XV.
Sect. V.

Dans les Houques, *Holci*, la fleur hermaphrodite a un calice qui renferme une ou deux fleurs, dont une valve eſt à arête ; dans la fleur mâle le calice ſans corolle a deux valves, renfermant trois étamines ; les fleurs forment un panicule plus ou moins lâche.

1.° La Houque molle, *Holcus mollis*, à balle biflore, preſque nue ; le fleuron hermaphrodite ſans barbes ; le mâle à barbes, genouillé. Lyonnoiſe, Lithuanienne.

La racine rampante ; panicule un peu reſſerré, en épi preſque rouſſâtre & mélangé de violet ; valves du calice très-aiguës, ciliées ſur leur dos & en leurs bords ; barbes très-apparentes, & au moins auſſi longues que les balles florales.

2.° La Houque laineuſe, *Holcus lanatus*, très-reſſemblante à la précédente ; à balles calicinales très-velues ; à barbes peu apparentes & moins longues que les balles florales. Lyonnoiſe, Lithuanienne.

Barbes crochues & à peine apparentes.

3.° La Houque odorante, *Holcus odoratus*, à balles de trois fleurs, ſans barbes, aiguës ; la fleur hermaphrodite a deux étamines. Lithuanienne, en Suiſſe, en Languedoc.

Le panicule petit, peu garni, brun mêlé de jaune ; balles calicinales luiſantes.

Dans l'Égilope, *Ægilops* : la fleur hermaphrodite, a la balle du calice cartilagineuſe renfermant deux ou trois fleurs ; la valve de la corolle eſt terminée par trois arêtes, renferme trois étamines, deux ſtyles, une ſemence ; dans la fleur mâle le calice & la corolle comme dans l'hermaphrodite ; trois étamines ſans germe ni ſtyle ; fleur en épi dur, ordinairement à longues barbes ; les épillets aſſis, alternes, plus ou moins ſerrés.

1.° L'Egilope ovale, *Ægilops ovata*, à épi fort court ; à valves calicinales de tous les épillets, chargées de trois barbes. En Languedoc, en Dauphiné.

Les balles du calice ſtriées, & un peu velues ſur le dos.

2.° L'Egilope alongé, *Ægilops triuncialis*, à épi alongé, de trois pouces ; les valves calicinales des épillets inférieurs n'ayant que deux barbes. En Languedoc & près de Paris.

MONOECIE TRIANDRIE.

Fleurs mâles séparées des femelles, sur le même pied.

Dans les CARETS, *Carices*, les fleurs sont en épis formés comme des chatons; chaque fleur mâle a un calice d'une seule piece, sans corolle, trois étamines; la fleur femelle a un calice d'une seule piece, sans corolle, renfermant un nectaire enflé, à deux dents; le style a trois stigmates; la semence à trois faces est enveloppée par le nectaire.

Les CARETS à un seul épi simple.

1.° Le Caret dioïque, *Carex dioïca*, à épi simple, dioïque. Lyonnoise, Lithuanienne.

Chaume de trois ou quatre pouces, capillaire; épi menu, long de six lignes, tout composé ou de fleurs mâles ou de fleurs femelles; feuilles radicales, en faisceaux, très-menues, triangulaires.

2.° Le Caret pucier, *Carex pulicaris*, à épi mâle au sommet, & femelle à sa base. Lyonnoise, Lithuanienne.

Les semences pendantes & réfléchies en bas, imitent par leur forme & leur couleur de petites puces.

Les CARETS à épis androgynes.

3.° Le Caret des sables, *Carex arenaria*, à chaume à trois pans; à épi composé; à épillets androgynes; les inférieurs plus éloignés, accompagnés d'une foliole plus longue. Lyonnoise, Lithuanienne.

Capsules courtes, pointues, blanches à leur base, vertes à leur sommet; les styles rougeâtres & velus font paroître ces épillets ferrugineux.

4.° Le Caret des lievres, *Carex leporina*, à épi composé; à épillets ovales sans péduncules, rapprochés, alternes, androgines, nus ou sans bractées. Lyonnoise, Lithuanienne.

Chaume de deux pieds; épillets doux au toucher.

5.° Le Caret des renards, *Carex vulpina*, à épi ſurcompoſé, inférieurement lâche; à épillets androgynes, ovales, entaſſés, dont la partie ſupérieure eſt à étamines. Lyonnoiſe, Lithuanienne.

Epi court, compacte, jaunâtre, hériſſé de pointes divergentes; capſules à bec fendu.

6.° Le Caret hériſſé, *Carex muricata*, à épillets comme ovales, aſſez éloignés, androgynes; à capſules pointues, divergentes, épineuſes. Lyonnoiſe, Lithuanienne.

Chaume de ſix pouces; quatre à ſix épillets arrondis, fort petits.

7.° Le Caret écarté, *Carex remota*, à épis ovales preſque aſſis, éloignés, androgynes; à bractées de la longueur du chaume. Lyonnoiſe.

Les épis ſupérieurs ſans bractées.

8.° Le Caret alongé, *Carex elongata*, à épillets alongés, aſſez éloignés, androgynes; à capſules ovales, aiguës. Lyonnoiſe, Lithuanienne.

9.° Le Caret blanchâtre, *Carex caneſcens*, à épillets arrondis, éloignés, aſſis, obtus, androgynes; à capſules ovales, un peu obtuſes. Lyonnoiſe, Suédoiſe.

10.° Le Caret en panicule, *Carex paniculata*, à épi rameux, en panicule; à épillets androgynes. Lyonnoiſe, Allemande.

Ecailles brunes, luiſantes, blanchâtres en leur bord.

Les CARETS *à épis de ſexe différent, les épis à piſtils ſans péduncules.*

11.° Le Caret jaune, *Carex flava*, à épis arrondis, entaſſés; à péduncules très-courts; l'épi mâle linaire; à capſules aiguës, recourbées. Lyonnoiſe, Lithuanienne.

Les épis femelles très-hériſſés, & preſque piquans.

12. Le Caret digité, *Carex digitata*, à épis linaires, redreſſés; l'épi mâle plus court, & placé plus bas; les capſules éloignées, écartées. Lyonnoiſe, Lithuanienne.

Trois ou quatre épillets preſque réunis à leur naiſſance, un peu rouſſâtres.

13.° Le Caret des montagnes, *Carex montana*, à épis femelles aſſis, comme iſolés, ovales, rapprochés du mâle; à chaume nu; à capſules un peu velues. Lithuanienne, Lyonnoiſe.

Les écailles des épillets noirâtres, deux ou trois épillets; les femelles longues de trois lignes; le mâle de ſept lignes,

14.° Le Caret globuleux, *Carex globularis*, à épi mâle, oblong; le femelle ſans péduncule & ovale, rapproché d'une bractée, ou feuille florale plus courte. Lyonnoiſe, en Suede.

Les CARETS à épis de ſexe différent; les femelles à péduncules.

15.° Le Caret Capillaire, *Carex capillaris*, à épis pendans; l'épi mâle droit, les femelles oblongs, diſtiques; à capſules ovales, nues, aiguës. Lyonnoiſe, en Suede.

16.° Le Caret pâle, *Carex paleſcens*, à épis pendans; e mâle droit, les épis femelles ovales, en recouvrement; à capſules ovales, obtuſes. Lyonnoiſe, Lithuanienne.

Les épis d'un jaune pâle; les feuilles un peu velues.

17. Le Caret paniſet, *Carex panicea*, à épis pédunculés, droits, éloignés entre eux; les femelles linaires; à capſules enflées, comme émouſſées. Lyonnoiſe, Lithuanienne.

Quatre épis, le ſupérieur mâle, rouſſâtre, long de deux pouces; les trois autres femelles, à écailles très-brunes; capſules verdâtres & renflées.

18.° Le Caret Faux-Souchet, *Carex Pſeudo-Cyperus*, à épis pendans; à péduncules deux à deux. Lyonnoiſe, Lithuanienne.

Cinq épis tous pédunculés; les femelles plus écartés les uns des autres, & paroiſſant preſque s'inſérer au même point; les écailles & les capſules terminées par des ſoies, ce qui fait paroître les épis tout hériſſés.

19.° Le Caret gazon, *Carex cæſpitoſa*, à épis droits, cylindriques, ternes, preſque ſans péduncules, rapprochés; le mâle terminal; à chaume à trois pans. En Suede, en Dauphiné.

20.° Le Caret écarté, *Carex diſtans*, à épis très-écartés, comme aſſis dans une bractée vaginale, en gaîne; à capſules anguleuſes, aiguës.

Cl. XV.
Sect. V.

Les CARETS *à épis de ſexe différent, pluſieurs épis mâles.*

21.° Le Caret aigu, *Carex acuta*, à pluſieurs épis mâles, les femelles comme aſſis; les capſules obtuſes. Lyonnoiſe, Lithuanienne.

22.° Le Caret véſiculaire, *Carex veſicaria*, à pluſieurs épis mâles, les femelles péduncutés; à capſules enflées, terminées par une pointe. Lyonnoiſe, Lithuanienne.

Les épis mâles plus menus que les femelles.

23.° Le Caret hériſſé, *Carex hirta*, à épis éloignés, pluſieurs mâles, les femelles droits; à péduncules courts; la tige, les feuilles & les capſules hériſſées. Lyonnoiſe, Suédoiſe.

Les capſules enflées, velues, terminées par deux pointes; la gaîne des feuilles blanche, velue. Dans les terres ſablonneuſes.

SECTION VI.

Des Herbes à fleurs apétales, à étamines, ordinairement ſéparées des fruits, ſur des pieds différens.

523. LA PRÊLE.

EQUISETUM *paluſtre longioribus ſetis.* C. B. P.

EQUISETUM *fluviatile.* L. *cryptog.*

FLEUR. Apétale; fructification obſcure, diſpoſée en épi ovale, oblong.

Fruit. Semences noires & rudes, au rapport de Cæſalpin.

Feuilles. Rudes, cannelées, composées de petits tuyaux emboîtés les uns dans les autres.

CL. XV. SECT. VI.

Racine. Longue, fibreuse, stolonifere, noirâtre.

Port. Tiges de deux pieds de haut, fistuleuses, striées, articulées, chaque articulation dentée à son sommet, & embrassant l'articulation supérieure, les jeunes tiges sortant de terre comme les Asperges; la fructification disposée au sommet, en épi; feuilles verticillées, très-nombreuses. Le nom de la plante lui vient de la ressemblance de ses feuilles avec les crins disposés autour de la queue du cheval.

Lieu. Les marais & lieux humides. ♃

Propriétés. Sans odeur; la saveur un peu salée, astringente & détersive.

Usages. On emploie l'herbe dont on tire une poudre qui se donne à la dose de ʒ j pour l'homme, ou sa décoction, à la dose de ℥ iij, dans les pissemens de pus, les fleurs blanches, les gonorrhées; on peut en donner la décoction aux bœufs & aux chevaux, à poig. ij sur ℔ ij d'eau; ou leur faire manger l'herbe verte, mais on la croit pernicieuse aux brebis.

524. LA PRÊLE, *ou* Queue de cheval.

EQUISETUM arvense longioribus setis. C. B. P.

EQUISETUM arvense. L. *cryptog.*

Fleur. } Comme dans la précédente.
Fruit. }

Feuilles. Très-longues, simples, marquées de quatre cannelures profondes, articulées comme

Cl. XV. Sect. VI.

celles de la précédente, les articulations beaucoup plus longues.

Racine. Menue, noire, articulée, rampante.

Port. La tige qui porte la fructification, est une hampe surmontée d'un épi qui ressemble à un chaton; les tiges stériles sont feuillées; les feuilles verticillées.

Lieu. Les terres humides, sablonneuses.

Propriétés. } Les mêmes vertus que la précé-
Usages. } dente, mais plus forte; encore plus nuisible aux brebis.

Observations. Toutes les Prêles paroissent avoir les mêmes propriétés médicinales; indépendamment du principe astringent, elles cachent un autre principe un peu âcre. L'expérience semble prouver l'efficacité de la décoction, contre les pertes blanches, les diarrhées invétérées, causées par atonie, les suites de dissenterie. On lave avec la même décoction les ulceres baveux & fétides, & nous l'avons vu pratiquer avec succès; cependant nous pensons que l'emploi journalier de ces astringens cause une foule de maux; qu'en supprimant des évacuations très-souvent salutaires, on fait refouler des humeurs âcres, altérées, qui transportées sur les visceres de la poitrine, & sur ceux des autres régions internes, développent plusieurs maladies longues, opiniâtres, & souvent mortelles. Nous ne saurions trop le répéter, les vieux ulceres, les sueurs sous les bras, aux pieds, les écoulemens derriere les oreilles, les suintemens à l'anus, les hémorroïdes, les pertes blanches, les anciennes dartres, sur-tout après quarante ans, sont des maladies dépuratoires qu'il faut presque toujours respecter. Dans ces maladies, la nature cherche à dépurer la masse des humeurs par ces évacuations, qui doivent être considérées comme des cauteres naturels; aussi les Médecins qui dans plusieurs maladies chroniques, insistent sur l'emploi des cauteres, bien loin de s'éloigner des traces de la nature, en sont les plus fidelles imitateurs.

525. LES ÉPINARDS.

Cl. XV. Sect. VI.

SPINACIA *vulgaris, capſulâ ſeminis aculeatâ.* I. R. H.

SPINACIA *oleracea.* L. *diœc. 5-dria.*

Fleurs. Apétales, mâles ou femelles, ſur des pieds différens; les fleurs mâles compoſées de cinq étamines dans un calice diviſé en cinq découpures concaves, oblongues, obtuſes; les fleurs femelles compoſées de quatre piſtils dans un calice monophille, diviſé en quatre découpures, dont les deux plus petites ſont oppoſées.

Fruit. Le calice des fleurs femelles ſe durcit, & renferme une ſemence obronde; la forme du fruit varie, elle eſt tantôt obronde, tantôt anguleuſe.

Feuilles. Pétiolées, ſimples, entieres; les inférieures quelquefois découpées des deux côtés, terminées en pointes aiguës; celles du ſommet ont ſeulement deux prolongemens à leur baſe.

Racine. Blanche, ſimple, peu fibreuſe.

Port. Tiges d'un pied, creuſes, cylindriques, cannelées, rameuſes; les fleurs mâles, diſpoſées en grappes, depuis le milieu de la tige juſqu'au ſommet; les femelles axillaires & raſſemblées; feuilles alternes.

Lieu. On ignore ſon pays natal; cultivé dans les jardins potagers. ☉

Propriétés. Cette plante eſt aqueuſe & fade; la décoction laxative; l'herbe émolliente, déterſive; privée de ſa premiere eau, c'eſt un aliment très-léger, qui diſſipe les glaires & autres embarras de l'eſtomac.

Uſages. Les feuilles s'emploient en décoction & en cataplaſmes; les décoctions ſervent dans les lavemens purgatifs.

Cl. XV. Sect. VI.

Observations. Dans l'Epinard, *Spinacia*, qui est dioïque, ou à fleurs mâles séparées des femelles sur différens individus, les fleurs à cinq étamines offrent un calice à cinq segmens, sans corolle; les fleurs femelles un calice à quatre segmens, sans corolle; à quatre styles; à une semence renfermée dans le calice qui se durcit. Nous avons :

1.° L'Epinard cultivé, *Spinacia oleracea*, à fruits sessiles, ou sans péduncules.

Cette espece offre deux variétés: l'une à feuilles sagittées; à semences hérissées de pointes: l'autre à feuilles ovales, oblongues; à semences lisses.

Le genre des Epinards doit être ramené, en suivant l'ordre naturel, à celui des *Chenopodium*; Patte-d'oie.

L'Epinard dont on mange les feuilles, est une de ces plantes qui, dans un tissu lâche, contient peu de principe muqueux nutritif, noyé dans une grande quantité d'eau. On hâche les Epinards après les avoir fait cuire & exprimer; on fait évaporer à un feu doux, en ajoutant d'abord peu de beurre au fond de la casserole; lorsque une grande quantité de l'humidité est évaporée, on ajoute peu à peu beaucoup de beurre, un peu de sel, &c. Cet aliment est facile à digérer pour le plus grand nombre des sujets; & si quelques Auteurs en ont condamné l'usage comme indigeste, c'est eu égard au principe résineux qui éludant toutes les forces digestives, colore en vert les excrémens. Nous avons vu une foule de convalescens, très-foibles, bien nourris sans indigestion, avec des Epinards cuits au jus. L'eau dans laquelle on fait cuire les Epinards, est laxative; on la donne en lavement dans les cas de constipation. La pulpe d'Epinard appliquée sur les phlegmons, diminue la douleur & accélere la suppuration.

CL. XV. SECT. VI.

526. LA MERCURIALE mâle *ou* femelle.

MERCURIALIS *testiculata*, *sive* mas. C. B. P.
MERCURIALIS *spicata*, *sive* fœmina. C. B. P.
MERCURIALIS *annua.* L. *diœc. 9-dria.*

Fleurs. Apétales, mâles ou femelles, sur des pieds différens; les fleurs mâles composées d'environ une douzaine d'étamines placées dans un calice divisé en trois parties lancéolées, ovales, concaves; les femelles composées de deux pistils & de deux nectars pointus, insérés sur chaque côté du germe; leur calice semblable à celui des mâles.

Fruit. Aucun sur la plante mâle; la femelle produit des capsules obrondes, de la forme d'un Scrotum, biloculaires, contenant des semences solitaires, obrondes.

Feuilles. Glabres, simples, entieres, pointues, souvent ovales & dentées en maniere de scie.

Racine. Fibreuse.

Port. Tiges d'environ un pied, anguleuses, noueuses, lisses, polies, rameuses; les fleurs opposées & axillaires; les mâles pédunculées, rassemblées en épi; les femelles presque sessiles, & souvent deux à deux; feuilles opposées; stipules géminées.

Lieu. Les champs, les vignes, les cours & les lieux ombrageux. ☉

Propriétés. Cette plante est fade, désagréable au goût, sans odeur, laxative, émolliente; on la regarde aussi comme emménagogue, mais cette vertu n'est pas établie.

Cl. XV. Sect. VI.

Usages. Elle eſt placée au nombre des cinq émollientes, on en fait des décoctions pour lavemens.

527. LA MERCURIALE des Montagnes.

MERCURIALIS montana ſpicata. C. B. P.
MERCURIALIS perennis. L. *diœc.* 9-*dria.*

Fleur. } Comme dans la précédente, mâles ou
Fruit. } femelles ſur des pieds différens.

Feuilles. Rudes au toucher, ſimples, entieres, lancéolées, dentées en maniere de ſcie.

Racine. Rameuſe.

Port. Tige très-ſimple, d'un demi-pied environ, anguleuſe, noueuſe; les fleurs axillaires, les mâles diſpoſées en épi, ſur un péduncule deux fois plus long que les feuilles; les femelles placées deux à deux, à l'extrémité d'un péduncule plus court que les feuilles; les feuilles oppoſées; ſtipules très-petites.

Lieu. Les montagnes, les bois taillis, au pied des Buis; dans le Bugey, au Mont Pila. ♃

Propriétés. } Les mêmes que la précédente.
Uſages. }

OBSERVATIONS. Dans les Mercuriales, *Mercurialis*, le calice de la fleur mâle ſans corolle, eſt à trois ſegmens. On compte neuf à douze étamines; les antheres ſont rondes, deux adoſſées ſur chaque filament; les fleurs femelles ſemblables, ſéparées des mâles, ſur des pieds différens, offrent deux ſtyles; deux coques réunies forment la capſule qui eſt à deux loges, renfermant chacune une ſeule ſemence. Nous avons:

1.° La Mercuriale vivace, *Mercurialis perennis*, à tige très-ſimple; à feuilles rudes. Lyonnoiſe, Lithuanienne. *Voyez le Tableau* 527.

Cette

Cette plante très-commune dans les plaines du Nord, de même que nos autres Sous-Alpines, ne se trouve dans nos Provinces que sur les montagnes du Bugey & de Pila; on la regarde comme vénéneuse, son odeur & son caractere botanique annoncent assez le danger; nous en avons mâché quelques feuilles qui nous souleverent l'estomac & nous causerent des nausées & une anxiété désagréable. En général nous trouvions presque toujours cette herbe entiere, ce qui prouve que les bestiaux la craignent; cependant les chevres la mangent impunément; en desséchant elle prend une couleur bleue.

2.° La Mercuriale ambiguë, *Mercurialis ambigua*, à tige rameuse; à bras ouverts; à feuilles à peine rudes; à fleurs en anneaux, mâles & femelles sur le même pied. Lyonnoise.

Très-ressemblante à la suivante.

3.° La Mercuriale annuelle, *Mercurialis annua*, à tige rameuse; à bras ouverts; à feuilles lisses; à fleurs en épis. Lyonnoise, en Pologne. *Voyez le Tableau* 526.

Si on la froisse entre les mains, elle répand une odeur un peu nauséabonde, sa saveur est désagréable. Ces deux qualités la rendroient suspecte, si de temps immémorial elle n'étoit pas une des plantes émollientes les plus employées. D'ailleurs nous savons que les Anciens la mangeoient comme nous mangeons les Epinards. On peut croire que le principe vénéneux est très-délayé, & qu'il est assez volatil pour être dissipé par la décoction.

4.° La Mercuriale cotonneuse, *Mercurialis tomentosa*, à tige comme ligneuse; à feuilles cotonneuses. En Languedoc.

Tige d'un pied, rameuse, quadrangulaire, dure, cotonneuse; feuilles ovales, blanchâtres, à peine dentées. Nous l'avons vu très-commune autour de Montpellier; elle est vivace, mais sa tige périt chaque année, ainsi elle n'est point vraiment ligneuse.

CL. XV. SECT. VI.

528. LA GRANDE ORTIE.

URTICA urens maxima. C. B. P.
URTICA dioïca. L. *monœc. 4-dria.*

Fleurs. Apétales, mâles ou femelles ſur le même pied ; les mâles compoſées de quatre étamines placées dans un calice diviſé en quatre folioles obrondes, concaves, obtuſes, & au milieu duquel on trouve dans l'intérieur un petit nectar en forme de vaſe ; les fleurs femelles quelquefois placées ſur des pieds différens, comme dans cette eſpece, ſont compoſées d'un piſtil, renfermé dans un calice ovale, concave, droit, diviſé en deux parties.

Fruit. Semence ſolitaire, ovale, obtuſe, luiſante, un peu aplatie, renfermée dans le calice qui s'eſt contracté.

Feuilles. Pétiolées, ſimples, entieres, cordiformes, couvertes de poils.

Racine. Rameuſe, fibreuſe, jaunâtre.

Port. Tiges de deux ou trois pieds, carrées, cannelées, roides, hériſſées de poils, creuſes, rameuſes, feuillées ; les fleurs au ſommet, axillaires, en forme de grappe ; feuilles oppoſées ; toutes les parties de la plante couvertes de poils articulés, figurés en alêne, piquans, & qui cauſent des inflammations ſur la peau.

Lieu. Les jardins & les bords des champs. ♃

Propriétés. La plante eſt preſque inſipide & ſans odeur ; appliquée extérieurement, très-ſtimulante & antiſeptique ; intérieurement, aſtringente, déterſive.

Uſages. On emploie l'herbe & les ſemences ; de l'herbe, on fait des décoctions, on en tire un suc qui se donne à l'homme depuis ℥ ij jusqu'à ℥ iv, dans les hémorragies, pissemens de sang, pertes rouges, &c. La semence se réduit en poudre. On donne aux animaux, le suc à la dose de ℔ ß

529. L'ORTIE ROMAINE.

URTICA urens pilulas ferens. C. B. P.
URTICA pilulifera. L. *monœc. 4-dria.*

Fleur. Caracteres de la précédente ; les fleurs mâles sur des pieds différens des femelles.

Fruit. Semences imitant celles du Lin, renfermées dans des chatons globuleux, hérissés de piquans, portés sur de longs péduncules.

Feuilles. Lancéolées, lisses, très-entieres, profondément dentées.

Racine. Fibreuse, jaunâtre.

Port. Tige d'un pied environ, quelquefois de quatre, ronde, foible, rameuse, avec quelques poils piquans ; les fleurs en grappes, deux à deux & axillaires ; feuilles opposées ; toute la plante couverte de poils, comme la précédente.

Lieu. Les Provinces méridionales de la France. ☉

Propriétés. } De la précédente.
Usages. }

OBSERVATIONS. Dans les Orties, *Urticæ*, la fleur mâle séparée de la femelle sur le même pied, offre un calice de quatre feuillets sans corolle ; à quatre étamines ; à miellier central, en forme de vase ; dans la fleur femelle, le calice est de deux feuillets, sans corolle, renfermant une semence brillante. Nous avons :

1.° L'Ortie pilulifere, *Urtica pilulifera*, à feuilles opposées, ovales ; à dents de scie ; à chatons portant fruits, arrondis. En Languedoc. *Voyez le Tableau 529.*

2.° L'Ortie de Dodart, *Urtica Dodarti*, à feuilles

opposées, ovales, à peine dentées; à chatons fructiferes, arrondis.

Très-ressemblante à la précédente. On ignore son origine; cultivée dans les jardins.

3.° L'Ortie brûlante, *Urtica urens*, à feuilles opposées, ovales, lancéolées; à dents de scie; à fleurs en grappes, androgynes, ou mâles & femelles sur le même pied. Lyonnoise, Lithuanienne.

Elle s'éleve moins que la suivante; les feuilles plus ou moins arrondies au sommet, fortement dentées.

4.° L'Ortie dioïque, *Urtica dioïca*, à feuilles opposées, en cœur; à grappes deux à deux. Lyonnoise, Lithuanienne. *Voyez le Tableau* 528.

Dans ces deux dernieres especes qu'on peut appeler, l'une mineure, l'autre majeure, les calices à pistils sont réellement à quatre feuillets, dont deux sont très-petits. Si on irrite les étamines, elles se meuvent rapidement, & leurs antheres lancent comme une fusée leur poussiere séminale. Si on examine à la loupe les poils des Orties, on voit à la base de chaque poil rude, une vésicule; on prétend que le poil n'est qu'un tuyau excrétoire, qu'en appliquant avec percussion les feuilles d'Ortie sur la peau, le poil pénetre, & que la vésicule irritée se contracte & injecte dans la piqûre une humeur âcre qui cause exanthême. L'urtication réussit dans les anciens rhumatismes, dans la paralysie, & toutes les fois qu'il faut ranimer la vie dans un membre débilité. La racine d'Ortie est un peu amere; les feuilles sont un peu astringentes. On prescrit la racine avec avantage dans les bouillons & apozemes dépuratifs; le suc des feuilles s'ordonne dans la phthisie commençante, le crachement de sang, la toux. Quelques-unes de nos Observations confirment l'avantage de ce remede; les Orties, avant d'avoir grainé, fournissent un excellent pâturage pour les bestiaux. On peut retirer de l'écorce une filasse analogue à celle du Lin. On peut manger les jeunes pousses d'Ortie comme les Epinards; c'est la premiere nourriture des dindonneaux; les semences fournissent beaucoup d'huile par expression.

530. LE CHANVRE, mâle & femelle.

CANNABIS sativa. C. B. P.
CANNABIS sativa. L. *diœc. 5-dria.*

Fleurs. Apétales, mâles ou femelles sur des pieds différens; les mâles composées de cinq étamines, dans un calice divisé en cinq folioles oblongues, aiguës, obtuses, concaves; les femelles composées d'un petit pistil renfermé dans un calice monophille, oblong, aigu.

Fruit. La fleur femelle produit une semence globuleuse, comprimée, s'ouvrant en deux parties, contenue par le calice renfermé.

Feuilles. Pétiolées, digitées, découpées en cinq folioles; dans le mâle, les trois supérieures sont lancéolées, dentées, les deux inférieures très-entieres & plus petites; la plante femelle a ses folioles plus petites & dentées.

Racine. Ligneuse, fusiforme, fibreuse, blanche.

Port. La tige s'éleve, suivant les terrains & la saison, depuis quatre pieds jusqu'à huit, rude au toucher, velue, quadrangulaire, fistuleuse; les fleurs au sommet & axillaires, les femelles rassemblées, les mâles disposées en espece de grappe; feuilles alternes.

Lieu. Originaire des Indes. ☉

Propriétés. Les filamens de l'écorce servent à faire de la toile; les feuilles ont une odeur forte, pénétrante, semblable à celle de l'Opium; elles sont ameres & âcres au goût; la semence est presque insipide; la plante narcotique, adoucissante, apéritive, résolutive.

Usages. On tire de la semence une huile exprimée,

Cl. XV. Sect. VI.

bonne à brûler; avec les feuilles & la semence écrasée, on compose des cataplasmes très-résolutifs; dans les Indes Orientales, on fait une liqueur qui enivre avec les feuilles de chanvre pilées & bouillies dans de l'eau.

Observations. Dans le Chanvre, *Cannabis*, la fleur mâle séparée de la femelle sur des pieds différens, est un calice sans corolle, & divisé en cinq segmens à cinq étamines; le calice de la fleur femelle est entier, d'une seule piece, s'ouvrant d'un côté, renfermant un germe à deux styles; la semence nidulée dans le calice, est recouverte par une écorce seche, à deux valves. Nous avons :

1.° Le Chanvre cultivé, *Cannabis sativa*, à feuilles digitées. Originaire de Perse. *Voyez le Tableau* 530.

Le Chanvre est devenu spontanée dans toute l'Europe; sur un terrain fort, il s'éleve à dix ou douze pieds; celui de Lithuanie est en général très-bas, à peine monte-t-il à trois pieds. Les feuilles de Chanvre répandent une odeur nauséabonde, désagréable. L'eau dans laquelle on fait macérer les tiges de Chanvre, est fétide, & très-dangereuse à boire. L'infusion des feuilles, à une once, dans une demi-livre d'eau, bue dans la matinée, me souleva l'estomac, causa la céphalalgie, & augmenta évidemment le cours des urines, en déterminant une sueur fétide. Je pense, d'après ces faits, que par analogie, on pourroit la prescrire utilement dans plusieurs maladies chroniques. Nous l'avons vu réussir dans le rhumatisme chronique & les dartres.

Le cataplasme des feuilles ranime les tumeurs froides, les dispose à la résolution. Les semences contiennent abondamment le principe farineux, imprégné d'une assez grande quantité d'huile grasse, bonne à brûler; on peut en retirer d'une livre, trois onces. Ces semences ne recelent aucun principe narcotique. De temps immémorial les Polonois savent préparer des gruaux avec la farine de Chanvre, & en mangent impunément une grande quantité.

On a cru observer que les oiseaux nourris en cage avec ces semences, étoient plus lubriques. On peut, sans affecter un doute excessif, nier cette propriété. Le pain de pâte de farine de Chanvre fournit une bonne nourriture aux moutons, s'ils n'en mangent pas en trop grande quantité. L'usage de l'écorce des tiges du Chanvre pour la filature & la fabrique des toiles, est trop connu pour en présenter les procédés ; il suffit de dire qu'il faut le faire macérer pour pouvoir détacher facilement cette écorce. Cette manœuvre appelée rouïssage, peut aussi s'opérer en enterrant les bottes dans des fosses humides, ou par simple aspersion & dessication alternatives. Ces nouvelles méthodes perfectionnées éviteroient plusieurs fievres pernicieuses que le rouïssage occasionne en suivant la routine vulgaire. Les tiges du Chanvre servent dans nos Provinces pour faire des alumettes en soufrant les extrémités, & fournissent en les brûlant un bon charbon pour la poudre à canon.

531. LE HOUBLON, mâle & femelle.

LUPULUS mas. C. B. P.
HUMULUS lupulus. L. *diœc. 5-dria.*

Fleurs. Apétales, mâles ou femelles, sur des pieds distincts ; les mâles composées de cinq étamines, dans un calice divisé en cinq folioles oblongues, concaves, obtuses ; les femelles composées d'un petit pistil renfermé dans un calice monophille, ovale, très-grand, rassemblées dans des enveloppes générales & particulieres qui sont divisées en quatre parties ovales.

Fruit. Semences sous-orbiculaires, dans des tuniques écailleuses qui forment une tête ronde.

Feuilles. Pétiolées, simples, entieres, cordiformes, ou à trois lobes, dentées en maniere de scie.

Racine. Horizontale, rameuse, stolonifere.

Port. Tiges anguleuses, herbacées, rudes au

toucher, creuſes, qui grimpent & s'entortillent; les fleurs femelles pédunculées, axillaires, raſſemblées, formant des eſpeces de cônes écailleux, portées ſur des péduncules de la longueur des pétioles; feuilles oppoſées.

Lieu. Les terrains ſablonneux, les haies. ♃

Propriétés. La plante amere, d'une odeur forte, réſolutive, tonique, diurétique, ſtomachique, antiſeptique, ſtupéfiante.

Uſages. On en fait des décoctions; on en tire un ſuc; le fruit entre dans la compoſition de la biere, & l'empêche d'aigrir par ſon amertume; les jeunes pouſſes ſe mangent en ſalades, cuites comme les Aſperges.

Observations. Dans le Houblon, *Humulus*, la fleur mâle ſéparée des femelles ſur des pieds différens, eſt à cinq feuillets, ſans corolle, renfermant cinq étamines. Dans la fleur femelle le calice eſt d'une ſeule piece, entiere, s'ouvrant obliquement, couvrant un germe à deux ſtyles. On trouve une ſeule ſemence dans chaque calice. Ce genre n'offre qu'une eſpece:

Le Houblon vulgaire, *Humulus lupulus*, qui eſt ſpontanée en Lithuanie & dans le Lyonnois. On plante en Lithuanie le Houblon très-rapproché. En s'entortillant autour des pals de vingt pieds, leur aſſemblage préſente de loin des maſſifs de verdure très-agréables; ces maſſifs agités par le vent, excitent un bruit électrique qui imite aſſez bien le tonnerre entendu de loin.

Les racines de Houblon ſont ſuccédanées de la Salſepareille, elles ſont indiquées en décoction, comme adjuvant dans le traitement des maladies cutanées & vénériennes, dans le rhumatiſme; les cônes des fleurs femelles ont une odeur forte, narcotique; leur ſaveur eſt amere; on les fait bouillir dans l'eau; cette décoction mêlee avec la biere empêche qu'elle n'aigriſſe, & la rend ſtomachique; ſi on veut éviter qu'elle n'enivre, & qu'elle ne cauſe des étourdiſſemens, on n'ajoute que la ſeconde décoction, on fait par la premiere évaporer le principe tumulent, narcotique.

On peut retirer des tiges du Houblon macérées dans l'eau, une filasse grossiere, analogue à celle du Chanvre, avec laquelle on a fabriqué d'assez bonnes cordes. Les jeunes pousses du Houblon, quoique un peu ameres, se mangent avec plaisir ; on les regarde comme bonnes dans les foiblesses de l'estomac ; tous les bestiaux attaquent les jeunes Houblons.

CLASSE XVI.

Des Herbes et Sous-arbrisseaux apétales, qui n'ont point de fleurs, & qui ne portent que des ſemences; nommés *Apétales ſans fleurs.*

SECTION PREMIERE.

Des Herbes apétales, ſans fleurs, dont les fruits naiſſent ſous le dos des feuilles.

532. LA FOUGERE FEMELLE, *ou* commune.

Filix ramoſa major, pinnulis obtuſis non dentatis. C. B. P.
Pteris aquilina. L. *cryptogam.*

Fructification. Diſpoſée ſur une ligne qui entoure en deſſous le bord de la feuille.

Feuilles. Radicales, pétiolées, ſurcompoſées, les folioles découpées à leur tour, en maniere d'ailes lancéolées; les ſupérieures plus petites que les inférieures; celles-ci quelquefois ſinuées.

Racine. Charnue, noueuſe, horizontale, ſtolonifere, traçante, jetant des fibres çà & là, noirâtre en dehors, blanchâtre en dedans. On prétend que le nom de la plante vient de ce que ſa racine coupée en travers, repréſente l'aigle de l'Empire.

Port. Cette plante n'a point de tige, mais les pétioles s'élevent à la hauteur de deux coudées, roides, ſolides, anguleux, très-glabres, partant immédiatement de la racine; les feuilles ſont grandes, très-larges par le bas, roulées ſur elles-mêmes en ſpirale, avant leur développement, & couvertes de petites écailles brunes qui s'en détachent dans la ſuite.

Lieu. Les bois, les terrains incultes & ſtériles. ♃

Propriétés. La racine a le goût amer, un peu aſtringent; elle eſt apéritive, vermifuge, aſtringente; elle entre dans la compoſition de la pierre de Fougere, aſtringent très-puiſſant. On a eſſayé avec ſuccès, en Angleterre, d'employer les cendres de Fougere pétries dans l'eau, pour blanchir le linge, & tenir lieu de ſavon.

Uſages. On emploie la racine en décoction; on la réduit en poudre qui ſe donne à l'homme depuis ʒj juſqu'à ʒ iij; & ſon ſuc, à la doſe de ℥j. On le donne aux animaux, à la doſe de ℥ iv; & la poudre de la racine, à ℥ ß.

533. LA FOUGERE MALE.

FILIX non ramoſa dentata. C. B. P.
POLYPODIUM filix mas. L. *cryptogam.*

Fructification. Diſpoſée en petits paquets ou points ronds, épars ſur le dos des feuilles.

Feuilles. Radicales, pétiolées, deux fois ailées; les folioles obtuſes, crénelées, ovales, lancéolées, preſque ailées.

Racine. Epaiſſe, branchue, fibreuſe, noirâtre en dehors, pâle en dedans.

CL. XVI. SECT. I.

Port. Les pétioles ſortent de la racine, portant les feuilles roulées ſur elles-mêmes, en ſpirale, couvertes d'un duvet blanchâtre qui tombe après leur développement; le pétiole vers la racine, & à l'inſertion des folioles, eſt garni d'un duvet composé de petites lamelles brunes.

Lieu. Les bois. ♃

Propriétés. } Les mêmes vertus que la précé-
Uſages. } dente, mais plus foibles.

OBSERVATIONS. La Racine de Fougere mâle eſt un de ces médicamens dont les propriétés avoient été bien évaluées par les Anciens, & qui ont été long-temps négligées par les Modernes. Il a fallu qu'un Empirique Suiſſe renouvelât l'uſage de la racine de Fougere contre le ver ſolitaire, & en fit un ſecret, pour fixer l'attention du public ſur ſes vertus. Le nommé Nouffer parcourut toute l'Europe & guérit une ſoule de perſonnes attaquées du ver ſolitaire. Il parut à Lyon en 1769, nous fûmes témoins de ſes ſuccès; ſa mort ne ſuſpendit pas dans notre Ville l'uſage de ſon remede; ſa veuve vendit ſon ſecret au célebre Pouteau fils, Chirurgien plein de génie, qui l'adminiſtra juſqu'à ſa mort avec aſſez d'avantage pour augmenter & ſa fortune & ſa réputation. Enfin la veuve Nouffer vendit au Gouvernement François ſon ſecret, qui le fit publier en 1775.

Quelque temps auparavant, on avoit auſſi divulgué la formule célebre d'Henrrenſchward. On apperçut ſeulement alors que ces deux remedes ſi déſirés avoient été connus depuis Gallien juſqu'à Andri qui avoit publié ſon excellent Traité de la génération des vers dans le corps humain, en 1701. La racine de Fougere mâle, réunie à des purgatifs plus ou moins draſtiques, a fourni à tous les Médecins, & dans tous les temps, le fameux remede de Nouffer; elle ſuffit quelquefois ſeule, donnée à trois ou quatre drachmes, pour tuer le ver ſolitaire, & la nature en procure quelques jours après, l'expulſion, comme nous l'avons obſervé ſur trois ſujets; il en eſt d'autres qu'il faut purger avec la gomme-gutte, la Scammonée, ou la Panacée mercurielle. Nouffer préparoit ſes bols avec douze grains de panacée mercurielle, douze grains de Scammonée, & cinq grains de gomme-gutte; mais plusieurs personnes ont éprouvé des coliques affreuses & des ardeurs d'entrailles, après l'effet de ce terrible purgatif; souvent la Scammonée seule est suffisante pour expulser le Ténia, pourvu que le malade ait pris pendant huit jours une drachme de racine de Fougere.

Les cendres de Fougere fournissent une grande quantité d'alkali, aussi servent-elles pour la lessive, les verreries, & peuvent comme celles de Genêt, être ordonnées à titre de diurétique dans l'ascite, l'œdeme, &c. La poudre de cette racine constitue un excellent tan pour préparer les peaux de chevre. Les feuilles peuvent servir de litiere aux animaux. En coupant la racine fraîche un peu obliquement; elle représente, quoique obscurément, l'aigle impériale.

534. LA LONKITE.

LONCHITIS aculeata major. I. R. H.
POLYPODIUM aculeatum. L. *cryptogam.*

Fructification. Comme la précédente.

Feuilles. Deux fois ailées, les folioles dentées, oblongues, oreillées à leur base, ce qui leur donne la forme d'un croissant.

Racine. Charnue, épaisse.

Port. Le pétiole tient lieu de tige; il est sillonné, part de la racine, & s'éleve environ d'un pied.

Lieu. A l'ombre, dans les bois humides. ♃

Propriétés. } Les mêmes que les précédentes.
Usages. }

*

CL. XVI.
SECT. I.

535. LE POLYTRIC.

TRICHOMANES seu Polytricum officinarum. C. B. P.
ASPLENIUM trichomanes. L. *cryptogam.*

Fructification. Disposée en lignes droites, sur le disque des folioles.

Feuilles. Ailées; les folioles sous-orbiculaires, crénelées, sessiles.

Racine. Chevelue, fibreuse, brune.

Port. Les pétioles tiennent lieu de tiges, & s'élevent de la racine, à la hauteur de quelques pouces cylindriques, roides, cassans, d'un rouge brun; les folioles opposées; les supérieures plus petites que les inférieures.

Lieu. Sur les vieux murs humides, dans les puits, les fontaines, les fentes des rochers. ♃

Propriétés. Cette plante un peu douce, un peu âpre, a les propriétés des autres Capillaires; elle est béchique, indiquée dans les affections catarrales de la poitrine.

Usages. On se sert de toute la plante, excepté de la racine, en infusion & en décoction.

536. LE POLYPODE.

POLYPODIUM vulgare. C. B. P.
POLYPODIUM vulgare. L. *cryptogam.*

Fructification. Semblable à celle de la Fougere, n.° 533.

Feuilles. Ailées; les folioles oblongues, peu dentées, obtuses, sessiles, s'unissant à leur base.

Racine. Ecailleuſe, rampante.

Port. Les pétioles tiennent lieu de tige, & s'élevent de la racine, quelquefois à la hauteur d'un pied; les folioles diſpoſées alternativement le long du pétiole qui eſt terminé par une foliole impaire.

Lieu. Les fentes des rochers, des murailles, au pied des vieux arbres, &c. ♃

Propriétés. La racine a un goût âcre, aromatique, qui devient ſtyptique & acerbe; elle eſt purgative, ſuivant quelques Auteurs; elle paroît plutôt apéritive & hépatique.

Uſages. On n'emploie que la racine qui ſe preſcrit en infuſion, pour l'homme, depuis ʒ ß juſqu'à ℥ j; elle paſſe pour un très-bon remede contre le ver ſolitaire. On la peut donner aux animaux, depuis ℥ ij juſqu'à ℥ iv en infuſion, ou en poudre, à ℥ j.

Observations. La racine de Polypode récente, eſt douce, ſon amertume aſſez âcre ne ſe développe qu'après qu'on l'a mâchée pendant quelque temps; cette racine recele un principe farineux qui eſt imprégné d'une réſine un peu âcre & amere. Son odeur eſt particuliere; le principe ſucré a quelque rapport à celui de la Régliſſe. Une décoction de deux onces de racine récente pulvériſée, purge doucement le plus grand nombre des ſujets; la racine ſeche & long-temps gardée n'eſt plus purgative, cependant elle conſerve encore ſa douceur mêlée avec une légere amertume. Ces deux faits que nous avons ſouvent vérifiés, prouvent que les Anciens avoient bien ſaiſi par l'obſervation, les propriétés du Polypode; quelques goutteux qui ont pris deux fois par ſemaine la racine en poudre, à deux onces diviſées par deux drachmes, & avalées dans un bouillon, de demi-heure en demi-heure, dans la matinée, ont éprouvé un ſoulagement évident, des accès moins forts & moins fréquens. Le Polypode, comme altérant, a ſoulagé dans l'aſthme pituiteux; on peut le preſcrire avantageuſement comme auxiliaire, dans les maladies de la peau, les dartres; il a réuſſi dans les rhumes opiniâtres.

CL. XVI.
SECT. I.

537. LA SAUVE-VIE.

RUTA muraria. C. B. P.

ASPLENIUM Ruta muraria. L. *cryptogam.*

Fructification. Disposée comme dans le Polytric, n.° 535.

Feuilles. Alternativement décomposées, les folioles en forme de coin, crénelées en leurs bords, imitant en quelque sorte les feuilles de la Rue, n.° 236.

Racine. Chevelue, menue, noirâtre.

Port. Les pétioles s'élevent de la racine, à la hauteur d'un pouce ou deux, ordinairement pliés en zigzag.

Lieu. Les rochers, les murailles. ♃

Propriétés. La racine a un goût un peu astringent; les feuilles sont d'une saveur acerbe, un peu astringentes & douceâtres.

Usages. Les mêmes que ceux du Polytric, n.° 535.

OBSERVATIONS. Pour évaluer les propriétés réelles des Capillaires, il faut faire attention qu'on les prépare en infusion qu'on boit chaude; les rhumes étant toujours causés par une diminution de la transpiration, soit du département de la membrane pituitaire, soit des parois internes de la trachée-artere, on peut soupçonner que l'eau chaude, en excitant une légere sueur, tend à ranimer cette transpiration, & penser que le principe des Capillaires noyé dans l'eau, ne sert avec le sucre, qu'à ôter à l'eau chaude sa qualité nauséabonde; d'ailleurs, il sera toujours très-difficile d'évaluer de maniere à contenter les Médecins sceptiques, la propriété réelle des altérans légers, comme les Capillaires & cent autres : 1.° Parce que le *quantum* de leur énergie est incommensurable; 2.° Parce qu'ils n'agissent utilement que dans les maladies que la nature seule peut dompter; qui ignore en effet que les rhumes les plus

violens,

violens, même avec fievre, sont journellement dissipés sans remedes, même chez des gens qui continuent leurs travaux en plein air, & pendant les froids les plus rigoureux.

538. LE CAPILLAIRE ordinaire.

FILICULA quæ adianthum nigrum officinarum, pinnulis obtusioribus. I. R. H.
ASPLENIUM, adianthum nigrum. L. *crypt.*

Fructification. Disposée comme dans le Polytric, n.° 535.
Feuilles. Deux fois ailées; les folioles presque ovales, crénelées en dessus; les folioles inférieures plus grandes que les supérieures.
Racine. Oblique, garnie de fibres chevelues & noires.
Port. Le pétiole tient lieu de tige, & s'éleve d'un demi-pied, noir, luisant, dur & cassant.
Lieu. Les balmes des bois humides. ♃
Propriétés. } Les mêmes vertus que le précé-
Usages. } dent.

539. LE CAPILLAIRE de Montpellier.

ADIANTHUM foliis coriandri. C. B. P.
ADIANTHUM. Capillus veneris. L. *crypt.*

Fructification. Disposée en forme de taches ovales, dans les bords du sommet des feuilles, qui sont repliés sur eux-mêmes.

CL. XVI. SECT. I. *Feuilles.* Décompoſées ; les folioles en forme de coin, découpées en lobes, ſoutenues par de petits pétioles, imitant en quelque ſorte les feuilles de la Coriandre, n.° 308.

Racine. Charnue, horizontale, ſtolonifere.

Port. Les pétioles communs tiennent lieu de tige ; ils ſont grêles, longs, courbés, d'un rouge noir, très-glabres, luiſans.

Lieu. Le Languedoc ; l'intérieur des puits, la grotte de Fontanieres auprès de Lyon. ♃

Propriétés. Les feuilles ont une ſaveur agréable, légérement aſtringentes & ameres ; elles ont les mêmes vertus que les précédentes, & ſont plus eſtimées.

Uſages. On en fait des décoctions & des tiſanes diurétiques & apéritives.

540. LE CÉTÉRAC.

ASPLENIUM ſive ceterach. J. B.
ASPLENIUM ceterach. L. *cryptogam.*

Fructification. Diſpoſée comme dans le Polytric, n.° 535.

Feuilles. Preſque ailées ; découpées en lobes alternes, unis par leur baſe, obtus, ſinueux, ondés.

Racine. Fibreuſe, brune.

Port. Il ſort de la racine un grand nombre de feuilles de trois ou quatre pouces de long, vertes en-deſſus, & d'un jaune brun ſur la ſurface inférieure qui porte la fructification.

Lieu. Les maſures, les rochers. ♃

Propriétés. Une des cinq plantes capillaires ordinaires ; les feuilles ont une ſaveur d'herbe mucilagineuſe, un peu âpre & aſtringente.

Uſages. Les mêmes que les précédens.

541. LA LANGUE DE CERF, ou Scolopendre.

CL. XVI. SECT. I.

LINGUA cervina officinarum. C. B. P.
ASPLENIUM scolopendrium. L. *cryptog.*

Fructification du Polytric, n.° 535.

Feuilles. Simples, entieres, en forme de langue, cordiformes à leur base, lisses, pétiolées.

Racine. Nombreuse, entrelacée dans les pétioles des vieilles feuilles.

Port. Les pétioles partent de la racine en grand nombre, & tiennent lieu de tige; ils sont recouverts d'un duvet brun, & quelquefois très-long; la longueur des feuilles varie depuis trois pouces jusqu'à un pied & demi; elles sont roulées en spirale, sur elles-mêmes, avant leur développement.

Lieu. Les bois des montagnes, les fentes des rochers, les terrains humides. ♃

Propriétés. Le goût acerbe, l'odeur peu agréable; la plante seche & astringente.

Usages. Elle fait partie des plantes capillaires, on l'emploie dans les apozemes apéritifs, béchiques & vulnéraires; on la réduit en poudre que l'on donne à la dose de ʒ j ou ʒ ij pour l'homme, & de ℥ j pour les animaux.

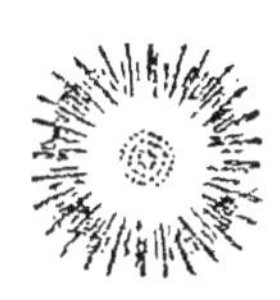

SECTION II.

Des Herbes apétales, ſans fleurs, dont les fruits ne naiſſent pas ſous les feuilles, mais en épis, ou dans des capſules.

542. L'OSMONDE, *ou* Fougere fleurie.

OSMUNDA vulgaris & paluſtris. C. B. P.
OSMUNDA regalis. L. *cryptogam.*

FRUCTIFICATION. Composée de capſules globuleuſes, très-diſtinctes qui s'ouvrent horizontalement & qui ſont diſpoſées en grappes.

Feuilles. Ailées, terminées par une impaire; les folioles oppoſées, ſeſſiles, oblongues, lancéolées, pointues à leur ſommet, avec une nervure longitudinale, d'où partent un grand nombre de petites nervures latérales.

Racine. Composée de fibres longues, noirâtres, entortillées les unes dans les autres.

Port. Eſpece de tige liſſe, cannelée, aſſez haute, diviſée à ſon ſommet, en rameaux oppoſés, chargés de grappes de fruits, qui ſont diſpoſées en maniere d'aile, & terminées par une impaire.

Lieu. En Italie, aux bords des fleuves. ♃

Propriétés. Cette plante eſt moins amere, moins aſtringente que les autres Fougeres; la moëlle de la racine eſt blanchâtre, vulnéraire, aſtringente,

Uſages. On emploie les grappes & la moëlle de la racine en décoction.

542 * LA LANGUE DE SERPENT.

CL. XVI. SECT. II.

OPHIOGLOSSUM *vulgatum*. C. B. P.
Idem. L. *cryptogam.*

Fructification. En épi oblong, articulé ; chaque articulation renferme de petites ſemences ovales, qu'elle laiſſe échapper en s'ouvrant tranſverſalement.

Feuilles. Une ſeule feuille ovale, ſimple, entiere, ſans nervure, pétiolée, radicale.

Racine. Compoſée de fibres ramaſſées en faiſceaux.

Port. Le péduncule de l'épi s'éleve de la racine, à la hauteur de deux ou trois pouces, liſſe, cylindrique ; la feuille part également de la racine, embraſſant le péduncule par ſon pétiole, & s'élevant moins haut que l'épi.

Lieu. Les prés inondés, les marais ; près la Poſte de Saint-Font. ♃

Propriétés. Vulnéraire, priſe intérieurement, ou appliquée à l'extérieur.

Uſages. La feuille infuſée dans l'huile d'Olive, paſſe pour un vulnéraire auſſi puiſſant & auſſi utile pour les plaies, que l'huile du Mille-pertuis, n.° 233.

543. L'HÉPATIQUE des Fontaines.

LICHEN *petreus latifolius*, *ſive hepatica fontana*. C. B. P.
MARCHANTIA *polymorpha*. L. *cryptog.*

Fructification. Très-apparente dans ce genre ; on y diſtingue même des fleurs mâles & des fleurs

Cl. XII. Sect. II.

femelles; les fleurs mâles sont composées de petites corolles monopétales qui renferment une étamine, & d'un calice pétiolé, en rondache, découpé en dix parties dans cette espece; les fleurs femelles consistent en un calice campanulé, sessile, & en plusieurs semences obrondes, comprimées, nues, contenues au fond de ce calice.

Feuilles. Ce sont des especes de membranes vertes, épaisses, qui tiennent à la racine, & se prolongent comme par articulations lamelleuses, en recouvrement les unes sur les autres, fixées contre des écorces ou des pierres; elles varient dans la forme de leurs contours; elles sont simples, sinuées, marquées de petits points.

Racine. Fibreuse, partant de la surface inférieure des feuilles.

Port. Cette plante est rampante; les feuilles sont toujours couchées, étendues; leurs fleurs mâles portées sur de petits péduncules d'un pouce de haut, les femelles sessiles.

Lieu. Les lieux humides, les fontaines, les moulins. ♃

Propriétés. Cette plante est amere, aromatique, bitumineuse; elle est détersive, vulnéraire, apéritive.

Usages. On l'emploie sur-tout dans les maladies cutanées; on la prescrit à la dose de poig. j pour l'homme, dans les apozemes apéritifs; & de deux ou trois poignées pour les animaux.

CLASSE XVII.

Des Herbes et Sous-Arbrisseaux apétales, qui n'ont ordinairement ni fleurs ni fruits ; nommés *Apétales sans fleur ni fruit.*

N.ª *Cette Classe est composée des* Mousses, *des* Champignons, Agarics, Vesses-de-loup, Truffes, *& de plusieurs plantes marines*, Algues, Fucus, *&c. dont on fait peu d'usage en Médecine.*

---

* LE PERCE-MOUSSE.

Muscus capillaceus minor, capitulo longiore falcato. I. R. H.
Polytrichum commune. L. *cryptogam.*

Fructification. Composée d'une coiffe, espece de calice conique, oblong, velu, placé à l'extrémité d'un pédicule; les mâles & les femelles distincts sur différens pieds ; les mâles ont des especes d'antheres à opercule ; les femelles sont en forme de rose.

Feuilles. Sessiles, simples, entieres, tuilées.

Racine. Fibreuse, menue.

Port. Petite tige simple, herbacée, nue dans le haut, feuillée à sa base, d'un pouce de haut ; les feuilles rassemblées vers la racine ; le pédicule

Cl. XVII. de la fructification est brun, alongé, la fructification en forme de faucille.

Lieu. Dans les Mousses, dans les Forêts.

Propriétés. Elle passe pour incisive & sudorifique.

Usages. On l'emploie dans les tisanes sudorifiques, elle divise les matieres visqueuses des poumons.

SUPPLÉMENT

POUR LA XVI.ᵉ ET XVII.ᵉ CLASSE.

LES CRYPTOGAMES
du *Chevalier* LINNÉ.

CES deux Classes de Tournefort renferment les plantes dont les parties de la fructification ne peuvent se distinguer à la simple vue ; les noces dans tous ces végétaux sont clandestines ou cachées ; aussi le Chevalier Linné les a-t-il appelés Cryptogames. Cette Classe se divise en quatre Ordres : dans le premier, on trouve les Fougeres & leurs analogues ; dans le second les Mousses ; dans le troisieme les Algues & les Lichens ; dans le quatrieme les Champignons & leurs analogues.

Ces quatre Ordres de plantes offrent une foule d'especes, plus de six cents peu connues des Anciens. Nous devons à la sagacité de Dillen, de Vaillant & de Micheli, des connoissances positives sur cette Classe très-difficile. Dillen & Vaillant ont les premiers décrit & fait dessiner les différentes especes dont plusieurs avoient cependant été publiées par Morison & Bobart. Micheli a le premier vu, à l'aide des microscopes, le mystere de la génération de la plupart de ces plantes ; mais, premier observateur, il n'avoit pu tout voir, ni tout déterminer. Depuis le célebre Botaniste de Florence, personne n'avoit eu ni le courage ni la patience de vérifier ses Observations ; il étoit réservé à M. Hedwig, célebre Naturaliste Saxon, de reprendre le travail de Micheli, de le rectifier, & de porter le flambeau de l'Observation sur presque tous les genres des Cryptogames. Nous croyons rendre un service signalé à nos Lecteurs, en leur présentant en abrégé le tableau des découvertes de cet admirable Observateur. Nous avons d'autant plus de confiance à tout ce qu'il rapporte, quelque extraordinaires que paroissent ses assertions, qu'ayant eu le bonheur de le connoître, il nous a rendu témoin d'une partie de ses Observations pendant notre séjour à Leipsig. L'Ouvrage que nous allons analyser, porte pour titre : *Théorie de la génération & de la fructification des Plantes Cryptogamiques de Linné, fondée uniquement sur des Observations & sur l'experience* ; Dissertation latine qui a remporté le prix à l'Académie de Petersbourg, en 1783.

Dans la Prêle des bois, *Equisetum sylvaticum*, l'Auteur s'est assuré que la fécondation avoit lieu avant le développement du cône, que les petits boucliers recéloient alors un germe enveloppé par les filamens de quatre étamines qui l'embrassent en spirale ; que, la fécondation faite, les quatre filamens se déroulent, les antheres se dessechent & se flétrissent. Selon M. Hedwig, les Prêles, hermaphrodites, offrent pour caractere générique, un calice commun, à écailles en recouvrement; le partiel en bouclier ; quatre antheres sur deux filamens continus, ne formant, séparés, qu'un seul cordon, un stigmate, des capsules à une loge sur les boucliers, au nombre de quatre, cinq, six & sept; plusieurs semences ovales enveloppées par les filamens des étamines.

Dans la Langue-de-serpent, *Ophyoglossum*, l'Auteur ayant soumis à l'objectif de son microscope, une portion de l'épi floral, avant le développement de la feuille, après avoir enlevé avec un fin scapel la membrane extérieure, a vu que les étamines étoient entassées avec les germes ; les antheres simples & composées paroissent comme des corps ovales, environnés d'une zône diaphane, offrant au centre plusieurs grains ; ces corps disparoissent bientôt, & on ne voit après que des capsules qui grossissent, éclatent, jettent une poussiere qu'on doit regarder comme la semence.

Dans l'Osmonde, *Osmunda Spicant*, après avoir enlevé la membrane extérieure d'un segment de foliole roulée, avant le développement, l'Auteur a vu au microscope les étamines avec leurs filamens courts, rangés sur deux lignes au-dessous des séries des fleurs femelles ou des germes.

Dans le POLYPODE, appelé *Polypodium Thelypteris*, espece de Fougere, l'Auteur ayant séparé une foliole des sommités de la plante, encore roulée, & ayant enlevé une portion de l'épiderme, il a distingué au microscope les antheres adhérentes par un fil ou vaisseau formé par les fibres spirales.

Dans la FOUGERE, appelée *Polypodium Filix*, l'Auteur ayant séparé un petit segment de foliole, & l'ayant soumis à l'objectif de son microscope, après l'avoir préparé, il a distingué des points blancs qui sont les antheres qui naissent deux à deux, c'est-à-dire, à filamens réunis par leur base.

Dans le CAPILLAIRE appelé *Asplenium Trichomanes*, l'Auteur ayant soumis un segment de foliole encore roulée, & l'ayant préparé pour le soumettre à l'objectif, il a vu des antheres blanches à filamens dans le voisinage des alvéoles femelles, ou les germes des semences futures.

L'Auteur ayant pris une petite portion de la sommité d'un individu réputé mâle, de la Bri transparente, *Brium pellucidum*, & l'ayant soumis à l'action du microscope, après avoir enlevé les feuilles, a vu un paquet d'étamines à filamens courts; de la base de chaque filament s'élevoit un vaisseau spiral qui accompagne l'anthere olivaire.

Dans le BRI à étouffoir, *Brium extinctorium*, après avoir enlevé les feuilles inférieures, il apperçut l'œil de la fleur mâle, *gemma*, accompagné de ses radicules; en séparant les écailles de cet œil, il découvrit les antheres olivaires à filamens courts & accompagnés de vaisseaux qui leur apportent le suc nourricier; il découvrit bientôt aussi la fleur femelle qui est un aggrégat de germes surmontés d'un style, & accompagné de vaisseaux qui séparent la seve; il eut même le bonheur d'appercevoir au microscope solaire l'anthere projetant la poussiere séminale; dans ces Mousses, les étamines sont nidulées par paquets, au-dessous des femelles ou germes qui terminent la tige.

Cl. XVII.

Dans le Bri piriforme, *Bryum piriforme*, la plante mâle & la femelle sont réunies par leurs racines; dans la fleur mâle l'Auteur a vu un paquet d'étamines à longs filamens, accompagnés de vaisseaux succiferes adhérens, portant des antheres jaunes, ovales; dans la fleur femelle, après avoir séparé les écailles qui l'enveloppent, l'Auteur a découvert un germe vert, à réseaux, surmonté de deux styles rouges, accompagnés de vaisseaux succiferes, adhérens aux styles & les liant.

Dans la Buxbaume assise, *Buxbaumia sessilis*, l'Auteur a examiné la plante mâle & la femelle; dans la plante mâle, il a vu au microscope des antheres vertes à filamens courts; dans la femelle, après avoir écarté les segmens du calice ou *perichætium*, il a vu les germes accompagnés de vaisseaux succiferes, adhérens au style qui est terminé par un évasement en entonnoir.

Dans l'Hypne brioïde, *Hypnum brioïdes*, l'Auteur a découvert, à l'aide du microscope, dans le pli des feuilles, des boutons qui, disséqués avec soin, ont fait voir leurs étamines aux aisselles des feuilles; il a vu d'autres boutons qui, développés, ont montré plusieurs germes réunis par paquets, & surmontés de styles.

Dans le Sphagne des marais, *Sphagnum palustre*, l'Auteur a trouvé dans les rameaux à fleurs mâles, des étamines à filamens longs, à antheres couronnées par un cercle; dans les rameaux à fleurs femelles, il a vu le rudiment du fruit surmonté d'un style terminé par un stigmate.

Dans le Bri coussinet, *Bryum pulvinatum*, l'Auteur ayant enlevé les feuilles jusques à découvrir les boutons, *gemmæ*, il a apperçu la fleur mâle avoisinée de la femelle; en levant adroitement les écailles des boutons, il a vu successivement au microscope, les faisceaux des étamines à filamens courts, à antheres cylindriques, & dans un autre bouton, les germes des femelles rougeâtres, à réceptacle alongé, terminé par le style & le stigmate; ayant soumis au microscope une urne du Bri coussinet, après l'avoir coupée longitudinalement, il a apperçu des ſemences innombrables, adhérentes tant à une colonne perpendiculaire, qu'aux parois internes de l'urne; enfin, pour prouver que la pouſſiere fournie par les urnes des Mouſſes, *Antheræ*, de Linné, eſt vraiment la ſemence de ces plantes, l'Auteur nous préſente les figures de ces ſemences pouſſant leurs feuilles ſéminales & leurs radicules; d'où il ſuit que ces parties que Linné croit être les antheres ſont les capſules des ſemences, & que celles qu'il regardoit comme les ſemences, ſont des boutons, *gemmæ*, renfermant ſous leurs écailles les étamines. Au ſujet des Mouſſes, les Botaniſtes modernes ſont tombés dans l'erreur des anciens qui appeloient mercuriale mâle la femelle, & femelle le mâle.

Si on ſoumet à l'objectif du microſcope, la ſommité d'un individu du mâle de la Jungermane des bois, *Jungermania nemoroſa*, on apperçoit des antheres brunes formées par une aggrégation de follicules. Dans les individus femelles on découvre des capſules à réſeau, turbinées, terminées par un ſtyle en tuyau.

Dans la JUNGERMANE Capillaire, *Jungermania Aſplenioïdes*, les individus mâles laiſſent appercevoir au microſcope des étamines à filamens formés par un aſſemblage de globules bruns; dans les individus femelles, on trouve des capſules en réſeau, environnées de vaiſſeaux adducteurs, terminés par un ſtyle tubulé; les ſemences brunes ſont ſuſpendues à des filets en ſpirale, élaſtiques.

Dans la MARCHANT à pluſieurs formes, *Marchantia polymorpha*, on obſerve au microſcope dans des boucliers, des étamines véſiculaires, oblongues, entourées d'un anneau diaphane, des étoiles qui renferment les germes; ces germes groſſiſſant, forment des capſules ou aggrégats de ſemences réunies, adhérentes à des fils élaſtiques; l'Auteur ayant ſemé ces mêmes ſemences, les a vu produire la même eſpece de Marchant.

L'ANTHOCEROS liſſe, *Anthoceros levis*, offre, groſſie au microſcope, ſur la même feuille, des fleurs mâles à antheres, à anneaux, & des femelles à germe en colonne, ſurmonté d'une coiffe qui ſe change en

Cl. XVII. capsule bivalve; à fils portant des semences hérissées, entourées d'un anneau élastique, qui se séparent en portion de cercle.

Dans la petite BLASIE, *Blasia pusilla*, on trouve sur la même feuille les fleurs mâles & les femelles; les mâles paroissent au microscope une aggrégation de follicules à anneaux; les femelles en toupie, terminée par un mamelon un peu recourbé, sont un amas de semences vertes qui végétant par leur base, en produisant une racine en fuseau, se changent en vraies Blasies.

Sur les feuilles de la RICIE glauque, *Riccia glauca*, on apperçoit au microscope plusieurs points blancs, à anneaux, lesquels soumis à un objectif plus fort, présentent un amas d'étamines; les fleurs femelles sont des paquets situés plus bas vers la base des feuilles; c'est un aggrégat de capsules à style contenant des semences ovales, pointues par les deux extrémités.

L'Auteur a reconnu sur plusieurs Lichens, sur-tout sur le ciliaire, *Lichen ciliaris*, que les capsules regardées par Linné comme renfermant les étamines, contiennent les véritables semences, & que les tubercules, poils, regardés comme enveloppant les semences, cachoient les étamines; ces tubercules forment un aggrégat d'antheres qui se dessechent après la génération, tandis que les capsules continuent à grossir, à se développer jusques à la maturité des semences.

Enfin, pour ne rien laisser à désirer sur les organes de la reproduction des Cryptogames, notre illustre Auteur a fait connoître que dans la famille des Champignons, la génération suivoit les mêmes lois que dans les autres especes de végétaux; il a démontré une suite de filets en réseau imparfait, liant des petits globules qui sont les vrais antheres, lesquels se dessechent bientôt après avoir fourni aux vaisseaux différens la poussiere séminale: on apperçoit les ovaires ou germes grossir, se développer; ces ovaires ou semences confiées à la terre, ont reproduit des Champignons absolument semblables à ceux qui avoient fourni ces semences. Pour s'assurer de l'existence des étamines, il faut examiner les Champignons dès leur naissance; car en général la fécondation des Cryptogames s'opere avant le développement.

On doit conclure, de cette suite d'Observations, 1.° Que dans les Cryptogames on trouve des hermaphrodites, des monoïques & des dioïques: 2.° Que ceux qui ont transféré la famille des Champignons au regne minéral, comme Munchausen, Butner, Weiss, & même Linné, ont conclu avec trop de précipitation. D'après des expériences bien faites, on a vu naître des Champignons en déliquescence, des mouches, des corps organiques vivans; donc, a-t-on dit, ces prétendus végétaux sont, comme les madrépores, des assemblages de cellules fabriquées par des polypes. Des mouches ont déposé leurs œufs sur des Champignons flétris, il en est sorti des larves qui se sont nourris de ce liquamen; dans cette humeur se sont aussi développés des corpuscules vivans, analogues à ceux qu'on trouve dans les humeurs abandonnées à la putréfaction. Voilà les faits: mais de ce qu'on trouve dans nos humeurs extravasées, stagnantes, de semblables corpuscules vivans, concluroit-on sagement que nos organes ne sont que des cellules formées par ces petits êtres vivans?

FAMILLE PREMIERE.

Les FOUGERES, Filices.

Cette famille considérée dans toute son étendue, présente un grand nombre d'especes, des arbrisseaux, des sous-arbrisseaux, des herbes annuelles & vivaces. Les plus grandes & les plus belles Fougeres sont étrangeres, on ne les trouve que dans les Indes, sur-tout en Amérique; les Européennes sont en petit nombre, elles aiment les forêts touffues, ou les lieux humides, contre les murailles, les rochers; ces plantes ont des racines assez fortes, souvent ligneuses, elles produisent des tiges feuillées, ou plutôt les feuilles font partie de la tige, naissant de chaque côté; ces feuilles sont ou simples ou composées, ailées, deux ou trois ailées; avant leur développement elles sont roulées sur le nerf, sur un côté, comme en queue de scorpion; c'est dans cet état que la fécondation

Cl. XVII. des germes s'opere. Après leur développement elles offrent la plupart des semences rangées sur le dos des feuilles, affectant par leur rapprochement différentes figures; ce sont des capsules à anneaux élastiques, renfermant une poussiere fine qui, semée, reproduit de nouveaux individus.

La saveur des Fougeres est différente, suivant les genres & les especes; plusieurs sont austeres, âpres, quelques-unes ameres, d'autres douceâtres, plusieurs nauséabondes; dans la plupart, l'odeur est fétide, nauséeuse. Si on repose sur un amas de quelques-unes de ces Fougeres, on éprouve des étourdissemens, des maux de tête, & même un sommeil mortel. En général toutes les especes fournissent dans leurs cendres une grande quantité d'alkali végétal.

Dans les Prêles, *Equiseta*, les fleurs sont en épi terminal, composé d'écailles en écusson, soutenues chacune par un pivot perpendiculaire à l'axe de cet épi; la face intérieure de ces écailles est garnie de cellules qui contiennent une poussiere assez abondante.

1.° La Prêle des bois, *Equisetum sylvaticum*, à tige en épis; à feuilles composées. Lyonnoise, Lithuanienne.

L'épi comme panaché, un peu long; les gaînes des articulations lâches; les anneaux formés par des feuilles très-menues, & chargées elles-mêmes d'autres anneaux.

2.° La Prêle des champs, *Equisetum arvense*, à tige portant l'épi, nue; la tige stérile, feuillée. Lyonnoise, Lithuanienne.

Les tiges stériles couchées à leur base; anneaux de douze à quinze feuilles, qui sont des especes de rameaux menus, verticillés; les gaînes des articulations de la tige fleurie, brunes à leur base.

Elle est très-nuisible dans les prés; si des vaches affamées en mangent, on a remarqué qu'elles maigrissent promptement; cependant les chevres s'en nourrissent sans accident fâcheux.

3.° La Prêle des marais, *Equisetum palustre*, à tige anguleuse; à feuilles simples. Lyonnoise, Lithuanienne.

Feuilles redressées, assez courtes, de cinq à neuf

à

à chaque anneau. Elle fait uriner le sang aux vaches, avorter les brebis; cependant les chevres la mangent impunément.

4.° La Prêle limonneuse, *Equisetum limosum*, à tige lisse, presque nue, ou sans feuilles. Lyonnoise, Lithuanienne.

La tige fistuleuse est sans feuilles dans sa jeunesse. Cette espece ne paroît être qu'une variété de la précédente.

5.° La Prêle majeure, *Equisetum fluviatile*, à tige striée; à feuilles très-nombreuses. Lyonnoise, Lithuanienne.

Tiges stériles, hautes de trois pieds, grosses, garnies de beaucoup d'articulations peu éloignées; feuilles de vingt à quarante, menues, fort longues; les tiges fleuries, nues, épaisses, hautes d'un pied. Le peuple mangeoit à Rome les jeunes pousses de cette plante; on les mange encore en Toscane.

6.° La Prêle d'hiver, *Equisetum hyemale*, à tige nue, rude, quelquefois rameuse vers la base. Lyonnoise, Lithuanienne.

Tige verte; les gaînes des articulations pâles, noires à leur base & en leur bord qui est légérement crénelé.

La Prêle d'hiver a les cannelures si rudes, qu'elle sert pour polir le bois & les metaux, en introduisant dans la cavité de la tige un fil-de-fer qui soutienne l'écorce & l'applique fortement contre l'ouvrage à polir. Les Doreurs s'en servent aussi pour adoucir le blanc qui sert de couche à l'or.

Dans nos Provinces, on vend des paquets de Prêle qu'on emploie journellement pour nettoyer les batteries de cuisine en étain ou en cuivre.

Dans l'OPHIOGLOSSE, *Ophioglossum*, la fructification est en épi linaire, distique, articulé, chaque article s'ouvrant transversalement.

1.° L'Ophioglosse Langue-de-serpent vulgaire, *Ophioglossum vulgatum*, à une feuille ovale. Lyonnoise, Lithuanienne.

La racine est un faisceau de fibres; la tige grêle, simple, de quatre à huit pouces, garnie d'une seule feuille ovale, embrassante, lisse; épi long d'un pouce & demi; à péduncule. On trouve de chaque côté de l'axe de l'épi une suite d'anneaux ou de cellules coniques; l'épi jeune est vert, les anneaux adhérens, il rougit en mûrissant; après que les anneaux ont donné les semences, l'épi paroît comme un peigne à dents très-courtes; les semences sont menues, comme de la plus fine poussiere; on trouve des épis divisés en deux ou trois branches.

On a ordonné la décoction d'Ophioglosse à langue-de-serpent, extérieurement, dans les plaies récentes, les ulceres, & intérieurement contre les pertes blanches & l'hémoptysie; mais toutes ces maladies sont si souvent guéries par la nature, qu'on est en droit de révoquer en doute ces propriétés.

Dans les OSMONDES, *Osmundæ*, l'épi est rameux, chaque partie de la fructification arrondie.

Les OSMONDES à hampes reposant sur la tige, à la base de la feuille.

1.° L'Osmonde lunaire, *Osmunda lunaria*, à une feuille pinnée; à folioles en croissant. Lyonnoise, Lithuanienne.

La racine est un faisceau de fibres; la tige simple, haute de quatre à six pouces, garnie dans sa partie moyenne d'une feuille un peu charnue, ailée, & composée de six à dix folioles arrondies à leur sommet, & taillées à leur base en croissant; la fructification forme une grappe rameuse qui termine la tige; les petites verrues qui composent cette grappe, forment deux rangs sur la partie antérieure des rameaux; ce sont des capsules vertes qui jaunissent en mûrissant, & s'ouvrent du sommet à la base.

Les OSMONDES à feuilles produisant au sommet la fructification.

2.° L'Osmonde royale, *Osmunda regalis*, à feuilles deux fois ailées, produisant à leur sommet une espece de grappe de fleurs. En Suede, en Dauphiné.

Feuilles droites, très-grandes; à folioles lancéolées; la partie supérieure des feuilles tout-à-fait déformée par l'abondance de la fructification.

Les OSMONDES à feuilles stériles, & à feuilles portant la fructification.

9.° L'Osmonde des bois, *Osmunda spicant*, à feuilles lancéolées, comme ailées; à folioles confluentes, paralleles, très-entieres. Lyonnoise, Lithuanienne.

Plusieurs feuilles radicales, droites, longues de sept à dix pouces, formant un faisceau ouvert; les extérieures stériles, les centrales sont plus longues, plus étroites, chargées de fructification, d'un noir pourpre: les feuilles stériles vivaces; celles qui portent la fructification sont annuelles.

Dans L'ACROSTIQUE, *Acrosticum*, la fructification couvre entiérement le dos des feuilles.

1.° L'Acrostique septentrionale, *Acrosticum septentrionale*, à feuilles linéaires, laciniées. Lyonnoise, Lithuanienne.

Feuilles radicales, hautes de deux ou trois pouces, fendues en deux ou trois segmens dans leur partie supérieure, & courbées au sommet en maniere de crochet ou de corne.

Dans le PTERIS, *Pteris*, la fructification est comme un ourlet sur le bord postérieur des folioles. Lyonnoise, Lithuanienne.

Pteris aquilina, Ptéride, Fougere femelle: sa racine qui est oblongue, brune en-dehors, présente, lorsqu'on la coupe en travers, comme la figure de l'aigle de l'Empire. Ses feuilles trois ou quatre fois ailées, sont hautes de trois à cinq pieds; les pétioles, nus inférieurement, ressemblent à des tiges; les pinnules nerveuses très-entieres, les dernieres lancéolées.

C'est la plus grande de nos Fougeres, elle s'éleve quelquefois jusques à la hauteur de cinq pieds. La fructification est cotonneuse, rousse; la racine grosse, fauve, rampe profondément sous terre. Cette espece fournit dans

Cl. XVII. ses cendres une grande quantité d'alkali dont on fait avec l'huile d'excellent savon; la racine amere & glutineuse a été aussi employée avec succès contre le ver solitaire & contre les empâtemens du bas-ventre.

Dans les Polypodes, *Polypodia*, la fructification est formée par de petits paquets arrondis, isolés, & qui ressemblent à des points dispersés sur le dos des feuilles.

Les Polypodes *à feuilles comme ailées, à lobes réunis.*

1.° Le Polypode commun, *Polypodium vulgare*, à racine écailleuse; à feuilles pinnatifides; à lobes oblongs, obtus, à peine dentelés. Lyonnoise, Lithuanienne.

Racine alongée, épaisse, couverte d'écailles brunes, garnie de fibres noirâtres; feuilles longues de six à dix pouces; à pinnules lancéolées, paralleles, alternes, confluentes à leur base; les paquets de la fructification forment deux rangées sur le dos de chaque pinnule; semences grosses comme celles de Pavot, environnées d'un anneau couleur de Safran.

Les Polypodes *à feuilles ailées.*

2.° Le Polypode âpre, *Polypodium Lonchitis*; à feuilles ailées; à folioles en croissant, ciliées, & finement dentées. Lyonnoise, Danoise.

Feuilles longues d'un pied, un peu dures, ailées dans presque toute leur longueur; à pinnules très-rapprochées, assez petites, rudes; à appendice ou oreillette.

3.° Le Polypode des fontaines, *Polypodium fontanum*; à feuilles ailées, lancéolées; à folioles arrondies, incisées; à pétioles lisses. Lyonnoise, en Suisse,

Feuilles longues de trois pouces; à pinnules alternes, fort courtes, incisées, obtuses à leur sommet.

Les Polypodes *à feuilles deux fois ailées.*

4.° Le Polypode à crête, *Polypodium cristatum*; à feuilles comme deux fois pinnées; à folioles ovales, oblongues, découpées en lobes obtus, finement dentées au sommet. Lyonnoise, Lithuanienne. Cl. XVII.

Les pétioles chargés de paillettes ou écailles roussâtres; les pinnules inférieures stériles; les folioles écartées.

5.° Le Polypode Fougere mâle, *Polypodium Filix mas*, à feuilles deux fois ailées; à pinnules obtuses, crénelées; à pétioles chargés d'écailles. Lyonnoise, Lithuanienne.

Les feuilles grandes, larges, longues d'un pied & demi; à folioles pinnées; les paquets de fructification réniformes. Si on les examine avec une lentille, les capsules paroissent arrondies, pâles, environnées par un anneau couleur de Safran.

6.° Le Polypode Fougere femelle, *Polypodium Filix femina*, à feuilles deux fois ailées; à pinnules lancéolées, pinnatifides, aiguës. Lyonnoise, Lithuanienne.

Pinnules nombreuses, peu écartées, ailées, pointues, longues de quatre à cinq pouces, composées de trente à quarante folioles un peu étroites, profondément dentées en leurs bords.

7.° Le Polypode à aiguillons, *Polypodium aculeatum*, à feuilles deux fois ailées; à pinnules en croissant, ciliées, dentées, & à appendice. Lyonnoise, Allemande.

Les pétioles secs, couverts d'écailles roussâtres; feuilles longues de six à dix pouces; à pinnules très-rapprochées; à oreillette située à l'angle supérieur de leur base.

8.° Le Polypode rhétique, *Polypodium rhæticum*, à feuilles deux fois ailées; à folioles & pinnules écartées, lancéolées; à dents aiguës. Sur les montagnes du Lyonnois & en Allemagne.

La fructification brune couvre presque entiérement le dos des feuilles; à pinnules à demi ailées, pointues, dentées.

9.° Le Polypode fragile, *Polypodium fragile*, à feuilles deux fois ailées; à folioles écartées; à pinnules arrondies, incisées. Lyonnoise, Lithuanienne.

La fructification est comme entassée sur le dos des feuilles.

10.° Le Polypode royal, *Polypodium regium*, à feuilles deux fois ailées; à folioles comme opposées; à pinnules alternes, laciniées. Lyonnoise, en Languedoc.

Cette espece differe à peine de la précédente.

Cl. XVII.

11.° Le Polypode Dryoptere, *Polypodium Dryopteris*, à feuilles très-composées; à folioles ternes, deux fois ailées. Lyonnoise, Suédoise.

Pétioles lisses, très-grêles, chargés vers le sommet de plusieurs pinnules, la plupart opposées; les deux pinnules inférieures ailées, & chacune presque aussi grande que toutes les autres ensemble; folioles ovales, obtuses, grossiérement dentées.

Dans les Doradilles, *Asplenia*, la fructification figure des lignes éparses sur le dos des feuilles.

Les Doradilles à feuilles simples.

1.° La Dorodille Scolopendre, *Asplenium Scolopendrium*, à feuilles simples, en cœur à la base, lingulées, très-entieres; à pétioles hérissés. Lyonnoise, Allemande.

Feuilles radicales, longues d'un pied, larges d'un pouce, légérement ondulées, pointues, lisses, un peu coriaces; pétioles chargés de poils roussâtres. Il y a une variété à feuilles laciniées au sommet; capsules rousses, enflées; semences noires, rousses.

Les Doradilles à feuilles pinnatifides.

2.° La Doradille Ceterach, *Asplenium Ceterach*, à feuilles pinnatifides; à lobes alternes, confluens, obtus. Lyonnoise.

Faisceau de feuilles longues de deux ou trois pouces, larges de quatre à six lignes, vertes en-dessus, & couvertes en-dessous de petites écailles très-abondantes, roussâtres, ou ferrugineuses & brillantes.

Les Doradilles à feuilles pinnées.

3.° La Doradille Polytric, *Asplenium Trichomanes*, à feuilles pinnées; à pinnules arrondies, crénelées. Lyonnoise, Lithuanienne.

4.° La Doradille des murs, *Asplenium Ruta muraria*, à feuilles décomposées; à folioles cunéiformes, crénelées. Lyonnoise, Lithuanienne.

Les folioles varient en longueur, largeur; elles sont entieres ou crénelées.

5.° La Doradille noire, *Asplenium Adianthum nigrum*, à feuilles comme trois fois ailées; à folioles alternes; à pinnules lancéolées, découpées, à dents de ſcie. Lyonnoiſe.

Pétioles bruns; la pouſſiere de la fructification couleur de Safran.

Dans les CAPILLAIRES, *Adianthum*, la fructification eſt diſpoſée ſur le bord poſtérieur & terminal des feuilles, dont le ſommet eſt replié en-deſſous, & recouvre les paquets de la fructification.

1.° Le Capillaire Cheveux-de-Vénus, *Adianthum Capillus Veneris*, à feuilles décompoſées; à folioles alternes; à pinnules cunéiformes; à lobes portés par des pédicules. Lyonnoiſe.

Folioles liſſes, minces, inciſées & découpées en leurs bords ſupérieurs; le ſommet de chaque découpure eſt replié en-deſſous, & recouvre les paquets de la fructification; pétioles très-grêles, luiſans, liſſes, d'un rouge noirâtre.

Dans les MARSILES, *Marſileæ*, les fleurs mâles ſont ſur la feuille; la fructification des femelles eſt arrondie; à quatre capſules poſées ſur la racine.

1.° La Marſile flottante, *Marſilea natans*, à feuilles oppoſées, ſimples, en Languedoc.

Tiges menues, flottantes, garnies de feuilles dans toute leur longueur, & pouſſant des racines à leurs articulations; feuilles ovales, obrondes, peu écartées les unes des autres; à ſurfaces chargées de points ou de verrues qu'on regarde comme les fleurs mâles; entre les racines de la baſe des tiges, on trouve pluſieurs globules ou eſpeces de capſules à une loge, à pluſieurs ſemences, & diſpoſées de trois à ſept enſemble.

2.° La Marſile à quatre feuilles, *Marſilea quadrifolia*, à feuilles très-entieres, quatre à quatre. Lyonnoiſe.

Sa tige eſt une ſouche aſſez longue, rampante, qui pouſſe à différens intervalles des paquets de racines fibreuſes; ſes feuilles ſont compoſées de quatre folioles vertes, arrondies, liſſes à leur ſommet, réunies à leur baſe, diſpoſées en maniere de croix, & ſoutenues par de

Cl. XVII. longs pétioles ; les globules qui contiennent la fructification sont solitaires ou géminés sur leurs péduncules.

Dans la Pilulaire, *Pilularia*, les fleurs mâles sur le côté des feuilles ; la fructification femelle portée sur la racine est arrondie, à quatre loges. Nous avons :

1.° La pilulaire globulifere, *Pilularia globulifera*, en Bresse. Sa tige est une souche grêle, rampante, longue de deux ou trois pouces, fortement attachée à la terre par des fibres chevelues qui naissent comme par paquets, de distance en distance ; ses feuilles sont très-menues, cylindriques, presque filiformes, longues de trois pouces, & naissent deux ou trois ensemble, de chaque nœud de la souche rampante à leur base. On trouve un globule sphérique, velu, d'une ligne & demi de diametre, d'un brun roussâtre, ressemblant à des grains de Poivre; ce grain est porté par un pédicule très-court; cette plante forme des gazons fins, & d'un vert gai.

Dans l'Isoete, *Isoetes*, l'anthere de la fleur mâle dans la base des feuilles ; la capsule de la fleur femelle qui se trouve sur la base des feuilles est à deux loges.

1.° L'Isoete des étangs, *Isoetes lacustris*, à feuilles en alêne, en demi-cylindre articulé. Dans les étangs de Bresse.

FAMILLE SECONDE.

Les Mousses, Musci.

Ce sont des plantes vivaces qui, après leur dessication, peuvent être vivifiées en les humectant ; elles ont quelque rapport avec les plantes parfaites, par leurs tiges & leurs feuilles ; elles poussent aussi des racines distinctes. Les Mousses produisent la plupart, ou du sommet, ou des aisselles des feuilles, un péduncule plus ou moins long, terminé par une petite capsule, appelée urne, sur laquelle dans plusieurs reposent une coiffe & un opercule ; souvent à la base on observe un tubercule appelé apophyse. Les Mousses se multiplient : 1.° Par les organes de la génération, démontrés par M. Hedwig ; ces plantes sont monoïques ou dioïques. Les urnes renferment les ſemences; il faut chercher les étamines au-deſſous, dans de petits paquets. 2.° Semblables aux autres plantes, la plupart des Mouſſes ſe propagent par rejets, drageons; le plus ſouvent les rejets qui ne produiſent point d'urnes, recelent les boutons à étamines. On trouve les Mouſſes ſur toute la ſurface de la terre; elles s'établiſſent dans les eaux, ſur les arbres, ſur les rochers, dans les cavernes, &c. Les urnes paroiſſent en automne & au printemps, elles perſiſtent pluſieurs mois; quelques Mouſſes des marais les développent en été.

Les uſages des Mouſſes, conſidérées comme médicamens, ſont peu connus; cependant leur odeur & leur ſaveur aſſez variées, ſemblent promettre des vertus avantageuſes. Quant aux uſages économiques, le Sphagne des marais peut être employé, vu ſa contexture molle, pour faire des couchettes; pluſieurs Mouſſes d'un tiſſu ſec, ſerré, ſervent pour les emballages; les oiſeaux les emploient fréquemment pour former la baſe de leur nid; elles garantiſſent les arbres du froid; les terreſtres ſauvent de la gelée les racines & les ſemences des herbes & des arbres foreſtiers; celles qui tapiſſent les rochers animent les ſites des montagnes par leur verdure douce & gaie.

Les genres & les eſpeces de Mouſſes ſont difficiles à déterminer, il faut avoir ſouvent recours aux lentilles pour connoître la figure des feuilles; la plupart de celles de France ſont bien gravées dans le *Botanicum Pariſienſe* de Vaillant; auſſi ceux qui ne peuvent obtenir l'*Hiſtoria Muſcorum* de Dillen, qui eſt très-rare, ne peuvent ſe paſſer de Vaillant.

Dans les LYCOPODES, *Lycopodia*, les urnes ou antheres ſont réniformes, bivalves, ſans pédicille; ou aſſiſes, ſans opercule ni coiffe; elles ſont cachées dans les aiſſelles de bractées ou paillettes nombreuſes, diſpoſées vers l'extrémité des tiges ou des rameaux, ſouvent en maniere d'épi ou de maſſue.

1.° Le Lycopode à maſſue, *Lycopodium clavatum*, à feuilles éparſes, terminées par un poil aſſez long; à épis ronds, pédunculés; deux à chaque extrémité des rameaux. Lithuanienne, ſur les montagnes du Lyonnois.

Tige rampante, longue de quatre pieds, rameuſe;

Cl. XVII. feuilles très-rapprochées, en recouvrement; épis écailleux, d'un blanc jaunâtre; les urnes répandent, étant mûres, une grande quantité de poussiere jaunâtre qui s'enflamme facilement, & qui a la propriété de fulminer.

2.° Le Lycopode inondé, *Lycopodium inundatum*, à feuilles éparses, très-entieres; à épis terminals, feuillés. En France en Danemarck

Tiges rampantes, rameuses, longues de quatre à cinq pouces; feuilles très-rapprochées, d'un vert jaunâtre; les rameaux fertiles, redressés, terminés chacun par une massue feuillée; les feuilles des rameaux rampans sont recourbées.

3.° Le Lycopode épais, *Lycopodium Selago*; à feuilles éparses, comme sur huit rangées; à tige dichotome, en bras ouverts, droite, en faisceau corymbiforme; à fleurs éparses. Lyonnoise, Lithuanienne.

Tiges assez droites, longues de trois à cinq pouces, compactes, épaisses, tout-à-fait couvertes de feuilles qui sont lancéolées, un peu fermes; les urnes axillaires & éparses.

4.° Le Lycopode à feuilles de Genévrier, *Lycopodium annotinum*, à feuilles éparses sur cinq rangées, comme dentelées; à tige rampante; à rameaux fertiles, longs & redressés; à épis terminals, lisses, droits. Sur les montagnes du Bugey, en Danemarck.

Epis sans péduncules; feuilles légérement dentées, lâches, ouvertes & souvent réfléchies.

5.° Le Lycopode des Alpes, *Lycopodium Alpinum*, à feuilles en recouvrement, sur quatre rangées, aiguës; à tiges droites, bifides; à épis assis, arrondis. Sur les Alpes du Dauphiné, de Suisse, de Suede.

Tiges rampantes, presque nues, garnies de rameaux courts, nombreux, disposés par faisceaux, & tout-à-fait couverts de feuilles qui sont petites, lancéolées, un peu épaisses, serrées contre les rameaux, & imbriquées sur quatre rangs; les massues grêles, sessiles, & terminant les rameaux fertiles.

6.° Le Lycopode aplati, *Lycopodium complanatum*, à tige rampante, presque nue; à rameaux redressés, aplatis, fasciculés; à feuilles imbriquées, comme sur deux rangs, & serrées contre les rameaux; les épis cylindriques ; à péduncules géminés, ou bigéminés. En Lithuanie, en France, près de Paris.

Dans les SPHAIGNES, *Sphagnum*, les urnes ſont chargées d'une opercule dépourvue de coiffe, non ciliées ſur leurs bords, ſeſſiles ou preſque ſeſſiles, ovales ou globuleuſes.

1.° Le Sphaigne des marais, *Sphagnum paluſtre*, à rameaux renverſés. Lyonnoiſe, Lithuanienne.

Tiges longues de trois à quatre pouces, aſſez droites & garnies de beaucoup de rameaux courts, mous, réfléchis; ces tiges ſont ramaſſées & forment des gazons très-épais; les rameaux ſupérieurs pendans, forment un paquet denſe; les feuilles très-petites, lancéolées, molles, d'un vert glauque, deviennent preſque blanches; les urnes globuleuſes & diſpoſées, pluſieurs enſemble au ſommet des tiges, ſur de très-courts péduncules.

2.° Le Sphaigne des arbres, *Sphagnum arboreum*, à tige rampante, rameuſe; à urnes latérales diſpoſées du même côté. En France.

Tiges d'un pouce, ramaſſées en petits gazons d'un vert foncé; feuilles très-petites, pointues; urnes ovales, ſeſſiles, diſpoſées le long de chaque rameau.

Dans le PHASQUE, *Phaſcum*, l'urne eſt à opercule, à bords ciliés.

1.° Le Phaſque ſans tige, *Phaſcum acaulon*, ſans tige; à urne aſſiſe; à feuilles ovales, aiguës, ramaſſées en une petite roſette. Lyonnoiſe, Lithuanienne.

Mouſſe très-petite, en gazon, à peine élevée d'une ligne & demie; feuilles d'un vert jaunâtre; urne ovale, rouſſâtre dont l'opercule eſt terminé par une petite pointe.

2.° Le Phaſque en alêne, *Phaſcum ſubulatum*, ſans tige; à urne aſſiſe; à feuilles en alêne, ſétacées, ouvertes. Lyonnoiſe, Lithuanienne.

Mouſſe très-petite; feuilles menues comme des cheveux, d'un vert jaunâtre, luiſantes; urne globuleuſe, d'un roux pâle, très-petite. Ces deux eſpeces ont réellement des coiffes, ainſi on pourroit les aſſocier aux Erys.

Dans les FONTINALES, *Fontinales*, les urnes ſont

Cl. XVII. sessiles ou presque sessiles & axillaires, à opercules & à coiffe, assises, renfermées dans le périchétie, ou un amas de petites feuilles étroites qui enveloppent le tubercule des soies.

1.° La Fontinale incombustible, *Fontinalis antipyretica*, à feuilles ovales, lancéolées, embriquées sur trois rangs; en caréne; à urne latérale. Lyonnoise, Lithuanienne.

Tige rameuse, longue d'un pied & demi, flottante; feuilles vertes, transparentes; les urnes presque sessiles, disposées dans la partie moyenne & inférieure de la tige, & enveloppées à leur base par des écailles ou feuilles très-minces.

2.° La Fontinale écailleuse, *Fontinalis squamosa*, à feuilles en recouvrement, subulées, lancéolées; à urne latérale. Lyonnoise, en Suisse.

Plusieurs tiges en faisceaux, longues d'un pied & demi; feuilles étroites, lancéolées, terminées par un poil fort rapproché, d'un vert noirâtre; urnes ovales, axillaires, d'un rouge foncé, portées par des filamens très-courts, longs d'une ou trois lignes.

3.° La Fontinale empennée, *Fontinalis pinnata*, à feuilles comme ailées, ouvertes; à urnes latérales. En France, près de Paris, en Allemagne, en Suisse.

Tiges de quatre pouces, comprimées; à rameaux distiques, écartés les uns des autres; feuilles ovales, lancéolées, transparentes, luisantes; à ondulations transversales, disposées en maniere de plumes, sur deux rangs opposés; urnes assises, enveloppées par des gaînes de feuilles. On la trouve sur des troncs d'arbre, les autres sont aquatiques.

Dans le Splanc, *Splachnum*, l'urne repose sur une apophyse colorée; la coiffe est caduque; l'individu femelle séparé, présente des étoiles de feuilles.

1.° Le Splanc ampoulé, *Splachnum ampulaceum*, à feuilles ovales, lancéolées; à urne en poire, terminée par un cylindre. En Suede, en France, près de Paris.

Tige courte, en gazon, d'un vert foncé; feuilles un peu lâches; les filamens rougeâtres, longs d'un pouce, soutiennent des urnes droites, cylindriques à leur sommet, & à renflement considérable à leur base, qui est l'apophyse, ou un réceptacle particulier.

2.° Le Splanc rouge, *Splachnum rubrum*, à appendice de l'urne orbiculaire, hémisphérique, très-rouge. En Dauphiné.

Ce genre pourroit bien n'être qu'un jeu de la nature, & ses especes des variétés des Mnies.

Dans les Polytrics, *Polytricha*, les urnes sont garnies à leur base d'une apophyse ou d'un renflement particulier; leur coiffe est velue; les individus femelles, ou plutôt mâles, ont les tiges terminées par une rosette de feuilles.

1.° Le Polytric commun, le Perce-mousse, *Polytrichum commune*, à tige simple; à urne parallélipipede. Lyonnoise, Lithuanienne.

Tiges simples, droites, hautes d'un pouce; feuilles très-étroites, aigues, d'un vert brun, denticulées; urnes quadrangulaires, épaisses, inclinées sur les filamens qui terminent les tiges; à opercule court; à coiffe velue, blanche, laciniée à sa base, pointue & roussâtre au sommet; les feuilles plus ou moins roides, & terminées par un poil, constituent les variétés.

2.° Le Polytric axillaire, *Polytrichum urnigerum*, à tiges rameuses; à filamens latéraux; à urne droite, aigue. En France, près de Paris; en Suisse.

Tiges hautes d'un pouce; à feuilles aigues, dentées; les filamens aux aisselles des feuilles, à l'origine des rameaux; urnes ovales, cylindriques.

Dans les Mnies, *Mnia*, des individus portent des urnes à filamens, à opercules & à coiffe; d'autres offrent des globules nus & poudreux.

1.° Le Mnie transparent, *Mnium pellucidum*, à tige simple; à feuilles ovales. Lyonnoise, Lithuanienne.

Tiges longues de quatre à six lignes, droites, ramassées par faisceaux ou petits gazons; feuilles ovales, pointues, transparentes, d'un vert pâle; urnes ovales, cylindriques; filament terminal, plus long que la tige.

2.° Le Mnie androgyne, *Mnium androgynum*, à tige rameuse, androgyne. Lyonnoise, Lithuanienne.

Tiges de quatre à huit lignes, ramassées en petit gazon; feuilles très-petites, étroites, très-rapprochées des tiges, terminées par des globules pédiculés, poudreux, très-petits; d'autres portent des urnes droites, pédunculées & terminales.

3.° Le Mnie des fontaines, *Mnium fontanum*, à tiges ſimples, repliées aux nœuds. Lyonnoiſe, Lithuanienne.

Tiges de deux pouces, droites, grêles, cylindriques, ramaſſées en gazon denſe; feuilles petites, aiguës; urnes courtes, aſſez groſſes, un peu inclinées; à filamens longs; roſettes compoſées de feuilles arrangées en étoiles, concaves.

4.° Le Mnie des marais, *Mnium paluſtre*, à tige dichotome; à feuilles en alêne. En Dauphiné, en Suede.

Tiges hautes de trois à cinq pouces, nues, ou pluſieurs fois fourchues, de couleur de rouille; à urnes ovales; à filamens rougeâtres; à feuilles lancéolées, molles.

5.° Le Mnie hygrometre, *Mnium hygrometricum*, ſans tiges; à urne inclinée; à coiffe réfléchie; à quatre pans. Lyonnoiſe, Lithuaniènne.

Tiges en gazon très-bas, hautes au plus d'une ligne ou deux; feuilles ovales, lancéolées, pointues, d'un vert clair, tranſparentes; filamens longs d'un pouce & demi, rougeâtres, courbés à leur ſommet; urnes pendantes en forme de poire; coiffe terminée en pointe, aiguë. Sur les murs.

6.° Le Mnie purpurin, *Mnium purpureum*, à tige dichotome; à filamens axillaires; à urne droite; à feuilles en carêne. Lyonnoiſe, Lithuanienne.

Tiges en petits gazons très-verts, droites, fourchues, hautes d'un pouce; feuilles lancéolées, aiguës, très-rapprochées; les pédicules droits, purpurins, naiſſent aux aiſſelles des rameaux; urnes cylindriques, à peine inclinées; opercules coniques.

7.° Le Mnie ſétacé, *Mnium ſetaceum*, à urnes droites; à opercules filiformes, de la longueur de l'urne. Lyonnoiſe, Suédoiſe.

Tiges droites, longues de trois à ſix lignes; feuilles en alêne, vertes, luiſantes; filamens rougeâtres, longs de ſix à huit lignes; urnes grêles, cylindriques; opercules purpurins, aigus.

8.° Le Mnie crêpé, *Mnium cyrrhatum*, à feuilles roulées, crépues par le deſſéchement. Lyonnoiſe, Suédoiſe.

Tiges petites, rameuſes, droites, en gazon touffu; urnes droites, à filamens latéraux; les feuilles forment une étoile au ſommet des rameaux.

9.° Le Mnie étoilé, *Mnium hornum*, à urnes pendantes; à péduncule courbé; à rejets ſimples; à feuilles rudes en leur bord. Lyonnoiſe, Suédoiſe.

Tiges de deux ou trois pouces, droites; feuilles lancéolées, pointues; urne fort grande, ovale, cylindrique.

10.° Le Mnie chevelu, *Mnium capillare*, à urnes pendantes; à feuilles ovales, terminées par une ſoie, carénées; à péduncules très-longs. Lyonnoiſe, Suédoiſe.

Tiges en petits gazons ſerrés; péduncules à la baſe des tiges, ou à leurs diviſions; urnes aſſez grandes, ovales, cylindriques.

11.° Le Mnie polytriqué, *Mnium Polytrichoïdes*, à coiffe velue. Lyonnoiſe, Suédoiſe.

Tige preſque nulle; feuilles étroites, lancéolées, très-entieres, en petit faiſceau radical; urne cylindrique; à pédicule de huit lignes, implanté au milieu de la roſette des feuilles; coſſe pointue à ſon ſommet, laciniée en ſon bord inférieur. Il y a une variété à feuilles dentées.

12.° Le Mnie à feuilles de Serpolet, *Mnium Serpillifolium*, à péduncules aggrégés; à feuilles ouvertes, tranſparentes. Lyonnoiſe, Lithuanienne.

Tiges ſtériles, couchées; les fertiles aſſez droites, nues à leur baſe, & quelquefois rameuſes dans leur partie ſupérieure; feuilles lâches, plus grandes que celles des autres eſpeces, minces, liſſes, tranſparentes, & d'un vert clair; les urnes ovales, penchées. Les variétés ſont:

1.° A pédicules faſciculés; à feuilles oblongues, faſciculées & ondulées.

2.° A pédicules faſciculés; à feuilles ovales, arrondies.

3.° A pédicules ſolitaires; à feuilles ovales, arrondies.

4.° A pédicules ſolitaires; à feuilles ovales, pointues.

13.° Le Mnie rouillé, *Mnium triquetrum*, à tiges longues, de couleur de rouille; à feuilles ovales, lancéolées; à urnes ovales, pendantes. En Bugey.

Tiges longues de deux à trois pouces, droites, un peu rameuſes vers leur ſommet, ramaſſées en gazon denſe; feuilles liſſes, à nervure ſaillante & rougeâtre; pédicules longs de deux pouces, d'un rouge noirâtre; urnes rougeâtres, ventrues.

14.° Le Mnie globulifere, *Mnium trichomanes*, à feuilles distiques, très-entieres. En France, en Suede.

Feuilles entieres, ovales, obtuses, sur deux rangs opposés; les urnes sont des globules très-petits, poudreux, terminant les rameaux de la tige qui est couchée, longue d'un pouce.

15.° Le Mnie découpé, *Mnium fissum*, à feuilles distiques, fendues à leur sommet. En Dauphiné, en Allemagne.

Les sommets portent des globules comme dans la précédente; la tige rampante.

16.° Le Mnium Jungermane, *Mnium Jungermania*, à feuilles distiques, à oreille. Lyonnoise, Lithuanienne.

Tige rampante; feuilles imbriquées, très-entieres, alternes; à appendice.

Dans les Bris, *Brya*, les urnes sont à opercules, à coiffe lisse, à pédicules ou filamens portés sur un tubercule.

Les Bris à urnes sans pédicule.

1.° Le Bri velu, *Bryum apocarpon*, à urnes sessiles, terminantes; à coiffe très-petite. Lyonnoise. Lithuanienne.

Tiges rameuses; feuilles lancéolées, terminées par un poil, ce qui fait paroître le gazon hérissé.

2.° Le Bri strié, *Bryum striatum*, à urnes éparses, presque sans pédicules; à coiffe striée, velue en-dessus. Lyonnoise, Lithuanienne.

Tiges rameuses, assez droites, en gazon; feuilles lancéolées, lisses; urnes axillaires, droites.

Les Bris à urnes pédunculées, droites.

3.° Le Bri pomiforme; *Bryum pomiforme*, à urnes droites, ovales; en coiffe à alêne; à feuilles ovales; mousses, à rejets simples. Lyonnoise, Lithuanienne.

Mousse en gazon très-fin, d'un vert un peu jaunâtre; tiges de six à huit lignes; feuilles ovales, lisses, étroites, pédicules latéraux, axillaires.

4.° Le Bri éteignoir, *Brium extinctorium*, à urne droite,

droite, oblongue, plus petite que la coiffe, qui est lâche ou dilatée à la base. Lyonnoise, Lithuanienne. Cl. XVII.

Tige d'une ou deux lignes de hauteur; feuilles comme en rosette, ovales, lancéolées; coiffe comme pointue, cachant l'urne comme un éteignoir.

5.° Le Bri subulé, *Bryum subulatum*, à urnes droites, en alêne; à rejets simples. Lyonnoise, Lithuanienne.

Tiges très-courtes; feuilles lancéolées; urnes & opercules très-longs; gazons fort bas, d'un vert gai; les urnes se courbent en vieillissant.

6.° Le Bri rustique, *Bryum rurale*, à urnes droites; à feuilles recourbées, terminées par un poil flottant. Lyonnoise, Lithuanienne.

Tiges souvent rameuses, droites, hautes d'un pouce, en gazon dense; pédicules au sommet des tiges, ou à l'origine des rameaux; urnes cylindriques & pointues.

7.° Le Bri des murs, *Bryum murale*, à urnes droites; à feuilles terminées par un poil, droites; à rejets simples, en gazon. Lyonnoise, Lithuanienne.

Tiges plus courtes, en gazon serré; urne grêle, cylindrique, d'un rouge brun.

8.° Le Bri à balais, *Bryum scoparium*, à urnes comme droites; à péduncules agrégés; à feuilles tournées d'un seul côté, recourbées en faucille; à tiges inclinées. Lyonnoise, Lithuanienne.

Tiges tortueuses, de deux pouces, en gazon touffu; feuilles longues, étroites.

9.° Le Bri ondulé, *Bryum undulatum*, à urnes comme droites; à péduncules presque solitaires; à feuilles lancéolées, carénées, ondulées, très-ouvertes, dentelées. Lyonnoise, Lithuanienne.

Urne courbée, grande, d'un rouge brun.

10.° Le Bri glauque, *Bryum glaucum*, à urnes comme droites, à opercule arqué; à feuilles droites, en recouvrement; à rejets rameux. Lyonnoise, Lithuanienne.

Gazon de couleur glauque & blanchâtre; tiges rameuses, droites, de deux à trois pouces; feuilles étroites, lancéolées, arquées, serrées; urnes légérement inclinées; à opercules pointus.

11.° Le Bri transparent, *Bryum pellucidum*, à tiges

Cl. XVII. hériſſées ; à feuilles aiguës, recourbées ; à urnes comme droites. Lyonnoiſe, Suédoiſe.

Rejets couleur de rouille ; feuilles carénées, ovales, lancéolées, terminées par une arête ; urnes obliques, pointues.

12.° Le Bri aiguille, *Bryum aciculare*, à urnes droites ; à opercules comme une aiguille ; à feuilles droites, preſque tournées d'un ſeul côté. Lyonnoiſe, en Suiſſe.

Feuilles lancéolées, imbriquées ; péduncules axillaires ; urnes ovales, terminées par une arête.

13.° Le Bri entortillé, *Bryum flexuoſum*, à urnes droites ; à feuilles ſétacées ; à péduncules tortueux. Lyonnoiſe, Suédoiſe.

Feuilles très-étroites ; urnes cylindriques ; à opercules en arête.

14.° Le Bri élégant, *Bryum heteromallum*, à urnes droites ; à feuilles ſétacées, tournées d'un ſeul côté. Lyonnoiſe, Lithuanienne.

Tiges de trois à ſept lignes, en gazon ſoyeux, d'un beau vert ; feuilles ſouvent courbées en faucille ; pédicules très-fins ; urnes ovales, à opercules pointus.

15.° Le Bri tortueux, *Bryum tortuoſum*, à urnes droites ; à feuilles ſétacées, ſans poils, criſpées par la deſſication. Lyonnoiſe, Suédoiſe.

16.° Le Bri tronqué, *Bryum trunculatum*, à urnes droites, arrondies ; à opercules terminés par une pointe. Lyonnoiſe, Lithuanienne.

Les urnes ſans opercules, paroiſſent tronquées ; les tiges ont à peine une ligne ; feuilles très-petites, ovales, pointues, diſpoſées en roſette ; l'urne paroît groſſe à proportion de la plante.

17.° Le Bri verdoyant, *Bryum viridulum*, à urnes droites, ovales ; à feuilles lancéolées, aiguës, en recouvrement, & ouvertes. Lyonnoiſe, Lithuanienne.

Tiges d'une à trois lignes, formant des gazons fins, très-bas. Les feuilles très-vertes, preſque en alêne, ſerrées contre les tiges dans leur partie inférieure, ſont ouvertes & même réfléchies vers leur ſommet ; l'opercule des urnes jaune, pointu.

18. Le Bri des marais, *Bryum paludoſum*, ſans tiges ; à feuilles ſétacées ; à urnes très-obtuſes. Suédoiſe, en Suiſſe.

En France elle differe à peine de la précédente.

19. Le Bri hypnoïde, *Bryum hypnoïdes*, à urnes droites, à rejets redressés; à rameaux latéraux, courts, fertiles. Lyonnoise, Suédoise.

Les rameaux alternes plus courts; feuilles très-petites, terminées par un poil; le péduncule de l'urne court; les poils blancs des feuilles donnent au gazon un aspect laineux. Sur les pierres.

20.° Le Bri verticillé, *Bryum verticillatum*, à urnes droites; à péduncules tordus par le desséchement; à feuilles terminées par un poil; à rejets relevés. Lyonnoise, en Suisse.

21.° Le Bri d'été, *Bryum æstivum*, à urnes droites, arrondies, axillaires; à feuilles en alêne, éloignées. Lyonnoise, en Suisse.

Tiges rameuses, presque nues. Dans les marais.

A peine distinguée de la précédente.

22.° Le Bri doré, *Bryum trichodes*, à urnes redressées; à marge ciliée, sans anneau; à péduncule très-long. Lyonnoise, en Suede.

Feuilles capillacées, droites; les urnes s'élargissent au sommet; leur opercule est très-court.

Les BRIS *à urnes penchées, inclinées.*

23.° Le Bri argenté, *Bryum argenteum*, à urnes pendantes; à rejets cylindriques, lisses. Lyonnoise, Suédoise.

Les tiges grêles, longues de cinq lignes, en petits gazons serrés, luisans, d'une couleur argentée; feuilles très-petites, serrées, en recouvrement; les péduncules naissent de la base des tiges; urnes ovales. Sur les murs, les rochers.

24.° Le Bri coussinet, *Bryum pulvinatum*, à urnes arrondies; à péduncules recourbés; feuilles terminées par une soie. Lyonnoise.

Péduncules très-courts; urnes pendantes; gazons laineux.

25. Le Bri en gazon, *Bryum cæspititium*, à urnes pendantes; à feuilles lancéolées, terminées par une soie; à péduncules très-longs. Lyonnoise.

Péduncules rouges; tiges de deux ou trois lignes en petits gazons serrés. Sur les murs.

Cl. XVII. 26. Le Bri incarnat, *Bryum carneum*, à urnes pendantes, ovales; à feuilles aiguës, alternes. Lyonnoise, Suédoise.

Les feuilles lancéolées, peu serrées; les péduncules couleur de chair. Sur les terrains humides.

27. Le Bri simple, *Bryum simplex*, à urnes inclinées, oblongues; à feuilles en alêne; à rejets très-simples. Lyonnoise, en Suisse.

Les péduncules au sommet, & sur le dos du rejet à urnes rouges. Dans les pâturages.

Dans les Hypnes, *Hypna*, les pédicules des urnes sont latéraux, & enveloppés à leur base par une gaîne écailleuse & feuillée; les urnes sont à opercules, à coiffes lisses; la plupart des especes sont rameuses & couchées, ou rampantes.

Les Hypnes à feuilles distiques ou disposées en maniere d'aile, sur deux côtés opposés.

1.° L'Hypne à feuilles d'If, *Hypnum Taxifolium*, à tige simple; à feuilles ailées sur la tige; à péduncule à la base de la tige. Lyonnoise, Lithuanienne.

Tiges de quatre à sept lignes; feuilles transparentes, lancéolées; péduncules rougeâtres; à urnes un peu inclinées; à opercules pointus. Sur les terrains humides.

2.° L'Hypne denticulé, *Hypnum denticulatum*, à tiges simples; à feuilles ailées, comme à deux rangs sur la tige; à péduncule à la base des tiges. Lyonnoise, Suédoise.

Feuilles aiguës, recourbées, si serrées qu'elles paroissent former double rang. Sur les terrains humides, à l'ombre.

3.° L'Hypne bryoïde, *Hypnum bryoïdes*, à tiges très-simples; à feuilles ailées sur la tige; à péduncules terminant les tiges. Lyonnoise, Lithuanienne.

Sept paires de feuilles; urnes droites; feuilles imbriquées, très-rapprochées; tiges de trois à cinq lignes de longueur. Sur les pentes des fossés.

4.° L'Hypne adiantin, *Hypnum adiantoïdes*, à tige droite, rameuse; à feuilles ailées sur la tige; à péduncules naissant du milieu de la tige. Lyonnoise, Allemande.

Cinq paires de feuilles ſur la tige; urnes obliques, en alêne; feuilles en recouvrement, aiguës. Dans les lieux marécageux. Cl. XVII.

5.° L'Hypne aplati, *Hypnum complanatum*, à tige rameuſe; à feuilles ailées ſur la tige, en recouvrement, aiguës, repliées, comprimées. Lyonnoiſe, Lithuanienne.

Urnes ovales, à coiffes d'un blanc pâle, & très-aiguës. Sur les troncs d'arbres.

Les HYPNES *à rameaux vagues & ſans ordre.*

6.° L'Hypne luiſant, *Hypnum lucens*, à rejets rameux; à feuilles comme ailées; à folioles ponctuées. En Dauphiné.

Feuilles ovales, pointues, luiſantes, imbriquées d'une maniere lâche, nues : à la loupe elles paroiſſent comme chagrinées.

7.° L'Hypne ondulé, *Hypnum undulatum*, à rejets rameux; à feuilles comme ailées; à feuilles repliées comme en ondes. Lyonnoiſe, Allemande.

Péduncule à la baſe & au milieu des rameaux; urnes oblongues.

8.° L'Hypne crépu, *Hypnum criſpum*, à rejets rameux; à feuilles comme ailées; à folioles ondulées, planes. Lyonnoiſe, Lithuanienne.

A peine diſtinguée de la précédente.

Les folioles ovales, à ondes tranſverſales; à urnes ovales.

9.° L'Hypne triangulaire, *Hypnum triquetrum*, à rameaux vagues, recourbés; à feuilles ovales, recourbées, ouvertes. Lyonnoiſe, Suédoiſe.

Feuilles ovales, lancéolées, pointues, en recouvrement lâche; pédicules rougeâtres; urnes ovales, inclinées. Dans les prés.

10.° L'Hypne fourgon, *Hypnum rutabulum*, à rameaux vagues, comme rampans; à feuilles ovales, terminées par une pointe, & en recouvrement. Lyonnoiſe, Lithuanienne.

Feuilles ſtriées, ouvertes; urnes ovales, inclinées; à opercules coniques. Dans les bois, le long des haies.

Cl. XVII. *Les Hypnes à rameaux disposés en maniere d'ailes.*

11.° L'Hypne Fougere, *Hypnum Filicinum*, à rameaux ailés ; à ailerons éloignés ; à folioles aiguës, recourbées, crochues. Lyonnoise, Lithuanienne.

Elle est d'un vert jaunâtre, elle imite par la disposition de ses rameaux une petite Fougere. Dans les terrains humides.

12.° L'Hypne prolifere, *Hypnum proliferum*, à rejets proliferes, aplatis, ailés; à péduncules agrégés. Lyonnoise, Lithuanienne.

Tige tortueuse ; feuilles très-petites, aiguës, un peu jaunâtres ; péduncules à l'origine des rameaux, par faisceaux ; à urnes inclinées. Dans les prés.

13.° L'Hypne des murs, *Hypnum parietinum*, à rejets planes, ailés, prolongés ; à péduncules agrégés. Lyonnoise, Lithuanienne.

Tige rampante, à rameaux doublement ailés.

14.° L'Hypne alongé, *Hypnum prælongum*, à rejets couchés, comme ailés; à rameaux éloignés; à folioles ovales; à urnes inclinées. Lyonnoise, Lithuanienne.

Ramifications lâches, très-menues ; feuilles lancéolées, terminées par un poil. Sur les troncs des arbres.

15.° L'Hypne crête, *Hypnum Crista castrensis*, à rejets ailés ; à rameaux rapprochés, recourbés au sommet. Lyonnoise, Suédoise.

Urnes arrondies, obliques.

16.° L'Hypne sapinet, *Hypnum abietinum*, à rejets ailés, arrondis ; à rameaux éloignés, inégaux. Lyonnoise, Lithuanienne.

Feuilles ovales, lancéolées, terminées par un poil.

Les Hypnes à feuilles réfléchies.

17.° L'Hypne Cyprès, *Hypnum Cupressiforme*, à rejets comme ailés ; à feuilles tournées presque d'un seul côté, recourbées en faucille, en alêne. Lyonnoise, Lithuanienne.

Urnes presque droites, à opercules pointus. Dans les bois.

18.° L'Hypne crochu, *Hypnum aduncum*, à rejets redressés, peu rameux; à rameaux recourbés; à feuilles d'un seul côté, recourbées en faucille, terminées par un poil. Dans les marais. Lyonnoise, Suédoise.

19.° L'Hypne comprimé, *Hypnum compressum*, à rejets ailés, comprimés; feuilles recourbées, aiguës; à urnes droites, ovales. Lyonnoise, en Suisse.

20. L'Hypne scorpion, *Hypnum scorpioïdes*, à rameaux couchés, vagues, recourbés; à feuilles tournées d'un côté, aiguës. Lyonnoise, Suédoise.

Feuilles serrées, un peu crochues.

21.° L'Hypne sarmenteux, *Hypnum viticulosum*, à rejets rampans; à rameaux vagues, arrondis; à feuilles ouvertes, pointues. Lyonnoise, Lithuanienne.

Feuilles lancéolées, crêpées; urnes droites, à opercules coniques. Sur les arbres.

22.° L'Hypne rude, *Hypnum squarrosum*, à rameaux vagues; à feuilles lancéolées, repliées, carénées, recourbées en dehors. Lyonnoise, Lithuanienne.

Tige rampante; feuilles transparentes, striées, en alêne; urnes ovales, obliques. Sur les terrains humides.

23.° L'Hypne des marais, *Hypnum palustre*, à rejets rampans, à rameaux droits, rapprochés, nombreux; feuilles ovales, lancéolées, en faucille; à urnes ovales, droites. Lyonnoise, Lithuanienne.

24.° L'Hypne à courroie, *Hypnum loreum*, à rejets rampans; à rameaux vagues, redressés; à feuilles d'un côté; à urnes arrondies. Lyonnoise, Allemande.

Feuilles étroites, aiguës, un peu recourbées; les rejets longs & grêles. Sur les collines.

Les HYPNES *à rameaux en faisceaux.*

25.° L'Hypne arboré, *Hypnum dendroïdes*, à rejets vagues, arrondis; à feuilles ovales, aiguës, ouvertes; à urnes pendantes. Lyonnoise, Suédoise.

Tige, souche rampante, à jets assez droits, nus & simples inférieurement; à rameaux ramassés en faisceaux supérieurement; urnes à opercules coniques. Dans les prés humides.

26.° L'Hypne queue-de-renard, *Hypnum alope-*

Cl. XVII. *curum*, à rejets droits; à rameaux en faiſceaux, terminant la tige, ſubdiviſés; à urne légérement inclinée. En France, en Allemagne.

Rameaux nus à la baſe; feuilles ovales, lancéolées, pointues.

Les HYPNES *à jets & rameaux cylindriques.*

27.° L'Hypne pur, *Hypnum purum*, à rejets ailés, épars, fins, pointus; à feuilles ovales, obtuſes. Lyonnoiſe, Lithuanienne.

Feuilles en recouvrement, ovales, lancéolées; à pédoncules longs; urnes inclinées, terminées par une pointe. Dans les bois.

28.° L'Hypne vermiculé, *Hypnum illecebrum*, à rejets & rameaux vagues, cylindriques, droits, obtus. Lyonnoiſe, en Suede.

Feuilles ovales, lancéolées, concaves, en recouvrement, très-rapprochées. Dans les pâturages.

29.° L'Hypne des rives, *Hypnum riparium*, à rejets cylindriques, rameux; à feuilles aiguës, ouvertes, éloignées entre elles. Lyonnoiſe, Lithuanienne.

Feuilles ovales, lancéolées, terminées par un poil. Sur les bords des ruiſſeaux.

30.° L'Hypne pointu, *Hypnum cuſpidatum*, à rejets vagues; à rameaux finiſſant en cônes formés par les feuilles aiguës, roulées. Lyonnoiſe, Lithuanienne.

Feuilles ovales, lancéolées; pédicules axillaires, très-longs; à urnes légérement inclinées. Dans les marais, qu'elle remplit peu à peu.

Les HYPNES *à rameaux raſſemblés, ramaſſés.*

31.° L'Hypne ſoyeux, *Hypnum ſericeum*, à rejets rampans; à rameaux droits, ramaſſés; à feuilles en alêne; à urnes droites. Lyonnoiſe, Lithuanienne.

Les feuilles en recouvrement, étroites, terminées par une pointe, donnent des gazons luiſans & ſoyeux; urnes cylindriques. Sur les murs.

32.° L'Hypne velouté, *Hypnum velutinum*, à rejets rampans; à rameaux droits, ramaſſés; à feuilles en alêne; à urnes un peu inclinées. Lyonnoiſe, Lithuanienne.

Feuilles terminées par un poil; urnes ovales. Sur les racines des arbres.

33.° L'Hypne traînant, *Hypnum ſerpens*, à rejets rampans; à rameaux très-ténus, filiformes; à feuilles très-petites, terminées par un poil; à urnes cylindriques, droites, pointues. Lyonnoiſe, Lithuanienne.

Feuilles extrêmement petites & lâches. Sur les troncs des vieux arbres.

34.° L'Hypne queue-d'écureuil, *Hypnum ſciuroïdes*, à rejets droits, rameux, recourbés. Lyonnoiſe, Lithuanienne.

Feuilles très-ſerrées entre elles, & terminées par un poil; urnes droites, à opercules coniques. Sur les troncs d'arbres.

35.° L'Hypne grêle, *Hypnum gracile*, à rejets rampans; à rameaux cylindriques, droits, ramaſſés en faiſceaux; à urnes ovales, droites. Lyonnoiſe, en Angleterre.

36.° L'Hypne queue-de-rat, *Hypnum mioſuroïdes*, à rejets très-rameux; à rameaux en alêne, cylindriques, amincis par les deux extrémités. Lyonnoiſe, Lithuanienne.

Feuilles lancéolées, terminées par un fil, très-ſerrées entre elles; les fils des feuilles rendent la plante ſoyeuſe; urnes ovales, légérement inclinées. Au pied des arbres.

TROISIEME FAMILLE.

Les ALGUES, Algæ.

Leur ſubſtance eſt, ou pulvérulente comme de la pouſſiere, ou lanugineuſe comme de la laine, ou filamenteuſe comme des fils, ou en expanſions comme des feuilles, ou gélatineuſe comme une gelée que la moindre chaleur deſſeche. Leurs racines ſont ou des empâtemens ou des fils; dans la plupart, les feuilles ne ſont point diſtinctes des tiges; preſque toutes ſont vivaces & ſe régénerent lorſqu'on leur rend l'humidité; pluſieurs végetent plus vivement à la fin de l'automne & en hiver.

On trouve des Algues ſur la terre & dans l'eau; elles couvrent, comme les Lichens, les rochers, les écorces

Cl. XVII. d'arbres ; celles-ci semblent tirer le fond de leur nourriture de l'humidité de l'air. Quelques Lichens sont devenus médicamens ; plusieurs fournissent la plupart des couleurs recherchées des Teinturiers.

Il étoit réservé au célebre Hedwig de nous faire connoître les véritables organes de la reproduction des Algues, spécialement des Lichens.

Rien n'est si difficile que de statuer ce qui est espece ou variété dans cette nombreuse Famille ; les révolutions successives des parties des écussons, des cupules, des expansions ; les différentes couleurs que le temps, & le plus ou moins de dévelopement occasionne, a produit une foule de prétendues especes qui s'anéantissent devant l'Observateur qui a assez de patience pour suivre ces plantes dans tous les âges.

Dans les Jungermannes, *Jungermanniæ*, la fleur mâle est à péduncules ; c'est un sachet sphérique qui se fend jusques à la base en quatre parties disposées en croix ; la fleur femelle est sans péduncule, à semences arrondies.

Les JUNGERMANNES à feuilles distiques ou ailées.

1.° La Jungermanne asplénoïde, *Jungermannia asplenoïdes*, à tiges simplement ailées ; à folioles ovales, dentelées, comme ciliées ; péduncules au sommet des tiges. Lyonnoise, Lithuanienne.

Péduncules blanchâtres, sachets bruns. Sur les terrains humides.

2.° La Jungermanne sarmenteuse, *Jungermannia viticulosa*, à tiges ailées ; à folioles planes, nues, linaires. En Provence, en Suisse.

Les péduncules partent de la base & du milieu de la tige ; feuilles très-entieres, plus petites que dans la précédente. Sur les terres humides.

3.° La Jungermanne lancéolée, *Jungermannia lanceolata*, à tiges simplement ailées, portant au sommet les péduncules ; à folioles très-entieres, très-serrées, formant avec la tige une lancette. Lyonnoise, Lithuanienne.

Feuilles ovales, obtuses ; tiges de huit à dix lignes de longueur. Sur les terrains humides.

Cl. XVII.

4.° La Jungermanne double-dent, *Jungermannia bidentata*, à tiges ſimplement ailées, portant au ſommet ſes péduncules; à folioles terminées par deux dents. Dans les lieux couverts. Lyonnoiſe, Lithuanienne.

Les JUNGERMANNES à tiges ailées, à feuilles à oreilles.

5.° La Jungermanne ondulée, *Jungermannia undulata*, à tiges ſupérieurement deux fois ailées, produiſant au ſommet les péduncules; à folioles arrondies, très-entieres, ondulées. En France.

6.° La Jungermanne blanchâtre, *Jungermannia albicans*, à tiges ſupérieurement deux fois ailées, portant au ſommet les péduncules; à folioles linaires, recourbées. En France, en Allemagne.

Feuilles d'un vert pâle, à oreilles. Dans les lieux à l'ombre.

Les JUNGERMANNES à feuilles en recouvrement, imbriquées.

7.° La Jungermanne aplatie, *Jungermannia complanata*, à rejets rampans; à feuilles à oreilles, inférieurement doublement imbriquées; à rameaux égaux. Lyonnoiſe, Lithuanienne.

Tiges aplaties; pédicules très-courts le long des tiges; feuilles très-petites, en recouvrement, ſur deux rangs.

8.° La Jungermanne à feuilles plates, *Jungermannia platyphylla*, à rejets couchés; à feuilles imbriquées, ſur deux rangs, engagées les unes dans les autres comme des points de ſuture, aplaties en-deſſus, concaves en-deſſous. Dans les bois. Lyonnoiſe, Allemande.

9.° La Jungermanne ciliée, *Jungermannia ciliaris*, à rejets rampans; à folioles ſur deux rangs, inférieurement ciliées, & à oreilles. Lyonnoiſe, en Suede.

Les JUNGERMANNES à feuilles compoſées d'expanſions membraneuſes, non diſtinguées des tiges.

10.° La Jungermanne foliacée, *Jungermannia epiphylla*, à tiges compoſées d'expanſions membraneuſes,

Cl. XVII. planes, ramifiées en lobes; à péduncules partant du milieu de la feuille. Lyonnoiſe, Lithuanienne.

11.° La Jungermanne épaiſſe, *Jungermannia pinguis*, à feuilles graſſes, longues, ſinuées; à péduncules naiſſant des bords des feuilles. En Suede, en France, ſur les terrains marécageux.

12.° La Jungermanne fourchue, *Jungermannia furcata*; à tige formée par les feuilles linaires, & bifurquées aux extrémités. En France, Lithuanienne.

Les péduncules naiſſent à la baſe des tiges. En France, en Lithuanie.

Dans les TARGIONES, *Targioniæ*, le calice eſt formé par deux valves renfermant un globule.

1.° La Targione hypophille, *Targionia hypophylla*; ſes tiges ſont des expanſions membraneuſes, en ſpatule, rampantes, petites, ponctuées en-deſſus, & chargées de quelques boutons ſans pédicules, rouſſâtres. En Provence, en Allemagne.

Dans les MARCHANTES, *Marchantiæ*, les tiges ſont des expanſions membraneuſes, aplaties & rampantes; les fructifications mâles ſont des plateaux convexes ou coniques, ſouvent découpés en leurs bords, portés ſur des pédicules aſſez longs & chargés en-deſſous de pluſieurs globules à une loge formée par pluſieurs valves, renfermant une pouſſiere fine, attachées à des poils; les fructifications femelles ſont des foſſettes ou petits baſſins ſans pédicules, renfermant pluſieurs ſemences.

1.° La Marchante polymorphe, *Marchantia polymorpha*, à plateaux en étoile, à dix digitations. Lyonnoiſe, Lithuanienne.

Il y a une variété à plateaux à huit ſegmens ou digitations; expanſions vertes, ramifiées, lobées. Sur les bords des ruiſſeaux.

Acre, recommandée contre la jauniſſe & l'empâtement des viſceres, elle a réuſſi dans les dépôts laiteux; on la donne en poudre & en décoction.

2.° La Marchante croiſette, *Marchantia cruciata*, à plateau diviſé en quatre ſegmens ou digitations. En Flandre, en Suede.

La fructification femelle en croiſſant.

3.° La Marchante Cónique, *Marchantia conica*, à plateau conique, à cinq lobes. Lyonnoiſe, Lithuanienne.

Les fleurs femelles ramaſſées en forme de verrues arrondies. Dans les lieux humides.

Dans la BLASIE, *Blaſia*, la fructification mâle eſt un calice cylindrique, rempli de petits globules; la fructification femelle eſt un fruit arrondi, noyé dans la feuille, renfermant pluſieurs ſemences.

1.° La Blaſie naine, *Blaſia puſilla*; c'eſt une expanſion membraneuſe, très-verte; à lobes arrondis, crénelés; à nervures. En Breſſe, en Suede.

Dans les RICCIES, *Ricciæ*, la fructification eſt ſans pédicule, & éparſe ſur la ſurface des feuilles qui ſont des expanſions membraneuſes, nullement diſtinguées des tiges; elle eſt compoſée d'une anthere cylindrique, diſpoſée ſur un ovaire en toupie, & traverſé par un ſtyle filiforme qui naît du ſommet de l'ovaire; le fruit eſt globuleux, & renferme pluſieurs ſemences hémiſphériques & pédiculées.

1.° La Riccie criſtalline, *Riccia criſtallina*, à feuilles épaiſſies à la marge; à ſurface chargée de tubercules criſtallins. Lyonnoiſe, Lithuanienne.

Feuilles vertes, en roſette, perſemées de petits points blancs, rétrécies à la baſe, découpées ou lobées au ſommet. Dans les lieux humides.

2.° La Riccie très-petite, *Riccia minima*, à feuilles liſſes, diviſées en deux lobes aigus. En Breſſe, en Suede, dans les terrains inondés.

3.° La Riccie glauque, *Riccia glauca*, à feuilles liſſes, à deux lobes obtus, traverſés par un canal. Lyonnoiſe, Lithuanienne.

Les feuilles d'un vert de mer, graſſes. Dans les lieux humides.

4.° La Riccie flottante, *Riccia fluitans*, à feuilles dichotomes, très-ramifiées, linaires, filiformes. Lyonnoiſe, Lithuanienne.

Dans l'ANTHOCERE, *Anthoceros*, la fructification mâle eſt une corne fort longue, qui naiſſant d'une gaîne

Cl. XVII. cylindrique, s'ouvre en deux valves linaires, & contient des globules ou antheres suspendus à un filet; les femelles sont de petites fossettes en étoile, renfermant de petites semences.

1.° L'Anthocere ponctué, *Anthoceros punctatus*, à feuilles entieres, sinuées, ponctuées. Lyonnoise, Allemande.

Les feuilles forment une rosette étalée sur terre, elles sont comme imbriquées, membraneuses, élargies vers leur sommet. Sur les terrains humides.

2.° L'Anthocere lisse, *Anthoceros lævis*, à feuilles entieres, sinuées, obtuses, lisses. En Allemagne, en Suisse.

3.° L'Anthocere découpée, *Anthoceros multifidus*, à feuilles deux fois ailées; à pinnules linaires. En Allemagne, en Suisse.

Les Lichens, *Lichenes*, sont des extensions crustacées, ou coriaces, ou foliacées, ou ramifiées en arbustes, ou enfin filamenteuses, sans véritables feuilles; les fructifications mâles sont des cupules ordinairement orbiculaires, légérement concaves, quelquefois campanulées, quelquefois planes, & quelquefois convexes ou tuberculeuses; les fructifications femelles sont des poussieres farineuses, éparses.

Les LICHENS à extensions crustacées, à cupules tuberculeuses.

1.° Le Lichen écrit, *Lichen scriptus*, lépreux, blanc, traversé par des lignes noires, rameuses, imitant des caracteres d'écriture. Lyonnoise, en Suede.

C'est une croûte très-mince, peinte comme en lettres hébraïques. Sur les troncs d'arbres.

2.° Le Lichen géographique, *Lichen geographicus*, lépreux, jaunâtre; à lignes noires, confluentes, représentant une carte géographique. Sur les rochers. Lyonnoise, Lithuanienne.

3.° Le Lichen sanguinaire, *Lichen sanguinarius*, lépreux, cendré, verdâtre; à tubercules noirs. Lyonnoise, Lithuanienne.

Croûte très-mince; tubercules arrondis, grands. Sur les troncs d'arbres.

4.° Le Lichen calcaire, *Lichen calcarius*, lépreux, blanc; à tubercules noirs. Lyonnoiſe, en Suede.

Sur les pierres calcaires qui ſont indiquées par ſa préſence.

Macéré dans l'urine, on en retire une teinture rouge.

5.° Le Lichen cendré, *Lichen cinereus*, lépreux, cendré; à tubercules très-petits, noirs. Lyonnoiſe.

6.° Le Lichen blanc & noir, *Lichen atroalbus*, lépreux, noir; à tubercules noirs & blancs. Lyonnoiſe.

7.° Le Lichen au vent, *Lichen ventoſus*, lépreux, jaune; à tubercules rouges. Sur les rochers des montagnes du Lyonnois, en Suede.

8.° Le Lichen des Hêtres, *Lichen Fagineus*, lépreux, blanc; à tubercules blancs, farineux. Lyonnoiſe, en Allemagne.

Macéré dans une diſſolution d'alun, il donne la teinture ferrugineuſe, rouſſe.

9.° Le Lichen du Charme, *Lichen Carpineus*, lépreux, cendré; à tubercules blancs, ridés. Lyonnoiſe, en Suede.

10.° Le Lichen des landes, *Lichen ericetorum*, lépreux, blanc; à tubercules incarnats. Lyonnoiſe, en Suede.

C'eſt une croûte tenace, chargée de verrues; à tubercules arrondis, couleur de chair, portés ſur un pédicule; il y a une variété à tubercules aſſis.

11.° Le Lichen fongiforme, *Lichen fungiformis*, lépreux, griſâtre, verruqueux, poudreux; à tubercules arrondis, d'un brun rougeâtre, portés ſur des pédicules. Lyonnoiſe.

Les pédicules longs d'une ligne; les tubercules gros comme des têtes d'épingle. C'eſt une variété du Biſſoïde de Linné.

Les LICHENS *à extenſions cruſtacées, à cupules en écuſſons.*

12.° Le Lichen brun, *Lichen ſubfuſcus*, à croûte d'un blanc griſâtre; à écuſſons nombreux, bruns ou noirâtres; à bords élevés & crénelés. Lyonnoiſe, Lithuanienne.

Cl. XVII. 13.° Le Lichen fauve, *Lichen candelarius*, à croûte jaune; à écuſſons fauves. Sur les murs, ſur les troncs d'arbres. Lyonnoiſe, Lithuanienne.

14.° Le Lichen tartareux, *Lichen tartareus*, à croûte blanche, verdâtre; à écuſſons jaunâtres; à marge blanche. Lyonnoiſe, en Allemagne.

En croûte épaiſſe; à écuſſons roux & noirâtres. Sur les murs.

Macéré avec l'urine, il fournit une teinture rouge; en ajoutant l'alun, il teint la laine d'un violet pourpre; uni avec le vinaigre chalibé, nous obtenons le roſe de chair.

15.° Le Lichen Parelle, *Lichen Parellus*, en croûte blanche; à boucliers concaves, obtus, pâles. Lyonnoiſe, en Allemagne.

Cupules aſſiſes, orbiculaires, un peu concaves, d'une couleur pâle. Sur les murs & ſur les rochers.

C'eſt l'Orſeille ou Parelle d'Auvergne. En faiſant macérer ce Lichen dans l'urine avec l'eau de chaux & les cendres gravelées, il aquiert une couleur bleue & ſe change en pulpe molle; alors on l'exprime à travers un tamis, & on le moule en forme parallélépipede.

Les LICHENS à extenſions foliacées, ſerrées, & en recouvrement, ou imbriquées.

16.° Le Lichen centrifuge, *Lichen centrifugus*, imbriqué; à folioles laciniées, liſſes, blanchâtres, centrifuges; à boucliers d'un rouge noirâtre. Lyonnoiſe, en Suede.

Les cupules aſſez grandes, ramaſſées au centre de la roſette des feuilles. Sur les troncs d'arbres.

Ce Lichen animé par la ſolution d'étain, a donné une teinture tirant ſur le jaune.

17.° Le Lichen des roches, *Lichen ſaxatilis*, imbriqué; à folioles rudes, ſinuées en lacunes; à boucliers rouſſâtres. Lyonnoiſe, Lithuanienne.

Roſette des feuilles friable, d'un gris olivâtre; folioles lobées au ſommet; à ſurface ſupérieure en broderie par des lignes pulvérulentes, l'inférieure velue & noirâtre. Sur les rochers & ſur les troncs d'arbres.

Ce

Ce Lichen donne la teinture rouge ; macéré dans l'urine, en ajoutant l'acide chalibé, il teint en olivâtre; avec le vitriol de fer, sa teinture est brune ; c'est l'Usnée des crânes humains, dont la vertu antiépileptique est chimérique. Cl. XVII.

18.° Le Lichen olivâtre, *Lichen olivaceus*, imbriqué; à folioles lobées, olivâtres; à écussons crénelés. Lyonnoise, Lithuanienne.

Feuilles en rosette, olivâtres à la base, blanches, farineuses & brillantes à leur sommet; cupules au centre de la rosette, assez grandes, roussâtres. Sur les pierres, sur les troncs d'arbres.

Ce Lichen, avec la solution d'étain, donne la teinte rousse, rouge ; avec l'alun & le vitriol de mars, la teinte cendrée, fauve, rougeâtre.

19.° Le Lichen des murs, *Lichen parietinus*, imbriqué, en rosette, d'un jaune plus ou moins foncé, à folioles ondulées, lobées, comme frisées en leur bord; cupules jaunes ou un peu roussâtres, orbiculaires, un peu pédiculées. Lyonnoise, en Lithuanie.

Il fournit de lui-même une teinture cendrée ; avec le vitriol martial, une couleur d'ochre tirant sur l'incarnat. On a loué sa décoction dans la diarrhée, la jaunisse.

20.° Le Lichen enflé, *Lichen physodes*, imbriqué; à folioles découpées en lobes enflés, presque tubulés, & en forme de corne, d'un blanc cendré en-dessus, & noirâtre en-dessous. Sur les arbres. Lyonnoise, Lithuanienne.

Ce Lichen préparé avec le sel ammoniac & l'alun, donne une teinte d'un gris tirant un peu sur le jaune.

21.° Le Lichen étoilé, *Lichen stellaris*, imbriqué, à folioles oblongues, laciniées, étroites, cendrées; à écussons noirs ou bruns. Lyonnoise, Lithuanienne.

Les folioles noirâtres en-dessous, disposées en rosette plane, un peu lâche; cupules au centre de la rosette. Sur les arbres.

Les LICHENS à extensions foliacées, lâches, ou non imbriquées.

22.° Le Lichen cilié, *Lichen ciliaris*, feuillé; à

découpures redressées, linaires, ciliées; à boucliers pédunculés, crénelés. Lyonnoise, Lithuanienne.

En gazon aplati, d'un blanc grisâtre; cils des folioles noirâtres, durs. Sur les troncs d'arbres.

23.° Le Lichen d'Islande, *Lichen Islandicus*, feuillé, lacinié; à marges élevées, ciliées. Lyonnoise, Lithuanienne.

Ramifications dures, lisses, fauves, ou d'un gris roussâtre, convexes en-dessus, plus ou moins larges, bordées de cils très-fins; cupules terminant les rameaux. Sur les montagnes.

Il est sans odeur, sa saveur est amere; si on le mâche, la salive le dissout en mucilage doux; l'infusion aqueuse est assez limpide, amere; le vitriol martial la rend rousse; si on fait évaporer la décoction, elle se change en gelée épaisse, rouge, amere, soluble par la salive; l'extrait aqueux est peu âcre; l'extrait spiritueux est amer, âpre. Si on fait brûler une livre de ce Lichen, on obtient cent douze grains de terre calcaire, quinze grains de sable de terre insoluble; par les acides, trente quatre grains; une très-petite quantité de fer; d'alkali fixe, quatre grains.

On ordonne fréquemment ce Lichen en décoction & en poudre, dans la phthisie, le crachement de sang, dans les empâtemens des visceres avec atonie, dans la coqueluche, la toux catarrale. Nos observations sont favorables à ces prétentions. Après l'ébullition, la pâte devient nutritive. Ce Lichen fournit plusieurs teintes, jaune, fauve, brune, suivant les réactifs que l'on emploie.

24.° Le Lichen blanc, *Lichen nivalis*, feuillé, ascendant, lacinié, crêpé, lisse; à lacunes blanches; à marge élevée. Lyonnoise, en Suede.

Gazon très-garni, dense; à folioles blanches, laciniées, ondulées & frisées vers leur sommet; il y a une variété à folioles jaunes. Sur les hautes montagnes.

Doux & amer sur le retour: on en peut retirer une pulpe violette.

25.° Le Lichen pulmonaire, *Lichen pulmonarius*, feuillé, lacinié, lisse, obtus; à lacunes en-dessus, cotonneux en-dessous. Lyonnoise, Lithuanienne.

Expansions très-amples, coriaces; à réseaux; à fossettes

nombreuſes ; duvet court & farineux en-deſſous ; écuſſons épars ſur les marges. Sur les vieux arbres.

Son odeur eſt très-foible ; ſa ſaveur eſt ſalée, un peu amere, un peu auſtere, nauſéabonde ; ſon extrait réſineux eſt d'une amertume déſagréable ; l'extrait aqueux eſt mucilagineux. On preſcrit fréquemment avec avantage la décoction de ce Lichen dans la phthiſie, le crachement de ſang, les fleurs blanches, dans la diarrhée, l'anorexie ; pluſieurs obſervations qui nous ſont particulieres, confirment ces propriétés. On prépare une bonne biere avec ce Lichen ; il fournit une teinte brune, rouſſe ; c'eſt une des meilleures plantes pour préparer les cuirs.

26.° Le Lichen furfuracé, *Lichen furfuraceus*, feuillé, couché, furfuracé ; à laciniures aiguës ; à lacunes en-deſſous, noires. Lyonnoiſe, Lithuanienne.

Expanſions très-ramifiées vers leur ſommet, molles, convexes, d'un blanc griſâtre en-deſſus ; comme couvertes de farine, réticulées & noirâtres en-deſſous. Sur les troncs d'arbres.

Très-amer, on le croit fébrifuge ; macéré quatorze jours, il a fourni une teinte d'un vert d'Olive.

27.° Le Lichen à ampoule, *Lichen ampulaceus*, feuillé, plane, lobé, crénelé ; à boucliers arrondis, enflés. Lyonnoiſe, en Angleterre.

Les feuilles ſont laciniées ; à marges roulées, & ſe contournant en veſſie.

28.° Le Lichen farineux, *Lichen farinaceus*, feuillé, redreſſé, droit, comprimé, rameux ; à urnes marginales, farineuſes. Lyonnoiſe, Lithuanienne.

Ramifications très-étroites, aplaties, blanches, garnies en leurs bords de petites cupules aſſiſes, farineuſes. Sur les troncs d'arbres.

29.° Le Lichen à gobelet, *Lichen calicaris*, feuillé, redreſſé, rameux ; à lacunes latérales ; à découpures roides, linaires, aiguës ; à cupules concaves, farineuſes, pédiculées. Sur les troncs d'arbres. Lyonnoiſe, Lithuanienne.

Ce Lichen, comme bien d'autres, peut fournir une excellente poudre pour les cheveux, qui poſſéderoit toutes les qualités d'un deſſicatif, & qui ſeroit très-blanche.

Cl. XVII. 30.° Le Lichen de Frêne, *Lichen fraxineus*, feuillé, redressé, lisse, à lacunes; à laciniures lancéolées, obtuses, ridées; à écussons très-nombreux, pédiculés. Lyonnoise, Lithuanienne.

Grandes lanieres fort longues, larges d'un pouce, grisâtres, couvertes de petites excavations; cupules fort amples, un peu roussâtres. Sur les troncs d'arbres.

Si on le mâche, il n'a aucune saveur marquée, il teint la salive en vert; on peut, vu sa ténacité, en fabriquer des cartons; macéré avec le sel ammoniac, sa teinte est d'un gris blanc.

31.° Le Lichen de prunelier, *Lichen prunastri*, feuillé, redressé, à lacunes en-dessous, cotonneux, blanc. Lyonnoise, Lithuanienne.

Expansions très-ramifiées, aplaties; à petites fossettes en-dessus, farineuses en-dessous. Sur les troncs d'arbres.

Les Turcs préparent leur pain avec l'eau dans laquelle ils ont fait bouillir ce Lichen; elle donne à la pâte une saveur qui leur plaît. La teinte de ce Lichen macéré dans l'eau avec du vitriol de mars, a donné une couleur tirant sur le bai brun; on en peut cependant retirer une teinture rouge.

32.° Le Lichen froncé, *Lichen caperatus*, d'un vert pâle, ridé; à marges ondulées. Lyonnoise, Lithuanienne.

Foliacé, rampant, à lobes arrondis, d'un vert jaune en-dessus, lisse & noir en-dessous; à écussons assis, verruqueux, concaves & roussâtres. Sur les pierres & sur les arbres.

Ce Lichen, par la seule addition du vitriol de mars, fournit une belle couleur ferrugineuse, nuancée.

33.° Le Lichen glauque, *Lichen glaucus*, foliacé, comprimé, découpé en lobes lisses; à marge crêpée, frisée, farineuse. Lyonnoise, en Suede.

Expansion en rosette, d'un gris bleuâtre, ou glauque en-dessus, noire en-dessous; cupules petites, peu concaves. Sur les troncs d'arbres.

Avec le vitriol de mars & l'alun, on obtient de ce Lichen une couleur tirant sur le gris incarnat.

Les LICHENS à extensions coriaces.

34.° Le Lichen aquatique, *Lichen aquaticus*, coriace,

rampant; à lobes obtus ; à boucliers hémisphériques, très-grands. Sous les eaux dans les marais. Lyonnoise, en Suede.

35.° Le Lichen renversé, *Lichen resupinatus*, coriace, rampant; à lobes; à boucliers sur la marge postérieure. Lyonnoise, en Suede.

D'un cendré obscur ; à boucliers couleur de rouille. Dans les bois.

36.° Le Lichen veiné, *Lichen venosus*, coriacé, rampant, ovale, plane, velu & veineux en-dessous; à boucliers sur la marge, aplatis, arrondis. Lyonnoise, en Suede.

Petit, verdâtre; à boucliers noirs; à réseaux en-dessous. Dans les bois.

37.° Le Lichen aphte, *Lichen aphtosus*, coriace, rampant; à lobes obtus, planes, chargés de verrues éparses; à boucliers sur la marge, redressés. Lyonnoise, Lithuanienne.

Cendré, verdâtre en-dessus; à verrues noires; à boucliers rouges. Dans les bois.

Sans odeur, sans saveur; sa propriété contre les aphtes nous paroît déduite de l'absurde doctrine des signatures.

38.° Le Lichen canin, *Lichen caninus*, coriace, rampant, à lobes obtus; plane, velu & veiné en-dessous; à bouclier sur la marge ascendant. Lyonnoise, Lithuanienne.

Boucliers convexes, concaves; les feuilles comme couvertes d'une farine. Dans les bois.

Sa saveur est désagréable; son extrait aqueux est doux & amer; l'extrait spiritueux est amer, âcre, à odeur de miel; sa vertu contre la rage est douteuse; nous l'avons vu ne produire aucun effet dans l'hydrophobie; sa teinte est couleur d'ochre.

39.° Le Lichen perlé, *Lichen perlatus*, coriace, rampant; à lobes lisses, noirs en-dessous; à boucliers entiers portés sur des pédicules. Lyonnoise, en Allemagne.

Crêpé, cendré en-dessus. Sur les troncs d'arbres.

40.° Le Lichen à pochette, *Lichen saccatus*, coriace, rampant; à lobes arrondis; à boucliers comme cachés dans des pochettes, Lyonnoise.

D'un vert glauque. Sur les hautes montagnes.

Macéré dans l'urine avec le vitriol de mars & l'alun, il a donné une teinture d'un vert cendré.

41.° Le Lichen safrané, *Lichen croceus*, coriace, rampant; à lobes arrondis, planes, velus & veinés en-dessous, & de couleur-de Safran; à boucliers épars, collés sur les feuilles, formant comme des taches. Sur les montagnes du Dauphiné, de Laponie.

Boucliers orbiculaires, aplatis, d'un rouge brun, ne formant pas de saillie sensible sur la feuille; expansions grises ou verdâtres en-dessus.

Les LICHENS *ombiliqués, comme couverts de suie.*

42.° Le Lichen fardé, *Lichen miniatus*, ombiliqué, bossu, ponctué, fauve en-dessous. Lyonnoise, en Danemarck.

Cendré & chargé de points, ou chagriné en-dessus, couleur de rouille en-dessous. Sur les rochers des hautes montagnes.

Macéré dans une eau alumineuse, on en retire une teinture d'un gris verdâtre.

43.° Le Lichen hérissé, *Lichen velleus*, ombiliqué, très-hérissé en-dessous. Lyonnoise.

Feuilles arrondies en bouclier, à marges presque entieres, chargées de poils & de pustules en-dessous; à boucliers noirs. Sur les hautes montagnes.

Les habitans du Canada pressés par la faim, mangent ce Lichen long-temps bouilli dans l'eau; plusieurs autres especes peuvent fournir la même ressource.

44.° Le Lichen à pustules, *Lichen pustulosus*, ombiliqué, à lacunes en-dessous, chargé d'une poussiere noirâtre. Lyonnoise.

Les lacunes forment un réseau en-dessous; il est cendré & chargé de verrues en-dessus; les boucliers noirs, comme brûlés. Sur les rochers.

On en retire une couleur jaune; macéré dans l'urine avec la chaux, il donne une teinte tirant sur le rose.

45.° Le Lichen brûlé, *Lichen deustus*, ombiliqué, lisse des deux côtés. Lyonnoise, en Suede.

Expansions arrondies & lobées, noires & bombées en-dessous, cendrées en-dessus; à boucliers noirs. Sur les rochers.

46.° Le Lichen très-découpé, *Lichen polyphillus*, polyphille, très-découpé, ombiliqué, lisse des deux côtés, crénelé, d'un vert foncé. Sur les rochers. Lyonnoise, en Suede.

47.° Le Lichen polyrrhise, *Lichen polyrrhizus*, ombiliqué, très-découpé, lisse des deux côtés; à boucliers pédiculés, noirs, velus, & noirs en-dessous. Sur les rochers.

Les LICHENS *à cupules en forme de vase ou d'entonnoir.*

48.° Le Lichen écarlate, *Lichen cocciferus*, en entonnoir simple, très-entier, porté sur un pied cylindrique; à tubercules d'un rouge vif. Lyonnoise, en Lithuanie.

49.° Le Lichen pixide, *Lichen pixidatus*, à entonnoir simple, crénelé; à tubercules d'un brun roussâtre. Lyonnoise, Lithuanienne.

Entonnoirs proliferes ou chargés d'autres entonnoirs; ils sont proliferes à la marge ou extérieurement, ou les entonnoirs sont comme enfilés ou comme entassés. Dans les bois.

Ce Lichen est regardé avec raison comme un excellent remede dans la coqueluche; il soulage les phthisiques, il fournit une teinte d'un gris verdâtre; son odeur est désagréable, sa saveur amere; l'extrait aqueux est mucilagineux; le résineux est abondant, amer.

50.° Le Lichen frangé, *Lichen fimbriatus*, à entonnoir simple, dentelé; à pied cylindrique. Lyonnoise, Lithuanienne.

Entonnoirs simples, grisâtres, frangés en leurs bords, & chargés de tubercules bruns. Dans les bois.

51.° Le Lichen grêle, *Lichen gracilis*, à entonnoir rameux, dentelé, filiforme. Lyonnoise.

Il est simple ou rameux. Dans les bois.

Macéré dans une eau alunée & avec le vitriol de mars, il a donné une teinte tirant sur le cendré.

52.° Le Lichen digité, *Lichen digitatus*, à enton-

Cl. XVII. noir très-rameux ; à rameaux cylindriques ; à calices entiers, noueux. Lyonnoiſe, en Suede.

Tubercules écarlates. Dans les bois.

53.° Le Lichen cornu, *Lichen cornutus*, à entonnoir ſimple, renflé ; à calice entier. Lyonnoiſe, en Lithuanie.

Tige ſimple, en alêne, rarement partagée en deux ; elle eſt cendrée, farineuſe. Dans les bois.

Les LICHENS *à ramifications imitant de petits buiſſons.*

54.° Le Lichen des rennes, *Lichen rangiferinus*, très-rameux ; à branches creuſes, blanches, les extérieures inclinées. Lyonnoiſe, en Lithuanie.

Tiges de trois ou quatre pouces ; il y a une variété à ramifications plus fines, rouſſâtres. Sur les landes.

Sa décoction eſt couleur de paille ; ſa ſaveur eſt foible ; l'extrait réſineux d'un roux verdâtre, eſt acide, piquant la langue ; l'extrait aqueux eſt âcre, aigre, âpre ſur le retour. Ce Lichen eſt la baſe de la nourriture des rennes, eſpece de cerf de Laponie que nous avons vu vivant près de Varſovie, chez Madame la Princeſſe Adam Czartorinska.

Les bœufs, les chevres & les moutons s'engraiſſent en mangeant ce Lichen ; on le fait macérer dans l'eau & on le mêle avec la paille hachée ; macéré avec l'eau de vitriol martial, il donne une teinte de rouille ferrugineuſe.

55.° Le Lichen d'un pouce, *Lichen uncialis*, en arbriſſeau perforé ; à rameaux très-courts, aigus. Dans les landes. Lyonnoiſe, en Lithuanie.

Macéré quinze jours dans l'urine avec la chaux vive, il ſe change en pâte qui, par l'addition d'une ſolution d'étain & de vinaigre chalibé, a fourni une teinte d'un gris cendré.

56.° Le Lichen alêne, *Lichen ſubulatus*, arbriſſeau dichotome, à rameaux ſimples, en alêne. Lyonnoiſe, en Lithuanie.

Tige grêle, diviſée en un petit nombre de rameaux, à bras ouverts.

57.° Le Lichen à globules, *Lichen globiferus*,

en arbrisseau lisse, solide; à tubercules arrondis, caves, terminant les rameaux. Lyonnoise, en Suede.

58.° Le Lichen pascal, *Lichen paschalis*, en arbrisseau solide, couvert de feuilles crustacées. Lyonnoise, en Lithuanie.

Rameaux couverts de verrues calcaires. Sur les hautes montagnes.

Les rennes se nourrissent de ce Lichen; macéré dans une teinture alunée, animée avec le vitriol de mars, il a fourni une teinte d'un vert cendré.

59.° Le Lichen Rocelle, *Lichen Rocella*, en arbrisseau solide, peu branchu; à tubercules alternes. En Provence, dans les lieux maritimes, sur les rochers.

C'est l'Orseille des Canaries; ramifications d'un ou deux pouces, droites, légérement comprimées, ou cylindriques, non fistuleuses, pointues, en corne; à cupules cendrées, chargées d'une poussiere.

On l'apporte pour le commerce, des Isles de l'Archipel; sa saveur est salée, âcre sur le retour. En le faisant macérer dans l'urine avec la chaux vive & les alkalis, on en prépare une pâte d'un bleu obscur foncé, qu'on appelle Orseille en pâte; cette pâte a été connue très-anciennement; elle donne une teinte pourpre, violette, & suivant les réactifs, une teinte fauve pourpre, rouge pourpre. On pourroit préparer une semblable pâte avec plusieurs de nos Lichens très-communs.

Les LICHENS filamenteux.

60.° Le Lichen entrelacé, *Lichen plicatus*, filamenteux, pendant; à rameaux entrelacés; à écussons radiés. Dans les forêts. Lyonnoise, en Suede.

C'est encore un de ces Lichens souvent ordonné dans la coqueluche; on assure que, pris en poudre, il augmente le cours des urines & purge; il donne une teinte verte; traité avec la solution d'étain & l'alun, il teint d'un rouge fauve.

61.° Le Lichen barbu, *Lichen barbatus*, filamenteux, pendant, comme articulé; à rameaux ouverts, Lyonnoise, en Lithuanie.

Fibres menues comme des fils, molles, très-ramifiées. Sur les arbres.

Cl. XVII. C'eſt un aſtringent utile dans la diarrhée, les pertes blanches par atonie. Macéré avec la chaux & l'urine, il teint de couleur d'ochre fauve.

62.° Le Lichen écarté, *Lichen divaricatus*, filamenteux, pendant, anguleux, intérieurement cotonneux; à rameaux écartés; à boucliers aſſis, orbiculaires. Lyonnoiſe.

Liſſe, mou. Sur les arbres.

63.° Le Lichen noir, *Lichen jubatus*, filamenteux, pendant; à aiſſelles comprimées. Lyonnoiſe, en Lithuanie.

Filamens noirs, lâches, comprimés, verruqueux. Sur les rochers.

64.° Le Lichen laineux, *Lichen lanatus*, filamenteux, très-ramifié, incliné, entrelacé, opaque. Lyonnoiſe, en Suede.

Il paroît comme une touffe de laine noire adhérente aux rochers.

65.° Le Lichen duveté, *Lichen pubeſcens*, filamenteux, très-ramifié, entrelacé, brillant. Lyonnoiſe, en Suede.

Les rameaux courts, noirs, fins comme des cheveux. Sur les rochers.

66.° Le Lichen fil-de-fer, *Lichen chalybeiformis*, filamenteux, rameux; à rameaux écartés, couchés, repliés. Lyonnoiſe, en Lithuanie.

Les rameaux vagues, arrondis, roides, repliés çà & là.

67.° Le Lichen doré, *Lichen vulpinus*, filamenteux, très-rameux, droit; à rameaux en faiſceaux, diffus. Lyonnoiſe, en Suede.

Rameaux ſimples, paralleles, d'un jaune doré; d'un jaune verdâtre lorſqu'il eſt jeune. Sur les Sapins. Il fournit une teinture jaune.

68.° Le Lichen fleuri, *Lichen floridus*, filamenteux, droit; à écuſſons radiés. Lyonnoiſe, en Lithuanie.

Petit, à rameaux paralleles, ſimples, terminés par des écuſſons grands, entourés de poils, ou ciliés. Sur les Hêtres.

On ordonne la décoction de ce Lichen dans le rhume, la toux catarrale; mais ces incommodités guériſſant chaque jour ſans remede, nous obligent à douter de la vertu anticatarrale de ce Lichen. Il donne une belle teinture violette.

Dans les TRÉMELLES, *Tremellæ*, la fructification à peine sensible est noyée dans une substance gélatineuse. Nous avons : Cl. XVII.

1.° La Trémelle du Genévrier, *Tremella Juniperina*, assise, membraneuse, en oreille, jaune, rouge, gélatineuse; à tubercules en-dessus. On la trouve au printemps sur le Genévrier desséché : elle noircit & devient fragile. Lyonnoise.

2.° La Trémelle Nostoc, *Tremella Nostoc*, gélatineuse, plissée, ondulée, d'un vert pâle; à laciniures crépues, grénelées. Sur les prés. Lyonnoise, Lithuanienne.

Il y a une variété noire, moins gélatineuse, plus fugace, qu'on observe sur les troncs d'arbres.

Le Nostoc s'enfle & s'étend lorsqu'il est imbibé d'eau, s'affaisse, se contracte, & devient presque invisible lorsqu'il est sec.

3.° La Trémelle Lichen, *Tremella Lichenoïdes*, droite, plane; à marges découpées, frisées, ciliées. Sur les montagnes du Bugey & en Suisse. Lyonnoise.

Substance gélatineuse, d'un noir bleuâtre.

4.° La Trémelle verruqueuse, *Tremella verrucosa*, tuberculeuse, solide, ridée. Dans l'eau, sur les pierres. Lyonnoise, Lithuanienne.

Substance gélatineuse, molle, cassante, brune, ou d'un vert roussâtre.

5.° La Trémelle pourpre, *Tremella purpurea*, sessile, gélatineuse, solitaire, arrondie, d'une belle couleur pourpre. Sur les troncs d'arbres. Lyonnoise, Lithuanienne.

Elle ressemble à de petits grains solitaires & nombreux sur le même tronc.

Dans les VARECS, *Fuci*, on regarde comme fleurs mâles, des vésicules velues en-dedans; & comme femelles, d'autres vésicules remplies de matiere gélatineuse, à surface parsemée de tubercules. Les Varecs sont des plantes aquatiques, membraneuses, coriaces. Ce genre présente environ soixante especes; contentons-nous d'en caractériser les plus communes.

1.° Le Varec flottant, *Fucus natans*, à tige filiforme, rameuse; à feuilles lancéolées, à dents de scie;

Cl. XVII.

à fructifications globuleuſes, pédunculées. Cette eſpece ne s'enracine pas, elle nage libre ſur les eaux de l'Océan. Dans quelques pieds, la fructification eſt terminée par un fil court.

2.° Le Varec grenu, *Fucus acinarius*, à tige filiforme, rameuſe; à feuilles linaires, très-entieres; à fructification globuleuſe, pédunculée. Dans l'Océan.

Analogue au précédent, cartilagineux, rougeâtre, comprimé.

3.° Le Varec denté, *Fucus ſerratus*, à expanſions comme des feuilles alongées, rameuſes; à côtes ou nervures longitudinales, dentées & chargées de tubercules vers leur ſommet. Dans l'Océan.

4.° Le Varec véſiculeux, *Fucus veſiculoſus*, à expanſions comme des feuilles alongées, ondulées, découpées en pluſieurs lanieres ſans dentelures; à côtes longitudinales & chargées vers leur ſommet de véſicules. Dans l'Océan.

5.° Le Varec noueux, *Fucus nodoſus*, à expanſions comprimées, diviſées en bras ouverts; à feuilles oppoſées deux à deux, très-entieres; à véſicules ovales, aſſiſes au milieu des rameaux, plus larges qu'eux, ce qui les fait paroître noueux. Dans l'Océan.

6.° Le Varec ſiliqueux, *Fucus ſiliquoſus*, à expanſions planes, rameuſes; à feuilles oppoſées, très-entieres; à véſicules pédunculées, oblongues, pointues. Dans l'Océan.

7.° Le Varec Aurone, *Fucus Selaginoïdes*, à expanſions filiformes, très-rameuſes; à rameaux en bras ouverts; à feuilles très-courtes, en alêne, alternes, portant leurs véſicules à la baſe. Dans l'Océan.

8.° Le Varec fil, *Fucus filum*, à expanſions comme un fil fragile, opaque. Dans l'Océan.

Il noircit en ſe deſſéchant.

9.° Le Varec palmé, *Fucus palmatus*, à expanſions planes, diviſées en pluſieurs lanieres plus ou moins larges, comme les doigts de la main, ou palmées. Dans l'Océan.

Il eſt petit.

10.° Le Varec digité, *Fucus digitatus*, à tige longue, ronde; à expanſions palmées; à digitations ou folioles enſiformes. Dans l'Océan.

Sa tige de la groſſeur d'une canne.

11.° Le Varec nourrissant, *Fucus esculentus*, à expansions simples, sans division, ensiforme, ou en lame d'épée; à tige à quatre pans, pinnée, parcourant longitudinalement la feuille. Dans l'Océan.

Il contient une grande quantité de principe nutritif, aussi les chevaux & même les hommes, peuvent y trouver une nourriture saine. Des vésicules linaires, lancéolées, pétiolées, font paroître la tige ailée.

12.° Le Varec plumeux, *Fucus plumosus*, à tige filiforme, comprimée, rameuse; à expansions cartilagineuses, lancéolées, deux fois ailées, pourpres. Dans l'Océan.

13.° Le Varec capillacé, *Fucus confervoïdes*, à tiges en petits buissons, très-rameuses, longues de trois à sept pouces, étalées, d'un rouge plus ou moins foncé; les dernieres ramifications très-fines, capillaires; à vésicules éparses, sessiles, arrondies. Dans l'Océan.

Dans les ULVES, *Ulvæ*, la fructification est répandue sur des membranes transparentes.

1.° L'Ulve ombilicale, *Ulva umbilicalis*, à expansions orbiculaires, assises, en bouclier coriace. Dans l'Océan.

Légérement concave, gluante, sinuée; à plis partant du centre, en forme de rayons.

2.° L'Ulve plume-de-Paon, *Ulva pavonia*; expansion plane, réniforme; à stries longitudinales & en travers, panachées de diverses couleurs. Sur les bords de la mer.

3.° L'Ulve intestinale, *Ulva intestinalis*, tubuleuse, simple. Dans les ruisseaux, sur le bord de la mer.

Membrane concave, tubulée, alongée, ridée, plissée, d'un vert pâle.

4.° L'Ulve très-large, *Ulva latissima*, membrane verte, mince, plane, ondulée, longue d'un pied, large de cinq à six pouces. Sur le bord de la mer.

5.° L'Ulve-Laitue, *Ulva Lactuca*, membraneuse, prolifere, palmée; à expansions inférieurement rétrécies. Sur les rochers des bords de la mer.

6.° L'Ulve chicoracée, *Ulva Linza*; expansions alongées, très-ondulées, bosselées. Sur les bords de la mer.

Cl. XVII.

7.° L'Ulve granuleuſe, *Ulva granulata*, ſphérique, compoſée de véſicules entaſſées. Dans les rivieres. Lyonnoiſe.

Dans les Conferves, *Conferva*, on trouve des tubercules inégaux, adhérens à des fibres très-fines, capillaires, très-longues.

Les Conferves *à filamens ſimples, égaux, ſans être recoudés.*

1.° La Conferve des ruiſſeaux, *Conferva rivularis*, à filamens très-ſimples, égaux, très-longs. Dans les ruiſſeaux. Lyonnoiſe, Lithuanienne.

Filamens cylindriques, menus comme des cheveux, verts.

Les Conferves *à filamens rameux, égaux.*

2.° La Conſerve bulleuſe, *Conferva bulloſa*, à filamens rameux, égaux, renfermant des bulles vides. Dans les mares. Lyonnoiſe, Lithuanienne.

Filamens doux, très-fins, ſouvent entrelacés.

3.° La Conferve des rives, *Conferva littoralis*, à filamens très-rameux, rudes au toucher. Sur les bords de la mer.

4.° La Conferve gélatineuſe, *Conferva gelatinoſa*, à fils rameux; à articles gélatineux, comme enfilés en forme de chapelet. Lyonnoiſe.

Les Conferves *à filamens genouillés.*

5.° La Conferve Capillaire, *Conferva Capillaris*, à filamens ſimples, genouillés, en recoude; à articles alternativement comprimés. Dans les étangs. Lithuanienne.

Les Conferves *à filamens en réſeau.*

6.° La Conferve en réſeau, *Conferva reticulata*, à filamens formant des mailles de réſeau par leur réunion. Dans les rivieres. Lyonnoiſe.

Dans les BISSES, *Byssi*, on ne voit que des filets très-courts en duvet, ou une espece de poussiere colorée. CL. XVII.

Les BISSES filamenteux.

1.° Le Bisse septique, *Byssus septica*; à filets capillacés, très-mous, pâles, fragiles. Lyonnoise, Lithuanienne.

On le trouve sous les parquets des rez-de-chaussée; là regne un air méphitique qui comme un menstrue naturel, dissout & altere les bois les plus durs: Ce Bisse, par la réunion de ses filets, forme comme un drap tenace, très-léger, d'un blanc grisâtre, brûlant comme l'amadou.

2.° Le Bisse Fleur-d'eau, *Byssus Flos aquæ*, à filamens plumeux, nageant. Lyonnoise, Lithuanienne.

A filets rameux comme des barbes de plume, blancs ou verts; on le regarde comme un détriment des herbes aquatiques.

3.° Le Bisse phosphore, *Byssus phosphorea*, laine violette, adhérente au bois. Lyonnoise, Lithuanienne.

4.° Le Bisse velours, *Byssus velutina*, filamenteux; à filets verts, ramifiés, courts, imitant le velours. Sur les terrains humides. Lyonnoise, Lithuanienne.

5.° Le Bisse doré, *Byssus aurea*, chevelu, poudreux, simple & rameux, d'un rouge de Safran. Lyonnoise.

6.° Le Bisse des caves, *Byssus cryptarum*, chevelu, durable, cendré, tenace, adhérent aux pierres. Lyonnoise.

C'est un tissu qui imite un morceau de drap.

Les BISSES poudreux, en poussiere.

7.° Le Bisse noir, *Byssus antiquitatis*, poudreux, noir. Sur les vieux murs. Lyonnoise, Lithuanienne.

Ce sont des filets très-courts, très-serrés, couverts d'une poussiere noire.

8.° Le Bisse des pierres, *Byssus saxatilis*, poudreux, cendré. Sur les pierres. Lyonnoise, Lithuanienne.

A la vue simple on ne le distingue que par sa couleur.

9.° Le Biſſe ſanguin, *Byſſus Jolithus*, poudreux, rouge. Sur les pierres. Lyonnoiſe.

10.° Le Biſſe jaune, *Byſſus candelaris*, poudreux, jaune. Sur les bois. Lyonnoiſe, Lithuanienne.

11.° Le Biſſe vert, *Byſſus botryoïdes*, poudreux, vert. Sur les terres humides. Lyonnoiſe, Lithuanienne.

12.° Le Biſſe blanc, *Byſſus incana*, poudreux, blanc. Sur les terrains humides. Lyonnoiſe, Lithuanienne.

Il imite une farine jetée au haſard, formant çà & là de petites boſſettes.

13.° Le Biſſe laiteux, *Byſſus lactea*; croûte poudreuſe, très-blanche; à tubercules ſphériques. Sur les troncs d'arbres. Lyonnoiſe, Lithuanienne.

Si l'on fait bouillir le Biſſe jaune avec l'urine, on obtient une teinture d'un jaune orangé.

QUATRIEME FAMILLE.

Les CHAMPIGNONS, Fungi.

Ces productions végétales s'éloignent prodigieuſement de la forme des autres végétaux; elles ſont ſans pied, ou ſupportées par un péduncule à chapiteau ou chapeau de différente forme par-deſſus & par-deſſous; leur ſubſtance eſt tendre dans le plus grand nombre, quelques-uns ſont ligneux; leur vie dans la plupart eſt très-courte. Les genres de cette Famille ſont aſſez bien prononcés, mais il eſt difficile de ſtatuer ce qui eſt eſpece ou variété. Linnæus admet un très-petit nombre d'eſpeces. Nous poſſédons une de ſes Lettres dans laquelle il témoigne beaucoup d'humeur contre les Auteurs qui ont décrit un ſi grand nombre d'Agarics. Ceux qui veulent connoître preſque toutes les eſpeces & variétés des Champignons Européens, doivent parcourir le magnifique Ouvrage de Schœffer; mais comme il eſt cher pour le commun des lecteurs, il faut avoir recours à Micheli, à Vaillant & à Battara. Ces trois Auteurs ont fait graver preſque toutes les eſpeces caractériſées par le Chevalier Linné. En général les Champignons les plus délicats peuvent devenir dangereux dans un certain temps de leur développement; pluſieurs eſpeces ſont des poiſons terribles.

Dans

Dans les AGARICS, *Agarici*, le chapeau eſt horizontal, & à lames en deſſous, ou feuillets qui vont du centre à la circonférence.

Les AGARICS pédiculés, à chapeau arrondi.

1.° L'Agaric chanterelle, *Agaricus cantharellus*, pédiculé, à lames rameuſes, décurrentes. Lyonnoiſe, Lithuanienne.

Petit, d'un roux pâle; à chapeau en entonnoir; à bords contournés, découpés; à lames rameuſes, comme en réſeau. Dans les prés.

Un peu âcre, d'une ſaveur & d'une odeur aſſez agréable; on le mange impunément, parce que la coction détruit ſon âcreté.

2.° L'Agaric partagé, *Agaricus quinquepartitus*, pédiculé; à chapeau jaunâtre, diviſé en cinq parties; à lames blanches intérieurement, dentées, réunies. Lyonnoiſe, en Suede.

3.° L'Agaric entier, *Agaricus integer*, pédiculé; à chapeau dont toutes les lames ſont de grandeur égale. Lyonnoiſe.

A pétiole plein; à chapeau roſe, rouge ou blanc, convexe, ombiliqué; à bords ridés, à lames blanches.

4.° L'Agaric aux mouches, *Agaricus muſcarius*, pédiculé; à lames ſolitaires, à moitié; à pétiole coiffé, dilaté au ſommet; à baſe ovale. Lyonnoiſe, Lithuanienne.

Chapeau rouge; à verrues & lames blanches: très-venimeux pour les hommes; le remede l'émétique, & enſuite l'éther.

5.° L'Agaric denté, *Agaricus dentatus*, pédiculé, à chapeau convexe; à lames dentées à la baſe. Lyonnoiſe.

Chapeau jaunâtre, liſſe, glutineux; chaque lame en partant du pétiole, jette une dent aſſez alongée; pétiole fiſtuleux.

6.° L'Agaric délicieux, *Agaricus delicioſus*, pédiculé, à chapeau couleur de brique, donnant un ſuc d'un jaune Safran. Lyonnoiſe.

Chapeau concave, ſaturé d'un ſuc âcre; les lames ramifiées; le pédicule cylindrique, court.

Cl. XVII.

7.° L'Agaric laiteux, *Agaricus lactifluus*, pédiculé; à chapeau aplati, dont la chair contient un suc laiteux; à lames rousses; à pétiole long, succulent. Dans les bois.

C'est un poison.

8.° L'Agaric poivré, *Agaricus piperatus*, pédiculé; à chapeau aplati, laiteux; à marges renversées; à lames couleur de chair. Lyonnoise.

Chapeau blanc, ombiliqué, contenant un suc très-âcre. Dans les bois.

Son suc est vénéneux.

9.° L'Agaric champêtre, *Agaricus campestris*, pédiculé; à chapeau convexe, blanc; à écailles blanches; à lames rousses ou roses. Lyonnoise.

C'est le plus usité comme aliment; chapeau ample, hémisphérique. Dans les prés.

10.° L'Agaric George, *Agaricus Georgii*, pédiculé; à chapeau jaune, convexe; à lames blanches. Lyonnoise.

Chapeau grand; à bords striés, lanugineux. Dans les bois.

11.° L'Agaric violet, *Agaricus violaceus*, pédiculé; à chapeau ramifié; à marges violettes, cotonneuses; à pédicule bleu, orné d'une laine couleur de rouille. Dans les bois. Lyonnoise.

12.° L'Agaric orangé, *Agaricus cinnamomeus*, pédiculé; à chapeau d'un jaune sale; à lames jaunes, rousses. Lyonnoise.

13.° L'Agaric gluant, *Agaricus viscidus*, pédiculé; à chapeau gluant, d'un pourpre tirant sur le roux; à lames d'un pourpre roux; à pétiole court, gros, blanc. Lyonnoise.

14.° L'Agaric cabalin, *Agaricus equestris*, pédiculé; à chapeau pâle; à disque jaune, par étoiles; à lames couleur de soufre. Lyonnoise.

15.° L'Agaric mamelonné, *Agaricus mammosus*, pédiculé; à chapeau convexe, pointu, gris; à lames convexes, grises, crénelées; à pétiole nu. Lyonnoise.

Le chapeau à ombilic relevé en mamelon.

16.° L'Agaric bouclier, *Agaricus clypeatus*, pédiculé; à chapeau hémisphérique, visqueux, pointu; à lames blanches; à pétiole long, cylindrique, blanc. Lyonnoise.

Chapeau écailleux.

17. L'Agaric éteignoir, *Agaricus extinctorius*, pédiculé; à chapeau campaniforme, blanc, lacéré; à lames très-blanches; à pied comme bulbeux, en alêne, nu. Lyonnoiſe. Cl. XVII.

Chapeau conique, pétiole très-long. Sur les fumiers.

18.° L'Agaric des fumiers, *Agaricus fimetarius*, pédiculé; à chapeau en cloche, déchiré; à lames noires, tortueuſes; à pétiole fiſtuleux. Lyonnoiſe.

Chapeau conique, cendré; les lames noirciſſent & tombent en liqueur fétide.

19.° L'Agaric cloche, *Agaricus campanulatus*, pédiculé; à chapeau en cloche, ſtrié, tranſparent; à lames aſcendantes; à pétiole nu. Lyonnoiſe.

Chapeau cendré, lames blanches; pétiole long. Dans les prés.

20.° L'Agaric fragile, *Agaricus fragilis*, pédiculé; à chapeau jaune, convexe, gluant, tranſparent; à lames jaunes; à pétiole nu, grêle. Lyonnoiſe.

21.° L'Agaric ombellifere, *Agaricus umbelliferus*, pédiculé; à chapeau pliſſé, membraneux; à lames plus larges à la baſe. Lyonnoiſe.

Chapeau petit, blanc, tendre, ſtrié; pétiole long, capillaire, nu; lames blanches, peu nombreuſes.

22.° L'Agaric androſacé, *Agaricus androſaceus*, pédiculé; à chapeau blanc, membraneux, pliſſé; à pétiole noir. Lyonnoiſe.

Pétiole très-fin, très-long; lames très-minces; chapeau très-petit.

23.° L'Agaric clou, *Agaricus clavus*, pétiolé; à chapeau jaune, convexe, ſtrié; à lames & pétiole blancs. Lyonnoiſe.

Très-petit, couleur orangé, imitant un clou doré.

Les AGARICS paraſites, à chapeau ſans pétiole, & formant la moitié d'un cercle.

24.° L'Agaric de Chêne, *Agaricus quercinus*, ligneux, très-dur, coriace; à lames cartilagineuſes, entrelacées en labyrinthe. Lyonnoiſe, Lithuanienne.

Subſtance couleur ventre-de-biche, ou d'un blanc jaunâtre, comme veloutée; les lames forment des excavations difformes.

Cl. XVII. On peut en préparer l'amadou, il est aussi utile pour arrêter les hémorragies que le Bolet couleur de feu.

25.° L'Agaric du Bouleau, *Agaricus betulinus*, coriace, velu; à marge obtuse; à lames ramifiées en anastomoses. Lyonnoise.

Il est blanc, hérissé en-dessus, safrané en-dessous.

26.° L'Agaric de l'Aune, *Agaricus alneus*; à lames bifides, pulvérulentes. Lyonnoise.

Dans les Bolets, *Boleti*, le dessous des chapeaux est marqué de pores très-rapprochés.

Les Bolets parasites, sans pétiole.

1.° Le Bolet liege, *Boletus suberosus*, coriace, convexe, velu, blanc; à pores difformes, ronds & tortueux. Lyonnoise.

2.° Le Bolet ongle de cheval, *Boletus igniarius*, convexe, plane, dur cendré, lisse, blanc en-dessous. Lyonnoise.

Remarquable par des zones de différentes couleurs; la chair rougeâtre intérieurement; pores très-petits. C'est le Bolet couleur de feu, ou Amadouvier. Enlevez l'écorce & la partie la plus extérieure des jeunes, faites cuire dans une lessive, battez & séchez; vous aurez l'amadou vulgaire. Pour avoir l'Agaric des Chirurgiens, on le bat à coups de marteau, après l'avoir dépouillé de son écorce; cette application n'agit qu'en bouchant, comprimant l'artere, & facilitant la formation du caillot de sang *thrombus*, & donne le temps à l'artere de se resserrer sur le thrombus; deux moyens que la nature sait employer pour arrêter seule les hémorragies. On peut, à l'exemple des Lapons, former des moxa avec ce Bolet.

3.° Le Bolet Amadou, *Boletus fomentarius*, à chapeau inégal, obtus; à pores ronds, égaux, glauques. Lyonnoise.

4.° Le Bolet azuré, *Boletus versicolor*, à chapeau à zones de différentes couleurs; à pores blancs. Lyonnoise, Lithuanienne.

5.° Le Bolet odorant, *Boletus suaveolens*, lisse en-dessus, d'une odeur agréable. Sur les Saules, sur les hautes montagnes. Lyonnoise, plus commun en Lithuanie.

Les BOLETS à pétioles.

6.° Le Bolet vivace, *Boletus perennis*, ligneux; à zones; à chapeaux aplatis en-dessous & en-dessus. Lyonnoise.

7.° Le Bolet visqueux, *Boletus viscidus*, à chapeau jaune, en coussinet, visqueux; à pores arrondis, convexes, distincts, livides; à pétiole déchiré. Lyonnoise.

8.° Le Bolet jaune, *Boletus luteus*, à chapeau en coussinet, livide, un peu visqueux; à pores arrondis, convexes, très-jaunes; à pétiole blanc. Lyonnoise.

9.° Le Bolet pied-de-bœuf, *Boletus bovinus*, à chapeau en coussinet, lisse, à marge marquée; à pores composés, aigus, les plus petits anguleux, plus courts: fauve en-dessus, verdâtre en-dessous. Lyonnoise.

On trouve une variété dont le dessus du chapeau est pourpre, le dessous jaune.

10.° Le Bolet grenu, *Boletus granulatus*, à chapeau visqueux; à pores arrondis, comme à angles tronqués; les angles grenus. Lyonnoise.

Le chapeau convexe, charnu, livide; à marge tranchante; les pores jaunes, difformes, tronqués, en angles; pétiole jaune plus court que le chapeau.

11.° Le Bolet cotonneux, *Boletus subtomentosus*, à chapeau jaune; à duvet; à pores comme anguleux, difformes, fauves, planes; à pétiole jaune, Lyonnoise.

12.° Le Bolet écailleux, *Boletus subsquamosus*, à chapeau blanc; à pores oblongs, en sinuosités, très-blancs. Lyonnoise.

Dans les HYDNES, *Hydna*, le chapeau est hérissé en-dessous de petites pointes, ou papilles très-nombreuses.

1.° L'Hydne imbriqué, *Hydnum imbricatum*, à pétiole; à chapeau blanc, convexe; à écailles en recouvrement. Lyonnoise.

2.° L'Hydne sinué, *Hydnum repandum*, à pétiole; à chapeau d'un jaune pâle, convexe, lisse, contourné en sinuosités. Lyonnoise.

3.° L'Hydne cotonneux, *Hydnum tomentosum*, à pétiole; à chapeau plane, en entonnoir.

3.° L'Hydne cure-oreille, *Hydnum auriscalpium*,

Cl. XVII. à pétiole grêle, latéral; à chapeau arrondi, légérement convexe, de couleur brune ou noirâtre. Lyonnoise.

Le pétiole s'insere dans une espece d'échancrure sur le bord du chapeau.

On le trouve dans les bois, sur les cônes de Sapin.

Dans les MORILLES, *Phalli*, le chapeau est en réseau en-dessus, & lisse en-dessous.

1.° La Morille comestible, *Phallus esculentus*, à chapeau ovale, crevassé; à pétiole nu, ridé. Lyonnoise, Lithuanienne.

On la trouve plus ou moins grosse, blanche, fauve ou noirâtre. La Morille assaisonnée est un aliment d'une saveur agréable; mais ce Champignon peut devenir funeste, si on le cueille après plusieurs jours de pluie, ou lorsqu'il commence à se ramollir par vétusté; nous en avons vu deux exemples.

2.° La Morille fétide, *Phallus impudicus*, enveloppé dans une coiffe à pétiole; à chapeau celluleux. Lyonnoise, Lithuanienne.

Pédicule long de quatre à six pouces, creux, caverneux, d'un blanc sale ou verdâtre, caché dans une gaîne ovale qui renferme toute la plante dans sa jeunesse; le chapeau en petite tête ovale, conique, celluleuse, ombiliquée à son sommet, livide ou un peu verdâtre en automne. Dans les bois.

Elle répand une odeur très-fétide lorsqu'elle est développée; jetée dans le feu, elle répand une odeur d'alkali volatil.

Dans les CLATHRES, *Clathri*, le chapeau est arrondi, grillé ou percé à jour de toute part.

1.° Le Clathre grillé, *Clathrus cancellatus*, sans pétiole, ovale, pourpre. En Provence.

Substance grillée, ponctuée ou poreuse, garnie à sa base d'une enveloppe blanchâtre en dehors, un peu coriace; il y a une variété tirant sur le jaune.

2.° Le Clathre dénudé, *Clathrus denudatus*, à pétiole, à chapeau en tête alongée, enveloppée d'une coiffe. Lyonnoise.

Fongosité très-petite, pourpre, ou quelquefois jaune. Sur les bois pourris.

3.° Le Clathre nu, *Clathrus nudus*, à pétiole, à chapeau oblong, naissant d'un axe longitudinal. Sur les bois pourris. Lyonnoise. Cl. XVII.

Les HELVELLES, *Helvellæ*, sont des fongosités un peu irrégulieres, rétrécies en pétiole vers leur base, & formant à leur sommet une espece de bassin, ou un entonnoir communément difforme.

1.° L'Helvelle mitre, *Helvella mitra*, à pétiole épais, ridé; à chapeau difforme, lobé & plié en maniere de mitre. Lyonnoise.

2.° L'Helvelle du Pin, *Helvella Pineti*, sans pétiole, aplatie des deux côtés.

Dans les PEZIZES, *Peziza*, le chapeau est creusé en cloche, sans pétiole.

1.° La Pezize à lentilles, *Pezi*z*a lentifera*, campanulé, renfermant des especes de Lentilles. Lyonnoise, Lithuanienne.

Petits creusets hauts de cinq à six lignes, sessiles, coriaces, bruns ou grisâtres, velus en dehors, très-lisses en dedans, renfermant dans le fond plusieurs corpuscules lenticulaires. Il y a une variété à face interne, striée.

2.° La Pezize corne-d'abondance, *Peziza cornucopioïdes*, en entonnoir; à disque ouvert, sinué, ponctué. Lyonnoise.

En trompette membraneuse, seche; à marge repliée. Dans les bois.

3.° La Pezize en ciboire, *Peziza acetabulum*, de couleur brune, de la forme d'un ciboire, garnie en dehors de nervures rameuses, & plissée à sa base qui est rétrécie & alongée en pétiole. Dans les bois. Lyonnoise.

4.° La Pezize en cupule, *Peziza cupularis*, en grelots; à marge crénelée. Lyonnoise.

D'un blanc roussâtre, ressemblante à un calice de gland, dont les bords sont dentés ou frangés. Dans les bois.

5.° La Pezize en écusson, *Peziza scutellata*, plane, à marge convexe, velue. Lyonnoise.

Fort petite, sessile, d'un blanc jaunâtre ou rougeâtre, semblable à un petit écusson, ou à un chaton de bague velu en ses bords. Sur les murs, dans les bois.

6.° La Pezize en coquille, *Peziza cochleata*, turbinée ou en coquille un peu irréguliere, tendre, transparente, roussâtre en dedans, blanchâtre & comme farineuse en dehors. Sur les bois. Lyonnoise.

7.° La Pezize Oreille, *Peziza Auricula*, concave, ridée, contournée en forme d'oreille. Lyonnoise.

Gélatineuse, cendrée. Sur les arbres pourris.

Les Clavaires, *Clavariæ;* fongosités lisses, alongées, simples ou rameuses.

Les Clavaires simples.

1.° La Clavaire en pilon, *Clavaria pistillaris*, spongieuse, simple, élargie & obtuse au sommet; d'un blanc jaunâtre ou roussâtre. Dans les bois. Lyonnoise.

2.° La Clavaire noire, *Clavaria Ophyoglossoïdes*, en massue noire, grêle à la base, & comprimée dans sa partie supérieure. Dans les bois. Lyonnoise.

3.° La Clavaire écailleuse, *Clavaria militaris*; massue grêle, roussâtre ou safranée; à tête écailleuse ou chagrinée. Dans les bois. Lyonnoise.

Les Clavaires ramifiées.

4.° La Clavaire digitée, *Clavaria digitata*, rameuse, ligneuse, noire. Dans les bois.

Faisceaux de massues noires dans leur plus grande partie, blanchâtres à leur sommet, réunies & cohérentes à leur base, fragiles. Il y a une variété moins composée, & presque tout à fait blanche.

5.° La Clavaire cornue, *Clavaria Hypoxylon*, rameuse, cornue, comprimée. Dans les lieux humides.

Ligneuse, simple, noire, inférieurement velue, divisée, comprimée, blanchâtre vers son sommet.

6.° La Clavaire coralloïde, *Clavaria coralloïdes*, molle, charnue, très-ramifiée, formant une espece de gazon jaunâtre, ou blanchâtre, ou rougeâtre; à ramifications courtes & comme dentées au sommet. Dans les bois.

Ce Champignon se mange; on le regarde comme un des plus délicats, on le nomme vulgairement Barbe-de-chevre.

Les VESSES-DE-LOUP, *Lycoperdon*, ſont des fongoſités arrondies, remplies d'une pouſſiere comme farineuſe après leur développement; elles s'ouvrent ordinairement vers leur ſommet. CL. XVII.

Les VESSES-DE-LOUP ſolides, ſouterraines, ſans racine.

1.° La Veſſe-de-loup Truffe, *Lycoperdon Tuber*, globuleuſe, ſolide, rude. Lyonnoiſe.

Subſtance charnue, extérieurement noirâtre, comme chagrinée à la ſurface, odorante, cachée ſous terre : aliment des plus agréables, véritable échauffant aphrodiſiaque; elle eſt très-dangereuſe lorſqu'elle eſt moiſie, elle a cauſé à un ſujet le vomiſſement & des coliques atroces.

2.° La Veſſe-de-loup du Cerf, *Lycoperdon cervinum*, globuleuſe, à très-petits tubercules; à moëlle noire en pouſſiere. En Dauphiné.

Cachée ſous terre.

Les VESSES-DE-LOUP pulvérulentes, enracinées ſur terre.

3.° La Veſſe-de-loup commune, *Lycoperdon Boviſta*, arrondie, cendrée, ſe déchirant au ſommet, & lançant une farine ſubtile. Dans les prés. Lyonnoiſe, Lithuanienne.

Fongoſité arrondie ou en toupie, blanchâtre ou cendrée, liſſe ou chargée de verrues, convexe ou aplatie au ſommet, rétrécie ou alongée à la baſe, ſolide dans ſa jeuneſſe, molle lorſqu'elle eſt mûre; ce n'eſt alors qu'une membrane remplie d'une pouſſiere noire, verte ou blanche. Aſtringent bon dans les hémorragies; on en peut préparer une bonne amadou, utile pour deſſécher les ulceres ſanieux.

4.° La Veſſe-de-loup orangée, *Lycoperdon aurantium*, en ſphéroïde, ridée à la baſe; à pétiole s'ouvrant par déchirures échancrées. Lyonnoiſe.

5.° La Veſſe-de-loup étoilée, *Lycoperdon ſtellatum*; ſubſtance fongueuſe, enveloppée d'une coiffe coriace qui s'ouvre par le haut en plusieurs segmens; tête plissée, qui en s'ouvrant forme une étoile. Lyonnoise.

6.° La Vesse-de-loup Carpobole, *Lycoperdon Carpobolus*, à coiffe fendue en plusieurs segmens, renfermant un fruit arrondi, formé par l'adhérence des semences. Lyonnoise.

A peine grosse comme la tête d'une épingle : après que la coiffe est déchirée, la tête s'éleve, éclate & répand la poussiere.

7.° La Vesse-de-loup radiée, *Lycoperdon radiatum*, à disque hémisphérique; à rayon coloré. Sur les bois. Lyonnoise.

A peine grosse comme une semence de Coriandre : après que la coiffe très-blanche est déchirée en douze parties égales, la tête se décompose & laisse voltiger sa substance en flocons laineux, boursouflés.

8.° La Vesse-de-loup pédunculée, *Lycoperdon pedunculatum*, très-petite; à pétiole long; à tête ronde, lisse; à bouche cylindrique, très-entiere. Dans les champs.

Les VESSES-DE-LOUP *parasites, se changeant en farine.*

9.° La Vesse-de-loup grillée, *Lycoperdon cancellatum*, parasite sur les feuilles de Poirier; verrue safranée, terminée par une pustule blanche, s'ouvrant latéralement.

10.° La Vesse-de-loup variolique, *Lycoperdon variolosum* : ce sont des verrues de la grosseur d'un pois, éparses; d'abord fauves, molles, succulentes; prenant ensuite de la consistance, elles abandonnent leur écorce extérieure, deviennent brunes, se durcissent, & quoique renfermant une farine noire, elles ne s'ouvrent point. Lyonnoise.

11.° La Vesse-de-loup pisiforme, *Lycoperdon pisiforme*, arrondi, rude; à bouche perforée. Sur les troncs pourris du Hêtre. Lyonnoise.

12.° La Vesse-de-loup pourpre, *Lycoperdon Epidendrum*, lisse, sphérique, pourpre. Lyonnoise.

Sa poussiere est aussi pourpre; sa bouche est fermée ou ouverte, en étoile.

13.° La Vesse-de-loup fauve, *Lycoperdon epiphyllum*, parasite; plusieurs avoisinées ou agrégées; à bouche se déchirant en plusieurs segmens; à poussiere fauve; très-petite fongosité observée sur le dos des feuilles du Tussilage. Lyonnoise. CL. XVII.

Les MOISISSURES, *Mucores*; vésicules ovales ou sphériques, cellulaires, poudreuses, communément pédiculées.

Les MOISISSURES durables.

1.° La Moisissure à tête ronde, *Mucor sphærocephallus*, à pédicule filiforme, noir; à tête cendrée, ronde, chargée de poils roux ou noirâtres. Sur les murs. Lyonnoise.

2.° La Moisissure Lichen, *Mucor Lichenoïdes*, à pédicule noir, en alêne; à tête lenticulaire, cendrée. Sur l'écorce de Pin. Lyonnoise.

3.° La Moisissure velue, *Mucor Embolus*; soie noire, chargée de poils blancs ou roux. Sur les troncs d'arbres pourris. Lyonnoise.

4.°. La Moisissure fauve, *Mucor fulvus*, pâle, à masse fauve. Lyonnoise.

5.° La Moisissure furfuracée, *Mucor furfuraceus*, pétiolée, jaune; à tête sphérique. Sur les troncs d'arbres pourris. Lyonnoise.

Le pétiole est velu, quelque fois vert.

Les MOISISSURES fugaces, passageres.

6.°. La Moisissure grisâtre, *Mucor Mucedo*, à pétiole sétacé, long; à capsule arrondie, cendrée. Sur le pain, sur les herbes moisies. Lyonnoise.

7.° La Moisissure lépreuse, *Mucor leprosus*, sétacée, à semences radicales. Dans les cavernes, en automne.

En gazon très-dense; de blanche elle devient dorée.

8.° La Moisissure glauque, *Mucor glaucus*, à pédicule à tête arrondie, composée de grains ramassés de couleur vert de mer. Sur les fruits altérés. Lyonnoise.

9.° La Moisissure crustacée, *Mucor crustaceus*; touffe

Cl. XVII. de filets digités à leur ſommet ; à digitations chargées de globules diſpoſés en épi. Sur les fruits pourris. Lyonnoiſe.

10.° La Moiſiſſure rameuſe, *Mucor ceſpitoſus*, en buiſſon rameux ; à épis digités & ternés. Sur les feuilles pourries. Lyonnoiſe.

12.° La Moiſiſſure ſeptique, *Mucor ſepticus*, onctueuſe, jaune, très-rameuſe, molle, peu durable. On l'obſerve ſur les couches de fumiers qui s'éteignent.

CLASSE XVIII.

Des Arbres et des Arbrisseaux à fleurs apétales, nommés *Arbres apétales.*

SECTION PREMIERE.

Des Arbres & des Arbriſſeaux dont les fleurs ſont apétales, & attachées aux fruits.

544. LE FRÊNE.

Fraxinus excelſior. C. B. P.
Fraxinus excelſior. L. *polygam. diœc.*

Fleurs. Apétales, hermaphrodites ou femelles ſur des pieds différens, quelquefois ſur le même pied; les hermaphrodites compoſées de deux étamines & d'un piſtil conique, diviſé en deux à ſon extrémité ſupérieure, ſans corolle ni calice; les femelles n'ont que le piſtil.

Fruit. Semence lancéolée, en forme de langue pointue, comprimée, renfermée dans une pellicule membraneuſe, uniloculaire.

Feuilles. Ailées, terminées par une impaire plus grande; les folioles oppoſées, oblongues, dentées par leurs bords, au nombre de cinq ou ſix paires, ſur une côte.

Racine. Ligneuſe, rameuſe.

CL. XVIII. SECT. I.

Port. Cet arbre s'éleve fort haut, son écorce est unie, cendrée ; son bois blanc, lisse, dur ; les branches opposées ; les fleurs péduncuIées, disposées au sommet, en espece de grappes ou de panicules ; il fleurit avant de feuiller ; feuilles opposées.

Lieu. Les terrains humides.

Propriétés. Les feuilles & l'écorce sont d'une saveur légérement amere, âcre & piquante ; la semence est aromatique ; les feuilles vulnéraires ; l'écorce diurétique, fébrifuge ; le bois dessicatif, styptique.

Usages. On emploie l'écorce, le bois, le fruit, les feuilles plus rarement. Le sel tiré des cendres de l'écorce, est un puissant diurétique ; sa dose pour l'homme est, dans une liqueur convenable, depuis gr. v jusqu'à gr. xv ; la semence réduite en poudre, se donne à la dose de ℨ j pour le même objet. On donne aux animaux le sel, à la dose de ℨ j, & la poudre de la semence, à celle de ℥ j.

OBSERVATIONS. Dans les Frênes, *Fraxini*, on trouve des fleurs hermaphrodites & des fleurs seulement à pistil ; dans la fleur hermaphrodite, le calice est nul ou divisé en quatre segmens ; la corolle nulle ou à quatre pétales, deux étamines, un pistil dont le germe se change en une semence lancéolée ; dans la fleur femelle, un seul germe lancéolé. Nous avons :

1.° Le Fréne très-élevé, ou nudiflore, *Fraxinus excelsior* ; à feuilles ovales, lancéolées ; à fleurs sans corolle. Lyonnoise, en Lithuanie. *Voyez le Tableau* 544.

Les boutons latéraux renferment les grappes de fleurs ; ceux qui terminent les branches renferment les feuilles.

2.° Le petit Frêne Ornier, *Fraxinus Ornus*, à feuilles lancéolées ; à fleurs à corolle. En Italie, cultivé dans nos provinces.

Tronc médiocrement élevé ; feuilles plus petites ; fleurs à calice, à quatre dents ; à corolle de quatre pétales, courtes, linaires.

Sur quelques Frênes on ne trouve presque que des fleurs mâles, sur d'autres que des fleurs femelles. On observe en général que les arbres dioïques développent leurs fleurs avant les feuilles; si les feuilles naissoient avec les fleurs, la poussiere séminale ne pourroit imprégner les stigmates, elle seroit arrêtée par la surface des feuilles. Le grand Frêne a fleuri cette année 1787, le 15 Avril; l'accroissement de ce bel arbre est rapide, quoique le bois en soit assez dur; comme ses jets sont droits, on l'emploie pour armer les lances, pour faire des timons; les moutons en aiment les feuilles. On sait retirer de l'écorce une teinture bleue.

Les semences sont âcres; elles recèlent un principe aromatique & une amertume qui leur sont propres. Leur décoction augmente sensiblement le cours des urines; c'est un bon remede dans l'hydropisie, dans la jaunisse, & l'empâtement des visceres du bas-ventre; l'écorce qui est aussi amere, s'ordonne avec avantage dans les fievres intermittentes; nous en avons vu guérir plusieurs avec ce seul remede. C'est un excellent adjuvant dans le traitement des écrouelles & des maladies vénériennes. Les feuilles qui sont tardives à se développer, & qui tombent des premieres, sont ameres; mais leur amertume est moins vive; elles sont précieuses intérieurement & extérieurement en décoction miellée, dans les écrouelles commençantes; nous en avons guéri quelques-unes, & arrêté les progrès de plusieurs, en ne prescrivant que des bains faits avec des feuilles de Frêne, & une tisane préparée avec les mêmes feuilles. Nous devons ce remede à M. Petetin, Médecin de Lyon, qui, par ses lumieres & son caractere aimable, mérite à tous égard la confiance dont il jouit. C'est sur les Frênes que l'on trouve une partie de la Manne qui n'est qu'une transudation d'un suc saccharin; les cantarides qui s'attachent en grande quantité sur les Frênes, & qui par leur odeur insupportable les annoncent de loin, en piquant les jeunes branches (*),

(*) On peut attribuer aux piqûres des insectes, une monstruosité très-curieuse qu'une branche de Frêne nous a offert cette année; plusieurs des dernieres branches étoient fasciées de maniere à présenter comme un ouvrage contourné & ciselé en crête. Nous

donnent issue à ce suc. On prouve d'ailleurs que la Manne n'est point une rosée comme le croyoient les Anciens; car les branches enveloppées de toile cirée n'en fournissent pas moins que celles qui restent à découvert.

La Manne est un de nos purgatifs les plus utiles dans les maladies aigues & chroniques ; les personnes délicates sont bien purgées avec deux ou trois onces de Manne en larmes, fondue dans une chopine de petit-lait; si on ajoute demi-once de Sel d'Epsom, on diminue la douceur répugnante du remede, & on obtient d'abondantes évacuations. Il faut se défier de la Manne grasse du commerce qui est souvent falsifiée ; ce n'est quelquefois que du miel épaissi, rendu purgatif avec la poudre de Jalap. Les personnes robustes digerent pleinement la Manne, aussi n'en sont-elles pas purgées; on a conclu de ce fait que cette substance ne purge que par indigestion ; les forces digestives font dégager de ce corps muqueux & sucré une grande quantité d'air qui irrite l'estomac ; alors ce viscere réagissant vivement, tend à l'expulser comme corps étranger, nuisible ; & par la même action vive, l'estomac & les intestins expriment & expulsent les autres liquides épanchés ou retenus dans leurs couloirs.

545. LE CAROUBIER *ou* Carouge mâle & femelle.

SILIQUA edulis. C. B. P.

CERATONIA siliqua. L. *polyg. triœcia.*

Fleurs. Apétales, mâles ou femelles sur des pieds différens ; les mâles composées de cinq étamines longues,

avons décrit une semblable monstruosité dans un ouvrage intitulé *Indagatores naturæ in Lithuania* ; mais le monstre végétal le plus curieux que nous ayons encore vu, c'est une Valériane officinale dont la tige haute de six pouces, présente la forme d'une lampe à spirales extérieurement, cave intérieurement, pouvant contenir une livre d'eau; les fleurs naissent d'un seul côté & partent d'une bride qui traverse la base du cône, ayant quatre pouces & demi de diametre.

longues, à grosses antheres, & d'un calice pédunculé, très-grand, divisé en cinq parties; les femelles, d'un pistil placé dans un calice sessile, monophille, formé de cinq tubercules.

Fruit. Légume gros, long, aplati, rempli d'une pulpe charnue, dans laquelle sont creusées, d'espace en espace, de petites loges, qui chacune renferment une semence obronde, comprimée, dure, brillante.

Feuilles. Ailées, souvent sans impaire; les folioles obrondes, fermes, nerveuses & entieres, presque sessiles, ordinairement au nombre de cinq.

Racine. Ligneuse, rameuse.

Port. L'arbre s'éleve très-haut, & jette beaucoup de branches dont le bois est dur; les fleurs sont axillaires & disposées en grappes sessiles; les feuilles alternes subsistent l'hiver.

Lieu. L'Italie, l'Archipel, la Syrie, la Provence, le Languedoc.

Propriétés. Le fruit est doux, fade, mucilagineux, pectoral, adoucissant, laxatif.

Usages. L'on n'emploie que le fruit qui est bon à manger; on le donne en décoction, à la dose de ℥ ß dans ℔ j d'eau pour l'homme, & de ℥ iv dans ℔ ij d'eau pour les animaux; on tire aussi un suc mielleux, peu usité; les siliques servent de nourriture aux bestiaux.

OBSERVATIONS. Dans le Caroubier, *Ceratonia*, la fleur hermaphrodite offre un calice à cinq segmens, sans corolle; sept, six ou cinq étamines; un style filiforme, dont le germe se change en un légume coriace, renfermant plusieurs semences. On trouve des individus dont les fleurs sont toutes mâles, d'autres n'offrent que des fleurs femelles. Nous n'avons que:

Le Caroubier siliqueux, *Ceratonia siliqua.* En Provence.

Le légume est long de six à huit pouces, l'écorce en est âpre, la pulpe assez douce; on peut en préparer du vin analogue à celui du miel, & en retirer un esprit ardent. Les feuilles sont astringentes. Pour l'élever dans nos Provinces en pleine terre, il faudroit le bien abriter & le couvrir pendant l'hiver.

SECTION II.

Des Arbres & arbrisseaux à fleurs apétales, séparées des fruits, sur le même pied.

546. LE BUIS *ou* BOUIS.

BUXUS arborescens. C. B. P.
BUXUS semper virens. L. *monœc. tetrand.*

FLEURS. Apétales, mâles ou femelles sur le même pied; les mâles composées de quatre étamines & d'un calice divisé en quatre folioles extérieures, & deux intérieures qu'on peut considérer comme des pétales plus grands que les folioles du calice; les femelles sortant du même bouton que les mâles, composées d'un pistil surmonté de trois styles, dans un calice divisé en quatre folioles extérieures, & en trois especes de pétales internes.

Fruit. Capsule arrondie, à trois loges, avec trois éminences en forme de bec, s'ouvrant avec élasticité, de trois côtés, & renfermant des semences oblongues, arrondies d'un côté, & aplaties de l'autre.

Feuilles. Sessiles, simples, fermes, très-entieres, ovales, luisantes.

Racine. Ligneuse, rameuse.

Port. Arbrisseau qui, quelquefois, s'éleve en arbre, dont les branches sont presque carrées, l'écorce blanchâtre, rude; le bois jaune & très-dur; les fleurs sessiles au sommet des rameaux, ou axillaires; feuilles opposées, résistant à l'hiver, toujours vertes. Cl. XVIII. Sect. II.

Lieu. Les montagnes, les bois, sur-tout dans les pays froids.

Propriétés. Les feuilles sont ameres, d'une odeur peu agréable, sudorifiques, mondificatives, purgatives.

Usages. On n'emploie que les feuilles en Médecine; on dit que la sciure est dessicative & astringente; on en met pour l'homme ℥ ß sur ℔ j d'eau pour une tisane; & pour les animaux, ℥ ij sur ℔ ij d'eau; on tire du bois une huile fétide qui a une vertu antispasmodique; rectifiée & prise intérieurement, elle est anodine & diaphorétique.

OBSERVATIONS. Les fleurs mâles nombreuses, souvent une femelle entre les fleurs mâles. Je vois quelquefois au centre des fleurs à étamines un germe; les antheres très-grosses; deux semences dans chaque loge; le nombre des folioles des calices & des pétales n'est pas constant.

Le Buis présente quelque variété: 1.° à petite tige, 2.° en arbre, 3.° à feuilles plus ou moins larges, 4.° à feuilles panachées.

Le bois jaune, très-dur, est précieux pour plusieurs ouvrages de tour; on fabrique à Saint-Claude en Franche-Comté, des tabatieres de bon goût, souvent remarquables par les accidens que présente le bois sous le tour; on y dessine à l'eau-forte des portraits, de petits tableaux; on grave sur le Buis: c'est le seul bois d'Europe assez pesant pour gagner le fond de l'eau. La décoction des feuilles de Buis est très-amere; à haute dose elle devient purgative dans quelques sujets, comme nous l'avons souvent observé; on prépare avec la feuille & la râpure du bois, des tisanes qui sont indiquées dans le traitement du rhumatisme chronique, des dartres, de la gale, & même comme adjuvant dans la vérole; aussi le Buis est pour le pauvre peuple le succédané du Gayac. On peut encore en tirer parti dans les fievres intermittentes, dans les obstructions; nous l'avons très-souvent employé avec avantage; c'est un de nos remedes populaires.

SECTION III.

Des Arbres & Arbrisseaux à fleurs apétales, mâles ou femelles, qui naissent séparément sur différens pieds.

547. LE RAISIN DE MER mâle & femelle.

EPHEDRA maritima minor. I. R. H.
EPHEDRA dystachia. L. *diœc. monad.*

FLEURS. Apétales, mâles ou femelles sur des pieds différens; les mâles composées de sept étamines réunies par leurs filets, quatre inférieures & trois supérieures, en forme de colonne, d'un calice propre, monophille, à deux segmens, renflé, & d'un chaton composé d'écailles obrondes, concaves; les fleurs femelles composées de deux pistils qui sont enveloppés dans un calice à cinq rangs.

Fruit. Les écailles du calice des fleurs femelles, épaissies, succulentes, forment une espece de baie qui renferme deux semences ovales, aiguës, convexes d'un côté, & de l'autre aplaties.

Feuilles. Aucune.

Racine. Ligneuse, rameuse, traçante.

Port. Petit arbrisseau dont la tige est cylindrique, articulée, comme celle de la Prêle n.° 523. des articulations inférieures, partent de petits rameaux verts, opposés, articulés comme la tige, imitant les rameaux du Genêt commun, n.° 659. les fleurs péduncukées, opposées, axillaires, chaque articulation eſt recouverte de ſtipules diſpoſées en forme de gaîne.

Lieu. Les collines pierreuſes & maritimes du Languedoc & de l'Eſpagne, en Suiſſe.

Propriétés. Cette plante eſt rafraîchiſſante, les jeunes branches aſtringentes; les fruits aigrelets, agréables au goût.

Uſages. On emploie les fruits & les jeunes branches.

OBSERVATIONS. Le Raiſin-de-mer, *Ephedra*, ſont les uns mâles, les autres femelles; on en trouve cependant d'hermaphrodites.

Cet arbriſſeau s'éleve très-bien dans nos jardins, il ſouffre d'être tondu au ciſeau; il trace & produit beaucoup de jets enracinés, par leſquels il ſe multiplie; il eſt touffu, toujours vert; on peut le tailler en boule; ne produiſant que des rameaux ſans feuilles, & préſentant une maniere de fleurir aſſez bizarre, il fixe plus que pluſieurs autres végétaux, l'attention des Botaniſtes: c'eſt une des plantes que nous examinâmes avec plaiſir dans notre voyage de Languedoc en 1773; ſon calice acidulé offrira à ceux qui ſont à portée de l'éprouver, les mêmes reſſources que préſentent dans le Nord les baies aigrelettes, ſur-tout pour le traitement des fievres putrides ou ſynoques remittentes, très-communes en Languedoc. Un Chirurgien de village avoit eu l'idée d'en retirer le ſuc & le preſcrivoit par cuillerée à tous ſes malades, dans les maladies aigues qui exigent des tempérans & adouciſſans. Admirons la Providence qui dans chaque contrée fait germer des plantes adaptées aux tempéramens des habitans, & douées de principes ſeuls capables de remédier aux maladies qui les affligent. Si cette maniere de philoſopher n'eſt plus du goût du ſiecle, elle ne peut pas être étrangere à un être iſolé, qui ſans prétention étudie la nature, déduit avec modération quelques corollaires des faits qu'elle lui préſente, & qui d'ailleurs eſt le plus tolérant des hommes.

Quelques Philoſophes hardis ont cru abolir, par le

ſarcaſme, la philoſophie des ames pieuſes qui voyoient par-tout ordre, cauſes finales, raiſon ſuffiſante; ils ont ſubjugué pluſieurs Littérateurs, & quelques Phyſiciens; mais les Naturaliſtes ſeuls juges compétens ſur cette queſtion Phyſico - Théologique, leur ont réſiſté; les Linné, les Haller, étoient aſſez bien organiſés pour que leur maniere de voir ne nous paroiſſe pas ridicule, ſur-tout ayant comme eux les mêmes preuves déduites des œuvres coordonnées de la nature. Les malheureux Spinoſiſtes ne voient ſur ce globe que jets, que produits de cas fortuits, de chocs, d'adhérence, de contact; le Naturaliſte trouve par-tout le plan général conçu par le Moteur intellectuel; tout lui paroît lié, il ſaiſit les rapports. Le monde Phyſique eſt à ſes yeux une immenſe machine dont toutes les pieces ſont liées & tendent à une fin générale; chaque individu jouiſſant de ſes facultés, eſt en rapport avec tous les êtres, & devient un chaînon néceſſaire pour la coordination univerſelle: *Vis inſita adeſt, omnia movens, omnia coadunans, conſervans omnia.*

548. LE TÉRÉBINTHE, *ou* Piſtachier ſauvage mâle & femelle.

TEREBINTHUS vulgaris. C. B. P.
PISTACIA terebinthus. L. *diœc. 5-dria.*

Fleurs. Apétales, mâles & femelles ſéparées ſur des pieds différens; les mâles compoſées d'un chaton formé de pluſieurs petites écailles, d'un calice propre, découpé en cinq parties, & de cinq étamines; les femelles n'ont point de chaton, & ſeulement un calice propre qui eſt diviſé en trois, & qui renferme trois ſtyles.

Fruit. A noyau ſec, ovale, liſſe, qui ſe partage en deux, & contient une amande.

Feuilles. Simples, ailées, avec une impaire;

les folioles ovales, lancéolées, très-entieres ou dentées en maniere de ſcie.

Racine. Rameuſe, ligneuſe.

Port. Arbre dont l'écorce eſt épaiſſe, cendrée; le bois fort dur, très-réſineux; les fleurs axillaires, diſpoſées en corymbe, au ſommet des petites branches; les péduncules rameux; feuilles alternes.

Lieu. L'Iſle de Chio; les environs de Montpellier.

Propriétés. Le fruit eſt un peu acide & ſtyptique; ſa réſine ou *térébenthine* eſt blanchâtre, tirant ſur le bleu, vulnéraire, déterſive, diurétique.

Uſages. On emploie fréquemment la réſine, dont on tire par la diſtillation un eſprit & une huile qui ſe preſcrit depuis x gouttes juſqu'à xx.

549. LE LENTISQUE mâle & femelle.

LENTISCUS vulgaris. C. B. P.
PISTACIA lentiſcus. L. *diœc. 5-dria.*

Fleur. } Caracteres du précédent; le fruit plus
Fruit. } petit.

Feuilles. Ailées, ſans impaire, en quoi il differe principalement du précédent; les folioles lancéolées, très-entieres, au nombre de cinq ou ſix de chaque côté.

Racine. Rameuſe, ligneuſe.

Port. A peu près ſemblable au précédent; les chatons des fleurs mâles ſortent deux à deux, ſeſſiles, reſſerrés; les fruits axillaires, diſpoſés en grappes; feuilles alternes; leurs pétioles ont des rebords.

Lieu. L'Italie, l'Iſle de Chio, la Provence.

CL. XVIII. SECT. III.

Propriétés. Le bois eſt d'une odeur aſſez agréable ; la réſine d'une odeur aromatique, agréable, & d'une ſaveur amere ; la réſine qu'on nomme *maſtic en larmes*, ſe tire du Lentiſque dans l'Iſle de Chio ; le bois eſt aſtringent ; les ſommités, les baies, la réſine, ſont deſſicatives, aſtringentes, ſtomachiques.

Uſages. Du bois on fait des décoctions ; des ſommités une eau diſtillée ; des baies une huile exprimée ; de la réſine ou *maſtic en larmes*, une huile par infuſion, un eſprit, une huile diſtillée & une poudre.

OBSERVATIONS. On a trouvé des Piſtachiers hermaphrodites ; les principales eſpeces du ce genre ſont :

1.° Le Piſtachier Trefle, *Piſtacia Trifolia*, à feuilles ſimples, ou trois en trois, à l'extrémité du pétiole. En Sicile.

On trouve ſur les mêmes branches des feuilles ailées, ternées & ſimples ; les ſimples ſont ovales, arrondies, plus grandes ; dans les ternées, les folioles latérales ſont plus petites.

2.° Le Piſtachier de Narbonne, *Piſtacia Narbonenſis*, à feuilles pinnées & ternées ; à folioles orbiculaires. En Languedoc.

Les fruits gros, arrondis.

3.° Le vrai Piſtachier, *Piſtacia vera*, à feuilles ailées, avec foliole terminale ; à folioles comme ovales, recourbées. Originaire de Perſe.

L'Empereur Vitellius le tranſplanta en Italie.

4.° Le Piſtachier Terebinthe, *Piſtacia Terebinthus*, à feuilles ailées, avec foliole impaire ; à folioles ovales, lancéolées. En Languedoc, en Dauphiné. *Voyez le Tableau* 548.

5.° Le Piſtachier Lentiſque, *Piſtacia Lentiſcus*, à feuilles ailées, ſans foliole terminale ; à folioles lancéolées. En Languedoc. *Voyez le Tableau* 549.

On a trouvé ſur quelques individus des fleurs hermaphrodites à trois étamines.

Le Piſtachier s'éleve très-bien de ſemences, il ſupporte la gelée, ſur-tout lorſqu'il eſt déjà un peu fort ; les

Pistaches prises chez les Epiciers levent facilement, si elles sont nouvellement arrivées. Son bois fournit la Résine appelée Térébenthine de Chio. On trouve souvent à l'extrémité des branches, des vessies pleines d'insectes; ces vessies contiennent une certaine quantité d'une Térébenthine très-claire, d'une odeur agréable. On falsifie la Résine du Térébinthe en la mêlant avec la Térébenthine de Venise. Pour obtenir la Térébenthine de Chio, on incise à coups de hache le tronc des Lentisques ou des Térébinthes; on entoure la base de briques ou pierres plates; la Résine coule le long du tronc & adhere aux pierres sous forme de lame concrete; on l'enleve avec des couteaux. Cette Résine a les propriétés générales des Baumes; on assure même que le fameux Baume de la Mecque est une Résine qui découle d'une petite espece de Térébinthe. Ces Baumes édulcorés avec le Sucre, donnent un *Oleo-sacharum* miscible avec nos humeurs; leur maniere d'agir est très-obscure, on peut croire avec les Solidistes qu'ils excitent l'irritabilité & augmentent la vie des organes; ils ramenent les ulceres internes & externes à l'état de plaies fraîches, que la nature guérit ensuite *viribus innatis*, par ses propres forces.

Quoi qu'il en soit, la Térébenthine de Chio, le Baume du Perou, du Canada, de la Mecque, & autres qui ont tous les mêmes vertus, réussissent chaque jour dans les ulceres, les gonorrhées. Les Phthisiques sont souvent soulagés par ces remedes, dans le cas d'atonie, car dans tout état d'irritation ces Baumes sont nuisibles.

Le fruit des Pistachiers renferme une amande d'un grand usage dans les offices & chez les Confiseurs; cette amande à pulpe verdâtre, contient le principe farineux & une huile grasse; le goût en est très-agréable.

Le Lentisque se multiplie aisément de semences, mais il craint le froid; aussi réussit-il rarement en pleine terre, à moins d'être bien abrité.

Le Lentisque fournit par incision une Résine, le Mastic en larmes, qui doit être clair, transparent, luisant, d'un blanc jaunâtre, & d'une odeur agréable. Les Turcs mâchent continuellement du Mastic pour rendre leur haleine agréable. On l'emploie intérieurement pour fortifier l'estomac, arrêter les diarrhées & le vomissement, mais il faut, avant de le prescrire, le triturer avec du Sucre, & éviter de le donner dans le vomissement avec chaleur, irritation, phlogose. Cette Résine se dissout aisément, & peut entrer dans la composition de plusieurs vernis.

Le Lentisque forme un joli arbre qui ne quitte point ses feuilles pendant l'hiver, mais il est trop délicat pour servir dans notre climat aux bosquets d'hiver; Son bois est sec, difficile à rompre, pesant, gris en dehors, blanc en dedans, d'un gout astringent; sa décoction fortifie les gencives. En Italie on retire de l'amande du Lentisque une huile très-analogue à l'huile d'Olive, que l'on emploie soit pour la lampe, soit pour les usages pharmaceutiques.

CLASSE XIX.

Des Arbres et Arbrisseaux à fleurs apétales, attachées plusieurs ensemble sur un chaton, nommés *Arbres amentacés*.

SECTION PREMIERE.

Des Arbres & Arbrisseaux amentacés, dont les fleurs mâles sont séparées des femelles, sur le même pied, & dont les fruits sont osseux.

550. LE NOYER.

Nux juglans sive regia, vulgaris. C. B. P.
Juglans regia. L. *monœc. polyand.*

Fleurs. Amentacées, mâles ou femelles sur le même pied; les fleurs mâles composées de plusieurs étamines, & d'une espece de corolle divisée en six, rassemblées en grand nombre sur un chaton oblong, formé d'écailles nombreuses & tuilées; les fleurs femelles rassemblées deux ou trois ensemble, composées de deux pistils, d'un calice qui couronne le germe, & d'une espece de corolle divisée en quatre comme le calice, & plus grande que lui.

Cl. XIX. Sect. I.

Fruit. A noyau, pulpe charnue, ſeche, nommée *brou*, qui renferme un noyau ligneux, ſillonné, grand, ovale, uniloculaire, dans lequel on trouve une amande diviſée en quatre lobes ſinueux.

Feuilles. Ailées, avec une impaire; les folioles ſeſſiles, entieres, ovales, glabres, légérement dentées, preſque égales.

Racine. Rameuſe, ligneuſe.

Port. Grand arbre qui s'éleve, & qui forme une large tête; l'écorce du tronc épaiſſe, cendrée, gerſée dans les vieux ſujets, liſſe ſur les jeunes branches; les chatons axillaires, cylindriques, alongés; les fleurs femelles axillaires, ſeſſiles; feuilles alternes; ſtipules géminées, & qui tombent.

Lieu. Cultivé dans les champs; il ne réuſſit pas dans les maſſifs de bois, & veut des terres ameublies par les labours.

Propriétés. Les feuilles ont une odeur forte, une ſaveur aſtringente; les chatons ont une odeur douce; la pellicule qui couvre l'amande eſt amere, âcre, déſagréable; l'amande nouvelle eſt douce, agréable, quand elle eſt ſeche, huileuſe & ſouvent rance; le brou a un goût acerbe, amer, un peu âcre; l'écorce intérieure eſt fort émétique; les chatons un peu émétiques & ſudorifiques; le ſuc de la racine fraîche, diurétique, & un violent purgatif; le brou vomitif, & ſon ſuc aſtringent; les feuilles emménagogues, fébrifuges, vermifuges.

Uſages. L'on réduit les chatons en poudre, que l'on donne pour l'homme à la doſe de ℈ ß juſqu'à ℈ j; aux animaux, à ℥ ß; on tire du brou vert, une eau diſtillée, ophtalmique.

Tout le monde connoît l'huile que l'on tire de l'amande, & les uſages auxquels on l'emploie.

OBSERVATIONS. Les chatons du Noyer ſont gros, denſes, longs d'un doigt, écailleux, chaque écaille triangulaire;

on trouve des calices de chatons à ſept feuillets ; on compte dans quelques fleurs douze, quinze, dix-huit, vingt-quatre étamines ; les antheres didymes, cornues ; le calice des fleurs femelles hériſſé ; les ſtyles velus.

Cet arbre offre pluſieurs variétés : 1.° à Noix très-groſſes, 2.° à Noix à coquilles fragiles, 3.° à fruits tardifs, 4.° à feuilles découpées, 5.° à feuilles compoſées de cinq, ſept & neuf folioles.

Cet arbre originaire de Perſe ſe cultive avec ſuccès dans toute l'Europe tempérée ; dans le Nord il ſupporte avec peine les frimats. Nous en avons cependant vu d'aſſez beaux pieds à Varſovie.

Les gelées lui ſont nuiſibles, ſur-tout celles de la fin d'Avril, lorſque les chatons ſont épanouis ; dans cette circonſtance la fécondation n'a pas lieu, le froid ayant gangrené les étamines. Nous l'avons éprouvé cette année 1787 : l'hiver a été ſi doux en Février & Mars, que la floraiſon a été devancée d'un mois ; la neige eſt tombée autour de Lyon à la fin d'Avril, & il a gelé au-deſſous de o les premiers jours de Mai.

Le Noyer réuſſit très-bien dans les terres fortes, mais il eſt nuiſible à tout ce qu'on ſeme deſſous.

Son bois eſt dur, bien veiné, ſur-tout aux racines, peſant, odorant ; auſſi eſt-il très-employé dans tous les ouvrages de menuiſerie ; il eſt excellent pour graver ſur bois ; les feuilles répandent une odeur forte, particuliere ; leur décoction eſt excellente pour déterger les ulceres ; intérieurement elle excite la ſueur. Nous l'avons vu réuſſir dans les rhumatiſmes chroniques ; le brou des Noix eſt amer, excellent ſtomachique. On en prépare une liqueur en le faiſant macérer dans l'eau-de-vie, & l'édulcorant avec le Sucre. Les Noix fourniſſent une grande quantité d'huile par expreſſion ; celle qui eſt retirée avec ſoin eſt agréable, & peut ſervir pour les ſalades & la friture ; celle qui ſe retire après l'ébullition n'eſt bonne que pour la lampe & la peinture, elle produit beaucoup de fumée. Les Peintres préferent l'huile de Noix ; elle ne ſe fige à aucun degré de froid, phénomene ſingulier très-difficile à expliquer. Les Noix fraîches, à peine mûres, appelées cerneaux, ſont agréables mangées au ſel, mais indigeſtes ; les Noix vieilles, rances, ont ſouvent

Cl. XIX. Sect. I.

causé des coliques très-vives par leur huile rance; le marc des Noix qui a fourni l'huile, se rend en masse, il est nourrissant par sa farine; on en pourroit faire du pain.

On peut retirer par incision une lymphe du tronc des Noyers, qu'on fait fermenter, & dont on retire un esprit ardent; en faisant évaporer on en obtient un sel saccharin; l'odeur des chatons est singuliere, sur-tout lorsqu'ils lancent la poussiere fécondante; plusieurs personnes craignent l'odeur des Noyers, & éprouvent en se promenant sous ces arbres, des anxiétés & la douleur de tête. Les Praticiens n'ont point assez tenté les différentes parties de cet arbre précieux; la saveur du brou, l'odeur des feuilles & des chatons, annoncent de grandes vertus. On trouve dans l'Amérique septentrionale quatre autres especes de Noyers, qui different principalement du nôtre par le nombre des folioles.

1.° Le Noyer blanc, *Juglans alba*, à sept folioles lancéolées, dentelées, l'impaire sans pétiole; à Noix petites comme des Muscades.

2.° Le Noyer cendré, *Juglans cinerea*, à onze folioles.

3.° Le Noyer noir, *Juglans nigra*, à quinze folioles.

4.° Le Noyer à baies, *Juglans baccata*, à feuilles ternées ou à trois folioles; la Noix très-petite est comme une baie. On commence à cultiver ces especes Américaines dans les jardins des curieux.

551. LE NOISETIER.

CORYLUS *sativa, fructu albo minore, sive vulgaris*. C. B. P.

CORYLUS *avellana*. L. *monœc. polyand.*

Fleurs. Amentacées, mâles ou femelles sur le même pied; les fleurs mâles composées de huit étamines placées sous les écailles d'un chaton très-long; les fleurs femelles composées de deux pistils logés dans un calice diphille, coriacé, déchiré par ſes bords, auſſi long que le fruit.

Fruit. Amande renfermée dans une noix qui eſt preſque ovale, un peu comprimée, aiguë à ſon extrémité, & qui repoſe ſur le fond du calice, dont la ſubſtance eſt épaiſſe & charnue. L'amande eſt blanche dans cette eſpece; la couleur & la groſſeur de l'amande ne conſtituent que des variétés.

Feuilles. Pétiolées, ſimples, entieres, arrondies, pointues, dentelées; les dentelures découpées; la ſurface couverte d'un duvet velouté.

Racine. Rameuſe, ligneuſe.

Port. Arbriſſeau qui s'éleve de dix à douze pieds; les tiges rameuſes, droites; l'écorce tachetée, couverte d'un duvet ſur les jeunes branches; les chatons des fleurs mâles, cylindriques, très-alongés, axillaires; les fleurs femelles ſeſſiles lorſqu'elles ſont dans le bouton, rameuſes lorſque le fruit eſt formé; feuilles alternes; ſtipules ovales, obtuſes.

Lieu. Les bois, les haies.

Propriétés. L'amande a une ſaveur agréable, & ſe digere difficilement; les chatons & les fleurs ſont aſtringens; l'huile qu'on retire du fruit, eſt anodine, béchique; celle du bois diurétique: on en obtient, par la diſtillation, une huile qu'on regarde comme antiépileptique, anthelmintique.

Uſages. On donne l'huile tirée du fruit, à la doſe de ℥ ß; l'huile tirée du bois, depuis goutt. ij juſqu'à x.

I.re OBSERVATION. Les chatons cylindriques, de la longueur du doigt; les calices qui renferment les étamines, d'une ſeule piece diviſée en trois écailles; on compte de ſix à dix étamines.

1.° Le Noiſetier vulgaire, *Corylus Avellana*, à ſtipules ovales, obtuſes. Dans les bois, en Lithuanie, Lyonnoiſe.

La culture a produit pluſieurs variétés: 1.° à fruit

long, 2.° à fruit rond, 3.° à ſegmens du calice du fruit pinnatifides ou ailés.

Les noiſettes récentes ſont agréables à manger, mais de difficile digeſtion pour les perſonnes délicates; on en peut préparer du pain & une eſpece de chocolat. On en retire beaucoup d'huile par expreſſion, la moitié de leur poids; cette huile eſt employée par les Peintres & par les Parfumeurs pour recevoir le principe odorant. L'écorce des racines eſt, dit-on, fébrifuge; le bois fournit un charbon léger, recherché par les Deſſinateurs. Les Vanniers emploient les branches pour former le corps de leurs corbeilles; on en fait des cercles pour les petits barils. Le plus ſouvent pluſieurs germes avortent; il eſt rare qu'ils ſe développent tous; alors ſeulement les péduncules en s'alongeant, donnent la variété à fruits en grappe. Le Noiſetier mûrit très-bien dans les pays ſeptentrionaux, les forêts de Lithuanie en ſont ſouvent peuplées, mais les avelines y ſont très-petites. Dans le Noiſetier nain, *Corylus nana*, les ſtipules ſont linaires, aiguës. Il eſt originaire de Conſtantinople.

II.e OBSERVATION. Nous trouvons après le Noiſetier un genre qui mérite d'être décrit, ſavoir: le Charme, *Carpinus*, à fleurs mâles & femelles ſur le même pied, monoïque. Dans la fleur à étamines, le calice ſans corolle eſt d'une ſeule piece à écaille ciliée, couvrant dix étamines. Dans la fleur à piſtil, le calice eſt une écaille ciliée, ſans corolle, couvrant deux germes qui portent chacun deux ſtyles; les germes ſe changent en une noix ovale, aplatie, ſtriée. Nous avons:

1.° Le Charme vulgaire, *Carpinus Betulus*, à écailles des fruits aplaties. Lyonnoiſe, en Lithuanie.

Arbre qui s'éleve peu, de dix à quinze pieds; à écorce blanche; à bois dur, blanc; à feuilles ovales, lancéolées, nerveuſes; à dents de ſcie, pliſſées; les fleurs mâles en chatons; à écailles ovales, lancéolées, caves, renfermant de huit à quatorze étamines, réunies deux à deux par les filamens qui ſont velus; le chaton des fleurs femelles à écailles, comme des feuilles palmées à trois lobes, dentées, l'intermédiaire plus grand; ces écailles couvrent le fruit qui eſt un peu velu, comprimé, couronné au ſommet

ſommet par ſix dents; ce fruit renferme une ſeule ſemence.

Cet arbre eſt recherché par les Jardiniers ; on plante les jeunes Charmes très-rapprochés, pour faire des paliſſades ou cours de verdure ; comme ils ſupportent d'être taillés, ces allées offrent toujours une forme réguliere. Si le ſol eſt bon, il ne faut point tronçonner les plants lorſqu'ils ont pris racine ; la paliſſade ſera toujours mieux garnie ſi on conſerve les jets primitifs ; ces paliſſades s'appellent Allées de Charmilles. Le bois de Charme eſt très-dur, auſſi les ouvriers le recherchent-ils pour monter leurs outils, pour faire des maillets, des maſſes & des moyeux de roue. C'eſt un des meilleurs bois pour le chauffage, il brûle lentement & fournit beaucoup de braiſe. Les Charmes viennent bien dans toute ſorte de terre, pourvu qu'elle ait du fond ; on remarque que les jeunes branches ſe coudent un peu à l'origine des feuilles. On trouve ſur les vieux Charmes une gomme aſſez ſemblable à la gomme laque ; l'écorce intérieure teint en jaune ; les feuilles ſe deſſechent en Novembre, mais ne tombent qu'en Avril.

2.° Le Charme bois dur, *Carpinus Oſtrya*, à écailles des fruits enflées. En Italie, en Virginie.

Bel arbre à feuilles ſemblables à celles du Charme vulgaire ; à bois plus dur, brun ; les chatons femelles reſſemblent à ceux du Houblon ; ils ſont compoſés d'écailles enflées, fermées de toute part, velues à leur baſe ; ces écailles renferment un fruit à deux loges ; les feuilles à dents de ſcie, rapprochées, de grandeur inégale.

SECTION II.

Des Arbres & Arbrisseaux amentacés, dont les fleurs mâles sont séparées des femelles sur le même pied, & dont les fruits ont une enveloppe coriacée.

552. LE CHÊNE.

QUERCUS *latifolia, mas, quæ brevi pediculo est.* C. B. P.
QUERCUS *robur.* L. *monœc. polyand.*

FLEURS. Amentacées, mâles & femelles, distinctes sur le même pied; les fleurs mâles disposées sur un chaton lâche, composées de plusieurs étamines placées dans un calice monophille, divisé en quatre ou cinq découpures; les fleurs femelles composées d'un pistil plus long que leur calice qui est monophille, coriacé, hémisphérique, rude, à peine visible avant la formation du fruit.

Fruit. Connu sous le nom de Gland; semence ovale, divisée en deux lobes, recouverte d'une croûte coriacée, d'une seule piece, lisse, glabre, fixée dans le calice qui s'est accru avec le fruit, sous la forme d'une coupe ou cupule.

Feuilles. Simples, pétiolées, oblongues, plus larges à leur sommet, sinuées; les sinus aigus, les angles obtus.

Racine. Rameuse, ligneuse.

Port. Grand arbre, très-rameux; bois dur; écorce rude & raboteuse sur les troncs, lisse, d'un gris verdâtre, sur les jeunes tiges; les fleurs axillaires, les mâles distribuées d'espace en espace sur un long chaton qui n'est qu'un filet, les femelles sessiles; feuilles alternes, qui tombent l'hiver.

Lieu. Les forêts.

Propriétés. Les feuilles sont ameres, gluantes, très-styptiques; le gland a une saveur austere, ainsi que son calice; les feuilles, le gland, le calice & l'écorce, sont astringens.

Usages. L'on emploie toutes ces parties en décoction; on met des jeunes feuilles poig. j, ou de la jeune écorce ℥ j, dans ℔ j d'eau pour les hommes: on met poig. iij, ou ℥ iij sur ℔ ij d'eau, pour les animaux. Le vin dans lequel on fait bouillir les jeunes feuilles est odontalgique; l'écorce & la sciure des jeunes Chênes, est le meilleur tan pour préparer les cuirs.

553. L'YEUSE *ou* CHÊNE-VERT.

ILEX oblongo serrato folio. C. B. P.
QUERCUS ilex. L. *monœc. polyand.*

Fleurs. } Caracteres du précédent.
Fruit. }

Feuilles. Ovales, oblongues, entieres, dentées en maniere de scie, plus ou moins piquantes, fermes, velues en-dessous.

Racine. Ligneuse, rameuse.

Port. Petit arbre, dont l'écorce est lisse, le bois lourd & dur; les glands semblables à celui du Chêne; les feuilles alrernes, toujours vertes.

Lieu. L'Italie, les Provinces Méridionales de France; dans les bois.

Propriétés. } Le même goût, les mêmes qualités
Usages. } que le précédent.

554. LE LIEGE.

SUBER latifolium perpetuò virens. C. B. P.
QUERCUS suber. L. *monœc. polyand.*

Fleurs. Caracteres des précédens.

Fruit. Le gland plus long, plus obtus que ceux des précédens; la cupule plus grande, plus velue.

Feuilles. Semblables à peu près à celles du Chêne-vert, plus grandes, plus longues, plus vertes en-dessus, résistant comme elles pendant l'hiver.

Racine. Rameuse, ligneuse.

Port. Distingué des précédens par son écorce, qui porte le même nom que l'arbre; elle est épaisse, légere, fongueuse; on en dépouille l'arbre; tous les sept ou huit ans il en reproduit une nouvelle.

Lieu. L'Espagne, les Provinces Méridionales de France.

Propriétés. L'écorce extérieure est astringente, détersive.

Usages. On prescrit cette écorce en substance, à la dose d'un demi-gros, ou d'un gros, réduite en poudre; en décoction, la dose est depuis ℥ ß jusqu'à ℥ j pour ℔ j d'eau, pour l'homme. On donne aux animaux la poudre à ℥ ß, & à ℥ ij en décoction, dans ℔ j ß d'eau.

OBSERVATIONS. Dans les Chênes le calice des fleurs mâles d'une seule piece se divise en plusieurs segmens, de cinq à neuf; on compte de six à neuf étamines; le calice des fleurs femelles vu à la loupe paroît formé par une foule de petites écailles en recouvrement. Ce genre présente dix-neuf especes; faisons au moins connoître les plus communes & les plus utiles.

1.° Le Chêne vert, *Quercus Ilex*, à écorce entiere,

unie ; à feuilles ovales, oblongues, sans découpures ; à dentelures blanches en-dessous. Lyonnoise, en Languedoc. Cl. XIX. Sect. II.

Les feuilles persistent l'hiver. *Voyez le Tableau* 553.

2.° Le Chêne Liege, *Quercus Suber*, à écorce fongueuse, crevassée, ramifiée. Sur les Pyrénées. *Voyez le Tableau* 554.

3.° Le Chêne Cochenillier, *Quercus coccifera*, à feuilles sans découpures, dentées, épineuses, lisses des deux côtés. En Languedoc.

Très-petit; les feuilles d'un vert foncé persistent pendant l'hiver.

4.° Le Chêne Hêtre, *Quercus Esculus*, à feuilles lisses, comme ailées, pinnatifides; à segmens lancéolés, éloignés, aigus, anguleux postérieurement; à fruits sans péduncules. En Provence.

5.° Le Chêne vulgaire, *Quercus Robur*, à feuilles caduques, oblongues, plus larges vers le sommet, comme ailées; à pinnules obtuses; les supérieures plus grandes. Lyonnoise, en Lithuanie. *Voyez le Tableau* 552.

Cette espece présente quelques variétés :

1.° A fruits portés par des péduncules courts.

2.° A fruits à péduncules longs.

3.° Le Chêne à grappe.

4.° Le Chêne à feuilles marbrées.

Les feuilles en Mai, sont velues, sur-tout sur les nervures; elles deviennent lisses en été; quoique desséchées en Novembre, elles ne tombent qu'en Avril.

6.° Le Chêne hérissé, *Quercus Ægilops*, à feuilles ovales, oblongues, lisses, dentées en dents de scie; à cupules hérissées; à glands très-grands. En Languedoc.

7.° Le Chêne lanugineux, *Quercus Cerris*, à feuilles oblongues, lyrées, pinnatifides; à pinnules transverses, aiguës, plus ou moins cotonneuses en-dessous; à cupules hérissées; à glands petits. Sur les montagnes du Lyonnois.

Aux aisselles des feuilles on trouve de petites stipules linaires.

Le bois de Chêne commun est un des plus utiles pour le chauffage; il brûle lentement, noircit, & ne donne un beau feu qu'autant qu'il est bien sec. Tous les ouvriers Menuisiers, Ebénistes, Charrons, &c. l'emploient pour leur différens ouvrages; c'est un des meilleurs pour la marine. On trouve ſur les feuilles & les jeunes pouſſes une eſpece de Manne; l'écorce & la râpure du bois fourniſſent le meilleur tan pour préparer les cuirs. La théorie du tannage eſt ſimple ; il faut enlever avec les alkalis la lymphe animale, reſſerrer la fibre dépouillée des ſucs gélatineux avec les aſtringens. Dans les Provinces Méridionales l'amande des glands eſt douce, nutritive comme les châtaignes ; dans nos climats elle eſt amere, acerbe. Humectez, torréfiez, lavez pluſieurs fois, vous enlevez le principe amer, & vous avez à nu la farine nutritive. La poudre des glands a réuſſi ſur la fin des dyſſenteries *cum tono debilitato*, fomentées par l'atonie des inteſtins. On trouve ſur les feuilles des glands, les galles, tumeurs cauſées par la piqûre des Galles inſectes, *Cinipes* : on les emploie pour faire l'encre & les teintures en noir.

Le bois du Chêne-vert eſt lourd, très-dur, très-fort, & pourriſſant difficilement; on l'emploie pour les eſſieux de poulies & autres pieces qui doivent éprouver beaucoup de frottement.

Le Chêne à Cochenille produit en Languedoc une petite galle rouge, cauſée par la piqûre d'un Cinips. On en prépare le ſirop de Kermès qui eſt une pauvre drogue. Les Teinturiers, en animant cette Cochenille avec la diſſolution d'étain, en obtiennent une belle couleur écarlate.

555. LE HÊTRE, Fau *ou* Fayard.

FAGUS. Dod. pempt.
FAGUS ſilvatica. L. *monœc. polyand.*

Fleurs. Amentacées, mâles ou femelles ſur le même pied ; les fleurs mâles compoſées d'une douzaine d'étamines & d'un calice campanulé, hériſſé, diviſé en cinq, raſſemblées ſur un réceptacle, en forme de chaton ſphérique; les fleurs femelles compoſées de trois piſtils placés dans un calice monophille, hériſſé ; à quatre découpures droites, aiguës.

Fruit. Ovale, à quatre côtés, s'ouvrant en quatre parties, uniloculaire, contenant quatre ſemences triangulaires, eſpeces d'amandes qu'on nomme Faîne.

Feuilles. Pétiolées, ovales, avec quelques dentelures ou ondes ſur les bords, fermes, d'un vert clair & luiſant.

Racine. Rameuſe, ligneuſe.

Port. Grand arbre, tige très-haute & très-droite; écorce unie & blanchâtre; les chatons des fleurs mâles globuleux, pendans; à longs péduncules, axillaires ainſi que les fleurs femelles; les fruits recouverts d'épines; feuilles alternes.

Lieu. Les forêts. Lyonnoiſe, Lithuanienne.

Propriétés. Les fruits ſont agréables au goût, un peu aſtringens; les feuilles rafraîchiſſantes, apéritives.

Uſages. On ne ſe ſert que des feuilles en décoction, à la doſe de poig. j dans ℔ j d'eau, pour l'homme, & de poig. iij dans ℔ ij d'eau, pour les animaux.

556. LE CHATAIGNIER.

CASTANEA *ſilveſtris quæ peculiariter* caſtanea. C. B. P.

FAGUS *caſtanea.* L. *monœc. polyand.*

Fleurs. Caracteres du précédent; les chatons cylindriques.

Fruit. Ovale, à trois côtés obtus, recouvert d'épines, renfermant une ou pluſieurs amandes, qu'on nomme Châtaignes, qui ſont recouvertes d'une peau coriacée, brune.

Feuilles. Pétiolées, ſimples, lancéolées, aiguës, dentées en maniere de ſcie, fermes, vertes & luiſantes.

Cl. XIX.
Sect. II.

Racine. Rameuſe, ligneuſe.

Port. Grand arbre dont l'écorce eſt liſſe, noirâtre, tachetée; les fleurs axillaires, ſeſſiles; les chatons des fleurs mâles, alongés & cylindriques; les fruits très-épineux en dehors, & d'une couleur verdâtre; feuilles alternes.

Lieu. Les forêts; cultivé dans les champs & dans les bois; le Marronier eſt une variété perfectionnée par la greffe.

Propriétés. La ſubſtance de la châtaigne eſt douce, un peu ſtyptique, venteuſe, adouciſſante & pectorale. On prétend que ſa farine arrête les diarrhées.

Uſages. Dans quelques Provinces de France on en fait du pain ou de la bouillie; elle eſt peu d'uſage en Médecine.

Observations. Les ſegmens des calices mâles à quatre, cinq & ſix ſegmens, quatre à douze étamines à longs filamens; fruit hériſſé, contenant deux, trois ou quatre amandes.

La greffe du Châtaignier ſur le Frêne ne réuſſit point, ce qui prouve que ces deux arbres ſont très-différens. L'uſage du bois de Hêtre eſt très-étendu; il eſt aſſez flexible avant ſon entiere ſéchereſſe, mais il devient caſſant; les Tourneurs en font pluſieurs petits ouvrages; c'eſt avec ce bois qu'on fait les copeaux pour éclaircir les vins; on s'en ſert pour les ouvrages de gaînerie; on préfere ce bois pour le chauffage; il eſt très-ſujet à être piqué des vers.

Les amandes du Hêtre ſont preſque auſſi agréables à manger que les noiſettes; elles ſervent à engraiſſer les porcs, qui les mangent avec avidité. On en retire par expreſſion une huile fort douce, qui reſſemble à celle de noiſette, mais qui eſt plus facile à digérer lorſqu'elle a ſéjourné quelque temps dans la cave. On a employé avec ſuccès l'écorce intérieure du Hêtre contre les fievres intermittentes. On trouve ſouvent ſur les feuilles du Hêtre, des galles rouges, convexes, aigrelettes.

Cet arbre eſt le *Fagus ſilvatica*, le Hêtre des forêts, à feuilles ovales ; à dents irrégulieres ; il eſt, ſuivant Linné, du même genre que le Châtaignier ; la forme arrondie du chaton ne lui a pas paru ſuffiſante pour le ſéparer du Châtaignier.

Le Châtaignier, *Fagus Caſtanea*, à feuilles lancéolées, aiguës ; à dents de ſcie. Lyonnoiſe.

Les fleurs mâles forment un chaton alongé, peu garni ; les calices renferment de cinq à dix étamines ; le nombre des amandes dans chaque capſule, varie de un à quatre ; le nombre des fleurs femelles eſt très-petit en comparaiſon des fleurs mâles. Nous avons :

1.° Le Châtaignier ſauvage qui ſe trouve dans les forêts du Lyonnois.

2.° Le Châtaignier cultivé, appelé Marronier ; il eſt le réſultat de la greffe ſur ſauvageon ; on le trouve abondamment en Dauphiné & dans le Forez, mais à peine eſt-il cultivé autour de Lyon ; ce qu'on vend à Paris ſous le nom de Marrons de Lyon, eſt apporté du Dauphiné ou du Vivarais.

Le bois du Châtaignier eſt excellent pour les ouvrages de charpente qui ne ſont point expoſés à l'eau ; les toits de pluſieurs anciens bâtimens de nos Provinces ſont de Châtaignier, & nous les avons reconnus ſains après trois cents ans de durée. Le branchage fournit d'excellens échalas ; cet arbre eſt un de ceux qui vieilliſſent le plus. Son fruit qui contient une grande quantité de farine, ſert de nourriture aux payſans des montagnes du Dauphiné, du Forez & de l'Auvergne. On a préparé un pain aſſez léger avec la farine de châtaigne. On fait ſécher ce fruit, on enleve l'écorce, alors on peut le conſerver très-long-temps ; quoique la châtaigne ſoit peſante & de difficile digeſtion pour les hommes d'une conſtitution délicate, il n'eſt pas moins vrai que des payſans qui toute leur vie n'ont mangé que des châtaignes, n'ont bu que de l'eau, ſont cependant parvenus à cent ans. On retire du Châtaignier une belle gomme ; les tumeurs qui ſe développent ſur les vieux troncs donnent une teinture noire ; les chatons, lorſque la pouſſiere féminale eſt en vigueur, répandent une odeur ſpermatique.

SECTION III.

Des Arbres & Arbrisseaux amentacés, dont les fleurs mâles sont séparées des femelles, sur le même pied; & dont les fruits sont écailleux, quelques-uns en forme de cônes, ce qui leur fait donner le nom de Coniferes.

557. LE SAPIN.

ABIES taxi folio, fructu sursùm spectante. T. Inst.

PINUS picea. L. *monœc. monad.*

FLEURS. Amentacées, mâles ou femelles sur le même pied; les fleurs mâles disposées en grappes, composées de plusieurs étamines réunies à leur base, en forme de colonne, & de plusieurs écailles qui leur tiennent lieu de calice & forment un chaton écailleux; les fleurs femelles composées d'un pistil, rassemblées deux à deux, sous des écailles qui forment un corps ovale, cylindrique, que l'on nomme Cône ou Pomme; ces écailles oblongues, tuilées, dures, minces, persistantes.

Fruit. Sous chaque écaille du cône, on trouve deux semences ovales, anguleuses, obtuses, garnies d'une aile membraneuse.

Feuilles. Etroites, assez longues, échancrées à leur extrémité, solitaires, détachées les unes des autres à leur base, blanchâtres en-dessous.

Racine. Rameuse, ligneuse.

Port. Très-grand arbre, tige droite, nue jusqu'à son sommet; les branches paralleles à l'horizon; la tête en pyramide; écorce blanchâtre, seche, friable; bois tendre & résineux; les fleurs mâles disposées en grappes axillaires; les cônes pédunculés, rougeâtres, leur pointe tournée vers le ciel; les feuilles attachées des deux côtés d'un filet ligneux; à peu près sur un même plan.

Lieu. Les forêts, sur les hautes montagnes.

Propriétés. Le suc résineux qui découle du Sapin est très-estimé, on le nomme Larme de Sapin; il est amer, âcre, visqueux; son odeur approche de celle du Citron. Il est vulnéraire, balsamique, antiseptique, diurétique, échauffant, purgatif; c'est ce qu'on nomme la Térébenthine de Strasbourg. *Voyez l'Histoire abrégée des drogues, &c.*

Usages. On emploie en Médecine, les bourgeons, contre le scorbut, & comme stomachique; on tire de la résine, une huile qui a les vertus de la térébenthine.

558. LA PESSE, PECE, PICÉA, Épicia *ou* faux Sapin.

ABIES tenuiore folio, fructu deorsùm inflexo. I. R. H.

PINUS abies. L. *monœc. monadelph.*

Fleur. } *Fruit.* } Caracteres du précédent.

Feuilles. En forme d'alêne, roides, pointues, piquantes, lisses.

Racine. Rameuse, ligneuse.

Port. Grand arbre, assez semblable au précédent; mais la pointe des cônes est tournée vers la terre, & les feuilles sont éparses tout autour d'un filet commun, rangées en forme de cylindre.

Lieu. Les forêts des montagnes.

Propriétés. Usages. Sa résine a les mêmes vertus que celle du précédent ; moins pénétrante, moins vive, plus désagréable.

559. LE PIN SAUVAGE.

PINUS silvestris. C. B. P.
PINUS silvestris. L. *monœc. monad.*

Fleurs. Caracteres des précédens ; les fleurs mâles disposées en plusieurs petites grappes, formant des chatons alongés, rameux.

Fruit. Les cônes ou pignons plus courts, d'une forme conique, pointus, formés d'écailles très-épaisses dans l'intérieur, & minces à leur insertion.

Feuilles. Très-étroites, convexes en dehors, un peu concaves en dedans, finement crénelées sur les bords, dures, pointues, presque piquantes, géminées, c'est-à-dire enveloppées deux à deux à leur base, par une petite gaîne.

Racine. Rameuse, ligneuse.

Port. Arbre moins grand que les précédens ; la tige & les branches disposées de même ; les fleurs mâles, blanchâtres, placées à l'extrémité des branches ; les femelles autour des branches, quelquefois à côté des mâles, souvent très-séparées ; feuilles éparses ; la gaîne qui les embrasse à leur base, distingue les Pins des Sapins.

Lieu. Les montagnes ; commun dans celles de Geneve, du Lyonnois, &c.

Propriétés. On en tire un suc résineux dont on fait le brai sec, la résine jaune, le galipot, la térébenthine, &c.

Usages. Sa résine a les mêmes vertus que celle des précédens ; mais on l'emploie moins en Médecine.

560. LE MÉLESE.

LARIX folio deciduo, conifera. J. B.
PINUS larix. L. *monœc. monadelph.*

Fleur. Caracteres des précédens ; les chatons écailleux, arrondis, plus petits que ceux du Sapin.

Fruit. Les cônes moins alongés, plus petits, plus pointus, d'un pourpre violet.

Feuilles. Plus petites, plus molles que celles du Pin, obtuses, moins pointues, rassemblées en faisceau.

Racine. Rameuse, ligneuse.

Port. Grand arbre ; l'écorce de la tige lisse, celle des branches raboteuse, presque écailleuse ; les branches divisées, étendues, pliantes, inclinées vers la terre ; le bois tendre & résineux ; les cônes sessiles, distribués le long des branches ; les feuilles rassemblées par houppes, sur un tubercule de l'écorce ; elles tombent & se renouvellent chaque année, ce qui distingue le Mélese du Cedre du Liban, espece de Mélese dont les cônes sont très-gros, ronds & obtus.

Lieu. Les Alpes, les montagnes du Dauphiné.

Propriétés. Les fruits & les fleurs passent pour astringens ; le bois est très-résineux ; on en tire une térébentine préférable à toutes les autres ; on lui donne souvent le nom de Térébenthine de Venise ; elle est spécialement balsamique, vulnéraire, diurétique & en même temps laxative. Les jeunes Méleses du Dauphiné, communs dans le Briançonnois, portent, lorsque la seve est en mouvement, de petits grains mous qui ont le goût & les propriétés de la manne de Calabre ; c'est une vraie manne connue sous le nom de *Manna laricea ;* elle est purgative, mais inférieure à la précédente.

Usages. On fait peu d'usage de la manne ; la térébenthine de Mélese entre dans plusieurs compositions de vernis ; elle s'emploie extérieurement en emplâtres ; on en tire un esprit & une huile ; l'esprit se donne pour l'intérieur, à la dose de quelques gouttes ; c'est un puissant diurétique. *Voyez* dans les *Démonstrations des drogues*, quels sont les signes auxquels on peut reconnoître la térébenthine qui n'est pas falsifiée.

OBSERVATIONS. Dans les Pins, *Pini*, genre qui comprend les Pins, les Sapins & les Méleses de Tournefort ; le calice de la fleur mâle sans corolle, est de quatre feuilles ; il renferme plusieurs étamines réunies par les filamens, à antheres nues ; dans la fleur femelle des écailles calicinales en cône, chaque écaille couvre deux germes à un pistil ; le fruit ou la noix est noyé dans une membrane qui forme deux ailes.

Les PINS à plusieurs feuilles, partant d'une base en gaîne.

1.° Le Pin sauvage, *Pinus silvestris*, à feuilles naissant deux à deux ; les primordiales solitaires, lisses. En Lithuanie, Lyonnoise. *Voyez le Tableau* 559.

Cette espece offre plusieurs variétés : 1.° à tige rameuse dès la racine, peu élevée ; 2.° à cônes plus ou moins gros, plus ou moins obtus, droits ou renversés ; 3.° à feuilles plus ou moins grandes, d'un vert plus ou moins foncé. Le Pin est résineux dans presque toutes ses parties ; l'écorce intérieure verte est saturée d'un principe muqueux nutritif. En Suede on la pulvérise, & on la mêle avec la farine de Seigle pour en faire du pain. On retire des noix de Pin un esprit ardent. Les sommités de Pin, en décoction, ont été prescrites avec succès aux ſcorbutiques; à haute doſe cette tiſane miellée excite la ſueur; on la preſcrit dans le rhumatiſme chronique, la goutte, les dartres, les fluxions catarrales, les anciens rhumes. Nos obſervations journalieres confirment les vertus de cette tiſane dans toutes ces maladies. L'écorce de Sapin ouverte par de profondes inciſions, laiſſe couler une grande quantité de réſine; chaque arbre formé en peut donner dix livres, la plus épaiſſe s'apelle Galipot; on en obtient par la diſtillation l'huile eſſentielle de térébenthine. On obtient une plus grande quantité de réſine en entaſſant dans un fourneau des tronçons, des branches & des troncs de Pin; on fait brûler en étouffant le feu, & on reçoit dans des rigoles qui ſe perdent dans des tonneaux, la poix liquide que le feu fait dégager. Cette poix eſt d'un grand uſage pour calfater les vaiſſeaux & huiler les cordages. Si on fait brûler les ſédimens de la poix, on obtient le noir de fumée, en arrêtant la fumée avec des cartons. Dans quelques terrains la réſine de Pin eſt ſi abondante, que ſi on n'inciſe pas l'écorce ils en ſont ſuffoqués; on peut en retirer même des racines.

L'huile eſſentielle de térébenthine eſt rarement preſcrite intérieurement; cependant en la ſaturant de ſucre, elle peut ſe prendre ſans danger, & comme déterſif, produit les mêmes effets que les baumes étrangers. La poix entre dans les emplâtres. On a preſcrit intérieurement l'eau de goudron, c'eſt-à-dire une eau dans laquelle on avoit fait bouillir pendant vingt-quatre heures de la poix; on a beaucoup loué ce remede pour faciliter l'éruption de la petite-vérole, pour conſolider les ulceres des poumons & autres ulcérations internes. Nous l'avons ſouvent ordonnée, mais nous n'en avons jamais obtenu des guériſons bien décidées.

Le bois du Pin eſt une des plus grandes reſſources pour alimenter le feu des cheminées & des poëles, ſur-tout en Allemagne, en Pologne & en Suede. On ſeroit étonné de la quantité de ce bois que chaque maiſon emploie pour le chauffage, il brûle rapidement, & ne laiſſe preſque point de cendres. On fait ſervir les troncs des jeunes Pins pour conduire l'eau, on les fore dans le ſens de leur longueur, mais ces aqueducs ſont de courte durée.

Cl. XIX. Sect. III.

Les antheres sont si nombreuses sur chaque pied, qu'emportées par le vent, leurs poussieres séminales semblent des pluies de soufre. Comme le tronc des Pins vulgaire est assez droit, on le fait entrer dans la construction des maisons en bois du Nord ; les planches qu'il fournit servent à la charpente. Lorsque les Médecins prescrivent les sommités de Pin, on donne le plus souvent les jeunes pousses des feuilles à peine développées ; mais les observateurs ont spécialement indiqué les chatons mâles, ou l'agrégat des étamines, très-résineux, odorant & balsamique.

En Lithuanie on trouve dans les forêts une multitude étonnante de troncs de Pin noircis par le feu, ce sont des arbres sacrifiés pour obtenir la résine ; les paysans enlevent avec la hache la base de l'écorce au-dessus des racines, entourent l'arbre de branchages, y mettent le feu; le tronc échauffé fournit une grande quantité de poix que l'on ramasse sur une couche de terre argilleuse qui entoure l'arbre. Comme les Pins croissent assez rapidement, qu'ils se sement d'eux-mêmes, & que les deux tiers de la Lithuanie est en forêts, cet arbre n'est pas assez précieux pour le ménager ; on abat en hiver ces troncs, & on les scie en tronçons pour le chauffage.

Le Pin le plus résineux est la variété appelée *Mugo*, dont Scopoli a fait une espece à feuilles deux à deux, ou géminées ; à cônes pyramidaux; à écailles oblongues, obtuses ; à troncs & rameaux tortueux. Il étoit assez commun près de Grodno ; on l'a trouvé en Suisse, en Dauphiné. Cet arbre est si résineux que des fissures des branches & des sommités, il coule perpétuellement une résine très-odorante qui, recueillie, imite les baumes du Pérou. On peut la prescrire triturée avec du sucre dans toutes les maladies contre lesquelles on emploie les baumes étrangers, comme gonorrhées anciennes, ulcérations internes, externes, &c.

2.° Le Pin cultivé, *Pinus pinea*, à feuilles deux à deux; les primordiales solitaires, ciliées ; à cônes pyramidaux ; à écailles lisses, brillantes ; à noix ovales, sans ailes membraneuses. En Languedoc, en Dauphiné.

La noix de ce Pin est blanche, oblongue, comprimée, longue d'un pouce, couverte d'une pellicule ; sa saveur acidule,

acidule, douce, est analogue à celle des amandes; elle est farineuse, huileuse; on peut retirer le tiers de son poids d'une huile par expression; on mange ces noix fraîches, crues ou confites au sucre comme des pistaches; elles sont nutritives, adoucissantes; elles se rancissent promptement, alors elles deviennent rousses, âcres, c'est ce qui les a fait négliger pour l'usage pharmaceutique.

3.° Le Pin Cimbre, *Pinus Cembra*, à feuilles cinq à cinq, lisses, à trois côtes; à cônes ovales, droits; à écailles ovales, concaves; à noix en forme de coin, sans aile membraneuse; à écorce gercée. En Suisse, en Dauphiné.

Il fournit une térébenthine très-agréable; on en retire une huile essentielle, appelée le Baume des Carpathes, qui est vulnéraire, déterfive. Les pignons ou amandes sont nutritifs, & fournissent une grande quantité d'huile par expression, cinq onces par livre. Le tronc de ce Pin est assez tortueux; son bois est léger & facile à travailler.

4.° Le Pin Cedre, *Pinus Cedrus*, à feuilles aiguës, naissant par faisceaux. Sur les montagnes de Syrie.

Arbre à écorce lisse, très-élevé; à rameaux très-étendus; à feuilles roides, pointues, rassemblées par paquets durables pendant l'hiver; à cônes ovales, obtus, droits; à écailles fermées, arrondies.

Le Cédre du Liban devient un arbre d'une grosseur prodigieuse; il étend ses branches horizontalement, & forme par son feuillage un abri impénétrable aux rayons du soleil. Les plus anciens Cedres cultivés en Europe se voient en Angleterre; les deux pieds que notre illustre compatriote, M. Bernard de Jussieu, planta au Jardin du Roi, ont acquis en moins d'un demi-siecle la grosseur & l'élévation des plus grands arbres. Comme le Cedre ne quitte point ses feuilles, on peut le mettre dans les bosquets d'hiver. Le bois du Cedre est d'un bon service; les Anciens l'employoient dans les plus augustes bâtimens, il est sur-tout devenu célebre par l'usage que les Architectes de Salomon en firent dans l'élévation de l'ancien Temple de Jérusalem. La résine du Cedre répand une odeur très-agréable.

5.° Le Pin Mélese, *Pinus Larix*, à feuilles en faisceaux, obtuſes, caduques. En Dauphiné, en Suiſſe. J'en ai vu de très-grands arbres en Lithuanie, près de Novogorod. *Voyez le Tableau* 550.

Cet arbre s'éleve aſſez droit ; il eſt moins haut que le Sapin ; ſon bois eſt rouge ou blanc, plus denſe que celui du Sapin ; ſes feuilles ſont molles, courtes ; on peut à peine les appeler obtuſes, elles nous paroiſſent aiguës ; les cônes ſont courts, ovales. Toutes les parties du Méleſe répandent une odeur agréable. On peut retirer par inciſion, cinq livres de térébenthine de chaque vieux pied de Méleſe ; la plus épaiſſe fournit la colophane. La térébenthine du Méleſe eſt plus âcre que celle du Sapin ; on la regarde comme vulnéraire ; elle eſt diurétique, mais pour la prendre intérieurement, il faut la triturer avec du Sucre. On trouve ſur le Méleſe une eſpece de manne moins purgative que celle du Levant. Le bois du Méleſe eſt incorruptible dans l'eau, auſſi l'emploie-t-on pour la conſtruction des navires, des aqueducs. On ne peut guere en faire uſage dans la charpenterie, parce qu'il ſe tourmente & qu'il en ſuinte très-long-temps un ſuc réſineux. Comme ce bois eſt incorruptible, les Peintres les plus célebres qui travaillent ſur bois, l'ont préféré à tout autre ; comme bois réſineux, compacte, il brûle bien & dure plus long-temps au feu que le Sapin, & donne plus de braiſe.

Les boutures de Méleſe tranſplantées, reprennent facilement ; nous en avons haſardé cette année qui avoient été arrachées depuis un mois & demi, & qui ont toutes pouſſé des rameaux & des feuilles.

Les SAPINS *à feuilles ſolitaires, ou ſéparées à leur baſe.*

6.° Le Sapin vulgaire, *Pinus picea*, à feuilles ſolitaires, échancrées. Lyonnoiſe, en Lithuanie. *Voyez le Tableau* 557.

7.° Le Pin Sapin, *Pinus Abies*, à feuilles ſolitaires, en alêne, pointues, pectinées, liſſes. Lyonnoiſe, en Lithuanie. *Voyez le Tableau* 558.

Le Sapin s'éleve juſques à cent cinquante pieds ; aucun arbre Européen ne gagne cette élévation ; ſon jet eſt droit, pyramidal.

Cet arbre fournit les plus grandes poutres, les mâts des vaisseaux ; on en tire la plus grande partie des planches d'un usage ordinaire. Le Sapin est très-résineux, chaque pied peut fournir quarante livres de résine ; lorsqu'on la fait cuire on obtient la poix de Bourgogne, si utile pour calfater les navires ; si on la fait épaissir davantage, on a une espece de colophane. On en retire par la distillation une huile essentielle, semblable à l'huile de Térébenthine, qui réunie avec le mastic, fournit un bon vernis; si on fait brûler la résine des Sapins, on obtient, en recueillant la fumée, le noir le plus utile pour l'Imprimerie.

Les bourgeons de Sapin sont aussi utiles que ceux de Pin pour traiter le scorbut, les ulcérations internes & externes. On peut retirer de ces bourgeons en les faisant fermenter dans l'eau, une liqueur acide, très-agréable, on l'édulcore avec du miel ou du sucre ; l'écorce intérieure du Sapin récele le principe muqueux nutritif. Les Sapins de cinquante ans sont déjà très-hauts, mais ils n'ont toute leur élévation qu'à cent ans. Il faut observer qu'ils s'élevent plus ou moins suivant le terrain, le climat. Les Sapins du Nord fournissent les plus belles mâtures ; ceux de nos Provinces sont beaucoup moins élevés.

Le Sapin vulgaire s'élève moins haut ; son bois est plus tendre & plus léger, & dure moins à découvert ; il fournit comme le précédent une grande quantité de résine ; ses amandes sont très-ameres.

561. L'ARBRE-DE-VIE, *ou* Thuya du Canada.

THUYA Theophrasti. C. B. P.
THUYA occidentalis. L. *monœc. monadelph.*

Fleurs. Amentacées, mâles & femelles sur le même pied; les fleurs mâles composées de quatre étamines cachées sous les écailles d'un petit chaton ovale ; les fleurs femelles composées d'un pistil

Cl. XIX. Sect. III.

placé ſous des écailles convexes ; chaque écaille renferme deux fleurs ; leur aſſemblage forme un cône commun, liſſe & doux au toucher ; ce qui le diſtingue de celui du Thuya de la Chine, dont le cône eſt dur & raboteux.

Fruit. Chaque piſtil produit un petit cône particulier, obtus, qui renferme une petite ſemence oblongue, entourée d'une aile membraneuſe & tronquée.

Feuilles. Elles ne paroiſſent que des écailles verdâtres, rangées en maniere de tuile, le long des jeunes tiges ; ces écailles ſont obtuſes dans cette eſpece, aiguës & réfléchies dans le Thuya de la Chine.

Racine. Rameuſe, ligneuſe.

Port. Arbre qui imite beaucoup le Cyprès, n.° ſuivant ; le bois moins dur que celui du Sapin, preſque incorruptible ; l'écorce dure, écailleuſe ; les branches alternes, diſpoſées ſur un même plan ; les fleurs mâles raſſemblées ſur un filet commun ; les femelles axillaires, imitant un petit bouton ſurmonté d'une couronne ; les feuilles éparſes, appliquées contre les branches, toujours vertes.

Lieu. Le Canada, la Sibérie.

Propriétés. Uſages. } Les branches & les feuilles répandent une odeur aſſez forte ; on leur attribue une vertu vulnéraire, déterſive, ſudorifique ; mais on s'en ſert peu.

Observations. Dans l'Arbre-de-vie, *Thuya*, les fleurs mâles ſont en chaton, formé par des écailles qui couvrent cinq étamines réunies par les filamens ; les fleurs femelles forment des cônes à écailles couvrant deux germes, un piſtil ſur chaque germe ; la noix ou pignon, environné d'une aile membraneuſe. Nous cultivons :

1.° L'Arbre-de-vie occidental, *Thuya occidentalis*,

à cônes lisses; à écailles obtuses. Dans les forêts du Canada, de Sibérie, en Lithuanie.

Les branches horizontales.

Cette espece est la plus généralement cultivée, on la multiplie de semences & de marcottes, elle se plait dans les terrains humides ; comme elle conserve ses feuilles pendant l'hiver, on doit la mettre dans les bosquets de cette saison. On trouve sur le Thuya des grains de résine jaunes & transparens comme de la gomme copal; mais cette résine n'est point dure, & en la brûlant elle répand une odeur de galipot ; le bois répand une mauvaise odeur lorsqu'on le travaille. La décoction des branches de Thuya est très-analogue par ses effets avec celle de la Sabine.

2.° Le Thuya d'Orient, *Thuya orientalis*, à cônes rudes ; à écailles aiguës, crochues. Originaire de la Chine.

Ses rameaux sont redressés.

562. LE CYPRÈS improprement appelé *femelle.*

CUPRESSUS metâ in fastigium convolutâ quæ femina *Plinii.* I. R. H.

CUPRESSUS semper virens. α femina. L. *monœc. monadelph.*

Fleurs. Amentacées, mâles ou femelles sur le même pied ; les mâles composées de quatre antheres ou sommets d'étamines attachés à la base d'une écaille obronde, aiguë ; l'assemblage des écailles formant un chaton ovale ; les femelles rassemblées en forme de petits cônes écailleux, obronds, composés de germes à peine visibles, placés à la base de chaque écaille qui est ovale & convexe en-dessous.

Fruit. Cône presque rond, composé de portions

orbiculées, anguleuſes, qui ſe ſéparent dans la maturité, & entre leſquelles on trouve de petites ſemences anguleuſes, aiguës.

Feuilles. Eſpeces de petites écailles verdâtres, pointues, rangées en maniere de tuile, le long de petits rameaux quadrangulaires.

Racine. Ligneuſe, rameuſe.

Port. Grand arbre dont la tête forme une pyramide, les branches reſſerrées les unes contre les autres; le bois odoriférant, preſque incorruptible; les fleurs & les fruits épars, ſeſſiles, ſouvent ſolitaires; fleurs mâles & femelles ſur le même pied, d'où l'on voit qu'il eſt improprement appelé femelle; feuilles oppoſées, toujours vertes.

Lieu. L'Orient, le Languedoc; cultivé dans les jardins.

Propriétés. Le bois répand une odeur pénétrante; il a un goût âpre; ſon fruit eſt un aſtringent très-recommandé; on le regarde auſſi comme fébrifuge.

Uſages. Dans les pays chauds, le Cyprès donne une réſine d'une odeur douce; on n'emploie que ſon fruit en Médecine; il ſe donne en décoction, dans du vin, à la doſe de ℨj pour l'homme, & de ℥j pour les animaux.

563. LE CYPRÈS improprement appelé *mâle*.

CUPRESSUS ramos extrà se spargens, quæ mas *Plinii*. I. R. H.

CUPRESSUS semper virens. β mas. L. *monœc. monadelph.*

Fleurs.
Fruit.
Feuilles.
Racine.
} Les mêmes caracteres que le précédent dont il est une variété.

Port. Il n'en differe qu'en ce qu'il étend ses branches çà & là, au lieu que le Cyprès femelle les rassemble à son sommet; il porte des fleurs mâles & des femelles; il est donc improprement appelé Cyprès mâle.

Lieu.
Propriétés.
Usages.
} Les mêmes que le précédent.

OBSERVATIONS. Dans le Cyprès, *Cupressus*, les fleurs mâles en chatons; à écailles couvrant chacune quatre antheres assises, sans filamens; les fleurs femelles en cône; à écailles uniflores; le cône mûr offre des gerçures dans lesquelles on trouve des semences anguleuses. On cultive:

1.° Le Cyprès toujours vert, *Cupressus semper virens*, à feuilles imbriquées, en recouvrement; à rameaux à quatres angles. En Languedoc.

Celui qu'on appele faussement femelle a ses branches redressées, le prétendu mâle a ses rameaux horizontaux; le Cyprès ne se multiplie que de semences, il y a des années où elles levent très-bien; la seconde année on plante en pépiniere les petits pieds. Les jeunes plants craignent la gelée, mais les anciens supportent très-bien nos hivers. Les Cyprès s'accommodent de tous les terrains,

Cl. XIX. Sect. III.

leur accroissement est assez rapide. Dans les pays chauds l'écorce de Cyprès entaillée, laisse écouler une assez grande quantité de résine. On voit suinter de l'écorce des jeunes Cyprès, une substance blanche, analogue à la gomme adragan; les abeilles la recueillent pour former leur propolis.

564. L'AUNE, VERNE, *ou* Vergne.

ALNUS latifolia, glutinosa, viridis. C. B. P.
BETULA alnus. L. *monœc. 4-dria.*

Fleurs. Amentacées, mâles & femelles sur le même pied; les fleurs mâles sont composées de quatre étamines placées dans une espece de petite corolle monopétale, divisée en quatre, rassemblées trois à trois sous les écailles d'un chaton cylindrique; les fleurs femelles composées de deux pistils logés deux à deux sous les écailles d'un chaton écailleux, ovale.

Fruit. Petit chaton écailleux qui renferme des semences solitaires, anguleuses.

Feuilles. Pétiolées, simples, entieres, ovales, dentées en maniere de scie; les dentelures dentées à leur tour; la surface inférieure relevée de nervures saillantes.

Racine. Rameuse, ligneuse.

Port. Arbre qui forme une large tête; écorce d'un gris brun en dehors, jaunâtre en dedans; les fleurs axillaires, pédunculées; les péduncules rameux; feuilles alternes, d'un vert foncé, velues & blanchâtres en-dessous dans une variété.

Lieu. Le bord des rivieres, des ruisseaux & les lieux humides.

Propriétés. L'écorce & les feuilles sont âpres au

goût, astringentes, vulnéraires, résolutives; le bois est très-utile dans les Arts.

Usages. L'écorce & les feuilles sont usitées en Médecine; les feuilles s'appliquent extérieurement avec succès contre la goutte & le rhumatisme, la décoction s'emploie pour les cataplasmes. On ne se sert plus du fruit.

565. LE BOULEAU.

BETULA. Dod. Pempt.
BETULA alba. L. *monœc. 4-dria.*

Fleurs. Caracteres du précédent.

Fruit. Caracteres du précédent, mais la semence ordinairement bordée de deux ailes membraneuses.

Feuilles. Ovales, presque triangulaires, pointues, finement dentées en maniere de scie; la surface inférieure d'un vert blanchâtre.

Racine. Rameuse, ligneuse.

Port. Arbre d'une médiocre grandeur; le bois tendre & blanc; l'écorce presque incorruptible, blanche, lustrée, satinée sur les jeunes branches, raboteuse sur les troncs; les boutons alongés; la fructification comme dans le précédent; les feuilles alternes, quelquefois géminées, d'un vert clair.

Lieu. Les bois, les taillis dans les montagnes.

Propriétés. Les feuilles sont un peu odorantes, & d'une saveur amere. En perçant l'écorce dans le temps de la seve, il en découle une liqueur légérement acide, douce, agréable & diurétique. Les feuilles sont résolutives & puissamment détersives.

Usages. Les feuilles & la liqueur sont employées en Médecine; la liqueur se donne à la dose d'un verre, pour les hommes, & de ℔ ß pour les animaux.

Cl. XIX.
Sect. III.

Observations. Dans les Bouleaux, *Betulæ*, les fleurs mâles en chaton ſont formées d'écailles diviſées en trois ſegmens renfermant trois fleurs ; à corolles à quatre ſegmens, renfermant quatre étamines. Dans les fleurs femelles en cône, le calice eſt d'une ſeule piece, à trois ſegmens, couvrant deux fleurs ; la ſemence ailée.

Ce caractere ne convient qu'à l'Aune ; on ne trouve dans le Bouleau ni corolle, mais des écailles irrégulieres ; ni quatre étamines, mais huit ou douze antheres. Dans le Bouleau les ſemences ſont ailées ; dans l'Aune elles ſont comprimées, preſque ovales. Nous avons à connoître :

1.° Le Bouleau blanc, *Betula alba*, à feuilles ovales, aiguës ; à dents de ſcie. Lyonnoiſe, en Lithuanie. *Voyez le Tableau* 565.

Les jeunes feuilles des Bouleaux ſont velues ; elles deviennent liſſes à la fin de l'été ; les chatons mâles ſont cylindriques, longs, pendans ; les cônes des femelles ſont ovales, courts ; on fait des balais des rameaux ; les branches ſont employées pour les cercles des tonneaux ; le bois du tronc, ſouvent veiné, & qui eſt dur, ſert aux Charrons pour les roues ; les Tourneurs le recherchent. On fait d'excellent charbon avec le Bouleau ; on retire une eſpece de cire des chatons. Les feuilles qui ſont ameres, gluantes, teignent les laines en jaune ; elles font la baſe de la couleur rouge que donne la Garance ; en les faiſant bouillir avec l'alun, on en retire une pâte couleur de ſafran. Si on fore le tronc, il en découle une lymphe aigrelette ; cette eau a été preſcrite comme diurétique contre le calcul, l'obéſité ou l'embonpoint exceſſif, contre la gale répercutée. On en retire, en la laiſſant fermenter, une liqueur vineuſe ; on en peut extraire un ſel ſaccharin. L'écorce ſert à tanner les peaux. Macérée avec l'alun, elle teint les fils d'un brun rougeâtre. On retire de la fumée de l'écorce un noir-de-fumée utile aux Imprimeurs. Pluſieurs animaux mangent les feuilles de Bouleau.

2.° Le Bouleau nain, *Betula nana*, à feuilles arrondies, crénelées. En Suiſſe.

Arbriſſeau de trois pieds, droit ; à écorce noire, velue ; à feuilles liſſes, nerveuſes en-deſſous ; les chatons mâles & les cônes femelles ſont épais, ovales, ſe redreſſant des ailes des feuilles. On compte de six à huit étamines à chaque fleur mâle ; les semences aplaties, orbiculaires. Les feuilles teignent en jaune.

3.° Le Bouleau Aune, *Betula Alnus*, à péduncules ramifiés. Lyonnoise, en Lithuanie.

Bois rouge, fragile; écorce noirâtre; feuilles gluantes, d'un vert noirâtre; à dents arrondies; on trouve sur les divisions des nervures de petites éponges. Le bois est sujet à se pourrir; quoique noueux, il prend bien le noir d'ébene ; il se conserve très-long-temps sous l'eau ; l'écorce teint les laines en brun & en noir ; les feuilles & l'écorce sont employées par les Corroyeurs pour préparer les cuirs. Les brebis mangent les feuilles de l'Aune.

4.° Le Bouleau Aune cotonneux, *Betula Alnus incana*, à feuilles plus alongées, cotonneuses en-dessous. Lyonnoise.

Les feuilles ne sont point gluantes & n'offrent point de petites éponges sur leurs nervures. Haller en fait une espece; Linné ne la regarde que comme une variété.

On trouve encore dans nos Provinces le petit Aune, *Alnus Alpina minor*, haut de trois pieds; à feuilles lisses; à dents de scie, gluantes au printemps. Cette variété réunit les deux précédentes especes; ses feuilles sont aiguës & sans éponges sur les nervures.

CL. XIX. SECT. IV.

SECTION IV.

Des Arbres & Arbriſſeaux amentacés, dont les fleurs mâles ſont ſéparées des femelles, & dont les fruits ſont des baies molles.

566. LE GENEVRIER.

JUNIPERUS vulgaris fructicoſa. C. B. P.
JUNIPERUS communis. L. *diœc. monad.*

FLEURS. Amentacées, mâles & femelles ſur des pieds différens; les mâles raſſemblées dans un petit chaton conique & écailleux, compoſées de trois étamines réunies en un ſeul corps par leurs filets, placées à la baſe d'une écaille large & courte; les fleurs femelles compoſées de trois piſtils, de trois eſpeces de pétales roides & aigus, & d'un petit calice diviſé en trois & poſé ſur le germe.

Fruit. Baie charnue, obronde, couronnée de trois petites dents, ayant en-deſſous trois petits tubercules, & contenant trois ſemences ou petits noyaux durs, anguleux, oblongs.

Feuilles. Seſſiles, ſimples, étroites, aplaties, pointues, rangées trois à trois ſur les tiges, roides, droites & piquantes.

Racine. Ligneuſe, rameuſe.

Port. Arbriſſeau qui forme ordinairement un buiſſon, & qui quelquefois s'éleve en arbre, ce qui ne forme qu'une variété; l'écorce blanche en dehors, rougeâtre en dedans, raboteuſe; le bois dur; les fleurs axillaires, rassemblées; les mâles sur des pieds différens des femelles; feuilles toujours vertes.

Lieu. Les terrains incultes, les collines seches & arides.

Propriétés. Les baies sont d'une saveur aromatique, résineuse; elles donnent, ainsi que les résines, une odeur de Violette aux urines. Le bois a une odeur résineuse, agréable; les baies sont puissamment résolutives, atténuantes, stomachiques, détersives, diurétiques; le bois & les racines sudorifiques. Les Arabes font des incisions à l'écorce, pour retirer sa résine qu'on nomme Sandaraque ou Vernis des Arabes.

Usages. Pour les hommes l'on prescrit les baies de Genievre à la dose de ℈ ij que l'on fait infuser dans l'eau bouillante, en forme de Thé. On en tire une eau distillée, un vin, une huile essentielle, un extrait; l'eau distillée se donne à jeun, depuis ℥ iv jusqu'à ℥ vj; le vin qui résulte des baies fermentées avec l'eau, fait une boisson assez agréable & très-stomachique; on tire de ce vin un esprit qui est un puissant diurétique; l'extrait est stomachique; l'huile essentielle, emménagogue, carminative & très-diurétique. On donne aux animaux l'infusion des baies, à la dose de ℔ j, faite avec poig. j; l'extrait à ℥ ij; l'huile essentielle à ℥ ß; on se sert souvent des baies & du bois pour les parfums antiputrides.

CL. XIX.
SECT. IV.

567. LA SABINE, *ou* le Savinier.

SABINA folio cupressi. C. B. P.
JUNIPERUS sabina. L. *diœc. monad.*

Fleurs. } Caracteres du précédent; fleurs mâles
Fruit. } & femelles sur des pieds différens; semences convexes d'un côté, aplaties sur les faces qui se touchent.

Feuilles. Très-petites, droites, aiguës, se prolongeant sur la tige, ressemblant à celles du Cyprès.

Racine. Rameuse, ligneuse.

Port. Arbrisseau qui ne s'éleve pas à une grande hauteur; l'écorce rougeâtre; les fleurs & les fruits sessiles, axillaires; feuilles opposées, d'un beau vert, & toujours vertes.

Lieu. Le Levant, l'Italie, la Sibérie; cultivé dans les jardins, en plein air.

Propriétés. Les feuilles ont une odeur forte & pénétrante; le goût amer, aromatique, résineux; les feuilles sont emménagogues, diurétiques, vermifuges, antiseptiques, détersives.

Usages. L'on emploie, pour les hommes, les feuilles en décoction, à la dose de ℥ ß; en substance ou en poudre, à la dose d'un gros dans un verre de vin blanc; le suc des feuilles est vermifuge lorsqu'il est adouci & mêlé avec du lait; on tire de la plante une eau & une huile distillée; l'eau se donne depuis ℥ ß jusqu'à ℥ ij dans les potions emménagogues & vermifuges; l'huile à la dose de quelques gouttes, pour le même objet; extérieurement les feuilles pilées & appliquées, sont détersives & résolutives; la poudre seche sert à consumer, à ronger les chairs, & à déterger les ulceres. On donne aux animaux les feuilles en infusion de ℥ ij, sur ℔ j ß d'eau, & l'huile distillée, à la dose de ʒ j ou ʒ ij. On croit cette plante dangereuse pour les chevres. Selon M. Duhamel, les Maréchaux en font un grand usage pour donner de l'appétit aux bestiaux.

OBSERVATIONS. Les Genevriers, *Juniperi*, de Linnæus, comprennent les Cedres, *Cedri*, de Tournefort; ces arbrisseaux sont dioïques, ou à fleurs mâles & femelles, sur des pieds differens; les fleurs mâles à chatons; à écailles couvrant trois étamines monadelphes, ou réunies par les filamens. Dans les fleurs femelles, le calice est à trois segmens renfermant trois pétales, trois styles; le fruit en baies, à trois semences. Les principales especes sont :

1.° Le Genevrier Sabine, *Juniperus Sabina*, à feuilles opposées, droites, collées sur la tige, formant comme des chaînettes. En Dauphiné, en Suisse. *Voyez le Tableau* 567.

Cet arbrisseau s'éleve à cinq ou six pieds; son bois est très-dur; ses rameaux tout couverts de feuilles; les baies bleues, à une, deux, rarement trois semences.

Toute la plante répand une odeur forte; sa saveur est âcre; c'est un remede héroïque, excellent vermifuge, puissant emménagogue. Comme on a cru que cette plante étoit infaillible pour faire avorter, on a sagement défendu de la vendre à des inconnues; & si plusieurs filles en ont pris à haute dose sans se blesser, il n'est pas moins vrai qu'elle a produit cet effet sur plusieurs autres; la décoction semble spécialement porter sur la poitrine, jusques à faire cracher le sang. Entre les mains des Médecins prudens, la Sabine devient un puissant moyen de guérison, elle augmente le cours des urines, dispose à la sueur; donnée à petite dose & en poudre, à la dose de douze grains, elle a guéri des fievres intermittentes, tierces, quartes, qui avoient résisté à tous les autres remedes. Nous ne connoissons pas de meilleurs moyens pour enlever les empâtemens des visceres du bas-ventre; nous prescrivons alors des pilules faites avec la Sabine & les gommes; l'énergie de la Sabine dépend de sa résine & de son huile essentielle.

Cl. XIX. Sect. IV.

2.° Le Genevrier commun, *Juniperus communis*, à feuilles ternes, ouvertes, linaires, convexes, piquantes, concaves, plus longues que les baies. Lyonnoise, en Lithuanie.

Le nombre des étamines n'est pas constant, on en trouve sous les écailles ou quatre ou cinq, rarement trois.

On a trouvé des Genevriers de trente à quarante pieds de hauteur sur les Alpes; les feuilles sont moins ouvertes, plus larges, la baie alongée, douce. Le vulgaire est à rameaux difformes, épars; feuilles lancéolées, pointues, convexes en-dessus, concaves & d'un vert blanchâtre en-dessous : les chatons mâles ovales aux aisselles des feuilles, sans péduncules; les baies mûrissent la seconde année, elles sont bleues, noires, rarement blanches.

Le bois qui est très-dur est aromatique; les baies sont balsamiques, nullement désagréables; on retire du bois une huile essentielle; des baies un principe résineux, réuni à un principe mucilagineux, saccharin. On a aussi extrait des baies une huile grasse. On fait fermenter les baies, & on en obtient un vin assez agréable, & par la distillation, une eau-de-vie très-forte.

Les baies augmentent le cours des urines; on en prépare un électuaire, excellent stomachique, très-indiqué dans l'anorexie, la diarrhée par atonie; si on fait infuser les baies dans du vin blanc, on obtient un bon remede contre la leucophlegmatie. En général on peut assurer que l'extrait des baies de Genievre est indiqué dans toutes les maladies chroniques qui dépendent d'atonie, de foiblesse, de relâchement. Ce remede ranime les forces, excite l'appétit, pousse par tous les couloirs.

Si on fait bouillir le bois râpé, on a un bon sudorifique que l'on peut prescrire utilement dans les maladies vénériennes. Les Ebénistes emploient le bois pour de petits meubles; sa couleur tire sur le rouge.

3.° Le Genevrier faux-Cedre, *Juniperus Oxicedrus*, à feuilles ternées, ouvertes, piquantes, plus courtes que les baies. En Languedoc.

Les feuilles plus grandes que celles du Genevrier commun; les baies rousses, grosses comme des noisettes.

4.° Le Genevrier à feuilles de Cyprès, *Juniperus phœnicea*,

phœnicea, à feuilles ternées, ovales, convexes, obtuſes, très-petites, en recouvrement, collées contre les rameaux. En Languedoc.

Les baies groſſes, jaunes.

568. LE MURIER NOIR.

MORUS fructu nigro. C. B. P.
MORUS nigra. L. *monœc. 4-dria.*

Fleurs. Amentacées, mâles ou femelles ſur le même pied, & quelquefois ſur des pieds différens; les mâles compoſées de quatre étamines placées dans un calice diviſé en quatre folioles ovales & concaves; les fleurs femelles compoſées de deux piſtils en forme d'alêne, placés dans un calice à quatre folioles obrondes, obtuſes, & qui perſiſtent.

Fruit. Eſpece de baie nommée *Mûre*, compoſée de petites baies formées des calices & des germes renflés, devenus charnus & ſucculens; chaque baie renferme une ſemence ovale, aiguë.

Feuilles. Pétiolées, ſimples, entieres, faites en cœur, rudes au toucher, dentées par leurs bords, quelquefois découpées en cinq lobes plus ou moins profondément, ſelon les variétés.

Racine. Rameuſe, ligneuſe.

Port. Arbre qui ne s'éleve pas à une grande hauteur; les branches entrelacées; l'écorce rude & épaiſſe; le bois jaune, les fleurs péduncul ées, axillaires, les baies raſſemblées ſur un filet en forme de têtes; feuilles alternes, d'un vert luiſant.

Lieu. Les bords de la mer en Italie; cultivé facilement dans nos climats.

Propriétés. L'écorce de la racine eſt un peu âcre & âpre; elle eſt déterſive, aſtringente, vermifuge; le fruit eſt nourriſſant, rafraîchiſſant, un peu aſtringent quand il eſt mûr, encore plus lorſqu'il eſt vert ; les feuilles de cette eſpece conviennent peu aux vers à ſoie.

Uſages. Des fruits, on fait un ſirop ſimple & composé, dont on donne une cuillerée, dans un verre d'eau, pour les maux de gorge ; l'on réduit les racines en poudre, que l'on emploie en décoction.

OBSERVATIONS. Dans les Mûriers, *Mori*, les fleurs mâles ont les calices d'une ſeule piece, diviſés en quatre ſegmens ſans corolle, à quatre étamines ; le calice des femelles formé de quatre feuillets ſans corolle, à deux ſtyles ; il devient ſucculent & renferme une ſeule ſemence.

1.° Le Mûrier blanc, *Morus alba*, à feuilles obliquement taillées en cœur, liſſes. Cultivé dans nos Provinces & en Pologne ; originaire de Perſe.

Il devient plus grand que les Ceriſiers ; les feuilles tantôt entieres, en cœur ; tantôt à deux ou à trois lobes, à dentelures, velues dans leur jeuneſſe ; fleurs vertes, comme amentacées, aux aiſſelles des feuilles ; fruits blancs, fades, ſucculens, raſſemblés en têtes.

Cette eſpece préſente pluſieurs variétés à feuilles plus ou moins découpées, plus ou moins liſſes ; à fruits blancs, rouges & noirs ; le bois eſt jaune, aſſez dur ; on peut en extraire un principe colorant, jaune. Ce bois réſiſte à l'eau, auſſi en fait-on des ſeaux & des futailles. En Languedoc.

Les Charrons en font des jantes de roues ; les Ebéniſtes commencent avec raiſon à en tirer parti pour les petits ouvrages de menuiſerie ; ſa couleur d'un beau jaune, contraſte bien avec les bois rouges pour les marqueteries.

L'écorce des racines eſt âcre & fort amere, auſſi l'avons-nous ſouvent employée dans les empâtemens des viſceres ; elle purge certains ſujets.

On a commencé à cultiver les Mûriers en France ſous Charles IX ; mais ce fut ſous Henri IV que le Gouvernement encouragea leur culture. On crut d'abord qu'étant apportés de Sicile, ils ne réuſſiroient que dans la Provence & le Languedoc ; mais peu à peu on s'aſſura, par la beauté des arbres introduits dans nos Provinces Septentrionales, que ces arbres ne craignoient point le froid; aussi les a-t-on cultivés en grand en Prusse. Ceux que nous avions plantés à Grodno, résisterent très-bien aux froids les plus rigoureux.

Le Mûrier est un des arbres les plus tardifs à donner sa feuille; cette année 1787, le froid a été à peine sensible en Janvier, Février & Mars; mais le froid, la gelée & la neige ayant dominé en Avril, même les premiers jours de Mai, nos Mûriers avoient à peine développé leurs feuilles le 12 de Mai; aussi tous ceux qui avoient fait éclore les œufs de vers à soie en Avril, ont perdu leurs semences.

Le Mûrier blanc s'accommode de toute espece de terrain; dans les terres fortes il acquiert en quinze ans vingt-un pouces de circonférence, tandis que dans le même terrain, les Ormes plantés en même temps, n'offrent que quinze pouces. On a préparé des cordes & des toiles avec l'écorce de Mûrier. Tout le monde sait que les feuilles de Mûrier blanc fournissent la nourriture aux vers à soie; & quoique ces arbres soient entiérement dépouillés de feuilles en Mai, ils se regarnissent bientôt après, & donnent un ombrage agréable jusques à la fin de l'automne.

2.° Le Mûrier noir, *Morus nigra*, à feuilles en cœur, rudes. En Italie; cultivé dans toute l'Europe.

Cette espece est souvent dioïque; les fleurs mâles séparées des femelles, sur des pieds différens. *Voyez le Tableau* 568.

Les Mûriers noirs fournissent beaucoup de feuilles grandes, aussi les éleve-t-on pour les tailler en tête, comme les Orangers; mais ces feuilles ne durent pas long-temps dans leur fraîcheur. Cet arbre croît plus lentement que le précédent; son fruit est agréable, mais lorsqu'il est mûr il tombe facilement, & tache tous les vêtemens, ce qui rend les allées de ce Mûrier désagréables dans l'arriere-saison; pour lever ces taches de mûres, il faut laver l'endroit taché & le faire sécher à la vapeur du soufre, l'acide qui se dégage du soufre emporte sur le champ la tache.

Cl. XIX. Sect. IV.

569. LE FIGUIER.

FICUS communis. C. B. P.
FICUS carica. L. *polyg. polyœc.*

Fleurs. Amentacées, mâles & femelles renfermées en très-grand nombre dans l'intérieur d'un calice commun, grand, à peu près ovale, charnu, concave, presque totalement fermé dans la partie qu'on nomme *l'œil de la figue*, par des écailles aiguës, lancéolées, dentées, recourbées; les fleurs mâles logées dans la partie supérieure du calice, les femelles dans l'intérieure; les unes & les autres attachées à de petits péduncules; les mâles composées de trois étamines, & d'un calice propre divisé en trois; les femelles, d'un pistil & d'un calice particulier, divisé en cinq.

Fruit. Le calice commun qu'on nomme *figue*, est improprement appelé le fruit; on voit par ce qui précede, qu'il n'est réellement que l'enveloppe des fleurs & des fruits; les fleurs femelles produisent des semences obrondes, comprimées, lenticulaires, qui se trouvent dans le fond du calice commun.

Feuilles. Simples, entieres, palmées, découpées profondément, rudes au toucher, avec des nervures saillantes sur leur surface inférieure.

Racine. Ligneuse, rameuse.

Port. Arbre d'une médiocre grandeur; l'écorce blanche; le bois spongieux & tendre; les calices communs qu'on nomme *figues*, varient pour la couleur & pour la grosseur, selon les variétés; ils sont épars sur les tiges, solitaires, sessiles; les feuilles alternes, vertes en-dessus, blanchâtres en-dessous; l'écorce & les feuilles répandent une liqueur blanche lorsqu'on les coupe.

Lieu. L'Asie, l'Orient, la Louisiane ; cultivé en Europe.

Propriétés. La figue est mucilagineuse & douce; son suc âcre & piquant, avant la maturité (*) ; pectoral, adoucissant, laxatif, incrassant, émollient, lorsqu'il est mûr; celui des feuilles détersif, maturatif ; la liqueur blanche des feuilles & de l'écorce très-caustique.

Usages. On mange les figues fraîches ou seches ; avec les seches on fait des tisanes, des gargarismes, des cataplasmes, des décoctions pour lavemens & fomentations, la liqueur blanche détruit les verrues.

OBSERVATIONS. On a long-temps ignoré le mystere de la fécondation du Figuier ; la structure de la fleur est vraiment extraordinaire, ce qu'on appelle figue n'est qu'un réceptacle qui ne s'ouvre jamais pour faire appercevoir les parties essentielles de la fructification. J'ai trouvé des calices à quatre segmens & à quatre étamines; les antheres sont à deux loges ; le calice des fleurs femelles est ou à quatre ou à cinq segmens; le style est courbé, à deux stigmates. On trouve des Figuiers qui ne

---

(*) Les Figuiers dans nos climats, & sur-tout dans nos Provinces Méridionales, mûrissent leurs fruits sans secours artificiel; mais au rapport de M. Tournefort, dans son voyage du Levant, les Orientaux, & principalement les habitans de l'Archipel qui font un grand commerce & une grande consommation de figues, les font mûrir & en augmentent la récolte par un moyen assez extraordinaire : ils cultivent deux variétés de Figuier, le Caprifiguier ou Figuier sauvage, & le Figuier domestique; les figues du Caprifiguier contiennent toutes de petits vers qui doivent se changer en moucherons ; on recueille leurs figues avant que les moucherons soient éclos; on les transporte sur le Figuier domestique ; dès que les petits moucherons voient le jour, ils s'introduisent par l'ombilic, dans les figues de ce dernier, déposent leurs œufs dans l'intérieur, & par là contribuent à leur accroissement & à leur maturation ; ce procédé se nomme *caprification.* Plusieurs Jardiniers y suppléent dans nos climats, en mettant une goutte d'huile d'olive sur l'ombilic de chaque figue, & quelques-uns en perçant l'ombilic avec une paille imbue d'huile.

contiennent dans le calice commun, ou réceptacle, que des fleurs mâles. On cultive dans toute l'Europe :

1.° Le Figuier commun, *Ficus Carica*, à feuilles palmées. Originaire d'Asie.

Cet arbre offre plusieurs variétés : 1.° Le Figuier cultivé, à fruit long, violet en-dehors & rouge en-dedans ; 2.° le Figuier à fruit blanc, rond & très-sucré ; 3.° le Figuier à petit fruit jaune en-dessus, rouge en-dedans, ou Figue angélique ; 4.° le Figuier à fruit long, noir par-dessus & rouge dedans, ou Figue-poire ; 5.° le Figuier hâtif, à fruit blanc ; 6.° le Figuier à fruit rond, rouge en-dedans, ou Figue de Brunswick ; 7.° le Figuier du Levant, à très-gros fruit ; à feuilles découpées en laniere, ou Figuier de Turquie.

Le Figuier spontané aime les terrains graveleux, il perce dans les fentes des rochers ; c'est un arbre délicat qui craint les froids rigoureux. Dans nos Provinces les Figuiers mal abrités périrent presque tous sur racine en l'année 1785, le froid fut rigoureux jusques en Avril, il tomba encore de la neige le 15 Avril : en 1786 ces Figuiers ont repoussé des jets. Si on éleve les belles especes dans des caisses, on a peu de fruit.

Les Figuiers en Asie s'élevent à la hauteur des grands arbres ; nous en avons vu de très-grands en Languedoc. Le bois de cet arbre est tendre & spongieux ; les Armuriers s'en servent pour polir leurs ouvrages, parce qu'étant spongieux il se charge bien de la poudre d'émeri & de beaucoup d'huile.

La Figue bien mûre, fraîche ou seche, est une bonne nourriture qui n'a causé d'indigestion que par la quantité ; elle contient le principe saccharin, uni avec le principe muqueux nutritif ; aussi peut-on, en la faisant fermenter, en retirer une liqueur vineuse.

La décoction des figues seches est douce ; on la prescrit avantageusement dans la toux, la coqueluche, les ardeurs de poitrine, dans la dyssenterie, les coliques avec irritation. Nous avons connu un Médecin qui préparoit avec le mucilage de racine de Guimauve & le suc laiteux des feuilles de Figuier, des pilules qu'il ordonnoit avec succès dans les obstructions.

SECTION V.

Des Arbres & des Arbrisseaux amentacés, dont les fleurs mâles sont séparées des femelles sur le même pied, & dont les fruits sont secs.

570. LE PLATANE D'ORIENT.

PLATANUS Orientalis verus. Park. Theat.
PLATANUS Orientalis. L. *monœc. polyand.*

FLEURS. Amentacées, mâles ou femelles sur le même pied; les fleurs mâles disposées en chatons arrondis, composées & formées chacune d'un calice en forme de tuyau, découpé en franges par ses bords qui portent des étamines; les fleurs femelles rassemblées en boule, composées de plusieurs petits pétales concaves, de quelques écailles qui tiennent lieu de calice, & de plusieurs pistils dont les styles sont en forme d'alêne, le stigmate recourbé.

Fruit. Les fruits ramassés en boule, consistant en plusieurs semences obrondes, surmontées d'un filet en forme d'alêne; & fixées sur des poils qui composent une espece de houppe.

Feuilles. Pétiolées, simples, entieres, grandes, palmées, tendres, d'un vert luisant par-dessus, un peu velues & nerveuses en-dessous, imitant par leurs découpures, les feuilles de la Vigne.

Racine. Rameuse, ligneuse.

Cl. XIX.
Sect. V.

Port. Grand arbre, dont la tige s'éleve droite, haute, nue jusqu'au sommet, & dont la tête forme une touffe très-serrée ; l'écorce d'un blanc gris, se détache d'elle-même par grandes pieces ; le bois blanc, assez compacte ; les fleurs mâles ramassées en boules pédunculées, les femelles disposées en grappes pendantes, colorées ; feuilles alternes, moins grandes & plus découpées que celles du Platane de Virginie ; on trouve sur l'un & l'autre, à l'insertion du pétiole, une stipule perfeuillée, frangée.

Lieu. Le Levant ; cultivé dans les jardins : il exige un terrain moins humide que le Platane de Virginie.

Propriétés. Les feuilles sont vulnéraires, astringentes ; l'écorce est un puissant dessicatif.

Usages. On emploie les feuilles vertes pour arrêter les inflammations ; l'écorce macérée dans du vinaigre, est odontalgique ; & macérée dans du vin, elle appaise les inflammations des yeux.

OBSERVATIONS. Dans les Platanes, les fleurs mâles en chatons arrondis ; à antheres développées autour des filamens ; corolles obscures ; plusieurs étamines dans une gaine frangée : les fleurs femelles en chatons arrondis ; à corolles polypétales ; à styles dont le stigmate est recourbé ; semences arrondies, terminées par une pointe, & aigrettées vers leur base. On cultive :

1.° Le Platane d'Orient, *Platanus Orientalis*, à feuilles palmées. Originaire d'Asie. *Voyez le Tableau* 570.

Bel arbre qu'on a introduit dans nos Provinces ; son ombre est si épaisse, qu'assis dessous on apperçoit à peine le ciel ; ses feuilles grandes & bien découpées, sont d'un vert agréable ; elles sont d'un tissu serré. Cet arbre s'éleve facilement de bouture, & reprend facilement quand on le transplante ; il réussit merveilleusement même dans les terrains arides ; il forme de belles avenues & de grandes salles dans les parcs. Les feuilles du Platane sont rarement endommagées par les chenilles ; elles se conservent jusques aux premieres gelées ; son bois est d'un tissu serré & fort pesant quand il est vert ; mais il perd beaucoup de son poids en séchant ; il est blanc & veiné.

2.° Le Platane d'Occident, *Platanus Occidentalis*, à feuilles lobées, cotonneuses en-dessous. Originaire de l'Amérique septentrionale.

Cet arbre se plaît dans les lieux humides, où il fait des progrès étonnans ; la feuille est plus grande, moins profondément découpée.

SECTION VI.

Des Arbres & des Arbrisseaux amentacés dont les fleurs mâles sont séparées des femelles sur des pieds différens.

571. LE SAULE BLANC, mâle *ou* femelle.

SALIX vulgaris alba, arborescens. C. B. P.
SALIX alba. L. *diœc. 2-dria.*

FLEURS. Amentacées, mâles ou femelles sur des pieds différens ; les fleurs mâles composées de deux étamines, insérées sur un nectar en forme de glande cylindrique & tronquée ; chaque fleur disposée le long d'un chaton écailleux, sous une écaille oblongue, plane, ouverte ; les fleurs femelles rassemblées sur un chaton semblable, & composées d'un pistil dont le stigmate est divisé en deux.

Fruit. Capsule ovale, terminée en pointe, uniloculaire, bivalve, s'ouvrant par le haut & se recourbant des deux côtés, renfermant plusieurs petites ſemences ovales, couronnées d'une aigrette ſimple, hériſſée, qu'on appelle quelquefois le Coton du Saule.

Feuilles. Lancéolées, aiguës, couvertes des deux côtés d'un duvet blanchâtre, dentées par les bords, en maniere de ſcie, avec des glandes ſur les dernieres dentelures.

Racine. Rameuſe, ligneuſe.

Port. Arbre aſſez grand; l'écorce du tronc inégale & raboteuſe, celle des jeunes branches liſſe, verdâtre; le bois blanc; les chatons cylindriques, pédunculés; les fruits paroiſſent revêtus d'un coton blanc; feuilles alternes. C'eſt une erreur de croire que le même pied porte une année des fleurs mâles, & l'autre année des fleurs femelles.

Lieu. Toute l'Europe, les terrains humides, les bords des rivieres; on nomme *ſauſſaie*, les lieux qui ſont plantés de Saules.

Propriétés. Les feuilles & les chatons ſont rafraîchiſſans; l'écorce aſtringente & fébrifuge comme le Quinquina; le charbon du Saule eſt très-léger; on a tenté avec ſuccès de faire du papier avec le duvet des chatons femelles.

Uſages. On emploie les feuilles & les chatons en décoction; on en fait des demi-bains, des lave-pieds, &c.

OBSERVATIONS. Le genre des Saules, *Salices*, eſt le plus nombreux parmi les arbres & arbriſſeaux d'Europe, il renferme plus de trente eſpeces; les fleurs mâles ſe développent ſur des pieds ſéparés des femelles; les fleurs mâles ſont en chatons arrondis, ovales, cylindriques, ſuivant les eſpeces; dans quelques-unes les fleurs ſont en ſi petit nombre, qu'on peut à peine appeler leur réunion des chatons; chaque fleur iſolée eſt une écaille couvrant une, deux, trois, quatre ou cinq étamines, ſuivant les eſpeces. Entre les étamines & l'axe du chaton, on trouve une glande plane ou cylindrique que Linné appelle *nec-*

taire; dans les chatons femelles la fleur est aussi une écaille simple, lancéolée, couvrant un germe oblong; à style divisé en deux, se changeant en une capsule bivalve, à une loge, renfermant plusieurs semences aigrettées, très-petites. Les especes de ce genre sont peu prononcées, aussi sont elles très-difficiles à déterminer; comme les fleurs paroissent avant les feuilles, & que les feuilles varient suivant la saison, on est très-embarrassé pour statuer ce qui est espece ou variété; aussi devons-nous désirer que M. Hoffmann, célebre Botaniste d'Erlang, continue sa belle Histoire des Saules. Les premiers fascicules présentent aux connoisseurs des descriptions tracées de main de Maître, & chaque description est accompagnée d'excellentes figures.

Les SAULES à feuilles lisses, à dents de scie.

1.° Le Saule triandrique, *Salix triandra*, à feuilles lisses, à dents de scie; à fleurs à trois étamines. Lyonnoise, en Lithuanie.

Arbre moyen, à feuilles elliptiques, lancéolées; à stipules petites, dentées; à chatons grêles.

2.° Le Saule pentandrique, *Salix pentandra*, à feuilles lisses, à dents de scie; à fleurs à cinq étamines. En Bourgogne, en Lithuanie, en Dauphiné.

Arbre assez élevé; à feuilles ovales, lancéolées, odorantes; à pétioles glanduleux; à fleurs à cinq, six, sept étamines.

Les chevres & les moutons mangent les feuilles de cet arbre, dont les fleurs conviennent aux abeilles; on peut filer le duvet des chatons; les feuilles teignent en jaune; les branches très-flexibles, servent à faire des liens; le bois pétille au feu.

3.° Le Saule Osier, *Salix vitellina*, à feuilles lisses, ovales, aigues; à dents de scie, cartilagineuses; à pétioles à points calleux. Lyonnoise.

Arbrisseau de six à huit pieds; à rameaux grêles, droits, très-flexibles; à écorce jaune tirant souvent sur le rouge; feuilles un peu pâles en-dessous; à chatons cylindriques & pendans.

Quelques célebres Botanistes pensent que cet arbrisseau non tronçonné, prend tous les caracteres du Saule blanc

Salix alba L., & n'en eſt qu'une variété. On le cultive dans nos Provinces ſur les bords des vignes ; on coupe chaque année les pouſſes pour en relier les cercles des tonneaux. Les Vanniers en font un grand emploi pour leurs différens ouvrages.

4.° Le Saule Amandier, *Salix Amygdalina* ; à feuilles pétiolées, lancéolées, liſſes, à dents de ſcie ; à ſtipules dentées, trapéziformes. Lyonnoiſe, en Lithuanie.

Arbre de médiocre grandeur ; à rameaux couverts d'une écorce noire, ou purpurine ; les ſtipules embraſſant les rameaux ; d'ailleurs très-reſſemblant au triandrique ; les chevres & les chevaux mangent les feuilles.

5.° Le Saule caſſant, *Salix fragilis*, à feuilles ovales, lancéolées, liſſes, à dents de ſcie ; à pétioles dentés, glanduleux. Lyonnoiſe, en Lithuanie.

Arbre aſſez élevé ; à écorce griſe ; à rameaux très-caſſans ; les péduncules des chatons offrent deux ou trois folioles caduques ; pour peu qu'on ébranle les rejets de l'année, ils ſe ſéparent des branches. L'écorce eſt regardée avec raiſon comme fébrifuge ; nos expériences lui aſſurent cette propriété. L'écorce ſert pour tanner les cuirs. Les vaches mangent les feuilles ; les racines fourniſſent une teinture rouge.

6.° Le Saule pleureur, *Salix babylonica*, à feuilles liſſes, linaires, lancéolées, à dents de ſcie ; à branches pendantes. Originaire d'Aſie, cultivé dans toutes nos Provinces.

Arbre d'une grande élévation ; nous en avons près de Lyon de la hauteur de trente pieds ; les branches liſſes, flexibles ſe rabattent & ſont pendantes ; les feuilles d'un vert de mer, à côte blanche ; les ſtipules très-petites, arrondies ; ſouvent elles manquent, & on obſerve à leur place, de chaque côté, un point glanduleux. Cet arbre formé, produit un ſingulier effet par une multitude de branches renverſées qui entourent le tronc ; on l'appelle pleureur, parce que les pluies ou les roſées humectent fréquemment les feuilles.

7.° Le Saule pourpré, *Salix purpurea*, à feuilles lancéolées, liſſes, à dents de ſcie ; les inférieures oppoſées. Lyonnoiſe, en Lithuanie.

Arbriſſeau de ſept à huit pieds ; à rameaux longs, droits,

garnis d'une écorce purpurine ou noirâtre; les fleurs à une seule étamine; l'écorce intérieure d'un jaune foncé; les branches qui sont très-flexibles, fournissent de bons liens, & peuvent être employées pour former des corbeilles.

8.° Le Saule Hélice, *Salix Helix*, à feuilles linaires, lancéolées, lisses, à dents de scie; les supérieures opposées, obliques. Lyonnoise, en Lithuanie.

Arbrisseau de trois à quatre pieds; à rameaux anguleux; à chatons cotonneux; à fleurs à une étamine.

9.° Le Saule arbuste, *Salix arbuscula*, à feuilles lisses, presque diaphanes, à peine dentelées, d'un vert de mer, glauque en-dessous; à tige à peine ligneuse. En Suede, en Suisse, en Dauphiné.

La tige d'un ou deux pieds; les feuilles ovales, lancéolées; stipules lancéolées.

10.° Le Saule herbacé, *Salix herbacea*, à feuilles orbiculaires, lisses, à dents de scie. Sur les Alpes du Dauphiné, de la Suede & de la Suisse.

C'est le plus petit des arbres; il est rampant, à feuilles arrondies comme celles de l'Aune; à chatons formés par un très-petit nombre de fleurs de deux à cinq; il n'est point herbacé, mais à tige ligneuse; à branches noires, longues de deux pouces; les capsules sont très-grandes, relativement à la grandeur de la plante.

11.° Le Saule émoussé, *Salix retusa*, à feuilles lisses, ovales, très-obtuses, comme dentelées. En Dauphiné, en Suede, sur les Alpes.

Tige rampante, très-petite; feuilles brillantes; à veines paralleles; à chatons de deux à quatre fleurs.

Les Saules à feuilles lisses, très-entieres, ou sans dentelures.

12.° Le Saule à réseau, *Salix reticulata*, à feuilles très-entieres, lisses, ovales, obtuses. En Dauphiné, sur les hautes montagnes, en Suede, en Suisse.

Feuilles arrondies, vertes, ridées en-dessus, d'un vert de mer en-dessous; les veines formant un réseau; les chatons grêles; les pétioles longs.

13.° Le Saule Myrte, *Salix Myrtilloïdes*, à feuilles

entieres, lisses, ovales, aiguës. En Dauphiné, en Suede, en Suisse.

Tige un peu couchée ; feuilles alternes, ovales, lancéolées, un peu dentelées ; à réseau veineux.

14.° Le Saule glauque, *Salix glauca*, à feuilles très-entieres, ovales, oblongues, un peu cotonneuses en-dessous. Sur les montagnes de Suede, de Suisse, de Dauphiné.

A peine distingué du précédent.

Les SAULES à feuilles sans dentelures, velues.

15.° Le Saule à oreilles, *Salix aurita*, à feuilles très-entieres, velues sur les deux faces, comme ovales ou arrondies ; à oreilles ou appendices à la base des feuilles. En Dauphiné, en Suede, en Suisse.

Feuilles ridées, à réseau, cotonneuses en-dessous ; les chatons ovales.

16.° Le Saule lanugineux, *Salix lanata*, à feuilles arrondies, cotonneuses en-dessus & en-dessous. En Dauphiné, en Suede, en Suisse.

A feuilles ovales, lancéolées, soyeuses sur les deux faces ; les chatons ovales ; les pétioles courts.

17.° Le Saule des sables, *Salix arenaria*, à feuilles très-entieres, ovales, aiguës, soyeuses en-dessus ; cotonneuses en-dessous. En Dauphiné, en Suede.

Les chatons cotonneux.

18.° Le Saule nicheur, *Salix incubacea*, à feuilles très-entieres, lancéolées, soyeuses & brillantes en-dessous ; à stipules ovales, aiguës. En Dauphiné, en Suede.

Les chatons arrondis ; les tiges presque couchées.

19.° Le Saule rampant, *Salix repens*, à feuilles très-entieres, lancéolées, presque lisses en-dessus & en-dessous ; à tige rampante. En Dauphiné, en Suede.

La tige grosse comme le doigt ; les branches couchées ; feuilles ovales, oblongues, glauques en-dessous ; à pétioles sans stipules ; les inférieures opposées, & un peu velues ; les capsules rousses.

20.° Le Saule Romarin, *Salix Rosmarinifolio*, à feuilles très-entieres, lancéolées, linaires, resserrées, assises, cotonneuses en-dessous. En Suede, en Lithuanie, en Suisse.

Tige couchée; feuilles blanches, ſoyeuſes, brillantes en-deſſous, aſſez analogues à celles du Romarin.

Les SAULES à feuilles cotonneuſes, un peu dentelées.

21.° Le Saule marceau, *Salix caprea*, à feuilles ovales, ridées, cotonneuſes en-deſſous, ondulées, dentelées vers le ſommet. Lyonnoiſe, en Lithuanie.

Arbres de douze à quinze pieds; feuilles en réſeau; à ſtipules dentelées. Souvent les feuilles ſupérieures ſont très-entieres; les boutons ſupérieurs ne renferment que des fleurs, & les inférieurs des feuilles; les branches ſont flexibles, pliantes. Il donne une teinture noire; on emploie l'écorce pour tanner les cuirs. Les vaches, les chevres & les chevaux mangent les feuilles; le bois mou, flexible, léger, eſt propre à faire des arcs, des boîtes, des manches de haches & de couteaux.

22.° Le Saule à longues feuilles, *Salix viminalis*, à feuilles lancéolées, linaires, à peine dentées, très-longues, aiguës, ſoyeuſes en-deſſous; à rameaux flexibles. Lyonnoiſe, en Suede.

Les vaches, les chevres & les moutons mangent les feuilles; les rameaux très-flexibles & lians, ſervent pour lier les cercles des tonneaux, pour faire des corbeilles, &c.

23.° Le Saule cendré, *Salix cinerea*, à feuilles oblongues, ovales, peu dentées, à peine cotonneuſes en-deſſous; à ſtipules en cœur, dentelées. Lyonnoiſe, en Allemagne.

24.° Le Saule blanc, *Salix alba*, à feuilles lancéolées, aiguës; à dents de ſcie, un peu cotonneuſes ſur les deux faces; les dentelures inférieures glanduleuſes. Lyonnoiſe, Lithuanienne.

L'écorce eſt amere, aſtringente, antiſeptique; la viande ſe conſerve long-temps dans ſa décoction ſans ſe corrompre. Nous avions déjà tenté l'uſage de l'écorce contre les fievres intermittentes en 1767; nous avons rendu compte de ſes heureux effets dans quelques Ouvrages imprimés. Nous donnons cette écorce tirée des branches moyennes, à la doſe d'un ſcrupule, en poudre, toutes les deux heures, & nous faiſons boire par-deſſus une taſſe de la décoction ; nous pouvons assurer qu'avec ce seul remede nous avons vu guérir plusieurs fievres tierces, quartes ; le même remede est indiqué dans l'anorexie, dans la diarrhée causée par atonie & autres maladies provenant de la même cause ; les feuilles qui sont aromatiques & ameres, ont à peu près les mêmes propriétés ; on les prescrit en bains contre le rachitis. Les vaches, les chevres, les moutons & les chevaux mangent les feuilles ; on emploie l'écorce pour tanner les cuirs ; on tire parti du duvet des chatons pour filer, & faire des coussinets ; on fait des échalas & des cercles avec les grosses branches, des corbeilles & des liens avec les petites. Le charbon du bois qui est très-léger, est employé pour faire des crayons & pour la poudre à canon. Les chatons en fleurs répandent une odeur douce & agréable. Dans les grandes chaleurs on trouve quelquefois sur les branches du Saule une espece de manne.

572. LE PEUPLIER BLANC, mâle *ou* femelle.

POPULUS alba, majoribus foliis. C. B. P.
POPULUS alba. L. *diœc. 8-dria.*

Fleurs. Amentacées, mâles ou femelles sur des pieds différens ; les fleurs mâles composées de huit étamines très-courtes, posées sur un nectar tubulé en forme de godet ; chaque fleur placée sous une écaille oblongue, plane, déchiquetée par ses bords ; les fleurs disposées sur un filet commun, en forme de chaton alongé, tuilé, cylindrique ; les fleurs femelles rassemblées en un chaton semblable, composées d'un pistil & d'un nectar de la forme de celui des mâles.

Fruit. Capsule ovale, à deux loges, à deux valvules recourbées dans la maturité, contenant plusieurs semences ovales qui sont couronnées d'une aigrette capillaire, que le vent emporte facilement.

Feuilles.

Feuilles. Pétiolées, grandes, obrondes, presque cordiformes, dentelées & anguleuses, quelquefois découpées en lobes, d'un vert brun à la surface supérieure, velues & très-blanches à la surface inférieure.

Racine. Rameuse, ligneuse.

Port. Arbre qui s'éleve en peu de temps à une grande hauteur; l'écorce des troncs grise, brune, raboteuse; celle des jeunes tiges lisse & blanchâtre; le bois blanc; les chatons péduncules, les péduncules rameux; feuilles alternes. On trouve quelquefois des glandes à la base des feuilles.

Lieu. Toute l'Europe, dans les lieux aquatiques, & même dans les terrains secs.

Propriétés. L'écorce est calmante, diurétique; le suc de ses feuilles odontalgique; on peut faire du papier avec l'aigrette des semences.

Usages. On donne l'écorce en décoction; on seringue le suc chaud dans l'oreille; en général, on emploie moins en Médecine le Peuplier blanc que le noir.

573. LE PEUPLIER NOIR, mâle *ou* femelle.

POPULUS *nigra.* C. B. P.
POPULUS *nigra.* L. *diœc. 8-dria.*

Fleurs.
Fruit. } Caracteres du précédent.

Feuilles. Pétiolées, rhomboïdales, à quatre angles, dentées en maniere de scie, terminées en pointes aiguës, leur surface lisse, d'un vert brun.

Racine. Rameuse, ligneuse.

Port. Le même que le précédent; les jeunes

Cl. XIX. Sect. VI. feuilles recouvertes d'une liqueur limpide ; les yeux ou boutons, chargés d'un baume gluant qui répand une odeur agréable.

Lieu. Il ne réussit que dans les lieux humides.

Propriétés. Les boutons sont résineux, émolliens, soporifiques.

Usages. On n'emploie que les boutons dont on tire avec l'esprit-de-vin, une teinture utile dans le cours de ventre & pour les ulceres intérieurs, à la dose d'un demi-gros ou d'un gros, dans du bouillon chaud, pour l'homme ; & pour les animaux, à ℥ ß, dans de l'eau blanche. L'onguent appelé *Populeum*, est un excellent remede contre les hémorroïdes.

574. LE BAUMIER, *ou* Tacamahaca, mâle *ou* femelle.

POPULUS *nigra folio maximo, gemmis balsamum odoratissimum fundentibus.* Catesb. Car.

POPULUS *balsamifera.* L. *diœc. 8-dria.*

Fleurs. } Caracteres des précédens.
Fruit. }

Feuilles. Très-grandes, ovales, en forme de cœur oblong, crénelées, nues à leur base ; les pétioles cylindriques.

Racine. Ligneuse, rameuse.

Port. Le même que les précédens, les feuilles plus grandes, gluantes lorsqu'elles sont nouvelles ; les boutons très-gluans, répandant une odeur balsamique qu'on retrouve dans les jeunes tiges, & dans le bois ; le bois est résineux.

Lieu. L'Amérique Septentrionale ; il réussit dans

nos climats en le mettant à l'abri des gelées, dans une terre humide, à une exposition chaude.

Propriétés. Sa résine a une odeur d'ambre gris; elle est vulnéraire, astringente, nervine; celle qui découle naturellement de l'arbre, est préférée, elle est en larmes pâles; celle qu'on tire en faisant des incisions à l'écorce, est jaune, rouge ou brune, selon la partie où l'incision a été faite.

Usages. On ne s'en sert pas intérieurement; on l'applique extérieurement, en cataplasmes.

OBSERVATIONS. Dans les Peupliers, *Populi*, les fleurs sont à chatons; les écailles lacérées couvrent une corolle en godet oblique, entiere, qui renferme huit étamines; dans les chatons femelles, la corolle renferme un stigmate divisé en quatre; le germe devient une capsule à deux loges, renfermant plusieurs semences aigrettées. Nous avons :

1.° Le Peuplier blanc, *Populus alba*, à feuilles arrondies, dentées, anguleuses, cotonneuses en-dessous. Lyonnoise, en Lithuanie. *Voyez le Tableau 572.*

Les chevres, les moutons, les chevaux mangent les feuilles; il croit très-promptement; son bois est peu compacte, aussi ne l'emploie-t-on que pour des ouvrages peu solides & à couvert.

2.° Le Peuplier Tremble, *Populus Tremula*, à feuilles lisses, arrondies, dentées, anguleuses. Lyonnoise, en Lithuanie.

Comme le pétiole est fin & comprimé à la pointe, le moindre courant d'air fait mouvoir les feuilles; les jeunes feuilles sont un peu cotonneuses; c'est un petit arbre qui s'éleve à douze ou quinze pieds; l'écorce est lisse, verte.

Le bois est tendre, blanc; les Tourneurs en tirent parti; il brûle rapidement & chauffe peu. Les chevres & les moutons mangent les feuilles; les cerfs & les chevreuils se nourrissent des jeunes branches; les bourgeons fournissent un suc résineux, analogue à celui du Peuplier noir.

3.° Le Peuplier noir, *Populus nigra*, à feuilles

Cl. XIX. Sect. VI.

lisses, deltoïdes, aiguës, dentelées. Lyonnoise, en Lithuanie.

On trouve jusques à seize étamines dans chaque corolle. *Voyez le Tableau* 575.

Les bourgeons contiennent un suc résineux, aromatique. On a vanté la teinture spiritueuse de ces bourgeons dans les diarrhées causées par relâchement, & ce remede nous a réussi quelquefois. Si on pile ces bourgeons après les avoir laissé macérer dans l'eau bouillante, on en retire, à la presse, une matiere grasse qui brûle comme la cire, & qui répand une odeur agréable; les bestiaux mangent les feuilles; le bois est mou, léger, foible; cependant les Tourneurs, les Charpentiers en tirent parti; on en fait dans nos Provinces des sommiers, des poutres & des planches. On emploie l'écorce pour apprêter le maroquin; on a fabriqué d'assez bon papier avec le duvet des chatons. Les moutons mangent l'écorce pulvérisée; & ce qui prouve qu'elle recele le principe nutritif, c'est que dans le Kamtzchatka on en fait du pain dont les habitans se contentent. Les branches assez pliantes servent à lier les haies.

Le Peuplier d'Italie, dont les branches sont plus rapprochées du tronc, n'est qu'une variété du Peuplier noir: il s'éleve en pyramide, & forme de belles avenues; on admire avec raison la superbe allée de la levée au confluent du Rhône & de la Saone; quoique ces arbres n'aient pas douze ans, leurs troncs sont plus gros que le corps d'un homme.

4.° Le Peuplier Baumier, *Populus balsamifera*, à feuilles ovales; à dents de scie, blanches en-dessous; à stipules résineuses. Originaire de l'Amérique, cultivé assez généralement dans nos jardins.

Feuilles grandes, ovales, oblongues, à peine sensiblement cotonneuses; à veines en réseau, d'un vert foncé en-dessus, blanches en-dessous, c'est le *Tacamahaca* des Jardiniers. Les bourgeons de cette espece contiennent un baume très-odorant qui suinte plus d'un an dans les herbiers. Aussi devroit-on le cultiver plus généralement. L'analogie & quelques-unes de nos observations, assurent à ce baume les mêmes vertus que l'expérience a démontrées sur les baumes les plus recherchés.

CLASSE XX.

Des Arbres et Arbrisseaux à fleur monopétale, nommés *Arbres monopétales.*

SECTION PREMIERE.

Des Arbres & Arbriſſeaux à fleur monopétale, dont le piſtil devient un fruit mou, rempli de ſemences dures.

575. LE NERPRUN, *ou* Noirprun.

Rhamnus catharticus. C. B. P.
Idem. L. 5-*dria*, 1-*gynia.*

Fleur. Monopétale ; corolle qui tient lieu de calice, infundibuliforme, imperforée, rude au toucher, colorée en-dedans ; le limbe ouvert, diviſé en quatre folioles dans cette eſpece qui porte les fleurs mâles ſéparées des femelles, ſur des pieds différens.

Fruit. Baie obronde, nue, diviſée intérieurement en pluſieurs parties, contenant pluſieurs ſemences obrondes, convexes d'un côté, aplaties de l'autre.

Feuilles. Pétiolées, ſimples, entieres, arrondies, dentelées à leurs bords, d'un vert brillant.

Racine. Ligneuſe.

Port. Arbriſſeau dont l'écorce eſt liſſe, le bois jaunâtre; les branches garnies d'épines pointues; les fleurs axillaires, ſouvent raſſemblées; feuilles alternes, quelquefois oppoſées. La Granette ou Graine d'Avignon (*Rhamnus catharticus ß minor*, Lin.) n'eſt qu'une variété du Nerprun, & n'en differe qu'en ce que toutes ſes parties ſont plus petites; M. Gerard (*Flora gallopr. 462.*) fait obſerver auſſi que dans le Nerprun, les découpures de la corolle ſont plus longues que le tube, & égales au tube dans la Graine d'Avignon.

Lieu. Les Provinces Méridionales, dans les haies & le long des rivieres.

Propriétés. Il a un goût amer; les baies ſont purgatives, hydragogues. Les baies du Nerprun donnent une couleur connue chez les Peintres ſous le nom de *vert-de-veſſie*; celles de la Graine d'Avignon fourniſſent une teinture jaune; on en compoſe le ſtil-de-grain.

Uſages. Les baies purgent, au poids de ʒ ij; on en fait un extrait qui ſe donne aux hommes, depuis ʒ ß juſqu'à ʒ j; un ſirop qui ſe preſcrit, depuis ℥ j juſqu'à ℥ ij; on peut donner aux animaux l'extrait à ℥ j, ou les baies elles-mêmes à la quantité de poig. ij.

Observations. Le genre des Nerpruns, *Rhamni*, préſente pluſieurs eſpeces; il y en a vingt-quatre, dont douze ſont Européennes; le Chevalier Linné a ramené à ce genre le Bourdaine, *Frangula*; le Porte-chapeau, *Paliurus*; le Jujube, *Zizyphus*, de Tournefort.

Dans les Nerpruns le calice tubulé enveloppe des écailles qui accompagnent les étamines; le fruit eſt une baie.

Les NERPRUNS *à rameaux piquans.*

1.° Le Nerprun officinal, *Rhamnus catharticus*, à épines terminant les rameaux; à fleurs à quatre ſegmens dioïques; à feuilles ovales. Lyonnoiſe, en Lithuanie.

On trouve des individus à fleurs hermaphrodites; les écailles ou pétales ſont linaires; le piſtil à trois ou quatre cornes; la baie à deux & à quatre ſemences.

Les baies de Nerprun fourniſſent un de ces médicamens précieux qui, en variant les doſes, peut agir comme altérant & comme purgatif; les payſans de nos Provinces ſont bien purgés avec vingt-cinq ou trente baies fraîches ou ſeches qu'ils mêlent le matin avec la ſoupe : le ſirop de Nerprun étoit un des remedes favoris de Sydenham; il le preſcrivoit avec ſuccès dans les bouffiſſures, l'aſcite, & autres maladies cauſées par une ſéroſité ſtagnante dans le tiſſu cellulaire; ce ſirop purge bien ſans colique, mais il excite après ſon effet une ſoif conſidérable; auſſi eſt-il nuiſible dans l'état d'hydropiſie aſſez fréquent, dans lequel il y a appareil inflammatoire déterminé par l'âcreté des ſéroſités.

Nous avons fréquemment preſcrit les baies de Nerprun en extrait, en ſirop & en ſubſtance; nous les regardons comme un admirable remede dans toutes les maladies chroniques qui ſuggerent l'indication de purger; la pulpe des baies ſeches conſervée un an & enveloppant les ſemences, donnée à ſix grains, eſt peut-être le meilleur fondant dans l'empâtement du foie, de la rate & du méſentere, ou obſtructions commençantes. Pluſieurs goutteux ont éloigné & diminué les accès en avalant tous les matins deux baies de Nerprun ſeches.

L'odeur des baies eſt particuliere; la ſaveur douce nauſéabonde, un peu âpre. Si on les mâche, elles teignent la ſalive en vert; les ſemences ſont ameres, elles teignent la ſalive en jaune. Le Nerprun forme de bonnes haies, ſon écorce teint en jaune; les baies donnent la même couleur avant leur maturité; lorſqu'elles ſont mûres elles fourniſſent une couleur verte appelée *vert de veſſie*, que l'on obtient en faiſant épaiſſir le ſuc, en y mêlant un peu d'alun. Les chevres & les moutons mangent les feuilles de Nerprun.

2.° Le Nerprun Graine d'Avignon, *Rhamnus infectorius*, à épines terminant les rameaux; à fleurs dioïques, à quatre ſegmens; à branches inclinées. En Provence, en Dauphiné.

Arbriſſeau à tige baſſe; à branches couchées; le ſtyle à deux ſtigmates renverſés; feuilles ſoyeuſes en-deſſous; les ſegmens du calice de la longueur du tube.

Les baies cueillies avant leur maturité, & pulvériſées, fourniſſent une belle couleur jaune, dont les Peintres & les Teinturiers tirent un grand avantage; elles ſont purgatives dans leur maturité.

3.° Le Nerprun des rochers, *Rhamnus ſaxatilis*, à épines terminant les rameaux; à fleurs hermaphrodites, à quatre ſegmens; à feuilles ovales, lancéolées, liſſes; à dents de ſcie. En Suiſſe, en Dauphiné.

Plus petit que l'officinal, à écorce noire; à feuilles plus alongées; à fleurs portées par un ſeul péduncule très-court, plus petites que celles de l'officinal; à étamines plus longues que le calice; à baies noires renfermant deux, trois ou quatre ſemences.

Les baies ſont auſſi purgatives avant leur maturité; elles donnent auſſi la même teinture que les baies du précédent; on teint avec ces baies les cuirs appelés Maroquins jaunes.

Les NERPRUNS *à rameaux non piquans.*

4.° Le Nerprun des Alpes, *Rhamnus Alpinus*, à rameaux ſans piquans; à feuilles à double crénelure; à fleurs dioïques. En Dauphiné, en Lithuanie.

Arbriſſeau de dix pieds, rameux; à bois dur, jaune; l'écorce intérieure ou le *liber* couleur orangé; feuilles très-liſſes, ovales, lancéolées, finement crénelées; fleurs ramaſſées, à péduncule ſolitaire, court; les mâles ſéparées des femelles, ſur des pieds différens; à quatre pétales en cœur, très-courts, rouges; à ſtyle à trois ou quatre cornes; à quatre étamines; baie noire, à trois ou quatre ſemences.

5.° Le Nerprun nain, *Rhamnus pumilus*, rampant, ſans piquans; à feuilles à dents de ſcie; à fleurs hermaphrodites. En Dauphiné.

Arbrisseau très-rameux dès la base de la tige qui s'éleve à un pied ou deux; feuilles ovales, lisses en-dessus; à duvet jaunâtre, sur les nervures en-dessous; fleurs verdâtres; à péduncules axillaires; à cinq segmens; à cinq étamines très-courtes; à pistil à trois cornes. On le trouve comme enséveli dans les pierres.

6.° Le Nerprun Bourdaine, *Rhamnus Frangula*, à rameaux sans piquans; à feuilles très-entieres, ovales, lancéolées; à fleurs hermaphrodites. Lyonnoise, en Lithuanie.

L'écorce intérieure qui est jaune, purge & fait vomir; c'est un remede violent qui, donné à petite dose, & masqué par des mucilagineux, peut offrir de grandes ressources aux Praticiens. Nous avons vu guérir avec cette écorce des fievres quartes très-rebelles, & chasser le ver solitaire. Nous n'avons jamais prescrit que la poudre, depuis un scrupule jusques à demi-drachme, long-temps triturée avec du mucilage de Guimauve, & réduite en pilules. Si on fait bouillir une once de cette écorce dans une chopine d'eau, on a un excellent antipsorique; on ajoute de la gomme de Cerisier, & on humecte les pustules avec cette liqueur. L'écorce donne une teinture jaune; le bois fournit un charbon qui entre dans la composition de la poudre à canon. Les baies long-temps rouges, noircissent dans leur parfaite maturité. On peut en manger impunément une assez grande quantité, sans éprouver aucune évacuation, ce qui, pour le dire en passant, détruit encore l'analogie botanique qui statue que les parties des plantes des mêmes genres, ont les mêmes propriétés; les semences fournissent une huile par expression; les baies & les feuilles teignent la laine en vert. Les chevres & les moutons mangent les feuilles, que les vaches négligent.

7.° Le Nerprun Alaterne, *Rhamnus Alaternus*, à rameaux sans piquans; à feuilles en dents de scie; à fleurs dioïques; à stigmate à trois cornes. En Dauphiné. *Voyez le Tableau* 578.

On trouve quelques fleurs hermaphrodites; calice à cinq ou six segmens; cinq ou six pétales très-petits; à l'onglet de chaque pétale ou écaille, une étamine; trois stigmates arrondis dans les fleurs femelles; baies molles, à trois semences.

L'Alaterne forme un joli buiſſon ; le vert brillant de ſes feuilles qu'il conſerve pendant l'hiver, le rend fort agréable. Les feuilles ſont fermes, ovales, ou alongées, roides ; ſtipules caduques, très-petites ; fleurs en grappes ; les Ebéniſtes emploient le bois qui reſſemble aſſez à celui du Chêne-vert.

Les NERPRUNS *à épines ſur les branches.*

8.° Le Nerprun porte-chapeau, ou Paliure, *Rhamnus Paliurus*, à épines deux à deux, l'inférieure recourbée ; à fleurs à trois ſtyles. En Languedoc, en Dauphiné.

Fruit ſec, déprimé, à marges ; à trois loges imitant un chapeau rabattu.

Le Paliure ſupporte très-bien le froid de nos climats, il s'éleve à vingt pieds ; ſon feuillage eſt gai ; ſes fleurs jaunes. Les oiſeaux mangent le fruit ; ſon bois eſt aſſez dur ; cet arbriſſeau forme des haies impénétrables ; il ſe défend bien par ſes épines.

9.° Le Nerprun Jujubier, *Rhamnus Zizyphus*, à épines deux à deux, dont l'une eſt recourbée ; à feuilles ovales, oblongues ; à fleurs à deux ſtyles. En Languedoc.

Le Jujubier ſupporte très-bien nos hivers ; il ſe plaît dans les terrains ſecs ; comme ſes racines pouſſent beaucoup de rejets, on le multiplie facilement de plants enracinés.

Le fruit pulpeux, renfermant un noyau à deux loges, eſt nutritif, adouciſſant ; on en conſomme beaucoup pour les tiſanes communes, faites avec la Regliſſe & le Chiendent.

Cet arbriſſeau a été introduit en Europe du temps d'Auguſte ; il fut apporté de Syrie en Italie par Sextus Pampinius ; le fruit varie par ſa groſſeur, on compte auſſi trois ſtyles. A Montpellier on vend des Jujubes dans les marchés ; les enfans en mangent beaucoup ; ce fruit eſt aſſez doux, un peu viſqueux.

576. LA LAURÉOLE MALE, *ou* Garou.

THYMELÆA laurifolio, ſemper virens, ſeu Laureola *mas.* I. R. H.
DAPHNE laureola. L. *8-dria, 1-gynia.*

Fleur. Monopétale; point de calice; la corolle preſque infundibuliforme; le tube cylindrique, imperforé; le limbe découpé en quatre parties ovales, aiguës, planes, ouvertes.

Fruit. Baie obronde, uniloculaire, renfermant une ſeule ſemence ovale, charnue.

Feuilles. Seſſiles, lancéolées, épaiſſes, graſſes, glabres, luiſantes.

Racine. Ligneuſe, fibreuſe.

Port. Arbriſſeau qui s'éleve au plus à la hauteur de deux pieds; les fleurs en grappes axillaires, latérales; les feuilles éparſes, raſſemblées au ſommet, toujours vertes.

Lieu. Les montagnes, à l'ombre, dans les forêts du Lyonnois, du Bugey, &c.

Propriétés. Les feuilles, les fruits, l'écorce de la racine & de toute la plante, ſont très-âcres & cauſtiques, déterſives, purgatives, draſtiques, dangereuſes.

Uſages. On ſe ſert rarement des feuilles & de la racine, encore plus rarement des baies; on emploie ſeulement ces dernieres à l'extérieur, pour les dartres & la gale.

Cl. XX. Sect. I.

577. LA LAURÉOLE FEMELLE, Méséréon *ou* Bois-Gentil.

THYMELÆA laurifolio deciduo, sive Laureola *femina.* I. R. H.
DAPHNE mesereum. L. *8-dria, 1-gynia.*

Fleur. } Caracteres de la précédente.
Fruit. }

Feuilles. Plus petites, plus molles, moins luisantes que celles de la précédente, sessiles & lancéolées comme elles.

Racine. Ligneuse.

Port. Arbrisseau dont les tiges sont hautes de trois coudées, pliantes, cylindriques; l'écorce paroît double, l'extérieure mince, cendrée, l'intérieure verte en dehors, blanchâtre en dedans; les fleurs rouges, sessiles, trois à trois sur les tiges; les feuilles tombent l'hiver.

Lieu. Les Alpes, les Pyrénées, &c.

Propriétés. } L'usage de ces deux arbrisseaux
Usages. } paroît douteux, sur-tout pour l'intérieur; la dose de l'écorce & des feuilles en poudre, est depuis gr. vj jusqu'à ℈ ß pour les hommes; & pour les animaux de ℥j à ℥j ß.

OBSERVATIONS. Dans les Garous, *Daphne*, calice nul, corolle à quatre segmens, renfermant huit étamines & un pistil; baie à une semence.

Les GAROUS à fleurs latérales.

1°. Le Garou Bois-Gentil, *Daphne Mezereum*, à fleurs assises, trois à trois sur les tiges; à feuilles caduques, lancéolées. Lyonnoise, sur les montagnes; en Lithuanie, dans la plaine.

Les fleurs naiſſant deux à deux, ou trois à trois, quatre à quatre, aſſez rapprochées, forment comme un épi cylindrique, terminé par un paquet de feuilles à peine développées. Nous avons trouvé des fleurs à cinq ſegmens; la variété à fleurs blanches, étoit aſſez commune près de Grodno; les fleurs ſont aromatiques, à tubes velus; la baie rouge, ovale. Toutes les parties de cet arbriſſeau ſont âcres, brûlantes; les baies, qui au premier moment de la maſtication, paroiſſent douces, laiſſent dans l'arriere-bouche une ſenſation brûlante qui dure pluſieurs heures; les ſemences même ſont très-âcres & draſtiques; les feuilles & l'écorce ſont tellement cauſtiques, qu'elles ſuffiſent pour faire eſcarre & produire des cauteres. On emploie beaucoup à Lyon ce moyen pour former des cauteres. Des obſervations modernes prouvent l'utilité de la décoction des racines de Garou, contre la vérole; on l'édulcore avec des mucilagineux. Quelque féroce que ſoit cet arbriſſeau, on peut, en le donnant à très-petite doſe, en tirer de grands avantages contre pluſieurs maladies qui réſiſtent à tout autre remede. D'après nos obſervations, nous ſommes en droit d'annoncer que la pulpe des baies un peu torréfiée, unie avec la gomme, & preſcrite en pilules à un grain, eſt un des meilleurs fondans, & peut-être le vrai ſpécifique des dartres les plus rebelles.

2.° Le Garou thimelé, *Daphne Thymelæa*, à fleurs aſſiſes aux aiſſelles; à feuilles lancéolées; à tiges très-ſimples. En Languedoc, en Provence.

Feuilles liſſes; fleurs d'un vert jaunâtre; à quatre étamines.

3.° Le Garou ſoyeux, *Daphne Tartonraira*, à fleurs axillaires, agrégées, aſſiſes; à feuilles ovales, nerveuſes, cotonneuſes, molles. En Provence.

4.° Le Garou des Alpes, *Daphne Alpina*, à fleurs aſſiſes, agrégées, latérales; à feuilles lancéolées, un peu obtuſes, cotonneuſes en-deſſous. En Suiſſe, en Dauphiné.

Sous-arbriſſeau d'une coudée; à écorce cendrée; à rameaux ſans ordre; les feuilles en roſe terminant les rameaux, cotonneuſes dans leur jeuneſſe, preſque liſſes en vieilliſſant; fleurs velues, blanches ou roſes.

Cl. XX.
Sect. I.

5.° Le Garou Lauréole, *Daphne Laureola*, à fleurs inclinées, axillaires, cinq à cinq ; à feuilles lisses, lancéolées, persistantes. Lyonnoise, en Autriche. *Voyez le Tableau 576.*

Nous le préférons, comme plus commun dans nos Provinces, au Bois-Gentil ; il a les mêmes propriétés.

Les GAROUS à fleurs terminant les rameaux.

6.° Le Daphne odorant, *Daphne Cneorum*, à fleurs assises, en faisceaux, terminales ; à feuilles nues, lancéolées, aiguës. En Bourgogne, dans le Lyonnois, dans le Dauphiné sur les montagnes, en Allemagne dans les plaines.

Sous-arbrisseau rameux, haut de six pouces ; feuilles resserrées vers le haut des branches, linaires, annuelles, lisses ; à nervure piquante ; fleurs très-odorantes, rouges, entassées au sommet des rameaux, & environnées de feuilles. On le trouve à fleurs blanches, quoique à fleurs odorantes, ses feuilles sont âcres ; on prétend qu'il fleurit deux fois dans l'année.

7.° Le Garou en panicule, *Daphne Gnidium* à fleurs en panicule, terminant les rameaux ; à feuilles linaires, lancéolées, aiguës. En Languedoc.

Tige rameuse dès la base, haute d'un pied ; feuilles très-rapprochées vers le sommet des branches, linaires, lancéolées, très-lisses, terminées par une pointe aiguë ; fleurs blanches ou rougeâtres, pédunculées, & formant un panicule peu établi. Les péduncules & les corolles couverts d'un duvet cotonneux.

Son écorce macérée dans le vinaigre, est employée comme vésicatoire ; d'ailleurs tous les Garous récelent ce principe âcre, rubéfiant, dans leurs feuilles, leurs racines & leurs écorces.

578. L'ALATERNE.

ALATERNUS prior. Cluſ. Hiſt.
RHAMNUS alaternus. L. *5-dria*, *1-gyn.*

Fleur. } Caractéres du Nerprun, n.° 575. Les *Fruit.* } fleurs mâles ſéparées des femelles ſur différens pieds; la corolle diviſée en cinq, le ſtigmate en trois.

Feuilles. Pétiolées, ſimples, dures, lancéolées, ovales, dentées en maniere de ſcie, les dentelures piquantes.

Racine. Ligneuſe.

Port. Arbriſſeau toujours vert, qui forme un joli buiſſon; les fleurs axillaires, ſolitaires, pédunculées, raſſemblées en petites grappes; les feuilles alternes, ayant à leur baſe deux ſtipules épineuſes qui perſiſtent peu de temps, & qui les diſtinguent des feuilles du Filaria.

Lieu. Les terrains humides, en Provence & en Languedoc.

Propriétés. } Du Nerprun, n.° 575.
Uſages. }

579. LE FILARIA.

PHILLYREA latifolia ſpinoſa. I. R. H.
PHILLYREA latifolia. L. *2-dria*, *1-gyn.*

Fleur. Monopétale; le tube à peine ſenſible, le limbe diviſé en quatre ſegmens recourbés, aigus; le calice monophille, tubulé, à quatre dentelures, deux étamines.

Fruit. Baie ronde, uniloculaire, renfermant une ſemence groſſe & ronde.

Feuilles. Simples, en forme de cœur, ovales, dentées en maniere de ſcie, fermes, dures, luiſantes.

Racine. Rameuſe, ligneuſe.

Port. Arbriſſeau qui s'éleve très-haut contre les murs ; le bois jaune, médiocrement dur ; l'écorce blanchâtre, cendrée, ridée ; les fleurs axillaires, raſſemblées ; les feuilles oppoſées, toujours vertes.

Lieu. Les lieux pierreux, incultes du Languedoc & des Provinces Méridionales de France.

Propriétés. Ses feuilles paſſent pour vulnéraires, aſtringentes, antirhumatiſmales.

Uſages. On en fait peu d'uſage en Médecine.

OBSERVATIONS. Dans les Filarias, la corolle eſt à quatre ſegmens, la baie à une ſemence.

1.° Le Filaria moyen, *Phillyrea media* ; à feuilles ovales, lancéolées, à peine crénelées. En Languedoc.

2.° Le Filaria à feuilles étroites, *Phillyrea anguſtifolia*, à feuilles linaires, lancéolées, ſans dentelures. En Provence.

Peut-être n'eſt-ce qu'une variété du précédent.

3.° Le Filaria à larges feuilles, *Phillyrea latifolia*, à feuilles ovales, en cœur, à dents de ſcie. En Languedoc.

Il y a une variété à feuilles ſans dentelures, & à feuilles panachées.

Les ſemences des Filarias ne ſortent de terre qu'au bout de deux ans ; on multiplie ces arbriſſeaux par marcottes ; comme ils conſervent leurs feuilles, ils ſervent d'ornement dans les boſquets d'hiver. Le bois du Filaria eſt médiocrement dur, il reſſemble aſſez à celui du Buis par ſa couleur jaune, qui cependant eſt peu durable.

580. LE TROÊNE.

CL. XX.
SECT. I.

LIGUSTRUM. J. B.
LIGUSTRUM vulgare. L. *2-dria, 1-gyn.*

Fleur. Monopétale, infundibuliforme, le tube cylindrique, plus long que le calice qui eſt très-court, à quatre petites dents ; le limbe ouvert, diviſé en quatre découpures lancéolées ; le calice petit, tubulé, à quatre dentelures obtuſes ; deux étamines.

Fruit. Baies rondes, liſſes, à une ſeule loge, noires dans la maturité, renfermant quatre ſemences convexes d'un côté, anguleuſes de l'autre.

Feuilles. Simples, très-entieres, liſſes, ovales, oblongues, terminées en pointe, ſans aucunes dentelures, portées ſur de courts pétioles.

Racine. Rameuſe, ligneuſe.

Port. Arbriſſeau qui conſerve ſa verdure dans les hivers doux ; l'écorce cendrée, blanchâtre ; le bois blanc, tendre, pliant ; les fleurs blanches, diſpoſées en petites grappes, au ſommet des branches ; les feuilles & les branches oppoſées.

Lieu. Les forêts, les haies ; cultivé en paliſſade dans les jardins. Lyonnoiſe.

Propriétés. Les feuilles ont un goût âcre & un peu amer, les fleurs une odeur forte, peu agréable ; les feuilles ſont aſtringentes, déterſives ; les fleurs plus déterſives & moins aſtringentes.

Uſages. Intérieurement l'on donne aux hommes le ſuc des fleurs & des feuilles, juſqu'à la doſe de ℥ iv, ou la décoction de l'une & de l'autre, juſqu'à ℥ vj ; extérieurement, on ſe ſert de cette décoction en gargariſme, dans les ulceres de la bouche. On donne aux animaux la décoction de toute la plante, faite avec poig. ij ſur ℔ j ß d'eau.

Cl. XX. Sect. I.

Observations. La corolle à quatre ſegmens, la baie à quatre ſemences, fourniſſent le caractere eſſentiel du Troêne, *Liguſtrum*; on trouve des corolles à cinq ſegmens; ce genre n'offre qu'une ſeule eſpece.

1.° Le Troêne vulgaire, *Liguſtrum vulgare*; on trouve des variétés à feuilles trois à trois; à feuilles panachées; à baies blanches; à baies à deux loges.

La décoction des feuilles eſt utile en gargariſme, contre l'angine catarrale, & lorſque les dents vacillent par le relâchement des gencives. On a auſſi haſardé des injections avec cette décoction, pour ſupprimer des anciennes gonorrhées & des pertes blanches; mais quoique aſtringent peu énergique, cette pratique exige beaucoup de prudence: en ſupprimant de ſemblables écoulemens, on s'expoſe le plus ſouvent à des reflux d'humeurs qui cauſent des maladies très-ſérieuſes. Les fleurs aromatiques ont été rarement preſcrites en infuſion; cependant leur odeur aſſez pénétrante & particuliere, leur aſſure les vertus des aromates légers. On retire des baies une couleur noire; ſi on ajoute des acides, on a la rouge; en faiſant macérer dans l'urine, on a la pourpre; ſi on ajoute du vitriol de mars, on obtient la couleur verte; on colore les vins blanc en rouge, en délayant le ſuc des baies de Troêne. Cet arbuſte fortifie les haies; ſes rameaux donnent des liens & ſervent aux ouvrages de vannerie; le bois de la baſe du tronc, qui eſt aſſez dur, eſt recherché par les Tourneurs. Les vaches, les chevres & les moutons mangent le Troêne que les chevaux négligent.

581. LE LAURIER.

Laurus vulgaris. C. B. P.
Laurus nobilis. L. *9-dria*, *1-gynia*.

Fleur. Monopétale; corolle découpée en quatre ou cinq ſegmens ovales, aigus, concaves, droits, ſans calice; un nectar compoſé de trois tubercules colorés, aigus, qui entourent le germe & ſe terminent par deux especes de poils; les trois filamens intérieurs portent des glandes.

Fruit. A noyau ovale, pointu, à une seule loge, entouré de la corolle, contenant un noyau ovale, aigu.

Feuilles. Fermes, dures, pétiolées, simples, très-entieres, lancéolées, veinées, d'un vert luisant.

Racine. Ligneuse, épaisse, inégale.

Port. Arbre de moyenne grandeur; tiges droites; écorce mince, verdâtre; bois fort & pliant; fleurs axillaires, péduncúlées; les péduncules solitaires, portant plusieurs fleurs; feuilles alternes, toujours vertes.

Lieu. Les forêts d'Espagne, d'Italie; cultivé dans les jardins.

Propriétés. Les feuilles sont d'une saveur âcre, aromatique; la semence odorante, âcre & un peu amere; les feuilles & les baies stomachiques, incisives, nervines, cordiales, résolutives, détersives, antiseptiques.

Usages. Les feuilles & les baies sont très-usitées en Médecine; des feuilles fraîches, on fait pour l'homme des décoctions, des feuilles seches une poudre, à la dose de ʒ j; la décoction des feuilles se donne aussi en lavement; les baies échauffent plus que les feuilles. On tire du Laurier quatre especes d'huiles; la premiere est fournie par les baies macérées dans de l'eau, & distillées; elle a toutes les vertus des huiles aromatiques; intérieurement, elle est carminative; on la prescrit depuis goutt. iij jusqu'à vj. Pour avoir la seconde espece d'huile, on fait bouillir les baies dans de l'eau qui, lorsqu'elle est froide, laisse surnager une huile verdâtre, moins spécifique que la précédente. La troisieme se tire par expression, des baies seulement; elle est encore moins pénétrante que la précédente; on la donne jusqu'à gr. x ou xij; une plus forte dose occasionneroit des nausées. La quatrieme est la moins forte, & se fait avec les baies & les feuilles; on s'en sert à l'extérieur comme d'un liniment. On les mêle avec des emplâtres.

On donne pour les animaux la poudre à ℥ ß & on fait la décoction des feuilles avec poig. j dans ℔ j d'eau.

OBSERVATIONS. Dans les Lauriers, *Lauri*, le nombre des étamines varie de six à neuf; les segmens ou pétales de la corolle sont aussi incertains, de quatre à six. On trouve des Lauriers dioïques, des polygames. Nous ne possédons en Europe, de ce beau genre qui présente seize especes, que le Laurier noble, *Laurus nobilis*, à feuilles persistantes, lancéolées, veinées; à fleurs à quatre segmens. En Languedoc, en Suisse.

Le plus souvent nos Lauriers sont dioïques; les baies d'un bleu foncé, ou presque noires; à écorce en réseau; les feuilles sont aromatiques, un peu ameres; les baies âcres, aromatiques; ces qualités assurent aux feuilles & aux baies des vertus éminentes dans toutes les maladies de foiblesse, d'atonie, tant aiguës que chroniques; cependant les Praticiens négligent un arbre qu'ils ont sous la main, pour employer avec mystere les congéneres des Indes. Peut-être ce qui a fait négliger le Laurier, c'est que quelques anciens Pharmacologistes ont avancé que les baies faisoient avorter; mais on sait aujourd'hui que ces fruits, même à haute dose, n'ont jamais produit cet effet.

Le Laurier un peu abrité, supporte très-bien le froid de nos hivers; on le multiplie de semences ou de marcottes; il exige un terrain sec; il s'éleve, même en Suisse, jusques à trente pieds; ses rameaux assez flexibles fournissent d'excellens cercles pour les barils.

582. LE JASMIN COMMUN.

CL. XX.
SECT. I.

JASMINUM vulgatius, flore albo. C. B. P.
JASMINUM officinale. L. 2-*dria*, 1-*gyn.*

Fleur. Monopétale ; le tube cylindrique, alongé ; le limbe plane, divisé en cinq segmens ; le calice tubulé, oblong, à cinq dentelures capillaires ; deux étamines cachées dans le tube.

Fruit. Baie molle, ovale, lisse, biloculaire, renfermant deux semences oblongues, enveloppées d'une membrane (*arillus*), convexe d'un côté, & de l'autre aplatie.

Feuilles. Ailées, les folioles sessiles, ovales, lancéolées, terminées par une impaire plus longue que les autres.

Racine. Rameuse, ligneuse.

Port. Arbrisseau à tige sarmenteuse, qu'on éleve en palissade ; l'écorce des troncs brune, celle des rameaux verdâtre ; le bois jaune, dur ; les fleurs blanches, pédunculées, disposées à l'extrémité des tiges ; feuilles opposées. Le Jasmin d'Espagne dont la corolle est plus grande, & rouge avant son épanouissement, n'est qu'une variété du Jasmin commun.

Lieu. Originaire des Indes ; cultivé dans nos climats, où il produit rarement son fruit.

Propriétés. Les fleurs ont une odeur très-agréable ; elles sont cordiales, céphaliques.

Usages. On se sert très-fréquemment des fleurs pour composer des parfums, des huiles odorantes, des pommades, &c. On en fait peu d'usage en Médecine.

OBSERVATIONS. Dans les Jasmins, *Jasmina*, les segmens du calice & de la corolle présentent des variétés ;

Cl. XX. Sect. I.

nous trouvons parmi les cultivés, des calices & des corolles à quatre, à cinq, à sept, à huit segmens; quelquefois la corolle du Jasmin d'Espagne en a jusques à quinze. Nous avons :

1.° Le Jasmin officinal, *Jasminum officinale*, à feuilles opposées, ailées; à folioles distinctes. Originaire de l'Inde, devenu spontané en Suisse & en Languedoc. *Voyez le Tableau* 582.

Le principe aromatique du Jasmin est très-fugitif, on ne peut l'obtenir qu'en entassant beaucoup de fleurs couche par couche sur des lacis de coton huilé; ce principe passe dans l'huile. En exprimant on a une huile aromatisé de Jasmin; en mêlant cette huile avec l'esprit-de-vin, & battant long-temps en secouant le flacon, l'aromate impregne l'esprit-de-vin; mais il se perd promptement, même dans des flacons bien bouchés. Le Jasmin est un des beaux ornemens des jardins; comme ses rameaux sont très-flexibles, on en fait des berceaux, on en tapisse les murs; comme les fleurs se développent successivement, on jouit assez long-temps de leur agréable odeur qui est très-pénétrante sur le soir.

2.° Le Jasmin jaune, *Jasminum fruticans*, à feuilles alternes, ternes & simples; à rameaux anguleux; assez commun dans nos Provinces, spontané dans nos haies; calice profondément divisé en cinq segmens; corolle jaune; les feuilles naissent une à une, ou trois à trois; elles sont petites, d'un vert foncé; les fleurs terminent les rameaux, elles n'ont point d'odeur.

583. L'ARBOUSIER.

ARBUSTUS folio serrato. C. B. P.
ARBUSTUS unedo. L. *10-dria, 1-gyn.*

Fleur. Monopétale, imitant un grelot, ovale, aplatie en-dessous, découpée en cinq parties par ses bords qui sont recourbés en-dehors; dix étamines; le calice très-petit.

Fruit. Baie rouge, ronde & ſucculente, diviſée en cinq loges qui renferment de petites ſemences oſſeuſes.

Feuilles. Pétiolées, ſimples, entieres, liſſes, fermes, dentées en maniere de ſcie, reſſemblant à celles du Laurier, n.° 581.

Racine. Ligneuſe.

Port. Arbriſſeau de cinq pieds, dont la tige eſt droite, rameuſe; l'écorce rude; le bois dur; les fleurs diſpoſées en grappes; les feuilles alternes & toujours vertes; une petite feuille florale, ou écaille rougeâtre au-deſſous de chaque fleur; corolle blanchâtre.

Lieu. Les Provinces Méridionales de France.

Propriétés. Les feuilles ſont diaphorétiques; les feuilles, le fruit & l'écorce, aſtringens.

Uſages. On les donne en décoction, mais rarement; l'uſage en eſt dangereux; les fruits cauſent l'ivreſſe, des vertiges, & ſtupéfient.

* 583. LA BUSSEROLE, Raiſin d'Ours.

UVA urſi. I. R. H.
ARBUTUS uva urſi. L. *10-dria, 1-gynia.*

Fleur. } Caracteres de la précédente, la corolle
Fruit. } plus petite, d'un rouge tendre; la baie d'un beau rouge, à cinq ſemences.

Feuilles. Pétiolées, petites, ſimples, charnues, dures, très-entieres, ovales, nerveuſes, un peu élargies vers leur ſommet.

Racine. Ligneuſe.

Port. Petit arbuſte preſque rampant; les tiges courbées vers la terre, aſſez nombreuſes; les fleurs à leur sommet, disposées en grappes; feuilles opposées, quelquefois alternes.

Lieu. Les Alpes, les montagnes de Geneve, dans les bois montagneux.

Proprietés. La plante est sans odeur, les baies ont un goût styptique, & sont corroboratives, astringentes, & un excellent diurétique.

Usages. On l'a employée de nos jours avec avantage contre le calcul; elle est très-recommandée par les Médecins du Nord. On la donne en poudre, à la dose de ʒ j pour l'homme, & de ℥ ß pour les animaux.

OBSERVATIONS. Dans les Arbousiers, *Arbuti*, le calice a cinq segmens; la corolle ovale, comme transparente au-dessous de la gorge; la baie à cinq loges; dix étamines, un pistil.

1.° L'Arbousier commun, *Arbutus Unedo*, à tige en arbre; à feuilles lisses; à dents de scie; à baies à plusieurs semences. Sur les bords du Rhône, au-dessus de Valence & en Languedoc. *Voyez le Tableau* 583.

La baie grosse comme des cerises, & à tubercules causés par la saillie d'une foule de semences qu'elle renferme, fournit une bonne nourriture aux oiseaux, elle est d'une douceur fade. Cet arbrisseau s'accommode assez bien de toutes sortes de terres; on l'éleve de semences ou de marcottes; il conserve ses feuilles pendant l'hiver; les enfans mangent le fruit.

2.° L'Arbousier des Alpes, *Arbutus Alpina*, à tige couchée; à feuilles ridées; à dents de scie. En Dauphiné, en Suisse, sur les montagnes du Lyonnois.

Arbrisseau d'une coudée; à feuilles à réseau, un peu velues, ovales, lancéolées; corolle en grelot, blanche; à gorge verte; baies à cinq semences, grosses comme des cerises, bleues, d'une saveur assez agréable.

3.° L'Arbousier Busserole, *Uva ursi*, à tige couchée; à feuilles très-entieres. En Dauphiné, sur les montagnes, très-commun dans les plaines de Lithuanie, il tapisse la terre dans les forêts de Pins.

Toute la plante est assez astringente; le suc des

feuilles eſt amer; l'extrait aqueux eſt amer, un peu balſamique ; la décoction eſt amere, âpre.

Les Médecins de Montpellier avoient déjà annoncé les vertus de la Buſſerole dans les ſtranguries & coliques néphrétiques, cauſées par les graviers. M. de Haen en fit un grand uſage dans les mêmes maladies, il a rendu compte de ſes ſuccès. Voyez le *Ratio medendi.* Pluſieurs Praticiens ſe ſont aſſurés que quoique les feuilles en décoction & en poudre ne diſſolvent pas le calcul, cependant elles calment les douleurs ; pluſieurs calculeux ont été évidemment ſoulagés, quelques-uns ont rendu de gros graviers, & une quantité étonnante de glaires. Nous avons cent fois vérifié ces obſervations ; ainſi nous regardons la Buſſerole comme une plante précieuſe, ſur-tout dans des maladies pour leſquelles on n'avoit auparavant aucun remede efficace ; cependant quelques ſujets ne peuvent ſupporter ni la poudre ni la décoction ; elles leur cauſent des anxiétés, des vomiſſemens. Les feuilles ſervent à tanner les cuirs, & donnent, animées avec le vitriol, une teinture noire. On trouve ſur les radicules le kermès de Pologne, qui fournit une belle couleur pourpre.

SECTION II.

Des Arbres & des Arbriſſeaux à fleur monopétale, dont le piſtil devient une baie remplie de ſemences oſſeuſes.

584. LE STORAX.

STYRAX folio mali cotonei. C. B. P.
STYRAX officinale. L. *10-dria, 1-gynia.*

FLEUR. Monopétale, infundibuliforme ; le tube court, cylindrique, de la longueur du calice ; le

Cl. XX. Sect. II.

limbe grand, ouvert, à cinq découpures lancéolées, obtuses; le calice d'une seule piece cylindrique, droit, court, découpé en cinq; douze étamines au moins.

Fruit. Charnu, obrond, uniloculaire, renfermant deux noyaux obronds, pointus, convexes d'un côté, planes de l'autre.

Feuilles. Pétiolées, simples, ovales, sans dentelures, d'un vert luisant en-dessus, couvertes d'un duvet blanc en-dessous, ressemblant à celles du Coignassier, n.° *636*.

Racine. Ridée, cannelée, presque articulée, ronde; l'écorce noirâtre.

Port. Grand arbrisseau odorant, résineux, ressemblant au Cognassier, par son tronc, son écorce, ses feuilles, qui cependant sont plus petites; les fleurs blanches, pédunculées; les pédunculés naissent à l'insertion des feuilles, & portent ordinairement deux fleurs; feuilles alternes.

Lieu. La Syrie, la Judée, l'Italie.

Propriétés. } On n'emploie en Médecine que *Usages.* } son baume, qui est une gomme-résine, dont on distingue trois especes connues sous le nom de *storax;* elle est vulnéraire, détersive.

OBSERVATIONS. Dans le Storax ou Aliboufier, le calice est au-dessous du germe; la corolle en entonnoir; le fruit charnu renferme deux semences: on ne connoît qu'une espece de cet arbre.

1.° Le Storax officinal, *Styrax officinale*, c'est le Storax à feuilles de Cognassier de Gaspard Bauhin.

Le Storax peut se multiplier par marcottes & par semences, mais il faut les tenir à l'ombre sous de grands arbres.

Cet arbre est très-estimable par le baume d'une odeur fort agréable qui découle des incisions qu'on fait à son tronc & à ses branches.

C'est une gomme-résine en masse rougeâtre, molle, frangible; si on la rompt, on y observe des grains blancs;

ſi on la frotte long-temps entre les doigts, elle ſe moule comme une pâte. Son odeur eſt pénétrante, aromatique; ſa ſaveur amere, réſineuſe; elle eſt ſoluble par la ſalive; ſi on la jette ſur du charbon, elle brûle; ſa flamme eſt d'un blanc jaunâtre, & elle répand une odeur ſuave; le Storax ſe diſſout en grande partie dans l'eſprit-de-vin; ſi on le fait diſtiller, il donne peu d'eau, quelques gouttes d'une huile jaune, un flegme acide, enfin une huile épaiſſe qui ſe fige comme du beurre; ſi on bat long-temps & ſouvent cette huile dans l'eau, on en obtient un ſel eſſentiel, jaune, à raiſon d'un ſcrupule par chaque once de Storax.

585. L'OLIVIER FRANC.

OLEA ſativa. C. B. P.
OLEA Europæa. L. *2-dria, 1-gynia.*

Fleur. Monopétale; le tube cylindrique, de la longueur du calice; le limbe plane, diviſé en quatre découpures preſque ovales; le calice d'une ſeule piece, petit, tubulé, diviſé en quatre; deux étamines.

Fruit. Charnu, uniloculaire, glabre, preſque ovale, renfermant un noyau très-dur, ovale, oblong, ridé, dans lequel on trouve une amande.

Feuilles. Simples, entieres, lancéolées, ſans dentelures, épaiſſes, dures, d'un vert pâle en-deſſus, blanchâtres en-deſſous.

Racine. Ligneuſe, rameuſe.

Port. Arbre dont la tige eſt droite; l'écorce liſſe; le bois dur, ſur-tout à la racine; les fleurs paroiſſent au milieu de l'été, axillaires, ſolitaires, ou diſpoſées en petites grappes; les fruits ne mûriſſent qu'en hiver; feuilles oppoſées, toujours vertes; on diſtingue près de vingt ſortes d'Oliviers, qui ne différant les uns des autres que par la grandeur des feuilles, la couleur, la forme ou la grosseur des fruits, ne doivent passer que pour des variétés de la même espece.

Lieu. Les Provinces Méridionales de la France, l'Espagne, l'Italie.

Propriétés. L'écorce de l'arbre a un goût un peu amer ; les fruits sont amers & âcres, avant d'avoir été lessivés ; l'huile est douce ; le fruit tel qu'on le cueille, stomachique, âcre, échauffant ; après la lessive, il conserve les mêmes vertus, mais à un moindre degré, & devient indigeste ; l'huile est adoucissante, émolliente, laxative ; les feuilles astringentes.

Usages. L'huile est communément employée en Médecine, ainsi que dans les cuisines ; elle entre dans les lavemens, loks, fomentations, embrocations, cataplasmes, onguens, & se donne intérieurement pour l'homme, à la dose de ℥ j à ℥ iij, & pour les animaux, à la dose de ℔ ß.

OBSERVATIONS. Dans l'Olivier, *Olea*, la corolle est à quatre segmens ; le fruit charnu, à une semence dans un noyau. Des trois especes de ce genre, nous ne possédons en Europe que la suivante.

1.° L'Olivier d'Europe, *Olea Europæa*, à feuilles lancéolées. En Languedoc & en Provence.

Il soutient l'hiver près de Lyon, lorsqu'il est bien abrité. Nous avons pour principales variétés : 1.° L'Olivier à gros fruit, ou Olivier d'Espagne ; 2.° l'Olivier à petit fruit long, ou Olive picholine ; 3.° l'Olivier à fruit long, d'un vert foncé ; 4.° l'Olivier à fruit blanc ; 5.° l'Olivier à petit fruit rond ; 6.° l'Olivier à gros fruit long ; 7.° l'Olivier à gros fruit arrondi ; 8.° l'Olivier précoce, à fruit rond ; 9.° l'Olivier à fruit rond & très-vert ; 10.° l'Olivier à petits fruits en grappes ; 11.° l'Olivier à petit fruit rond, panaché de rouge & de noir ; 12.° l'Olivier à fruit odorant ; 13.° l'Olivier sauvage, à feuilles coriaces & velues par-dessous.

L'Olivier croît dans toutes sortes de terrains ; néanmoins les terres légeres & chaudes lui conviennent mieux que les terres fortes; quand les terres sont maigres, le fruit est de meilleure qualité. On multiplie les Oliviers de drageons enracinés qui poussent au pied des vieux Oliviers; les arbres ne donnent abondamment du fruit que tous les deux ans.

On cultive cet arbre précieux pour son fruit; on cueille les olives avant leur maturité, pour les confire; ce procédé consiste à leur faire perdre leur amertume, en les faisant macérer dans de l'eau salée, avec quelques plantes aromatiques. On confit les olives au commencement d'Octobre; on choisit les plus belles & les plus saines. Les olives bien mûres n'ont point besoin de macérer long-temps, ni d'être lavées plusieurs fois.

La quantité & la qualité de l'huile qu'on peut retirer des olives, varie suivant le sol & les différentes especes, ou plutôt les variétés; les sauvageons donnent un très-petit fruit qui fournit cependant une excellente huile. Si on choisit des olives bien mûres & bien saines, & cueillies à la main, qu'on les mette sous le pressoir, on obtient une huile vierge délicieuse. Si on entasse les olives mal choisies, moisies, ou trop long-temps laissées en tas, on n'obtient qu'une huile forte, puante, tant au pressoir qu'à l'eau bouillante. Ces huiles communes servent pour la fabrication du savon, résultat de l'union d'un alkali avec l'huile. Les huiles fines servent pour assaisonnement & pour nos médicamens : comme aliment, l'huile d'olive est assez indigeste; cependant, des personnes de tout âge, de tempérament différent, dans des Communautés entieres, comme les Minimes, mangent tout apprêté à l'huile, & nous n'avons aucun témoignage que ces Religieux soient plus sujets aux maladies & vivent moins que les autres : comme médicament, c'est un purgatif, à haute dose, à trois ou quatre onces. Nous pensons que la bonne huile d'olive vaut mieux à ce titre que l'huile d'amande douce, qui est louche lorsqu'elle est récemment exprimée, & âcre lorsqu'elle est ancienne. A petite dose, à une cuillerée, quelques Médecins, sur-tout les Italiens, la louent beaucoup dans les maladies aiguës, comme émolliente, tempérante; mais l'expérience nous a appris à être très-sobre sur son administration : dans l'état de fievre, elle se grumele, devient âcre, & les malades la rendent verte, avec de vives coliques. *Lisez sur l'Olivier l'excellent Mémoire de M. Amoureux, célebre Botaniste de Montpellier.*

586. L'OLIVIER SAUVAGE, *ou* de Boheme.

ELÆAGNUS orientalis angustifolius, fructu parvo olivæ-formi subdulci. T. Corol. Inst.

ELÆAGNUS angustifolius. L. *4-dria, 1-gynia.*

Fleur. Monopétale; le calice tient lieu de corolle; il est campanulé, divisé en quatre découpures aiguës, ouvertes, jaunes en-dedans, blanchâtres en dehors; quatre étamines.

Fruit. A noyau, imitant celui de l'Olivier, ovale, obtus, glabre, marqué d'un point à son sommet, contenant un noyau oblong, obtus, dans lequel on trouve une amande.

Feuilles. Ovales, lancéolées, portées sur de courts pétioles, molles, blanchâtres sur-tout en-dessous, comme velues & douces au toucher.

Racine. Rameuse, ligneuse.

Port. Arbre d'une hauteur médiocre; la tige droite, les jeunes rameaux blanchâtres, chargés d'un duvet blanc & cotonneux; le bois blanc, tendre, cassant; les fleurs sont en très-grand nombre, disposées le long des jeunes tiges, & placées deux à deux, ou trois à trois, à l'insertion des feuilles qui sont alternes; ces fleurs sont petites & répandent une odeur forte, mais agréable, qui, selon M. Duhamel, a fait appeler cet arbre par les Portugais, *l'arbre du Paradis.*

Lieu. La Boheme, la Syrie, l'Efpagne.
Propriétés. } On lui fuppofe les mêmes vertus
Ufages. } qu'à l'Olivier.

OBSERVATIONS. Dans l'Eléagne ou Olivet, *Elæagnus*, le calice fans corolle eft à quatre fegmens, & fupérieur au germe; fruit charnu, à noyau; on ne connoît en Europe qu'une efpece de ce genre.

L'Eléagne cotonneux, *Elæagnus anguftifolius*, à feuilles lancéolées. En Provence.

On trouve quelquefois le calice à cinq, fix, fept ou huit fegmens.

Cet arbriffeau s'éleve par marcottes, il ne craint aucun terrain; il fupporte très-bien en pleine terre, même fans être abrité, nos plus grands froids. Ceux que nous avons élevés étoient épineux dans leur jeuneffe; l'odeur forte & aromatique des feuilles, annoncent des propriétés pour les maladies avec foibleffe & atonie.

587. LE HOUX.

AQUIFOLIUM, five agrifolium vulgò. J. B.
ILEX aquifolium. L. *4-dria, 4-gynia.*

Fleur. Monopétale, en rofette, divifée en quatre fegmens arrondis, concaves, ouverts; le calice très-petit, à quatre dentelures; quatre étamines; quatre ftigmates fans ftyles.

Fruit. Baie charnue, arrondie, divifée en quatre loges, renfermant des femences folitaires, offeufes, obtufes, oblongues, convexes d'un côté, anguleufes de l'autre.

Feuilles. Pétiolées, fimples, entieres, ovales, aiguës, épineufes, luifantes, fermes & dures.

Racine. Ligneufe, rameufe.

Port. Arbriffeau difpofé le plus fouvent en

buiſſon, dans les haies, & qui dans les bois s'éleve à la hauteur d'un arbre ordinaire; l'écorce extérieure eſt d'un vert cendré; l'intérieure eſt pâle, le bois d'un beau blanc, un peu brun dans le centre; les fleurs axillaires & raſſemblées; les feuilles alternes, toujours vertes, perdent leur piquant lorſque le Houx s'éleve en arbre. Les Anglois cultivent une infinité de variétés de Houx qui ne forment réellement qu'une ſeule eſpece.

Lieu. Les bois, les haies. Lyonnoiſe.

Propriétés. L'écorce répand une odeur déſagréable; la baie a un goût douceâtre, nauſéeux; la décoction de la racine & de l'écorce eſt émolliente, réſolutive; les baies purgatives. La glu dont on ſe ſert pour prendre les oiſeaux, ſe fait avec l'écorce du Houx; elle eſt meilleure que celle du Gui; on rejette la pellicule extérieure; on pile l'intérieure; on en fait une pâte qu'on enterre à la cave, dans un pot; après qu'elle y a fermenté, on la retire; on la lave dans de l'eau; on enleve les filamens ligneux; la glu ſe ramaſſe en maſſe; la glu faite avec les baies & l'écorce, eſt réſolutive & émolliente.

Uſages. On doit craindre d'employer le Houx intérieurement, quoique quelques Auteurs preſcrivent les baies au nombre de dix ou douze pour purger les humeurs épaiſſes & pituiteuſes, chez les hommes; on pourroit en donner juſqu'à ſoixante, pour les animaux.

OBSERVATIONS. Dans le Houx, *Ilex*, on trouve des fleurs mâles, des fleurs femelles & des fleurs hermaphrodites, quelquefois la corolle à cinq ſegmens. Nous avons :

1.° Le Houx vulgaire, *Ilex aquifolium*, à feuilles ovales, aiguës, épineuſes. Commun dans nos bois.

Cette eſpece offre pluſieurs variétés, à fruit rouge, jaune, blanc; à feuilles plus ou moins panachées, plus ou ou moins épineuſes ſur les marges ou ſur les ſurfaces; les épines ſont cartilagineuſes.

Cet arbre produit un bel effet en paliſſade; ſes feuilles panachées, ou d'un beau vert, fixent agréablement la vue; comme il ſupporte bien la taille, on lui donne toutes les formes qu'on déſire. Dans nos forêts du Lyonnois il s'éleve peu, à cinq ou ſix pieds de hauteur.

Les feuilles ſéchées & miſes en poudre, preſcrites à la doſe d'un gros, dans une verrée d'eau, une heure avant l'accès, ont ſouvent emporté des fievres intermittentes. Le bois eſt très-dur, & ſe pétrifie aiſément. La glu qu'on retire de l'écorce eſt une maſſe réſineuſe, verte, très-molle, très-gluante, ſe formant en fils très-longs, lorſqu'on veut la déſunir; elle a l'odeur & la ſaveur de la térébenthine; elle ne ſe diſſout point par la ſalive; le froid la condenſe; elle ſe ramollit par la chaleur; expoſée au feu elle fond en crépitant; ſoumiſe à l'action de la flamme, elle s'allume difficilement, à moins qu'on ne la jette ſur des charbons ardens, alors elle jette une flamme aſſez vive; elle ſe diſſout dans l'eſprit-de-vin, les huiles eſſentielles, & dans les huiles par expreſſion, mais l'eau pure ne l'attaque point; quoique la glu ſoit très-tenace, cependant elle ne peut ſervir de colle.

SECTION III.

Des Arbres & des Arbrisseaux à fleur monopétale, dont le pistil devient un fruit membraneux.

588. L'ORME.

ULMUS campestris & Theophrasti. C. B. P.
ULMUS campestris. L. *5-dria, 2-gynia.*

FLEUR. Monopétale; le calice tient lieu de corolle, il est campanulé, divisé par ses bords en cinq parties droites, intérieurement colorées, vertes en dehors; cinq étamines.

Fruit. Membraneux, large, ovale, sec, comprimé, échancré à son sommet, renflé dans son centre, où se trouve renfermée une semence en forme de poire, un peu comprimée.

Feuilles. Pétiolées, simples, entieres, ordinairement rudes à leur surface, & par les bords dentées à double rang, en maniere de scie; les dentelures inégales vers la base.

Racine. Ligneuse.

Port. Grand arbre, dont le tronc est droit, l'écorce rude, brune & rougeâtre en dehors, blanche en dedans; les jeunes tiges souvent chargées de grosses vessies, produites par des pucerons qui les habitent; les fleurs pédunculées, disposées en tête, au sommet des tiges; feuilles opposées; les feuilles varient en grandes, petites, rudes, lisses, panachées; ce qui constitue autant de variétés qu'on se procure par la culture.

Lieu. Cultivé dans toute l'Europe.

Propriétés. La semence est remplie d'un suc doux; l'écorce & les feuilles d'un suc mucilagineux & gluant; l'écorce & les racines sont astringentes; la liqueur contenue dans les vessies, est vulnéraire & astringente.

Usages. La racine & l'écorce s'emploient en décoction, la liqueur des vessies s'applique sur les plaies.

OBSERVATIONS. Dans l'Orme, *Ulmus*, le calice sans corolle, à cinq segmens; le fruit est sec, comprimé, entouré d'une membrane; quatre ou cinq étamines, deux styles hérissés. Nous avons :

1.° L'Orme vulgaire, *Ulmus campestris*, à feuilles à dents de scie, chaque dent divisée, Lyonnoise, en Lithuanie.

Cet arbre offre plusieurs variétés, à feuilles plus ou moins rudes, plus ou moins grandes, panachées; à branches plus ou moins étalées.

L'écorce d'Orme est mucilagineuse, un peu astringente; elle donne par la décoction son mucilage, qui est doux, assez gluant. On a beaucoup vanté depuis quelques années cette décoction contre les dartres, l'hémoptysie, les pertes, & même les fievres intermittentes; ç'a été le remede à la mode dans tout le Royaume, sur-tout en 1784. Tous nos malades demandoient des tisanes d'Orme pyramidal; les Médecins raisonnables ne voyant aucun danger à laisser prendre ce remede, se sont contentés d'en étudier les effets sans prévention; leur conclusion, d'après une foule d'observations, c'est que le mucilage réuni avec un autre principe un peu âpre & amer, est un puissant adjuvant dans plusieurs maladies cutanées. Nous avons vu guérir par ce seul remede, plusieurs dartres, calmer des coliques avec diarrhées, tempérer les ardeurs d'urine, les ténesmes. Le bois d'Orme se tourmente beaucoup; les Menuisiers en font peu d'usage, mais les Charrons le recherchent; les

Tourneurs en font des vis de pressoir ; on en fait de bons tuyaux pour la conduite des eaux, parce qu'il se corrompt difficilement. Ce bois est très-bon pour le chauffage, & fournit un bon charbon. Tous les bestiaux mangent ses feuilles. Les vessies qu'on trouve sur les feuilles sont occasionnées par la piqûre des pucerons ; on en exprime une humeur gluante, qu'on regarde comme un bon défensif dans les plaies récentes.

SECTION IV.

Des Arbres & des Arbrisseaux à fleur monopétale, dont le pistil produit un fruit à plusieurs loges.

589. LE LILAC ou LILAS.

LILAC. Math.
SYRINGA vulgaris. L. 2-*dria*, 1-*gynia*.

FLEUR. Monopétale ; le tube cylindrique, très-long ; le limbe ouvert, à quatre segmens ovales, concaves, obtus ; le calice monophille, petit, tubulé, divisé par ses bords, en quatre dentelures ; deux étamines.

Fruit. Capsule oblongue, aplatie, terminée en pointes, biloculaire, renfermant des semences solitaires, oblongues, aplaties, pointues des deux côtés, bordées d'une aile membraneuse.

Feuilles. Pétiolées, simples, ovales, cordiformes, lisses, d'un vert pâle.

Racine. Ligneuse, rameuse.

Port. Grand arbrisseau dont la tige s'éleve assez droite, rameuse ; l'écorce d'un gris verdâtre, le bois tendre; les fleurs de couleur lilas, disposées au haut des tiges, en pyramides ovales, especes de grappes qu'on nomme *Thyrse*; les feuilles opposées; les Lilacs à fleurs blanches, à fleurs pourpres, à feuilles panachées, ne forment que des variétés; le Lilac de Perse à feuilles découpées, ou à feuilles de Troêne, est une espece différente, dont les fleurs sont plus petites, & disposées en grappes plus lâches.

Lieu. Originaire des Indes; cultivé dans nos jardins; on en trouve dans les haies.

Propriétés. On regarde sa semence comme astringente & antiépileptique.

Usages. On l'emploie en poudre ou en décoction; son usage est assez rare en Médecine.

OBSERVATIONS. Dans le Lilac, *Syringa*, la corolle a quatre segmens; la capsule a deux loges. Nous avons :

1.° Le Lilac vulgaire, *Syringa vulgaris*, à feuilles ovales, en cœur. Devenu spontané sur les côteaux du Rhône près de Lyon, très-commun dans les jardins abandonnés en Lithuanie.

Les filamens en partie collés sur les parois du tuyau de la corolle; les antheres s'élevent vers la gorge.

Cet arbrisseau se multiplie aisément de plants enracinés, vu que les vieux pieds poussent chaque année de jeunes rejets de leurs racines qui sont traçantes. On fait de belles allées avec le Lilac; il se taille à volonté; comme il pousse plusieurs tiges, ces haies ont beaucoup d'épaisseur; l'odeur des fleurs est douce & agréable, elles forment de grands bouquets très-agréables; les feuilles sont très-ameres; comme telles, elles sont très-avantageuses dans l'anorexie, la diarrhée par atonie; l'infusion des fleurs soulage les hypocondriaques, dissipe les coliques venteuses. Quoique les feuilles soient très-ameres, les vaches les mangent quelquefois.

2.° Le Lilac de Perse, *Syringa Persica*, à feuilles lancéolées. On cultive dans nos jardins les deux variétés: 1.° le Lilac à feuilles de Troêne, *Lilac ligustrifolio*, ou lancéolées, entieres; 2.° le Lilac lacinié, *Syringa laci-*

niata, à feuilles lancéolées, entieres & laciniées, comme ailées; à cinq ou six folioles, presque distinctes.

Les Lilacs de Perse forment de plus petits arbrisseaux; ils fleurissent en Mai; on doit donc les mettre comme le précédent dans les bosquets du printemps; les grappes des fleurs sont plus petites & moins garnies que celles de l'espece vulgaire.

Les Lilacs de Perse aiment une terre substantieuse; le vulgaire croît dans les plus aréneuses.

590. LA BRUYERE.

ERICA vulgaris glabra. C. B. P.
ERICA vulgaris. L. *8-dria, 1-gynia.*

Fleur. Monopétale, campanulée, droite, renflée, divisée en quatre parties; le calice composé de quatre folioles ovales, droites, colorées; huit étamines, dont les antheres sont fourchues dans cette espece.

Fruit. Capsule arrondie, plus petite que le calice, à quatre loges, à quatre valvules, renfermant des semences nombreuses & petites.

Feuilles. Lisses, étroites, en fer de fleche, terminées en pointe.

Racine. Ligneuse.

Port. Arbrisseau qui s'éleve à peine à la hauteur de deux pieds; l'écorce rude, rougeâtre; les fleurs axillaires & disposées en grappes à l'extrémité des tiges, quelquefois blanches; feuilles opposées.

Lieu. Les terrains incultes & arides.

Propriétés. Les fleurs & les feuilles sont apéritives, diurétiques & diaphorétiques.

Usages. On emploie les fleurs & les feuilles en décoction; l'eau distillée est, dit-on, ophtalmique, & l'huile tirée des fleurs est bonne dans les maladies cutanées.

OBSERVATIONS. Les Bruyeres, *Ericæ*, constituent un genre des plus nombreux, on en a déjà déterminé soixante & quatorze especes, dont seize sont Européennes; ces arbrisseaux s'étendent d'un pôle à l'autre, sur un certain nombre de degrés de longitude, sans s'étendre dans les deux Indes. On ne trouve dans les Provinces du Nord que deux especes. En France, en comprenant nos Provinces Méridionales, on n'en a trouvé que huit; les autres huit ne s'observent qu'en Espagne, en Italie & en Portugal; mais le très-grand nombre des especes de ce genre a été déterminé en Afrique au-delà des tropiques au Cap de Bonne-espérance; cette contrée en fournit plus de quarante especes.

Le caractere essentiel de ce beau genre est un calice de quatre feuillets, une corolle monopétale, huit étamines sur le réceptacle, un pistil supérieur, plusieurs semences dans une capsule.

La corolle dans ce genre est très-différente, suivant les especes; hypocratériformes, inégales, globuleuses, en godet, ovales, campaniformes, cylindriques, petites ou très-grandes. Les principales especes Européennes sont les suivantes.

Les BRUYERES à antheres à arêtes, à feuilles opposées.

1.° La Bruyere vulgaire, *Erica vulgaris*, à corolles en cloche, un peu plus courtes que le calice; le calice double; à feuilles en fer de fleche. Lyonnoise, en Lithuanie. *Voyez le Tableau 590.*

Les feuilles inférieures simples, collées contre la tige; les supérieures à appendices à la base. Il y a une variété à feuilles velues. Cet arbrisseau croît dans les terrains les plus stériles.

La Bruyere fournit d'assez bonnes couchettes aux paysans du Nord; on en remplit le fond des fossés pour faciliter l'écoulement des eaux; c'est une des ressources des abeilles; mais le miel n'en est pas des meilleurs, elle le rend jaune. On emploie la Bruyere dans la biere comme le Houblon; mais cette biere, ainsi préparée, ne se conserve pas. Les lievres mangent cet arbrisseau; il sert encore de litiere aux bestiaux; plusieurs oiseaux en tirent de grands avantages. Dans quelques pays la Bruyere sert à chauffer les poêles. On a remarqué que dans les Bruyeres, *Ericeta*, la neige fondoit plus promptement. On se sert, dans le Nord, des Bruyeres pour tanner les cuirs. Quoique astringentes, les chevres, les moutons en mangent les sommités.

Les BRUYERES *à antheres à arêtes ; à feuilles trois à trois.*

2.° La Bruyere vert pourpre, *Erica viridipurpurea*, à feuilles opposées, trois à trois, ou quatre à quatre; à corolle en cloche; à stigmate renfermé dans la corolle; à fleurs éparses le long des rameaux. En Languedoc.

Tige rameuse, de trois pieds; feuilles d'un vert noirâtre; les fleurs d'abord verdâtres, deviennent blanches, purpurines.

3.° La Bruyere à balai, *Erica scoparia*, à stigmate saillant, & en bouclier, hors de la corolle qui est en cloche. En Dauphiné, en Languedoc.

Tige de trois pieds; à rameaux un peu blanchâtres, quoique lisses; feuilles caduques; fleurs petites, d'un vert blanchâtre, ou jaunâtre, comme en anneaux.

4.° La Bruyere en arbre, *Erica arborea*, à stigmate saillant hors de la corolle qui est en cloche; à feuilles trois à trois, sur des rameaux cotonneux. En Languedoc.

Tige de cinq pieds, à branches droites, couvertes d'un coton blanc, très-fin; feuilles très-petites, redressées, serrées; fleurs blanches, par petites grappes latérales & paniculées; corolles ovales; étamines courtes.

Les BRUYERES *à arêtes, à feuilles quatre à quatre.*

5.° La Bruyere quaternée, *Erica Tetralix*, à stigmate renfermé dans la corolle qui est arrondie, ovale; à feuilles ciliées; à fleurs ramassées en têtes, terminant les branches. Dans les lieux aquatiques, en Alsace, en Suede.

Tige d'un pied, à rameaux très-grêles; à écorce d'un noir rougeâtre; feuilles très-ouvertes; fleurs purpurines ou blanches ; elle fleurit deux fois l'année, au printemps & en automne.

Les BRUYERES à antheres en crête ; à feuilles trois à trois.

6.° La Bruyere cendrée, *Erica cinerea*, à corolles ovales ; à stigmate en tête, un peu saillant ; à feuilles linaires, lisses ; à fleurs en grappes. Lyonnoise, en Danemarck.

Ecorce des rameaux cendrée ; fleurs bleuâtres.

Les BRUYERES à feuilles quatre à quatre ou plus, à antheres en crête.

7.° La Bruyere purpurine, *Erica purpurascens* ; à corolles en cloches ; à antheres mousses, bifides, saillantes ; à stigmate saillant ; à feuilles quatre à quatre ; à fleurs éparses. En Languedoc.

Couchée, à écorce purpurine, à fleurs rouges.

591. L'AGNUS CASTUS.

VITEX foliis angustioribus, cannabis modo dispositis. C. B. P.

VITEX agnus castus. L. *didyn. angiosp.*

Fleur. Monopétale, imitant les Personnées ; le tube cylindrique ; le limbe plane, divisé en deux levres, la supérieure partagée en trois parties, celle du milieu étant la plus large ; la levre inférieure divisée en trois portions, celle du milieu étant la plus large & la plus longue.

Fruit. Baie ronde, à quatre loges, renfermant des semences solitaires & ovales.

Feuilles. Pétiolées, digitées, composées de trois ou de cinq folioles attachées à un pétiole commun, alongées, étroites, pointues, très-entieres, quelquefois dentées en maniere de ſcie à leur extrémité.

Cl. XX. Sect. IV.

Racine. Ligneuſe, rameuſe.

Port. Arbriſſeau d'une moyenne grandeur, dont les rameaux ſont foibles, plians, blanchâtres, liſſes, répandant une odeur peu agréable; les fleurs au haut des tiges, diſpoſées en longs épis, verticillées, bleues ou blanches; feuilles oppoſées, imitant par leur diſpoſition celles du Chanvre, n.° 230. Les feuilles plus larges ne forment qu'une variété.

Lieu. Les lieux marécageux des Provinces Méridionales de France.

Propriétés. La ſaveur âcre, aſtringente, ſeche; la vertu légérement aſtringente, deſſicative, rafraîchiſſante.

Uſages. On emploie la ſemence, les feuilles & les fleurs; les fleurs & les feuilles en infuſion; & les feuilles & les ſommités appliquées extérieurement, ſont réſolutives; de la ſemence on tire une poudre très-rafraîchiſſante, qui ſe preſcrit en émulſion, depuis ʒ ß juſqu'à ʒ j dans ℥ vj d'eau de Nénuphar, n.° 242.

I.re OBSERVATION. Dans le Vitet, *Vitex*, le calice a cinq dents; le limbe de la corolle labiée, à ſix ſegmens; le fruit eſt une baie à quatre ſemences. Nous avons :

1.° Le Vitet verticillé, *Vitex Agnus caſtus*, à feuilles digitées; à folioles à dents de ſcie; à épis à anneaux. En Provence.

Cet arbriſſeau eſt aſſez généralement cultivé dans nos jardins, aux environs de Lyon. Nous en avons un pied dans le jardin de la Pharmacie de l'Hôpital, dont le tronc eſt fort, & qui forme un arbre gros comme un Poirier de quinze ans; ce joli arbriſſeau ſe multiplie facilement de bouture; il répand une odeur forte; comme ſes longs épis de fleurs ſont très-nombreux, il produit un bel effet dans les jardins d'été.

Les baies, ou fruits deſſéchés, ſont arrondies, un peu pointues au ſommet, groſſes comme des graines de

Chanvre, d'un roux noirâtre, aromatiques, d'une ſaveur âcre, poivrée; ſi on les mâche elles laiſſent une ſenſation d'ardeur dans l'arriere-bouche.

Nos anciens livres de matiere médicale, dont les Auteurs ont ſervilement copié Dioſcoride, ont attribué à l'Agnus caſtus des propriétés démenties par la ſaveur & l'odeur; ils croyoient que les ſemences étoient un frein aſſuré contre les déſirs effrénés; que dormant ſur les feuilles, la chaſteté étoit à l'abri de toute attaque; l'odeur aromatique des feuilles, la ſaveur poivrée des baies, lorſquelles ſont récentes, démentent ces aſſertions; auſſi l'infuſion des feuilles & des baies fraîches, eſt-elle plutôt cordiale, tonique, fortifiante, aphrodiſiaque.

Il eſt preſque inutile d'avertir que dans le ſyſtême de Tournefort, cet arbriſſeau eſt mal diſpoſé, il appartient à la famille des Labiées.

M. le Chevalier de la Marck a eu raiſon de modifier le nom *Vitex* en celui de *Vitet*; en l'adoptant, nous en uniſſons l'idée avec celle d'un Médecin célebre, qui par ſes talens & ſes vertus, honore notre patrie; la matiere médicale pour l'homme & les animaux, lui doit un progrès réel; il a, le premier, vérifié pluſieurs plantes dans les maladies du cheval, du bœuf & du mouton; ſa matiere médicale qui ſera bientôt publiée, prouvera avec quelle ſagacité il a ſu dévoiler les véritables propriétés des végétaux; ſa maxime fondamentale, qui devroit être celle de tous les Médecins, eſt d'employer un petit nombre de remedes ſimples, & de bien en ſuivre les effets. A tant de titres, M. Vitet mérite bien que ſon nom ſoit conſacré par la dénomination d'une plante officinale.

II.e OBSERVATION. En ſuivant l'ordre des inſtituts, nous trouvons encore dans cette Section un genre curieux, le Rhododendron ferrugineux, *Rhododendron ferrugineum*, à calice diviſé en cinq parties; à corolle en entonnoir, à dix étamines inclinées; à un piſtil; à capſules à cinq loges; à feuilles liſſes, teintes en-deſſous de couleur de rouille.

Ce bel arbriſſeau couvre les crêtes des montagnes de la Grande-Chartreuſe en Dauphiné; il produit un admirable effet par ſes feuilles, & ſur-tout par ſes fleurs qui ſont nombreuſes, aſſez grandes, pourpres, rarement blanches.

Cl. XX.
Sect. V.

SECTION V.

Des Arbres & des Arbrisseaux à fleur monopétale, dont le pistil devient une silique.

592. LE LAURIER ROSE.

NERION floribus rubescentibus. C. B. P.
NERIUM oleander. L. 5-dria, 1-gynia.

FLEUR. Monopétale, grande, infundibuliforme; le tube cylindrique, plus court que le limbe qui est grand, divisé en cinq découpures larges, obtuses; un nectar à l'ouverture du tube, formant une couronne frangée; le calice très-petit, divisé en cinq parties aigues.

Fruit. Espece de silique composée de deux follicules cylindriques, longues, s'ouvrant du sommet à la base, & renfermant des semences oblongues, nombreuses, couronnées d'une aigrette, & rangées les unes sur les autres en maniere de tuile.

Feuilles. Pétiolées, entieres, étroites, linéaires, lancéolées, pointues, marquées en-dessous d'une côte saillante, & sur les deux surfaces, de nervures qui les font paroître striées.

Racine. Ligneuse, jaunâtre.

Port. Petit arbre qui jette plusieurs tiges; on a soin de n'en laisser qu'une qui se ramifie à son sommet; l'écorce unie, blanchâtre; le bois jaunâtre, dur; les fleurs rouges ou blanches, rassemblées au sommet, en forme de grappes; les feuilles varient, ou toutes opposées ou ternées, ou les inférieures ternées & les supérieures opposées.

Lieu. Originaire des Indes; cultivé dans les jardins.

Propriétés. Les feuilles sont très-âcres au goût; elles sont sternutatoires, détersives, résolutives, purgatives, drastiques, dangereuses.

Usages. On réduit les feuilles en poudre. Ce seroit un sternutatoire trop violent, si on ne le mêloit avec quelque autre poudre. Des feuilles on fait des cataplasmes, des décoctions; on en compose avec du beurre un onguent pour la gale & autres affections cutanées. Au rapport de Galien, cette plante intérieurement, est un poison; & suivant de nouvelles observations, l'eau dans laquelle on a fait macérer les feuilles, devient un poison violent pour les moutons.

OBSERVATIONS. Dans le Nerion, *Oleander*, le tube de la corolle est terminé par une couronne frangée; le fruit offre deux follicules droites, à semences aigrettées. Ce genre appartient à la famille des Pervenches, à corolle torse, *contorta.*

1.° Le Nerion Laurier rose, *Nerium Oleander*, à feuilles lancéolées, linaires, ternes; à corolles couronnées. Originaire des Indes, spontanée en Provence. Nous avons vu de beaux pieds en pleine terre, dans un jardin à Perpignan; ces Nerions formoient une allée qui produisoit un effet étonnant. Dans nos jardins il faut élever en caisse ces arbrisseaux. On les multiplie de bouture. La saveur vive, âcre des feuilles, annonce de grandes vertus; peut-être fourniront-elles, données à petites doses, & masquées par un mucilage, un des meilleurs fondans & désobstruans. Quelques expériences déjà tentées, nous font espérer des succès dans les empâtemens des visceres, & les glandes aux mamelles.

Cl. XX.
Sect. VI.

SECTION VI.

Des Arbres & des Arbrisseaux à fleur monopétale, dont le calice devient une baie.

593. LE SUREAU.

SAMBUCUS fructu in umbellâ, nigro. C. B. P.
SAMBUCUS nigra. L. *5-dria. 3-gynia.*

FLEUR. Monopétale, en rosette, concave, divisée en cinq parties recourbées en dedans ; le calice très-petit, monophille, à quatre dentelures ; cinq étamines.

Fruit. Baie sphérique, uniloculaire, renfermant trois semences convexes d'un côté, anguleuses de l'autre.

Feuilles. Ailées, terminées par une impaire ; les folioles sessiles, ovales, alongées, pointues, dentées par les bords.

Racine. Ligneuse, longue, blanchâtre.

Port. Petit arbre dont les jeunes tiges sont souples, pliantes, remplies d'une moëlle blanche ; l'écorce extérieure des troncs, épaisse, rude, gercée, l'intérieure fine & verte ; les fleurs au sommet des tiges, disposées en maniere d'ombelle, portées sur de longs péduncules ; les baies rougeâtres avant la maturité, deviennent noires en mûrissant ; feuilles opposées ; les feuilles découpées comme du Persil, ne constituent qu'une variété de la même espece.

Lieu. Les haies, les terrains gras & humides.

Propriétés. Les feuilles de Sureau ont d'abord un goût d'herbe un peu ſalé, qui bientôt devient amer; le fruit eſt douceâtre; toute la plante a une odeur déſagréable & preſque nauſéeuſe; les feuilles ſont purgatives, diurétiques, laxatives lorſqu'elles ſont fraîches, diaphorétiques lorſqu'elles ſont ſeches; les fleurs réſolutives, répercuſſives, diaphorétiques; l'écorce intérieure purgative, hydragogue & diurétique.

Uſages. On emploie toutes les parties de cet arbre; les feuilles en décoction; les fleurs infuſées dans du petit-lait, contre les maladies de la peau; on en fait un vinaigre moins nuiſible à l'eſtomac que le vinaigre commun; l'écorce intérieure, infuſée dans du lait, du vin ou de l'eau, donne un purgatif doux; des baies on fait un rob, un extrait; on en tire un eſprit, un vin, une huile; le rob eſt diurétique, & un doux ſudorifique pour les hommes, il ſe donne depuis ʒj juſqu'à ℥ ß; l'extrait eſt antihyſtérique, on le preſcrit à la doſe de ℈, & même à ʒ j; l'eſprit eſt un fort ſudorifique, ainſi que le ſuc des baies; cet eſprit, auquel on ajoute un tiers d'eſprit-de-vin, compoſe le vin de Sureau; les grains de la baie, macérés dans l'eau chaude, & exprimés, donnent une huile qui extérieurement eſt très-réſolutive; ces grains ſont purgatifs; les feuilles s'appliquent en fomentations pour l'extérieur; des fleurs, on fait des infuſions, des cataplaſmes. On donne aux animaux, la décoction des fleurs, à poig. j, ſur ℔ j d'eau; l'écorce intérieure infuſée dans le vin, à ℥ j ſur une ℔ ß de vin.

CL. XX.
SECT. VI.

594. L'YEBLE, *ou* petit Sureau.

SAMBUCUS *humilis ſive Ebulus.* C. B. P.
SAMBUCUS *ebulus.* L. *5-dria, 3-gynia.*

Fleur. } Caracteres du précédent.
Fruit. }

Feuilles. Aſſez ſemblables à celles du précédent; les folioles plus longues, plus aiguës, plus dentelées.

Racine. N'eſt point ligneuſe, & ſeulement charnue, blanche, éparſe.

Port. Cet arbriſſeau perd chaque année ſes tiges, qui ſont herbacées, cannelées, anguleuſes, noueuſes, moëlleuſes comme celles du Sureau; ſes fleurs diſpoſées de la même maniere, les feuilles alternes; ſtipules de la nature des feuilles.

Lieu. Les champs & les terres labourables.

Propriétés. La racine a une ſaveur amere, un peu âcre & nauſéeuſe; les feuilles ſont ameres, & les baies encore plus. L'écorce moyenne des racines eſt un fort purgatif; ſa ſubſtance intérieure eſt plus aſtringente que le reſte de la plante; les baies & les graines ſont légérement purgatives; on croît les feuilles & les jeunes pouſſes plus douces. Toute la plante exhale une odeur forte & déſagréable, qui chaſſe les rats des greniers.

Uſages. Ses fleurs, ainſi que celles du Sureau, priſes intérieurement, ſont ſudorifiques; le ſuc de la plante eſt purgatif, & ſe donne pour l'homme, à la doſe de ℥ j; la décoction ou macération de l'écorce dans du vin, ſe preſcrit à la doſe, depuis ℥ ß juſqu'à ℥ ij; la ſemence en poudre, à la doſe de ʒ j; les ſemences macérées dans du vin blanc, ſont

ſont hydragogues; on les donne à la doſe de ʒ vj; les ſemences macérées dans de l'eau chaude, & exprimées fortement, donnent une huile réſolutive. Extérieurement on ſe ſert des feuilles, & encore plus des fleurs, en fomentation. L'écorce de la racine appliquée en cataplaſme, eſt très-diſcuſſive. Les fleurs en fomentation, avec du vin & des roſes rouges, ſont un bon remede contre les entorſes & les foulures. On donne aux animaux le ſuc à la doſe de ℥ iv, de même que le vin où l'on a fait macérer l'écorce, & la poudre des ſemences à ℥ ß.

OBSERVATIONS. Dans les Sureaux, *Sambuci*, le calice & la corolle à cinq ſegmens; les baies à trois ſemences. Nous avons :

1.° Le Sureau Yeble, *Sambucus Ebulus*, à tige herbacée. Lyonnoiſe, en Lithuanie. *Voyez le Tableau* 594.

2.° Le Sureau noir, *Sambucus nigra*, à tige ligneuſe; à fleurs comme en ombelle. Lyonnoiſe, en Lithuanie. *Voyez le Tableau* 593.

Les variétés, 1.° à baies vertes; 2.° à feuilles laciniées.

3.° Le Sureau à grappe, *Sambucus racemoſa*, à tige ligneuſe; à fleurs en grappes, ovales. Sur les montagnes du Lyonnois, en Pologne, près de Varſovie.

Son bois eſt plus dur; ſes baies rouges; les fleurs d'un jaune paille, trois ſtigmates.

Dans le Sureau noir, nous trouvons des corolles à quatre ſegmens, d'autres à ſept, & ſept étamines; rarement trois ſemences dans les baies, ſouvent deux.

Le Sureau & l'Yeble ont été regardés avec fondement comme préſentant les plus grandes reſſources pour la Médecine populaire. En effet, ils nous fourniſſent un émétique, un purgatif, un ſudorifique, un expectorant & un cordial; les jeunes pouſſes des feuilles de Sureau & d'Yeble purgent très-bien ſans colique; leur ſuc à deux onces, fait ſouvent vomir; l'écorce moyenne du Sureau eſt un puiſſant purgatif; deux onces du ſuc des fleurs purgent comme le Séné; l'infuſion des fleurs ſeches eſt diaphorétique; les cataplaſmes des feuilles appliquées ſur les œdemes, ſur les membres attaqués de rhumatiſme,

Cl. XX. Sect. VI.

excitent une ſueur locale, étonnante, & emportent quelquefois d'emblée ces maladies. L'extrait ou rob des baies, eſt un bon remede dans l'angine & la péripneumonie; nous l'avons ſouvent ordonné avec ſuccès. Les fleurs donnent au vin un goût de muſcat. Les moutons ſeuls mangent les feuilles du Sureau; les baies ſont un poiſon pour les poules; elles teignent d'un brun verdâtre le Lin préparé avec le bain d'alun, lorſqu'on le plonge dans leur décoction. Le bois des vieux pieds eſt aſſez dur pour être travaillé au tour. Le Sureau dans nos Provinces, garnit les haies ſans les défendre. La moëlle des rameaux, deſſéchée, eſt ſi légere, ſous un aſſez grand volume, qu'elle obéit au torrent électrique.

Les ſemences d'Yeble ſont diurétiques, purgatives, & quelquefois émétiques; le ſuc des racines augmente le cours de l'urine & purge fréquemment; il réuſſit dans quelques eſpeces d'hydropiſie; on le donne à deux drachmes délayé dans le vin blanc; la décoction des racines, priſe par verrées, purge & fait vomir; il faut l'édulcorer avec du miel. Les ſemences macérées dans l'eau, donnent une huile par expreſſion. Les beſtiaux ne touchent pont à l'Yeble. En général toutes les parties de cette plante paroiſſent plus énergiques que celles du Sureau. Dans le Nord on ſait préparer une eſpece de vin aſſez agréable avec le ſuc des baies de Sureau, édulcoré avec le ſucre ou le miel. On peut en retirer une bonne eau-de-vie.

595. L'OBIER.

OPULUS Ruelli.
VIBURNUM opulus. L. *5-dria, 3-gynia.*

Fleur. Monopétale, en roſette, diviſée en cinq découpures obtuſes, réfléchies; le calice petit & à cinq dentelures; cinq étamines; quelques fleurs ſtériles, les autres hermaphrodites.

Fruit. Baie arrondie, uniloculaire, renfermant

une ſeule ſemence oſſeuſe, aplatie, obronde, en orme de cœur.

Feuilles. Pétiolées, découpées en lobes, nerveuſes en-deſſous, ſillonnées en deſſus, imitant celles du Groſeillier à grappe, n.° 644.

Racine. Ligneuſe, rameuſe.

Port. Arbriſſeau dont la tige eſt droite; l'écorce d[illegible] jeunes tiges, liſſe, blanche; les fleurs blanche[illegible] diſpoſées au ſommet, en fauſſes ombelles, celles [illegible]e la circonférence ſtériles; les baies rouges; les feui[illegible] oppoſées, avec des glandes apparentes ſur leur p[illegible]iole.

Lieu. Les [illegible]rds des prés humides, les bords des bois, dans [illegible]s montagnes.

Propriétés. } *Uſages.* } [illegible] lui croit la même vertu purgati[illegible] qu'aux Sureaux; mais il n'eſt guere d'uſage en Mé[illegible]cine; l'eau diſtill[illegible] [illegible] fleurs eſt diurétique, & [illegible] fruit deſſéché aſtringent.

596. LA ROSE D[illegible] GUELDRES.

OPULUS flore globoſo. I. [illegible] H.
VIBURNUM opulus β roſeum. [illegible] 5-*dria*, 3-*gynia*.

Fleur. *Fruit.* *Feuilles.* *Racine.* *Port.* } Arbriſſeau qui n'eſt qu'une variété du précédent, dont il ne differe qu'en ce que ſes fleurs, au lieu d'être en eſpece d'ombelles, ſont diſpoſées en boules, & toutes ſtériles, ce qui l'a fait appeler auſſi *Pelotte de neige*, *Pain blanc*, *Caillebotte*, *Obier ſtérile.*

Lieu. La Province de Gueldres, d'où il a tiré ſon nom ordinaire; cultivé dans les jardins.

Propriétés. } *Uſages.* } On lui attribue la même vertu qu'au précédent; il eſt encore moins uſité en Médecine.

Cl. XX.
Sect. VI.

597. LA VIORNE, *ou* Coudre-Moinsinne.

VIBURNUM. Matth.
VIBURNUM lantana. L. *5-dria, 3-gyn.*

Fleur. } Caracteres de l'Obier, n.° 595.
Fruit. }

Feuilles. Pétiolées, simples, cordiformes, ovales, légérement dentées & sillonnées; d'un vert blanc en dessus; nerveuses, cotonneuses, blanchâtres en dessous.

Racine. Rameuse, ligneuse, à fleur de terre.

Port. Arbrisseau de six pieds, dont l'écorce est blanchâtre, les branches flexibles; le bois blanc; les fleurs au sommet, blanches, disposées en espece d'ombelle; les fruits verts dans les commencemens, rouges avec la maturité, noirs lorsqu'ils sont mûrs; feuilles opposées.

Lieu. Les haies, les buissons, les bois.

Propriétés. Les fleurs dans leur maturité ont un goût astringent; les feuilles & les baies sont rafraîchissantes & astringentes.

Usages. Les feuilles & les baies se donnent en décoction pour gargarisme.

598. LE LAURIER TIN.

TINUS prior. Clus. Hist.
VIBURNUM tinus. L. *5-dria, 3-gyn.*

Fleur. } Caracteres de l'Obier, n.° 595.
Fruit. }

Feuilles. Pétiolées, simples, entieres, ovales,

fermes, terminées en pointes dures, d'un vert foncé, & luiſantes en deſſus.

Racine. Rameuſe, ligneuſe.

Port. Arbriſſeau qui jette beaucoup de drageons par la racine, & qu'on peut élever à la hauteur des Orangers; l'écorce liſſe, blanchâtre, celle des jeunes pieds rougeâtre; les fleurs diſpoſées au haut des tiges en eſpece d'ombelle, rouges avant leur épanouiſſement, blanches lorſqu'elles ſont épanouies; les fruits noirs dans leur maturité; feuilles oppoſées, toujours vertes; l'arbriſſeau fleurit l'hiver & l'été.

Lieu. L'Eſpagne & l'Italie; cultivé dans les jardins, en le préſervant des gelées.

Propriétés. } Les baies ſont très-purgatives; la
Uſages. } plante peu employée en Médecine; on lui attribue les vertus de la *Viorne*, n.° précédent.

OBSERVATIONS. Dans les Viornes, *Viburna*, le calice au deſſus du germe; la corolle à cinq ſegmens; la baie à une ſemence.

1.° La Viorne Laurier-Tin, *Viburnum Tinus*, à feuilles très-entieres, ovales. En Languedoc. *Voyez le Tableau* 598.

Les baies terminées par un ombilic que les échancrures du calice couronnent. Les variétés, 1.° à feuilles alongées, veinées, & à fleurs purpurines, 2.° le nain à petites feuilles, 3.° à feuilles panachées de blanc ou de jaune.

Cet arbriſſeau ſe multiplie de marcottes & de drageons enracinés qui ſe trouvent auprès des gros pieds; ils s'accommodent de tous les terrains, mais ils craignent les grandes gelées. On les cultive dans des pots; ils ornent les orangeries, parce qu'ils ſont en fleur en Février & Mars.

2.° La Viorne cotonneuſe, *Viburnum Lantana*, à feuilles en cœur, veinées, à dents de ſcie, cotonneuſes en deſſous. Lyonnoiſe, en Autriche. *Voyez le Tableau* 597.

Baie plane, ovale, molle; pédunculés hérissés; fleurs aromatiques. On mange les baies qui sont âpres; on croit l'écorce vésicatoire. Les racines macérées dans la terre & pilées, donnent de la glu. Les branches fournissent de bons liens. En Turquie on forme de longs tuyaux de pipe avec les rameaux, dont on tire la substance médullaire.

3.° La Viorne Obier, *Viburnum Opulus*, à feuilles en lobes; à pétioles glanduleux. Lyonnoise, en Lithuanie. *Voyez le Tableau 595 & 596.*

Les fleurs extérieures aplaties, irrégulieres, présentant les rudimens de quelques étamines. Quoique les fleurs soient très-nombreuses, on trouve un petit nombre de baies qui sont aplaties, rouges. On les mange dans le Nord; elles nous ont paru nauséeuses & désagréables.

599. L'AIRELLE *ou* MYRTILLE.

VITIS idæa foliis oblongis, crenatis, fructu nigricante. C. B. P.

VACCINIUM myrtillus. L. *8-dria, 1-gyn.*

Fleur. Monopétale, campanulée, imitant un grelot, divisée par ses bords en quatre parties recourbées en dehors; le calice petit, posé sur le germe, sans aucunes divisions; huit étamines.

Fruit. Baie d'un violet brun dans cette espece, globuleuse, ombiliquée, divisée intérieurement en quatre loges, qui contiennent quelques semences menues.

Feuilles. Pétiolées, simples, ovales, dentées en maniere de scie, fermes, imitant celles du Buis, n.° 546., plus grandes & moins dures.

Racine. Ligneuse.

Port. Arbrisseau de deux pieds de haut tout au plus; les rameaux grêles, anguleux, flexibles; l'écorce verte; les fleurs axillaires, blanches, roses;

les péduncules ne portent qu'une fleur ; les feuilles alternes, tombent l'hiver.

Lieu. Les bois des montagnes du Lyonnois ; très-difficile à cultiver dans les jardins.

Propriétés. Les baies ont un goût astringent, presque acide, assez agréable ; elles sont rafraîchissantes, coagulantes.

Usages. On n'emploie en Médecine que les baies, dont on tire un suc que l'on fait épaissir en consistance de sirop ; on les fait sécher pour les donner en poudre, depuis ʒ j jusqu'à ij ; ou en décoction, jusqu'à ℥ ß pour les hommes ; aux animaux, on donne la poudre à ℥ ß, ou en décoction, à ℥ ij, sur ℔ j d'eau.

OBSERVATIONS. Dans les Airelles, *Vaccinia*, le calice est au-dessus du germe ; la corolle monopétale ; les filamens insérés sur le réceptacle ; la baie à quatre loges, à plusieurs semences.

Les AIRELLES à feuilles caduques.

1.° L'Airelle Myrtille, *Vaccinium Myrtillus*, à péduncules uniflores ; à feuilles ovales, à dents de scie, caduques ; à tige anguleuse. En Lithuanie, sur les montagnes du Lyonnois. *Voyez le Tableau 599.*

Le nombre des étamines n'est pas constant, nous en avons souvent compté dix.

Le fruit peu aigrelet, il est plutôt doux, un peu âpre ; on l'a prescrit avec avantage dans les diarrhées, dans le scorbut, dans la dyssenterie, le crachement de sang, les affections catarrales des voies urinaires. Les baies teignent en rouge & en bleu ; on s'en sert pour colorer les vins. On a reconnu que des enfans qui avoient mangé immodérément de ces baies, étoient sujets aux obstructions ; on emploie les feuilles & les tiges pour tanner les cuirs. Les chevres, & quelquefois les moutons, mangent les sommités que les chevaux & les vaches négligent. On peut faire du vin & retirer un esprit ardent des baies.

Cl. XX. Sect. VI.

2°. L'Airelle fangeuſe, *Vaccinium uliginoſum*, à péduncules uniflores ; à feuilles très-entieres, comme ovales, obtuſes, liſſes. Lyonnoiſe, en Lithuanie, en Dauphiné.

Les jeunes feuilles ciliées à la baſe, caduques, veinées, occupant les parties ſupérieures des branches ; calice à quatre ſegmens. On mange les baies. On a remarqué que les enfans qui ſe gorgeoient de ce fruit, éprouvoient les ſymptômes de l'ivreſſe.

Les AIRELLES *à feuilles perſiſtantes.*

3.° L'Airelle ponctuée, *Vaccinium Vitis idæa*, à fleurs en grappes inclinées, terminant les rameaux ; à feuilles en ovale renverſé, très entieres, à bords roulés, ponctuées en deſſous. Lyonnoiſe, en Lithuanie, en Dauphiné.

Les feuilles ſeches comme celles du Buis, blanchâtres en deſſous ; les bords étant reſſerrés, elles paroiſſent un peu concaves ; fleurs de couleur de chair ; baies rouges ; elles ſont aigrelettes, rafraîchiſſantes, indiquées dans les fievres remittentes & autres maladies aiguës ; elles teignent en rouge.

4.° L'Airelle Canneberge, *Vaccinium Oxicoccos*, à feuilles très-entieres, à bords roulés, ovales, lancéolées ; à tiges rampantes, filiformes. Lyonnoiſe, en Lithuanie.

Les feuilles blanches en deſſous, à marge reſſerrée ; fleurs terminant les rameaux, au nombre de deux ou trois, portées chacune ſur de longs péduncules rouges, à bractées ; le calice de quatre feuillets. La corolle rouge, d'abord monopétale, ſe fend en quatre pieces lancéolées, roulées en deſſous ; les baies rouges, acides, ſont agréables à manger après qu'elles ont éprouvé les premieres gelées. C'eſt un excellent remede dans toutes les maladies aiguës qui exigent les rafraîchiſſans.

600. LE CHEVRE-FEUILLE.

CL. XX.
SECT. VI.

CAPRIFOLIUM germanicum. DOD. Pempt.
LONICERA caprifolium. L. *5-dria, 1-gyn.*

Fleur. Monopétale; le tube très-alongé, courbé; le limbe divise en cinq parties recourbées en dehors; l'une des cinq profondément découpée; le calice petit, divisé en cinq, posé sur le germe; cinq étamines.

Fruit. Le germe posé sous le réceptacle, devient une baie ombiliquée, biloculaire, contenant ordinairement deux semences ovales, aplaties d'un côté.

Feuilles. Sessiles, simples, entieres, ovales, douces au toucher, celles du sommet perfeuillées, formant au haut des tiges une espece de coupe.

Racine. Ligneuse, rampante, stolonifere.

Port. Arbrisseau dont les tiges s'entortillent & grimpent autour des arbres en les serrant fortement; les rameaux plians, grêles, verdâtres; plusieurs fleurs disposées à leurs sommets, verticillées, sessiles, entourées d'une feuille perfeuillée, les baies séparées les unes des autres; feuilles opposées.

Lieu. Les bois, les haies, les jardins.

Propriétés. Les feuilles sont fades, styptiques, d'une odeur désagréable, ainsi que la racine; l'écorce est âcre, styptique, salée, puante; les fleurs, les feuilles & les baies diurétiques; le suc exprimé des feuilles vulnéraire, détersif.

Usages. Les feuilles se donnent en décoction, ainsi que les fleurs; cette décoction s'emploie pour calmer les coliques ou tranchées qui surviennent après l'accouchement; l'eau distillée des fleurs est ophtalmique.

OBSERVATIONS. Dans les Chevre-feuilles, *Loniceræ* la corolle eſt monopétale, irréguliere; la baie inférieure à deux loges, à pluſieurs ſemences.

Les CHEVRE-FEUILLES, Periclymena, *à tige e roulant autour des ſupports.*

1.° Le Chevre-feuille cultivé, *Lonicera Caprifolium*, à fleurs aſſiſes, terminant les rameaux, formant un anneau; les feuilles ſupérieures réunies par la baſe & enfilées par les branches. En Languedoc, devenu ſpontané dans nos Provinces. *Voyez le Tableau 600.*

2.° Le Chevre-feuille des bois, *Lonicera Periclymenum*, à fleurs en tête, ovales, terminant les rameaux; toutes les feuilles diſtinctes, ou non réunies à la baſe. Lyonnoiſe, en Suede.

Les CHEVRE-FEUILLES faux-Ceriſiers, Chamæcerafa, *à péduncules biflores, ou à deux fleurs.*

3.° Le Chevre-feuille noir, *Lonicera nigra*, à baies diſtinctes, non réunies; à feuilles elliptiques ou ovales, lancéolées, très-entieres, liſſes; à calice à cinq ſegmens. En Lithuanie, ſur les montagnes du Lyonnois.

Corolle rouge; cinq ſemences dans chaque baie, qui eſt noire; les jeunes feuilles velues.

4.° Le Chevre-feuille des buiſſons, *Lonicera Xylosteum*, à feuilles ovales, aiguës, très-entieres, un peu cotonneuſes; à baies non réunies, rouges. Lyonnoiſe, en Lithuanie.

Fleurs petites, d'un blanc un peu jaune.

5.° Le Chevre-feuille des Alpes, *Lonicera Alpigena*, à baies réunies, deux à deux; à feuilles ovales, lancéolées. Sur les montagnes du Lyonnois, de Suiſſe, d'Autriche.

Feuilles liſſes; les deux baies n'en forment preſque qu'une; corolle jaune.

6.° Le Chevre-feuille bleu, *Lonicera cœrulea*, à feuilles ovales; à baies réunies, n'en formant qu'une. Sur les montagnes de Suiſſe, du Dauphiné.

La baie eſt bleue, arrondie, renfermant dix ſemences; les corolles jaunes; l'écorce très-jaune.

Les CHÉVRE-FEUILLES à tige droite; à péduncules portant pluſieurs fleurs.

7.° Le Chevre-feuille d'Acadie, *Lonicera Diervilla*, à feuilles dentelées; à fleurs en grappes terminant les rameaux. Originaire d'Amérique, cultivé dans les jardins.

Calice en tuyau; fleurs jaunes; fruit en capſule alongée; à quatre loges; à pluſieurs ſemences; feuilles grandes, ovales, pointues, repliées en gouttieres.

Ce petit arbriſſeau ne craint point le froid; comme il trace beaucoup, il fournit quantité de rejets enracinés qui ſervent à le multiplier. Il produit à la fin de Mai, des grappes de fleurs aſſez jolies; auſſi le ménage-t-on dans les boſquets de la fin du printemps.

Les Chevre-feuilles des bois & des jardins ont les mêmes propriétés; les feuilles qui ſont aſtringentes lâchent dans la décoction, un principe narcotique, nauſéeux; on les recommande en gargariſme contre l'angine catarrale; cette décoction calme la douleur & abrege la maladie; donnée intérieurement à haute doſe, elle a cauſé des accidens, la ſtupeur & la catalepſie.

Le bois du Chevre-feuille des buiſſons eſt très-dur; on en fait des tuyaux de pipe; on l'emploie pour garnir les haies. Les chevres & les moutons en mangent les jeunes pouſſes.

Le Gui, *Viſcum*, forme la derniere Section de cette Claſſe. Son caractere eſſentiel eſt d'offrir les fleurs mâles ſéparées des femelles, ſur des pieds différens; le calice ou la corolle, dans les mâles, à quatre ſegmens, quatre étamines; à antheres ſans filamens, adhérentes aux ſemences du calice; le calice ou corolle, dans la femelle, eſt ſupérieur, à trois ſegmens; le piſtil ſans ſtyle; la baie à une ſemence, en cœur. Nous avons:

1.° Le Gui de Chêne, *Viſcum album*, à feuilles lancéolées, obtuſes; à rameaux à bras ouverts ou dichotomes, à fleurs entaſſées dans la bifurcation des rameaux. Lyonnoiſe, Lithuanienne.

CL. XX. SECT. VI.

La tige très-rameuse, présente avec ses feuilles la figure d'un globe; les feuilles solides opposées jaunâtres.

Le nombre des segmens du calice n'est point constant, souvent on trouve sur le même pied des fleurs mâles & femelles; ainsi cet Arbrisseau n'est pas toujours dioïque.

L'odeur des tiges & des feuilles est nauséeuse; la saveur de l'écorce est amere, astringente.

La vénération superstitieuse de nos anciens Druides a donné une grande célébrité au Gui de Chêne. Cependant en le dépouillant de tout le superstitieux, il a réussi dans la danse de Saint-Vit, dans la goutte, & quelquefois dans la paralysie, & même l'épilepsie. On peut croire que cet Arbrisseau parasite, ne retire aucune vertu de l'arbre sur lequel il est implanté.

Les grives mangent les baies: on peut en retirer, en les laissant entassées, une excellente glu.

CLASSE XXI.

Des Arbres et des Arbrisseaux à fleur rosacée, ou Arbres *rosacés*.

SECTION PREMIERE.

Des Arbres & des Arbrisseaux à fleur rosacée, dont le pistil devient un fruit unicapsulaire.

601. LE FUSTET des Corroyeurs.

COTINUS coriaria. Dod. Pempt.
RHUS cotinus. L. *5-dria, 3-gynia.*

FLEUR. Rosacée; cinq pétales ovales, droits, ouverts, très-petits; un petit calice divisé en cinq parties droites, obtuses; cinq étamines, trois pistils.

Fruit. Baie ovale, uniloculaire, renfermant une seule semence obronde, presque triangulaire.

Feuilles. Pétiolées, simples, très-entieres, sans dentelures, ovales, arrondies à leur sommet, terminées par une petite pointe, lisses, fermes, d'un beau vert, avec quelques nervures jaunâtres.

Racine. Ligneuse, rameuse.

Port. Arbriſſeau dont les tiges ſont foibles ; l'écorce liſſe ; le bois jaunâtre ; les fleurs purpurines, pédunculées, axillaires, diſpoſées en grappes touffues, à l'extrémité des tiges qui ſont velues dans pluſieurs de leurs dernieres diviſions ; feuilles alternes.

Lieu. Les Provinces Méridionales de France, l'Italie, &c.

Propriétés. On le dit vulnéraire, aſtringent ; le bois ſert pour les teintures jaunes ; les feuilles pour tanner les cuirs.

Uſages. Plus employé par les Corroyeurs qu'en Médecine ; on le regarde comme un poiſon pour les moutons.

602. LE SUMAC.

RHUS folio ulmi. C. B. P.
RHUS coriaria. L. *5-dria, 3-gynia.*

Fleur. } *Fruit.* } Caracteres du précédent ; les pétales très-petits, deux fois plus grands que le calice ; la baie velue, renfermant un noyau globuleux.

Feuilles. Ailées, compoſées de pluſieurs folioles rangées le long d'un pétiole commun, oppoſées, ſeſſiles, longues, pointues, dentées en maniere de ſcie, terminées par une impaire, velues à leur ſurface inférieure, n'ayant point de rapports avec les feuilles d'Orme, auxquelles les Auteurs les ont comparées.

Racine. Ligneuſe, rameuſe.

Port. Arbriſſeau qui jette beaucoup de drageons ; les jeunes tiges couvertes d'un duvet rouſſâtre, le bois tendre ; les fleurs raſſemblées au haut des tiges, en grappes ſerrées en maniere d'épis ; les baies recouvertes d'un duvet rouge ; feuilles alternes.

Lieu. Les Provinces Méridionales de l'Europe.

Propriétés. Les baies & les ſemences ont un ragoût âpre & aigrelet; elles ſont aſtringentes, rafraîchiſſantes, antiſeptiques ; les feuilles peuvent ſervir de tan.

Uſages. On fait une poudre des ſemences ; on emploie les baies en décoction pour arrêter le flux de ſang.

OBSERVATIONS. Dans les Sumacs, *Rhus*, cinq étamines, trois piſtils; calice à cinq ſegmens ; cinq pétales; baie à une ſemence.

1.° Le Sumac des Corroyeurs, *Rhus Coriaria*, à feuilles ailées; à folioles ovales, velues en deſſous, à dents de ſcie, obtuſes. En Languedoc, en Dauphiné. *Voyez le Tableau 602.*

Les tiges ſont un des meilleurs ingrédiens pour tanner les cuirs ; les feuilles ſont aſtringentes ; on les a employées utilement en décoction contre les maladies cauſées par la détente des fibres, comme certaines diarrhées. On employoit anciennement les baies comme aſſaiſonnement ; les Turcs ont ſeuls conſervé cet uſage.

2.° Le Sumac Fuſtet, *Rhus Cotinus*, à feuilles ſimples, ovoïdes. En Languedoc. *Voyez le Tableau 601.*

Les Sumacs ſont aſſez nombreux, on en compte déjà vingt-ſix eſpeces, parmi leſquelles pluſieurs récelent un ſuc très-âcre, enflammant la peau. Le Sumac vénéneux, *Rhus Toxicodendron* que nous avons vu cultivé dans le parc de la Tourrette (*), eſt ſi actif, qu'une ſeule

(*) La terre de la Tourrette eſt ſituée à trois lieues de Lyon, au-deſſus de l'Arbreſle. M. le Préſident de Fleurieu n'a rien épargné pour embellir ce ſéjour ; on y trouve un parc clos de murs, renfermant neuf cents bicherées, dont deux cents environ en bois. On ne ſait, dans ce ſéjour enchanteur, ce qu'on doit le plus admirer. Les jardins ſont diſtribués avec goût ; la forêt eſt percée dans tous les ſens par une ſuite d'allées qui préſentent toutes un point de vue intéreſſant; on a eu l'art de former d'une ancienne carriere, un jardin à l'Angloiſe qui récele une ſoule d'arbres & arbuſtes étrangers mêlés avec ceux du pays. Ce parc préſente

goutte appliquée ſur la peau, cauſe un éryſipele effrayant. Cette eſpece eſt dioïque; ſes feuilles ternées ou trois à trois, ſont à folioles pétiolées, ſoyeuſes, ovales, aiguës, entieres ou ſinuées.

603. LE TILLEUL.

TILIA fœmina folio majore. C. B. P.
TILIA Europæa. L. *polyand. 1-gynia.*

Fleur. Roſacée; cinq pétales oblongs, obtus, crénelés à leur ſommet; le calice concave, coloré, preſque de la grandeur de la corolle, & diviſé en cinq parties creuſées en cuiller; un grand nombre d'étamines.

Fruit. Capſule dure, coriacée, obronde, à cinq loges, à cinq battans qui s'ouvrent par leur baſe, renfermant ordinairement une ſeule ſemence obronde; les autres avortent.

Feuilles. Pétiolées, ſimples, entieres; d'un ovale cordiforme, terminées en pointe, dentées en maniere de ſcie, d'un beau vert.

Racine. Rameuſe, ligneuſe.

Port. Arbre dont la tige eſt haute, droite, la tête belle; l'écorce des troncs gercée, celle des tiges d'un gris verdâtre; les fleurs portées ſur de longs péduncules axillaires, rameux à leur extrémité, adhérant

aux Amateurs plus de trois cents eſpeces de plantes étrangeres, dont deux cents au moins ſont des Arbres ou Arbuſtes. Là, j'ai vu, pour la premiere fois, l'Erable à patte-d'oie. M. de la Tourrette, frere de M de Fleurieu, non-ſeulement m'a fait examiner en détail cette multitude de plantes curieuſes, mais m'a permis de prendre environ cent échantillons d'Arbres & Arbuſtes qui manquoient dans mon Herbier. Ce Savant, déjà ſi avantageuſement connu par pluſieurs Ouvrages très-eſtimés, a cultivé depuis vingt ans, tant à la Tourrette que dans ſon Jardin ſitué dans notre Ville, ſur le côteau de Fourvieres, plus de trois mille eſpeces de plantes étrangeres, dont ſix cents ont été comme naturaliſées ſous notre climat.

adhérant par le bas au centre d'une ſtipule, eſpece de feuille colorée, longue, étroite, arrondie par le boût; les fleurs répandent dans le mois de Juin une odeur douce & très-agréable; feuilles alternes; la grande feuille, la petite feuille, la feuille panachée, ne forment que des variétés.

Lieu. Spontanée dans les bois, en Bugey, en Languedoc, &c.

Propriétés. Les fleurs ſont céphaliques, antiſpaſmodiques; les baies & les fruits aſtringens; les feuilles paſſent pour apéritives; l'écorce, après qu'on l'a fait rouir dans l'eau, ſert à faire des cordes très-fortes.

Uſages. On emploie pour les hommes les fleurs en infuſion en maniere de Thé, comme un excellent béchique; on en diſtille une eau qui ſe donne depuis ℥ iv juſqu'à ℥ vj dans les potions céphaliques & antiépileptiques; l'eau tirée par inciſion du tronc de l'arbre vers la racine, eſt vantée ſans raiſon comme un antiépileptique, à la doſe de ℥ iij ou ℥ iv.

On donne aux animaux la poudre des fleurs, à la doſe de ℥ ß.

OBSERVATIONS. Dans le Tilleul, *Tilia*, la corolle à cinq pétales; le calice à cinq ſegmens, pluſieurs étamines, un ſtyle; le fruit une baie ſeche, arrondie, à cinq loges, à cinq valves, s'ouvrant à la baſe.

1.° Le Tilleul d'Europe, *Tilia Europea*, à fleurs ſans nectaire. Lyonnoiſe, Lithuanienne. *Voyez le Tableau 603.*

2.° Le Tilleul d'Amérique, *Tilia Americana*, à fleurs à nectaire.

Les feuilles plus ou moins velues, plus ou moins grandes; le fruit plus ou moins aigu, plus ou moins velu, à une ou pluſieurs ſemences, conſtituent les variétés du Tilleul d'Europe. Cet arbre eſt des plus grands, ſon accroiſſement eſt aſſez rapide; en dix ou douze ans, il forme des allées qui couvrent bien de leur ombre; comme il eſt flexible, il ſe plie à volonté pour former des berceaux; il obéit aſſez

Cl. XXI. Sect. I.

à la taille pour donner des allées ou murs de verdure. Quoique un des plus gros arbres, il ne vieillit pas à proportion de sa grosseur, il est caduque à trois cents années. Les Anciens préféroient le Tilleul à tout autre ombrage; aussi les plantoient-ils à la porte des Temples, des Châteaux, & sur les places des Villages. Le plus beau Tilleul que nous connoissions près de Lyon, se trouve dans la cour du Domaine de M. Vouti, sur Saône, appelé *la Tour de la belle Allemande*; il forme une belle tête qui couvre de son ombre une cour très-considérable.

Le bois du Tilleul est blanc & léger; les Menuisiers en font un grand usage pour leurs différens ouvrages; les Sculpteurs & les Graveurs en bois le recherchent, parce qu'il est peu sujet à être vermoulu. On prépare avec l'écorce de Tilleul des cordes; les Paysans en Lithuanie en font les liens de leurs traîneaux, les traits des voitures, & des souliers, en tressant l'écorce des jeunes branches. On tire du tronc, par incision, une lymphe qu'on fait fermenter, & qui donne une liqueur vineuse, assez agréable. Les fleurs de Tilleul en infusion, fournissent l'antispasmodique le plus usité dans la pratique journaliere. C'est un bon remede dans l'affection hystérique & hypocondriaque. Le Tilleul est très-commun dans les forêts de Lithuanie. Les abeilles sauvages établissent leurs gâteaux dans les vieux troncs cariés; ce miel est supérieur à celui des Pyrénées; on en prépare un vin délicat qui est aussi agréable que les vins d'Espagne; ce vin acquiert toujours en vieillissant, aussi plusieurs anciennes familles en conservent depuis plus d'un siecle.

604. LE MARRONIER D'INDE.

HIPPOCASTANUM vulgare. T. Inst.
ÆSCULUS hippocastanum. L. *7-dria, 1-gyn.*

Fleur. Rosacée; cinq pétales obronds, plissés à leurs bords, ondés, planes, ouverts, inégalement colorés, leurs onglets étroits, insérés dans le calice, qui eſt ovale, ventru, & diviſé en cinq ſegmens; ſept étamines.

Fruit. Capſule coriacée, obronde, épineuſe, à trois loges & à trois battans, contenant ordinairement une ou deux ſemences aſſez ſemblables à la châtaigne, mais ſans pointe, recouvertes comme elle d'une écorce dure & brune, nommées *Marrons d'Inde.*

Feuilles. Pétiolées, digitées, diviſées en cinq ou ſept grandes folioles, qui partent d'un pétiole commun, & ſont entieres, alongées, ovales, pointues, dentées à leurs bords en maniere de ſcie, ſillonnées en deſſus, nerveuſes en deſſous.

Racine. Ligneuſe, rameuſe.

Port. Grand arbre dont la tige eſt droite, la tête belle, le bois tendre & filandreux; les fleurs rouges & blanches, pédunculées, diſpoſées au haut des tiges en grappes pyramidales, droites, portées ſur un long péduncule, les boutons très-gros & gluans; feuilles oppoſées.

Lieu. Originaire des Indes, naturaliſé en Europe.

Propriétés. Les ſemences ſont ameres, nauſéeuſes, un peu âcres, ſternutatoires, errhines, un peu purgatives.

Uſages. On emploie la ſemence en poudre; on la croit bonne pour la pouſſe des chevaux. Dans quelque pays on accoutume les moutons à manger l'hiver les Marrons d'Inde; en les leſſivant on a réuſſi à en nourrir les chevaux dans une diſette de fourrage; on a tenté auſſi d'en tirer une cire propre à brûler; on en a fait de l'amidon; on s'en eſt ſervi comme de ſavon pour le blanchiſſage du linge; malgré tous ces eſſais, le Marronier d'Inde ne peut guere paſſer que pour un arbre d'agrément.

OBSERVATIONS. On commence à cultiver une ſeconde

espece de Marronier d'Inde, l'*Æsculus Pavia*, à huit étamines. Originaire d'Amérique.

Fleurs en ombelle ; le calice & la corolle rouges ; quatre pétales clauses ; feuilles digitées.

Dans l'une & l'autre espece de Marronier d'Inde, on trouve des fleurs à étamines sans germe, mêlées avec les hermaphrodites.

Le bois du Marronier d'Inde pourrit promptement lorsqu'il est exposé à l'humidité ; l'écorce est fébrifuge & antiseptique, on la donne en poudre à deux scrupules. On retire par la macération du fruit un excellent amidon. Les vaches & les moutons mangent les Marrons d'Inde, même sans être macérés, & s'engraissent. Les abeilles trouvent sur les fleurs une abondante récolte de miel & de cire.

Cet arbre que nous avons trouvé dans les jardins de Lithuanie, a été apporté d'Orient en 1550 ; il est spontané dans l'Asie Septentrionale ; on l'a long-temps préféré au Tilleul, vu son prompt accroissement & la beauté de ses fleurs & de ses feuilles ; mais on s'en est dégoûté par la mal-propreté qu'il occasionne dans les allées, & parce qu'il est très-dégarni pendant les grandes chaleurs ; en effet, il n'est brillant qu'en Mai & au commencement de Juin.

SECTION II.

Des Arbres & des Arbrisseaux à fleur rosacée, dont le pistil devient une baie ou un fruit composé de plusieurs baies.

605. LE POIVRIER DU PÉROU.

MOLLE Clus. in Monard. Du Hamel, tome 2. fig. 21. 22. *Lentiscus peruviana.*
SCHINUS molle. L. & Gouani, Hort. Monsp. pag. 508. *diœc. 10-dria.*

FLEURS. Rosacées, mâles ou femelles sur des pieds différens; les fleurs mâles composées de cinq petits pétales ouverts, d'un petit calice à cinq dentelures, de huit ou dix étamines, & des rudimens d'un pistil infécond.

Fruit. Baie globuleuse, à trois loges, contenant des semences rondes, solitaires.

Feuilles. Ailées, terminées par une impaire très-longue; les folioles sessiles, alongées, dentées en maniere de scie.

Racine. Ligneuse, rameuse.

Port. Arbre qui s'éleve assez haut dans son pays natal; les tiges lisses; les fleurs axillaires, rassemblées en forme de grappes, sur un péduncule commun, d'un blanc qui tire sur le jaune, répandant ainsi que les fruits & les feuilles, une odeur aromatique qui approche de celle du Poivre; feuilles alternes; les folioles opposées, quelquefois alternes.

Lieu. Le Pérou, l'Afrique.

Cl. XXI. Sect. I.

Propriétés. L'écorce & les feuilles ſont réſolutives ; les baies rougeâtres ſont ſtomachiques, toniques.

Uſages. Les baies & la poudre ſe donnent en décoction.

Observations. Le Lentiſque du Pérou, *Molle*, n'eſt dioïque, comme tant d'autres plantes, que par avortement ; car dans les fleurs mâles, on trouve le rudiment d'un germe qui avorte ; & dans les fleurs femelles, des filamens ſans antheres ; le plus ſouvent une ſeule ſemence ſe développe. Le *Molle* eſt un arbre qui devient aſſez grand au Pérou ; il s'éleve aiſément dans les Orangeries, mais on ne peut l'expoſer en pleine terre qu'à de très-bonnes expoſitions, en le couvrant avec ſoin, encore ne faut-il l'y mettre que quand il eſt un peu gros ; on l'éleve facilement de graines, & on peut le multiplier par des marcottes ; il étoit cultivé en plein air dans le Jardin de Montpellier en 1762.

En faiſant bouillir les baies dans l'eau, on obtient une liqueur vineuſe, aſſez agréable, qui augmente le cours des urines. On retire de la tige, par inciſion, une réſine odorante qui approche de la gomme Elémi.

606. LE MICOCOULIER.

Celtis *fructu nigricante.* I. R. H.
Celtis *auſtralis.* L. *polygam. monœc.*

Fleurs. Roſacées, hermaphrodites ou mâles ſur le même pied ; les hermaphrodites compoſées d'un calice monophille, diviſé en cinq parties ovales, ouvertes, de deux piſtils recourbés, & de cinq étamines très-courtes, ſans corolle ; les mâles n'ont ni corolle ni piſtil ; leur calice diviſé en ſix ſegmens, renferme ſix étamines.

Fruit. A noyau, un peu charnu, globuleux, uniloculaire, renfermant un noyau obrond.

Feuilles. Pétiolées, ſimples, entieres, obliquement ovales, dentées à leur bord, pointues, ſillonnées & rudes en deſſus, nerveuſes & douces en deſſous.

Racine. Rameuſe, ligneuſe.

Port. Grand arbre qui jette beaucoup de branches dont le bois eſt ſouple & pliant, à écorce unie & griſâtre; les fleurs axillaires, ſolitaires, pédunculées; le fruit noirâtre; les feuilles alternes.

Lieu. L'Italie, la Provence, le Languedoc.

Propriétés. Les feuilles & les fleurs ſont aſtringentes; les fruits un peu rafraîchiſſans.

Uſages. On ſe ſert des feuilles & des fleurs en décoction; on tire un ſuc des fruits; on dit qu'ils arrêtent les cours de ventre.

OBSERVATIONS. Le Micocoulier auſtral, *Celtis auſtralis.* Nous avons trouvé cet Arbre ſpontané près de Lyon, à Fontaniere, ſur un côteau ſtérile au deſſous de la belle maiſon de M. le Camus (*). Nous avons vu au

(*) M. le Camus, de l'Académie de Lyon, diſtingué par l'étendue de ſes connoiſſances minéralogiques. L'Hiſtoire Naturelle de nos Provinces eſt redevable à ſes ſoins d'une collection précieuſe & ſuivie des minéraux qu'elles renferment. Il a fait en ce genre ce que M. de la Tourette a exécuté pour la Botanique, & M. de Villers pour l'Hiſtoire des Inſectes. L'herbier du premier, riche de plus de ſept mille plantes, en offre quatre mille, ou ſpontanées dans le Lyonnois, ou élevées dans les jardins; le cabinet de M. de Villers préſente aux amateurs plus de quatre mille cinq cents eſpeces d'inſectes, dont trois mille ſpontanées dans nos Provinces. Par un accord heureux, uniquement dû à l'émulation qui les anime, ces trois Savans ont ſacrifié de nombreuſes années & des dépenſes conſidérables, au développement de l'Hiſtoire Naturelle du Lyonnois & de ſes environs. En embraſſant chacun la partie qu'ils ont cultivée plus particuliérement, ils n'en ont négligé aucune. Tous trois ſont connus par leur goût pour la Botanique, & M. le Camus a déjà raſſemblé une foule de plantes étrangeres dans ſon domaine à Fontaniere.

CL. XXI. SECT. II.

Jardin du Roi à Montpellier, des Micocouliers aussi grands que des Ormes adultes; on peut en faire des avenues, il se multiplie aisément de semences; son fruit est comme une petite cerise seche. On en mange beaucoup en Languedoc. Les oiseaux en sont friands. Cet arbre produit beaucoup de branches, & comme il souffre le ciseau on peut en former des palissades. Son bois est liant, plie sans se rompre, aussi en fait-on des brancards de cabriolet & des cercles de cuve. Dans un village près de Montpellier, les habitans retirent un grand revenu des Micocouliers; ils savent diriger les bifurcations des branches de maniere à obtenir une grande quantité de fourches qui se vendent dans toutes les Provinces voisines; on les préfere pour lever les foins, parce qu'elles ne sont point cassantes.

607. BOURGENE, BOURDAINE, Aulne noir.

FRANGULA. Dod. pempt.
RHAMNUS frangula. L. *5-dria, 1-gynia.*

Fleur. } Caracteres du Nerprun, n.° 575; point
Fruit. } de calice; la corolle imperforée, à cinq découpures; la baie contenant deux semences.

Feuilles. Pétiolées, simples, très-entieres, ovales, alongées, terminées en pointe, veinées.

Racine. Ligneuse.

Port. Grand arbrisseau dont les tiges sont unies; l'écorce extérieure brune, l'intérieure jaunâtre; le bois blanc & tendre; les fleurs axillaires, pédunculées, ordinairement solitaires; feuilles alternes.

Lieu. Sous les grands arbres des forêts humides; dans l'Europe tempérée.

Propriétés. L'écorce intérieure est amere, un peu gluante, apéritive, purgative, lorsqu'elle est desséchée; émétique, détersive, quand elle est verte; le bois donne un charbon léger, très-propre à faire la poudre à canon.

Usages. On n'emploie en Médecine que l'écorce intérieure; on la donne en infusion à la dose de ℈j pour les adultes, dans de l'eau tiede ou du vin blanc; mais on ne sauroit en conseiller l'usage pour les hommes; on pourroit donner aux animaux la poudre de l'écorce intérieure, à la dose de ℥ß dans du vin blanc.

608. LE LIERRE.

HEDERA arborea. C. B. P.
HEDERA helix. L. *5-dria, 1-gynia.*

Fleurs. Rassemblées en maniere d'ombelle dont l'enveloppe est dentelée; fleurs rosacées, composées de cinq pétales épais, oblongs, ouverts, courbés à leur sommet; le périanthe ou calice propre, très-petit, à cinq dentelures, posé sur le germe; cinq étamines à filamens courts; un style court.

Fruit. Baie ronde, uniloculaire, renfermant cinq grosses semences arrondies d'un côté, anguleuses de l'autre.

Feuilles. Persistantes, pétiolées, fermes, luisantes, ovales & lobées; celles de l'extrémité des branches quelquefois absolument ovales, les inférieures presque triangulaires.

Racine. Ligneuse, horizontale.

Port. Grand arbrisseau dont le bois est tendre & poreux; les tiges sarmenteuses, grimpantes, s'attachent aux arbres & aux vieilles murailles par des vrilles rameuses qui s'y implantent comme des racines; les fleurs vertes rassemblées à l'extré-

Cl. XXI. Sect. II.

mité des tiges, & diſpoſées en eſpece de grappes rondes; les feuilles alternes, quelquefois panachées, ce qui ne forme que des variétés.

Lieu. Toute l'Europe.

Propriétés. Les feuilles ont une ſaveur un peu âcre; les baies un goût acidule; il découle du bois un ſuc qui s'épaiſſit qu'on nomme *gomme de Lierre*, & dont la ſaveur eſt âpre & âcre; les feuilles aſtringentes, déterſives; les baies purgatives par le haut & par le bas; la racine très-déterſive & réſolutive.

Uſages. Avec les feuilles on fait des décoctions, des cataplaſmes; avec les baies, des infuſions dans du vin; l'uſage intérieur de cette plante eſt dangereux.

On emploie les feuilles contre la teigne des enfans, la racine en poudre contre le tænia ou ver ſolitaire.

Observations. Dans le Lierre, *Hedera*, cinq pétales oblongs, une baie à cinq ſemences, environnée par le calice, fourniſſent le caractere eſſentiel de ce genre. Nous avons :

1.° Le Lierre rampant, *Hedera helix*, à feuilles des rameaux à fruits, ovales; celles des tiges ſtériles, à trois lobes. Lyonnoiſe, en Suede, très-rare en Lithuanie.

Le Lierre ne ſe nourrit point par ſes vrilles qu'il implante ſur les arbres, car ſi on coupe le tronc à racine, la plante périt au deſſus. Le bois aſſez ſpongieux, peut ſe plier au tour, on en fait différens uſtenſiles.

Les feuilles de Lierre ſont âcres, d'une ſaveur déſagréable; on les a ordonnées avec ſuccès dans l'atrophie des enfans, cauſée par l'empâtement du méſentere; nous en faiſons prendre vingt grains en poudre, dans la ſoupe. Nous les regardons comme un bon déſobſtruant dans la jauniſſe; on en fait des pilules avec un mucilage; les baies qui ſont purgatives mériteroient d'être ſuivies par quelque bon Praticien. Le bois & les feuilles entretiennent l'écoulement des cauteres, détergent les ulceres; on met dans le cautere une boulette du bois, & on applique par dessus la feuille. C'est une bonne pratique. Extérieurement on se sert de la décoction des feuilles contre la gale, les dartres. Les moutons & les chevres mangent les feuilles.

609. LA CAMELÉE.

CHAMÆLEA tricoccos. C. B. P.
CNEORUM tricoccos. L. *3-dria, 1-gynia.*

Fleur. Rosacée; trois pétales oblongs, lancéolés, linéaires, concaves, droits, qui tombent bientôt; le calice petit, à trois dentelures, & qui persiste.

Fruit. Baie seche, à trois coques réunies, à trois loges, renfermant trois noyaux qui contiennent chacun une semence oblongue, recouverte d'une pellicule.

Feuilles. Sessiles, simples, très-entieres, fermes, épaisses, oblongues, arrondies au sommet, blanchâtres en dessous.

Racine. Rameuse, ligneuse.

Port. Arbrisseau de deux pieds, rameux, fleurissant dans le printemps & dans l'été; les fleurs jaunes, péduncułées, axillaires, solitaires; feuilles alternes, toujours vertes.

Lieu. L'Espagne, le Languedoc,

Propriétés. Toute la plante est très-âcre au goût, détersive, caustique, purgative, drastique, dangereuse.

Usages. On emploie l'écorce rarement, & l'on ne se sert plus des baies ni des feuilles.

OBSERVATIONS. Dans la Camelée, *Cneorum*, le calice à trois dents, les trois pétales égaux, la baie à trois coques, trois étamines, un pistil, constituent le caractere essentiel de ce genre qui ne présente qu'une seule espece.

1.° La Camelée à trois coques, *Cneorum tricoccon.* Duhamel, tom. 1. tab. 157. 158.

Cet arbrisseau est isolé dans la chaîne des végétaux, par plusieurs attributs qui le caractérisent; aussi n'offre-t-il aucune difficulté pour le déterminer suivant les différentes méthodes. Nous l'avons vu, pour la premiere fois, en 1761, en allant à Magdelone près de Montpellier. Nous l'avons élevé de semence dans le Jardin Royal de Grodno, en 1779; quoiqu'il fleurit & donna de bonnes semences, il ne s'éleva pas à quatorze pouces. Son âcreté annonce une grande énergie; ses feuilles pulvérisées & adoucies avec un mucilage, ont dompté des symptômes vénériens qui avoient résisté à toutes les méthodes; on commence par douze grains de la poudre.

610. LA VIGNE.

Vitis vinifera. C. B. P.
Idem. L. *5-dria, 1-gynia.*

Fleur. Rosacée, composée de cinq petits pétales verts, qui ont peu de consistance, & qui se rapprochent par leur sommet, d'un petit calice à cinq dents, & de cinq étamines.

Fruit. Grosse baie ronde, quelquefois ovale, uniloculaire, succulente, nommée *grain de raisin*; contenant environ cinq semences dures, en forme de larmes, qu'on appelle *pepins*; il en avorte toujours deux ou trois.

Feuilles. Pétiolées, grandes, palmées ou découpées en cinq lobes sinués.

Racine. Ligneuse, peu profonde.

Port. Arbrisseau sarmenteux; l'écorce du tronc brune, gercée; celle des sarmens lisse; le bois cannelle; les tiges garnies de vrilles qui s'entortillent en forme de tire-bourre, autour des corps qu'elles rencontrent; les fleurs opposées aux feuilles, disposées en grappes; les feuilles alternes.

Lieu. Cultivée dans tous les pays tempérés; spontanée dans les haies & dans les bois des pays de vignobles.

Propriétés. Les feuilles ſont aigrelettes; le fruit acerbe, acide avant ſa maturité; doux, agréable lorſqu'il eſt mûr; encore plus doux & mucilagineux lorſqu'il eſt ſec; ce fruit eſt nourriſſant, délayant, apéritif; le vin apéritif, cordial; l'eau qui diſtille du cep, au printemps, eſt, dit-on, ophtalmique, ainſi que le bois du ſarment.

Uſages. On connoît les uſages du vin; le bois s'emploie en décoction; les raiſins ſecs entrent dans les tiſanes; du vin on tire l'eau-de-vie; de l'eau-de-vie, l'eſprit-de-vin, &c. On ſe ſert auſſi du vin doux, appellé *moût*, & du rob de *moût* qui prend le nom de *ſapa*, lorſqu'il eſt réduit à la conſiſtance du miel.

OBSERVATIONS. Le calice de la Vigne, *Vitis*, eſt très-petit; on trouve quelquefois cinq pétales réunis, les étamines en croiſſant les détachent du calice; alors ces pétales forment comme une cloche qui couvre les antheres; quelquefois les cinq pétales ſe détachent & tombent ſéparés, alors on voit les cinq antheres; la fécondation s'opere avant que la corolle ſe détache. Nous avons quelquefois compté ſix étamines. Le nombre des ſemences varie de deux à cinq. Nous avons :

1.° La Vigne cultivée, *Vitis vinifera*, à feuilles palmées, anguleuſes, nues. *Voyez le Tableau* 610.

Elle ne réuſſit que dans les climats tempérés; dans le Nord, à peine les raiſins parviennent-ils à ſe développer; en Lithuanie, nos Vignes bien abritées fourniſſoient à Grodno des raiſins bien noirs, agréables à manger; mais en concentrant le moût, on reconnoiſſoit la ſurabondance de l'acide, il falloit une grande quantité de ſucre pour le rendre agréable. Pendant l'hiver nous faiſions enſévelir les ceps, on les couvroit d'un pied & demi de terre, & par deſſus on mettoit un pied au moins de fumier, on ne découvroit le cep qu'en Mai.

La Vigne offre une foule de variétés, principalement

Cl. XXI. Sect. II.

déduites de la grosseur, de la couleur, de la forme & du goût du fruit; à baies rondes, ovales, grosses, petites; à baies rouges, noires, blanches; à baies acidules, douces, aromatisées, ou odeur de muscat.

La nature du terrain contribue autant & plus que le climat, à produire ces raisins qui fournissent les vins délicats dans notre contrée. A une demi-lieue autour de Lyon, nous avons des vins délicieux fournis par des Vignes très-voisines de celles qui ne donnent que des vins foibles ou détestables. Nos vignobles les plus fameux sont sur la côte du Rhône, au-dessous de la ville, à Fontaniere, Sainte-Foi, Millery, Côte-rôtie; sur les côteaux qui sont inclinés au Levant ou au Midi, le terrain est graveleux & aréneux. Après ces vins, nous avons encore près de Villefranche, au Nord-Ouest de la ville, les vignobles de la Chassaigne. Plusieurs autres côteaux fournissent des vins de seconde qualité, qui, en vieillissant, deviennent excellens. Quelques Agronomes qui n'avoient que des vins austeres, durs, peu spiritueux, sont parvenus à les rendre très-supérieurs par la méthode publiée par Macquer, c'est-à-dire, par l'addition d'une livre ou deux de sucre par ânée, ou cent bouteilles.

La Vigne est une de ces plantes qui jouit d'un mouvement spontané. Elle sait très-bien, lorsqu'il n'y a qu'un soutien voisin, diriger tous ses rameaux vers ce point d'appui, & le saisir avec ses vrilles. Si on incise le tronc au printemps, il s'écoule de la plaie une grande quantité d'un liquide presque insipide. Ceux qui savent avec quelle lenteur les liqueurs s'échappent des tuyaux capillaires, & qui observent la célérité avec laquelle cette lymphe s'écoule de la plaie, reconnoîtront une force qui n'est point mécanique, & qui dépend de l'irritabilité des vaisseaux de la Vigne.

La Vigne nous offre un des végétaux les plus utiles; les raisins mûrs contiennent abondamment le mucus nutritif saccharin; ils sont en outre rafraîchissans, laxatifs, anti-putrides; ils rétablissent le cours de la bile, calment les douleurs des dyssenteries; on a souvent vu des engorgemens du foie, de la rate, du mésentere, céder au grand usage des raisins pour toute nourriture.

Les raisins secs sont adoucissans; on fait, en ajoutant

de l'eau, en faire un vin assez potable. Le suc des raisins verts ou le verjus, calme les chaleurs d'entrailles, arrête les diarrhées bilieuses; on le conserve dans nos cuisines comme assaisonnement, il est plus agréable que le vinaigre. Les feuilles de la Vigne sont un peu astringentes; on en prescrit la décoction dans les diarrhées causées par relâchement. Le suc de raisin accumulé en grande masse, fermente promptement, si la chaleur est assez considérable pour aider l'action de l'eau qui est le vrai agent de toute fermentation; le premier degré fournit la liqueur spiritueuse connue sous le nom de *Vin*, qui varie par ses propriétés, suivant l'espece de raisin, le terrain, la chaleur de l'année, & la plus ou moins longue durée. Les vins trop nouveaux sont doux, venteux, causent des coliques & la diarrhée à ceux qui en boivent en quantité, ou dont l'estomac est foible. Les vins blancs un peu anciens sont évidemment plus diurétiques que les vins rouges; ceux-ci, sur-tout, lorsqu'ils sont vieux & de bonne qualité, possedent, pris modérément, les plus grandes qualités. Le vin ranime les forces, donne de la gaieté; à grande dose, il cause une espece de fievre, engorge le cerveau, modifie les idées, affoiblit les forces musculaires; l'ivresse fréquente modifie les caracteres, dénature à la longue l'homme le plus aimable & le plus spirituel, dispose à l'apoplexie, à la paralysie, énerve l'estomac, cause des obstructions au foie, à la rate, au mésentere, & même à l'épiploon. Le vin pris outre mesure donne un bien être momentané, excite tous les organes, mais la détente est proportionnée au ressort surajouté; aussi, après l'ivresse, les sujets éprouvent une langueur inexprimable qui les nécessite à avoir recours au même moyen de remonter les ressorts détendus.

Le Vinaigre, second produit de la fermentation, est rafraîchissant, antiputride; il est indiqué à petite dose, délayé, dans les fievres putrides & malignes; c'est le spécifique des poisons narcotiques; on a observé qu'à grande dose, répété, il maigrissoit & conduisoit souvent au marasme. Nous avons connu quelques Demoiselles qui sont mortes, ou qui ont mené une vie languissante pour avoir bu du vinaigre dans l'intention de diminuer un embonpoint excessif.

Le marc de raisin accumulé s'échauffe; en ajoutant

de l'eau on obtient une liqueur agréable qu'on nomme dans nos Provinces *la buvande* ou le petit vin. Nous nourrissons, l'hiver, nos mulets avec ce marc mêlé avec un peu de paille ; les excrémens conservent la couleur rouge du marc. Pendant les vendanges, les personnes attaquées d'anciens rhumatismes, prennent des bains de marc échauffé par la fermentation ; ces bains causent une sueur excessive ; quelques-uns en ont été soulagés, plusieurs ont vu leurs maux augmenter par ce moyen vraiment énergique. Les semences des raisins donnent par expression une huile bonne à brûler, & utiles pour les teintures, & les manufactures de savon. On retire par la distillation du vin, une liqueur spiritueuse, appelée *eau-de-vie*, & *esprit-de-vin* lorsqu'elle est très-rectifiée. Cette liqueur dissout les huiles essentielles & les résines ; elle dulcifie les acides minéraux ; digérée avec ces acides, elle fournit par la distillation, un nouveau mixte appelé *éther*, admirable remede dans les affections spasmodiques. L'eau-de-vie, ou l'esprit saturé avec les aromates, les huiles essentielles, les amers & le sucre, fournit nos élixirs, nos eaux aromatiques, autrefois trop fréquemment employés comme cordiaux, dans le traitement des maladies aiguës & chroniques ; du bon vin simple ou animé par quelques aromates, présentera toujours au Médecin Philosophe un meilleur cordial. L'usage habituel de l'eau-de-vie, à grande dose, est très-nuisible, sur-tout dans les pays tempérés ; il est moins nuisible dans le Nord. Nous avons vu beaucoup de paysans en Lithuanie, & une foule de gentilshommes septuagénaires qui s'étoient enivrés toute leur vie avec l'eau-de-vie de grains. Cependant, il n'est pas moins vrai que les gens foibles qui abusent de ces liqueurs, périssent presque tous de cachexie & d'hydropisie, suite des obstructions. Nous avons vu des jeunes gens souvent ivres de liqueurs, trembler comme des vieillards, & devenus presque stupides.

La crême de tartre que l'on retire du tartre que le vin dépose après la fermentation, est un sel acide qui se dissout difficilement dans l'eau froide, c'est-à-dire à la quantité de trois grains par once d'eau ; à petite dose il fournit une tisane acide que nous ordonnions dans l'Hôpital de Grodno, pour les fievres synoques, bilieuses, putrides ;

putrides; à haute dose, c'est un bon purgatif; on peut retirer du résidu, ou moût de raisin rapproché par évaporation, un véritable sucre. La décoction des sarmens frais des muscats, est avantageuse dans les affections muqueuses, catarrales de la vessie, avec ardeurs d'urine. Les germes des semences de raisin résistent à toutes les forces digestives; nous avons vu lever des vignes de semences trouvées dans les matieres fécales.

Cl. XXI. Sect. II.

611. L'ÉPINE-VINETTE.

Berberis dumetorum. C. B. P.
Berberis vulgaris. L. *6-dria, 1-gynia.*

Fleur. Rosacée, composée de six pétales obronds, concaves, ouverts; d'un calice à six feuillets, presque aussi long que les pétales, & de six étamines, d'un pistil sans style.

Fruit. Baie oblongue, obtuse, cylindrique, marquée à son sommet d'un point noir, uniloculaire, contenant deux semences, especes de petits pepins oblongs & durs.

Feuilles. Pétiolées, simples, entieres, arrondies, ciliées ou finement crénelées, épineuses à leur circonférence, luisantes, assez fermes.

Racine. Ligneuse, jaunâtre, rampante.

Port. Cet arbrisseau s'éleve à cinq ou six pieds, & jette plusieurs tiges droites, pliantes, garnies au bas de chaque rameau d'une épine, souvent de trois; le bois jaunâtre; les fleurs jaunes, axillaires, & disposées en grappes pendantes; les fruits d'un beau rouge dans leur maturité; les feuilles alternes.

Lieu. Les terrains secs & sablonneux.

Propriétés. Les feuilles & les fruits ont une saveur acide & austere; la racine est amere & styptique; les fruits rafraîchissans & coagulans; les pepins dessicatifs, astringens.

Cl. XXI. Sect. II.

Usages. On emploie les fruits secs dans les tisanes & décoctions astringentes ; leur suc dépuré & exprimé, se prescrit à la dose de ℨj pour les hommes, dans les juleps rafraîchissans; les pepins réduits en poudre, se donnent jusqu'à ℨj; l'écorce intérieure des racines, macérée dans du vin blanc, est recommandée contre la jaunisse. On ne donne aux animaux que la décoction des fruits, à la dose de poig. j, dans ℔j d'eau.

Observations. Dans l'Epine-vinette, *Berberis*, le calice de six feuilles, six pétales, à deux glandes sur chaque onglet, point de style, la baie à deux semences, fournissent le caractere essentiel de ce genre. Nous avons :

1.° L'Epine-vinette vulgaire, *Berberis vulgaris*, à péduncules en grappes. Lyonnoise, Lithuanienne. *Voyez le Tableau* 611.

L'Epine-vinette de Crete, *Berberis Cretica*, à péduncule uniflore ; à feuilles très-entieres.

On trouve au dessous des premieres feuilles de l'Epine-vinette vulgaire, des stipules terminées par des dents capillaires qui se changent en trois épines ; quelquefois on trouve des baies à quatre semences.

Les baies d'Epine-vinette sont très-acides ; nous les regardons, d'après une foule d'Observations, comme un des plus puissans secours dans le traitement des maladies aiguës, sur-tout des fievres remittentes ; le sirop sur-tout, tempere l'ardeur des fievres, diminue le délire, modere les redoublemens ; les malades, même dans le délire, boivent avec plaisir la limonade préparée avec ce sirop & l'eau de Ris. Les feuilles de cet arbuste sont aussi acides ; leur décoction miellée réussit dans le scorbut, & quelques especes de dyssenterie. L'écorce de la racine qui est jaune & amere, donnée en décoction, purge légérement; c'est un bon fondant indiqué dans les embarras du foie & de la rate. On retire de l'écorce & du bois, une teinture jaune qui sert à colorer les cuirs & à teindre les laines.

Les baies fermentées avec de l'eau miellée, fournissent un vin aigrelet très-agréable; ce vin dépose un sel analogue au sel de tartre. On peut même retirer le sel acide de l'Epine-vinette, sans fermentation, il est très-agréable. En Lithuanie nous employions le suc de Berberis comme le citron, tant pour faire la limonade en été, que pour le ponche. Le bois est dur, & comme cet arbuste est bien armé, il est utile pour fortifier les haies. Les vaches, les chevres & les moutons mangent les feuilles, que les chevaux négligent. Un phénomene singulier qui prouve que le mouvement spontané n'est point refusé aux végétaux, c'est que si on irrite les filamens, ils partent avec célérité & s'appliquent sur le pistil; ce mouvement arrive aussi sans irritation; car on les trouve tantôt collés sur le stigmate, tantôt divergens. Les variétés de l'Epine-vinette sont, 1.° à baies sans pepins, 2.° à baies à quatre semences, 3.° à épines simples, 4.° à fleurs blanches.

612. LA RONCE.

***RUBUS** vulgaris, sive Rubus fructu nigro.* C. B. P.

***RUBUS** fruticosus.* L. *icosand. polygyn.*

Fleur. Rosacée, composée de cinq pétales obronds, ouverts, insérés au calice, ainsi que les étamines qui sont en grand nombre; le calice monophille, divisé en cinq folioles lancéolées, ouvertes, de la longueur à peu près des pétales.

Fruit. Ressemblant à celui du Mûrier, n.° 568. composé de petites baies rassemblées en tête arrondie, sur un réceptacle conique, renfermant chacune une semence oblongue.

Feuilles. Pétiolées, digitées, découpées en trois ou en cinq folioles dentelées à leurs bords; leurs pétioles hérissés d'aiguillons crochus.

Racine. Ligneuse, serpentante.

Port. Arbrisseau dont les tiges sont foibles, pliantes, se ramant dans les haies, rampantes à terre, y prenant facilement racine; les branches, les péduncules, les pétioles couverts d'aiguillons crochus; les fleurs disposées en grappes, à l'extrémité des tiges; les fruits rouges avant la maturité, noirs quand ils sont mûrs; feuilles alternes.

Lieu. Les haies, les buissons, les champs.

Propriétés. Le fruit est acidule, un peu fade & âpre avant la maturité; les feuilles & les jeunes tiges plus âpres, plus astringentes & détersives; le fruit est nourrissant, rafraîchissant, un peu astringent; on attribue à la racine une qualité apéritive qu'on peut révoquer en doute.

Usages. Les feuilles fournissent des décoctions pour gargarismes, & les fruits un sirop.

613. LE FRAMBOISIER, *ou* Ronce du Mont Ida.

Rubus Idæus spinosus. I. R. H.
Rubus Idæus. L. *icosand. polygyn.*

Fleur. } Caracteres du précédent.
Fruit. }

Feuilles. Pétiolées, ailées, découpées en trois ou en cinq folioles, d'un beau vert, cotonneuses & blanchâtres en dessous; leurs côtes souvent sans épines; les pétioles canaliculés en forme de gouttiere.

Racine. Ligneuse, rampante.

Port. Arbrisseau dont les tiges ne sont pas rampantes comme celles du précédent, mais foibles, pliantes, blanchâtres, moins chargées d'aiguillons, les aiguillons plus ouverts; les fleurs disposées en tête arrondie; les fruits rouges, velus; les feuilles alternes.

Lieu. Les bois dans les Alpes, dans les montagnes du Bugey, du Dauphiné, &c. cultivé dans les jardins.

Propriétés. Les feuilles sont légérement âpres comme les précédentes; les fruits acides, un peu aromatiques, agréables au goût & à l'odorat lorsqu'ils sont mûrs.

Usages. Du précédent.

OBSERVATIONS. Dans les Ronces, *Rubi*, plusieurs étamines sur le calice, plusieurs pistils, le calice à cinq segmens, cinq pétales, la baie composée de grains à une semence, constituent le caractere essentiel du genre.

Les RONCES à tiges ligneuses.

1.° La Ronce Framboisiere, *Rubus Idæus*, à feuilles cinq à cinq, pinnées, & trois à trois; à tige armée d'épines; à pétioles creusés en gouttiere. En Lithuanie, sur les montagnes du Lyonnois.

Les variétés, 1.° à fruit blanc, 2.° à fruit lisse, 3.° à branches sans épines.

2.° La Ronce noire, *Rubus fruticosus*, à feuilles cinq à cinq, digitées, & trois à trois; à tige & pétiole armés d'épines. Lyonnoise, en Lithuanie.

Les tiges anguleuses, très-longues; les feuilles ou vertes sur les deux faces, ou blanches & cotonneuses en dessous.

3.° La Ronce bleuâtre, *Rubus cæsius*, à feuilles ternées, trois à trois, presque nues; à folioles latérales, à deux lobes; à tige ronde, armée d'épines. Lyonnoise, en Lithuanie.

Les feuilles ne sont point cotonneuses en dessous, quoique souvent blanchâtres; la tige chargée de très-petites épines; la baie bleuâtre, souvent composée de trois ou quatre grains seulement.

Les RONCES à tiges herbacées.

4.° La Ronce de roche, *Rubus saxatilis*, à feuilles trois à trois, nues ou lisses; à rameaux rampans, non ligneux. En Lithuanie, sur les montagnes du Bugey.

Cl. XXI. Sect. II.

Baie rouge, composée seulement de deux, trois ou quatre grains; fleurs petites.

5.° La Ronce du Nord, *Rubus arcticus*, à feuilles trois à trois; à tige sans épines, ne portant qu'une seule fleur. En Suede, en Danemarck.

Baie rouge.

6.° La Ronce fausse mûre, *Rubus Chamæmorus*, à feuilles simples; à lobes; à tige uniflore, sans épines. En Suede, en Lithuanie.

Les fleurs mâles & les fleurs femelles sur différentes tiges réunies par les racines.

Les fruits de toutes les Ronces, contiennent le principe muqueux saccharin; & leur suc peut fermenter, donner du vin & des esprits ardens, ou eau-de-vie. On cultive le Framboisier, parce que son fruit est plus doux, plus aromatique dans le Nord & en Lithuanie. Le Framboisier qui est commun dans les forêts, est moins doux, un peu acidule, de même que les baies des autres Ronces; aussi ces fruits très-communs, offrent-ils une grande ressource aux Praticiens pour traiter le scorbut & les fievres.

La Ronce noire qui offre quelques variétés, 1.° à tige sans épines, 2.° à fruit blanc, 3.° à fleurs pleines, offre un fruit doux que les enfans mangent chaque jour sans conséquence. La décoction des feuilles déterge les ulceres, fortifie les gencives. Les chevres & les moutons mangent les feuilles des Ronces.

SECTION III.

Des Arbres & des Arbrisseaux à fleur rosacée, dont le pistil devient un fruit multicapsulaire.

614. L'ÉRABLE BLANC, *ou* Sycomore.

ACER montanum candidum. C. B. P.
ACER pseudo-platanus. L. *polyg. monœc.*

FLEURS. Rosacées, hermaphrodites ou mâles, sur le même pied; les hermaphrodites composées de cinq pétales ovales; d'un calice divisé en cinq parties aiguës, presque aussi longues que les pétales; de huit étamines & d'un pistil dont le germe est placé dans un réceptacle convexe; les fleurs mâles semblables aux hermaphrodites, mais privées de style & de germe.

Fruit. Deux capsules réunies à leur base, obrondes, aplaties, terminées chacune par une aile grande & membraneuse; chaque capsule renferme une semence ovale.

Feuilles. Très-grandes, pétiolées, simples, découpées en cinq lobes aigus, dentées en maniere de scie, les dentelures inégales.

Racine. Ligneuse, rameuse.

Port. Grand & bel arbre dont le tronc s'éleve très-haut, droit, ne poussant ses branches qu'à la tête; l'écorce unie, grise; le bois blanc, peu dur; les fleurs d'un vert jaunâtre, disposées au sommet des tiges, en grappes lâches & souvent pendantes; les feuilles opposées, panachées dans quelques variétés.

Lieu. A l'ombre dans les hautes forêts, dans la Suisse, dans le Bugey, &c.

Propriétés. Le suc est doux, fade, nourrissant, adoucissant. Au Canada l'on retire ce suc, sous la forme d'une liqueur limpide, en faisant des incisions à l'écorce depuis le mois de Novembre jusqu'en Mai; on en fait évaporer les parties aqueuses par l'action du feu; le résidu prend le nom de *sucre d'Erable*; & celui de la liqueur de l'Erable rouge ou Plaine, se nomme *sucre de Plaine*; il a les mêmes propriétés que le sucre de Canne; il passe pour pectoral & adoucissant.

Usages. On n'emploie que le sucre de l'Erable; on le donne dans les rhumes & dans les maux de poitrine; cependant le suc se prend à la Louisiane, comme un stomachique.

OBSERVATIONS. Dans les Erables, *Aceres*, le calice est coloré; le réceptacle balsamique, tuberculeux; huit ou dix étamines. On trouve des pieds à fleurs hermaphrodites, d'autres à fleurs mâles ou femelles, mêlées avec les hermaphrodites, d'autres enfin qui n'offrent que des fleurs ou mâles ou femelles, ce qui prouve encore que la polygamie est une classe factice due à la surabondance de seve qui oblittere ou les étamines ou les pistils. Nous avons :

1.° L'Erable de montagne, Sycomore, *Acer Pseudoplatanus*, à feuilles à cinq lobes, inégalement dentées; à fleurs en grappes pendantes. Lyonnoise, en Lithuanie.

La variété à feuilles panachées.

2.° L'Erable Platanier, *Acer platanoïdes*, à feuilles à cinq lobes aigus, lisses; à dents fines; à fleurs en corymbe droit. Lyonnoise, en Suede.

Arbre moins grand que le précédent; les fleurs d'un blanc verdâtre, plus grandes, le plus souvent toutes hermaphrodites.

3.° L'Erable commun, *Acer campestre*, à feuilles à lobes obtus, échancrés. Lyonnoise, en Lithuanie.

Arbre peu élevé, à écorce crevassée ou gercée; feuilles opposées; à trois ou cinq lobes obtus à leur sommet & à leur angle; fleurs petites, verdâtres, en grappe paniculée, le plus souvent hermaphrodites.

4.° L'Erable de Montpellier, *Acer Monspessulanum*, à feuilles à trois lobes, très-entieres, lisses, annuelles. En Languedoc, en Provence.

Arbre moyen, à écorce rougeâtre; feuilles à lobes pointus, quelquefois dentées, fermes; fleurs petites, en bouquets peu garnis; les ailes des fruits rougeâtres.

Le bois d'Erable est beau, veiné; les Tourneurs en font un grand usage. Nos Erables laissent échapper un suc doux, mais moins sucré que celui des Erables d'Amérique. On retire chaque année, des Erables de Canada, douze à quinze milliers pesant de sucre; ce sucre doit être dur, d'une couleur rousse, un peu transparent, d'une odeur suave, & fort doux sur la langue. On en fait, en Canada, des confitures, &c. Deux cents pintes de suc d'Erable, produisent ordinairement dix livres de sucre. Cette liqueur, au sortir de l'arbre, est claire & limpide, fraîche, sucrée.

Toutes les especes d'Erable reprennent facilement lorsqu'on les transplante, & s'accommodent des plus mauvais terrains. L'accroissement du Sycomore est rapide, on peut avoir des allées ombragées en douze ans.

615. LE NEZ-COUPÉ, *ou* Faux-Pistachier.

STAPHYLODENDRON. Matth.
STAPHYLLEA pinnata. L. *5-dria, 3-gyn.*

Fleur. Rosacée; composée de cinq petits pétales oblongs, étroits, droits; d'un calice divisé en cinq segmens obronds, concaves, colorés à peu près comme les pétales; de cinq étamines, & d'un nectar en forme de petit vase tenant au réceptacle de la fructification.

Fruit. Trois capsules souples, réunies longitudinalement par une suture, enflées comme des vessies, contenant intérieurement deux ou trois noyaux assez durs, qui renferment des amandes.

Feuilles. Ailées, avec une impaire, composées de cinq ou sept folioles ovales, pointues, dentées par leurs bords, en maniere de scie, les dents très-aiguës.

Racine. Ligneuse.

Port. Grand arbrisseau de quinze à vingt pieds, qui se taille aisément en buisson; les fleurs blanches, disposées en grappes longues, axillaires, pendantes souvent au sommet des rameaux; les feuilles opposées; stipules jaunâtres, lancéolées, membraneuses.

Lieu. Cultivé en plein air.

Propriétés. } On retire des amandes une huile
Usages. } par expression, qu'on croit résolutive.

Observations. Dans le Staphillier, *Staphyllea*, le calice à cinq segmens, cinq pétales, des capsules enflées, réunies, renfermant deux semences à cicatrice, constituent le caractere essentiel. Nous avons:

1.° Le Staphillier ailé, *Staphyllea pinnata*, à feuilles pinnées. En Languedoc, cultivé dans nos jardins.

Deux ou trois styles; capsule à trois loges; le plus souvent deux semences, la troisieme avortant.

On commence à cultiver dans nos jardins le Staphillier à trois feuilles, *Staphyllea trifolia.* Originaire de Virginie.

Il a trois styles, trois loges à la capsule.

Le Nez-coupé se multiplie aisément de marcottes & de semences; il vient très-bien, même dans les terres médiocres; il fleurit en Mai, en même temps que le Citise des Alpes: ainsi on doit mélanger ces deux arbres; comme l'un porte des grappes blanches, & l'autre des grappes jaunes, ils produisent un bel effet dans les bosquets du printemps.

Les enfans mangent les amandes, qui ont cependant un goût assez désagréable. On fait des chapelets avec les noyaux du Nez-coupé, qui ressemblent au bois de Coco.

616. LE PALIURE, *ou* Porte-Chapeau.

PALIURUS. Dod. pempt.
RHAMNUS paliurus. L. *5-dria, 1-gynia.*

Fleur. Rosacée, caracteres du Nerprun, n.° 575.

Fruit. Baie divisée en trois loges qui contiennent trois semences comme celles du Nerprun, mais la baie est bordée à l'extérieur d'une membrane assez large, disposée en rond, ce qui lui donne la forme d'un bouclier, ou d'un chapeau dont les ailes sont rabattues, ce qui a fait nommer cet arbrisseau *Porte-chapeau.*

Feuilles. Pétiolées, ovales, entieres, presque dentées, marquées en dessous par trois nervures, d'un vert clair.

Racine. Ligneuse, rameuse.

Port. Joli arbrisseau ; les tiges horizontales, recourbées, armées d'épines à leur insertion ; les épines inégales, droites ou crochues ; les fleurs portées sur des péduncules solitaires, disposés le long des rameaux, à l'aisselle des feuilles ; les feuilles alternes.

Lieu. Les haies d'Italie, de Provence, de Languedoc ; cultivé en plein air, dans plusieurs autres Provinces de la France.

Propriétés. Le fruit est un bon diurétique ; la racine, la tige, les feuilles sont astringentes.

Usages. On emploie ses fruits en décoction.

Cl. XXI. Sect. III.

Toute la plante (le fruit excepté) pilée, appliquée en cataplasme, est recommandée contre les clous, les furoncles & autres tumeurs de ce genre, qui s'élevent à la superficie de la peau.

617. L'AZEDARACH, Faux-Sycomore de Provence, *ou* Lilac des Indes.

AZEDARACH. Dod. Pempt.
MELIA azedarach. L. *10-dria, 1-gynia.*

Fleur. Rosacée; cinq pétales linéaires, lancéolés, longs & ouverts; un nectar tubulé, droit, d'un rouge noir, de la longueur de la corolle; dix étamines attachées au sommet du nectar, qui est divisé en dix parties; le calice petit, d'une seule piece, à cinq découpures.

Fruit. Charnu, rond, mou, contenant un noyau obrond, marqué de cinq sillons & divisé en cinq loges qui contiennent chacune une semence oblongue.

Feuilles. Deux fois ailées, terminées par une impaire; les folioles pétiolées & entieres, ordinairement au nombre de cinq; la feuille imitant celle du Frêne, mais plus découpée.

Racine. Ligneuse.

Port. Grand arbrisseau dont la tige est droite, rameuse; l'écorce verdâtre & lisse; les fleurs bleues, axillaires, péduncules, disposées en grappes; les feuilles alternes.

Lieu. Le Languedoc, cultivé dans les jardins; il craint la gelée.

Propriétés. Les feuilles sont apéritives; les fruits dangereux à manger.

Usages. Les feuilles s'emploient en décoction, mais rarement.

OBSERVATIONS. Dans la Mélie, *Melia*, le calice à cinq dents, cinq pétales; un miellier cylindrique portant les antheres; fruit à noyau, à cinq loges.

1.° La Mélie Azedarach, *Melia Azedarach*, à feuilles deux fois ailées. Originaire de Syrie.

Ce bel arbre craint le froid; on l'éleve dans les orangeries; comme il est délicat, on ne peut guere l'employer qu'à décorer les parcs. On fait des chapelets avec les noyaux. Il y a une variété à feuilles persistantes, à grandes fleurs blanches ou rouges.

Ce genre ne présente que deux especes, dont la seconde appelée *Melia Azadirachta*, a les feuilles simplement pinnées. Originaire des Indes.

618. LE FUSAIN, *ou* Bonnet de Prêtre.

EVONIMUS vulgaris, granis rubentibus. C. B. P.

EVONIMUS Europæus. β tenuifolius. 5-dria, 1-gynia.

Fleur. Rosacée, composée de quatre ou cinq pétales ovales, planes, ouverts, plus longs que le calice qui est divisé en quatre ou cinq parties planes, arrondies, concaves; quatre ou cinq étamines.

Fruit. Capsule succulente, colorée, à quatre ou cinq angles obtus, divisée en quatre ou cinq loges, s'ouvrant en quatre ou cinq battans, contenant des semences ovales, entourées d'une membrane (*arillus*) pulpeuse & colorée; la capsule imite dans sa forme, un bonnet de Prêtre.

Feuilles. Pétiolées, simples, entieres, ovales,

plus ou moins alongées, dentées par les bords; en maniere de ſcie.

Racine. Ligneuſe.

Port. Grand arbriſſeau dont les troncs ſont droits, les jeunes tiges quadrangulaires; leur écorce liſſe; le bois dur; les fleurs petites, verdâtres, pédunculées; les péduncules diviſés en deux, dichotomes; les fruits rouges; feuilles alternes, longues & preſque rondes dans une variété.

Lieu. Les haies & les bois taillis.

Propriétés. Le fruit a un goût âcre & nauſéeux; il eſt déterſif, réſolutif, purgatif, émétique dangereux. On prétend que le fruit & les feuilles purgent violemment, & ſont très-pernicieux au bétail, ſur-tout aux moutons & aux chevres.

Uſages. On donne le fruit en dédoction.

OBSERVATIONS. Dans le Fuſain, *Evonimus*, le nombre des étamines varie de quatre à cinq, de même que le nombre des pétales.

Les étamines repoſent ſur une eſpece de gâteau carré; le fruit eſt un peu ſucculent. Les trois eſpeces Européennes n'ont été regardées par Linné que comme des variétés du Fuſain d'Europe, *Evonimus Europæus*. Dans la derniere Edition du *Syſtema*, l'illuſtre Murai a adopté nos trois eſpeces de Lithuanie, il les a caractériſées de la maniere ſuivante :

1.° Le Fuſain à larges feuilles, *Evonimus latifolius*, à fleurs pour la plupart à cinq pétales; à capſules ailées, portées par des péduncules plus longs que les feuilles.

2.° Le Fuſain Européen, *Evonimus Europæus*, à fleurs la plupart à quatre pétales; à péduncules courts.

3.° Le Fuſain dartreux, *Evonimus verrucoſus*, à rameaux chargés de verrues; à fleurs toutes à quatre pétales.

J'ai examiné avec ſoin ces trois eſpeces; la longueur des péduncules, leur nombre, le nombre des étamines & des pétales ne me paroiſſent pas aſſez conſtans pour conſtituer des eſpeces; les verrues griſâtres de la troiſieme, ſont conſtantes; dans la ſeconde, les feuilles ſont plus larges; dans le dartreux, en Lithuanie, les pétales assez constamment d'un rouge foncé; le fruit rose; le tronc de cette espece fournit de petites planches veinées de rouge, de blanc, sur un fond jaune.

On prépare avec ses branches, des charbons pour les Dessinateurs; le bois qui est très-dense, est recherché pour les ouvrages de tour & de marqueterie; la décoction des feuilles & des baies purge & fait vomir. Nous ne l'avons point éprouvé, cependant le goût vraiment amer & répugnant du fruit, annonce de l'énergie. Le fruit séché & mis en poudre, fait périr les poux; sa décoction a les mêmes propriétés; on se sert du bois pour faire des lardoires; l'enveloppe des graines fournit une teinture jaune.

619. LE SERINGA.

SYRINGA alba, sive Philadelphus Athænei. C. B. P.

PHILADELPHUS coronarius. L. *icosand. 1-gynia.*

Fleur. Rosacée, quatre grands pétales blancs, ouverts, arrondis, tronqués; le calice posé sur le germe, & divisé en quatre parties aiguës; une vingtaine d'étamines insérées au calice.

Fruit. Capsule ovale, aiguë des deux côtés, entourée par le calice, à quatre loges & à quatre battans, contenant plusieurs semences alongées & très-petites.

Feuilles. Pétiolées, simples, dentées en leurs bords, oblongues, pointues, veinées.

Racine. Ligneuse rameuse.

Port. Grand arbrisseau dont la tige est droite, les jeunes tiges courbées, la racine garnie de drageons; les fleurs blanches, odorantes, pédunculées, disposées en espece de corymbe, à l'extré-

CL. XXI. SECT. III.

mité des tiges, doubles dans une variété; feuilles opposées.

Lieu. Cultivé dans les jardins.

Propriétés. } Les fleurs peuvent passer pour cor-
Usages. } diales; on n'en fait point usage.

OBSERVATIONS. Dans le Seringa ou Philadelphe, *Syringa*, on compte de seize à vingt-quatre étamines, dont plusieurs sont adhérentes à l'onglet des pétales; quelquefois la fleur a cinq pétales', & le calice cinq segmens. Les variétés sont, 1.° à fleurs doubles, 2.° à feuilles panachées de jaune, 3.° le nain qui ne porte point de fleur.

L'odeur des fleurs est agréable, mais vive lorsqu'on est trop près. Cet arbrisseau n'est point délicat sur la nature du terrain, il se multiplie par des drageons enracinés qui se trouvent auprès des gros pieds. Il fleurit en Mai. Ses fleurs assez grandes & nombreuses, produisent un bel effet dans les bosquets du printemps.

1.° Le Philadelphe odorant, *Philadelphus coronarius*, à feuilles dentées. En Languedoc.

La seconde espece est sans odeur, à feuilles sans dents; c'est le *Philadelphus inodorus*, le Philadelphe sans odeur. Originaire d'Amérique.

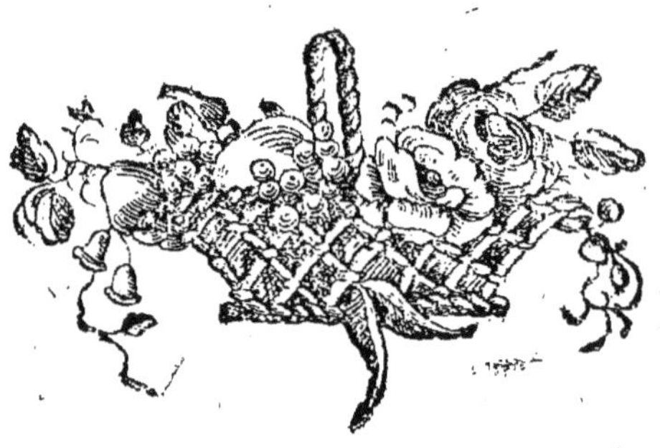

SECTION IV.

SECTION IV.

Des Arbres & des Arbrisseaux à fleur rosacée, dont le pistil devient un fruit composé de silicules ramassées en forme de tête.

620. LE SPIRÉA.

SPIRÆA *opuli folio*. I. R. H.
SPIRÆA *opulifolia*. L. *icosand*. 5-*gynia*.

FLEUR. Rosacée; caracteres de la Reine des prés, n.° 249. cinq pétales obronds, insérés au calice, ainsi que les étamines qui sont au nombre de vingt; le calice aplati, divisé à ses bords en cinq dentelures.

Fruit. Cinq capsules oblongues, aiguës, comprimées, bivalves, renfermant de petites semences pointues.

Feuilles. Découpées en cinq ou sept lobes, dentées par leurs bords en maniere de scie, imitant celles de l'Obier, n.° 595.

Racine. Ligneuse.

Port. Arbrisseau dont les tiges sont droites; les fleurs au sommet disposées en corymbe; les capsules des fruits jaunâtres; les feuilles alternes.

Lieu. Le Canada, la Virginie.

Propriétés. } Les feuilles sont vulnéraires, astrin-
Usages. } gentes.

CL. XXI.
SECT. IV.

621. LE TAMARISC d'Allemagne.

TAMARISCUS Germanica. Lob. icon.
TAMARIX Germanica. L. *5-dria, 3-gynia.*

Fleur. Rosacée; cinq pétales ovales, concaves, obtus, ouverts; le calice très-petit, divisé en cinq parties obtuses, droites; dix étamines dans cette espece; trois styles plumeux.

Fruit. Capsule oblongue, aiguë, à trois côtés, plus longue que le calice, uniloculaire, trivalve, contenant plusieurs petites semences aigrettées.

Feuilles. Espece d'écailles qui recouvrent les jeunes tiges, comme les feuilles de Cyprès, n.° 562. Ces écailles sont linaires, d'un vert de mer, entieres, épaisses, tuilées.

Racine. Rameuse, ligneuse.

Port. Grand arbrisseau de dix pieds, dont le tronc est dur, les jeunes tiges vertes & pliantes; l'écorce du tronc blanchâtre, unie; le bois blanc; les fleurs à l'extrémité & le long des tiges, disposées en grappes; les feuilles tuilées, alternes, toujours vertes; petites stipules en forme d'alêne, placées à la base des ramifications.

Lieu. Les terrains humides de l'Allemagne.

Propriétés. La racine a un goût amer; les feuilles un goût astringent. Toutes les parties, excepté les feuilles, sont apéritives, incisives; l'écorce fraîche est un doux balsamique, astringent & dessicatif.

Usages. On emploie pour les hommes, les écorces du bois & de la racine dans les apozêmes & les tisanes apéritives, à la dose de ℥ j sur chaque pinte de liqueur. L'extrait de l'écorce ait avec du vin blanc, est un puissant apéritif; sa dose est depuis gr. j jusqu'à ij; le sel fixe que l'on en tire par l'incinération, se donne depuis xij jusqu'à xx grains pour le même objet extérieurement. L'écorce pilée & appliquée, est résolutive; on regarde le bois comme sudorifique, & on le substitue au Gayac. Aux animaux, on prescrit la racine, dans les décoctions, à ℥ iij, sur ℔ ij d'eau; l'extrait à ʒ j; & le sel à ʒ ij.

622. LE TAMARISC de Narbonne.

TAMARISCUS Narbonensis. LOB. ICON.
TAMARIX Gallica. L. *5-dria, 3-gynia.*

Fleur. } Caracteres du précédent; la fleur n'a
Fruit. } que cinq étamines.

Feuilles. Plus petites, plus menues, plus arrondies, moins épaisses que dans le précédent.

Racine. La même.

Port. Le même; l'écorce plus rude, grise en dehors, rougeâtre en dedans.

Lieu. Les Provinces Méridionales de la France, sur-tout aux environs de Narbonne.

Propriétés. } Les mêmes que le précédent.
Usages. }

OBSERVATIONS. Dans le Tamarisc, le calice à six segmens; la corolle de cinq pétales; la capsule à une loge, à trois valves, à semences aigrettées.

1.° Le Tamarisc François, *Tamarix Gallica*, à fleur à cinq étamines. En Languedoc, en Dauphiné.

2.° Le Tamarisc Allemand, *Tamarix Germanica*, à fleurs à dix étamines. En Danemarck, Lyonnoise, aux Brotteaux.

CL. XXI. SECT. IV.

Les Tamariſcs s'élevent très-bien dans nos jardins, on les multiplie par bouture ; ils aiment les terres légeres ; celui d'Allemagne préfere les lieux humides. Les branches menues & pendantes, peu garnies de feuilles, n'offrent rien de fort agréable à la vue, ils ne plaiſent que lorſqu'ils ſont en fleur ; comme ils ne quittent point leurs feuilles, on les place dans les boſquets d'hiver. M. Montet, célebre Chimiſte de Montpellier, a démontré que le Tamariſc François pouvoit fournir une grande quantité de ſel de Glauber.

SECTION V.

Des Arbres & des Arbriſſeaux à fleur roſacée, dont le fruit eſt une gouſſe.

623. LE SÉNÉ.

SENNA Italica ſivè foliis obtuſis. C. B. P.
CASSIA ſenna. L. *10-dria, 1-gynia.*

FLEUR. Cinq pétales obronds, concaves ; les inférieurs plus grands, plus ouverts ; le calice diviſé en cinq parties lâches, concaves, colorées, qui tombent ; dix étamines.

Fruit. Légume oblong, recourbé & renflé dans cette eſpece, contenant pluſieurs ſemences obrondes, attachées aux bords ſupérieurs de la gouſſe.

Feuilles. Conjuguées, ayant de chaque côté trois ou quatre folioles obrondes, égales, obtuſes.

Racine. Rameuſe. ☉

Port. Quoique cette plante ſoit annuelle, elle a le port d'un arbuſte, & ſes tiges ligneuſes paſſent ordinairement l'hiver ; les fleurs axillaires, disposées en grappes ; les feuilles alternes.

Lieu. L'Egypte l'Arabie.

Propriétés. Les feuilles & les follicules sont d'une saveur âcre, nauséeuse, purgatives par excellence.

Usages. On donne le Séné en substance & en infusion ; en substance, depuis ℈j jusqu'à ʒj pour les hommes, mais rarement ; en infusion légere, depuis ʒj jusqu'à ℥ ß. L'ébullition lui ôte la vertu purgative. On le donne aux animaux, en poudre à ℥ ß, & en infusion à ℥ ij ; comme ce remede occasionne des coliques, on est en usage de le corriger avec les feuilles de la Scrophulaire, n.° 114.

623 *. LA CASSE.

CASSIA fistula Alexandrina. C. B. B.
CASSIA fistula. L. *10-dria*, *1-gynia.*

Fleur. Caracteres du précédent.

Fruit. Légume très-long, dur, cylindrique, marqué d'une rainure longitudinale, divisé intérieurement par des cloisons, renfermant une pulpe noire ; les semences jaunâtres, cordiformes, aplaties, dures.

Feuilles. Conjuguées, à cinq folioles pointues, ovales, lisses, les extérieures plus petites.

Racine. Ligneuse.

Port. Arbre ressemblant au Noyer, l'écorce dure, noirâtre ; les fleurs axillaires, pédunculées ; feuilles alternes.

Lieu. L'Egypte, les Indes, transporté de l'Afrique en Amérique.

Propriétés. La pulpe du fruit a un goût doux & fade ; c'est un purgatif doux.

Usages. On n'emploie que la pulpe, extraite de ses gousses ; elle se prescrit aux hommes depuis ʒ ij jusqu'à ℥ j ß. La décoction se donne depuis ℥ ß jusqu'à ℥ iv en boisson ou en lavement. On donne aux animaux, la décoction de la Casse, faite avec la moëlle, à la dose de ℔ j sur ℔ ij d'eau.

Observations. Le genre des Casses, *Cassiæ*, renferme plus de trente especes, toutes étrangeres ; le calice de cinq feuillets, la corolle de cinq pétales, les trois antheres supérieures stériles, les inférieures à trois baies, le fruit en légume, constituent le caractere essentiel générique. Nous avons comme plantes utiles :

1.° La Casse Séné, *Cassia Senna*, à feuilles conjuguées ; à six folioles ovoïdes ; à pétioles sans glandes. Originaire d'Egypte.

Le nombre des folioles varie de trois à six. Cultivée en Italie.

Le Séné d'Italie est aussi bon que celui du Levant : une once des feuilles contient trois drachmes d'extrait gommeux, & deux scrupules de résine ; la saveur des feuilles est nauséeuse, amere ; l'odeur est particuliere, très-désagréable, sur-tout celle de l'infusion qui est jaune ; la vertu purgative semble résider dans une huile essentielle qui se dissipe par une trop longue décoction ; ces feuilles fournissent un très-bon purgatif. Lorsque nous les ordonnons, nous faisons infuser demi-once de feuilles dans huit onces d'eau miellée : ce remede purge très-bien ; mais notre expérience nous a appris à l'employer très-rarement dans les maladies aiguës. Nous avons remarqué que même lorsque l'indication à la purgation existe, le Séné agite & fatigue les malades. Certains sujets éprouvent des coliques, si on les purge avec le Séné, mais il ne faut pas croire qu'elles soient causées par les côtes ou pétioles ; nous nous sommes assurés par plusieurs expériences que ces pétioles sont purgatifs, & ne causent pas plus souvent les tranchées que les feuilles.

Les follicules sont aussi purgatives, & sont à préférer pour les personnes délicates, vu qu'elles sont moins désagréables, & qu'elles irritent moins, sur-tout si on les fait infuser dans l'eau de pruneaux. Le Séné entre dans toutes les médecines journalieres; on le prescrit avec la Rhubarbe, le sel d'Epsom ou de Seignette. Dans notre Ville, à Lyon, les Médecins sont partagés sur l'emploi des purgatifs; les uns voyant dans toutes les maladies, sabure dans les premieres voies, purgent & font vomir fréquemment; ils ont pour eux les Apothicaires & les Chirurgiens vendant des remedes. Leur pratique est en général du goût du peuple, elle a régné despotiquement dans les Hôpitaux, & dans toute la Ville, depuis 1700 jusqu'en 1766; mais depuis cette époque, plusieurs Médecins attachés à la doctrine d'Hippocrate, ont osé publier que dans les maladies aiguës il ne falloit purger & faire vomir au commencement, que lorsque la sabure étoit surabondante, ce qui arrivoit rarement, *rarò autem turget materia*; que sur la fin de ces maladies, il ne falloit évacuer que lorsque la nature n'avoit pas assez d'énergie pour soutenir la diarrhée critique, ce qui est encore aussi rare. Ces Médecins prouvent la solidité de leurs principes par une pratique plus heureuse que celle de leurs antagonistes. Si on leur dit que cependant les malades de ces derniers guérissent, ils répondent: Ceux-là seulement qui sont assez robustes pour subjuguer & la maladie & les remedes mal administrés.

2.° La Casse fistuleuse, *Cassia fistula*, à feuilles conjuguées, à cinq folioles de chaque côté, ovales, aiguës, lisses; à pétioles sans glandes. En Egypte, dans l'Inde.

Le légume long d'un ou deux pieds, de la grosseur d'un pouce; de vert il devient roux & noir & ligneux. Les Casses des Indes orientales sont plus petites que celles d'Amérique; comme elles sont pendantes, lorsque le vent agite les arbres on entend de très-loin le bruit des légumes qui se heurtent. On préfere aujourd'hui les Casses d'Amérique parce qu'on peut les avoir plus fraîches. La pulpe de casse récente est douce; si on en retire une grande quantité, & qu'on l'abandonne, elle s'aigrit facilement. On a prétendu que ceux qui prenoient fréquemment la pulpe de Casse, rendoient les urines noires; nous en avons pris plusieurs fois, & nous n'avons jamais observé ce phénomene, ni sur aucun de nos malades; la Casse seule purge peu, il faut l'aiguiser avec les sels neutres; elle est très-pesante, si on ne la délaye pas dans

Cl. XXI. Sect. V. ſuffiſante quantité d'eau ; lorſque l'indication exige de purger, dans les maladies aiguës, on ne peut rien ordonner de moins dangereux qu'une tiſane préparée avec deux ou trois onces de pulpe de Caſſe dans une livre d'eau, en ajoutant deux ou trois drachmes de ſel de Seignette; dans le temps d'irritation de toutes les maladies aiguës, les purgatifs même les plus doux, comme la Caſſe, fatiguent l'eſtomac, occaſionnent des redoublemens ſi on les prend par la bouche ; mais les lavemens de Caſſe produiſent rarement de mauvais effets ; auſſi pluſieurs Praticiens les preſcrivent-ils tous les matins, uniquement pour tenir le ventre libre ; ils ont cru obſerver que les nuits étoient moins orageuſes. Quoi qu'il en ſoit de cette méthode, il ſeroit à déſirer, pour terminer la grande querelle des Médecins actifs, & des expectans, que dans quelques grands Hôpitaux on tînt des regiſtres exacts des bons ou mauvais ſuccès de chaque Praticien ; alors ſeulement on ſera convaincu de la préférence due à l'une ou l'autre méthode.

623 **. LE TAMARIN.

SILIQUA Arabica, quæ Tamarindus. C. B. P.
TAMARINDUS Raii. I. R. H.
TAMARINDUS Indica. L. *3-dria, 1-gynia.*

Fleur. Roſacée ; trois pétales ovales, pliſſés, égaux, ouverts, inſérés aux diviſions du calice ; le calice plus grand que les pétales, plane, diviſé en quatre folioles ovales & égales ; trois étamines.

Fruit. Légume long, aplati, revêtu de deux écorces ſéparées par une pulpe, uniloculaire, renfermant trois ſemences anguleuſes & aplaties.

Feuilles. Ailées, au nombre de dix ou de douze, ſur un pétiole commun, ſans impaire.

Racine. Branchue, fibreuſe, chevelue, ligneuſe.

Port. Le tronc a quelquefois dix pieds de circonférence ; l'écorce eſt brune & gercée ; les fleurs axillaires, disposées en grappes; les feuilles alternes.

Lieu. L'Egypte, l'Arabie, les Indes, le Sénégal.

Propriétés. Le Tamarin contient un acide purgatif, doux, léger, qui corrige l'acrimonie & la violence des purgatifs ordinaires; si on l'étend dans beaucoup d'eau, il perd sa qualité purgative, & devient une espece de limonade très-agréable.

Usages. On l'emploie principalement dans les fievres ardentes & putrides, dans les affections scorbutiques. On le donne en substance, à la dose de ʒij jusqu'à ℥j; en infusion & en décoction, jusqu'à ℥iij pour les hommes; aux animaux, en substance à la dose de ℥ij & de ℔ ß, en décoction dans ℔ ij d'eau.

OBSERVATIONS. Dans le Tamarin, *Tamarindus*, deux soies courtes accompagnent les filamens qui sont réunis; ce genre n'offre qu'une espece, le Tamarin des Indes, *Tamarindus Indica.*

Si on nous envoyoit les Tamarins frais, dont la pulpe fût encore noyée dans les légumes, ils mériteroient l'éloge des Praticiens; mais nous n'avons dans nos boutiques que des masses de pulpes altérées, âcres, plus nuisibles qu'utiles, sur-tout dans les maladies aigues; aussi pensons-nous, d'après l'expérience, que la pulpe de nos pruneaux est préférable à celle du Tamarin de nos boutiques. Cependant nous voyons chaque jour avec chagrin, nos Praticiens qui pensent que les drogues existent chez les Marchands telles qu'ils les ont vu décrites dans leurs Pharmacopées, ordonner la pulpe de Tamarin, dans les maladies inflammatoires ou putrides; ils sont tout étonnés de voir succéder après l'administration d'une telle drogue, des coliques, des météorismes, &c.

SECTION VI.

Des Arbres & des Arbrisseaux à fleur rosacée, dont le pistil devient un fruit charnu, rempli de semences calleuses.

624. L'ORANGER.

MALUS aurantia major. C. B. P.
CITRUS aurantium. L. *polyadelph. icosand.*

FLEUR. Cinq pétales oblongs, planes, ouverts; le calice d'une seule piece, à cinq dentelures, très-petit; une vingtaine d'étamines réunies par leurs filets en plusieurs corps.

Fruit. Baie dont l'écorce est charnue, & la pulpe composée de vésicules; la baie arrondie, divisée en neuf loges qui renferment chacune deux semences ovales, plates, calleuses.

Feuilles. Simples, presque entieres, épaisses, luisantes, arrondies au sommet; le pétiole garni de folioles qui le font paroître ailé, en forme de cœur.

Racine. Ligneuse, rameuse.

Port. Arbre dont le tronc est droit, l'écorce brune, rude; celle des jeunes branches verdâtre; les fleurs pédunculées, rassemblées au sommet des branches; les feuilles alternes. On trouve des aiguillons piquans sur les tiges des Orangers dont la culture a été négligée. Les Orangers Chinois, ceux qu'on nomme de Portugal, à fruit doux, sont des variétés que l'on multiplie par la greffe.

Lieu. Originaire des Indes, naturalisé en Espagne, en Italie, en Provence, en Languedoc, &c.

Propriétés. Les feuilles, les sommités, les fleurs, la premiere écorce, sont ameres, un peu âcres, mais aromatiques & agréables. La chair du fruit donne un acide très-doux, sucré, presque sans odeur. Toutes les parties de cet arbre, les racines exceptées, sont roborantes, vermifuges, emménagogues, céphaliques, antispasmodiques, stomachiques, cordiales, antiseptiques.

Usages. Des fleurs on tire une eau distillée qui se donne à la dose d'une ou deux cuillerées, seule ou dans une liqueur convenable. On la prescrit dans les potions, juleps, cordiaux, céphaliques, stomachiques, hystériques jusqu'à ℥ j ou ℥ ij. Des feuilles vertes, on tire une eau distillée plus amere & moins odorante. La chair du fruit est coagulante, rafraîchissante; son écorce réduite en poudre est regardée comme un spécifique contre l'ischurie, à la dose de ℈ j jusqu'à ʒ j. Les feuilles réduites en poudre, à la dose de ʒ ß, sont antiépileptiques. On tire aussi de l'écorce du fruit une huile essentielle, dont la dose est de deux ou trois gouttes. Il ne doit pas être question ici des pommades, des eaux de senteur, des liqueurs, &c. que l'on prépare avec la fleur de l'Oranger. On ne donne aux animaux que l'écorce en poudre, à la dose de ℥ ß, & les feuilles à celle de ℥ j.

625. LE CITRONNIER.

CITREUM vulgare. I. R. H.
CITRUS medica. L. *polyadelph. icosand.*

Fleur. } Caracteres du précédent; le fruit ovale,
Fruit. } terminé en pointe obtuse.

Cl. XXI. Sect. VI.

Feuilles. Comme les précédentes, pointues; les pétioles nus & ſimples.

Racine. De même.

Port. Du précédent; les jets plus forts, croiſſent avec plus de promptitude.

Lieu. La Médie, la Syrie, la Perſe; naturaliſé en Provence, en Languedoc, &c.

Propriétés. La chair blanche de l'écorce intérieure du fruit, a peu de ſaveur; la pulpe & le ſuc ont un goût acide; les ſemences ſont très-ameres & ſans odeur; les ſommités, les fleurs, la premiere écorce du fruit ſont aromatiques, très-agréables, âcres, un peu ameres, douées des mêmes vertus que celles de l'Oranger; la pulpe beaucoup plus rafraîchiſſante; la ſemence vermifuge.

Uſages. A peu près les mêmes que l'Oranger; de la pulpe & de la moëlle on fait une liqueur ou jus, que l'on place parmi les alexipharmaques & les antiſcorbutiques.

OBSERVATIONS. Nous n'avons parmi les plantes Européennes, ſpontanées ou exotiques, que le genre des Citronniers, *Citri*, dont les étamines réunies par les filamens en pluſieurs corps, repoſent ſur le calice. D'ailleurs, dans le ſyſtême de Linné, la Polyadelphie Européenne ne préſente que deux genres, le Citronnier & le Millepertuis, & dans celui-ci les étamines nombreuſes repoſent ſur le réceptacle.

1.° Le Citronnier vulgaire, *Citrus medica*, à pétioles linaires. Originaire d'Aſie, introduit en Europe quelque temps après Pline.

2.° Le Citronnier Orange, *Citrus Aurantium*, à pétioles ailés. Originaire de l'Inde.

L'Oranger & le Citronnier fixeront toujours agréablement l'attention des Naturaliſtes; la beauté des fruits, l'odeur ſuave des fleurs, la belle forme des arbres toujours verts, les propriétés diverſes de chaque partie : tout devient intéreſſant pour l'Obſervateur; l'écorce & les feuilles recelent un principe amer & aromatique; les fleurs fournissent un esprit recteur, très-suave, très-énergique; l'écorce du fruit contient dans des cellules innombrables une huile essentielle, suave & odoriférante; la pulpe aqueuse des fruits est acide; l'enveloppe des semences est très-amere; les cotilédons sont farineux & fournissent une huile grasse; les Parfumeurs font des essences avec l'huile essentielle & les fleurs; les Confiseurs savent les rendre agréables en leur conservant une légere amertume.

On retire, en exprimant l'écorce contre des glaces, une huile essentielle d'un très-grand prix; cette huile se fige promptement; on peut aussi l'obtenir par la distillation; mais elle est moins agréable. Cette huile, en vieillissant, abandonne un sel essentiel volatil, qui se dissout dans la salive.

L'acide du suc de citron est plus développé que celui de l'orange, aussi est-il plus recommandé pour former la limonade, qui sera toujours la boisson la plus salutaire dans les maladies aigues avec chaleur & tendance à la putréfaction, de même que dans le scorbut; dans les especes de fievre avec toux, la limonade faite avec le suc d'orange, est mieux indiquée, nous l'ordonnons fréquemment.

La poudre des feuilles d'Oranger a souvent réussi dans les maladies convulsives, & dans les paralysies. Il faut réunir l'infusion de l'écorce, du fruit & des feuilles. Les observations rapportées contre ce remede ne prouvent rien aux yeux des Médecins expérimentés qui savent que la plupart de ces maladies sont causées par des vices organiques insurmontables.

L'écorce des citrons & les feuilles de Citronnier sont fébrifuges; nous avons souvent vu des fievres intermittentes, tierces & quartes, céder à ces seuls remedes donnés en substance & en infusion. De tout ceci concluons que la nature s'est plu à receler dans le Citronnier & l'Oranger, des remedes pour remplir les deux grandes indications de médecine clinique, de fortifier & de tempérer. Le suc des fruits est rafraîchissant, tempérant; les fleurs, les feuilles raniment les forces, augmentent l'irritabilité. Les Praticiens sages savent que dans la même espece de maladie, il faut tantôt adopter la méthode tempérante, tantôt préférer la méthode ranimante. Malheur aux malades dont les Médecins enthousiastes d'une seule méthode, la prescrivent dans tous les cas; le traitement sûr & lumineux des fievres rémittentes, par les aromatiques, les âcres, les amers, a prouvé que la méthode de Sydenham n'étoit pas toujours la plus sûre.

Le bois de l'Oranger est très-dur, aussi cet arbre vit-il très-long-temps; on connoît des Orangers en Europe qui sont encore vigoureux, & qui sont cultivés depuis trois cents ans. Le nombre des loges dans chaque fruit pour chaque semence, n'est pas constant, il varie de neuf à douze.

SECTION VII.

Des Arbres & des Arbrisseaux à fleur rosacée, dont le pistil devient un fruit à noyau.

626. LE PRUNIER.

PRUNUS. I. R. H.
PRUNUS domestica. L. *icosand. 1-gyn.*

FLEUR. Rosacée; cinq pétales obronds, concaves, grands, ouverts, attachés au calice par leurs onglets; le calice d'une seule piece, campanulé, à cinq découpures obtuses, concaves.

Fruit. A noyau, appelé *prune*; charnu, le noyau obrond, aplati & aigu des deux côtés.

Feuilles. Pétiolées, simples, lancéolées, ovales, dentées à leurs bords, terminées en pointe, garnies de nervures saillantes à leur surface inférieure.

Racine. Ligneuse, traçante, rameuse.

Port. Arbre que la culture fait varier à l'infini; le pied souvent garni de drageons enracinés; le bois veiné de rouge; les fleurs pédunculées, axillaires; les feuilles alternes. La couleur, la forme, le goût des fruits, constituent un très-grand nombre de variétés que l'on multiplie par la greffe. Cl. XXI. Sect. VII.

Lieu. La Dalmatie, la Syrie; naturalisé dans toute l'Europe.

Propriétés. Le fruit est acidule, doux, fade, nourrissant, rafraîchissant, délayant, laxatif.

Usages. On n'emploie que le fruit que l'on fait sécher, & qui prend le nom de *pruneau*.

627. LE PRUNELIER *ou* Prunier sauvage.

PRUNUS *silvestris*. C. B. P.
PRUNUS *spinosa*. L. *icosand. 1-gynia*.

Fleur. } Caracteres du précédent; la fleur plus
Fruit. } petite; le fruit moins gros, plus rond, nommé *prunelle*.

Feuilles. Lancéolées, plus petites que celles du précédent.

Racine. Ligneuse, rameuse.

Port. Arbrisseau propre à faire des haies, de médiocre grandeur; ses tiges épineuses, recouvertes très-souvent d'un Lichen foliacé, très-blanc en-dessous, (*Lichen prunastri*. L.) Les fleurs solitaires, disposées en grappes; les feuilles alternes.

Lieu. Les haies & les lieux arides.

Propriétés. Toutes les parties de cette plante, & sur-tout le fruit avant sa maturité, sont âpres, astringentes, fébrifuges, résolutives, répercussives.

Usages. Des feuilles, des fleurs, de l'écorce;

on fait pour les hommes des décoctions ; avec les fleurs, des infusions ; une eau distillée qui passe pour sudorifique, à la dose de ℥ iv ou ℥ vj ; le fruit avant la maturité, donne un suc dont on fait un extrait, à la dose de ʒ j ; ce suc épaissi est fort astringent ; on le connoît sous le nom d'*Acacia nostras*. Du fruit mûr on fait un vin très-astringent ; pour les animaux, on prescrit le fruit en décoction à la dose de poig. ij dans ℔ ij d'eau.

628. L'ABRICOTIER.

ARMENIACA fructu majore. I. R. H.
PRUNUS Armeniaca. L. *icosand. 1-gynia.*

Fleur. } Caracteres des précédens, le fruit
Fruit. } nommé *abricot*, charnu, presque rond, renfermant un noyau arrondi, aplati, dans lequel on trouve une amande douce ou amere, suivant les variétés.

Feuilles. Simples, grandes, presque cordiformes, avec des dentelures arrondies, luisantes, portées par de longs pétioles.

Racine. Ligneuse, rameuse.

Port. Arbre ; l'écorce des jeunes tiges, d'un vert rougeâtre ; celles du tronc brunes, couvertes souvent d'une gomme rougeâtre ; les fleurs presque sessiles ; les feuilles alternes.

Lieu. L'Arménie, naturalisé dans toute l'Europe.

Propriétés. Le fruit est doux, agréable, un peu aromatique ; la chair du fruit nourrissante, béchique, indigeste ; l'amande rafraîchissante, émulsive ; la gomme de l'écorce incrassante, adoucissante.

Usages. L'amande fournit une huile qui peut s'employer dans les mêmes cas que celle d'amande douce.

OBSERVATIONS. Dans les Pruniers, *Pruni*, le calice au dessous du germe, à cinq segmens ; cinq pétales ; plusieurs étamines insérées sur le calice, un pistil ; le noyau du fruit à sutures proéminentes.

1.° Le Prunier à grappe, *Prunus Padus*, à fleurs en grappes ; à feuilles caduques, ovales, lancéolées ; à dents de scie ; à deux glandes à leur base en dessous. En Lithuanie, en Alsace, en Dauphiné.

Le fruit petit, d'un goût désagréable ; les pétales dentelés ; c'est le Pultier. *Voyez le Tableau* 631.

2.° Le Prunier Laurier-cerise, *Prunus Lauro-Cerasus*, à fleurs en grappes ; à feuilles persistantes ; à deux glandes sur le dos. Originaire de Turquie, introduit en Europe en 1576.

Les variétés sont à feuilles panachées de jaune & de blanc. Cet arbrisseau supporte très-bien nos hivers ; & si des froids excessifs font périr les branches, il repousse des racines ; on le multiplie de marcottes ; on greffe avec succès le Laurier-cerise sur le Cerisier.

Comme les feuilles de cet arbrisseau ne tombent point l'hiver, on l'introduit dans les bosquets de cette saison ; ses belles fleurs en pyramide, se développent au mois de Mai. Le bois fournit d'excellens cercles pour les barils.

Le Laurier-cerise est un arbre suspect ; on est dans l'usage de préparer dans nos Provinces un caillet avec le lait de brebis ; on l'aromatise & on lui donne le goût d'amande avec les feuilles de cet arbrisseau. Nos paysans connoissent très-bien la propriété vénéneuse de ces feuilles. Nous savons qu'à haute dose, ces recuites ont causé des accidens ; cependant il faut avouer que pendant deux ou trois mois nos Lyonnois mangent impunément ce caillet. Les Médecins n'ont point encore tenté l'infusion des feuilles comme médicament ; on doit cependant espérer que conduits par l'analogie, & en la prescrivant à petite dose, elle fournira un médicament précieux. Quelques expériences semblent promettre une efficacité marquée dans les dartres, le rhumatisme & la phthisie. *Voyez le Tableau* 634.

3.° Le Prunier odorant, *Prunus Mahaleb*, à fleurs en corymbe terminant les rameaux ; à feuilles ovales. Lyonnoise, en Autriche.

Arbrisseau de cinq à six pieds, très-commun dans nos haies, & sur nos côteaux du Rhône; à feuilles ovales, crénelées, obtuses; fleurs odoriférantes; fruit petit, noir, d'un goût désagréable & amer. Son bois est dur & odorant; les Ebenistes & les Tourneurs recherchent ce bois & en font une foule de petits meubles.

4.° Le Prunier Abricotier, *Prunus Armeniaca*, à fleurs assises; à feuilles ovales, en cœur. *Voyez le Tableau 628.*

L'Abricotier est un bel arbre qui exige une bonne exposition à l'abri du Nord; on le cultive en abondance près de Lyon, à Ampuy petite plaine sur le Rhône, bien à couvert par une montagne au Nord & au Couchant; ces abricots sont petits, à amandes douces; on appelle abricots de montagne ceux qui sont cultivés dans les autres cantons, ils sont plus gros & à amandes ameres. On prépare avec les noyaux d'abricots une espece de sirop appelé *orgeat*; la marmelade d'abricot est une des meilleures confitures. On a long-temps cru que les abricots causoient la fievre, c'est un préjugé; ce fruit mangé modérément est délicieux, sucré & nutritif.

On greffe les bonnes especes d'Abricotiers sur les Pruniers; comme l'Abricotier fleurit des premiers, il est exposé au ravage des gelées tardives; c'est ce qui est arrivé cette année 1787, nous avons perdu toutes les fleurs de nos Abricotiers par l'effet des gelées de la fin d'Avril.

5.° Le Prunier Cerisier, *Prunus Cerasus*, à ombelles portées sur un péduncule court; à feuilles ovales, lancéolées, lisses, repliées.

En Europe on cultive plusieurs variétés: 1.° à cerises rouges, acides; 2.° à fleurs roses; 3.° à fleurs doubles; 4.° à cerises douces, blanches; 5.° à cerises dont la chair est molle & aqueuse; 6.° à cerises très-aigres, à suc rouge; 7.° à cerises à suc très-noir; 8.° à cerises à chair ferme.

D'ailleurs le péduncule plus ou moins long, les fruits plus ou moins gros, la couleur du fruit incarnate, blanche, noire, rouge, constituent d'autres variétés.

On croit que cet arbre connu en Grece du temps d'Alexandre-le-Grand, est originaire d'Asie. Son bois rouge, jaune, est recherché par les Tourneurs & les Ebenistes.

Cet arbre conserve long-temps ses feuilles, aussi forme-t-il des allées agréables jusques en automne. On prépare avec le suc de cerises, un vin qui prend beaucoup de spiritueux si on y ajoute du sucre.

La cerise toujours fraîche est un des fruits les plus salutaires; on en prépare des robs utiles dans les fievres bilieuses. Nous connoissons quelques sujets déjà obstrués, radicalement guéris par l'exercice, & en se nourrissant uniquement avec des cerises.

Quelques personnes prennent avec avantage l'infusion des péduncules dans les affections catarrales. *Voyez le Tableau 630.*

6.° Le Prunier des oiseaux, le Merisier, *Prunus avium*, à ombelle sans péduncule; à feuilles ovales, lancéolées, repliées, un peu cotonneuses en dessous. Lyonnoise, en Lithuanie.

Une glande ou deux au sommet du pétiole; à ombelle de trois ou quatre fleurs qui naissent des rameaux de la troisieme année.

Cette espece qui n'est peut-être que le type primitif de la précédente, le Cerisier Griottier & le Bigarreautier; la cerise sauvage est noire. On prépare avec ce fruit un excellent ratafia.

7.° Le Prunier domestique, *Prunus domestica*, à péduncules le plus souvent solitaires; à feuilles lancéolées, ovales, roulées; à rameaux sans piquans. En Dauphiné, cultivé dans toute l'Europe.

Les feuilles, avant leur épanouissement, sont roulées; cette espece présente plusieurs variétés.

Le Prunier est un des arbres dont la culture a produit le plus de variétés à la forme, à la couleur, à la figure & au goût du fruit. Nous avons, 1.° les prunes violettes, grandes & petites, douces; 2.° les violettes, grandes, aigrelettes; 3.° Les prunes noires, à fruit doux; 4.° les prunes couleur de cire, ou d'un jaune pâle; 5.° les grosses prunes rouges, rondes; 6.° les prunes jaunes, grosses comme des pommes; 7.° les petites prunes printanieres; 8.° les petites prunes d'un vert jaunâtre; 9.° les prunes blanches, oblongues, aigrelettes; 10.° les grosses prunes jaunes, très-douces; 11.° les petites prunes noires, pourpres, douces.

Le Prunier se multiplie de semences & de plants enracinés; on le greffe sur le Cerisier ou sur sauvageon. Cet arbre s'accommode de tous les terrains, même les plus légers; il a été apporté en Italie avant Virgile; on le croit originaire d'Asie. Son bois qui est dur, est bien veiné, aussi les Ebénistes en peuvent tirer un bon parti. On trouve sur le fruit une espece de fleur, ou fine poussiere qui transude à travers l'épiderme.

On fait dessécher plusieurs variétés de pruneaux, ce qui forme une branche de commerce considérable; la plus agréable des variétés, c'est la *Reine-Claude*, qui est très-fondante. Les pruneaux doux contiennent en abondance le principe saccharin & muqueux; aussi leur suc est-il minoratif, laxatif, c'est un bon excipient des sels purgatifs & du Séné.

Les pruneaux aigrelets sont rafraîchissans, ils sont indiqués dans le traitement de plusieurs maladies aiguës. *Voyez le Tableau 626.*

8.° Le Prunier sauvage, *Prunus insiticia*, à péduncules deux à deux; à feuilles ovales, roulées, velues en dessous; à rameaux un peu piquans. En Dauphiné, en Bourgogne.

9.° Le Prunier épineux, *Prunus spinosa*, à péduncules solitaires; à feuilles lancéolées, lisses; à rameaux piquans. Lyonnoise, en Suede, très-rare en Lithuanie. *Voyez le Tableau 627.*

Le Prunelier s'éleve quelquefois à quatorze, quinze pieds, alors son tronc a trois pouces de diametre, c'est un des arbrisseaux les plus utiles pour fortifier les haies; ses fleurs aromatiques & ameres, prises en infusion, à une once, purgent quelques sujets faciles à émouvoir, mais ne produisent aucune évacuation sur le grand nombre, comme nous l'avons éprouvé.

Le fruit est très-âpre avant sa maturité; on en retire un extrait utile dans les diarrhées avec atonie; on prépare un vin avec les fruits bien mûrs; ce vin est léger & assez agréable, il fournit par la distillation une eau-de-vie assez forte.

L'écorce du Prunelier est amere, austere. Nos observations nous ont confirmé sa vertu fébrifuge. On peut la prescrire en poudre par drachme, ou en décoction à une once.

629. LE PÊCHER.

Cl. XXI. Sect. VII.

PERSICA molli carne, vulgaris, viridis & alba. C. B. P.

AMYGDALUS persica. L. *icosand. 1-gynia.*

Fleur. Rosacée ; cinq pétales oblongs, ovales, obtus, concaves insérés au calice, ainsi qu'une trentaine d'étamines ; le calice monophille, tubulé, découpé en cinq parties obtuses, ouvertes ; il tombe après que le fruit est noué.

Fruit. A noyau, obrond, velu, marqué d'un sillon longitudinal, arrondi & charnu dans cette espece, nommé *pêche*, contenant un noyau ligneux, creusé, sillonné, rustiqué à sa surface, & renfermant une amande à deux lobes.

Feuilles. Simples, entieres, longues, terminées en pointe, dentées à leurs bords en dentelures très-aiguës, portées sur de courts pétioles, souvent plissées vers l'arête du milieu.

Racine. Rameuse, ligneuse.

Port. Il varie suivant la culture ; sa tige est naturellement droite ; l'écorce blanchâtre ; le bois dur, les fleurs sessiles, distribuées le long des jeunes tiges ; les feuilles alternes.

Lieu. La Perse, naturalisé en Europe.

Propriétés. Les feuilles sont ameres ; les fleurs aromatiques, ameres ; le fruit aqueux, agréable ; l'amande légérement amere ; les feuilles antiseptiques, fébrifuges ; les fleurs purgatives, vermifuges ; la chair du fruit rafraîchissante, peu nourrissante.

Usages. Des fleurs on fait un sirop purgatif, dont la dose est de ℥j ; on les emploie aussi en infusion, ainsi que les feuilles ; on donne aux animaux l'infusion des feuilles, à la dose de poig. ij dans ℔ ij d'eau.

Cl. XXI. Sect. VII.

630. LE CERISIER.

Cerasus sativa. I. R. H.
Prunus cerasus. L. *icosand. 1-gynia.*

Fleur. } Caracteres du Prunier, n.° *616*. Le
Fruit. } calice tombe lorſque le fruit eſt formé; le fruit rond, d'un beau rouge dans ſa maturité, nommé *cerise*, le noyau obrond. La groſſeur & la ſaveur du fruit varient ſelon les variétés, qui ſont très-multipliées.

Feuilles. Pétiolées, ovales, lancéolées, dentées en leurs bords en maniere de ſcie.

Racine. Ligneuſe, rameuſe.

Port. Arbre aſſez élevé; les tiges droites, l'écorce griſe à l'extérieur, rougeâtre en dedans, ſe détachant par bandes horizontales, ſouvent chargées d'une gomme; le bois rougeâtre, médiocrement dur; les fleurs pédunculées, ſolitaires ou diſpoſées en petits bouquets; les feuilles alternes.

Lieu. Toute l'Europe.

Propriétés. Le fruit a un goût doux, agréable, ſavoureux; il eſt rafraîchiſſant, nourriſſant, laxatif lorſqu'il eſt bien mûr, aſtringent quand il eſt encore vert. On regarde les feuilles comme laxatives, les noyaux comme diurétiques. La gomme, ainſi que celle de l'Abricotier, peut être ſubſtituée à la gomme arabique, qui cependant eſt préférable.

Uſages. On ſe ſert peu du fruit en Médecine.

631. LE BOIS DE SAINTE-LUCIE *.

CL. XXI. SECT. VII.

CERASUS racemosa silvestris, fructu non eduli. C. B. P.
PRUNUS padus. L. *icosand. 2-gynia.*

Fleur. } Caracteres du précédent, la fleur &
Fruit. } le fruit plus petits.

Feuilles. Simples, entieres, ovales, dentées à leurs bords, terminées en pointes, pétiolées; & ce qui les distingue, c'est qu'on trouve des glandes à leur base & sur les pétioles.

Racine. Rameuse, ligneuse, traçante.

Port. Le même à peu près que celui du Cerisier, mais le bois dur, coloré & odorant; les fleurs disposées à l'extrémité des tiges en grappes rameuses; feuilles alternes.

Lieu. Les bois.

Propriétés. } Le bois est sudorifique, rarement
Usages. } mis en usage en Médecine.

632. L'AMANDIER.

AMYGDALUS sativa. C. B. P.
AMYGDALUS communis. L. *icosand. 2-gyn.*

Fleur. } Caracteres du Pêcher, n.° 629. Le fruit
Fruit. } nommé *amande*, coriacé, sec, renfermant un noyau ovale, légérement sillonné, & dans lequel on trouve une amande ovale.

---

* On donne ici, d'après M. de Tournefort, le nom de *bois de Sainte-Lucie* au Pultier, *Prunus Padus*, quoique on ait reconnu que le vrai bois de Sainte-Lucie employé par les Artistes, soit le *Prunus Mahaleb*. LIN.

Cl. XXI. Sect. VII.

Feuilles. Moins grandes que celles du Pêcher, blanchâtres, longues, pétiolées, étroites, terminées en pointes, dentelées à leurs bords, les dentelures inférieures glanduleuses, simples, entieres.

Racine. Rameuse, ligneuse.

Port. Arbre dont la tige est droite, la tête peu touffue, l'écorce des troncs gercée; celle des tiges lisse, cendrée; le bois très-dur, souvent coloré; les fleurs pédunculées, axillaires ou disposées le long des tiges; feuilles alternes.

Lieu. Indigene dans la Mauritanie; cultivé en Europe, souvent dans les vignes, auxquelles son ombrage n'est pas nuisible. L'Amandier doux & l'amer sont des variétés de la même espece.

Propriétés. L'amande a une saveur agréable; elle est huileuse & couverte d'une poussiere résineuse; les amandes en général sont pesantes à l'estomac, laxatives & anodines; les amandes ameres, stomachiques, fébrifuges.

Usages. On ne se sert que de l'amande, dont on tire une huile exprimée qui se donne depuis ℥ j jusqu'à ℥ iv pour les hommes; on en fait des émulsions qui sont anodines & rafraîchissantes; l'on tire des amandes ameres, une huile exprimée qui est anodine, carminative, douce comme l'autre, & propre aux douleurs d'oreille; on donne aux animaux l'huile d'amandes douces à la dose de ℔ ß.

Observations. Dans les Amandiers, *Amygdali*, le calice inférieur à cinq segmens; cinq pétales, plusieurs étamines sur le calice, un style; le fruit charnu renfermant un noyau, offrant sur sa surface de petits trous.

1.° L'Amandier Pêcher, *Amygdalus Persica*, à feuilles dont toutes les dentelures sont aiguës; à fleurs assises, solitaires.

Il est incertain si les Anciens ont connu le Pêcher; c'est un arbre délicat qui pour être bien conservé, exige une bonne exposition, & un abri. La culture a produit plus de trente variétés émanées des fleurs plus ou moins colorées en rouge, simples ou doubles, du fruit plus ou moins gros, plus ou moins succulent; à chair blanche, rouge ou jaune; à chair très-adhérente au noyau, ou s'en séparant facilement; à épiderme du fruit blanc, jaune, violet, rouge ou marbré. On greffe le Pêcher sur le Prunier ou sur des sauvageons de Pécher ou d'Amandier. Comme cet arbre fleurit des premiers, les gelées d'Avril font souvent périr la récolte des pêches. La pêche bien mûre & fondante, ne mérite aucun reproche; lorsqu'on en mange modérément, elle humecte, rafraîchit. Les hypocondriaques n'en sont point incommodés. Le noyau de pêche recele une amande amere, qui peut fournir une huile grasse par expression. Les fleurs de Pécher récentes, sont aromatiques & ameres; elles sont vraiment purgatives; mais cette propriété s'affoiblit beaucoup par la dessication: les feuilles ont la même propriété, sur-tout celles du printemps; une demi-once infusée dans un demi-setier d'eau, & édulcorée avec du miel, fournit une purgation agréable. *Voyez le Tableau 629.*

2.° L'Amandier commun, *Amygdalus communis*, à fleurs assises deux à deux; à dentelures inférieures, des feuilles glanduleuses.

C'est arbre n'a été introduit en Europe qu'après Caton. Il offre quelques variétés: à noyau dur, à noyau se cassant facilement, à amandes douces, à amandes ameres.

On greffe l'Amandier sur le Prunier & sur le Pêcher; cet arbre craint les gelées du printemps; comme il fleurit des premiers, souvent les froids d'Avril détruisent les fleurs. On l'abandonne dans notre climat en plein air, sans le plier en éventail, abrité, comme dans le Nord. Le bois est assez dur & répand une odeur agréable. Les amandes douces & les ameres fournissent une grande quantité d'huile grasse; lorsque cette huile est récemment exprimée, elle est louche; elle ne devient limpide qu'en vieillissant; mais dans cet état elle est rance & âcre. Cette huile ne se fige pas au plus grand froid. Quelques Médecins en font une grande consommation; on se rappelle encore à Paris de celui qui ordonnoit presque à tous les malades de l'Hôpital de la

Charité, l'huile d'amande douce. Cette méthode est en général nuisible dans les maladies aigues ; les malades rendent cette huile verte & âcre ; elle les fatigue le plus souvent de maniere à aggraver tous les symptômes.

Les émulsions se préparent avec les amandes dont on a enlevé l'enveloppe ; ces émulsions sont tempérantes & calmantes ; c'est un bon remede auxiliaire dans les maladies aigues; mais plusieurs sujets les vomissent & en sont fatigués. Les amandes ameres sont vénéneuses pour plusieurs quadrupedes & oiseaux; cependant les hommes les mangent impunément.

La Provence & le Languedoc nous fournissent une quantité extraordinaire d'amandes seches qui s'envoient dans toute l'Europe. C'est une ressource pour les desserts d'hiver & de carême. Les Confiseurs en emploient beaucoup en dragées, &c. En général c'est un aliment de difficile digestion, & quelquefois dangereux lorsque les amandes sont trop anciennes; alors elles sont âcres, font tousser, causent quelquefois des coliques violentes.

3.° L'Amandier nain, *Amygdalus nana*, à feuilles linaires, lancéolées, plus étroites à la base. Originaire de Sibérie.

Racine rampante; tiges nombreuses, de deux pieds, rameuses: stipules linaires; feuilles lancéolées, à dents de scie ; fleurs sans péduncule, rouges, assises, deux ou trois ensemble.

Nous l'avons cultivé dans le jardin de Grodno avec une foule de plantes Sibériennes, dont les semences nous avoient été envoyées par M. Pallas, un des plus célebres Naturalistes de ce siecle, & des plus communicatifs. Cet arbrisseau produit un bel effet par ses fleurs rouges, très-nombreuses, répandues dans la longueur des branches.

633. LE JUJUBIER.

Cl. XXI. Sect. VII.

ZIZIPHUS. Dod. pempt.
RHAMNUS. ziziphus. L. *5-dria, 1-gynia.*

Fleur. } Caracteres du Nerprun, n.° 575. Les
Fruit. } fleurs hermaphrodites ; la corolle divisée en cinq ; deux styles ; baie ovale, contenant un noyau biloculaire.

Feuilles. Pétiolées, ovales, oblongues, simples, à trois nervures, dentées en maniere de scie, luisantes, unies, d'un vert clair.

Racine. Ligneuse, rameuse.

Port. Grand arbrisseau, l'écorce rude, gercée ; la tige tortueuse ; les jeunes branches pliantes, garnies à leur insertion de deux aiguillons durs, piquans, presque égaux ; les fleurs axillaires, attachées à de courts pétioles ; les fruits d'un beau rouge dans leur maturité ; les feuilles alternes, distribuées le long d'une jeune branche.

Lieu. La Provence, le Languedoc ; il ne mûrit ses fruits que dans les Provinces Méridionales de France.

Propriétés. Le fruit est nourrissant, doux, agréable, quoique un peu fade ; il est expectorant, adoucissant, légérement diurétique.

Usages. On emploie le fruit en tisane, ou dans les apozêmes pectoraux.

Cl. XXI.
Sect. VII.

634. LE LAURIER-CERISE.

LAUROCERASUS. Cluſ. Hiſt.
PRUNUS lauroceraſus. L. *icoſand. 1-gyn.*

Fleur. } Caracteres du Prunier, n.° *626.* La
Fruit. } fleur & le fruit plus petits ; le noyau ovale, pointu, marqué d'un ſillon.

Feuilles. Simples, entieres, oblongues, fermes, épaiſſes, luiſantes, pétiolées, avec deux glandes ſur le dos.

Racine. Rameuſe, ligneuſe.

Port. Arbre dont les tiges ont quelquefois dix ou douze pieds; l'écorce liſſe, d'un vert brun; les fleurs diſpoſées en grappes pyramidales, axillaires, plus courtes que les feuilles qui ſont alternes, toujours vertes, quelquefois panachées, ce qui conſtitue une variété de la même eſpece.

Lieu. Apporté de Trébiſonde en 1576, naturaliſé en France.

Propriétés. Les fleurs & les feuilles ont l'odeur & le goût de l'amande amere; des feuilles diſtillées avec l'eau-de-vie on retire une liqueur ſtomacale, qui devient un poiſon violent ſi la diſtillation eſt trop chargée, ou ſi la doſe en eſt trop forte. M. Duhamel, en diſtillant pluſieurs fois de l'eau ſur des feuilles de Laurier-ceriſe, a éprouvé qu'une cuillerée de cette liqueur ſuffiſoit pour tuer ſur le champ un gros chien; ſi on lui en fait avaler quelques gouttes chaque jour, ſon appétit augmente, il engraiſſe.

Uſages. On fait infuſer les feuilles du Laurier-ceriſe dans le lait, pour lui donner un goût agréable, mais les expériences rapportées prouvent qu'on doit en ménager la doſe, quoique le lait, ainſi que l'émétique, ſoit un contre-poiſon.

Un cheval morveux a été traité avec le Laurier-cerise ; on a commencé par deux gros, & par progression jusqu'à ℥ viij ; le vingt-septieme jour, on lui donna ℥ ix, & l'animal eut des coliques qui le tourmenterent pendant un quart-d'heure seulement ; les trois jours suivans, on poussa la dose jusqu'à ℥ xiij, ce qui ne produisit aucun effet ; pour le mouton au contraire, la liqueur du Laurier-cerise est mortelle, ainsi que pour le chien & pour l'homme.

SECTION VIII.

Des Arbres & des Arbrisseaux à fleur rosacée, dont le calice devient un fruit à pepin.

635. LE POIRIER.

PYRUS. I. R. H.
PYRUS communis. L. *icosand. 5-gynia.*

FLEUR. Rosacée ; cinq pétales obronds, grands, concaves, insérés dans un calice d'une seule piece concave, à cinq découpures ouvertes, une vingtaine d'étamines également insérées au calice.

Fruit. A pepin, obrond, ovale dans cette espece, alongé par sa base, & nommé *poire* ; ombiliqué, l'ombilic bordé par les échancrures du calice ; charnu, divisé intérieurement par des membranes cartilagineuses, en cinq loges qui contiennent des pepins oblongs, obtus, aigus à leur base, aplatis d'un côté, & convexes de l'autre.

Cl. XXI. Sect. VIII.

Feuilles. Pétiolées, ſimples, dentelées, liſſes, d'un vert luiſant.

Racine. Ligneuſe, rameuſe.

Port. Arbre dont la tige eſt droite ; l'écorce raboteuſe ſur les troncs ; le bois rougeâtre, d'un grain fin, très-peſant ; les fleurs à péduncules uniflores, diſpoſées en ombelle ; les feuilles alternes ; la forme, la couleur & le goût des poires, établiſſent une infinité de variétés que la culture & la greffe multiplient ſans changer l'eſpece.

Lieu. Cultivé dans toute l'Europe.

Propriétés. Le fruit eſt doux, ſucré, ſucculent, un peu indigeſte, venteux ; la ſemence vermifuge.

Uſages. Avec le fruit on fait une liqueur ſpiritueuſe, eſpece de vin nommé *poiré ;* il s'aigrit facilement dans les chaleurs, & ſe conſerve moins que le vin de pomme ; il eſt déſaltérant, & paſſe pour ſtomachique.

636. LE COIGNASSIER.

CYDONIA vulgaris. I. R. H.
PYRUS cydonia. L. *icoſand. 5-gynia.*

Fleur. } *Fruit.* } Caracteres du précédent, les fleurs plus grandes ; les fruits moins alongés, ordinairement plus gros, marqués de quelques ſillons, couverts d'un duvet fin, blanchâtre, nommé *coing.*

Feuilles. Pétiolées, ſimples, très-entieres, couvertes d'un duvet très-fin, & blanchâtres en deſſous.

Racine. Ligneuſe, rameuſe, tortueuſe.

Port. Arbre dont le tronc eſt ſouvent tortueux, noueux, l'écorce peu épaiſſe, cendrée en dehors, rougeâtre en dedans ; le bois jaunâtre, aſſez dur ; les fleurs au ſommet des tiges, & ſolitaires ; les feuilles alternes, étroites dans une variété. Les coings ronds forment une autre variété, l'arbre qui les porte se nomme *Coignier.*

Lieu. Les bords du Danube, cultivé dans toute l'Europe, propre à faire des haies hautes & fortes.

Propriétés. Le fruit a une odeur forte, une saveur acide, austere; cru, il est stomachique, antiémétique, astringent, laxatif lorsqu'on en mange beaucoup; les semences sont mucilagineuses & adoucissantes.

Usages. Du fruit l'on fait un vin, des confitures, une gelée nommée *cotignac;* les semences macérées dans l'eau, entrent dans les gargarismes, dans les collyres contre l'ophtalmie, dans les lavemens pour appaiser les tranchées; on s'en sert aussi pour diminuer les douleurs des hémorroïdes,

637. LE POMMIER.

MALUS. I. R. H.
PYRUS malus. L. *icosand.* 5-*gynia.*

Fleur. } Caracteres du Poirier, n.° 635; les
Fruit. } fleurs plus grandes, souvent colorées de rose; les fruits plus ronds, concaves à leur base, nommés *pommes.*

Feuilles. Pétiolées, simples, dentées en maniere de scie, souvent velues en dessous, sur-tout quand elles sont jeunes; le dessous relevé de nervures saillantes, le dessus sillonné.

Racine. Ligneuse, rameuse.

Port. Grand ou petit arbre, suivant la culture qu'il reçoit; le tronc droit, l'écorce raboteuse, cendrée en dehors, jaune en dedans; le bois coloré, plein & liant; les fleurs au sommet des tiges, presque sessiles, ombellées ou solitaires; les feuilles alternes. Les pommes prennent différens noms, selon les variétés établies par leur forme, leur goût, leur couleur, qui sont prodigieusement diversifiées.

Lieu. Cultivé dans toute l'Europe.

Propriétés. Le fruit est acidule, savoureux, d'une odeur agréable, rafraîchissant, béchique, diurétique.

Usages. Il communique ses vertus à toutes les préparations ; on le fait entrer dans les tisanes délayantes, apéritives, laxatives.

Observations. Dans les Poiriers, *Pyri*, le calice à cinq segmens, cinq pétales; le germe inférieur, plusieurs étamines sur le calice, cinq styles; fruit couronné par le calice, charnu, à cinq loges, renfermant plusieurs semences.

1.° Le Poirier commun, *Pyrus communis*, à feuilles ovales, lancéolées, lisses, à dents de scie; à fleurs en corymbe; à fruit prolongé à la base. *Voyez le Tableau* 635.

Le Poirier sauvage est épineux; son fruit très-âpre, la culture lui fait perdre ses piquans, & adoucit son fruit; cependant les semences des Poiriers cultivés ne donnent que des individus épineux, à fruits très-âpres.

On greffe le Poirier sur sauvageon ou sur Coignassier. On compte plus de quatre-vingts variétés de Poirier, toutes résultantes de la culture & de la greffe; le fruit fournit le plus grand nombre. On trouve des poires depuis la grosseur des cerises, jusqu'à la grosseur de deux poings réunis; des poires à peau blanche, jaune, grise, verte, rougeâtre; des poires douces, aigrelettes, aromatisées, fondantes, ou plus ou moins dures; des poires qui mûrissent à la fin de Juin, d'autres en Juillet, Août, Septembre, Octobre, Novembre. Ce fruit offre des monstruosités très-singulieres. Nous avons des poires réunies deux à deux, trois, à trois & quatre à quatre. La piqûre des insectes change souvent leur forme, y cause des tumeurs, des excroissances.

Les Ebenistes & les Menuisiers emploient beaucoup le bois

bois de Poirier ; sa couleur rouge lui donne la préférence sur plusieurs autres aussi durs ; d'ailleurs il prend très-bien le noir d'ébene ; les Graveurs sur bois s'en accommodent volontiers, mais il est sujet à travailler & à bomber sous la presse.

2.° Le Poirier Pommier, *Pyrus Malus*, à feuilles ovales, aigues, à dents de scie, un peu velues en dessous ; à fleurs en ombelle, assises ; à fruit concave à la base.

Le Pommier sauvage s'éleve en grand arbre ; il est épineux, à fruit âcre ; la culture offre une foule de variétés relatives à la grandeur de l'arbre, & sur-tout à la forme & au goût du fruit. On connoît des pommes de toute grosseur, depuis la grosseur d'une noix, jusques à celle de la tête d'un enfant ; des pommes acidules, d'autres douces ; des pommes rondes & alongées, des blanches, des vertes, des roses, des rouges, &c. Les fleurs du Pommier sont simples ou doubles, plus ou moins rouges. On compte de dix-huit à vingt-cinq étamines. Le bois du Poirier est moins dur que celui du Pommier ; les Tourneurs en consomment beaucoup.

Les pommes bien mûres recelent un suc acido-saccharin très-salutaire ; l'excès seul peut causer quelques accidens, comme diarrhée, flatuosité. C'est un préjugé, de croire que ce fruit & les autres analogues, donnent origine à la dyssenterie ; les grandes & funestes épidémies de cette maladie, commencent avant la maturité des fruits. Les pommes n'ont jamais causé la fievre, c'est encore une imputation mal fondée. On prépare avec les pommes de la plus mauvaise qualité, une excellente liqueur, résultat de la fermentation, qu'on appelle *cidre* ; cette liqueur bien faite, c'est-à-dire suffisamment déféquée par la fermentation, est agréable, & n'a causé des coliques de peintre, que lorsqu'elle étoit frauduleusement adoucie avec la litarge. La décoction de pommes acidules est une excellente tisane dans les maladies aigues. La pulpe de pomme de rainette, appliquée sur les yeux attaqués d'inflammation, calme la douleur.

3.° Le Poirier Coignassier, *Pyrus Cydonia*, à feuilles très-entieres ; à fleurs solitaires. Cultivé dans nos jardins.

On en distingue deux variétés que quelques Auteurs regardent comme especes. 1.° Le Coignassier oblong,

Cylonia oblonga, à feuilles oblongues, ovales, cotonneuses en dessous; à pomme en toupie; 2.° le Coignassier pomme, *Cylonia maliformis*, à feuilles ovales, cotonneuses en dessous; à pommes arrondies. Le Coignassier se multiplie de plants enracinés, ou en greffant les rameaux sur Poirier sauvage.

L'odeur des coings est forte, pénétrante, particuliere; les coings, avant leur maturité, sont très-acerbes, on les prescrit comme tels dans l'atonie des visceres avec bouffissures, diarrhée; la maturité les rend sucrés, mucilagineux, alors ils ne sont que nutritifs. On retire de l'écorce des semences une espece de gomme qui dissout la gomme ammoniaque; cette gomme a réussi pour calmer les douleurs causées par les gersures des mamelles. Les confitures de coing, comme marmelade, ne conservent nullement la vertu astringente des fruits; ainsi c'est un préjugé ridicule de les prescrire dans la diarrhée, les fleurs blanches, &c. &c.

638. LE SORBIER *ou* CORMIER.

SORBUS sativa. C. B. P.
SORBUS domestica. L. *icosand. 3-gynia.*

Fleur. Rosacée; cinq petits pétales obronds, concaves, insérés dans un calice d'une seule piece, concave, ouvert, à cinq dentelures; une vingtaine d'étamines insérées au calice.

Fruit. Baie molle, nommée *sorbe* ou *corme*, globuleuse, ombiliquée, renfermant trois semences oblongues, distinctes, cartilagineuses.

Feuilles. Ailées avec une impaire, les folioles opposées, sessiles, très-entieres, longues, pointues, finement dentelées par leurs bords, blanchâtres & cotonneuses en dessous.

Racine. Ligneuse, rameuse.

Port. Arbre d'une médiocre hauteur; l'écorce rude, raboteuse; le bois très-dur, compacte, rougeâtre; les fleurs au ſommet des tiges, diſpoſées en eſpece de corymbe; les feuilles alternes, avec des ſtipules à leur inſertion.

Lieu. Les pays chauds, cultivé en Europe.

Propriétés. Le fruit a un goût très-acerbe avant ſa maturité, en mûriſſant il devient mou, fade, doux; il eſt indigeſte & aſtringent. On laiſſe ramollir les ſorbes ſur la paille comme les neffles; elles mûriſſent & deviennent au goût plus agréables que les dernieres.

Uſages. Du fruit on tire une eau diſtillée, qui ſe donne dans les potions & juleps aſtringens, depuis ℥ iv juſqu'à ℥ vj; le ſuc exprimé & fermenté devient vineux & reſſemble au poiré; il eſt plus fort que le cidre. On emploie extérieurement le fruit, réduit en poudre, comme deſſicatif.

OBSERVATIONS. Dans les Sorbiers, *Sorbi*, le calice à cinq ſegmens; la corolle à cinq pétales; pluſieurs étamines ſur le calice; trois piſtils, germe inférieur; baie à trois ſemences.

1.° Le Sorbier des Oiſeleurs, *Sorbus aucuparia*, à feuilles ailées; à folioles liſſes ſur les deux faces.

Très-commun dans les forêts de Lithuanie, rare dans nos Provinces; il ne ſe trouve que ſur les hautes montagnes du Lyonnois & du Dauphiné.

Arbre droit, rameux, de vingt à vingt-cinq pieds; huit folioles de chaque côté du pétiole, avec une impaire, elles ſont ovales, lancéolées, fermes, à dents de ſcie; les fleurs en bouquets, aſſez grandes; baie ovale, très-rouge, renfermant de trois à cinq ſemences. Le nombre des ſtyles n'eſt pas plus conſtant, on en trouve trois, quatre ou cinq. Le bois qui eſt très-dur, ſert à faire des vis de preſſoirs, des rayons de roues, des timons de voitures; les Graveurs ſur bois le recherchent; les baies qui ſont peu aqueuſes, pulvériſées & humectées avec ſuffiſante quantité d'eau, fermentent & fourniſſent, par la diſtillation, une grande quantité d'eſprit-de-vin, ſur-tout ſi on ne les cueille qu'après les premieres gelées. Nous avons pluſieurs fois bu du ſuc délayé de ces baies,

& nous n'en avons jamais été purgés. Ce fruit fournit une bonne nourriture aux grives, aux jaseurs de Boheme & aux coqs de bruyere.

2.° Le Sorbier domestique, *Sorbus domestica*, à feuilles ailées; à folioles velues en dessous. En Suisse, en Dauphiné, sur les montagnes du Lyonnois. *Voyez le Tableau* 638.

Le fruit de la grosseur d'une petite pomme, en forme de poire, jaune ou un peu rouge; il est très-acerbe, mais en le laissant un peu altérer sur la paille, il devient assez doux. Cet arbre ne produit du fruit que lorsqu'il est vieux, à soixante ans; son bois est très-dur. Le fruit, avant sa maturité, est si âpre qu'il resserre les levres & tanne tout l'intérieur de la bouche; aussi sa décoction fournit un des meilleurs moyens pour réintégrer certain organe relâché, *ad reparandam virginitatem*.

639. LE GRENADIER à fleur double, *ou* Balaustier.

PUNICA flore pleno majore. I. R. H.
PUNICA granatum. ß L. *icosand.* 1-*gynia.*

Fleur. } Variété du n.° suivant, dont il ne differe
Fruit. } que par le nombre multiplié des pétales, qui forment des fleurs doubles, & font avorter le germe.

Feuilles. } Comme dans le suivant; les tiges
Racine. } plus droites, moins armées de pi-
Port. } quans.

Lieu. Les jardins; dans les pays froids il réussit mieux dans des caisses qu'en pleine terre.

Propriétés. Les fleurs dessicatives, astringentes, anthelmintiques, nommées *balaustes* dans les boutiques.

Usages. On les prescrit, réduites en poudre & en décoction, à la dose de ℈ j ou ʒ ß, pour l'homme, de ℥ j pour les animaux.

640. LE GRENADIER A FRUIT.

Cl. XXI. Sect. VIII.

PUNICA fructu dulci. I. R. H.
PUNICA granatum. L. *icosand. 1-gynia.*

Fleur. Rosacée; cinq pétales obronds, droits, ouverts, insérés dans un calice monophille, campanulé, épais, aigu, coloré, divisé en cinq découpures; un grand nombre d'étamines insérées au calice.

Fruit. Espece de pomme presque ronde, nommée *grenade*, formée d'un calice renflé & couronné à son sommet par les échancrures de ce même calice; recouverte à l'extérieur d'une enveloppe dure; intérieurement divisée en neuf loges dont les cloisons membraneuses partent du réceptacle, & renferment des semences entourées d'une pulpe succulente, ordinairement rougeâtre.

Feuilles. Pétiolées, simples, entieres, oblongues, quelquefois sinuées, jamais dentelées, toujours lisses & luisantes.

Racine. Jaune, ligneuse, rameuse.

Port. Grand arbrisseau qu'on peut élever en espalier ou en arbre; l'écorce rougeâtre, le bois dur & brun; les tiges épineuses; les fleurs sessiles, ordinairement solitaires, d'un beau rouge; les feuilles opposées, quelquefois rassemblées, éparses.

Lieu. Les haies, en Provence & en Languedoc; cultivé dans nos jardins où il mûrit rarement ses fruits.

Propriétés. L'écorce du fruit a une saveur acerbe & austere; elle est très-astringente; le suc est doux, acidule, rafraîchissant; les membranes qui séparent les loges sont très-acerbes; les grains aigres & très-astringens; il y a des grenades plus acides

Cl. XXI. Sect. VIII.

les unes que les autres; les acides sont plus astringentes, plus rafraîchissantes.

Usages. On emploie en Médecine les fleurs, les grains, le suc, l'écorce. On donne la poudre des fleurs en infusion, à la dose d'une pincée; le suc est regardé comme alexipharmaque; les grains se prescrivent en poudre, à la dose de ʒ j ou ʒ ij; l'écorce nommée dans les boutiques *malicorium*, bouillie dans du vin, est vermifuge; on la donne en poudre, depuis ʒ ß jusqu'à ʒ j; & jusqu'à ℥ ß, en décoction pour les hommes; aux animaux, à la dose de ℥ ß & de ℥ j ß en décoction dans ℔ j ß d'eau.

Observations. Dans le Grenadier, *Punica*, le calice au dessus du germe à cinq segmens; corolle de cinq pétales; plusieurs étamines sur le calice, un pistil; fruit succulent, à plusieurs loges, à plusieurs semences.

1.° Le grand Grenadier, *Punica granatum*, à tige en arbre; à feuilles lancéolées. En Espagne, en Languedoc. *Voyez les Tableaux 639 & 640.*

Les variétés sont: 1.° le Grenadier sauvage qui est commun dans les haies auprès de Montpellier; 2.° Le Grenadier cultivé, à fruit doux; 3.° le Grenadier à fruit acide; 4.° le Grenadier à grandes fleurs doubles; 5.° le Grenadier panaché, à grandes fleurs doubles; 6.° le Grenadier à petites fleurs doubles.

2.° Le Grenadier nain, *Punica nana*, à tige en arbrisseau; à feuilles linaires. Originaire d'Amérique.

La tige s'éleve à peine à cinq pieds; les feuilles plus courtes, plus étroites; il fleurit tout l'été.

Cette espece plus délicate que la premiere, mérite d'être cultivée; on pourroit greffer sur ces pieds nains le Grenadier à gros fruits doux.

Les Grenadiers se multiplient facilement par marcottes ou par les drageons enracinés qui naissent auprès des gros pieds. Les grands hivers font souvent périr les Grenadiers en pleine terre, ainsi il faut les tenir en espalier, & les couvrir pendant les fortes gelées, excepté dans nos Provinces Méridionales où ils subsistent en buisson;

en cet état ils donnent plus de fruit, car les grenades ne viennent que sur les pousses des années précédentes.

Les Grenadiers sont de très-jolis arbrisseaux, sur-tout lorsqu'ils sont chargés de leurs belles fleurs pourpres; ceux à fleurs doubles n'en donnent en quantité que lorsqu'ils sont resserrés dans des caisses. Le suc de grenades acides fournit une des meilleures tisanes dans les maladies aiguës; aussi les Médecins du Languedoc l'ordonnent-ils fréquemment, sur-tout dans les fievres remittentes & les synoches inflammatoires. L'écorce du fruit qui est presque ligneuse, est un des plus puissans astringens; son goût très-acerbe annonce cette propriété. Ce remede réussit en décoction & en poudre dans les maladies évacuatoires causées par atonie; mais il seroit funeste dans les diarrhées ou hémorragies actives qui dépendent d'une force vive qui tend à dépurer ou à diminuer la pléthore.

Les semences sont moins âpres. On assure, d'après quelques observations, qu'un scrupule pris à jeun & en poudre, avec du miel, est un excellent remede contre les fleurs blanches avec atonie. Les fleurs, sur-tout le calice du Grenadier, sont aussi assez acerbes. Toutes ces parties peuvent servir pour tanner les cuirs.

641. LE ROSIER DE PROVINS.

ROSA rubra simplex. C. B. P.
ROSA centifolia. L. *icosand. polygyn.*

Fleur. Rosacée; cinq pétales échancrés en cœur, adhérens au calice, ainsi qu'un grand nombre d'étamines; le calice monophille, campanulé, globuleux à sa base, découpé par le haut en cinq folioles lancéolées, aiguës, aussi longues que les pétales; le calice glabre dans cette espece, & ses découpures presque ailées; plusieurs pistils.

Fruit. La baie du calice devient un fruit charnu, coloré, mou, resserré par le haut, couronné par les découpures desséchées, uniloculaire, renfer-

Cl. XXI. Sect. VIII.

mant plusieurs semences obrondes, hérissées de poils durs.

Feuilles. Ailées, terminées par une impaire; les folioles sessiles, ovales, dentées à leurs bords, veinées en leur surface; les pétioles sans épines.

Racine. Ligneuse, traçante, noirâtre.

Port. Arbrisseau qui s'éleve en buisson, & pousse beaucoup de rejetons; les tiges rougeâtres, moins fortes, moins hautes que dans les autres Rosiers, & couvertes d'aiguillons; les fleurs d'un beau rouge, axillaires ou rassemblées à l'extrémité des tiges, portées par des péduncules hérissés; feuilles alternes, avec deux stipules à leur insertion. Le Rosier de provins à fleur double, est une variété qui ne produit point de fruit.

Lieu. Cultivé dans les jardins.

Propriétés. Les fleurs ont une odeur agréable & pénétrante, une saveur âpre. Elles sont fortifiantes, astringentes, répercussives, vulnéraires, purgatives lorsqu'elles sont épanouies, & seulement styptiques avant l'épanouissement.

Usages. Pour l'intérieur on tire des fleurs une teinture astringente ainsi que leur décoction; la dose en est de ℥ iv; le sirop a la même vertu. On emploie les roses dans les cataplasmes & les fomentations astringentes & résolutives; le miel dans les gargarismes & injections détersives & consolidantes; l'huile, le vinaigre, l'onguent ont à peu près les mêmes usages. On donne aux animaux ces fleurs en décoction, à la dose de poig. j dans ℔ j ß d'eau.

642. LE ROSIER à fleur blanche.

CL. XXI. SECT. VIII.

ROSA alba vulgaris major. C. B. P.
ROSA alba. L. *icosand. polygyn.*

Fleur. } Caracteres du précédent; le calice sem-
Fruit. } blable, les fleurs blanches; elles produisent rarement leurs fruits.

Feuilles. Comme dans le précédent, d'un vert plus foncé.

Racine. Comme le précédent.

Port. Le même, si ce n'est que les péduncules sont lisses.

Lieu. Cultivé dans les jardins.

Propriétés. Les fleurs astringentes & purgatives suivant quelques Auteurs.

Usages. On ne se sert que de l'eau distillée des fleurs, qui convient dans les collyres, contre les inflammations des yeux.

643. LE ROSIER SAUVAGE, *ou* Chinorrodon.

ROSA silvestris vulgaris, flore odorato, incarnato. C. B. P.
ROSA canina. L. *icosand. polygyn.*

Fleur. } Caracteres des précédens; les fleurs
Fruit. } odorantes, couleur de rose, quelquefois blanches; le fruit ovale, nommé *Chinorrodon*, *Cynorrodon* ou *gratte-cul.*

Feuilles. Comme dans les précédens; les folioles aiguës, leurs pétioles garnis d'aiguillons.

Racine. Comme les précédens.

Port. Les péduncules glabres, la tige couverte d'aiguillons droits.

Lieu. Toute l'Europe, dans les haies.

Propriétés. Les fleurs ont une odeur agréable, douce; une ſaveur un peu âpre; elles ſont aſtringentes, vulnéraires, répercuſſives, purgatives; le fruit eſt diurétique, ſtomachique; les ſemences plus apéritives; le ſirop plus aſtringent que les fleurs.

Uſages. On emploie les fleurs en infuſion; la conſerve du fruit eſt fort recommandée dans le cours de ventre & pour les foibleſſes d'eſtomac; les ſemences ſe preſcrivent en poudre, à la doſe d'un gros, dans un verre de vin blanc: on donne aux animaux la conſerve à ℥ iv en pelotte avec du ſon, ou les fruits en décoction à ℥ ij, ſur ℔ j ß d'eau; on trouve ſur les tiges une production accidentelle nommée *bédéguar*, qui a les mêmes vertus que le fruit, plus déterſive en décoction qu'aſtringente.

OBSERVATIONS. Dans les Roſiers, *Roſæ*, le calice ventru à cinq ſegmens, reſſerré au deſſous, charnu; cinq pétales; pluſieurs étamines ſur le calice; pluſieurs piſtils; pluſieurs ſemences hériſſées, adhérentes ſur les parois internes du calice. Ce beau genre préſente vingt-une eſpeces; leur grande reſſemblance a cauſé beaucoup de confuſion dans les ſynonymes. Voici le tableau des plus communes & des plus utiles.

Les ROSIERS *à germes arrondis.*

1.° Le Roſier Eglantier, *Roſa Eglanteria*, à germes liſſes, arrondis; à péduncules liſſes; à tige armée d'épines éparſes, droites; à pétioles rudes; à folioles aiguës. En Allemagne, en Pologne, cultivé dans nos jardins.

Fleurs jaunes; les feuilles très-odorantes; il y a une variété à fleurs doubles.

2.° Le Roſier rouillé, *Roſa rubiginoſa*, à germes

arrondis, hérissés d'épines ; à épines de la tige recourbées ; à folioles couvertes d'une espece de rouille en dessous. En Dauphiné, en Allemagne.

Les rameaux à grandes épines éparses ; feuilles de sept folioles, ovales, aiguës, offrant en dessous des atomes résineux, rougeâtres ; pétioles hérissés d'épines très-petites, recourbées ; on trouve sur la base du germe quelques épines ; fleurs pourpres.

3.° Le Rosier à odeur de cannelle, *Rosa cinnamomea*, à germes lisses, arrondis ; à péduncules lisses ; à folioles arrondies, velues ; à pétioles peu velus ; à tiges à épines qui accompagnent les pétioles. Dans les Provinces Méridionales.

Fleurs d'un rouge foncé, à odeur de cannelle.

4.° Le Rosier des champs, *Rosa arvensis*, à germes arrondis, lisses ; à péduncules lisses ; à tiges & pétioles armés d'épines ; à fleurs blanches, en bouquets imitant l'ombelle. Lyonnoise, en Suede.

5.° Le Rosier à feuilles de Pimprenelle, *Rosa Pimpinellifolia*, à germes lisses, arrondis ; à péduncules lisses ; à épines de la tige éparses, droites ; à pétioles rudes ; à feuilles obtuses. En Dauphiné, sur les montagnes du Bugey.

6.° Le Rosier très-épineux, *Rosa spinosissima*, à germes lisses, arrondis ; à péduncules hérissés ; à tiges & pétioles armés d'épines très-nombreuses. En Allemagne, en Dauphiné.

Epines droites, très-rapprochées, inégales ; neuf folioles petites, ovoïdes.

Le fruit mûr est noirâtre ; la fleur blanche, à onglets jaunâtres ; il differe peu de la précédente espece.

7.° Le Rosier velu, *Rosa villosa*, à germes hérissés, arrondis ; à péduncules hérissés ; à épines de la tige éparses ; à pétioles armés d'épines ; à feuilles un peu cotonneuses. En Dauphiné, en Allemagne.

Tige lisse, à deux ou quatre épines ramassées sous les nœuds ; feuilles obtuses ; pétales rouges.

8.° Le Rosier toujours vert, *Rosa sempervirens*, à germes hérissés, arrondis ; à péduncules hérissés ; à tiges & pétioles armés d'épines ; à fleurs comme en ombelle. En Allemagne.

A feuilles de cinq folioles, un peu ſucculentes, lancéolées, perſiſtantes.

Les ROSIERS à germes ovales.

9.° Le Roſier à cent feuilles, *Roſa centifolia*, à germes ovales, hériſſés; à péduncules hériſſés; à tige hériſſée & armée d'épines; à pétioles ſans épines. Cultivé dans les jardins.

Les ſegmens du calice ailés; les pétioles glanduleux; les folioles ovales, à dents de ſcie, velues en deſſous.

10.° Le Roſier de France, *Roſa Gallica*, à germes hériſſés, ovales; à péduncules hériſſés; à tige & pétioles hériſſés de poils & d'épines. En Bourgogne, dans le Lyonnois.

La tige eſt liſſe dans ſa plus grande partie; les folioles à peine velues en deſſous; le germe hériſſé à la baſe; les fleurs rouges ou blanches.

11.° Le Roſier des Alpes, *Roſa Alpina*, à germes liſſes, ovales; à péduncules & pétioles hériſſés; à tige ſans épines; à feuilles de ſept folioles, liſſes. Sur les montagnes du Forez, du Dauphiné, d'Autriche.

Les ſegmens du calice entiers; les pétales incarnats, terminés en cœur ou à deux lobes.

12.° Le Roſier canin, *Roſa canina*, à germes ovales, liſſes; à péduncules liſſes; à tige & pétioles armés d'épines. Lyonnoiſe, en Lithuanie.

La tige liſſe n'offre des épines qu'aux nœuds; pétales roſes, terminés par deux lobes; deux bractées oppoſées, ciliées.

13.° Le Roſier blanc, *Roſa alba*, à germes liſſes, ovales; à péduncules hériſſés; à tige & pétioles armés d'épines. En Autriche, ſur les montagnes du Lyonnois.

Les ſegmens du calice ailés; les pétales blancs; on cultive la variété à fleurs doubles.

14.° Le Roſier nain, *Roſa pumilla*, à germes ovales, hériſſés; à péduncules & pétioles hériſſés; à tige armée d'épines nombreuſes vers le haut. En Autriche.

Les fruits grands en forme de poire.

Ces quatorze eſpeces de Roſiers, caractériſées ſuivant les attributs les plus conſtans, nous paroiſſent cependant peu prononcées. Nous ſavons que dans d'autres genres, le sol, le climat, la culture, font disparoître les épines, les poils.

Les Rosiers sont des arbrisseaux peu délicats, ils supportent très-bien les terribles hivers de Lithuanie. On les multiplie par marcottes, ils reprennent même de bouture. On greffe les especes rares sur celles qu'on a en abondance. J'ai vu des greffes de Rosier sur le Houx & sur l'Oranger. Les branches qui ont porté beaucoup de fleurs, périssent assez souvent; mais les racines produisent de nouveaux jets qui réparent les pertes. La rose est la reine des fleurs, sur-tout les roses doubles, blanches, jaunes, rouges, roses, panachées, &c. Elles font l'ornement de nos jardins en Juin. La rose de tous les mois présente encore quelques fleurs en Novembre. Le Rosier nain fleurit des premiers; ses petites fleurs pleines, ressemblent de loin à des anémones. On trouve quelques Rosiers proliferes, qui du centre de la fleur produisent des feuilles, & d'autres fleurs.

La Rose des jardins, qui est probablement le *Rosa centifolia* de Linné, est la rose dont on rassemble les pétales pour l'usage pharmaceutique. Quoiqu'elle perde par la dessication, de son odeur agréable, il lui en reste assez pour entrer dans les sachets & les pots-pourris. Le Bois de Rhodes, *Lignum Rhodium*, & la racine du *Rhadiola*, imitent cette odeur. Cette odeur suave semble résider dans l'huile essentielle, qui cependant est en très-petite quantité; car cent livres de pétales de roses n'en fournissent, par la distillation, que quatre drachmes. Cette huile séparée de l'eau, prend la consistance du beurre; elle est d'abord assez blanche; mais elle jaunit bientôt un peu. Cette huile très-suave est d'un prix excessif.

Les roses entassées en grande quantité dans une chambre fermée, sont très-nuisibles. On a vu périr des personnes qui se sont couchées en badinant sur des monceaux de roses.

Quoique les roses isolées plaisent à très-grand nombre d'individus par leur odeur suave, quelques-uns cependant éprouvent, en les flairant, des symptômes bizarres, comme migraine, étourdissement, défaillance; quelques-uns même en sont incommodés par la seule odeur.

L'infusion de roses est amere; huit ou dix pétales

infusés forment une potion purgative, assez énergique. L'eau de rose, déjà connue d'Avicene, est meilleure lorsqu'elle est distillée sans addition d'eau. C'est un excellent cordial. Elle fournit un bon collyre dans les affections des yeux sans inflammation.

La conserve de roses rouges est avantageuse dans la phthisie. Plusieurs Praticiens en font l'excipient des balsamiques.

644. LE GROSEILLIER à grappes & à fruit rouge.

GROSSULARIA *multiplici acino, sive non spinosa hortensis, rubra seu ribes officinarum.* C. B. P.

RIBES *rubrum.* L. *5-dria, 1-gynia.*

Fleur. Rosacée; cinq petits pétales obtus, droits, insérés aux bords d'un calice d'une seule piece, renflé, divisé en cinq découpures oblongues, obtuses, concaves, colorées, réfléchies; cinq étamines; les fleurs planes dans cette espece.

Fruit. Baie rouge, globuleuse, ombiliquée, succulente, molle, uniloculaire, contenant plusieurs semences arrondies, comprimées.

Feuilles. Simples, échancrées, découpées en lobes, comme celles de la Vigne, attachées à de longs pétioles.

Racine. Ligneuse.

Port. Arbrisseau dont les tiges sont nombreuses, sans piquans; l'écorce brune, cendrée; les fleurs disposées en grappes pendantes, axillaires, plusieurs ensemble, ou solitaires; on trouve des feuilles florales au dessous des fleurs; feuilles alternes.

Lieu. Les Alpes, dans le Nord; cultivé dans les jardins.

Propriétés. Les fruits ont une saveur acide, vineuse, agréable; ils sont rafraîchissans.

Usages. On en tire un suc rafraîchissant; son usage immodéré peut donner la diarrhée & la fievre.

645. LE GROSEILLIER ÉPINEUX, *ou* Groseillier blanc.

GROSSULARIA *simplici acino, vel spinosa, silvestris.* C. B. P.
RIBES *uva crispa.* L. *5-dria, 1-gynia.*

Fleur. } Caracteres du précédent; le fruit blanc,
Fruit. } plus gros, marqué de raies vertes, du sommet à la base.

Feuilles. Plus petites que celles du précédent, à trois ou à cinq lobes, un peu velues en dessous, avec de courts pétioles.

Racine. Ligneuse.

Port. Arbrisseau dont les tiges sont nombreuses, rameuses, garnies d'aiguillons doubles ou triples; l'écorce des jeunes tiges blanchâtre, rougeâtre dans les vieilles; les fleurs axillaires, disposées en grappes armées d'aiguillons; feuilles florales, simples, placées au dessous des calices; les feuilles alternes; à la base de chaque pétiole, on trouve trois aiguillons alongés.

Lieu. Les haies.

Propriétés. Le fruit avant la maturité, a un goût acide & austere; sa saveur est douce, vineuse, un peu fade quand il est mûr; les fruits verts sont astringens, en mûrissant ils perdent cette qualité; ils sont toujours indigestes.

Usages. Le suc du fruit devient vineux par la fermentation; peu employé en Médecine.

CL. XXI.
SECT. VIII.

645 *. LE GROSEILLIER à fruit noir, *ou* Caſſis.

GROSSULARIA non ſpinoſa, fructu nigro majore. C. B. P.

RIBES nigrum. L. *5-dria, 1-gynia.*

Fleur. } *Fruit.* } Caracteres des précédens. Les fleurs oblongues; les fruits d'un brun noirâtre, de la groſſeur & de la forme de celui du Groſeillier blanc.

Feuilles. Semblables à celles du Groſeillier blanc, beaucoup plus grandes.

Racine. Ligneuſe.

Port. Pluſieurs tiges droites, de couleur brune, cendrée, ſans aucun aiguillon; les grappes velues; les feuilles alternes.

Lieu. Le Languedoc, cultivé dans les jardins.

Propriétés. Les feuilles & les fleurs ont une odeur forte & déſagréable; les fruits reſtent acerbes quoique mûrs; les feuilles & les fruits ſont ſtomachiques, diurétiques, diaphorétiques.

Uſages. L'on preſcrit les feuilles fraîches ou leur poudre, en infuſion & en décoction; on ſe ſert de leur ſuc contre la morſure des animaux enragés & des bêtes venimeuſes, donné aux hommes à la doſe de ℥ vj, & l'on applique les feuilles fraîches & pilées ſur les morſures. Du fruit, on fait une liqueur ſtomacale. On donne aux animaux, le ſuc, à la doſe de ℔ ß ou ℔ j.

OBSERVATIONS. Dans les Groſeilliers, *Ribeſia*, cinq pétales & cinq étamines inſérés ſur le calice; ſtyle bifide; baie couronnée par le calice, renfermant pluſieurs ſemences.

Les

Les GROSEILLIERS *sans épines.*

1.° Le Groseillier rouge, *Ribes rubrum*; sans épines; à grappes lisses, pendantes; à fleurs aplaties. En Lithuanie, cultivé dans nos jardins. *Voyez le Tableau* 644.

Les pétales échancrés; le Style divisé en deux parties renversées.

Le Groseillier rouge se multiplie aisément de plants enracinés. On ne le cultive que pour ses baies; cependant il ne dépare pas les jardins, sur-tout lorsqu'on le réduit par la taille, en buisson.

Les Groseilliers des forêts de Lithuanie donnent des baies beaucoup plus acides que ceux de nos jardins; ces baies recelent un acide & un mucilage sucré, aussi en ajoutant de l'eau au suc exprimé, peut-on faire un vin agréable & en retirer un esprit ardent; le vinaigre fait avec ces baies, est très-agréable.

Les propriétés médicinales des groseilles rouges sont communes aux autres fruits doux, aigrelets; elles sont savonneuses, antiseptiques, rafraîchissantes.

On prescrit le suc avec avantage dans les fievres continues, bilieuses, putrides; on en prépare des gelées, des marmelades.

2.° Le Groseillier des Alpes, *Ribes Alpinum*, sans épines; à grappes redressées; à bractées plus longues que la fleur. En Lithuanie, sur les montagnes du Lyonnois, du Dauphiné.

Les baies sont blanches, ou rouges.

3.° Le Groseillier noir, *Ribes nigrum*, sans épines; à grappes velues; à fleurs oblongues. En Dauphiné, en Lithuanie. *Voyez le Tableau* 645.

Cet arbrisseau répand une odeur forte, analogue à celle des punaises ou de l'urine de chat; les baies noires, grosses comme des pois, contiennent un suc d'un rouge foncé, vineux. On peut préparer avec les baies un ratafia, un vin, & retirer de ce vin un esprit ardent. Quelques Observations assurent au rob des baies du Cassis une propriété spéciale contre l'angine, tant en boisson qu'en gargarisme; cependant nous avons vu si souvent des angines, même les inflammatoires, guéries par la seule énergie de la nature, que nous ſommes en droit de regarder ce remede comme ſimple adjuvant.

L'infuſion des feuilles eſt recommandée dans le rhumatiſme, les dartres, le catarre, &c.

Les GROSEILLIERS *épineux.*

4.° Le Groſeillier incliné, *Ribes reclinata*, à branches penchées, peu épineuſes; à bractées des péduncules formées par trois feuillets. En Allemagne.

5.° Le Groſeillier blanc, *Ribes groſſularia*, à branches épineuſes; à pétioles chargés de poils ciliés; à baies velues. En Lithuanie, cultivé dans nos jardins.

La baie eſt groſſe, blanche; les pétales rouges, hériſſés; les bractées diviſées en deux folioles; les grappes droites.

6.° Les Groſeilliers des haies, *Ribes uva criſpa*, à branches épineuſes; à baies liſſes; à pédicules ornés d'une bractée d'une ſeule piece. En Lithuanie, Lyonnoiſe. *Voyez le Tableau* 645.

Les baies bien mûres ſont plus douces qu'aigrelettes. On prépare avec le ſuc, en ajoutant ſuffiſante quantité d'eau, un vin aſſez agréable lorſqu'il eſt un peu vieux. Ce vin fournit une eau-de-vie très-énergique. Les enfans qui mangent beaucoup des baies en ſont ſouvent purgés.

646. LE MYRTE ORDINAIRE.

MYRTUS communis Italica. C. B. P.
MYRTUS communis. L. *icoſand. 1-gynia.*

Fleur. Roſacée; cinq pétales ovales, entiers, grands, inſérés, ainſi qu'un grand nombre d'étamines; dans un calice monophille, qui eſt diviſé en cinq parties aiguës, & qui comprend le germe dans ſa baſe.

Fruit. Baie ovale, couronnée d'un ombilic formé par les bords du calice, triloculaire, renfermant des ſemences réniformes.

Feuilles. Presque sessiles, simples, très-entieres, ovales, marquées d'un sillon dans leur longueur, fermes, luisantes, unies, odorantes, grandes ou petites, suivant les variétés.

CL. XXI. SECT. VIII.

Racine. Ligneuse.

Port. Arbrisseau qui prend les formes qu'on veut lui donner; les tiges tortueuses, rameuses; les fleurs axillaires, solitaires, pédunculées; les feuilles opposées, & quelquefois ternées; elles paroissent percées de petits trous, comme celles du Millepertuis, n.° 233. Les Myrtes à larges feuilles, à feuilles pointues, à fleurs doubles, &c. ne sont que des variétés de la même espece.

Lieu. L'Europe australe, l'Asie, l'Afrique; cultivé dans les jardins, en le renfermant l'hiver, dans les serres.

Propriétés. Toute la plante a un goût astringent; la fleur est aromatique, agréable, un peu âpre & âcre au goût; les feuilles & les fleurs sont astringentes; les baies détersives, astringentes.

Usages. Des baies & des fleurs on fait une décoction astringente; l'extrait connu sous le nom de *myrtille*, se donne jusqu'à deux gros, pour le même usage. Des fleurs & des sommités on tire une eau distillée, détersive, astringente & cosmétique, dont on se sert dans les gargarismes; on fait avec les fleurs & les feuilles, des décoctions utiles dans les fomentations. L'huile que l'on retire des baies, ne s'emploie qu'extérieurement pour resserrer & rétablir le ressort des parties.

OBSERVATIONS. Dans les Myrtes, *Myrti*, le calice supérieur au germe, à cinq segmens; cinq pétales; plusieurs étamines sur le calice, un pistil; baie à deux ou trois semences.

1.° Le Myrte commun, *Myrtus communis*, à fleurs solitaires; à collerettes de deux feuillets. En Languedoc, en Italie.

Cette eſpece offre pluſieurs variétés, 1.° le Myrte Romain à feuilles ovales; à péduncules plus longs; nous l'avons cueillie ſpontanée dans l'Iſle Sainte-Lucie, près de Narbonne; 2.° le Myrte de Tarente, à feuilles ovales; à baies rondes; 3.° le Myrte d'Italie à feuilles ovales, lancéolées; à branches droites; 4.° le Myrte d'Eſpagne à feuilles ovales, lancéolées, entaſſées; 5.° le Myrte de Portugal, à feuilles lancéolées, aiguës; 6.° le Myrte linaire, à feuilles petites, linaires, aiguës; ajoutez les Myrtes à fleurs doubles; à feuilles panachées.

Les Myrtes ſe multiplient de plants enracinés que l'on détache autour des vieux pieds. Cet arbre très agréable à la vue, craint le froid; auſſi, déjà dans nos climats on eſt obligé de l'élever dans des caiſſes, & de le rentrer dans les orangeries. Les baies de Myrte bien mûres & récentes, ſont aromatiques; elles recelent en outre un principe acerbe; les Anciens s'en ſervoient dans leurs ragoûts. Elles ſont indiquées dans les diarrhées avec atonie, dans les fleurs blanches; la décoction de ces baies eſt indiquée lorſque cette incommodité n'eſt pas dépuratoire. Les feuilles aromatiques ſont auſſi acerbes; auſſi s'en ſert-on dans le Royaume de Naples pour tanner les cuirs.

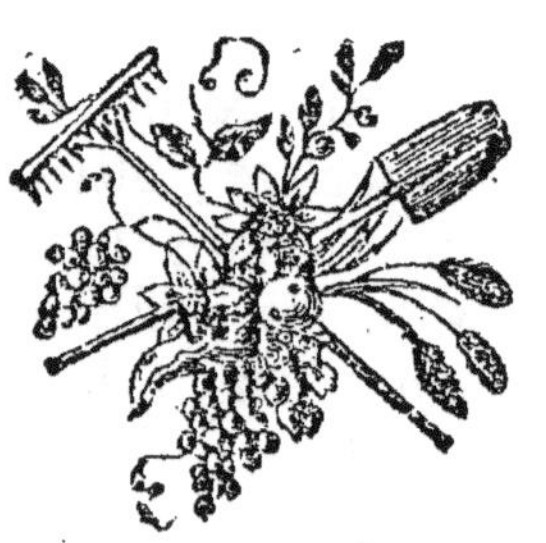

SECTION IX.

Des Arbres & des Arbrisseaux à fleur rosacée, dont le calice devient un fruit à noyau.

647. LE CORNOUILLER, improprement appelé *mâle*.

CORNUS hortensis mas. C. B. P.
CORNUS mas. L. *4-dria, 1-gynia.*

FLEUR. Hermaphrodite, rosacée; quatre pétales oblongs, aigus, planes, de la longueur du calice commun, espece d'enveloppe composée de quatre folioles ovales, colorées, qui renferme plusieurs fleurs, & tombe après l'épanouissement; le calice propre, petit, à quatre dentelures, reposant sur le germe; quatre étamines.

Fruit. A noyau, nommé *cornouille*, obrond, ombiliqué; le noyau très-dur, ovale, oblong, biloculaire, contenant deux petites amandes.

Feuilles. Pétiolées, simples, très-entieres, ovales, terminées en pointe, jamais dentelées, relevées en dessous par des nervures saillantes.

Racine. Ligneuse, rameuse.

Port. Grand arbrisseau que l'on taille facilement, & qui jette beaucoup de rameaux; l'écorce verte ou cendrée; le bois très-dur; les fleurs jaunes, disposées en maniere d'ombelle; les fruits d'un beau rouge dans leur maturité, blancs ou jaunes dans les variétés; feuilles opposées.

Lieu. Les bois, les haies.

Propriétés. Le fruit est acidule, âpre, bon à manger, rafraîchissant, astringent; les feuilles & les boutons acerbes & dessicatifs.

Usages. Le fruit sec & réduit en poudre, se donne aux hommes, à la dose de ʒ j; & aux animaux, à la dose de ℥ j; il est nuisible aux estomacs froids. On emploie pour l'usage extérieur, les feuilles & les boutons en décoction.

648. LE SANGUIN, Bois punais, *ou* le Cornouiller, improprement appelé *femelle.*

CORNUS *fœmina.* C. B. P.
CORNUS *sanguinea.* L. *4-dria, 1-gynia.*

Fleur. } Caracteres du précédent; les fruits plus
Fruit. } petits & plus arrondis.
Feuilles. } Du précédent.
Racine. }

Port. Les tiges comme le précédent; l'écorce des jeunes tiges rougeâtre, lisse, unie; le bois très-dur; les fleurs disposées en grappes, au haut des tiges, & de couleur blanche; les fruits violets dans leur maturité; feuilles opposées.

Propriétés. Le fruit âcre, amer & astringent.

Usages. Peu employé en Médecine; on s'en sert en décoction.

OBSERVATIONS. Dans les Cornouillers, *Corni*, la collerette est de quatre feuillets; quatre pétales au dessus du germe; fruit charnu, renfermant un noyau à deux loges.

1.° Le Cornouiller mâle, *Cornus mascula*, arbre à fleurs en ombelle; à collerette de la longueur de l'ombelle. Lyonnoise, en Suisse. *Voyez le Tableau* 647.

Les variétés sont, 1.° le Cornouiller sauvage; 2.° le Cornouiller cultivé; 3.° le Cornouiller cultivé, à fruit jaune; 4.° le Cornouiller cultivé, à fruit blanc; 5.° le Cornouiller cultivé, à fruit rouge foncé, dont le noyau est gros & court.

Le Cornouiller s'accommode de toutes sortes de terrains; on le multiplie de semences & de marcottes.

Le Cornouiller fleurit en Février; les fleurs sont si nombreuses que les arbres en paroissent tout jaunes.

Ses fruits sont aigrelets; le bois est dur & fauve, & bon pour tous les ouvrages qui demandent de la solidité.

2.° Le Cornouiller sanguin, *Cornus sanguinea*, à fausse ombelle, sans collerette, ou très-courte; à rameaux très-droits. Lyonnoise, en Lithuanie. *Voyez le Tableau* 648.

On peut retirer du fruit une huile bonne à brûler. Le bois est employé pour faire des broches, des lardoires; les branches pour les ouvrages de Vannerie. Les chevres, les moutons en mangent les feuilles.

649. LE NEFFLIER ou Meslier.

MESPILUS Germanica, folio laurino non serrato. C. B. P.

MESPILUS Germanica. L. *icosand. 5-gynia.*

Fleur. Rosacée; cinq pétales obronds, concaves, insérés dans un calice monophille, concave, ouvert, à cinq segmens aigus dans cette espece; vingt étamines insérées au calice, & cinq pistils.

Fruit. Baie globuleuse, ombiliquée, couronnée par les dentelures du calice, renfermant cinq petits noyaux durs & de forme irréguliere.

Cl. XXI. Sect. IX.

Feuilles. Pétiolées, grandes, lancéolées, entieres, cotonneuses, & blanches en dessous.

Racine. Ligneuse, rameuse.

Port. Arbre dont le tronc est rarement droit; les tiges sans épines, très-pliantes; le bois doux; l'écorce dure, raboteuse; les fleurs axillaires, au sommet des tiges, & portées sur de courts péduncules; les feuilles alternes.

Lieu. Les haies, les bois.

Propriétés. Le fruit a un goût âcre, acerbe avant la maturité; on le laisse mûrir sur de la paille, il acquiert une saveur douce, vineuse, peu agréable; il est astringent; les semences passent pour diurétiques.

Usages. On n'emploie que les fruits & les semences; avant que le fruit soit mûr, on peut s'en servir dans les gargarismes contre les engorgemens séreux de la gorge, & comme tonique; on réduit les semences en poudre, dont on se sert en décoction.

Observations. Dans les Nefliers, *Mespili*, le calice à cinq segmens; cinq pétales; plusieurs étamines posées sur le calice, cinq styles; baie couronnée par le calice, à cinq semences.

1.° Le Neflier d'Allemagne, *Mespilus Germanica*, sans piquans; à feuilles lancéolées, cotonneuses en dessous; à fleurs solitaires; à péduncules très-courts; à calices très-longs, persistans. Lyonnoise, en Dauphiné. *Voyez le Tableau 649.*

Les variétés sont, 1.° le Neflier sauvage qui est piquant; 2.° le Neflier à gros fruit; 3.° le Neflier à fruit sans noyau.

Les graines de Neflier restent deux ans en terre avant de lever. On peut cependant accélérer la germination en les faisant macérer dans une terre humide. On peut aussi multiplier cet arbre de marcottes, ou greffer les variétés rares sur le sauvageon; la greffe du Pommier sur Neflier, réussit très-bien.

Les Neffles avant leur maturité ſont très-âpres. Nos payſans les font bouillir & boivent la décoction pour arrêter les diarrhées trop longues ; la maturité détruit ce goût. On a cependant remarqué que dans cet état ce fruit conſtipe, & cauſe ſouvent des coliques.

2.° Le Neflier Buiſſon-ardent, *Meſpilus Pyracantha*, à piquans, à feuilles lancéolées, ovales, crénelées ; à calice du fruit obtus. En Provence, en Italie. *Voyez le Tableau 642.*

Si cet arbriſſeau produit un bel effet en Mai, lorſqu'il eſt tout couvert de fleurs, il eſt encore plus intéreſſant en automne ; l'étonnante quantité de ſes fruits rouges, le font paroître comme tout en feu.

3.° Le Neflier Amelanchier, *Meſpilus Amelanchier*, ſans piquans ; à feuilles ovales, à dents de ſcie, hériſſées en deſſous. Lyonnoiſe, en Allemagne.

Lorſque cet arbriſſeau eſt jeune, ſes rameaux, ſes pétioles, ſes péduncules, ſes feuilles ſont cotonneuſes ; mais il perd ce duvet lorſque le fruit mûrit. On compte ſouvent plus de cinq ſemences dans le fruit qui imite la figure d'une petite poire. Ce fruit qui eſt doux, peut ſe manger, & fournit une liqueur ſpiritueuſe par la fermentation.

4.° Le Neflier-Faux, *Meſpilus Chamæ-Meſpilus*, ſans piquans ; à feuilles ovales, liſſes, à dents de ſcie, aiguës ; à fleurs en corymbe, reſſerrées en tête. Lyonnoiſe, en Autriche, ſur les Pyrénées.

Il eſt cotonneux dans ſa jeuneſſe.

5.° Le Neflier de Geſner, *Meſpilus Cotoneaſter*, ſans piquans ; à feuilles ovales, très-entieres, cotonneuſes en deſſous. Sur les montagnes du Lyonnois, de Bourgogne, en Suede.

Souvent on ne trouve que trois ſtyles & trois ou quatre ſemences dans les fruits.

Cl. XXI.
Sect. IX.

650. L'AUBEPIN, *ou* Epine blanche.

MESPILUS apii folio, ſilveſtris, ſpinoſa, ſive oxyacantha. C. B. P.

CRATÆGUS oxyacantha. L. *icoſand. 2-gyn.*

Fleur. Les caracteres aſſez ſemblables à ceux du précédent, ſi ce n'eſt que les pétales ſont ſeſſiles, & qu'on ne trouve que deux piſtils, quelquefois un ſeul.

Fruit. Baie rouge, charnue, obronde, ombiliquée, renfermant deux ſemences oblongues, diſtinctes, cartilagineuſes.

Feuilles. Obtuſes, pétiolées, dentées en maniere de ſcie, découpées, deux fois diviſées en trois, liſſes, d'un vert brillant.

Racine. Tortueuſe, rameuſe, ligneuſe.

Port. Grand arbriſſeau dont les tiges ſont tortueuſes, armées de fortes épines; l'écorce blanchâtre; les fleurs au ſommet, diſpoſées en corymbe, blanches; feuilles alternes. On trouve une variété dont la fleur eſt double.

Lieu. Les haies, les bois.

Propriétés. Les feuilles ont un goût viſqueux; les fleurs une odeur aromatique, aſſez agréable; la pulpe du fruit eſt molle, glutineuſe, douceâtre, & eſt aſtringente.

Uſages. On emploie la poudre des fruits deſſéchés, on en tire une eau diſtillée, diurétique.

651. L'AZÉROLIER.

CL. XXI. SECT. IX.

MESPILUS apii folio laciniato. C. B. P.
CRATÆGUS azarolus. L. *icosand. 2-gynia.*

Fleur. } Caracteres du précédent; le fruit nommé
Fruit. } *azérole*, plus gros, rouge & blanc dans une variété; cette baie contient quelquefois trois & même quatre semences entourées d'une pulpe jaunâtre. L'œil est fort grand, fort ouvert.

Feuilles. Découpées finement, & profondément dentées, ressemblant à celles de l'Aubepin, mais plus grandes.

Racine. La même.

Port. Il s'éleve en arbre; la tige haute, droite & très-rameuse, ordinairement sans épine; les fleurs disposées en grappes; les feuilles alternes.

Lieu. Les haies du Languedoc, les jardins.

Propriétés. Le fruit est aigrelet au goût, agréable, la chair pâteuse. L'Azerole blanche est beaucoup moins aigre; le fruit est rafraîchissant; la semence diurétique.

Usages. La semence pilée s'emploie en décoction. Dans plusieurs pays on confit le fruit.

OBSERVATIONS. Dans les Aubépines, *Cratægi*, le calice à cinq segmens, cinq pétales; plusieurs étamines sur le calice, deux styles; baie inférieure à deux semences.

1.° L'Aubépine Alisier, *Cratægus Aria*, à feuilles ovales, découpées, & à dents de scie, cotonneuses en dessous. Lyonnoise, en Suede.

Le fruit comme une petite pomme; on compte souvent trois, quatre styles, & autant de semences.

On mange le fruit qui est peu agréable & venteux; on en a fait du pain après l'avoir fait sécher & pulvériser. On en peut retirer par la fermentation une liqueur spiritueuse. Le bois est dur, très-tenace, on en fait des essieux.

CL. XXI. SECT. IX.

2.° L'Aubépine-Sorbier, *Cratægus Torminalis*, à feuilles en cœur, à sept angles; les lobes inférieurs écartés, divergens. Lyonnoise, en Suisse.

Souvent quatre semences dans le fruit qui est ovale.

Grand arbrisseau à écorce rouge; feuilles fermes, cotonneuses en dessous; fleurs comme en ombelle; le fruit acide, doux; on peut en faire du vin lorsqu'il est bien mûr; le bois est dur.

3.° L'Aubépine des haies, *Cratægus Oxiacantha*, à piquans; à feuilles lisses, obtuses, divisées en trois lobes, à dents de scie. Lyonnoise, rare en Lithuanie.

Quelquefois un style, souvent trois; quelquefois trois & quatre semences dans le fruit. *Voyez le Tableau* 651.

Cet arbre, très-commun dans nos haies, les défend très-bien; on fait même, avec ce seul arbrisseau, des clôtures impénétrables.

Sa douce verdure & l'odeur agréable de ses fleurs l'ont fait introduire dans les jardins de printemps, sur-tout la variété panachée & à fleurs doubles; les enfans mangent le fruit, qui est assez doux lorsqu'il est mûr. On prescrit souvent dans notre Ville l'infusion des fleurs pour modérer les pertes blanches, maladie très-commune. Le bois de l'Aubépine est plus dur que celui du Pommier. Les vaches, les chevres, les moutons mangent les feuilles.

4.° L'Aubépine-Azérolier, *Cratægus Azarolus*, à feuilles obtuses, découpées peu profondément, en trois lobes, à peine dentées. En Languedoc. *Voyez le Tableau* 651.

Il differe peu de l'Aubépine des haies, si ce n'est par sa grandeur & par la grosseur de son fruit; le cultivé est à peine piquant.

On mange en Languedoc le fruit de cet arbre, il est d'une saveur aigrelette.

652. LE BUISSON ARDENT, *ou* Pyracantha.

Cl. XXI. Sect. IX.

MESPILUS aculeata amygdali folio. I. R. H.
MESPILUS pyracantha. L. *icosandria*, *5-gynia.*

Fleur. } *Fruit.* } Caracteres du Neflier n.° 649, la fleur plus petite, le fruit moins gros & d'un beau rouge; le calice du fruit épais, obtus.

Feuilles. Pétiolées, simples, lisses, lancéolées, ovales, crénelées, imitant celles de l'Amandier, n.° 632.

Racine. Ligneuse, rameuse.

Port. Arbrisseau presque toujours vert; écorce brune; tiges très-épineuses, les rameaux opposés; les fleurs disposées en longues grappes; les fruits d'un beau rouge, qui lors de leur maturité en automne, le font paroître tout en feu, d'où lui vient son nom; feuilles alternes.

Lieu. Les haies d'Italie & de Provence, cultivé dans les jardins.

Propriétés. } *Usages.* } A peu près les mêmes que l'Aubépin, n.° 650.

CLASSE XXII.

Des Arbres et des Arbrisseaux à fleur *papilionacée* (*).

SECTION PREMIERE.

Des Arbres & des Arbrisseaux à fleur papilionacée, *qui ont les feuilles seules & alternes ou verticillées autour des branches.*

653. LE GENÊT D'ESPAGNE.

Genista juncea. J. B.
Spartium junceum. L. *diadelph. 10-dria.*

Fleur. Papilionacée, à cinq pétales; l'étendard grand, ovale, cordiforme, entiérement recourbé; les ailes ovales, oblongues, beaucoup plus courtes que l'étendard, adhérentes aux filets; la carene composée de deux pétales, alongée, plus longue que les ailes; le calice monophille, tubulé, coloré, un peu recourbé en arriere.

Fruit. Légume cylindrique, long, uniloculaire,

(*) Cette Classe offre un démembrement de la famille très-naturelle des Papilionacées; les grands arbres qu'elle renferme, prouvent bien clairement que la nature n'a aucun égard au tissu ligneux pour assortir ses affinités.

à deux valvules; les ſemences nombreuſes, globuleuſes, réniformes. Le légume très-velu dans cette eſpece.

Feuilles. Peu nombreuſes, ſeſſiles, lancéolées, arrondies à leur ſommet.

Racine. Rameuſe, ligneuſe.

Port. Arbriſſeau dont les tiges ſont droites, les rameaux ſouvent oppoſés, toujours cylindriques, imitant les tiges du Jonc; le bois filamenteux, jaunâtre; les fleurs jaunes, très-grandes, diſpoſées à l'extrémité & le long des tiges; feuilles alternes. On cultive une variété du Genêt d'Eſpagne à fleurs doubles.

Lieu. L'Eſpagne, le Languedoc, devenu indigene dans une montagne du Forez où vraiſemblablement il a été autrefois cultivé.

Propriétés. Les fleurs ſont purgatives, les cendres apéritives; l'huile qui découle des jeunes branches brûlées eſt cauſtique.

Uſages. L'huile s'emploie contre les dartres, les cendres en infuſion, ainſi que les fleurs. Cet arbriſſeau a d'ailleurs les mêmes vertus que le ſuivant.

OBSERVATIONS. Dans les Sparties, *Spartia*, le ſtigmate longitudinal eſt velu en deſſus; les filamens adhérens au germe; le calice renverſé en deſſous.

Les SPARTIES *à feuilles ſimples.*

1.° Le Spartie joncier, *Spartium junceum*, à rameaux oppoſés, arrondis, fleuriſſant vers le ſommet; à feuilles lancéolées. *Voyez le Tableau 653.*

2.° Le Spartie purgatif, ou griot, *Spartium purgans*, à rameaux ſtriés, arrondis; à feuilles lancéolées, preſque ſans pétioles, cotonneuſes. En Languedoc, Lyonnoiſe, à Pilat.

Tiges d'un pied, très-rameuſes; rameaux inférieurs nus, ſans feuilles, durs; les ſupérieurs à feuilles ſoyeuſes en deſſous; calice ſoyeux ; fleurs jaunes , preſque ſans péduncules, terminant les rameaux ; légumes ovales , pendans.

3.° Le Spartie ſpiniflore, *Spartium ſcorpius*, à rameaux ouverts, épineux; à feuilles ovales. En Languedoc, en Dauphiné.

Tiges d'un pied , très-épineuſes; à rameaux étalés ; feuilles petites , molles , blanchâtres, ſeulement ſur les jeunes pouſſes; les fleurs jaunes naiſſent ramaſſées, trois ou quatre enſemble ſur les plus fortes épines, vers le ſommet des rameaux.

4.° Le Spartie Genêt à balai, *Spartium ſcoparium*, à rameaux anguleux , ſans épines, à feuilles ternées & ſolitaires. Lyonnoiſe, en Suede, en Pologne. *Voyez le Tableau 659.*

Arbriſſeau de quatre à cinq pieds; à rameaux verdâtres, nombreux, flexibles; feuilles petites, légérement velues; les feuilles jaunes, très-grandes, à courts péduncules, en épis dans la partie ſupérieure des rameaux.

L'odeur forte des rameaux & leur ſaveur nauſéabonde , annoncent de l'énergie ; la décoction augmente le cours des urines, & a contribué puiſſamment à la guériſon de quelques anaſarques , aſcites & leucophlegmaties. La vertu purgative des fleurs eſt relative. Nous avons trouvé quelques ſujets qui étoient purgés avec l'infuſion des fleurs, d'autres n'en ont éprouvé aucun effet. La leſſive des cendres de cet arbriſſeau eſt très-recommandée dans l'hydropiſie & autres maladies analogues ; mais cette leſſive n'agiſſant que par des ſels qu'on trouve dans les cendres de preſque toutes les plantes, c'eſt une ignorance avérée de preſcrire myſtérieuſement celles de Genêt.

654. LE GENÊT DES TEINTURIERS ou l'Herbe aux teintures.

CL. XXII. SECT. I.

GENISTA tinctoria Germanica. C. B. P.
GENISTA tinctoria. L. *diadelph. 10-dria.*

Fleur. Papilionacée ; l'étendard ovale, aigu, éloigné de la carene, totalement réfléchi ; les ailes oblongues, lâches, plus courtes que les autres parties ; la carene droite, échancrée, plus longue que l'étendard ; le calice monophille, comme divisé en deux levres.

Fruit. Légume obrond, renflé, uniloculaire, à deux valvules, contenant plusieurs semences souvent réniformes.

Feuilles. Sessiles, simples, entieres, lancéolées.

Racine. Ligneuse.

Port. Petit arbrisseau qui s'éleve moins que le précédent ; les rameaux sans épines, striés, cylindriques, droits ; les fleurs jaunes, disposées en espece d'épis au sommet des rameaux ; au dessous des fleurs on trouve des bractées ; les feuilles alternes avec quelque stipules à peine visibles.

Lieu. Les terrains sablonneux, arides & incultes.

Propriétés. Les feuilles, les fleurs & les semences sont ameres, diurétiques, détersives ; la semence purgative & émétique ; les fleurs donnent une teinture jaune.

Usages. On emploie les fleurs, les feuilles, les semences en décoction. La décoction de la semence devient émétique à la dose de ʒ ij ; les cendres de Genêt s'emploient sur-tout dans l'hydropisie. On tire des fleurs un extrait qui, dit-on, fortifie l'estomac. On donne aux animaux la décoction des fleurs, à poig. ij dans ℔ j ß d'eau.

Observations. Dans les Genêts, *Genistæ*, le calice à deux levres, la supérieure à deux segmens, l'inférieure à trois; l'étendard oblong, s'éloignant des étamines & du pistil, se renverse en dehors. D'ailleurs, les especes de ce genre sont si ressemblantes à celles du précédent, que plusieurs Auteurs n'en forment qu'un seul.

Les Genêts *sans épines.*

1.° Le Genêt fleche, *Genista sagittalis*, à rameaux articulés, anguleux, garnis dans leur longueur d'une membrane; à feuilles ovales, lancéolées. Lyonnoise, en Allemagne.

Tiges de six pouces, herbacées, légérement velues, bordées dans toute leur longueur d'une membrane verte qui forme des saillies courantes, & qui est rétrécie en maniere d'articulation à la base de chaque feuille; les fleurs en épis, jaunes, terminent les tiges; les légumes à quatre semences.

2.° Le Genêt des Teinturiers, *Genista tinctoria*, à feuilles lancéolées, lisses; à rameaux striés, arrondis, droits. Lyonnoise, en Lithuanie. *Voyez le Tableau* 654.

3.° Le Genêt velu, *Genista pilosa*, à tige tuberculeuse, inclinée; à feuilles dures, lancéolées, obtuses, un peu hérissées; à épis courts, feuillés. Lyonnoise, en Suede.

Légume à deux ou plusieurs semences.

Les Genêts *épineux.*

4.° Le Genêt Anglois, *Genista Anglica*, à rameaux portant fleurs, non épineux; les autres à épines simples; à feuilles lancéolées. Lyonnoise.

Tige d'un pied, rameuse, lisse; feuilles petites presque lisses; fleurs axillaires, solitaires vers le sommet des tiges.

5.° Le Genêt d'Allemagne, *Genista Germanica*, à épines composées; à rameaux portant fleurs, non épineux; à feuilles lancéolées, hérissées. Lyonnoise, en Allemagne.

Tiges d'un pied & demi, striées, très-rameuses; les épines feuillées soutiennent d'autres épines qui les font paroître rameuſes; fleurs jaunes, en épis longs terminant les rameaux; à calices très-velus.

Les fleurs des Genêts fourniſſent une bonne teinture jaune. Les vaches, les chevres, les moutons mangent les Genêts.

On a retiré par le rouïſſage de pluſieurs eſpeces de Genêt, une filaſſe aſſez bonne pour faire des cordes, ſur-tout des rameaux du Genêt à balai.

655. LE GENÊT ÉPINEUX, Jonc marin, Ajonc, Landes *en Bretagne*, Bruſque *en Provence*.

GENISTA *ſpartium majus, aculeis brevioribus & longioribus.* I. R. H.
ULEX *Europæus.* L. *diadelph. 10-dria.*

Fleur. Papilionacée, à cinq pétales; l'étendard très-grand, en forme de cœur, tronqué, étendu ſur les ailes; les ailes oblongues, obtuſes, plus courtes que l'étendard; la carene droite, obtuſe; le calice composé de deux folioles colorées, ovales, oblongues, concaves, droites, égales.

Fruit. Légume renflé, aſſez court; preſque entiérement couvert par le calice, uniloculaire, bivalve, contenant un petit nombre de ſemences obrondes, tronquées.

Feuilles. Petites, étroites, velues, aiguës, ſeſſiles.

Racine. Rameuſe; ligneuſe.

Port. Arbriſſeau qui s'éleve peu; les tiges droites, épineuſes; les épines garnies de petites épines latérales; les rameaux terminés par des aiguillons très-piquans; les fleurs ſolitaires, ou raſſemblées au bout des rameaux, portées ſur des péduncules ſur leſquels on trouve quelques feuilles florales; feuilles éparſes; les rameaux épineux, alternes.

Lieu. La Provence, la Bretagne, le Forez, &c. dans les lieux incultes, quelquefois dans les champs.

Propriétés. } Apéritif, employé comme les pré-
Usages. } cédens; si on l'entasse avec des feuilles, il fermente, pourrit, & donne un très-bon engrais.

OBSERVATIONS. Dans l'Ajonc, *Ulex*, le calice est à deux feuillets; le légume à peine plus long que le calice.

1.° L'Ajonc d'Europe, *Ulex Europæus*, à feuilles velues, aiguës; à épines éparses. Lyonnoise, en Danemarck. *Voyez le Tableau 655.*

On le trouve près de Lyon, à Ecully.

656. LE GUAINIER, *ou* Arbre de Judée.

SILIQUASTRUM. Castor Durand.
CERCIS siliquastrum. L. *10-dria, 1-gynia.*

Fleur. Imitant les papilionacées, à cinq pétales insérés au calice; l'étendard ovale, terminé par une pointe obtuse, attaché sous les ailes; les ailes relevées, plus longues que l'étendard, attachées au calice par de longs appendices; la carene composée de deux pétales rapprochés, larges, renfermant les parties de la génération; dix étamines qui ne sont point réunies par leurs filets.

Fruit. Légume oblong, large, aigu, uniloculaire; les semences obrondes, attachées à la suture supérieure.

Feuilles. Pétiolées, simples, très-entieres, en forme de cœur arrondi, grandes, fermes, lisses, d'un beau vert.

Racine. Ligneuse.

Port. Arbre de moyenne grandeur, qui jette beaucoup de branches; écorce purpurine, noirâtre; le bois coloré, caſſant; les fleurs pourpres ou blanches, diſpoſées en grappes axillaires, à l'extrémité des branches, quelques-unes ſur les tiges; feuilles alternes.

Lieu. Les Provinces méridionales de France.

Propriétés. Le goût du fruit eſt doux, aigrelet; il eſt rafraîchiſſant, aſtringent; les ſemences ſont ophtalmiques.

Uſages. Rarement employé en Médecine.

OBSERVATIONS. Calice à cinq dents, renflé dans ſa partie inférieure; corolle papilionacée; dix étamines libres; un étendard court ſous les ailês. Légume.

1.° Le Guainier légumineux, *Cercis ſiliquaſtrum*, à feuilles arrondies, ailées, en cœur, la baſe liſſe. En Italie, en Languedoc, ſpontané dans pluſieurs cantons autour de Lyon. *Voyez le Tableau 656.*

Cet arbre s'éleve très-aiſément de ſemences, il aime les terrains un peu ſecs; on peut en faire des paliſſades, des boules, & comme ſes rameaux ſont flexibles, en couvrir des tonnettes. C'eſt un arbre de moyenne grandeur, & des plus beaux; le tronc des plus forts a dix pouces de diametre; ſes feuilles qui ſont grandes & fermes, font un très-bel effet, elles ne ſont point ſujettes à être endommagées par les inſectes. Cet arbre ſe charge en Mai d'une prodigieuſe quantité de fleurs pourpres ou blanches qui paroiſſent avant les feuilles, & viennent, non-ſeulement ſur les jeunes branches, mais encore ſur les plus groſſes, & même ſur le tronc, Ces fleurs conſervent leur éclat pendant près de trois ſemaines; auſſi cet arbre fait-il une des principales décorations des boſquets printaniers.

Cl. XXII. Sect. II.

SECTION II.

Des Arbres & des Arbrisseaux à fleur papilionacée, qui ont leurs feuilles ternées, c'est-à-dire, disposées trois à trois sur chaque pétiole.

657. LE BOIS PUANT.

ANAGYRIS fœtida. C. B. P.
ANAGYRIS fœtida. L. *10-dria, 1-gynia.*

FLEUR. Imitant les papilionacées; l'étendard cordiforme, droit, large, échancré, très-court; les ailes ovales, oblongues, planes, plus longues que l'étendard; la carene droite, très-alongée, plus longue que les ailes; le calice campanulé, découpé en cinq demelures; dix étamines qui ne sont point réunies.

Fruit. Légume grand, oblong, presque cylindrique, un peu recourbé, obtus; les semences réniformes.

Feuilles. Pétiolées, ternées, composées de trois folioles sessiles, presque égales, entieres, ovales, alongées, aiguës; les pétioles plus courts que les folioles.

Racine. Ligneuse, rameuse.

Port. Arbrisseau dont la tige est droite, rameuse; les rameaux alternes; l'écorce cendrée, puante lorsqu'on la frotte; les fleurs axillaires, rassemblées en bouquets, plusieurs sur les mêmes péduncules; les feuilles alternes, répandant une odeur fétide lorſqu'on les froiſſe; on trouve des ſtipules aiguës, oppoſées aux feuilles.

Lieu. Les montagnes d'Italie, du Languedoc, de la Provence.

Propriétés. } On lui attribue une vertu emmé-
Uſages. } nagogue & antihyſtérique; on regarde les feuilles comme réſolutives, & les ſemences paſſent pour vomitives.

OBSERVATIONS. Dans l'Anagyre, *Anagyris*, la fleur papilionacée préſente un étendard, & les ailes plus courtes que la carene; dix étamines libres, le fruit eſt un légume.

Ce genre ne préſente qu'une ſeule eſpece, l'Anagyre puante, *Anagyris fœtida.*

On multiplie cet arbriſſeau par ſemences, ou de marcottes; ſes fleurs réunies en forme de bouquets, font un effet aſſez agréable, quoique leur couleur ne ſoit pas bien brillante; il répand une mauvaiſe odeur lorſqu'on le touche un peu fortement.

658. L'AUBOURS, Cytiſe *ou* Ebénier des Alpes.

CYTISUS *Alpinus, latifolius, flore racemoſo, pendulo.* I. R. H.

CYTISUS *laburnum.* L. *diadelph. 10-dria.*

Fleur. Papilionacée; l'étendard ovale, relevé, recourbé des côtés; les ailes de la longueur de l'étendard, droites & obtuſes; la carene renflée & aiguë; le calice d'une ſeule piece, court & campanulé; dix étamines, dont neuf ſont réunies par leurs filets.

Fruit. Légume oblong, obtus, étroit à ſa baſe; ſemences aplaties, réniformes.

Cl. XXII. Sect. II.

Feuilles. Ternées, portées par un long pétiole; les folioles ovales, oblongues.

Racine. Ligneuſe, rameuſe.

Port. Arbre de moyenne grandeur; la tige droite; l'écorce d'un gris verdâtre; le bois très-dur, imitant l'Ebene verte; les fleurs jaunes, diſpoſées en longues grappes pendantes; les feuilles alternes.

Lieu. Les Alpes, les montagnes du Dauphiné & du Bugey.

Propriétés. } Les fleurs & les ſemences ſont
Uſages. } regardées par quelques Auteurs, comme apéritives.

Observations. Dans les Cytiſes, *Cytiſi*, le calice à deux levres, l'inférieure à trois dents, la ſupérieure à deux; le légume rétréci vers la baſe; d'ailleurs ce genre eſt très-analogue à celui des Genêts.

1°. Le Cytiſe des Alpes, *Cytiſus Laburnuum*, à grappes ſimples, pendantes; à folioles ovales, oblongues. Sur les montagnes du Bugey, du Dauphiné.

Il y a une variété à feuilles panachées.

On cultive aſſez généralement cette eſpece dans nos jardins; il reprend très-bien de bouture, & s'accommode de toute ſorte de terrain.

Son bois ſert à faire des manches de couteau; on en fait d'excellens brancards.

2.° Le Cytiſe noirâtre, *Cytiſus nigricans*, à grappes ſimples, droites; à folioles ovales, oblongues. En Lithuanie, en Provence.

Tige de trois pieds; à la vue ſimple, les feuilles & les calices paroiſſent liſſes; fleurs jaunes, en grappes terminant les rameaux.

3.° Le Cytiſe à feuilles aſſiſes, *Cytiſus ſeſſifolius*, très-reſſemblant au précédent; le calice à trois bractées, en écailles; les feuilles florales ſans pétioles. En Dauphiné, cultivé dans nos jardins.

4.° Le Cytiſe hériſſé, *Cytiſus hirſutus*, à péduncules ſimples, latéraux; à calices hériſſés; ventrus, oblongs, à trois ſegmens obtus. Commun ſur nos côteaux du Rhône, près de la Pape.

Les rameaux inclinés; les feuilles hérissées en dessous; les calices très-chargés de poils; les péduncules très-courts; les dix étamines réunies.

5.° Le Cytise couché, *Cytisus supinus*, à fleurs en ombelle, terminant les rameaux qui sont le plus souvent couchés; à folioles ovales. En Dauphiné, en Allemagne.

La tige & les pétioles duvetés; les folioles à peine velues; les calices tubulés, ventrus, duvetés, à deux levres; les fleurs jaunes.

6.° Le Cytise argenté, *Cytisus argenteus*, à fleurs deux à deux, presque assises; à feuilles soyeuses; à rameaux inclinés; à stipules très-petites. En Dauphiné.

Plante blanche; les rameaux ligneux à la base, herbacés vers le haut; deux ou trois bractées adhérentes à la base du calice; les segmens du calice plus longs que dans les congéneres; les légumes hérissés; les fleurs jaunes.

659. LE GENÊT COMMUN, *ou* Genêt à balai.

CYTISO-GENISTA, *scoparia vulgaris*; *flore luteo*. I. R. H.

SPARTIUM scoparium. L. *diadelph. 10-dria*.

Fleur. *Fruit.* } Caracteres du Genêt d'Espagne, n.° 653.

Feuilles. Ternées, & quelquefois solitaires, sur-tout à l'extrémité des tiges; les folioles petites, étroites, ovales; les solitaires plus alongées.

Racine. Ligneuse, rameuse.

Port. Arbrisseau qui pousse plusieurs tiges hautes de cinq ou six pieds, rameuses, grêles, anguleuses, flexibles, sans épines; les fleurs jaunes, blanches dans une variété, disposées une à une le long des tiges, & portées sur de courts péduncules; les feuilles ternées sont alternes, comme les feuilles solitaires.

Lieu. Les terrains ſecs, arides, ſablonneux, les bois, les bords des chemins.

Propriétés. } Les rameaux deſſéchés au ſoleil
Uſages. } & rouïs comme le Chanvre, donnent un fil dont on peut faire de la toile : *Voyez le Journal économique, Novembre 1756.* Dans les campagnes on en fait des balais ; il a en Médecine les mêmes vertus que les autres Genêts ; il eſt apéritif.

SECTION III.

Des Arbres & des Arbriſſeaux à fleur papilionacée, dont les feuilles ſont la plupart ailées ou conjuguées.

660. LE FAUX-ACACIA, *ou* Acacia *des Jardiniers.*

PSEUDO-ACACIA *vulgaris.* I. R. H.
ROBINIA *pſeudo-acacia.* L. *diadelphia, 10-dria.*

FLEUR. Papilionacée ; l'étendard arrondi, grand, obtus ; les ailes ovales, oblongues, avec un appendice très-court, obtus ; la carene ſous-orbiculaire, aplatie, obtuſe, de la lougueur des ailes ; le calice d'une ſeule piece, petit, campanulé, à quatre dentelures ; dix étamines, dont neuf réunies par leurs filets.

Fruit. Légume grand, aplati, long, relevé de pluſieurs boſſes ; ſemences réniformes.

Feuilles. Ailées avec une impaire; les folioles égales, très-entieres, opposées.

Racine. Rameuse, ligneuse.

Port. Grand arbre dont la tige est droite, armée d'aiguillons souvent doubles; l'écorce roussâtre; les fleurs blanches, pédunculées & disposées en grappes pendantes; les feuilles alternes.

Lieu. La Virginie; naturalisé en France. On voit encore au jardin du Roi le Faux-Acacia, apporté par M. Robin, qui a donné son nom à cet arbre.

Propriétés. Les fleurs ont une odeur douce, aromatique; elles sont émollientes, antispasmodiques.

Usages. On en tire une eau distillée, dont la dose est depuis ℥ iv jusqu'à ℥ vj, dans les potions & juleps.

On peut s'en servir comme d'une excellente nourriture pour les bestiaux.

OBSERVATIONS. Dans le Robinier, *Robinia*, le calice est à quatre segmens; le légume alongé, bossu.

1.° Le Robinier Faux-Acacia, *Robinia Pseudo-Acacia*, à fleurs en grappes; à pédicille uniflore; à feuilles ailées avec une foliole impaire; à stipules épineuses.

Cultivé dans nos Provinces & en Lithuanie.

Le Faux-Acacia pousse de grandes branches en houssines, qui ne sont pas propres à former des portiques réguliers; mais en étayant ces arbres on peut se procurer des sallons très-agréables, vu que quelques pieds en fleur suffisent pour parfumer un grand jardin. Nos Faux-Acacia, cette année 1787, n'ont point donné de fleurs, quoique adultes; il faut que les boutons à fleurs aient été endommagés par les gelées d'Avril.

Le bois de ce bel arbre est de couleur jaune, verdâtre, luisante, & comme satinée; quoique assez dur, il prend médiocrement le poli. Les Tourneurs le recherchent. Il pourrit aisément à l'humidité.

Ses racines & ſon écorce ſont douces & ſucrées; on peut les regarder comme ſuccédanées de la Réglisse. Les feuilles fourniſſent à tous les beſtiaux un excellent fourrage.

2.° Le Robinier de Sibérie, *Robinia Caragana*, à péduncules ſimples; à feuilles ailées, ſans foliole impaire; à pétioles non piquans. Originaire de Sibérie, cultivé dans nos jardins.

Cinq ou ſix paires de folioles ſur chaque pétiole; le ſommet du pétiole & des ſtipules à peine roide; ſix fleurs jaunes ayant chacune un péduncule diſtinct, naiſſent de chaque bouton.

Cet arbriſſeau d'un accroiſſement rapide, ſe propage de ſemences & de plants enracinés; il forme de belles haies; il produit un bel effet par ſa verdure gaie, & par ſes fleurs très-nombreuſes; ſes feuilles qui ſont abondantes plaiſent à tous les beſtiaux, & les nourriſſent bien.

661. LE BAGUENAUDIER à veſſies, *ou* Faux-Séné.

COLUTEA veſicaria. C. B. P.
COLUTEA arboreſcens. L. *diadelph. 10-dria*.

Fleur. Papilionacée; l'étendard, les ailes & la carene varient ſouvent dans leur forme; ordinairement les ailes ſont aplaties, courtes, lancéolées.

Fruit. Légume renflé, ſemblable à une veſſie qui eſt aplatie & ouverte en deſſus, preſque totalement vide, renfermant de petites ſemences noires & réniformes.

Feuilles. Ailées avec une impaire; les folioles pétiolées, égales, très-entieres, preſque cordiformes, quelquefois échancrées au ſommet, terminées par un ſtyle blanchâtre.

Racine. Ligneuſe, rameuſe.

Port. Arbriſſeau de trois ou quatre pieds; les

rameaux lisses; les fleurs axillaires, jaunes, pédunculées, disposées en grappes lâches, pendantes; feuilles alternes.

Lieu. L'Italie, le Languedoc, la Provence.

Propriétés. Les feuilles ont un goût âcre, nauséeux; elles sont purgatives, ainsi que les semences.

Usages. L'on emploie les feuilles & les semences en décoction; les Paysans les substituent au Séné.

OBSERVATIONS. Dans le Baguenaudier, *Colutea*, le calice à cinq segmens; le légume enflé comme une vessie, s'ouvre à la base supérieure.

1.° Le Baguenaudier en arbre, *Colutea arborescens*, à folioles échancrées. En Languedoc, devenu spontané dans nos Provinces, dans les vallées du Rhône près de Lyon.

Il y a une variété à fleurs rouges.

La vertu purgative des feuilles est à peine sensible sur les sujets robustes.

2.° Le Baguenaudier arbrisseau, *Colutea frutescens*, à folioles ovales, oblongues. Originaire de Sibérie, cultivé dans nos jardins.

Folioles dentelées, blanches en dessous, lisses en dessus; fleurs rouges, à ailes très-petites.

662. L'ÉMERUS, SÉNÉ BATARD, Securidaca *ou* Baguenaudier *des Jardiniers.*

EMERUS Cæsalpini major & minor. I. R. H.
CORONILLA emerus. L. *diadelph. 10-dria.*

Fleur. Papilionacée, dont les onglets sont plus longs que le calice; l'étendard cordiforme, réfléchi de tous côtés, à peine plus long que les ailes; les ailes ovales, obtuses, réunies par le haut; la carene aplatie, aiguë, relevée, souvent plus courte que les ailes; le calice petit, découpé en quatre parties inégales ; dix étamines, dont neuf ſont réunies par leurs filets.

Fruit. Légume très-long, étroit, en forme d'alêne, contenant des ſemences cylindriques.

Feuilles. Ailées avec une impaire ; les folioles pétiolées, très-entieres, en forme de cœur ou d'ovale renverſé, ſeſſiles, oppoſées les unes aux autres, d'un beau vert.

Racine. Ligneuſe, rameuſe.

Port. Arbriſſeau de quatre ou cinq pieds de hauteur ; les tiges anguleuſes, foibles ; l'écorce ridée ; la racine garnie de drageons enracinés ; les fleurs jaunes, marquées de taches rouges, raſſemblées aux extrémités des jeunes tiges, quelquefois ſolitaires ; les feuilles alternes. On trouve quelques ſtipules à côté des feuilles, ou en oppoſition avec elles. Le grand & le petit Emerus ſont des variétés de la même eſpece.

Lieu. Les climats tempérés de l'Europe, dans les haies, dans les bois, à l'ombre.

Propriétés. } Les mêmes que le précédent ; les
Uſages. } Payſans le ſubſtituent également au Séné. On regarde ſes feuilles comme laxatives.

I.re OBSERVATION. Dans les Coronilles, *Coronillæ*, le calice à deux levres, dont les deux ſegmens ſupérieurs ſont réunis ; l'étendard eſt à peine plus long que les ailes ; le légume à étranglement.

1.° La Coronille pauciflore, *Coronilla Emerus* ; arbriſſeau à péduncules portant deux ou trois fleurs ; les onglets des pétales trois fois plus longs que le calice ; à tige anguleuſe. Commune près de Lyon.

Les beſtiaux mangent les feuilles qui ſont véritablement purgatives pour quelques ſujets, en en faiſant infuſer une once.

2.° La Coronille mineure, *Coronilla minima*, ſous-arbriſſeau couché ; à neuf folioles ovales ; à ſtipule échancrée, oppoſée à la feuille; à légumes anguleux; à fleurs en ombelle. Lyonnoiſe, en Suiſſe.

3.° La Coronille en faucille, *Coronilla Securidaca*, herbacée; à légumes en faucille; à pluſieurs folioles. Originaire d'Eſpagne, cultivée dans nos Provinces.

Fleurs jaunes.

4.° La Coronille bigarrée, *Coronilla varia*, herbacée, à légumes droits, nombreux, arrondis, enflés; à pluſieurs folioles liſſes. Lyonnoiſe, Lithuanienne.

Les tiges couchées; les péduncules de la longueur des feuilles; les fleurs en ombelles blanches, roſes; il y a une variété à fleurs blanches. Cette plante fournit un bon pâturage.

II.e OBSERVATION. Nous ne pouvons mieux terminer cet eſſai ſur les arbres & arbuſtes, qu'en préſentant les caracteres eſſentiels des Senſitives; quoique monopétales & placées comme telles dans la Claſſe XX; cependant leur affinité avec les Papilionacés nous paroît ſi marquée qu'on peut les préſenter dans cette Famille.

Les Senſitives, *Mimoſæ* L. comprennent les Acacia, *Caſſies* de Tournefort; on trouve dans ce genre des fleurs hermaphrodites & des fleurs mâles ſur des pieds différens, ce qui a déterminé Linnæus à les ranger avec ſes Polygames monoïques. En général le calice très-petit, à cinq dents; la corolle monopétale à cinq ſegmens; cinq ou pluſieurs étamines; le fruit eſt un légume. Ce genre qui offre cinquante-trois eſpeces, eſt difficile à circonſcrire; car dans quelques eſpeces le calice & la corolle ſont à quatre, à cinq ſegmens; dans d'autres la corolle eſt polypétale ou nulle; le nombre des étamines varie de quatre à vingt & plus. Dans quelques eſpeces elles ſont réunies en deux corps ou diadelphes, la forme du légume n'eſt pas plus conſtante; on en trouve de membraneux, d'ailés, d'articulés, de cylindriques, de courbés, dans certaines eſpeces le fruit eſt en baie.

Six eſpeces de ce genre jouiſſent du mouvement ſpontané; contentons-nous de fournir le caractere eſſentiel des deux eſpeces les plus généralement cultivées.

1.° La Senſitive pudique, *Mimoſa pudica*, épineuſe; à feuilles comme digitées & pinnées; à tiges hériſſées de poils & d'épines.

Arbrisseau originaire du Brésil; les fleurs très-petites, blanches, sont ramassées en tête; le calice en entonnoir, à trois segmens, dont un est plus large; on ne trouve point de corolle; quatre étamines, quatre fois plus longues que le calice; légume court, articulé & hérissé.

Toute la plante se replie pendant la nuit; si on la touche de jour, elle replie également ses folioles & abat ses rameaux. Ce phénomene bien prononcé semble rapprocher cette espece & quelques autres, du regne animal.

2.° La Sensitive Cassie, *Mimosa Farnesiana*, à épines stipulaires distinctes; à feuilles doublement pinnées; les pinnules partielles, à huit folioles de chaque côté; à fleurs en tête sans péduncules généraux.

Arbrisseau originaire d'Amérique; ses fleurs jaunes, très-odorantes, renferment chacune plusieurs étamines, plus de dix. Elle a été introduite dans les jardins d'Europe en 1611.

La figure d'Aldini, citée par Linné, présente des têtes de fleurs à péduncules très-courts & à péduncules alongés. Cette figure excellente offre les légumes entiers & ouverts, & une partie des feuilles repliées, telles que nous les observons après le coucher du soleil. On compte jusques à cent fleurs sur chaque tête, & environ trente à quarante étamines dans chaque fleur.

Fin du Troisieme & dernier Volume.

TABLE FRANÇOISE DES OBSERVATIONS.

N.ª *Le Chiffre romain* II. *indique le Tome second ; le Chiffre* III. *indique le Tome troisieme.*

A.

C.

L.

M.

N.

O.

P.

Queue

Q.

R.

S.

T.

X.

Fin de la Table Françoise des Observations.

TABLE LATINE DES OBSERVATIONS.

N.ª *Le Chiffre romain* II. *indique le Tome second ; le Chiffre* III. *indique le Tome troisieme.*

A.

B.

D.

G.

H.

I.

K.

L.

LEPIDIUM

N.

O.

U.

V.

X.

Fin de la Table Latine des Obſervations.

Rapport de Messieurs les Commissaires de l'Académie des Sciences, Belles-Lettres & Arts de Lyon.

Mrs DE LA TOURETTE, VITET & moi, ayant été chargés par l'Académie d'examiner la troisieme Edition d'un Ouvrage intitulé, *Démonstrations élémentaires de Botanique*, revue, corrigée & considérablement augmentée par M. GILIBERT notre Confrere; il nous a paru que les changemens & les additions dont on lui est redevable, donnent un nouveau prix à cet Ouvrage, composé depuis vingt ans, par deux de nos Confreres; il devint dès-lors usuel, & le succès en a constaté l'utilité.

Le goût de la Botanique plus universellement répandu, les progrès de la Doctrine du CHEVALIER LINNÉ, le vœu des Amateurs qui, ne bornant plus leur ambition à la simple connoissance des plantes médicinales, veulent également connoître celles qui peuvent intéresser leur curiosité, & celles qui se présentent le plus fréquemment, sembloit ne laisser à désirer que les additions & les développemens dont M. GILIBERT a enrichi cette troisieme édition, en n'y insérant néanmoins que le texte pur, & sans aucun changement de l'Introduction à la Botanique, qui formoit le premier Volume des Editions précédentes, & qui fut anciennement composé par l'un de Nous.

Mais le nouvel Editeur pensant avec tous les vrais Naturalistes que les caracteres essentiels génériques & spécifiques de LINNÉ, accompagnés des synonymes & de la citation des figures, sont la seule base solide des connoissances des Botanistes, a fait entrer dans le premier Volume des nouvelles Démonstrations, un Abrégé latin du systême de LINNÉ, où se trouvent: 1.° les caracteres essentiels des genres; 2.° les caracteres essentiels des especes; 3.° un ou deux synonymes des Botanistes les plus célebres; 4.° l'indication des meilleures figures de chaque espece; 5.° la station de la plante; 6.° la citation des Flores les plus célebres;

7.° l'époque de la floraison des especes les plus communes. Cet Abrégé du systême du CHEVALIER LINNÉ, rédigé avec soin, est devenu la base du travail qu'offrent le second & le troisieme Volume.

Cette partie de l'Ouvrage de M. GILIBERT, peut être considérée sous trois points de vue : 1.° quant aux changemens qu'il a faits dans les anciennes descriptions ; 2.° quant à ses additions Botaniques, sous le titre d'Observations ; 3.° relativement à son travail sur les usages & les propriétés des Plantes.

Le premier objet exigeoit la vérification de toutes les descriptions d'après nature, & d'après les nouveaux caracteres assignés par LINNÉ dans les dernieres Editions de ses Ouvrages ; ce travail a servi à rendre les descriptions vraiment caractéristiques, & le nouvel Editeur en ajoute plusieurs nouvelles.

Les Observations placées en petit caractere, à la suite des descriptions, & qui appartiennent en entier à M. GILIBERT, renferment en général les modeles de toutes les manieres de traiter les Plantes ; il y fait entrer les caracteres essentiels, génériques & spécifiques de plus de deux mille especes, traduits avec exactitude d'après le texte de LINNÉ ; tantôt, à la suite des caracteres spécifiques, il place des descriptions plus ou moins détaillées, à proportion de la difficulté que présente le diagnostique des especes ; d'autres fois il y joint des Observations qui lui sont propres, soit sur des variétés, soit sur des caracteres peu observés avant lui. Dans cette partie qui tient à la critique de la science, on ne voit jamais se démentir l'impartialité du nouvel Editeur qui, sectateur ardent de la Doctrine de LINNÉ, n'a cherché nulle part à affoiblir les obligations que nous avons au célebre TOURNEFORT.

Le développement des usages & des propriétés des Plantes, appartient aussi à M. GILIBERT. Indépendamment des résultats déjà connus & bien avérés, ses expériences, même sur des especes qui n'avoient pas été éprouvées, donnent un très-grand prix, & souvent le mérite de la nouveauté à cette partie essentielle de l'Ouvrage. L'Auteur envisagé comme Médecin, s'y montre par-tout également éloigné d'un scepticisme outré, & de cette crédulité superstitieuse, plus voisine encore de l'erreur. Presque toujours ses assertions cliniques sont étayées ou sur l'analogie Botanique, ou sur l'analyse chimique, ou sur des indications naturelles, telles que l'odeur, la saveur, &c.

Nous estimons en conséquence que l'ACADÉMIE peut permettre que cet Ouvrage paroisse sous son Privilege, & que le nouvel Editeur y prenne la qualité d'Académicien ; nous pensons que la prompte publication de l'Ouvrage ne peut que contribuer aux progrès de la Science, & satisfaire à l'empressement avec lequel le Public paroît attendre cette nouvelle Edition.

DE VILLERS, VITET, LA TOURRETTE.

Extrait des Registres de l'Académie des Sciences, Belles-Lettres & Arts de Lyon.

Du 11 Septembre 1787.

M.RS DE LA TOURRETTE, DE VILLERS & VITET ; ayant été nommés Commissaires pour examiner la troisieme Edition d'un Ouvrage anciennement en deux Volumes 8.°, avec figures, ayant pour Titre : *Démonstrations élémentaires de Botanique*, revue, corrigée & considérablement augmentée, en trois Volumes in-8°. avec figures, par M. GILIBERT, l'un des Membres de cette Académie, M. DE VILLERS a fait lecture du rapport signé des trois Commissaires, qui ne laisse aucun doute sur le mérite & l'utilité du travail de M. GILIBERT ; en conséquence, la chose mise en délibération, la Compagnie a jugé, comme MM. les Commissaires, que le nouvel Editeur devoit être autorisé à prendre le titre d'Académicien, que l'Ouvrage pouvoit paroître sous le privilege de l'Académie, & que sa prompte publication intéressoit également les Amateurs de la Botanique & les Etudians en Médecine.

Je soussigné, Secrétaire perpétuel de l'Académie des Sciences, Belles-Lettres & Arts de Lyon, certifie que la copie du Rapport, & l'extrait ci-dessus, sont conformes aux Originaux. A Lyon, ce 15 Septembre 1787.

LA TOURRETTE.